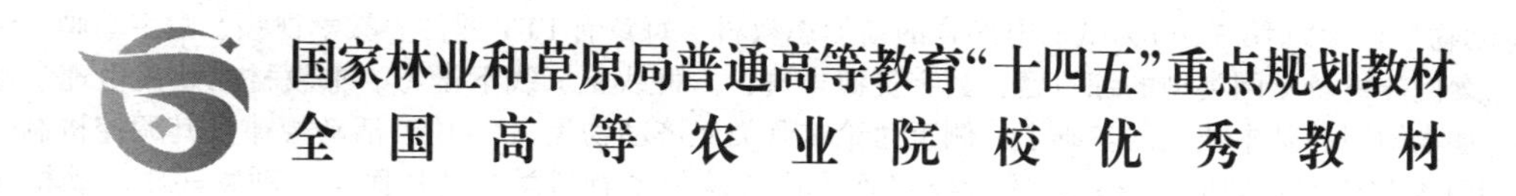

国家林业和草原局普通高等教育“十四五”重点规划教材
全国高等农业院校优秀教材

动物生理学

（第3版）

周定刚　马恒东　黎德兵　主编

中国林業出版社
CFPH China Forestry Publishing House

内容简介

《动物生理学》(第3版)为纸-电融合的新形态教材。每章有PPT课件、教学视频、数字动画、延伸阅读、案例分析及不同类型的练习题，数字资源丰富，方便线上、线下学习。本教材在涵盖生理学基本理论、基本知识和基本技能的基础上，侧重讨论哺乳类经济动物生命(功能)活动规律及其调控机制，以及鸟(禽)类和鱼类生理的特殊性。本教材可作为高等院校动物科学、动物医学、动物药学、动植物检疫、生物科学、水产养殖、野生动物资源保护等多种专业本科生使用的教材，也可供相关行业人员参考。

图书在版编目(CIP)数据

动物生理学／周定刚，马恒东，黎德兵主编．—3版．—北京：中国林业出版社，2022.12(2025.4重印)

国家林业和草原局普通高等教育"十四五"重点规划教材　全国高等农业院校优秀教材

ISBN 978-7-5219-1990-5

Ⅰ．①动…　Ⅱ．①周…②马…③黎…　Ⅲ．①动物学-生理学-高等学校-教材　Ⅳ．①Q4

中国版本图书馆CIP数据核字(2022)第233454号

课件

策划编辑：高红岩
责任编辑：李树梅
责任校对：苏　梅
封面设计：五色空间

出版发行　中国林业出版社
(100009，北京市西城区刘海胡同7号，电话83223120)
电子邮箱　cfphzbs@163.com
网　　址　www.forestry.gov.cn/lycb.html
印　　刷　北京中科印刷有限公司
版　　次　2011年8月第1版(共印4次)
2016年8月第2版(共印4次)
2022年12月第3版
印　　次　2025年4月第2次印刷
开　　本　787mm×1092mm　1/8
印　　张　27.5
字　　数　740千字　数字资源：60千字　视频：32个
定　　价　65.00元

《动物生理学》(第3版)编写人员

主　　编　周定刚　马恒东　黎德兵

副 主 编　王纯洁　严亨秀　王　讯
康　波　王月影　田兴贵

编　　者　(按姓氏笔画排序)

马恒东　(四川农业大学)
王　讯　(四川农业大学)
王月影　(河南农业大学)
王纯洁　(内蒙古农业大学)
玉斯日古楞(内蒙古农业大学)
田兴贵　(贵州大学)
朱晓彤　(华南农业大学)
刘春霞　(内蒙古农业大学)
严亨秀　(西南民族大学)
杨彦宾　(河南农业大学)
何立太　(四川省水产学校)
周定刚　(四川农业大学)
赵翠燕　(广东韶关学院)
康　波　(四川农业大学)
韩克光　(山西农业大学)
司晓辉　(四川农业大学)
黎德兵　(四川农业大学)

第3版前言

《动物生理学》（第2版）自2016年8月出版至今已6年时间。近6年来，分子生物学及生理学等学科发展迅速，有不少新内容、新进展，因此有必要对《动物生理学》（第2版）教材进行修订、更新。本次修订工作主要按“勘误”“瘦身”“增色”3个方面的具体要求，分阶段认真进行。

为保证《动物生理学》（第3版）质量，在“勘误”阶段，我们先后用了近一年时间逐章逐句逐字认真查找《动物生理学》（第2版）文字描述、数据及其他方面的差错，并在此基础上制订各章详细“勘误表”，供每位作者纠正。“瘦身”阶段，我们主要面临来自教材内容取舍方面的压力。因为要为教材“瘦身”，就必须限定各章编写字数；要给教材“增色”，又要求适当增加学科进展内容。这显然不是轻而易举地做算术加减法，而是要冥思苦想解“数学”难题。其实“勘误”“瘦身”从某种意义上讲，都是为了给新教材“增色”。所谓“增色”，即更新原教材版式，在保留原特点的基础上，进一步增强教材的“三基”“五性”。具体体现如下：

1. 新编《动物生理学》（第3版）由纸质主体教材和数字化内容两部分组成，每章有配套PPT、部分教学视频、插图动画和拓展知识等，体现“互联网+”时代教材形式的变革和创新。

2. 结合高等农林院校动物类专业设置特点，《动物生理学》（第3版）仍保留第2版部分特色，即在涵盖生理学基本内容的基础上，以畜禽等经济动物为主，并适当介绍鱼类生理特点，使之既具有明显的针对性，又具有较广泛的适用性。

3. 结合学科进展，更新教材部分内容，增强教材的先进性、科学性。《动物生理学》（第3版），除更换并新添了部分插图外，重写了第2章“细胞的基本功能”和第8章“尿的生成与排出”，补写了“血液的免疫学特性”“食欲调节的中枢信号通路”“食欲调节网络的作用机制”“消化道黏膜免疫”和“神经-内分泌-免疫调节网络”等内容。此外，各章在原基础上均作了不同程度的修改和润色。

尽管此次为提高教材编写质量我们已尽最大努力，但由于时间、水平有限，难免仍有错漏之处，恳请广大师生和读者批评指正！

周定刚

2022-05-29

第2版前言

动物生理学是高等院校动物类专业的一门重要专业基础课，其教材内容应结合不同专业设置的特点，充分体现人才培养目标的需求。众所周知，高等农业院校的专业设置和培养目标与医学院校及生物类综合大学不尽相同。因此，其《动物生理学》的编写内容应与医学院校的《人体生理学》、生物类综合大学的《比较生理学》等有所区别。

目前，高等农业院校已开设有动物科学、动物医学、动物药学、生物技术、水产养殖、特种经济动物等多种专业，其中各动物类专业仍以哺乳类中的家畜、鸟类中的家禽和水生动物中的鱼类为主要对象。动物生理学作为动物类专业中的一门重要专业基础课，其教材应有利于拓宽学生知识面和专业可选用范围，在保证其科学性的前提下，使之具有更广泛的适用性。鉴于此，本教材在涵盖生理学基本内容和生命现象普遍规律的基础上，主要突出畜禽、鱼类生理特点，并对其他经济动物的生理特性加以比较，使之既具有明显的针对性又具有较广泛的适用性。

现代生物学发展迅速，新进展层出不穷，但作为受课程学时限制的专业基础课教材，再版时只宜删除确已过时的内容，适当增加某些新的重要进展，仍以介绍学科基础内容为主。因此，本教材一方面充分阐明生理学的基本概念、基本原理和基本内容，为学生进入后续课程学习打下坚实基础；另一方面适当介绍现代细胞、分子生理学的新知识、新进展，使学生了解本学科发展的前沿，为今后考研或从事有关研究工作铺路。

生理学的概念和内容繁多，学生对所学内容的理解和掌握存在一定难度。此次再版在每章前新增有“主要内容、重点、难点”的提示，章末有复习思考题，以期在引导学生掌握生理学基本理论和主要内容方面发挥其助学和导学的作用。

本教材从2011年8月出版至今已近5年，为了进一步提高教材质量，此次再版对书中错漏不足之处做了认真修改，并增添了部分新的章节和内容。所编教材内容翔实、层次清晰、图文并茂、易读易懂，可供高等院校动物类多种专业本科生使用，亦可供研究生入学考试时参考。教师在使用本教材时，可根据不同层次、不同专业的需要，选择讲授其中有关内容。由于编者水平有限，书中定有不足之处，恳请广大读者批评指正！

周定刚

2016-02-20

第1版前言

多年来，我国高等农业院校原畜牧、兽医专业使用的都是南京农业大学主编的《家畜生理学》教材。南京农业大学对畜牧、兽医专业教材建设作出了重要贡献。近年来，随着高校教学改革不断深入，专业口径日益拓宽，生理学仅以家畜为介绍对象已逐渐凸显出它的局限性。目前高等农林院校已开设有动物科学、动物医学、生物技术、水产养殖、野生动物资源保护等多种专业，生理学作为一门专业基础课，其教材应具有更广泛的适用性。

教材是知识的载体，传承知识有赖于优秀的教材。优秀教材应以先进的教育理念为指导，充分体现人才培养目标的需求。现代生理学虽然主要是伴随医学发展起来的一门科学，但是高等农林院校人才培养模式与医学院校不尽相同。因此，所使用的生理学教材应与医学院校的《人体生理学》有所区别。

本书名为《动物生理学》，但动物门类繁多，限于篇幅既不可能、也没必要提及每类动物。考虑到当前高等农林院校动物类专业设置的特点，以及克服过去专业划分过细和基础过窄的弊病，本书在涵盖动物生理学基本内容的基础上，突出畜禽、鱼类生理特点，并对其他经济动物的生理特性加以比较，使之既具有明显的针对性又具有广泛的实用性；为便于学习，本书以各主要生理系统为主线，分述动物各器官系统的主要生理功能、活动规律及其调节机制，并适当反映现代细胞、分子生理学的突破与进展，以拓宽学生的知识面。本书文字简洁、层次清晰、图文并茂、易读易懂。

本书由国内11所高等院校工作在教学、科研第一线的16位教师共同编写。具体分工如下：第1章，周定刚；第2章，黄庆洲、王讯、赵翠燕；第3章，韩克光；第4章，黎德兵、何立太、司晓辉；第5章，何立太、王讯；第6章，吴星宇、肖玲远、康波、何立太；第7章，朱晓彤、田兴贵；第8章，王纯洁、田兴贵；第9章，严亨秀；第10章，王月影；第11章，田兴贵；第12章，王纯洁。全书由周定刚统稿。

在编写过程中，各位编者认真负责，尽心尽力，为保证教材质量付出了辛勤劳动，给予了极大支持。在此谨向各位参编者表示深切的谢意！

由于我们的知识水平和编写能力有限，书中难免有疏漏之处，恳请读者批评指正！

周定刚

2011-04-14

目 录

第3版前言
第2版前言
第1版前言

第1章 绪 论 ······ 1
1.1 动物生理学概述 ······ 1
1.1.1 动物生理学的研究对象 ······ 1
1.1.2 动物生理学的研究任务 ······ 1
1.1.3 动物生理学与部分专业的关系 ······ 2
1.1.4 动物生理学的一般研究方法 ··· 3
1.1.5 动物生理学研究的不同层次 ··· 4
1.2 机体生命活动的基本特征 ······ 5
1.2.1 新陈代谢 ······ 6
1.2.2 兴奋性 ······ 6
1.2.3 适应性 ······ 6
1.2.4 生殖 ······ 7
1.3 机体的内环境、稳态和生物节律 ······ 8
1.3.1 内环境和稳态 ······ 8
1.3.2 生物节律 ······ 8
1.4 机体功能的调节 ······ 9
1.4.1 神经调节 ······ 10
1.4.2 体液调节 ······ 10
1.4.3 自身调节 ······ 11
1.5 动物体内的控制系统 ······ 11
1.5.1 非自动控制系统 ······ 11
1.5.2 反馈控制系统 ······ 12
1.5.3 前馈控制系统 ······ 13

第2章 细胞的基本功能 ······ 14
2.1 细胞膜的结构和跨膜物质转运 ··· 14
2.1.1 细胞膜的分子结构 ······ 15
2.1.2 跨膜物质转运 ······ 17
2.2 跨膜信号转导 ······ 22
2.2.1 细胞间通信 ······ 22
2.2.2 离子通道介导的信号转导 ··· 23
2.2.3 G蛋白耦联受体介导的信号转导 ······ 24
2.2.4 酶联型受体介导的信号转导 ······ 25
2.2.5 核受体介导的信号转导 ······ 26
2.3 细胞的生长、增殖、凋亡与保护 ······ 26
2.3.1 细胞的生长与增殖 ······ 26
2.3.2 细胞凋亡 ······ 27
2.3.3 细胞保护 ······ 27
2.4 细胞的电活动 ······ 27
2.4.1 静息电位 ······ 28
2.4.2 动作电位 ······ 29
2.4.3 局部电位 ······ 33
2.5 骨骼肌的收缩功能 ······ 34
2.5.1 骨骼肌的收缩形式 ······ 34
2.5.2 骨骼肌的收缩机制 ······ 35
2.5.3 骨骼肌兴奋-收缩耦联 ······ 38

第3章 血 液 ······ 41
3.1 血液生理概述 ······ 41
3.1.1 血液的组成 ······ 41
3.1.2 血量 ······ 42
3.1.3 血液的功能 ······ 43
3.1.4 血液的理化特性 ······ 43
3.1.5 血液的免疫学特性 ······ 45
3.2 血细胞生理 ······ 46
3.2.1 血细胞的生成 ······ 46
3.2.2 红细胞生理 ······ 48

3.2.3 白细胞生理 …………………… 52
3.2.4 血小板生理 …………………… 54
3.3 血液凝固 …………………… 56
3.3.1 凝血因子 …………………… 56
3.3.2 抗凝系统与纤维蛋白溶解 … 59
3.3.3 抗凝和促凝的方法 ………… 61
3.4 血型 …………………… 62
3.4.1 红细胞凝集与血型 ………… 62
3.4.2 人类的血型系统 ………… 62
3.4.3 动物血型及其应用 ………… 64
3.5 家禽血液生理特点 ………… 65
3.5.1 血液的基本组成和理化特性 …………………… 65
3.5.2 血细胞 …………………… 66
3.5.3 血液凝固 …………………… 67
3.6 鱼类血液生理特点 ………… 68
3.6.1 血液的基本组成和理化特性 …………………… 68
3.6.2 血细胞 …………………… 69
3.6.3 血液凝固与纤维蛋白溶解 … 71

第4章 血液循环 …………………… 72
4.1 心脏的泵血功能 ………… 72
4.1.1 心脏的泵血过程与机制 …… 73
4.1.2 心脏泵血功能的评定 ……… 76
4.1.3 心脏的生物电活动与生理特性 …………………… 79
4.1.4 心电图 …………………… 88
4.2 血管生理 …………………… 90
4.2.1 各类血管的功能特点 ……… 90
4.2.2 血流动力学概要 ………… 91
4.2.3 动脉血压与动脉脉搏 ……… 93
4.2.4 静脉血压与静脉回流 ……… 97
4.2.5 微循环 …………………… 98
4.2.6 组织液 …………………… 99
4.2.7 淋巴液 …………………… 101
4.3 心血管活动的调节 ………… 102
4.3.1 神经调节 …………………… 102
4.3.2 体液调节 …………………… 107
4.3.3 自身调节 …………………… 111
4.3.4 动脉血压的长期调节 ……… 112
4.4 哺乳动物特殊器官循环 …… 112
4.4.1 冠脉循环 …………………… 113
4.4.2 肺循环 …………………… 113
4.4.3 脑循环 …………………… 114
4.4.4 肝循环 …………………… 114
4.5 禽类血液循环特点 ………… 114
4.5.1 心脏生理 …………………… 115
4.5.2 血管生理 …………………… 116
4.5.3 心血管活动的调节 ………… 116
4.6 鱼类血液循环特点 ………… 116
4.6.1 鱼类的心脏 …………………… 117
4.6.2 鳃循环 …………………… 119
4.6.3 体循环 …………………… 120
4.6.4 心血管活动的调节 ………… 123

第5章 呼 吸 …………………… 124
5.1 哺乳动物的呼吸 ………… 125
5.1.1 肺通气 …………………… 125
5.1.2 肺换气与组织换气 ………… 133
5.1.3 气体在血液中的运输 ……… 135
5.1.4 呼吸运动的调节 ………… 140
5.2 禽类的呼吸 …………………… 146
5.2.1 禽类呼吸系统解剖特点 …… 146
5.2.2 禽类呼吸生理特点 ………… 146
5.3 鱼类的呼吸 …………………… 147
5.3.1 呼吸方式 …………………… 147
5.3.2 鳃呼吸 …………………… 148
5.3.3 气体交换与运输 ………… 151
5.3.4 鱼类的特殊呼吸方式 ……… 153
5.3.5 鳔 …………………… 154

第6章 消化与吸收 …………………… 156
6.1 消化生理概述 …………………… 156
6.1.1 消化的方式 …………………… 157
6.1.2 消化道平滑肌的生理特性 … 157

6.1.3 消化腺的分泌功能 ………… 159
6.1.4 消化道的神经支配及其作用 ………… 159
6.1.5 消化道的内分泌功能 ……… 160
6.1.6 消化道黏膜免疫 ………… 162
6.2 摄食的调节 ………… 169
6.2.1 食欲中枢及其食欲调节因子 ………… 169
6.2.2 摄食的外周调节信号 ……… 172
6.2.3 食欲调节的中枢信号通路 … 173
6.2.4 食欲调节网络的作用机制 … 174
6.3 口腔消化 ………… 175
6.3.1 唾液分泌 ………… 175
6.3.2 咀嚼 ………… 175
6.3.3 吞咽 ………… 176
6.4 胃内消化 ………… 176
6.4.1 单胃内的消化 ………… 176
6.4.2 复胃的消化 ………… 183
6.5 小肠内消化 ………… 190
6.5.1 胰液的分泌 ………… 190
6.5.2 胆汁的分泌 ………… 192
6.5.3 小肠液的分泌 ………… 193
6.5.4 小肠的运动 ………… 194
6.6 肝脏主要的生理功能 ………… 195
6.6.1 肝脏分泌胆汁的功能 ……… 195
6.6.2 肝脏在物质代谢中的功能 … 196
6.6.3 肝脏的解毒功能 ………… 197
6.6.4 肝脏的防御和免疫功能 …… 198
6.6.5 肝脏的再生功能 ………… 198
6.7 大肠内消化 ………… 199
6.7.1 大肠液的分泌 ………… 199
6.7.2 大肠的运动和排便 ………… 199
6.7.3 大肠内的微生物消化 ……… 200
6.8 吸收 ………… 201
6.8.1 吸收的部位及途径 ………… 201
6.8.2 小肠内主要营养物质的吸收 ………… 203
6.9 家禽的消化和吸收 ………… 208
6.9.1 口腔内消化的特点 ………… 209
6.9.2 嗉囊内消化的特点 ………… 209
6.9.3 腺胃和肌胃内消化的特点 … 210
6.9.4 小肠内消化的特点 ………… 211
6.9.5 大肠内消化的特点 ………… 212
6.9.6 家禽吸收的特点 ………… 212
6.10 鱼类的消化和吸收 ………… 213
6.10.1 消化器官 ………… 213
6.10.2 鱼类消化和吸收特点 …… 219

第7章 能量代谢与体温调节 … 222
7.1 能量代谢 ………… 222
7.1.1 能量的来源与利用 ………… 222
7.1.2 能量代谢的测定原理与方法 ………… 225
7.1.3 基础代谢与静止能量代谢 … 228
7.2 体温及其调节 ………… 229
7.2.1 动物的体温 ………… 229
7.2.2 机体的产热与散热 ………… 231
7.2.3 体温的调节 ………… 235
7.2.4 恒温动物对环境温度的适应 ………… 237
7.2.5 家禽的体温及体温调节特点 ………… 239

第8章 尿的生成与排出 ………… 243
8.1 尿液的理化性质 ………… 243
8.2 肾脏的解剖功能结构和肾血流量 ………… 244
8.2.1 肾的解剖功能结构 ………… 244
8.2.2 肾脏的血液供应及肾血流量 ………… 247
8.3 尿的生成过程 ………… 248
8.3.1 肾小球的滤过功能 ………… 248
8.3.2 肾小管与集合管的重吸收功能 ………… 249
8.3.3 肾小管和集合管的分泌与排泄功能 ………… 253
8.4 尿的浓缩与稀释 ………… 255
8.4.1 尿液的浓缩机制 ………… 255

8.4.2 尿液的稀释机制 …………… 257
8.4.3 影响尿液浓缩和稀释的因素 …………… 257
8.5 影响尿生成的因素 …………… 258
8.5.1 影响肾小球滤过作用的因素 …………… 258
8.5.2 影响肾小管和集合管重吸收、分泌与排泄的因素 …………… 259
8.6 尿生成的调节 …………… 260
8.6.1 神经调节 …………… 260
8.6.2 体液调节 …………… 260
8.7 尿的排出 …………… 262
8.7.1 膀胱与尿道的神经支配 …………… 262
8.7.2 排尿反射 …………… 262
8.8 禽类排泄特征 …………… 263
8.8.1 禽尿生成的特点 …………… 263
8.8.2 禽类鼻腺的排盐机能 …………… 263
8.9 鱼类渗透压调节 …………… 264
8.9.1 鱼类渗透压调节器官 …………… 264
8.9.2 鱼类渗透压的调节原理 …………… 265

第9章 神经系统的功能 …………… 268
9.1 神经系统活动的基本原理 …………… 268
9.1.1 神经元与神经胶质细胞 …………… 268
9.1.2 神经元间的信息传递 …………… 273
9.1.3 反射活动的一般规律 …………… 281
9.2 神经系统的感觉分析功能 …………… 284
9.2.1 感觉概述 …………… 284
9.2.2 躯体和内脏感觉 …………… 286
9.2.3 温度觉 …………… 286
9.2.4 痛觉 …………… 287
9.2.5 嗅觉和味觉 …………… 288
9.3 神经系统对躯体运动的调控 …………… 288
9.3.1 运动的中枢调控概述 …………… 288
9.3.2 中枢对躯体运动的调节 …………… 289
9.4 神经系统对内脏活动的调节 …………… 295
9.4.1 自主神经系统概述 …………… 295
9.4.2 中枢对内脏活动的调节 …………… 298
9.5 脑电活动及觉醒与睡眠 …………… 299
9.5.1 脑电活动 …………… 299
9.5.2 觉醒与睡眠 …………… 300
9.6 脑的高级功能 …………… 301
9.6.1 条件反射 …………… 301
9.6.2 动力定型 …………… 301
9.6.3 神经类型 …………… 302
9.6.4 学习和记忆 …………… 303
9.7 禽类中枢神经系统功能特点 …………… 304
9.7.1 脑 …………… 304
9.7.2 脊髓 …………… 305
9.8 鱼类中枢神经系统功能特点 …………… 305
9.8.1 脊髓 …………… 305
9.8.2 延脑 …………… 305
9.8.3 小脑 …………… 305
9.8.4 中脑 …………… 306
9.8.5 间脑 …………… 306
9.8.6 端脑和嗅叶 …………… 306

第10章 内分泌 …………… 308
10.1 内分泌与激素 …………… 308
10.1.1 激素及其作用方式 …………… 308
10.1.2 激素的细胞作用机制 …………… 311
10.1.3 激素的生理作用及其作用特征 …………… 313
10.1.4 激素分泌节律及分泌调控 …………… 315
10.2 下丘脑-腺垂体及松果体内分泌 …………… 316
10.2.1 下丘脑-腺垂体内分泌 …………… 316
10.2.2 下丘脑-神经垂体内分泌 …………… 320
10.2.3 松果体内分泌 …………… 321
10.3 甲状腺内分泌 …………… 322
10.3.1 甲状腺激素的合成和代谢 …………… 322
10.3.2 甲状腺激素的生理作用 …………… 324
10.3.3 甲状腺功能的调节 …………… 325
10.4 调节钙磷代谢的激素 …………… 327
10.4.1 甲状旁腺激素的生物学作用

及分泌调节 …………………… 327
10.4.2 维生素D的活化、作用及生成调节 …………………… 328
10.4.3 降钙素的生物学作用与分泌调节 …………………… 328
10.5 肾上腺内分泌 …………………… 329
10.5.1 肾上腺皮质激素 …………………… 329
10.5.2 肾上腺髓质激素 …………………… 332
10.6 胰岛内分泌 …………………… 334
10.6.1 胰岛素 …………………… 335
10.6.2 胰高血糖素 …………………… 336
10.6.3 生长抑素和胰多肽 …………………… 337
10.7 组织激素及功能器官内分泌 …………………… 337
10.7.1 组织激素 …………………… 337
10.7.2 功能器官内分泌 …………………… 339
10.8 神经-内分泌-免疫调节网络 …………………… 340
10.9 禽类内分泌系统特点 …………………… 340
10.10 鱼类内分泌器官 …………………… 341
10.10.1 下丘脑 …………………… 341
10.10.2 脑垂体 …………………… 342
10.10.3 甲状腺 …………………… 347
10.10.4 肾上腺 …………………… 348
10.10.5 松果体（腺） …………………… 349
10.10.6 胰岛和胃肠激素 …………………… 349
10.10.7 其他腺体 …………………… 350

第11章 生 殖 …………………… 352
11.1 哺乳动物生殖生理 …………………… 352
11.1.1 雄性生殖生理 …………………… 352
11.1.2 雌性生殖生理 …………………… 357
11.1.3 受精与授精 …………………… 364
11.1.4 妊娠 …………………… 367
11.1.5 分娩 …………………… 369
11.2 禽类生殖生理 …………………… 371
11.2.1 雄禽生殖生理 …………………… 371
11.2.2 雌禽生殖生理 …………………… 372
11.2.3 禽类受精 …………………… 376
11.3 鱼类生殖生理 …………………… 376
11.3.1 鱼类性腺的构造与发育 …………………… 377
11.3.2 性成熟和生殖周期 …………………… 379
11.3.3 鱼类的促性腺激素 …………………… 380
11.3.4 排卵和产卵 …………………… 381

第12章 泌 乳 …………………… 383
12.1 乳腺的结构 …………………… 383
12.1.1 乳腺的解剖组织学结构 …………………… 383
12.1.2 乳腺腺泡、导管系统和乳池 …………………… 384
12.1.3 乳腺的血管系统、淋巴系统和神经系统 …………………… 385
12.2 乳腺的发育及其调节 …………………… 387
12.2.1 乳腺的发育 …………………… 387
12.2.2 乳腺发育的调节 …………………… 388
12.3 乳的分泌 …………………… 389
12.3.1 乳的生成过程 …………………… 389
12.3.2 乳分泌的启动和维持 …………………… 393
12.3.3 乳汁 …………………… 393
12.4 乳的排出 …………………… 395
12.4.1 排乳过程 …………………… 395
12.4.2 排乳反射 …………………… 396

第13章 皮肤生理 …………………… 398
13.1 毛皮动物的毛皮 …………………… 398
13.1.1 皮肤 …………………… 398
13.1.2 毛被 …………………… 402
13.2 皮肤和毛被内的色素 …………………… 406
13.2.1 皮肤和毛被内色素的形成 …………………… 406
13.2.2 色素的生理作用 …………………… 407

参考文献 …………………… 408

专业术语中英文对照 …………………… 410

第 1 章

绪　论

本章导读：

绪论既是一门课程的序曲，又是该门课程的缩影。它概括本门课程的基本内容，并逐步引领我们入门。本章将介绍动物生理学的研究对象、任务和方法，机体生命活动的基本特征，机体的内环境、稳态和生物节律，概述机体功能的调节和动物体内的控制系统，扫描二维码可了解近代生理学创建历史。

本章重点与难点

重点：兴奋性、内环境、稳态的概念，机体功能的调节。

难点：反馈控制系统和前馈控制系统。

1.1　动物生理学概述

1.1.1　动物生理学的研究对象

生理学(physiology)是生物科学(biological sciences)的一个重要分支，是一门研究生物有机体(简称机体)生命活动现象及其功能活动规律的科学。生理学按不同研究对象可分为动物生理学(animal physiology)、植物生理学(plant physiology)及人体生理学(human physiology)等。其中，动物生理学又派生出家畜生理学(physiology of domestic animals)、禽类生理学(avian physiology)、鱼类生理学(fish physiology)、昆虫生理学(insect physiology)等分支学科。生理学按研究的器官、系统划分，又可分为神经生理学(neurophysiology)、心血管生理学(cardiovascular physiology)、消化生理学(digestive physiology)、肾脏生理学(kidney physiology)和生殖生理学(reproductive physiology)等。如按不同的研究水平和内容，则可分为细胞生理学(cell physiology)、分子生理学(molecular physiology)、器官生理学(organ physiology)及整合生理学(integrative physiology)、行为生理学(behavioral physiology)、环境生理学(environmental physiology)和生态生理学(ecological physiology)等。

1.1.2　动物生理学的研究任务

动物生理学的任务是研究动物各系统、器官和细胞的正常活动过程和规律，揭示各系统、器官和细胞功能表现的内部机制，以及不同系统、器官和细胞之间的相互联系和作用，阐明机体如何调控各部分的功能，使之作为一个协调统一的整体以适应复杂多变的内外环境，从而维持其正常生命活动和确保其种系繁衍。

近 30 多年来，随着分子生物学的飞速发展和实验技术的突飞猛进，现代生理学的研究手段和方法发生了巨大的变化，传统生理学的概念受到前所未有的挑战。目前，生理学的常态研究不仅深入到细胞、分子甚至基因水平，而且已经跨越到其他多个研究领域，与生物化学、分子生物学、遗传学、病理学、药理学、临床医学等学科的联系越来越密切。它们之间相互渗透、互相促进，除侧重点不尽相同外并无绝对不可跨越的界限。历年诺贝尔生理学或医学奖获得者既有生理学家，又有生物学家、遗传学家、生化专家、临床医生等就是较好的例证。

21世纪，科学技术的发展日新月异，生理学必须与时俱进。生理学应逐渐摒弃以往采用单一学科、单一方法和技术进行研究的传统习惯，代之以多学科、多层次、多方位、全视野的研究思路，把目前属于不同学科和不同研究水平上的知识和技术贯通并整合起来，从不同的方向、不同的层面去揭示复杂的生命活动机制与奥秘，并有效利用这些知识去解决生产和临床上的实际问题，这将是新世纪整合生理学研究的重要方向之一。长期以来动物生理学的发展积累了大量极有价值的数据，如何将这些数据转化为解决医疗实践和健康养殖的有用信息，是转化生理学(translational physiology)迫在眉睫的任务和急需解决的难题，如果不能有效利用这些数据，它们就是一堆摆设和“垃圾”。

动物生理学是动物科学、动物医学、水产养殖及野生动物资源保护等专业的一门重要专业基础课。研究动物生理学的目的，不仅在于揭示动物体的生命活动规律，解释各种生理现象；更重要在于掌握和运用这些规律更有效地改善动物生产性能，预防和治疗动物疾病，保护动物资源，促进畜牧和水产等养殖业的发展，为人类提供更多的优质产品。

1.1.3 动物生理学与部分专业的关系

1.1.3.1 与动物科学专业的关系

动物生理学是以动物解剖学、组织胚胎学、医用物理学和生物化学为基础的一门重要专业基础课。通过本门课程的讲授和实验环节，使学生了解动物正常的功能活动、产生机制及其有关规律；掌握动物生理学研究的基本方法与实验技术；培养学生分析问题和解决问题的能力。从而为后续课程(如动物营养学、动物环境卫生、遗传学、育种学、繁殖学、动物生产学等多门专业基础课和专业课)奠定理论基础。

动物生理学从整体水平、器官系统水平、细胞分子(基因)水平研究各种动物正常生命活动现象、规律及其产生机制，为畜禽、水产养殖以及珍稀动物保护提供理论指导。动物生理学深入发展的最终目的，与动物科学专业的基本任务一致，就是通过对动物各种生命现象(如遗传变异、生长发育、消化吸收、能量代谢、营养需要、生殖内分泌等)的研究，进一步探索和揭示动物的生命奥秘，促进动物的生长和繁殖，防治动物的疾病，提高和挖掘动物的生产潜力，为人类提供更多的优质动物产品(如肉、乳、蛋、毛等)。

动物生理学是一门实验科学。为了让学生更好地理解和掌握理论知识，动物生理学专门开设有实验课程。通过实验课的学习和锻炼，可以使学生了解和掌握动物生理学研究的基本方法与实验技术；加深学生对动物生理学基本理论知识的理解与认识；培养学生科学理性的思维方式和实事求是的科学态度；提高学生观察、思考、分析和解决问题的能力，为未来从事相关的技术工作打下坚实的基础。

1.1.3.2 与动物医学专业的关系

现代医学按研究内容、对象和方法通常分为基础医学、临床医学和预防医学三大部分。课程安排大致分为基础课、桥梁课和临床课3个阶段，是一个逐步专业化的过程。长期以来，习惯将动物病理学、药理学和病理生理学等作为基础医学和临床医学之间的桥梁课程。动物生理学作为医学专业的基础学科，在医学基础课教学中，是衔接后续课程的重要桥梁，与病理学、药理学和病理生理学课之间的联系非常密切。病理生理学主要是从功能和代谢的角度研究疾病发生、发展的规律和原理，把学生从学习正常机体的有关知识(如生理学所研究的机体正常功能和代谢活动规律等)引向对患病机体的认识。病理生理学所探讨的疾病发生、发展及机体代谢、功能的变化，不少都是以正常生理指标和功能为对照、以生理学知识为基础的。换言之，病理生理学实际上是在生理学基础上发展起来的。除病理生理学外，动物生理学与药理学的关系也很密切。例如，麻醉镇痛药的作用机制便涉及生理学上神经细胞的兴奋性、动作电位产生的机制、细胞膜对物质的跨膜转运功能(见第2章)、神经纤维传导兴奋的特征、突触后电位的产生机制等知识(见第9章)；甘露醇、高渗葡萄糖治疗脑水肿的作用机制则涉及生理学的晶体渗透压和渗透性利尿的作用原理(见第8章)等。可见，生理学知识与药理学密切相关，是临床用药的理论基础。

生理学与临床医学也关系密切。19世纪，法国著名的生理学家Claude Bernard曾经指出："医学是关于疾病的科学，而生理学是关于生命的科学"，要想理解疾病就必须了解机体正常的生理功能。从生理学角度讲，疾病的发生是由于正常机体的功能活动发生异常变化、内环境不能保持稳态所致；换句话说，机体各种功能和指标表现在生理范围内的便属于正常，超出生理范围的就是异常，异常的机体就会引发疾病。例如，动物生理学中血浆的pH值范围为7.35~7.45，如果超过7.45说明机体发生了碱中毒，低于7.35就能说明机体发生了酸中毒，而碱中毒比酸中毒的患者更容易缺氧的原因，则需要用生理学中氧解离曲线的特性及其影响因素才能加以解释(见第5章)；肺炎、肺水肿、肺纤维化患者的呼吸表现为浅而慢的原因，也需要用生理学中肺牵张反射来解释(见第5章)；此外，心脏房室传导阻滞的诊断可应用生理学中所学习的心电图P-R段的时限来判断，心肌缺血与否可应用生理学中所学习的心电图S-T段和T波的表现来区分(见第4章)；在抢救心力衰竭的病畜时应选用异丙肾上腺素或肾上腺素而不应选用去甲肾上腺素，这些药物的选择与生理学中受体的激动剂、拮抗剂类型及其生理效应和作用机制紧密相关(见第4章)……总之，动物生理学是医学专业很重要的基础理论课，生理学没学好，学习后续"桥梁课"和临床课会感觉吃力。

"转化医学"(translational medicine)，最初指的是将基础医学研究与临床治疗连接起来的一种思维方式，倡导多学科的交叉融合，包括宏观和微观、生理和病理、预防和治疗、人文和社会等。转化医学的问世，将促进基础学科与临床医学之间的双向转化，生理学也随之会从研究正常的生命活动规律和功能活动机制逐步跨越到研究它们与疾病发生发展和治疗干预的内在关系，成为各临床学科开展基础研究的重要基石。可以预期，随着转化医学的迅速发展，生理学必将成为连接基础医学和临床医学的一门重要桥梁学科。

1.1.4 动物生理学的一般研究方法

动物生理学是一门实验性科学，它的所有知识都来自临床实践和实验研究。早期的一些生理学知识大多是通过动物活体解剖而对人体器官功能所作的推测。而动物生理学真正成为一门实验性科学是从17世纪开始的。1628年，英国医生威廉·哈维(William Harvey，1578—1657)通过对40多种动物的解剖观察和反复实验，发表了有关血液循环的名著《心血运动论》一书，这是人类历史上第一次以实验的方法证实了人和其他高等动物血液循环的途径。

动物生理学的每一个知识结论均是从观察、实验中获得，绝大多数生理学问题都要借助于这类方法进行研究，因此实验研究的方法对动物生理学的进展至关重要。不仅如此，动物实验方法的采用，促进了医学科学的迅速发展，解决了以往许多不能解决的实际问题和重大理论问题。动物实验和临床观察一样，是医学发展的一个重要手段和基本途径。实验生理学的奠基人、法国伟大的生理学家克劳德·伯尔纳(Claude Bernard，1813—1878)指出："实验生理学是医学科学提供依据的唯一途径，是医学中最科学的部分。”苏联生理学家、诺贝尔生理学或医学奖获得者伊凡·彼德罗维奇·巴甫洛夫(Иван Петрович Павлов，1849—1936)也曾指出：“整个医学，只有经过实验的火焰，才能成为它应当成为的东西。”“只有通过实验，医学才能获得最后的胜利。”这些论点，已被医学发展的历程所证实。

一般而言，生理学实验是在人工创造的一定条件下，对生命现象进行客观观察和分析，以获得生理学知识的一种研究手段。生理学所用实验方法，按其进程通常可分为急性实验(acute experiment)和慢性实验(chronic experiment)两大类。

1.1.4.1 急性实验

急性实验是以动物活体标本或完整动物为研究对象，在人为控制的实验条件下，短时间内对动物某些生理活动进行观察和干预，并以实验结果作为分析推断依据的实验。实验通常具有损伤性，甚至不可逆性，可造成实验动物死亡。急性实验可分为离体实验(*in vitro* experiment)和在体实验(*in vivo* experiment)。

①离体实验 是指从活着的或刚死去的动物体内分离出细胞、组织或器官，置于与体内环境相似的人工模拟环境中，使其在短时间内保持生理功能，以便观察某些人为的干扰因素对其功能活动的影响，也称离体组织器官实验。例如，对离体蛙心或动物血管进行灌流，可用于研究某些生物活性物质或药物对心肌或血管平滑肌收缩力的影响；应用膜片钳技术可研究细胞小片膜上单个离子通道的特征等。

②在体实验 是指在麻醉状态下，对动物进行活体解剖，暴露所要研究的器官，在完整动物身上所进行的各种观察或实验，也称活体解剖实验。例如，胃肠运动的直接观察等。

由于离体组织器官和活体解剖实验过程时间短暂，实验后动物一般不能存活，所以将其称为急性实验。优点在于实验条件比较简单，也较易控制，便于直接观察和细致分析；离体实验则更能深入到细胞、分子和基因水平，有助于揭示生命现象中最为本质的基本规律。但急性实验尤其是离体实验一般是在特定条件下进行，其所获结果不一定能代表在自然条件下的整体活动情况。

1.1.4.2 慢性实验

慢性实验是以完整、健康的动物为研究对象，尽可能保持外界环境接近于自然条件，在一定时间内在同一动物身上多次、重复地观察其体内某些器官功能活动或生理指标变化的实验。实验一般在动物清醒状态下进行，必要时也可对动物做某些预处理，待动物康复后再进行实验。例如，将埋藏电极植入动物脑内某一部位，施予电刺激以观察分析与此部位相关的生理功能活动；在无菌条件下给动物安置慢性瘘管(如食管瘘、血管瘘等)，直接观察某些器官的生理活动规律；研究某种内分泌功能时，常先摘除动物某个内分泌腺，以便观察这种内分泌激素缺乏后的生理功能改变，从而了解这种内分泌激素的生理作用。慢性实验的优点在于研究对象是完整、健康动物，又是在自然、正常条件下进行，因此所获结果比较符合整体的生理活动规律。其缺点是实验条件要求高、时间长、影响因素较多，所获结果有时不易用来分析某一器官或组织细胞的详细机制。

1.1.5 动物生理学研究的不同层次

动物生理学是以动物生理功能为研究对象的科学。生理功能就是指生物体及其各组成部分表现出的各种生命活动现象或生理作用，如血液循环、呼吸、消化、肌肉运动等。生物体是一个结构功能极其复杂的整体，在研究其功能活动机制即生命活动规律时，需要从不同层次提出问题进行研究，一般来说，动物生理学研究大致涉及以下3个不同层次或水平。

1.1.5.1 细胞和分子水平的研究

细胞是组成机体最基本的结构和功能单位，而细胞及其亚细胞结构又是由多种生物大分子构成，因此，从细胞分子水平着手研究有助于对组织器官功能的深入了解。例如，1969 年 Huxley 等通过观察骨骼肌收缩过程中其显微、超微和分子结构所发生的变化，提出肌丝滑行学说(sliding filament theory)，阐明骨骼肌收缩的分子机制。该学说认为：在骨骼肌收缩过程中，由肌球蛋白组成的粗肌丝与由肌动蛋白、原肌球蛋白和肌钙蛋白等组成的细肌丝本身的长度并没有发生变化，而是由 Z 线发出的细肌丝向粗肌丝 M 线方向滑行，导致相邻 Z 线互相靠近，使肌小节缩短所致(见第 2 章)。由于细胞的特性是由构成细胞生物大分子的理化性质及其编码基因所决定的，所以对生理机制的研究已深入到基因水平。美国遗传学家杰弗里·霍尔(Jeffrey C. Hall)等通过克隆果蝇基因，揭示了生物节律的分子机制。

1.1.5.2 器官和系统水平的研究

人们对生理学的研究最早是从器官和系统水平开始的。由于整体水平的研究比较复杂，为使研究简单化，早期生理学主要是对机体器官和系统功能活动进行研究。迄今为止，人们对这一水平的研究已积累了大量的生理学知识，如心脏的泵血、肺的呼吸、小肠的消化和吸收、肾的排泄及其调节机制等。在这个水平上的研究和所获得的生理学知识，属于器官生理学(organ physiology)的内容，如循环生理学、呼吸生理学、消化生理学、肾脏生理学等等。目前，学生学习的动物生理学课程内容，大部分属于器官生理学方面的知识。

1.1.5.3 整体水平的研究

在生理状况下，体内各器官、系统之间相互联系、互相配合，从而使机体成为一个完整统一的整体，并在不断变化着的环境中维持正常的生命活动。例如，消化期间胃肠道运动加强、血流量增加，而另外一些器官活动减弱、血流量减少，以保证消化器官的血液供应；当剧烈运动时，骨骼肌活动增强，心搏、呼吸频率与强度随之增加，同时消化系统、排泄系统功能活动相对减弱，以优先满足骨骼肌活动增强对氧气和其他营养物质的需要。所以，整体水平上的研究，应以完整机体为研究对象，观察和分析在各种环境条件和生理状况下不同器官、系统之间的相互联系、配合，以及完整机体对环境变化所发生的各种反应规律。

必须明确，机体的整体功能活动并不等于机体各组成部分功能活动的简单总和，而是在整体条件下它们互相协调统一的结果。不仅如此，在不同条件下有的功能活动还可能会有变化。例如，分子水平的研究已表明某蛋白质分子具有某种功能，但在转入或敲除相应基因的实验动物，有时却未能观察到明显的预期效应，甚至会出现其他的意外结果。这不得不使人们重新审查验证这种功能蛋白在整体中的作用和地位。其实，机体的许多功能并不都依靠单一调控机制，而是存在多种调节途径。在整体情况下，当某一调控途径减弱或不再起作用时，别的调控途径可代偿性增强，以弥补某种受损调控途径的缺失或不足。生物进化程度越高，则调控机制越复杂。因此，现在十分重视将不同水平的研究结果加以综合，以获得对机体生命活动更为全面和整体性的认识，因而出现了整合生理学等新的研究领域。

1.2 机体生命活动的基本特征

人们通过对单细胞生物乃至高等动物等各种基本生命活动的观察研究，发现这些生命现象至少包括 4 种基本特征，即新陈代谢(metabolism)、兴奋性(excitability)、适应性(adaptability)和生殖(reproduction)等。

1.2.1 新陈代谢

生活在适宜环境中的生物体，总是在不断地重新建造自身的特殊结构，同时又在不断地破坏自身已衰老的结构，这个过程称为自我更新。生物体只有在适宜的环境中才能自我更新，一方面它要从环境中摄取各种营养物质，经过改造或转化，提供构建自身结构所需的原料和能量；另一方面又不断分解体内物质，释放出能量满足各种生命活动的需要，并将分解产物排出体外。生物体与外界环境之间的物质和能量交换，以及体内物质和能量自我更新的过程，称为新陈代谢。新陈代谢包含物质代谢(合成代谢、分解代谢)和能量代谢(能量转换与利用)，通过这两方面密切联系的活动，生物体才能实现自我更新，使生命得以维持。新陈代谢一旦停止，生命活动随之结束，因此新陈代谢是生命活动最基本的特征。

1.2.2 兴奋性

机体生活在一定的环境中，当环境发生变化时，机体会主动对环境的变化做出适宜的反应。例如，单细胞生物阿米巴，当附近环境中出现食物颗粒时，它们即伸出伪足，将食物摄入体内；而当碰到有害物质时，则伸出伪足游走逃避。在日常生活中，当动物看到强烈的光线时，其瞳孔会立即缩小，以避免强光对视网膜造成伤害。在生理学上，将这种能引起机体反应的内外环境变化称为刺激(stimulus)，而将机体应答刺激所产生的变化称为反应(response)。

机体内不同组织细胞对刺激产生的反应表现形式不同，神经表现为产生和传导冲动，肌肉表现为收缩，而腺体则表现为分泌。通常生理学中将这些接受刺激后能迅速产生某种特定生理反应的组织称为可兴奋组织。可兴奋组织在受到刺激产生反应时，有两种表现形式：一种是由相对静止的状态转变为明显的活动状态，或由原活动较弱的状态转变为活动较强的状态，称为兴奋(excitation)。由于可兴奋组织在发生反应之前都会首先在细胞膜上产生动作电位的变化，因此现代生理学也将能对刺激产生动作电位的组织称为可兴奋组织，而将组织细胞接受刺激后产生动作电位的现象称为兴奋。另一种表现形式是由活动状态转变为相对静止状态，或由活动较强的状态转变为活动较弱的状态，称为抑制(inhibition)。

活组织细胞受到刺激具有产生反应(动作电位)的能力或特性，称为兴奋性。如果细胞对很弱的刺激就能发生反应、产生动作电位，表示该细胞具有较高的兴奋性；如果需要较强的刺激才能引起兴奋，则表明细胞的兴奋性较低。不同的组织细胞对同样刺激的反应不同，通常可以采用阈值衡量兴奋性的高低。

必须明确的是，并非所有的刺激都能引起机体产生反应。刺激要引起反应通常需要具备3个条件，即足够的刺激强度、足够的刺激作用时间和适当的强度-时间变化率。若固定刺激作用时间和强度-时间变化率，单独改变刺激强度来刺激活组织细胞时，可观察到不同刺激强度对活组织细胞反应的影响，通常人们将能引起活组织细胞产生反应的最小刺激强度称为阈强度(threshold intensity)，简称阈值(threshold)。刺激强度低于阈值的刺激称为阈下刺激，刺激强度大于阈值的刺激称为阈上刺激，能引起最大反应的最小刺激称为最适刺激，超过最适刺激的称为强刺激或超强刺激，后者容易造成组织细胞疲劳或伤害。

1.2.3 适应性

非生物不具有适应性，只有生物能随着环境的变异，不断改变或调整自身与环境之间的关系，维持内外环境的动态平衡，保证机体的正常生存。机体随环境变化调整自身生理功能的过程称为适应(adaption)。机体根据内外环境的变化调整体内各种活动，以适应变化的能力称为适应性。适应可分两种：生理性适应和行为性适应。例如，长期生活在高原地区的动物，其血液中红细胞数和血红蛋白含量比生活在平原地区的动物要高，以适应高原缺氧的生存需要，这属于生理性适应；寒冷时人们通过添衣和取暖来抵抗严寒，这是行为性适应。

动物适应性因种属进化程度和个体不同而异，如两栖类和爬行类体温随环境温度而变化，适应性差，低温则要冬眠；鸟类和哺乳类为恒温动物，通过体温调节即使在严冬仍能活动自如。进化程度越高的动物，适应性越强。

1.2.4 生殖

生殖是生物区别于非生物的基本特征之一。成熟的个体通过无性或有性繁殖方式产生或形成与自身相似的子代个体，这种功能称为生殖，或称自我复制(self-replication)。无性生殖是指不经过两性生殖细胞结合，由母体直接产生新个体的生殖方式，包括分裂生殖(由一个母体分裂成两个子体的生殖方式，如细菌及原生生物等)、孢子生殖(母体产生孢子，由孢子直接发育成新个体的生殖方式，如藻类、苔藓、蕨类等植物)、出芽生殖(亲代藉由细胞分裂产生子代，在一定部位长出与母体相似的芽体，如酵母菌、水螅等)、断裂生殖(生物体在一定或不定的部位断裂成两段或几段，然后每小段发育成一新个体，如颤藻、涡虫等)和营养生殖(由高等植物体的营养器官——根、叶、茎的一部分，产生出新个体的生殖方式，如马铃薯的块茎、蓟的根、草莓匍匐茎、秋海棠的叶等)。

有性生殖是指由亲本产生的有性生殖细胞(配子)，经过两性生殖细胞(如精子和卵细胞)的结合，成为受精卵，再由受精卵发育成为新的个体的生殖方式。生殖是一切生物繁殖后代，延续种系的一种特征性活动。因此，这也是生命活动的基本特征之一。虽然有的动物具有生命，但不一定能繁殖(如马、驴杂交的后代——骡)。但这毕竟属于尚未探讨清楚的特殊生殖生理现象，而不能代表生物种群的普遍规律。正如生物体在一定时间或在某种特定条件下(如处在特殊冷冻状态下的组织和结晶状态的病毒颗粒等)，也可能不表现生命活动一样。

克隆(clone)可分为分子水平、细胞水平和个体水平 3 个不同层次。个体水平上克隆就是指生物体通过体细胞进行的无性繁殖，以及由无性繁殖形成的基因型完全相同的后代个体组成的种群。简单讲就是在人为干预下，实现动植物无性繁殖的过程。自从 1996 年“多莉绵羊”克隆成功后，体细胞克隆技术经历了多年的发展，先后诞生出包括马、牛、羊、猪和骆驼等在内的大型家畜，以及包括小鼠、大鼠、兔、猫和犬在内的多种实验动物，但与人类最为相近的非人灵长类动物体细胞克隆的难题一直没有得到解决，成为世界性难题。20 年来，美国、中国、德国、日本、新加坡和韩国等多家科研机构在此方面进行不断探索和尝试，但始终未能成功。2017 年 11 月 27 日，世界首个体细胞克隆猴“中中”在中国科学院神经科学研究所诞生，在国际上首次实现了非人灵长类动物的体细胞克隆。这次体细胞克隆猴构建成功，不仅在科学上证实了猕猴可以用体细胞来克隆，更重要的是它可以使猕猴成为真正有用的动物模型。该模型将为脑疾病、免疫缺陷、肿瘤和代谢紊乱等疾病的研究及药物、生理、物理治疗新手段的研发提供有效工具。目前，克隆技术已应用于农业、畜牧业、医学和濒危动物保护等领域，优势显著，前景广泛，但动物克隆至今仍处于实验阶段，并面临着技术性障碍、伦理道德及物种多样性等方面的挑战。

1.3 机体的内环境、稳态和生物节律

1.3.1 内环境和稳态

动物体内所含的液体总称体液(body fluid)。哺乳动物体内的体液含量，因动物种类、年龄、性别、营养状况和其他因素等而有所不同。正常成年动物体液总量占体质量的45%~70%(人约占60%)：分布在细胞内的液体称为细胞内液(intracellular fluid)，约占体液量的2/3；分布在细胞外的液体称为细胞外液(extracellular fluid)，约占体液量的1/3，包括血浆、组织液、淋巴液和脑脊液。动物的绝大多数细胞并不直接与外界环境接触，而是浸浴在细胞外液中。由于体内细胞直接接触的环境是细胞外液，所以生理学中通常把细胞外液称为内环境(internal environment)。

机体生存的外界环境称为外环境(external environment)，包括自然环境和社会环境。细胞外液是细胞直接赖以生存的环境。细胞的正常生命活动需要一个相对稳定的环境条件，因此细胞外液的化学成分和理化特性(如温度、渗透压、酸碱度等)都必须保持在适宜的相对恒定的水平。细胞外液的化学成分和理化特性经常在一定的范围内变动，并保持相对恒定，称为内环境相对稳定，又称稳态、自稳态或内环境稳态等。早在1857年，法国生理学家克劳德·伯尔纳(Claude Bernard，1813—1878)就提出了内环境的概念，他还指出，内环境的理化性质是保持相对稳定的，而内环境的相对稳定则是维持正常生命活动的必要条件。1926年，美国生理学家沃尔特·布拉德福德·坎农(Walter Bradford Cannon，1871—1945)将希腊语homeo和stasis合成homeostasis(稳态或自稳态)一词来表述这种状态。这种表述揭示了生命活动的正常进行有赖于内环境相对稳定的内在规律。

稳态是一种复杂的、由体内各种调节机制所维持的动态平衡：一方面代谢过程使这种相对恒定遭到破坏；另一方面又通过调节使之恢复平衡。整个机体的生命活动正是在稳态不断受到破坏而又得到恢复的过程中得以维持和进行的。一旦体内器官、系统的活动发生严重紊乱，稳态将难以维持，新陈代谢则不能正常进行，机体的生存即受到严重威胁。

稳态具有十分重要的生理意义。因为细胞的各种代谢活动都是酶促生化反应，因此细胞外液中需要有足够的营养物质、氧气和水分，以及适宜的温度、离子浓度、酸碱度和渗透压等。细胞膜两侧一定的离子浓度和分布，也是可兴奋细胞保持正常兴奋性和产生生物电的基本保证(见第2章)。稳态遭到破坏将影响细胞功能活动的正常进行，如高热、低氧、水与电解质以及酸碱平衡紊乱等都将导致细胞功能的严重损害，引起疾病，甚至危及生命。

1.3.2 生物节律

生物体内的各种功能活动按一定的时间顺序发生周期性变化，称为节律性变化，这种变化的节律称为生物节律(biorhythm)。生物节律是生命活动的基本特征之一，不但存在于整个机体，也存在于器官乃至游离的单个细胞之中。动物的生物节律，按频率高低可分为高频、中频和低频3类节律。节律周期低于一天的属于高频节律，如心动周期、呼吸周期等以分钟为单位。低频节律有周周期、月周期、季节周期、年周期。例如，灵长类月经呈典型月周期变化；季节性繁殖动物(马、羊、犬等)，其发情周期具有明显的季节性；候鸟的栖息则有显著的年周期特征。年周期、季节周期和月周期多与动物生殖功能有关。中频节律以日为单位即日周期，这是最重要的生物节律。动物体内几乎每种生理功能都有日周期，即一天一个波动周期，

只是其波动的幅度和明显程度不同而已。最明显的如血细胞的数量、体温的波动。血压的变化、各种代谢过程强度及对药物反应程度等均有日周期变化。此外，也有学者根据周期变化的长短，将生物节律分为亚日节律(infradian rhythm)、近日节律(circadian rhythm)和超日节律(ultradian rhythm)。其中，近日节律是人类最为常见且被研究得最多的生物节律，其周期在20~28 h，是生物体内最强的生物节律，同时也可能是其他生物节律的基础。

生物节律的构成包括两个重要方面：一是生物固有节律，即生物体本身具有的内在节律；二是生物节律受到自然界环境变化的影响，能与环境同步。那些导致生物节律与环境变化同步的因素，称为致同步因素。例如，人为地采用27 h或28 h的非自然光周期，产蛋鸡的产蛋间隔时间(通常在23.3~27.2 h)可与之同步；在自然环境中鲤鱼一般要经过3~4年才能性成熟，若将其人工饲养在23℃循环水中，雄鱼可在6个月成熟，雌鱼在15个月成熟。

生物节律产生的确切机制尚未明了，目前认为与松果体、下丘脑视交叉上核等的功能有关。研究认为，松果体以其节律性分泌的褪黑素作为一种内源性授时因子或同步因子，对机体某些生理功能的近日节律起引导作用。实验显示，视交叉上核的电活动具有明显的昼夜节律。破坏大鼠等啮齿动物的视交叉上核后，各种生命活动的近日周期消失。无论昼行性动物和夜行性动物，视交叉上核的电活动都是昼强夜弱。许多研究使用电解法、化学方法或免疫方法破坏视交叉上核后，机体几乎所有生命活动近日节律都会发生紊乱甚至消失。

目前对生物节律的研究已深入到基因水平，现已发现哺乳动物体内存在大量的近日节律基因，在众多的近日节律基因中，有一些基因参与生物节律的调控，并且这些基因的改变将引起生物节律的异常，这些对维持生物体节律起关键性作用的近日节律基因称为生物钟基因，其表达产物称为钟蛋白(circadian clock protein)。已发现的对哺乳动物生物节律调控起着重要作用的基因有 *Clock*、*Npas2*、*Mop3*(*Bmal1*)、*Mop9*(*Clif*)、*Per1*、*Per2* 、*Per3*、*Cry1*、*Cry2*、*Dec1*、*Dec2*、*Timeless*、*Reverbα*、*Dbp* 和 *E4bp4* 等，这些基因的转录-翻译是形成日周期的分子生物学基础。

生物节律最重要的生理意义在于可使机体对环境变化做出前瞻性主动适应。在临床研究中，已有利用这种节律变化来提高药物疗效的尝试结果。此外，生物节律的研究对航天、航海、轮班作业、驾驶安全等也具有重要的应用意义。

1.4 机体功能的调节

动物有机体由多种不同的细胞、组织和器官所组成，它们分别执行着各不相同的功能。但是，这些组织、器官的功能活动并不是彼此孤立、互不相关的。相反，体内同一器官系统在不同时间的功能活动(如消化活动)，或在同一时间不同部位器官的功能活动(如机体运动)，无论在时间和空间上都相互联系、协调配合，作为一个统一的整体而存在和活动。有机体通过其调节机制，把不同时间和空间的机能活动调整统一起来，使之成为整体活动，这种调节作用称为整合(integration)。以消化活动为例，进食前，胃肠运动及各种消化液的分泌先后次序并不一致。但食物进入口腔后，不仅引起唾液分泌加强，而且胃肠运动及各种消化液(如胃液、胰液和胆汁)的分泌也同时加强。这种不同时间某些顺序性机能活动之间的配合，称为时间上的配合。而空间上的配合，是指同一时间不同部位机能活动之间的配合。例如，动物剧烈运动时，除骨骼肌肉的活动加强外，其他处于不同空间的器官系统活动在同一时间也与之密切配合。如呼吸加强，以便吸入更多氧气和排出大量二氧化碳；心跳加快、血流加速，以便给肌肉输送大量养料和能量；消化和泌尿系统活动受到抑制，以便重新分配器官血液流量使之首先满足肌肉做功需要，等等。上述过程都是通过相应的调节机制实现的。动物体内的调节方式主要有3种：即神经调节，体液调节和器官、组织、细胞的自身调节，其中神经调节占主导地位。

1.4.1 神经调节

神经调节(neuroregulation)是通过神经系统的活动所实现的一种调节方式。神经活动的基本过程是反射(reflex)。例如，强光照射眼睛会使瞳孔缩小，食物进入口腔能引起唾液分泌增加等，这些都是通过中枢神经系统完成的反射活动。可见，反射是指在中枢神经系统的参与下，机体对内外环境变化所做出的规律性应答。反射活动的结构基础为反射弧(reflex arc)，它由感受器→传入神经→神经中枢→传出神经→效应器5个环节构成。感受器是接受刺激的器官，效应器是产生反应的器官；中枢在脑和脊髓中，传入和传出神经是将中枢与感受器和效应器联系起来的通路(见第9章)。例如，当血液中氧分压下降时，颈动脉体等化学感受器发生兴奋，通过传入神经将信息传至呼吸中枢导致中枢兴奋，再通过传出神经使呼吸肌运动加强，吸入更多的氧使血液中氧分压回升，从而维持内环境的稳态(见第5章)。

巴甫洛夫在前人的基础上，将反射分为非条件反射和条件反射两类。非条件反射(unconditioned reflex)是指通过遗传、出生后无须训练就具有的反射。其数量有限、适应范围小，是比较固定和形式低级的反射活动，如防御反射、食物反射和性反射等。非条件反射由非条件刺激所引起，具有固定的神经联系，反射中枢位于神经系统的低级部位，是动物在种族进化过程中形成，而相继遗传给后代的。条件反射(conditioned reflex)是指动物出生后，通过训练而建立起来的反射。其数量无限、适应范围广，可以建立、又能消退，是反射活动的高级形式。条件反射由条件刺激(无关动因)所引起，具有暂时性的神经联系，反射中枢主要位于大脑皮质(高等动物)，是个体通过后天训练而获得的。

1.4.2 体液调节

体液调节(humoral regulation)是指通过体液中的某些化学物质，主要是激素所实现的一种调节方式。这些化学物质可以是内分泌细胞或内分泌腺分泌的激素，如胰岛素(insulin)、糖皮质激素等，也可以是某些组织细胞产生的特殊化学物质，如细胞因子、组胺(histamine)、激肽等，或者是组织细胞的某些代谢产物(如CO_2、H^+等)。例如，胰岛β细胞分泌的胰岛素随血液运送到机体各组织细胞，可以使它们加速摄取、贮存和利用葡萄糖，结果使血液中葡萄糖水平降低。葡萄糖水平降低又可抑制胰岛素的分泌，从而使血糖水平保持相对恒定。上述体液途径主要是通过血液循环，但也有一些内分泌细胞分泌的激素并不是由循环血液携带到远处的组织、细胞，而是通过组织液扩散至邻近的靶细胞后发挥特定的生理作用。这种调节称为局部体液调节，也称旁分泌(paracrine)调节。有些细胞分泌的激素或化学物质分泌后在局部扩散，又反馈作用于产生该激素或化学物质的细胞本身，这种调节方式称为自分泌(autocrine)调节。例如，胰岛素可以抑制胰岛β细胞自身分泌胰岛素的活动；肾上腺素分泌量增多时，可抑制自身合成酶(苯乙醇胺氮位甲基转移酶，PNMT)的活性等。另外，下丘脑内有些神经细胞能合成激素，激素随神经轴突的轴浆流至末梢，由末梢释放入血，这种由神经元分泌激素的方式称为神经内分泌(neuroendocrine)，也称神经分泌(neurocrine)。除激素外，某些组织细胞产生的化学物质(如组胺、激肽、各种细胞因子)，以及代谢产物(如葡萄糖、CO_2等)，也可以作为体液因素起调节作用。

动物机体的许多生理功能，同时受到神经系统和内分泌系统的双重调节。虽然一般可将内分泌系统看作是一个独立的系统，但体内大多数内分泌腺都直接或间接受神经系统的调节。例如，肾上腺髓质受交感神经节前纤维末梢支配，交感神经兴奋时，肾上腺髓质分泌肾上腺素和去甲肾上腺素，它们进入血液后可以加强体内许多效应细胞对交感神经的反应。在这种情况下，可将体液调节看作是神经调节传出途径的延伸或其中的一个环节，这类通过神经影响激素分泌对机体功能进行调节的方式，称为神经-体液调节(neurohumoral regulation)。

1.4.3 自身调节

自身调节(autoregulation)是指细胞和组织、器官在不依赖于外来神经或体液调节的情况下，自身对刺激发生的适应性反应过程。例如，当小动脉的灌流压升高时，对管壁的牵张刺激增强，小动脉管壁平滑肌就发生收缩，使小动脉管径缩小。因此，小动脉灌流压升高，其血流量不致增大。这种自身调节对于维持局部组织血流量的稳定起一定的作用。肾入球小动脉也有明显的自身调节能力，当动脉血压在一定范围内变动，使灌流压发生相应波动时，肾入球小动脉可通过改变血管口径大小，使肾血流量保持相对稳定，从而维持正常的肾小球滤过率(见第8章)。

机体生理功能调节方式主要有上述3种，即神经调节、体液调节和自身调节。神经调节的特点是比较迅速而精确，作用部位局限，持续时间较短；体液调节的特点是效应出现缓慢，作用部位比较广泛，持续时间较长；自身调节的特点是调节强度较弱、影响范围较小、且灵敏度较低，常在组织器官局部发挥调节作用，对维持局部的自稳态具有一定意义。上述3种调节方式既有各自的特点，又密切联系、相互配合、共同调节、维持内环境的稳态，保证机体生理活动的正常进行。

1.5 动物体内的控制系统

动物体内存在着数以千计的各种控制系统(control system)，甚至在一个细胞内也存在着许多精细复杂的控制系统，精准地调节着细胞的各种功能活动。1948年，美国数学家诺伯特·维纳(Norbert Wiener，1894—1964)发表了《控制论——关于在动物或机器中控制和通讯的科学》，创建了自动控制理论，即控制论(cybernetics)。控制论的诞生是20世纪伟大的科学成就之一。现代社会的许多新概念和新技术都与控制论有密切联系。控制论当时着重分析研究信息传递过程中的数学关系，而不涉及过程内在的物理、化学、生物或其他方面的现象。随后这一理论很快被运用到工程学、管理学、数学、生理学与医学等领域，形成许多交叉学科，推动了科学技术的不断发展。当人们应用这些原理和方法来分析、研究动物体内多种功能的调节过程时，发现它们与工程技术的控制过程有许多共同的规律。按控制论原理分析动物体内的调控活动，可将其分为3类控制系统(control system)，即非自动控制系统、反馈控制系统和前馈控制系统。

1.5.1 非自动控制系统

非自动控制系统(non-automatic system)是一个“开环”系统(open-loop system)。在这个系统内控制方式是单向的，即仅由控制部分(如神经中枢、内分泌腺)对受控部分(如效应器、靶细胞)发出指令，受控部分即按指令发生活动或停止活动；而受控部分的活动不能反馈改变控制部分的活动。这种控制方式在正常生理功能的调节中比较少见，仅在体内反馈控制系统受到抑制时才表现出来。例如，正常情况下当血液中糖皮质激素浓度增高时，糖皮质激素与腺垂体(控制部分)特异性受体结合，使腺垂体促肾上腺皮质激素(促使肾上腺皮质合成、分泌糖皮质激素等)释放减少或停止，从而使糖皮质激素浓度下降，维持于正常水平(见第10章)。以上为负反馈调节作用。但当应激(stress)增强时，可能由于下丘脑神经元和腺垂体对血液中糖皮质激素的敏感性减弱，上述糖皮质激素的负反馈调节作用失效，促肾上腺皮质激素继续分泌，从而使糖皮质激素浓度远远超过正常水平。在这种情况下，刺激决定着反应，而反应不能改变控制部分的活动。这种控制系统无自动控制的能力，在体内并不多见，不做详细讨论。

1.5.2 反馈控制系统

如图1-1所示，反馈系统是由比较器、控制系统、受控系统组成的一个闭环系统(closed-loop system)。控制系统发出信号，指令受控系统发生活动，输出变量反映受控系统的活动情况，经监测装置检测后转变为反馈信息，回输到比较器，比较器将此信息与系统原先设定的参考信息(标准信息)进行比较，比较后产生的偏差信息及时改变控制系统的活动，从而由控制系统发出控制信息对受控系统的活动进行调节。如此，在控制系统和受控系统之间形成一种闭环联系。

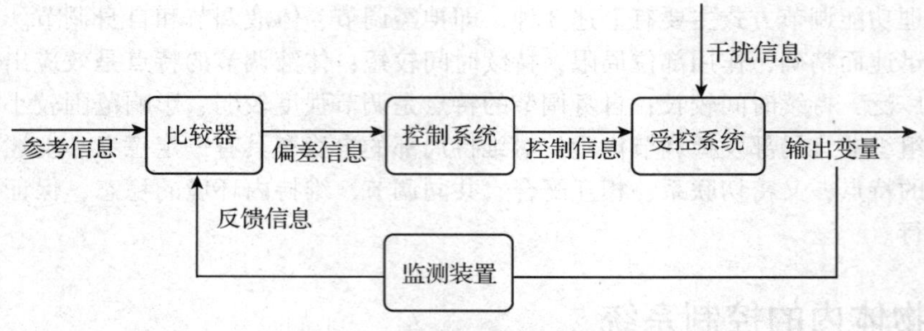

图1-1 反馈控制系统模式图

在反馈控制系统中，反馈信号对控制系统的活动可产生不同的影响，如果来自受控系统的反馈信息影响控制系统，使其向相反方向调节受控系统的活动，这种调节方式称为负反馈(negative feedback)；相反，如果反馈信息影响控制系统，使其向相同方向调节受控系统的活动，这种调节方式则称为正反馈(positive feedback)。

在正常生理情况下，体内的控制系统绝大多数都属于负反馈控制系统，它们在维持机体内环境稳态中起重要作用。例如，当由于某种原因(干扰信息)使心脏活动加强、外周血管收缩而导致动脉血压高于正常时(输出变量增大)，颈动脉窦和主动脉弓压力感受器(监测装置)立即将这一信息(反馈信息)通过传入神经反馈到心血管中枢(控制系统)，进而使受控系统(心脏、外周血管)的活动发生相应改变，具体表现为心搏频率减慢，心脏输出血量减少，同时外周血管舒张，于是动脉血压向正常水平恢复(见第4章)。可见，负反馈控制系统的作用是使系统保持稳定、平衡，因而是可逆的过程。正常机体内，激素分泌、血糖、血压、呼吸、体温等的相对稳定也都是通过负反馈调节实现的。

在正反馈情况时，反馈控制系统则处于再生状态。与负反馈相反，正反馈不可能维持系统的稳定或平衡，而是打破原来的平衡状态。体内的正反馈控制系统远较负反馈控制系统少，但在血液凝固、排泄和分娩等生理活动中，正反馈调节具有重要的生理意义。正反馈系统一般不需要干扰信息就可以进入再生状态。例如，当膀胱尿液充盈到一定程度时，感受器兴奋并将此信息通过传入神经传至排尿中枢，而后冲动经传出神经引起膀胱逼尿肌收缩、内括约肌松弛，使尿液排入后尿道。尿液对尿道的刺激可进一步加强排尿中枢的活动，使排尿反射一再加强，直至尿液排完为止(见第8章)。除以上情况外，正反馈系统也可因干扰信息而触发再生，分娩过程就是实例之一。例如，临近分娩时，某些干扰信息会诱发子宫收缩，子宫收缩导致胎儿头部下降并牵张宫颈，宫颈受到牵张刺激可反射性地引起催产素(促进妊娠子宫收缩)分泌增加，从而进一步加强宫缩，使胎头继续下降，此时宫颈进一步受到牵张，宫颈的牵张再加强宫缩，如此反复，直至胎儿娩出为止。从以上可见，正反馈不同于负反馈。负反馈是可逆的过程。而正反馈则是一种不可逆的、不断增强的过程。

1.5.3　前馈控制系统

动物体内除反馈控制系统外，还存在前馈控制系统(feed-forward control system)。如图 1-2 所示，当控制系统发出信号，指令受控系统发生某一活动时，受控系统不发出反馈信息，而是由某一监测装置在受刺激后发出前馈信息(feed forward)作用于控制系统，使其及早做出适应性反应，及时调控受控系统的活动。

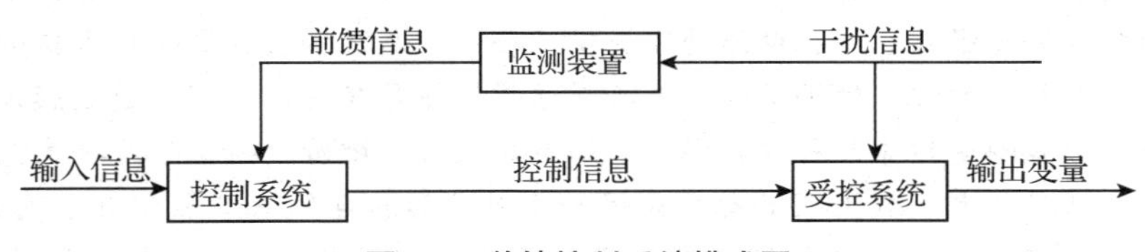

图 1-2　前馈控制系统模式图

条件反射是一种前馈控制系统活动。例如，在食物进入口腔之前(受控系统没发出反馈信息或未发出反馈信息前)，动物只是见到食物的形状或嗅到食物的气味(刺激监测装置发出前馈信息)，通过控制系统(唾液分泌中枢)发出指令到受控系统(唾液腺)，就可以引起唾液等的分泌。这比食物进入口腔中再引起唾液分泌发生得更早，它可使机体的反应更具有预见性和适应性。

与前馈控制相比，反馈控制存在滞后、缓慢和易发生波动的缺陷。因为控制部分要在接到受控制部分活动的反馈信息后才发出纠正受控制部分活动的指令，常需要较长的时间反馈调节才发生作用，所以总是要滞后一段时间才能纠正偏差，而且纠正偏差时往往容易“矫枉过正”使受控制部分的活动出现较大的波动。可见，前馈控制系统可以避免负反馈调节矫枉过正产生的波动和反应的滞后现象，使调节控制更快捷、更准确。

(周定刚)

复习思考题

1. 动物生理学可以从哪些层面进行研究?
2. 举例评价动物生理学的几种实验方法。
3. 动物的生命活动具有哪些基本特征?
4. 机体内环境稳态的维持有何生理意义?
5. 比较正反馈、负反馈与前馈之间的异同及生理意义。

第 1 章

第 2 章

细胞的基本功能

本章导读

细胞是除病毒以外生物体的基本结构和功能单位。细胞和分子生理学揭示了生命活动普遍的基本过程。生物膜因为其特有的结构和位置，发挥屏障和门户等重要功能。在易化扩散、主动转运、细胞间通道及出胞入胞作用中，各种膜蛋白扮演着关键性角色。主动转运所建立起来的势能储备给吸收和重吸收、细胞电活动等提供了条件，是机体最重要的物质转运形式。通过细胞间通信能实现机体的统一协调活动。而跨膜信号转导是其关键环节，通过膜通道、G 蛋白耦联受体和酪氨酸激酶受体等几种方式实现。细胞的生长、增殖、凋亡与保护是机体的基本生命过程。细胞电活动是大多数生理活动的前提和基础。静息电位基本上相当于细胞静息时 K^+ 外流形成的跨膜平衡电位。可兴奋细胞受到阈刺激或阈上刺激时，膜去极化并达到阈电位水平，爆发动作电位。组织细胞兴奋后兴奋性变化的各期对应依从于动作电位的各时相。动作电位具有"全或无"和不衰减性传导等特点。它在无髓神经纤维和骨骼肌细胞上通过连续的局部电流方式传导，在有髓神经纤维则呈跳跃式传导。单个阈下刺激可引起局部反应，可以通过总和效应产生动作电位。局部电位在感受器活动、突触传递及平滑肌收缩等过程中发挥独特作用。

肌细胞的兴奋与收缩需在中枢神经系统控制下完成，是依赖于神经-肌肉接头处的兴奋传递、兴奋-收缩耦联、肌节内粗肌丝和细肌丝相互滑行的协调活动。

本章重点与难点

重点：跨膜物质转运、静息电位和动作电位、横纹肌收缩。

难点：跨膜信号转导、动作电位产生机制、肌丝滑行学说。

动物门类繁多、结构复杂。细胞是除病毒外生物体的基本结构和功能单位。机体内所有生理功能和生化反应都是以细胞及其产物为结构和物质基础的。离开细胞及其分子结构，很难深入阐明机体各系统、器官功能活动的机制。

2.1 细胞膜的结构和跨膜物质转运

细胞膜(cell membrane)是细胞表面一层连续而封闭的界膜，厚 7~8 nm，又称质膜(plasma membrane)。它将细胞内容物与细胞外液分隔，也是细胞与周围环境进行物质交换、能量转换及信息传递的门户。

膜的 3 层结构被认为是细胞中普遍存在的基本结构，统称单位膜(unit membrane)或生物膜(biomembrane)。细胞内部的膜性结构围成各种细胞器，实现细胞内空间上的区域化和功能上的有序化。生物膜的功能是由膜的分子组成和结构决定的。

2.1.1　细胞膜的分子结构

动物细胞属于真核细胞，直径为 10~100 μm，结构较为复杂。除细胞膜外，还有各种膜结构的细胞器（如内质网、线粒体、高尔基体、溶酶体等）和非膜结构的细胞器（如核糖体、微管、微丝等），以及具有核膜的真正细胞核。

在电子显微镜下分为 3 层的各种膜性结构主要由脂类、蛋白质和糖类等物质组成，一般都是以蛋白质和脂质为主，糖类只占极少量。例如，在红细胞膜中，蛋白质约占膜干重的 52%，脂类占 40%，糖类占 8%。若以分子数量计，脂类是蛋白质的 100 倍以上。

尽管目前还没有一种能直接观察膜分子结构的较方便技术和方法，桑格（Jon Singer）和尼克尔森（Garth Nicholson）1972 年提出的“流动镶嵌模型（fluid mosaic model）”得到较多实验事实支持并被大多数人所接受。这一假想模型的基本内容是：膜以流动的脂质双分子层（lipid bilayer，简称脂质双层）为基本骨架，蛋白质镶嵌在其中，糖分子在膜外表面与脂质或蛋白质结合（图 2-1）。

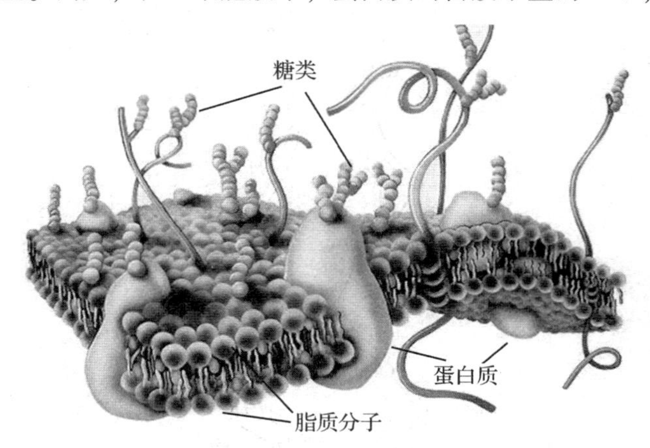

图 2-1　细胞膜的流动镶嵌模型

（1）*脂质双分子层构成细胞膜的骨架和物质交换的屏障*

脂质主要包括磷脂类、胆固醇和鞘脂类 3 种。磷脂是构成膜脂的基本成分，约占 70% 以上，胆固醇一般低于 30%。不同细胞或同一细胞不同部位的膜结构中，脂质的成分和含量各有不同；双分子层的内外两层所含的脂质也不尽相同。

磷脂分子都是双嗜性分子（amphipathic molecule），主要特征是有 1 个极性头和 2 个非极性的尾，使脂类在水相中形成团粒或片状双层结构。人工形成的膜囊，称为脂质体（liposome），似人造的细胞空壳，有很大的理论研究和实用价值。甘油磷脂以甘油为骨架，在骨架上结合 2 个脂肪酸链和 1 个磷酸基团，胆碱、乙醇胺、丝氨酸或肌醇等碱基分子借磷酸基团连接到脂分子上，构成磷脂酰胆碱（卵磷脂）、磷脂酰乙醇胺（脑磷脂）、磷脂酰丝氨酸及磷脂酰肌醇（图 2-2）。含量相当少的磷脂酰肌醇几乎全部分布在膜的胞质侧，与细胞接受外界影响、并把信息传递到细胞内的过程有关。

胆固醇含量在两层脂质中无大差别；功能是提高脂双层的力学稳定性，即胆固醇含量越多，流动性越小，并降低水溶性物质的通透性。在缺少胆固醇的培养基中，不能合成胆固醇的突变细胞株会很快发生自溶。

鞘脂类在脑和神经细胞膜中特别丰富，也称神经醇磷脂。它的基本结构和磷脂类似，但不含甘油，以鞘胺醇为骨架，与一条脂肪酸链组成疏水尾部，亲水头部也含胆碱与磷酸。

脂质的熔点较低，在一般体温条件下膜具有某种程度的流动性。脂质双分子层在热力学上的稳定性和它的流动性，能够说明为何细胞可以承受相当大的张力和外形改变而不致破裂，而且即使膜结构有时发生一些较小的断裂，也可以自动融合修复，仍保持连续的双分子层的形式。当然，膜的这些特性还同膜中蛋白质和膜内侧某些特殊结构（如细胞骨架）的作用有关。膜的流动性一般只允许脂质分子在同一分子层内做横向运动，而在同一分子层内做掉头运动或

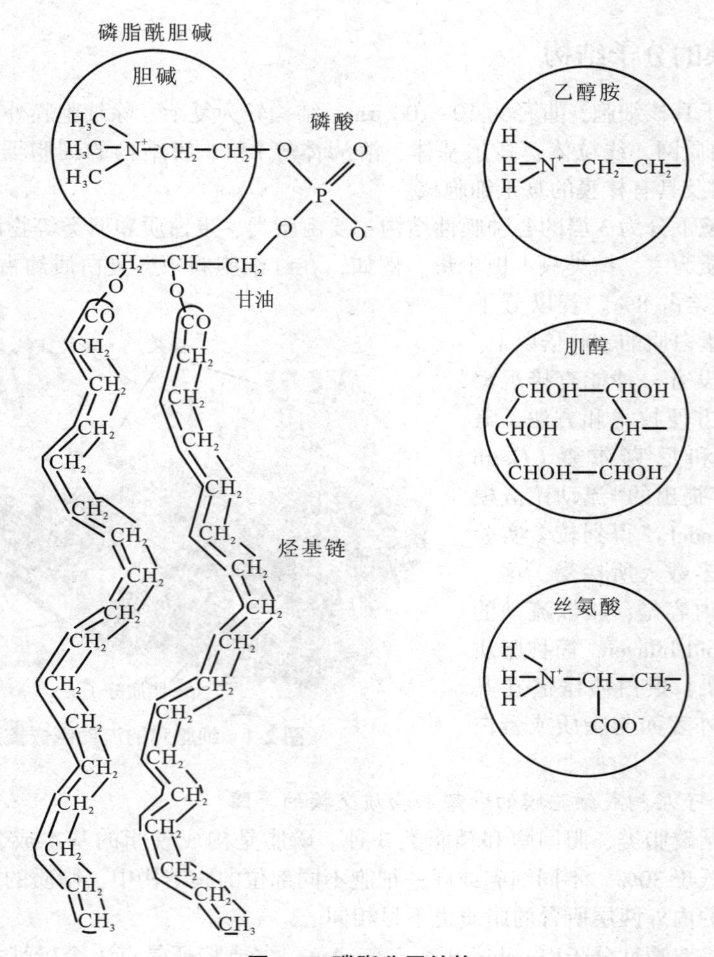

图 2-2 磷脂分子结构

由一侧脂质层移到另一侧脂质层是不容易或要耗能的。

(2)膜蛋白质的种类和数量决定了细胞功能的复杂程度

膜蛋白分子大小不同，形态各异，种类很多。根据膜上蛋白质与脂质结合方式的不同，它可分为表面膜蛋白和整合膜蛋白。表面膜蛋白(peripheral membrane protein)也称外在膜蛋白，占膜蛋白总量的20%~30%，位于脂质双层的内外两侧，借助其肽链中带电的氨基酸残基或基团与脂质极性基团相互吸引。整合膜蛋白(integral membrane protein)或称内在膜蛋白分子的肽链可以一次或反复多次贯穿整个脂质双层，疏水的α螺旋正好与膜内疏水性烃基相吸引，肽链两端露在膜的两侧。它占膜蛋白总量的70%~80%。

根据功能的不同，又将膜蛋白分为运输蛋白、受体蛋白、抗原标志蛋白等。运输蛋白包括载体蛋白、通道蛋白和离子泵等，可以帮助非脂溶性的小分子物质和离子进行跨膜转运。受体蛋白可以接受环境中的特异刺激或信号，将其传入细胞内，从而使细胞功能活动发生变化。抗原蛋白在细胞表面起着“标志”的作用，供免疫系统识别。

由于脂质双分子层具有流动性，镶嵌在其中的蛋白质可移动，即蛋白质分子可以在膜脂分子间横向漂浮移位。不同细胞膜中的不同蛋白质分子的移动和所在位置存在着精细的调控机制。例如，骨骼肌细胞膜中与神经肌肉间信息传递有关的通道蛋白质分子，通常都集中在肌细胞膜与神经末梢分布相对应的那些部分(终板膜)；而在肾小管和消化管上皮细胞，与管腔相对的膜和其余部分膜所含蛋白质种类大不相同。说明各种功能蛋白质分子实际存在区域性分布，显然同蛋白质完成其特殊功能有关。膜内侧的细胞骨架可能对此起重要作用。

(3)糖类的特殊作用

细胞膜所含糖类占 2%~10%，主要是一些寡糖和多糖链，它们都以共价键与膜脂质或蛋白质结合，以糖脂(glycolipid)和糖蛋白(glycoprotein)的形式存在，呈树枝状伸向细胞膜的外表面。糖蛋白和糖脂的结构多样化，使细胞之间借此进行识别和信息交换，也是细胞具有各自抗原性及血型的分子基础。例如，人的红细胞 ABO 血型系统中，红细胞的不同抗原特性就是由结合在膜脂质或膜蛋白的鞘氨醇分子上的寡糖链所决定的，A 型抗原和 B 型抗原的差别仅在于此糖链中一个糖基的不同。由此可见，生物体内不仅是多聚核苷酸中的碱基排列顺序和肽链中氨基酸的排列顺序可以起“分子语言”的作用，而且有些糖类物质中所含糖基序列的不同也可起类似的作用。另外，有些糖蛋白和糖脂作为膜受体的可识别部分，能特异性地与某种递质、激素或其他化学信号分子相结合；还可能与细胞免疫、细胞黏附、细胞癌变等方面有密切关系。

2.1.2　跨膜物质转运

膜作为屏障有效地分隔着细胞内外成不同的状态，细胞维持新陈代谢和发挥生理功能又必须同环境不间断地进行物质交换。细胞膜具有选择通透性(permeability)，巧妙地解决了这对矛盾。选择通透性，即不同物质通过细胞膜的难易程度有很大区别。因此，生物膜又称半透膜(semipermeable membrane)。根据物质进出细胞是否需要细胞本身供能，将小分子和离子的跨膜转运分为被动转运和主动转运两大类(图 2-3)。大分子或团块物质则借助更为复杂的出胞、入胞作用通过细胞膜，有时也被归入广义的主动转运。

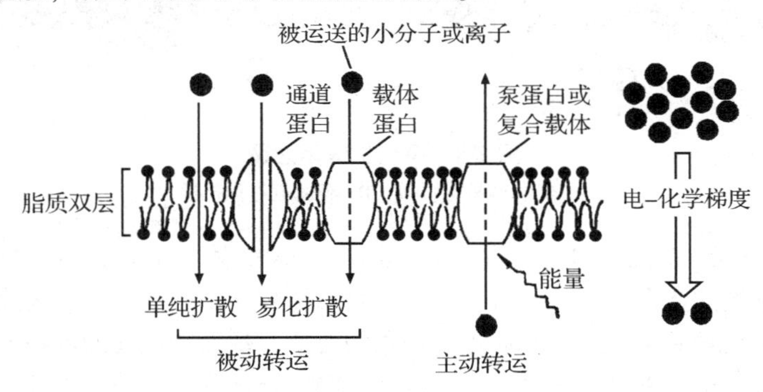

图 2-3　被动转运与主动转运示意图

2.1.2.1　被动转运

小分子和离子顺浓度梯度或/和电位梯度(二者都存在时合称电-化学梯度)进行转运称为被动转运(passive transport)，又称被动运输。该过程消耗了高浓度溶液的化学势能，是一种不需要细胞提供能量的自发过程。其结果最终使被转运物质在膜两侧浓度差消失。根据转运过程中是否需要膜蛋白的帮助，被动转运又分为单纯扩散和易化扩散。

(1)单纯扩散

脂溶性物质或极性小分子由膜的高浓度一侧向低浓度一侧的净移动，称为单纯扩散(simple diffusion)，它被认为是单纯的物理过程，无须膜蛋白帮助，是分子热运动即布朗运动的结果，也称简单扩散。

扩散的速度主要和两个因素有关：一是细胞膜两侧物质的浓度梯度成正比关系；二是细胞膜对于该物质的通透性。温度和扩散面积也会影响转运通量(flux)。在生物体系中，脂溶性的小分子，如氧气(O_2)、二氧化碳(CO_2)、氮气(N_2)、一氧化氮(NO)、一氧化碳(CO)可以很快透过脂质双分子层；不带电荷的极性小分子，如类固醇激素、乙醇、尿素、甘油等也可以透过；水分子由纯溶剂(或稀溶液)向溶液(或浓溶液)单方向的净扩散现象称为渗透(osmosis)，可理解为特殊形式的扩散。脂质双层对水的通透性很低，某些组织对水的通透性很大是膜上存在水通道的缘故。

显然，细胞的物质转运过程中单纯扩散现象少。绝大多数情况下，物质是通过膜蛋白帮助来转运的。

(2)易化扩散

非脂溶性的小分子物质(如葡萄糖、氨基酸)或带电离子在跨膜蛋白的帮助下，顺浓度梯度或/和电位梯度的跨膜转运，称为易化扩散(facilitated diffusion)，又称协助扩散。根据起帮助作用膜蛋白的结构和工作原理不同，易化扩散可分为经载体易化扩散和经通道易化扩散两种方式(图2-4)。

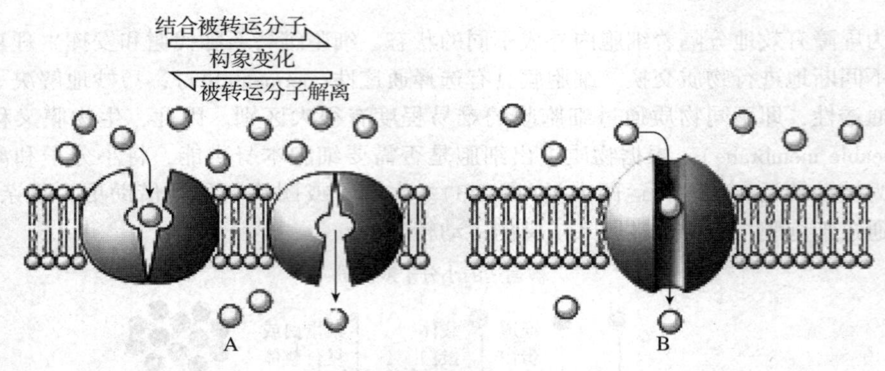

图2-4 易化扩散示意图

A. 经载体易化扩散；B. 经通道易化扩散

①经载体易化扩散(facilitated diffusion via carrier) 膜载体(carrier)又称转运体(transporter)，为贯穿脂质双分子层的蛋白质，它们有与被转运物质特异性结合的位点。膜载体与膜高浓度一侧的某种物质分子结合后，即发生载体蛋白构象的改变，从而能在膜的低浓度一侧释放出被结合的物质；然后载体构象恢复，又可以在高浓度一侧结合该物质分子；如此循环往复，直至其膜两侧浓度相等。也有人提出过类似船载人过河的“摆渡”模型。在转运中载体蛋白质并不消耗，可以反复使用。许多重要的营养物质(如葡萄糖、氨基酸、核苷酸等)都是以载体转运方式跨膜的。经载体易化扩散的速率为转运分子或离子数200~50 000个/s。

载体转运的特点是：a. 高度特异性，一种载体只能转运某种特定结构的物质，如葡萄糖载体(glucose transporter)对相同浓度的右旋葡萄糖转运速度明显快于左旋葡萄糖，对木糖则不转运。b. 饱和现象(saturation)，膜载体的数目是一定的，在一定限度内转运速率同物质浓度成正比；如超过一定限度，再增加浓度，因所有载体及其结合位点都处于活动状态，转运速率却不再增加。c. 竞争性抑制(competitive inhibition)现象，是由于同样能被转运的不同物质竞争结合位点所致。

②经通道易化扩散(facilitated diffusion via channel) 通道(channel)是贯穿脂质双层的另一类蛋白质，具有允许离子大量快速通过的水相孔道，又称离子通道(ion channel)。通道普遍为有闸门(gate)的门控通道，通道开放时离子转运速率可达 $10^6 \sim 10^8$ 个/s；少数为没有闸门的非门控通道(又称漏通道)，如静息期开放的慢 K^+通道。

通道转运具有相对特异性、无饱和现象、有门控特性 3 个特点。通道对离子的选择性决定于通道开放时它的水相孔道的几何大小和孔道壁的带电情况，没有载体那样严格。根据其选择性，通道可分为 Na^+通道、K^+通道、Cl^-通道、Ca^{2+}通道和非特异性阳离子通道等。生物体中通道蛋白质有多种，如 Ca^{2+}通道有 3 种，K^+通道达 7 种以上，这与细胞在功能活动和调控方面的复杂化和精密化相一致。通道通常是由蛋白质分子中若干亚单位，如烟碱型乙酰胆碱化学门控通道又称 N_2 型乙酰胆碱通道(N_2-ACh)通道(图 2-5)，或结构域围成的贯穿膜的中空的管道样构象，内部的某些基团起到了类似闸门的作用，它的位置决定了通道的功能状态。根据引起通道开放或关闭的动因不同，通道又可分为电压门控通道(如 Na^+通道)、配体门控通道(如 N_2-ACh 通道)(图 2-6)和机械门控通道等。电压门控通道(voltage-gated ion channel)是由细胞膜两侧电位差变化来控制开关的，又称电压依赖性通道。配体门控通道(ligand-gated ion channel)又称化学门控通道，是通过某种化学物质与细胞膜上特殊蛋白质结合使通道状态发生改变。机械门控通道(mechanically-gated ion channel)则是通过机械作用引起膜变形来控制其开关。

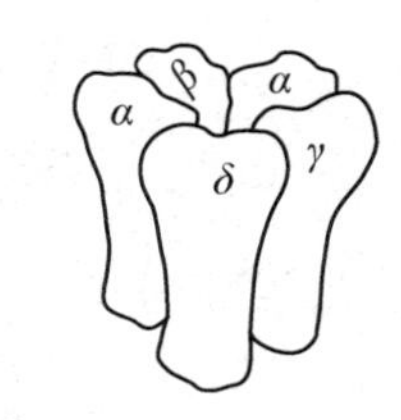

图 2-5 N_2-ACh 通道

Na^+通道有备用(静息)、激活和失活 3 种状态(图 2-7)。细胞在安静状态下，膜上的 Na^+通道通常关闭，即处于备用(静息)态；当接受一定刺激(如电刺激)时，Na^+通道 m 门打开，称为激活(activetion)，瞬间导通，Na^+顺电-化学梯度大量内流；然后，Na^+通道因 h 门时间依赖性关闭，处于失活态。此时，Na^+通道不能马上被激活，必须先转为备用态(复活)后才能被激活。膜上 Na^+通道表现出群体效应，是兴奋性和动作电位的物质基础。

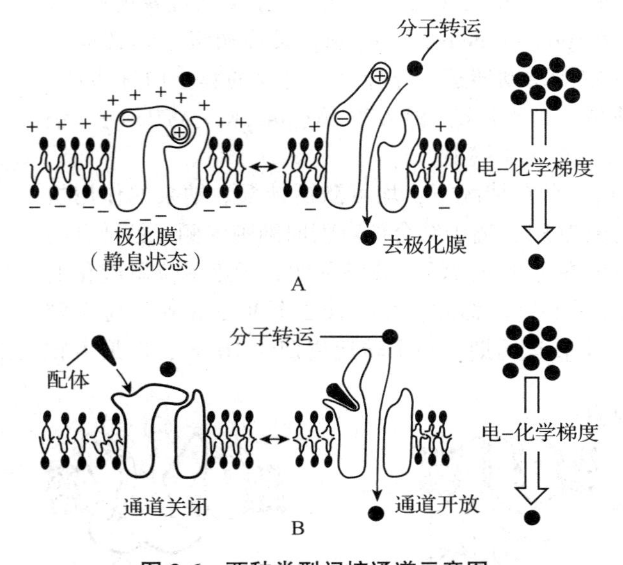

图 2-6 两种类型门控通道示意图

A. 电压门控通道；B. 配体门控通道

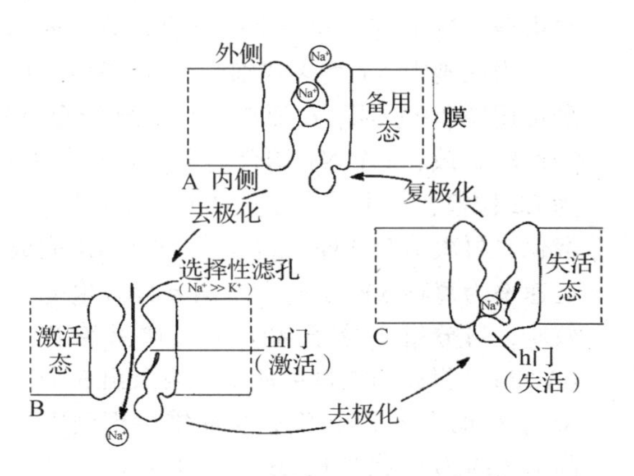

图 2-7 Na^+通道开关的主要情况

相应地，一些物质分子与通道蛋白结合可以封闭通道，称为通道的阻断剂。例如，河豚毒素、四乙胺和维拉帕米分别是Na^+、K^+和Ca^{2+}通道的阻断剂。细胞膜中除离子通道外，还存在水通道(water channel)即水孔蛋白(aquaporin，AQP)，并认为是水分子跨膜转运的重要方式。哺乳动物红细胞、肾小管、集合管、肺泡等处存在十多种水通道蛋白，转运速率可达2×10^9个/s。

从生理意义上看，带电离子跨膜移动时，移动本身形成跨膜电流，即离子电流(ion current)，造成膜两侧电位的改变；而像Ca^{2+}入胞会引起该通道所在细胞的功能改变等。因此，具有转换信息作用，是细胞环境因素影响细胞功能活动的一种方式。

③细胞间通道　组织学上称为缝隙连接(gap junction)处存在另外一种类型的通道，相邻两细胞的膜仅相隔2.0~3.0 nm，两细胞膜由一组六角形的亚单位接通。这种可直接进行两细胞胞质内物质交换的通道称为细胞间通道(intercellular channel)(图2-8)。细胞间通道多见于肝细胞、心肌细胞、肠平滑肌细胞和一些神经细胞之间。细胞间通道的存在有利于功能相同而又紧密接触的一组细胞之间进行离子、营养物质及信息物质的沟通，实现同步性活动，也是电突触的结构基础。

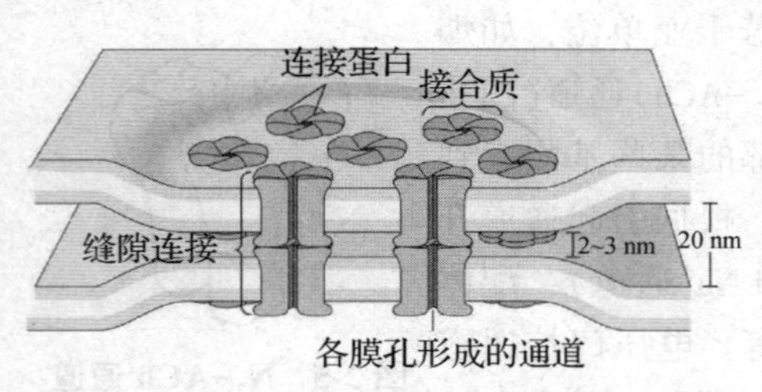

图2-8　细胞间通道示意图

某些物质在质膜两侧存在明显的浓度差，是进行被动转运的前提，而这是通过膜的主动运输系统建立的。

2.1.2.2　主动转运

主动转运(active transport)是指在膜蛋白的帮助下细胞通过本身的耗能过程，将小分子和离子逆浓度梯度或/和电位梯度进行跨膜转运的过程。根据细胞膜对物质转运的能量是直接还是间接利用细胞代谢产生的腺嘌呤核苷三磷酸(简称三磷酸腺苷，ATP)，可将主动转运分为原发性主动转运和继发性主动转运两类。一般所说的主动转运是指原发性主动转运。

(1)原发性主动转运

细胞分解ATP在特殊膜蛋白(泵蛋白)的协助下，将某些物质分子或离子逆浓度梯度或/和电位梯度跨膜转运的过程称为原发性主动转运(primary active transport，又称初级主动转运)。研究最多、最充分的原发性主动转运是Na^+和K^+的主动转运。介导这一过程的膜蛋白称为钠-钾泵(Na^+,K^+ pump或Na^+-K^+ pump)，简称钠泵，本质是钠-钾ATP酶(Na^+,K^+-ATPase)。钠泵由催化亚单位α和一个糖蛋白β以二聚体形式存在于膜上。

当细胞内Na^+增多或细胞外K^+增多，在Mg^{2+}存在情况下，均可激活钠泵。钠泵的作用机理可用图2-9说明：α亚单位与ATP结合时构象为E1，离子结合位点朝向细胞内侧，已结合的2个K^+释放，3个Na^+结合上来；α亚单位ATP酶活性被激活，分解ATP，α亚单位磷酸化变为E2构象，离子结合位点朝向细胞外侧，已结合的Na^+释放，并结合2个K^+；α亚单位去磷酸化，再次结合ATP，构象E2变回E1完成一个转运周期。一个转运周期约10 ms，即最大转运速率为每秒500个离子。钠泵具有生电效应，每分解1分子ATP为二磷酸腺苷(ADP)，释放的能量可从细胞内泵出3个Na^+，同时泵入2个K^+，从而维持细胞内高K^+(约为细胞外的39倍)和细胞外高Na^+(约为细胞内的12倍)的不均衡离子分布(图2-10)。内源性毒毛旋花苷(哇巴

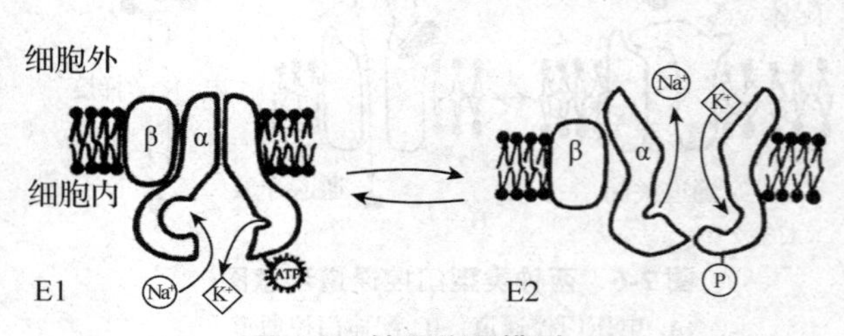

图2-9　钠泵作用模型

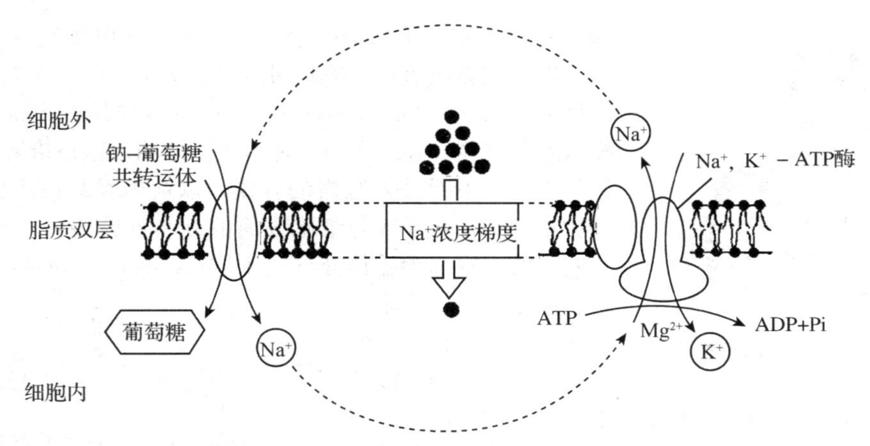

图 2-10　原发性主动转运和继发性主动转运示意图

因，ouabain）是一种类固醇类肾上腺皮质激素，作为内源性的洋地黄物质，可阻断钠泵活动。

据估计哺乳动物细胞代谢所获能量的 20%～30%用于钠泵的转运，功能活跃的神经细胞可达 70%。钠泵活动具有重要的生理意义：①细胞内高 K^+水平是许多代谢反应进行的必需条件。②维持细胞正常的渗透压和形态所必需。③建立起离子势能贮备维持并参与形成细胞膜的静息电位，是细胞具有兴奋性的基础。在特定条件下，Na^+和 K^+通过各自的离子通道顺电-化学梯度被动转运，从而产生动作电位。④可供细胞的其他耗能过程利用，如许多物质的继发性主动转运。

除钠-钾泵外，体内类似的还有钙泵（钙 ATP 酶）、质子泵（H^+-K^+ ATP 酶、氢泵）等，分别与肌细胞收缩和胃酸分泌、肾脏排酸等生理活动有关。临床上治疗胃溃疡和十二指肠溃疡的奥美拉唑为质子泵抑制剂。

（2）继发性主动转运

继发性主动转运（secondary active transport）又称次级主动转运，一些物质在共转运体（或称复合载体）的帮助下逆电-化学梯度转运，所需能量不是直接来自 ATP 的分解，而是来自原发性主动转运机制所建立的膜内外 Na^+（或 H^+）的势能储备（图 2-10）。被转运物质和 Na^+（或 H^+）向同一方向的转运，称为同向协同转运（symport concerted transport），如葡萄糖、氨基酸的吸收和重吸收；被转运物质和 Na^+（或 H^+）向相反方向的转运，称为反向协同转运（antiport concerted transport），又称逆向协同转运，如 Na^+-H^+交换和 Na^+-Ca^{2+}交换等，此复合载体称为逆向转运体或交换体（exchanger）。

2.1.2.3　膜泡运输

大分子或物质团块不能直接穿越细胞膜，需经过细胞膜复杂的活动进行跨膜转运，称为膜泡运输（vesicular transport）。其中，将物质转运到细胞内的过程，称为入胞作用（endocytosis），也称内吞作用、内化（internalization）；以分泌囊泡的形式将物质转运到细胞外的过程，称为出胞作用（exocytosis）、胞吐或外排作用（图 2-11）。出胞作用主要见于消化腺细胞分泌消化酶、内分泌腺分泌激素、神经末梢释放递质等。细胞内物质通过内质网-高尔基系统生成，裹入形成分泌囊泡，然后与细胞膜接触、融合并向外释放被裹入的物质。在分泌泡与质膜融合这一关键步骤中，由胞外进来的 Ca^{2+}起到了重要作用。出胞有持续性出胞（如小肠分泌黏液）和调节性出胞（受激素或神经等诱导）两种。

入胞作用分为两种：吞噬和吞饮。被转运物质以固态形式进入细胞的过程，可形成大的囊

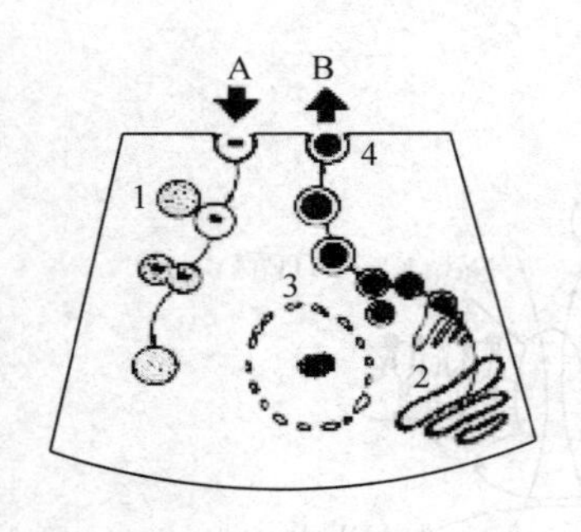

图 2-11 膜泡运输示意图

A. 入胞；B. 出胞

1. 细胞膜内陷将物质团块包裹形成小泡；2. 小泡经过粗面内质网形成分泌物；3. 分泌物向高尔基体移行过程中包裹上膜性结构形成囊泡；4. 囊泡膜与细胞膜融合破裂，分泌物排出

泡，称为吞噬作用(phagocytosis)，如某些白细胞吞噬杀灭细菌。以小的囊泡形式将细胞周围的微滴状液体吞入细胞内的过程称为吞饮作用(pinocytosis)，又称胞饮作用，吞饮又包括液相入胞和受体介导式入胞两种形式。液相入胞是指溶质连同细胞外液连续不断进入胞内的吞饮。以被内吞物(配体)，如一些激素、生长因子等与细胞表面的专一性膜蛋白(受体)结合为起始的入胞称为受体介导式入胞(receptor-mediated endocytosis，图 2-12)。受体介导式入胞是一种专一性很强的内吞作用，能使细胞选择性地摄入大量的专一性配体，而无须像液相入胞那样摄入体积相当大的细胞外液，转运效率高。动物细胞摄取低密度脂蛋白的过程就是通过这种形式实现的。

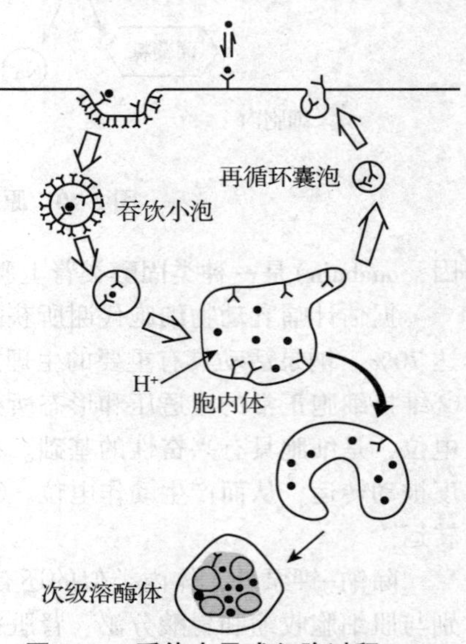

图 2-12 受体介导式入胞过程

入胞作用和出胞作用都伴随着膜的复杂运动，都需要消耗能量。同一细胞发生的这两种作用还存在膜的循环利用。因此，即使功能强大的吞噬细胞，在人工培养液中 1 h 累积吞入胞质的膜面积达原细胞膜总面积的 50%~200%，但细胞膜总面积并无明显改变。

通过对细胞跨膜物质转运过程的学习，有助于掌握细胞间信息传递、生物电现象等生理机制，理解诸如神经递质释放、细胞分泌、小肠吸收、肾小管重吸收等生理功能。

2.2 跨膜信号转导

机体在正常的新陈代谢过程中，除了物质和能量的交换外，还要接受环境中各种条件的刺激，并且必须具有稳态平衡的能力。这就有赖于细胞间通信。跨膜信号转导是细胞间通信的关键环节。

2.2.1 细胞间通信

多细胞生物是一个统一的整体，细胞之间互相影响、协同活动是每时每刻都在发生的。例如，神经调节中需要从一个神经细胞到另一个神经细胞，最后到效应器(如骨骼肌)的兴奋传递；内分泌腺体分泌激素(可理解为腺细胞的兴奋)也要经过体液运送到靶细胞才能发挥作用。细胞间信息传递即细胞间通信(cell to cell communication)，是指细胞经过精巧而复杂的信息网络，协调细胞之间代谢与功能的信息传输。细胞间通信包括直接通信和间接通信。

2.2.1.1 直接通信

离子和化学信使通过细胞间通道(缝隙连接)到达另一细胞起调节作用，以实现同步性活动的细胞通信称为直接通信(direct communication)。其中，无化学递质参与的直接电联系称为电突触(electrical synapse)。电突触不仅存在于无脊椎动物，也存在于哺乳动物的脊髓、海马、下丘脑、嗅脑及视网膜的感光细胞和其他细胞之间，以及肝细胞、心肌细胞和内脏平滑肌等。

2.2.1.2　间接通信

间接通信(indirect communication)是指细胞以分泌多种化学物质作为信息载体，以体液为媒介在细胞间传输信息的联系方式，也称化学传递(chemical transmission)。根据化学信息如何到达靶细胞，化学传递有远距分泌(或称经典内分泌)、突触传递、神经内分泌、旁分泌和自身分泌等几种类型(图 2-13)。间接通信是高等动物细胞间通信的主要方式，不仅能远距离进行，还能使机体功能的调节更加多样、更加精确。

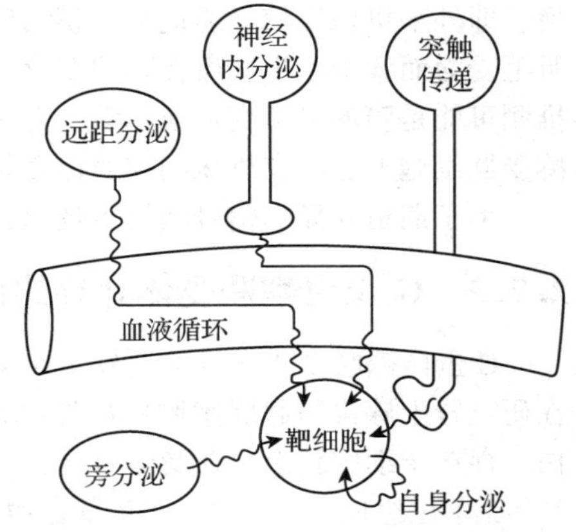

图 2-13　细胞间接通信的方式

生物体中存在多种多样的化学活性物质以及非化学性的外界刺激信号，但作用于相应的靶细胞时，都是通过为数不多、作用形式也较类似的途径来完成跨膜信号转导的；这些过程所涉及的蛋白质也为数不多，在生物合成上由几类特定基因家族所编码，各自的一级结构与功能都较为相似。这显然符合“生物经济”原则。

细胞外的各种信息常作用于细胞膜(脂类激素、甲状腺激素通过胞内受体起作用除外)，通过引起膜结构中一种或数种特殊蛋白质分子的变构作用，引起细胞内的代谢活动和功能发生变化，称为跨膜信号转导(transmembrane signal transduction，transmembrane signaling)。外来的、与受体相对应的信号分子称为配体(ligand)，主要包括神经递质、激素和细胞因子等。受体(receptor)是信号的接收者，本质上是蛋白质分子，往往为糖蛋白。受体有两方面的作用：一是识别结合配体；二是将配体的信号进行转换，传递至细胞内。受体发挥识别和信号转换作用时具有高度特异性、高亲和力、饱和性和可逆性等特点。

受体按照其在细胞的位置分为胞膜受体(membrane receptor)和胞内受体(intracellular receptor，包括胞质受体和核受体)两大类。根据受体的结构、接收信号的种类、转换信号方式的不同，胞膜受体又可分为离子通道型受体、G 蛋白耦联受体和酶联型受体 3 类。

2.2.2　离子通道介导的信号转导

如前所述，通道的门控特性为其发挥跨膜信号转导功能提供了多种可能。

(1)电压门控通道

在动物界，除了一些特殊的鱼类，一般不存在专门感受外界电刺激或电场变化的器官或感受细胞。但在体内有很多细胞，如神经细胞和各种肌细胞，在它们的细胞膜中却具有多种电压门控通道蛋白质。它们可由于同一细胞相邻的膜两侧的电位改变而出现通道开放，随之出现跨膜离子流，放大跨膜电位改变、引起细胞内功能变化。如 Na^+、K^+和 Ca^{2+}通道即属此类。

(2)配体门控通道

配体门控通道同时具有受体和离子通道功能，故称离子通道型受体(ion channel receptor)或促离子型受体(ionotropic receptor)。例如，在神经-肌肉接头处，当神经末梢有冲动到达时可释放乙酰胆碱(acetylcholine，ACh)，ACh 扩散通过接头间隙，与终板膜上 N_2-ACh 化学门控通道的 α 亚单位结合，打开通道使 Na^+和 K^+跨膜易化扩散，产生终板电位，进而激活相邻的一般肌细胞膜上的电压门控 Na^+通道爆发动作电位，完成跨膜信号传递。一些氨基酸类神经递质，包括谷氨酸、门冬氨酸、γ-氨基丁酸和甘氨酸等，主要通过类似机制影响其靶细胞。

(3)机械门控通道

体内存在不少能感受机械性刺激并引起自身功能改变的细胞。例如，内耳毛细胞顶部的听毛在受到切向力的作用产生弯曲时，毛细胞会出现短暂的感受器电位。这也是一种跨膜信号转换，即外来机械性信号通过某种膜结构内的过程，引起细胞的跨膜电位变化。据精细观察，从听毛受力而致听毛根部所在膜的变形到该处膜出现跨膜离子移动之间只有极短的潜伏期，因而推测可能是膜的局部变形或牵引，直接激活了附近膜中的机械门控通道。在血管平滑肌和某些感受器细胞上也存在机械门控通道介导的跨膜信号转导。

离子通道介导的信号转导表现出路径简单和速度快的特点。

2.2.3 G蛋白耦联受体介导的信号转导

G蛋白耦联受体介导的信号转导又称“第二信使学说”，1960年代萨瑟兰(Sutherland)等人在研究肾上腺素引起肝细胞中糖原分解为葡萄糖的作用机制时提出。G蛋白即鸟苷酸结合蛋白，存在于细胞膜上，在受体-G蛋白-第二信使系统中起中介作用。G蛋白通常由α、β和γ 3个亚单位组成，三聚体-GDP复合物呈失活态；α亚单位通常起催化作用，当G蛋白与被配体激活了的受体相遇时，α亚单位与先前结合的GDP分离而与一分子GTP结合，变为激活态。这时α亚单位-GTP复合物同βγ复合体分离，各自激活相应的下游效应器。G蛋白耦联受体又称促代谢性受体、七次跨膜受体，已知的有1 000多种。配体作为第一信使，结合并激活膜上G蛋白耦联受体，再结合、激活膜内相邻的G蛋白，进而激活G蛋白效应器酶或离子通道，把信号转导到细胞内部。G蛋白效应器是指G蛋白直接作用的靶标，包括效应器酶、膜离子通道和膜转运蛋白等。主要的膜效应器酶有腺苷酸环化酶(adenylyl cyclase，AC)、磷脂酶C(phospholipase C，PLC)、磷脂酶A_2(phospholipase A_2，PLA_2)和磷酸二酯酶(phosphodiesterase，PDE)等。效应器酶催化生成第二信使(second messenger)物质(如环磷酸腺苷，简称cAMP)，第二信使通过激活蛋白激酶或离子通道发挥信号转导的作用(图2-14)。

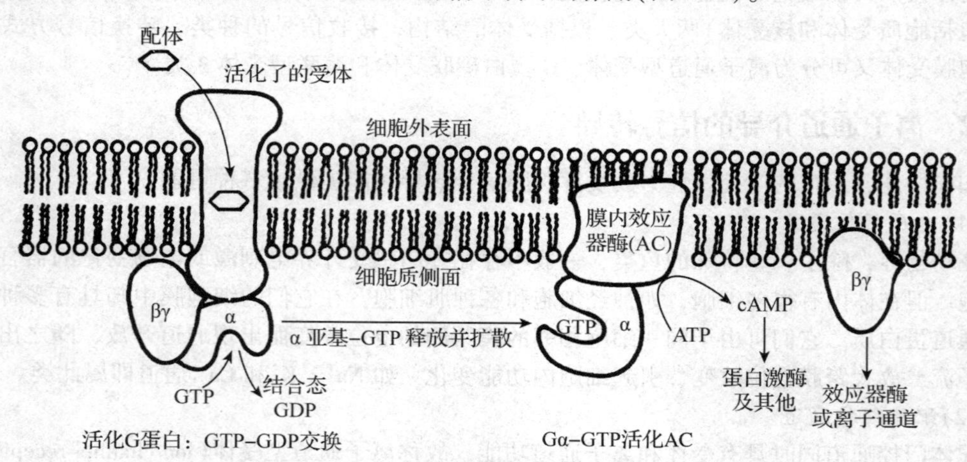

图2-14 受体-G蛋白-第二信使系统

(1)cAMP作为第二信使

膜效应器酶为AC时，第二信使为cAMP。参与该通路的G蛋白有Gs和Gi两类，分别起激活AC和抑制AC活性、提高或降低胞质中cAMP浓度的拮抗作用。如β-肾上腺素受体、抗利尿激素V_2受体等通过Gs激活AC，而α-肾上腺素受体、5-HT_1受体等激活Gi抑制AC。

cAMP 主要通过激活蛋白激酶 A(PKA)实现其信号转导功能。PKA 使底物蛋白磷酸化，进而使酶的活性、通道的活动状态、受体的反应性和转录因子的活性发生改变。PDE 可催化 cAMP 生成 5′-AMP 减弱或终止 cAMP 的信使分子作用。

(2)三磷酸肌醇和二酰甘油作为第二信使

有相当数量的外界刺激信号作用于受体后，可以通过另一种 G 蛋白 Gq 再激活 PLC，以膜结构中磷脂酰肌醇的磷脂分子为间接底物，生成两种分别称为三磷酸肌醇(IP_3)和二酰甘油(DG)的第二信使，影响细胞内过程，通过升高 Ca^{2+} 浓度或激活蛋白激酶 C(PKC)等而改变细胞生理功能。催产素、催乳素、某些下丘脑调节肽和 5-羟色胺等是通过这一途径发挥作用的。

(3)其他第二信使

第二信使还包括环磷酸鸟苷(cGMP)、Ca^{2+} 和钙调蛋白(CaM)、前列腺素等。

动物体内绝大多数肽类激素、除氨基酸类以外的神经递质(约有 50 种)都是主要以在靶细胞中产生第二信使类物质来完成跨膜信号传递的。受体已发现 100 多种，一种配体往往有多种受体。受体的存在说明引起靶细胞的生物效应不但与外来的化学物质有关，而且与细胞膜上存在的受体类型有很大关系。

上述两种主要的跨膜信号传递方式之间并不是绝对分离的，两者之间可以互相影响或在作用上有交叉。以 ACh 为例，当它们作用于终板膜时通过调控通道蛋白质起作用；但当 ACh 作用于心肌或内脏平滑肌时，遇到的却是受体-G 蛋白-第二信使系统(受体为 M 受体或毒蕈碱受体)。而 M 型 ACh 受体也可区分许多种亚型，有的亚型以 cAMP 为第二信使，有的以 IP_3 和 DG 为第二信使。不同细胞甚或同一细胞的膜上具有对应于同一化学信号的不同受体型或其亚型，在跨膜信号转导中并不少见。

2.2.4　酶联型受体介导的信号转导

酶联型受体(enzyme-linked receptor)是指其本身就具有酶的活性或能与酶相结合的膜受体。胰岛素等一些肽类激素和其他与机体生长、发育、修复、增生有关的因子，如神经生长因子、表皮生长因子、血小板源生长因子、纤维母细胞生长因子以及与血细胞生成有关的集落刺激因子等，是通过靶细胞表面一类称为酪氨酸激酶受体(tyrosine kinase receptor)的蛋白质起作用的。具有酪氨酸激酶活性的受体结构简单，只有一个跨膜 α 螺旋。当位于膜外侧的较长的肽链部分(α 链)同特定的化学信号结合后，通过跨膜部分可以直接激活膜内侧肽段(β 链)的蛋白激酶活性结构域，通过使自身肽链和膜内靶蛋白中的酪氨酸残基发生磷酸化产生细胞内效应，如胰岛素作用于肌肉细胞使葡萄糖易于渗入。值得注意的是这种受体因结合配体而活化，通过自身磷酸化作用增大了对受体所在细胞中靶蛋白上的酪氨酸进行磷酸化的能力，并且这时即使配体从受体上解离下来，激酶的活性仍不下降(图 2-15)。但是，当 cAMP、IP_3 和 DG 等第二信使物质产生并发挥作用时，胰岛素受体的酪氨酸激酶活性就大大降低。如果某个酪氨酸激酶受体只具有跨膜部分和细胞质侧部分，而缺少膜外侧与配体结合部分，就会具有永久性的酪氨酸激酶活性。失去调控序列，使它成为致癌性分子(oncogenesis)。如能引起鸟类有核红细胞增多症病毒的 *v-erb-B* 基因的表达蛋白。

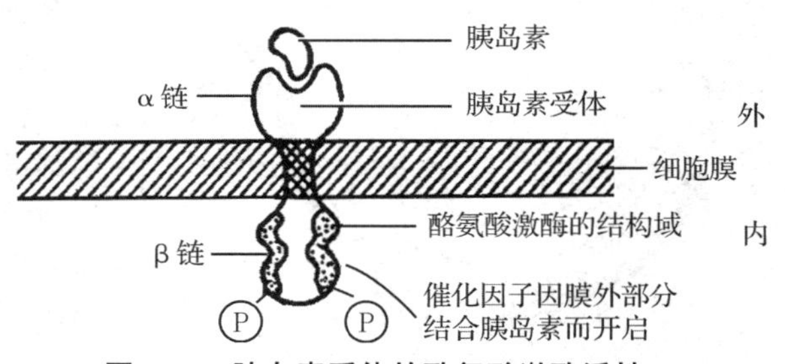

图 2-15　胰岛素受体的酪氨酸激酶活性

类似的还有酪氨酸激酶结合型受体(配体为生长激素、催乳素、催产素、促红细胞生成素和瘦素等)、鸟苷酸环化酶受体

(配体为心房利尿钠肽、胞质内的NO等，第二信使为cGMP，下游蛋白激酶为PKG)和丝氨酸/苏氨酸激酶受体(配体为转化生长因子-β)等。

此外，细胞因子的跨膜信号转导主要由招募型受体介导，实现对靶细胞的调控。

2.2.5 核受体介导的信号转导

小分子脂溶性的类固醇激素可以单纯扩散方式进入靶细胞，与胞质受体(又称核受体 nuclear receptor)结合，转入核内发挥作用(配体如糖皮质激素、盐皮质激素、性激素)；或直接进入核内结合核受体起作用(配体为性激素、维生素 D_3、甲状腺激素和维A酸等)。核受体实质上是激素调控特定蛋白转录的一大类转录调节因子。核受体一般处于静止状态，与配体结合后具有与DNA结合的能力(核内核受体平时处于结合状态)，激活转录过程，表达特定的蛋白质产物，引起细胞功能改变。

2.3 细胞的生长、增殖、凋亡与保护

机体是处于不断运动中的。其基本结构——细胞的变化，主要表现为细胞的生长与增殖、细胞凋亡以及细胞保护。

2.3.1 细胞的生长与增殖

细胞生长(growth)主要表现为细胞体积的增大，细胞干质量、蛋白质及核酸含量的增加。细胞间质的增加也是细胞生长的一种形式。例如，出生时心肌细胞的直径仅为7 μm，成年后可增加到14 μm；骨骼肌细胞的蛋白质与DNA的质量比从120增加到206。细胞增殖(proliferation)即细胞繁殖，是指细胞通过分裂实现细胞数量增加。细胞分裂和细胞生长两个过程密切相关，反复进行。细胞生长到一定阶段可发生分裂，分裂之后再进行生长。细胞的生长和增殖是受到严格控制的。细胞增生的分子机制是生长因子作用于细胞表面的相应受体，生长信号转导入细胞，启动细胞周期进程。

细胞从一次分裂结束到下一次分裂完成所经历的整个过程称为细胞周期(cell cycle)。细胞周期可分为4个时期：G_1 期、S期、G_2 期和M期(图2-16)。前3个时期合称间期，细胞在间期中蛋白质合成旺盛、DNA复制、细胞体积增大。M期是减数分裂期，即双倍DNA的细胞分裂成2个与母细胞相同DNA的子细胞。子细胞既可以进入新一轮细胞周期而继续增生，也可以离开细胞周期进入 G_0 期，离开的时间可以是几天、几周，甚至几年。G_0 期细胞可受到生长因子的刺激等诱导，重新返回细胞周期。

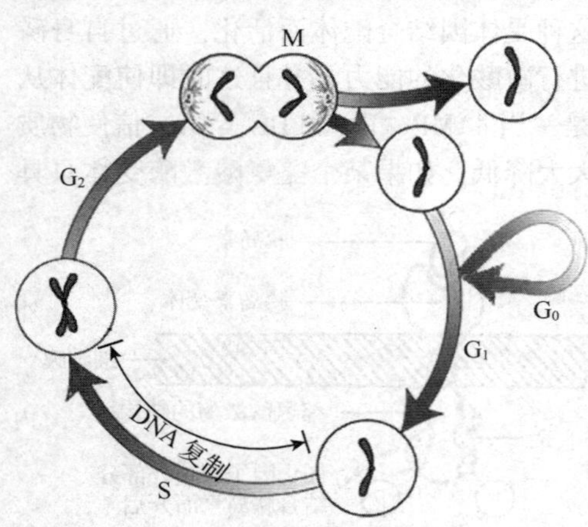

图2-16 细胞周期

细胞周期是一个高度有序的过程，受到细胞内外各种因素的调控。细胞内有许多蛋白质参与调控细胞周期进程；细胞环境中营养物质和氧的供应量、各种生长因子、细胞与细胞外基质的相互作用等都可以通过信号转导改变调控蛋白的基因表达或生物活性，从而间接调控细胞周期。细胞周期与机体的生存、活动息息相关。在运行过程中，任何缺陷或错误都可能导致细胞增殖失控，发生癌变或者死亡。

2.3.2　细胞凋亡

与细胞的生长和增殖受到严格控制一样，细胞的死亡也受到严格控制，通常是在一定程序的控制下有序死亡。

细胞凋亡(apoptosis)是一个主动的由基因决定自动结束细胞生命的生理过程。它的形态学变化为细胞体积缩小而丧失与周围细胞接触，染色质固缩，细胞骨架崩解，核膜消失，DNA 断裂，细胞膜起泡，最终细胞解体，形成许多由细胞膜包裹的凋亡小体，并被周围的健康细胞或吞噬细胞吞噬(图 2-17)。因为细胞凋亡过程中细胞内容物没有外流，所以很少引起炎症，这与因 X 线烧灼、强酸、强碱、细菌、病毒、寄生虫等引起的细胞坏死(necrosis)过程中细胞肿胀、破裂、内容物外流而导致炎症是不同的。

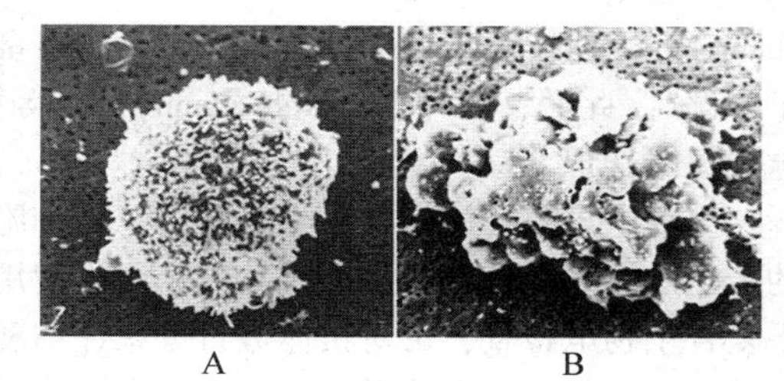

图 2-17　胸腺细胞的凋亡

A. 正常胸腺细胞；B. 凋亡胸腺细胞(注意凋亡小体)

细胞凋亡主要发生于以下几种情况：胚胎发育时期身体形态的塑造，如手和足的形成；胚胎时期，未建立突触的神经元凋亡有利于有功能的神经网络的形成；胸腺中 95%的胸腺细胞凋亡，使机体对自身组织免疫耐受；月经周期中子宫内膜脱落；哺乳期过后乳腺萎缩。受病毒感染的细胞发生凋亡，可阻止感染扩散。DNA 损伤修复失败也能诱导细胞凋亡。

总之，细胞凋亡就是机体在生长发育、细胞更新的过程中清除不需要的细胞或清除已完成功能而不再需要的细胞的正常途径。细胞凋亡失控(过度或不足)，可导致肿瘤、获得性免疫缺陷综合征以及自身免疫性疾病。

2.3.3　细胞保护

细胞对环境中各种有害因素的抵御或适应能力，称为细胞保护(cytoprotection)。凡能够防止或明显减轻有害因素对细胞的损伤或致死作用的物质，称为细胞保护因子。例如，胃黏膜保护机制中，前列腺素通过调节黏膜血液供应、黏液和碳酸氢根离子分泌、上皮增生和黏膜免疫细胞功能来保持胃黏膜屏障的完整性；生长因子能刺激成纤维细胞、上皮细胞和内皮细胞增殖，具有吸引单核细胞、中性粒细胞和某些平滑肌细胞的特性，对组织修复是必需的；生长抑素(somatostatin，SS)不仅可以明显减少胃液分泌，降低胃液酸度，还可以阻断组胺引起的胃酸分泌。

细胞保护有两种方式，即直接细胞保护和适应性细胞保护。前列腺素对胃黏膜的保护作用属于前者。适应性细胞保护是指细胞在受到某种刺激后，再次接受相同类型的更强刺激时，细胞对这种刺激的适应性和耐受性增强。例如，事先用弱酸、弱碱或低浓度乙醇溶液刺激胃黏膜，可明显阻止强酸、强碱或无水乙醇对胃黏膜的损伤。

在各种细胞器中，细胞膜因为其特有的结构和位置，发挥了极其重要而多样的功能。

2.4　细胞的电活动

一切活的细胞或组织无论是在安静或活动时都伴有电现象，称为生物电现象(bioelectric phenomenon)。恩格斯在《自然辩证法》中总结自然科学成就时指出“地球上几乎没有一种变化发生而不同时显示出电的现象”，生物体当然也不例外。事实上，在埃及残存的史前古文字中已有电鱼击人的记载。从1786年伽伐尼(Luigi Galvani，1737—1798)宣布发现生物电现象，并与伏特(Alessandro Volta，1745—1827)发生持续的激烈争鸣开始，人类对生物电现象的研究日趋深入。1902年，伯恩斯坦(Julius Bernstein)提出“膜学说”。1939—1949年，霍奇金(A. L. Hodgkin)和赫克斯利(A. F. Huxley)利用枪乌贼的巨大神经轴突为材料和电压钳(voltage clamp)等生理技术，进行了一系列实验。霍奇金和卡茨(Bernard Katz，1911—2003)提出了“离子学说”。此后，膜片钳(patch clamp)技术等科技的发展又不断地深化和完善着人类对于生物电现象的认识。

生物电现象普遍存在于生物体内，与细胞的兴奋性、收缩活动、腺细胞的分泌、神经冲动的产生及传导都有密切的联系。临床医学使用心电图、脑电图、肌电图、视网膜电图等器官水平复合生物电检查，可对机体进行健康评估和疾病诊断。本节以神经细胞为例，讨论静息电位和动作电位的产生及传导等生物电现象。

机体和各器官所表现的电现象，都是以单一细胞的电活动为基础的，而且发生在细胞膜两侧，因此也称跨膜电位(transmembrane potential)或膜电位(membrane potential)。细胞水平的生物电现象主要有两种表现形式：一种是安静时具有的静息电位；另一种是受刺激时所产生的动作电位。机体所有细胞都具有静息电位，而动作电位仅见于神经细胞、肌细胞和部分腺细胞等可兴奋细胞。

2.4.1 静息电位

2.4.1.1 静息电位是活细胞的特征

细胞处于安静状态(静息)时，存在于细胞膜两侧的内负外正的电位差，称为静息电位(resting potential，RP)。通常以膜外电位值作为参考，设为生理的零值，以膜内的电位值表示静息电位，大小是指其绝对值。测量细胞静息电位的方法如图2-18所示。测量结果表明膜同侧表面上各点间电位相等，而膜两侧通常呈膜内为负、膜外为正的极化(polarization)状态。

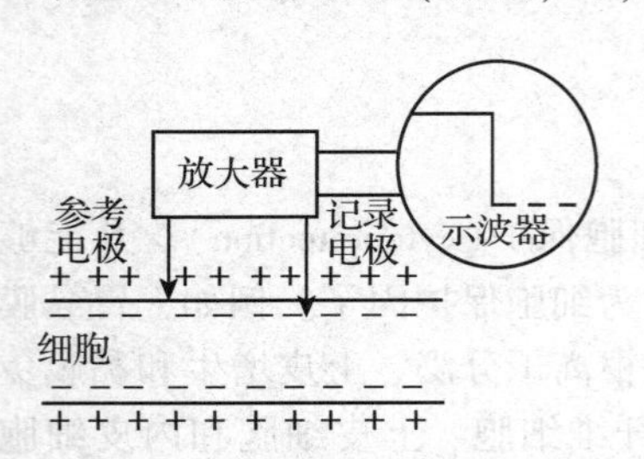

图2-18 神经纤维跨膜电位记录方法

不同类型细胞的静息电位有所不同，大都在-100~-10 mV。只要细胞保持正常的新陈代谢，同种细胞的静息电位都稳定在某一相对恒定的水平，但也有些细胞(如心脏窦房结P细胞、小肠平滑肌细胞)的静息电位不稳定。例如，哺乳动物骨骼肌为-90 mV，神经细胞为-70 mV，平滑肌为-55 mV，红细胞仅为-10 mV。

以静息电位为基准，膜内电位向负值增大的方向变化(膜内外电位差增大，如膜电位由-70 mV变为-90 mV)，称为超极化；膜电位绝对值减小称为去极化(depolarization)或除极；细胞发生去极化后，再向原来的极化状态恢复的过程，称为复极化(repolarization)；而如果膜电位由内负外正，变为内正外负，则称为反极化(reverse polarization)。

2.4.1.2 静息电位基本上相当于K^+平衡电位

离子学说认为，生物电的产生需要两个前提条件：一是细胞膜内外的离子分布不均匀；二是细胞膜对各种离子的通透性不同。表2-1为哺乳动物骨骼肌细胞在静息状态下，细胞膜内外主要离子的分布及扩散趋势。

细胞处于安静状态时，由于细胞膜内外存在着明显的K^+浓度差，且此时膜对K^+有较大的通透性，所以K^+在化学扩散力的驱动下通过K^+漏通道(非门控钾通道)顺浓度梯度由膜内向膜

表 2-1　哺乳动物骨骼肌细胞内、外主要离子的分布(37℃)

离子成分	细胞内液/(mmol/L)	细胞外液/(mmol/L)	跨膜平衡电位/mV
K^+	155	4	−98
Na^+	12	145	+67
Cl^-	4	120	−90
Ca^{2+}(游离)	10^{-4}	1	+123
有机负离子(A^-)	155	15	

外扩散，膜内带负电荷的大分子有机物(用 A^-表示)在正电荷的吸引下也有随 K^+外流的趋势，但膜对 A^-没有通透性，A^-被阻隔在膜内侧面，相应地吸引流出的 K^+集中分布于膜的外表面，产生外正内负的极化状态。这种极化状态对 K^+的继续外流构成阻力，并随外流 K^+的增多而迅速增大。当 K^+受到向外的化学扩散力和向内的电场力相等时，跨膜净移动为零(估计流出的 K^+不足胞内的 $1/10^6$)，即达到电-化学平衡(electrochemical equilibrium)。因此，细胞静息电位基本上相当于 K^+跨膜平衡电位。1939 年，在枪乌贼巨神经轴突上的静息电位实测值为 −77 mV，接近而略小于用物理化学中的 Nernst 公式计算值 −87 mV。差值认为是静息时膜对 Na^+也有极小的通透性(相当于 K^+的 1/100～1/50)，少量的 Na^+逸入膜内抵消一部分 K^+外移的结果。此后在其他动物组织所做的研究也得出了相同的结论。

生理条件下，细胞内的 K^+浓度变动很小。因此，影响静息电位水平的主要因素是细胞外 K^+浓度。当细胞外 K^+浓度增高时，使细胞内外 K^+浓度差减小，减弱了 K^+外流的扩散力，静息电位值减小；反之，静息电位值增大。此外，钠泵对维持细胞内外 Na^+、K^+浓度差，保持稳定的静息电位也有一定的作用(在神经纤维可能不超过 5%)。当细胞缺血、缺氧或 H^+增多(酸中毒)时，可导致细胞代谢障碍，影响细胞向钠泵提供能量。如果钠泵功能受到抑制或停止活动，K^+不能顺利泵回细胞内，将使细胞内外 K^+的浓度差减小，导致静息电位逐渐减小，甚至消失。因此，静息电位也被看作稳态电位。

2.4.2　动作电位

2.4.2.1　动作电位是一种电-化学变化

动作电位(action potential，AP)是可兴奋细胞受到适当刺激时，在静息电位的基础上发生的一次迅速的可传播的膜电位变化。如图 2-19 所示，神经细胞安静时静息电位为 −70 mV，受到有效刺激后逐步去极化到达阈电位水平，此后迅速出现一个脉冲样电位变化，即动作电位。它包括锋电位和后电位两部分。锋电位(spike potential)构成动作电位主要部分，历时 0.5～2 ms。包括快速去极化的上升支和一个快速复极化的下降支。上升支膜电位由 −55 mV 去极化到约 +30 mV，出现了反极化，是 Na^+内流形成的。其中，超过 0 mV 的部分称为超射(overshoot)。下降支膜电位从顶点 +30 mV 立即快速下降达到接近 −55 mV 的水平，是 K^+外流的结果。后电位(after potential)是指膜电位恢复到静息电位之前经历的一段微小而缓慢的电位变化。后电位包括前后两个部分，前一部分的膜电位仍小于静息电

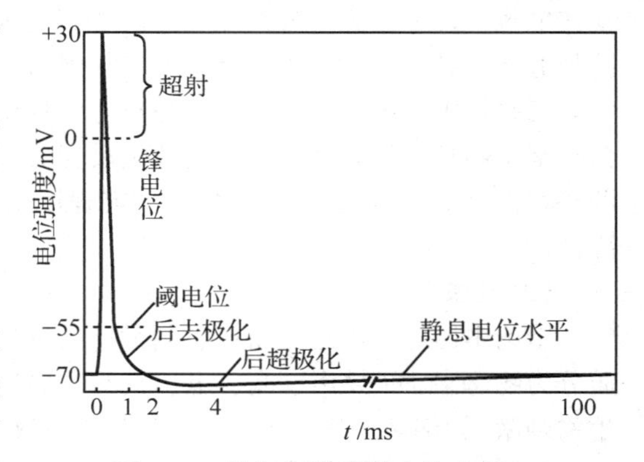

图 2-19　神经细胞动作电位曲线

位，称为后去极化电位(after depolarization potential，ADP)；后一部分的膜电位大于静息电位，称为后超极化电位(after hyperpolarization potential，AHP)。后去极化电位可称为负后电位(negative after-potential)，后超极化电位可称为正后电位(positive after-potential)。

总之，动作电位通过锋电位和后电位，使细胞膜状态经历了由极化到去极化、反极化再复极化的演变过程，其中锋电位特别是它的上升支表示细胞处于兴奋状态，通常所说的神经冲动(impulse)就是指一个个沿着神经纤维传导的动作电位或锋电位。

2.4.2.2 动作电位产生的机制

动作电位与静息电位产生的机制相似，都与细胞的通透性及离子跨膜转运有关。

(1)阈电位和锋电位的引起

从表2-1可知，细胞外 Na^+的浓度比细胞内高11倍，Na^+有跨膜内流的趋势，但 Na^+能否流入细胞是受细胞膜 Na^+通道的状态控制的。如神经细胞受到刺激时，首先引起膜上少量电压和时间依赖式 Na^+通道开放，Na^+顺浓度差和电位差少量内流，使膜电位减小，即产生轻度去极化。当外来刺激足够大，去极化使膜电位减小到一定数值时，可引起 Na^+通道大量快速一过性激活，此时膜对 Na^+通透性突然增大，Na^+大量内流，如此反复促进形成一种正反馈过程，称为 Na^+内流的再生性循环(或Hodgkin循环，图2-20)，从而爆发动作电位，即可兴奋细胞兴奋的触发。这个能使膜上 Na^+通道突然大量开放，触发动作电位的临界膜电位值称为阈电位(threshold potential，TP)。由此可知，静息电位去极化达到阈电位是产生动作电位的必要条件。阈电位不是单一通道的属性，而是在一段膜上能使通道开放的数目足以引起上述再生性循环出现的膜内去极化的临界水平。因此，只要外来刺激大于能引起再生性循环的水平，膜内去极化的速度就不再取决于原刺激的大小，而取决于原来静息电位的值和膜两侧 Na^+浓度差。即动作电位要么不产生(无)，一旦产生就达到最大值(全)，符合全或无定律(all-or-none law)。全或无现象是动作电位的典型特征。

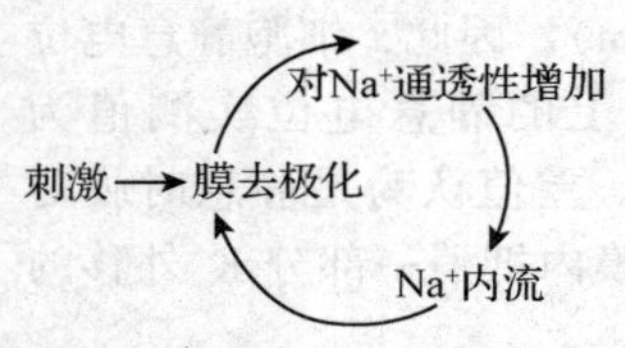

图2-20 Hodgkin循环

动作电位超射值趋近于 Na^+跨膜平衡电位，但不能达到。这主要是由于在动作电位高峰时，膜对 Na^+不能自由通透，且尚有残余的 K^+和 Cl^-通透。电压依赖式 K^+通道在动作电位上升过程中逐渐激活，超射达到顶点后在迅速增大的外向电场力和原有化学扩散力作用下迅速外流，形成动作电位下降支，构成完整的锋电位。

在刺激引起反应这一普遍的生命现象中，组织具有兴奋性是内因，刺激是外因，外因通过内因起作用。具体来说，就是阈刺激引起细胞去极化达到阈电位，起“点燃”作用，从而产生动作电位。外来刺激造成约20 mV的去极化换来膜电位约100 mV的动作电位，是钠泵活动维持的势能储备承担了放大5~6倍的中介作用。

可兴奋细胞的阈电位与正常静息电位相比，其绝对值一般小10~20 mV。细胞兴奋性的高低与细胞静息电位和阈电位的差值呈反变关系，即差值越大，细胞的兴奋性越低；反之，细胞的兴奋性越高。因此，细胞发生一定程度的去极化时，兴奋性增高；发生超极化则兴奋性降低。

(2)刺激引起兴奋的条件

绪论中已经学习过兴奋性、刺激、反应和兴奋、抑制等重要概念。刺激的种类很多，按性质分为物理刺激(如声、光、电、机械、温度等)、化学刺激(如酸、碱、各种化学物质等)、生物刺激(如细菌、病毒等)、社会心理刺激等。在诸多性质的刺激中，电变化具有可定量调节、易重复、对组织损伤小等优点，为生理实验所常用。实验表明，刺激要引起组织细胞发生反应必须具备 3 方面条件，即刺激强度、刺激作用时间和强度-时间变化率。如果将刺激持续时间、强度-时间变化率固定不变，测量能引起组织或细胞产生兴奋的最小刺激强度，称为阈强度(threshold intensity)，或强度阈值(threshold)。具有阈强度的刺激称为阈刺激，大于阈强度的刺激称为阈上刺激，小于阈强度的刺激称为阈下刺激。有效刺激是指能使细胞产生动作电位的阈刺激或阈上刺激。阈强度一般作为衡量组织细胞兴奋性常用而简便的指标，两者之间呈反变关系，即阈强度越大表示兴奋性越低，阈强度越小则表示兴奋性越高。即兴奋性为阈强度的倒数。

刺激强度、刺激作用时间和强度-时间变化率 3 个参数中，如果其中一个或两个参数变了，其余的也会发生相应改变。例如，使用方波电脉冲刺激神经-肌肉标本，以肌肉收缩作为神经兴奋的间接指标时，由于不同大小和刺激作用时间的方波其斜率都是一样的(方波的振幅代表强度、波宽代表时间)，因而认为这类刺激的强度-时间变化率固定不变，如果固定刺激作用时间(即固定刺激波形的宽度)和强度-时间变化率(采用方波)，单独改变刺激强度来刺激活组织细胞，就可观察到不同的刺激强度对活组织细胞反应的影响。实验结果表明，在一定范围内，引起组织兴奋所需的最小刺激强度与该刺激的作用时间呈反变关系。即是说，当所用的刺激强度较大时，引起组织兴奋只需用较短的作用时间；而当刺激强度较小时，需用较长的作用时间才能引起组织产生兴奋。如果把能够引起兴奋的不同刺激强度和相对应的作用时间描绘在坐标纸上，便可得到一条近似于双曲线的曲线，称为强度-时间曲线(strength-duration curve，图 2-21)。强度-时间曲线上的任何一点都表示一个刚能引起组织兴奋的阈刺激，曲线右上方各点表示阈上刺激，左下方各点表示阈下刺激。不同的组织描绘出的强度-时间曲线不同，如同为神经纤维，较细的神经纤维测得的强度-时间曲线偏右上方(图 2-21 中虚线)，说明兴奋性较低。强度-时间曲线能够较全面地反映组织细胞的兴奋性。

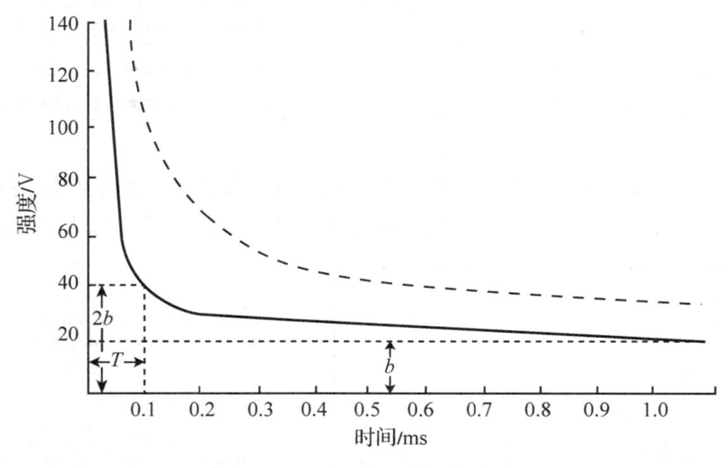

图 2-21　强度-时间曲线

b. 基强度；*T*. 时值，即 2 倍基强度对应的最短作用时间

2.4.2.3　细胞兴奋后兴奋性的变化

各种组织、细胞兴奋性的高低是不同的，就是同一组织或细胞处于不同的机能状态时，它兴奋性的高低也不一样。当组织、细胞受到一次刺激发生兴奋时，它们的兴奋性将经历一系列周期性的变化(图 2-22 下)。以神经组织为例，兴奋后首先出现一个非常短暂的绝对不应期(absolute refractory period)，在此期内无论第二次刺激强度多大，都不能使它再次兴奋。这时组

织的兴奋性由正常水平(100%)暂时下降为0，故又称乏兴奋期。继绝对不应期之后，组织的兴奋性逐渐恢复，出现相对不应期(relative refractory period)，此期内较强的阈上刺激才能引起新的兴奋。在相对不应期之后，组织还要经历一段兴奋性先稍高于正常继而又略低于正常的较缓慢的时期，分别称为超常期(supranormal period)和低常期(subnormal period)。以上各期的持续时间在不同细胞可以有很大差异，如神经纤维或骨骼肌细胞的绝对不应期只有2.0~5.0 ms，心室肌细胞则可达200~400 ms。绝对不应期的存在意味着无论细胞受到频率多么高的连续刺激，它在单位时间内所能兴奋的次数总不会超过某一最大值，即绝对不应期所占时间的倒数。故理论上神经纤维产生动作电位的最大频率可达500次/s，而心室肌细胞产生动作电位的最大频率不超过5次/s。两个动作电位之间不会发生融合，具有呈脉冲式变化的特点。

从时间关系来说，兴奋性变化的各个时期对应依从于动作电位的时相。绝对不应期对应锋电位，相对不应期和超常期分别对应后去极化的前、后半时段(神经细胞)，低常期对应后超极化时段(图2-22)。更本质的原因是膜上Na^+(或Ca^{2+})通道处于不同状态的数目比例不同(见图2-9)。

2.4.2.4　兴奋以局部电流方式在同一细胞上传导

细胞膜在任何一处爆发动作电位，该动作电位都可沿着细胞膜向周围传播，直到传遍整个细胞。这种动作电位在同一细胞上的传播称为传导(conduction)。

无髓神经纤维和骨骼肌细胞接受有效刺激产生动作电位，膜出现了内正外负的反极化状态，但与之相邻处仍处于安静时的极化状态。由于膜内外两侧的溶液都是导电的，于是在已兴奋部位和相邻的未兴奋部位之间，将由于电位差的存在而发生电荷移动，形成局部电流(local current)。局部电流的方向是：在膜外正电荷由未兴奋部位流向兴奋部位，在膜内正电荷由兴奋部位流向未兴奋部位(图2-23A和B)。这样，通过局部电流对未兴奋部位形成有效刺激，使未兴奋部位去极化，当去极化达到阈电位水平时，会激活该处的Na^+通道大量开放而触发动作电位，使它转变为新的兴奋点。这样的过程沿着神经纤维的膜反复连续进行下去，就表现为动作电位在神经纤维上的传导，即神经冲动。由此可见，动作电位的传导实际上是已兴奋的膜通过局部电流刺激了未兴奋的膜部分，局部电流引起的去极化区域的移动及动作电位的逐次产生而完成的。

兴奋在有髓神经纤维上的传导与上述过程有所区别。有髓神经纤维在轴突外面包有一层相当厚的既不导电、离子又不能通过的髓鞘，髓鞘间每隔约1 mm存在宽1~2 μm的无髓鞘区，

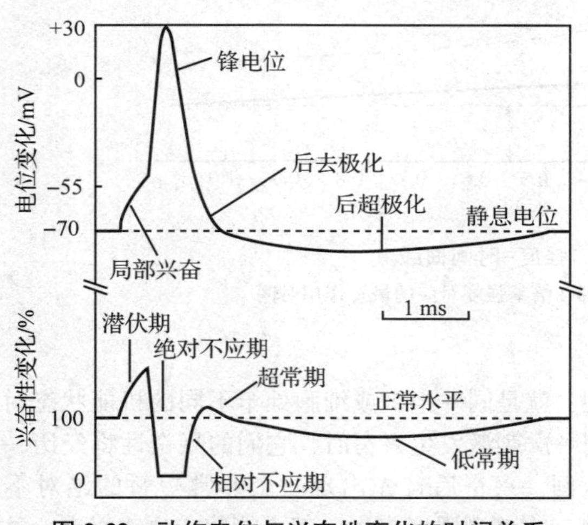

图2-22　动作电位与兴奋性变化的时间关系

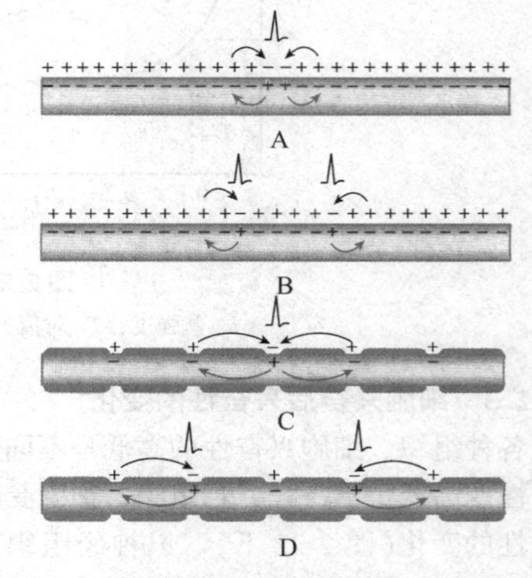

图2-23　动作电位在神经纤维上的传导

称为郎飞结(node of Ranvier)，该处轴突膜中的 Na^+ 通道非常密集，且裸露接触细胞外液。当某一郎飞结处受刺激产生动作电位时，局部电流只能在相邻的 1～2 个郎飞结之间形成。这一局部电流通过髓鞘外面的组织液对邻近的郎飞结刺激，使之兴奋，并沿着每一个郎飞结重复，呈跳跃式传导(saltatory conduction，图 2-23C 和 D)。加上有髓神经纤维较粗故而电阻较小，这种传导方式使冲动的传导速度大为加快，并且耗能更少。脊椎动物用跳跃传导的方式解决了高速传导神经冲动的问题，而不需要像枪乌贼一样发展粗笨的巨大神经干。

动作电位的传导有如下特点：①不衰减性，在传导过程中，不因距离增大而减小，这对确保信息传导的正确性有重要意义。②体现全或无现象，细胞某处产生动作电位后，由于锋电位产生期间电位变化的幅度和陡峭度相当大，局部电流的强度超过了引起邻近膜兴奋所需的阈强度数倍，因而传导可以相当“安全”而无“阻滞”地沿细胞膜很快地传遍整个细胞。③双向传导，如果刺激神经纤维中段，产生的动作电位可沿膜向胞体和轴突末梢两端传导。但在体内，神经纤维上实际传导冲动的方向通常是固定的，即感觉神经从末梢向胞体，而运动神经从胞体向末梢。

需要指出的是，兴奋的传导是电传导(速度 1～100 m/s)，不是电子移动的电流传导(速度为 3×10^8 m/s)，也不是太慢的化学扩散。

2.4.3 局部电位

细胞受到单个阈下刺激引发的去极化未达到阈电位时，Na^+ 通道开放导致的少量 Na^+ 内流，只在受刺激的膜局部出现一个较小的去极化，可以被增加了的 K^+ 外流所纠正，因而不会爆发动作电位。这种局部去极化或超极化的电位变化，称为局部电位(local potential)或局部反应(图 2-24)。

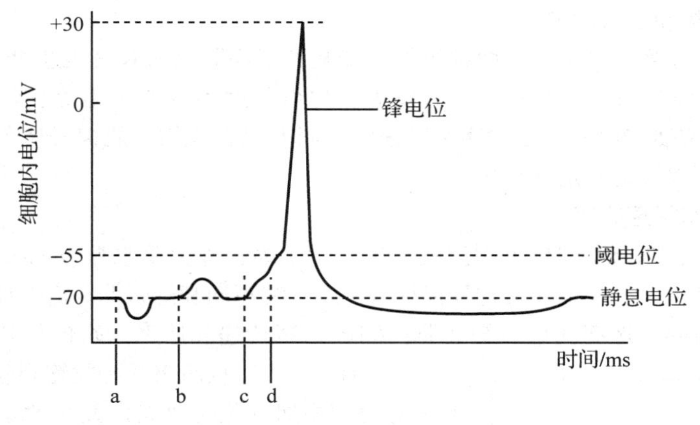

图 2-24 局部电位及其总和现象

a、b. 阈下刺激；c、d. 引起总和的阈下刺激

局部电位有以下几个特点：①不具有全或无特性，去极化的幅度随刺激的强度增加而增大。②电紧张性扩布，发生在膜某一处的局部电位只能使邻近膜的静息电位稍有降低，传播数十至数百微米而迅速减小以至消失。③可以总和(summation)，局部电位没有不应期，如果在距离很近的两个部位同时给予一个阈下刺激，或在某一部位给予连续高频阈下刺激，它们引起的去极化可以叠加，即空间总和(spatial summation)与时间总和(temporal summation)。局部电位经总和达到阈电位水平时，即产生可传播的动作电位。

体内某些感受器细胞、部分腺细胞和平滑肌细胞，以及神经细胞体上的突触后膜和骨骼肌细胞的终板膜，受到刺激时不是产生动作电位，而只出现原有静息电位的微弱而缓慢的变动，分别称为感受器电位、慢电位、突触后电位和终板电位。它们也具有类似局部兴奋的特性。这些形式的电变化，实际是使另一细胞或同一细胞的其他部分的膜产生动作电位的过渡性变化。

(马恒东)

2.5 骨骼肌的收缩功能

根据形态学特点可将肌肉分为两类：一类是横纹肌，它的活动受躯体神经的直接控制，能引起或制止各种关节活动，以完成躯体运动、保持姿势、呼吸运动和其他复杂运动；另一类是平滑肌，它受自主神经系统的直接支配，能维持内脏的正常形态并完成内脏的运动。此外，根据肌肉的功能特性，又可将其分为骨骼肌、心肌和平滑肌三类。心肌与骨骼肌同属横纹肌。心肌许多方面类似骨骼肌，但在另一些方面又近似平滑肌。关于平滑肌和心肌的特性和功能，将在后续章节中阐述，本节着重介绍骨骼肌的生理特性。

骨骼肌有兴奋性、传导性和收缩性等生理特性。兴奋性是一切活组织的共性，传导性是肌肉组织和神经组织的共性，而收缩性是肌肉组织独有的特性。骨骼肌的兴奋性显著高于心肌和平滑肌，在正常情况下，它接受躯体运动神经传来的神经冲动而兴奋，发生兴奋后出现较短的不应期。骨骼肌的传导速度比心肌和平滑肌快，但肌纤维任何一点发生兴奋只能局限在同一条肌纤维传播，而不能传播到其他肌纤维。这一特点是神经系统对骨骼肌进行精细调节的重要条件。骨骼肌兴奋后，外形上表现缩短现象，称为收缩性，它的特点是不能持久。

2.5.1 骨骼肌的收缩形式

2.5.1.1 等长收缩和等张收缩

肌肉兴奋后可发生长度和张力两种机械性变化，肌肉收缩时长度发生变化而张力不变的，称为等张收缩(isotonic contraction)；张力发生变化而长度不变的称为等长收缩(isometric contraction)。机体内部肌肉收缩都是包括两种程度不同的混合收缩。肌肉长度变化可以完成各种运动，张力变化可以负荷一定的重量。

2.5.1.2 单收缩和强直收缩

在实验条件下，肌肉受到单个刺激就产生一次收缩，称为单收缩(monopinch)，它是一切复杂肌肉活动的基础。一个单收缩过程包括潜伏期、缩短期和舒张期。潜伏期是从刺激到肌肉开始收缩的一段时间。这期间进行神经肌肉间的兴奋传递和肌肉兴奋的最初阶段，即发生兴奋-收缩耦联过程。从肌肉开始收缩到收缩至最大程度的时期称为缩短期，此时肌肉内发生肌丝滑行，产生张力和缩短的变化。随后出现舒张期，是肌肉收缩的恢复期(图2-25)。

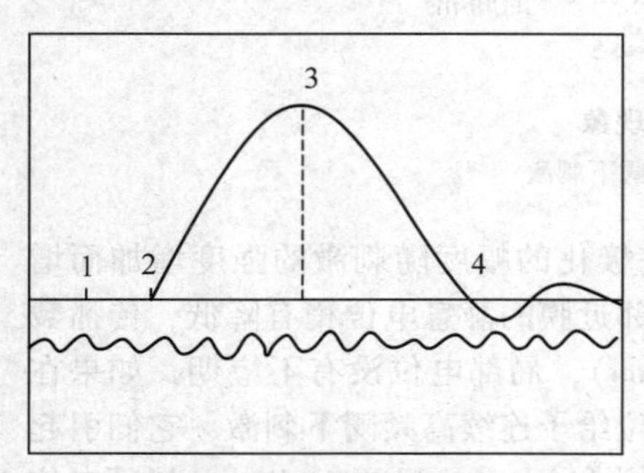

图2-25 肌纤维的单收缩

1. 给予刺激；1~2. 潜伏期；2~3. 缩短期；3~4. 舒张期

机体内来自运动神经的冲动不是单一的，而是一连串的，如果成串冲动的间隔时间很短，那么在前一次单收缩没有完成之前肌肉就会接受又一次冲动刺激而发生再一次收缩。当冲动或刺激的频率增加到一定数值时，使许多单收缩融合在一起，肌肉持续处于收缩状态，称为强直收缩(incomplete tetanus)。而如果刺激频率继续增加，使后一个刺激落在前一个刺激引起收缩的缩短期内，则尚处于收缩的肌纤维持续收缩而不舒张，即各次收缩的张力变化和长度缩短完全叠加，产生一条平滑的收缩总和曲线，称为完全强直收缩(complete tetanus)(图 2-26)。正常机体内骨骼肌的收缩都是不同程度的强直收缩。

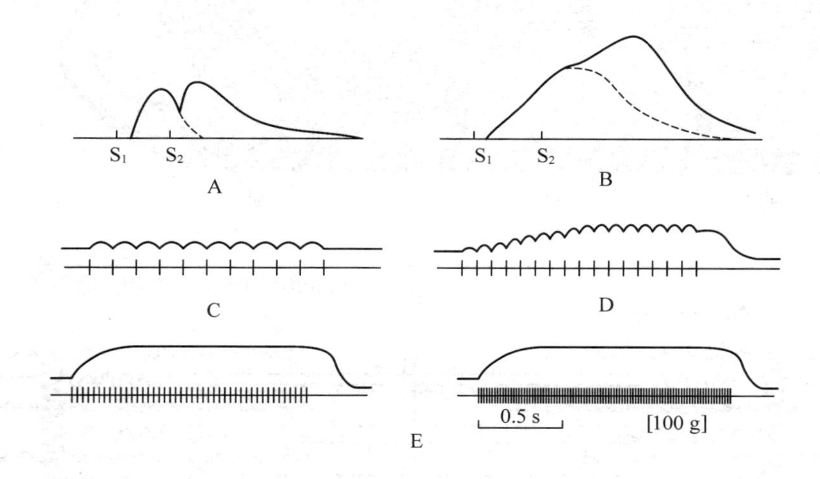

图 2-26　单根肌纤维收缩的总和

A. 舒张期总和；B. 收缩期总和；C. 单收缩曲线；
D. 不完全强直收缩曲线；E. 完全强直收缩曲线

2.5.2　骨骼肌的收缩机制

2.5.2.1　骨骼肌细胞的微细结构

骨骼肌由肌纤维(肌细胞)组成，肌纤维外有肌膜，内有肌浆、细胞器以及丰富的肌红蛋白和肌原纤维。肌膜在一定节段内凹形成横管，横管与肌浆网相邻，组成肌管系统。肌原纤维在肌细胞内平行排列，在光学显微镜下呈现有规则的明暗相间的横纹，暗带(A 带)较宽，宽度比较固定；明带(I 带)宽度可因肌原纤维所处状态而发生变化，舒张时较宽，收缩时变窄。在 I 带正中间有一条暗纹，叫 Z 线。A 带中间有一条亮纹，叫 H 带。H 带正中有一条深色线，叫 M 线。肌原纤维每两条 Z 线之间的部分，称为肌节，由肌原纤维上一个位于中间的暗带和两侧各 1/2 的明带所组成(图 2-27)。肌节是骨骼肌收缩的结构和功能的基本单位。它的长度随肌肉舒缩可在 1.5~3.5 μm 变动。

(1)肌管系统

肌管系统是指包绕在每一条肌原纤维周围的膜性囊管状结构，由来源和功能都不相同的两组独立的管道系统组成(图 2-27)。

①横管系统(transverse tubule，T 管)　又称 T 管系统，与肌原纤维相垂直，由肌膜向内凹入而形成；它们穿行于肌原纤维之间，并在 Z 线水平(有些动物是在明带和暗带衔接处的水平)形成环绕肌原纤维的管道；T 管腔之间相通，经肌膜上的开口与细胞外液相通，但与肌浆和肌浆网不通。

②纵管系统(longitudinal tubule，L 管)　又称 L 管系统，即细胞内的肌浆网。肌浆网与肌原纤维相平行，一般围绕每条肌原纤维，形成网状结构。其在肌小节两端处扩大连接成小池状，称为终末池(terminal cisterna)，它使纵管以较大的面积和横管相靠近。

③三联管(triad)　T 管通常与它两侧的终末池相接触(但不连接)，形成三联管。这种结构

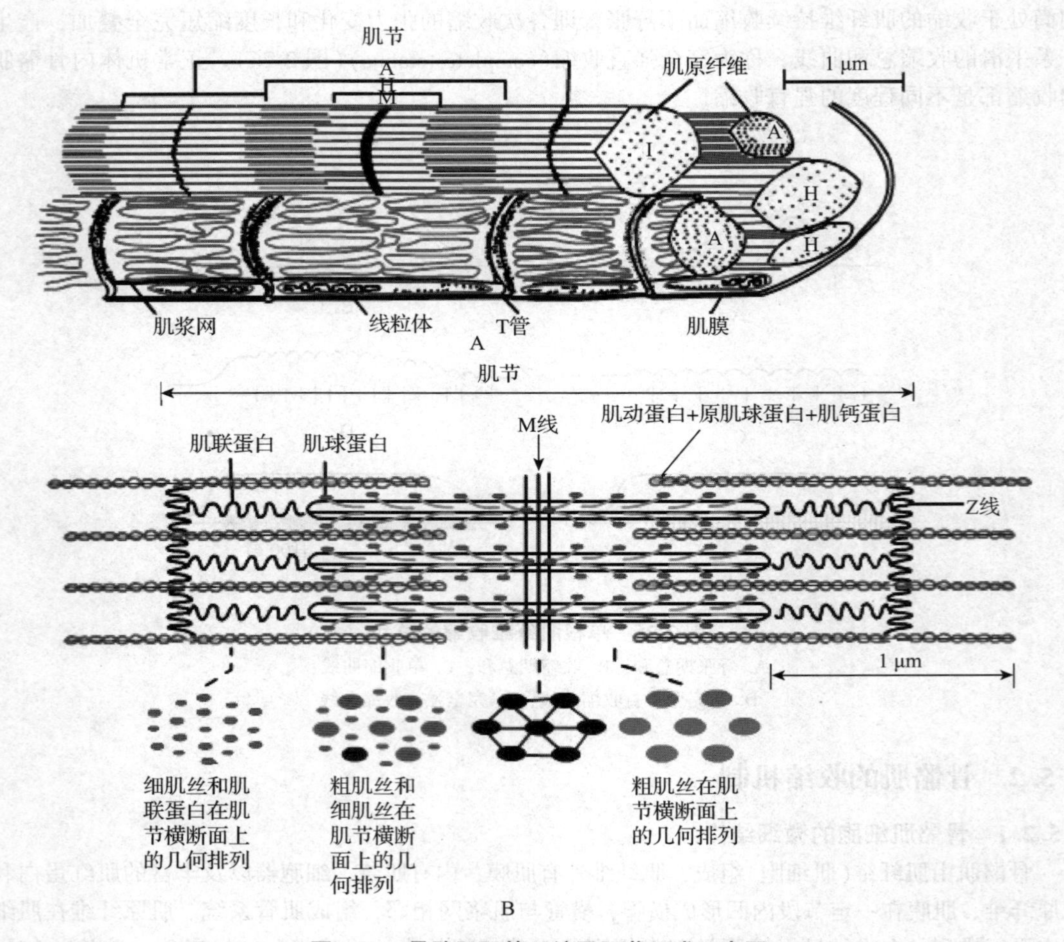

图 2-27 骨骼肌肌管系统及肌节组成示意图

有利于横管系统与纵管系统之间某种形式的信息传递，在兴奋-收缩耦联过程中起重要作用。

在肌细胞兴奋传递过程中，肌细胞兴奋时出现在细胞膜上的动作电位沿T管膜传入细胞深部；肌浆网和终末池的作用是通过对 Ca^{2+} 的贮存、释放和再积聚，触发肌节的收缩和舒张；三联管结构是把肌细胞膜的动作电位和细胞内的收缩过程相衔接或耦联起来的关键部位。

(2)肌原纤维

每条肌原纤维由许多肌微丝组成，肌微丝可分为粗肌丝和细肌丝两种。

①粗肌丝　由200~300个肌球蛋白分子聚合而成，每个分子长约1.5 μm，由一双螺旋状长杆部和一双球状头部组成。生理状态下，肌球蛋白分子的杆状部平行排列成束，组成粗肌丝的主干；球状部则有规则地凸出在粗肌丝主干表面形成横桥(图2-28B)。其中，含有丰富的ATP酶，并在肌肉收缩时能与肌动蛋白结合。

肌球蛋白分子由6条不同肽链组成，可解离成一对重链和两对轻链。两条重链的大部分呈双股α螺旋，构成分子的杆状部，重链的其余部分共同构成一双球状头部即横桥(图2-28B)。横桥有两大功能：一是与细肌丝中的肌动蛋白在一定条件下可逆结合，并随之发生构型改变；二是解离后的横桥头部能迅速将与其结合的ATP分解供能。

②细肌丝　由肌动(纤)蛋白、原肌球(凝)蛋白和肌钙蛋白组成(图2-28C)。肌动蛋白直

接参与收缩，与粗肌丝的肌球蛋白均被称为收缩蛋白；原肌球蛋白和肌钙蛋白对收缩蛋白活动有调节作用，合称调节蛋白。

肌动蛋白是大分子球形蛋白质，在肌浆内形成两条串球状互相缠绕的肌丝，是构成细肌丝的骨架和主体。原肌球蛋白是由 2 条肽链互相缠绕组成的双螺旋状结构，它的杆状分子沿细肌丝伸展，每一原肌球蛋白分子与 6~7 个肌动蛋白结合一起。在肌肉静息时原肌球蛋白的位置在肌动蛋白与横桥之间，起了阻碍二者相互结合的作用。肌钙蛋白的结构类似钙调蛋白，每隔一定距离(约 40 nm)就与一个原肌球蛋白分子结合。肌钙蛋白分子呈球形，含有 C、T 和 I 3 个亚单位，亚单位 C 对 Ca^{2+}有特别强大的亲和力，每个亚单位 C 可与两个 Ca^{2+}结合引起肌钙蛋白的构型变化；亚单位 T 的作用是使整个肌钙蛋白分子与原肌球蛋白结合；亚单位 I 的作用是在亚单位 C 与 Ca^{2+}结合时，将信息传递给原肌球蛋白，引起后者的分子构型改变，解除对肌动蛋白与横桥结合的阻碍作用。

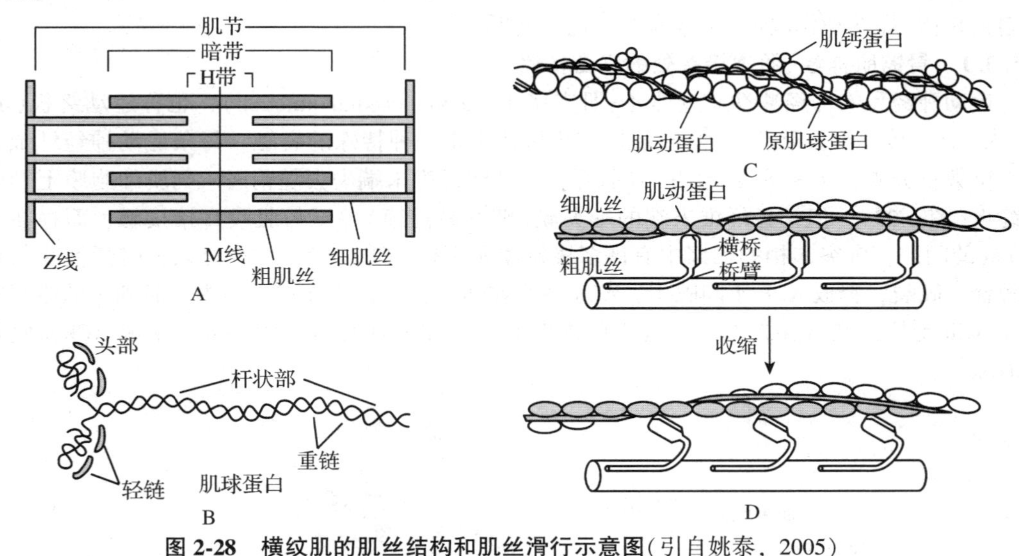

图 2-28　横纹肌的肌丝结构和肌丝滑行示意图(引自姚泰，2005)

2.5.2.2　肌丝滑行学说

19 世纪 50 年代初，Huxley 等根据骨骼肌微细结构的形态学特点以及它们在肌肉收缩时长度的变化提出肌肉的收缩机制——肌丝滑行学说(sliding filament theory)，作为肌肉收缩原理的解释。根据这一学说，肌纤维收缩时，肌节的缩短并不是因为细肌丝本身的长度有所改变，而是由于两种穿插排列的细肌丝之间发生滑行运动，即肌动蛋白细肌丝像“刀入鞘”一样地向肌球蛋白粗肌丝之间滑进，结果使明带缩短，暗带不变，H 带变窄，Z 线被牵引向 M 线靠拢，于是肌纤维的长度缩短(图 2-28A)。

肌肉收缩的基本过程是在肌动蛋白与肌球蛋白的相互作用下，将分解 ATP 释放的化学能转变为机械能的过程，能量转换发生在肌球蛋白头部与肌动蛋白之间。肌丝滑动的机制是：当肌浆中 Ca^{2+}浓度升高时，Ca^{2+}与肌钙蛋白 C 亚单位结合引起肌钙蛋白构象的改变；这种改变也传递给原肌球蛋白，同时引起原肌球蛋白构象发生扭转，消除了静息时对肌动蛋白与横桥结合的障碍，暴露出肌动蛋白与横桥结合的蛋白位点。肌动蛋白与横桥结合并向 M 线方向扭动(图 2-28D)，把细肌丝拉向 M 线方向，肌节缩短。横桥扭动的能量来自横桥头部贮存的 ATP 的分解。在横桥发生变构和摆动的同时，ATP 的分解产物 ADP 和无机磷酸与其亲和力降低，横桥上的 ADP 及无机磷酸分离，横桥马上又与 1 分子 ATP 结合，结果降低了横桥部与肌动蛋白的亲和力，横桥与肌动蛋白分离。如果肌浆内 Ca^{2+} 浓度仍很高，便又可出现横桥同细肌丝上新位点的再结合、再扭动，如此反复进行，称为横桥循环或横桥周期(cross-bridge cycling)，使肌张力进一步增大或肌节长度进一步缩短。一旦肌浆中的 Ca^{2+} 浓度减少时，横桥与肌纤蛋白分子解离，则出现相反的变化，肌节恢复原状，肌肉舒张。

2.5.3 骨骼肌兴奋-收缩耦联

无论在整体还是离体的情况下，肌肉在收缩之前，总是先在肌膜上产生一个可以传播的动作电位，然后才产生肌肉收缩。因此，在以肌细胞膜电位变化为特征的兴奋过程与以肌丝滑行为基础的收缩活动之间，必然存在某种能把两者联系起来的中介过程，这一过程称为兴奋-收缩耦联(excitation-contraction coupling)。耦联因子是 Ca^{2+}。生理情况下，骨骼肌的重要特征之一是它的收缩完全受躯体运动神经控制，因此躯体运动神经传导的冲动是如何传递到肌细胞，并引起其兴奋(爆发动作电位)是首先要讨论的问题。

2.5.3.1 骨骼肌神经-肌肉接头处的兴奋传递

运动神经元的神经冲动通过神经-肌肉接头(neuromuscular junction)，也称运动终板(motor end plate)，传递给骨骼肌，神经-肌肉接头可认为是一种特殊的突触。每条运动神经纤维分出数十至数百分支，每一分支支配一条肌纤维，神经纤维末端失去髓鞘嵌入到肌细胞膜上形成运动终板(图 2-29)。但神经纤维末端的轴突膜(即突触前膜)并不与肌膜直接接触，而存在 20~30 nm 的间隙。轴突末梢的轴浆中有许多线粒体和含有 ACh 的囊泡，神经兴奋时囊泡膜与轴突膜融合、破裂，释放 ACh 于间隙中，ACh 在线粒体内合成，贮存在囊泡中。肌细胞的终板膜上存在 ACh 受体，能与 ACh 结合。终板膜外表面还存在大量胆碱酯酶，可以水解 ACh，使其作用消除。

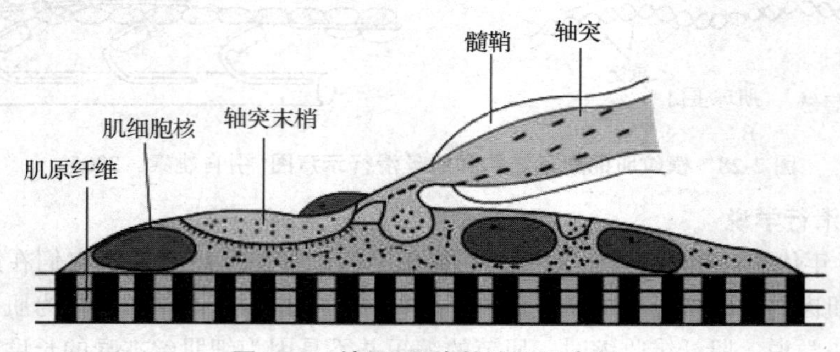

图 2-29 神经-肌肉接头处示意图

神经-肌肉的兴奋传递在运动终板部完成，主要步骤如图 2-30 所示。

当躯体运动神经冲动传到末梢时，立即引起轴膜的去极化，改变轴膜对 Ca^{2+} 的通透性，Ca^{2+} 通道开放，膜外的 Ca^{2+} 进入轴膜内，使囊泡向接头前膜靠近，膜融合、破裂呈量子式释放 ACh 到接头间隙。ACh 扩散到终板膜与 N_2 型受体结合，使终板膜的离子通透性发生变化，允许 Na^+、K^+、甚至 Ca^{2+} 同时通过，出现 Na^+ 内流与 K^+ 外流，由于 Na^+ 内流远远超过 K^+ 外流，故总的结果是使终板膜原有静息电位减小，导致终板膜去极化，形成终板电位(end-plate potential，EPP)。随着 ACh 释放量增加，终板电位随之增大，并使邻近肌膜去极化而达到阈电位水平，使肌膜爆发动作电位并传播到整个肌细胞。终板膜外表面的胆碱酯酶使 ACh 迅速水解成乙酸和胆碱而失去作用。

神经-肌肉接头间的兴奋传递是电-化学-电的传递过程，即神经末梢的动作电位通过 ACh 与终板膜上 ACh 受体结合，再触发肌细胞产生动作电位。正常情况下，一次神经冲动释放 ACh

量所形成的终板电位大小是引起细胞膜动作电位所需阈值的 3～4 倍，可见运动神经末梢每传来一次动作电位都足以使肌膜产生一次动作电位，其所释放的 ACh 在 1～2 ms 内便被胆碱酯酶所破坏。因此，每一次神经冲动传到神经纤维末梢，只能引起肌细胞兴奋一次，产生一次收缩。

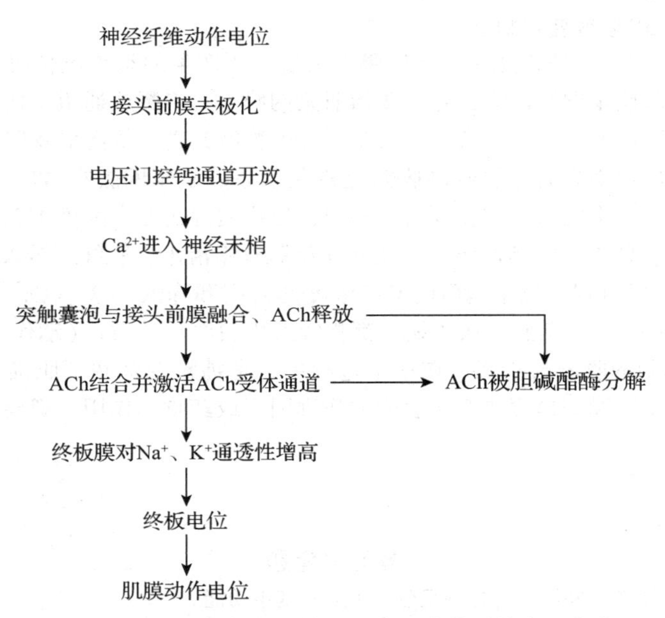

图 2-30　骨骼肌神经-肌肉接头处兴奋传递的主要步骤

2.5.3.2　骨骼肌兴奋-收缩耦联的基本过程

骨骼肌兴奋-收缩耦联包括 3 个主要过程：电兴奋通过横管系统传向肌细胞的深处；三联管结构处信息的传递；肌浆网(即纵管系统)对 Ca^{2+} 的释放与再聚积(图 2-31)。即当肌细胞膜兴奋时，动作电位可沿着凹入细胞内的横管膜传导，引起横管膜产生动作电位。当动作电位传到终末池附近的 T 管时，激活 T 管膜和肌膜中的 L 型 Ca^{2+} 通道，L 型 Ca^{2+} 通道发生构型改变，激活终末池膜上 Ca^{2+} 释放通道开放。终末池内的 Ca^{2+} 大量进入肌浆，引起肌浆内调节蛋白变构，触发肌丝的滑行，肌肉收缩。

当肌浆中 Ca^{2+} 浓度升高时，肌浆网上的 Ca^{2+} 泵被激活，使肌浆网释放的 Ca^{2+} 在与肌钙蛋白

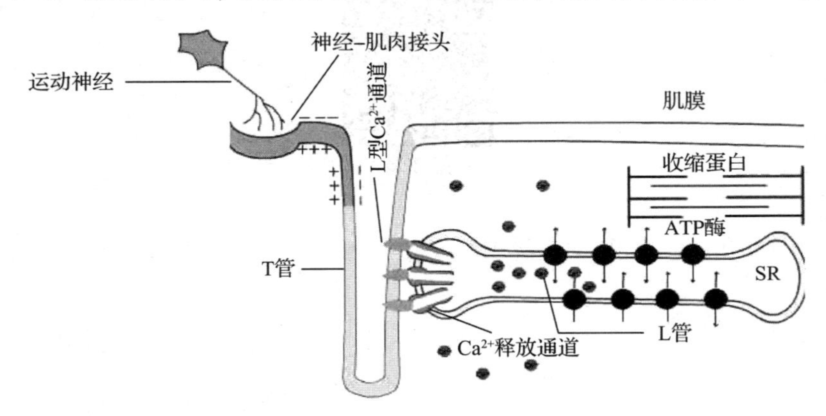

图 2-31　骨骼肌兴奋-收缩耦联基本过程示意图

亚单位C短暂结合后，最终全部被Ca^{2+}泵逆着浓度梯度转运回肌浆网中(由分解ATP获得能量)，致使肌浆中Ca^{2+}浓度下降到静息水平。

肌钙蛋白与原肌球蛋白的构象也随之恢复静息时的状态，重新阻碍横桥与肌动蛋白的结合，细肌丝从粗肌丝间滑出，肌肉舒张。

2.5.3.3 肌浆中Ca^{2+}浓度变化机制

当动作电位经过神经-肌肉接头引起肌膜兴奋后，所产生的动作电位可通过横管系统一直进入细胞深处，引起肌浆网膜的去极化，激活肌浆网膜上Ca^{2+}释放通道，使其膜对Ca^{2+}通透性突然升高，使肌浆网内Ca^{2+}快速释放，导致胞质Ca^{2+}浓度升高，从而引发肌丝滑行的一系列过程。肌纤维的动作电位消失后，肌浆网膜恢复极化状态。肌浆网膜在ATP供能情况下，经钙泵的主动转运，将胞质中的Ca^{2+}回收到肌浆网内，使胞质内的Ca^{2+}浓度重新下降。这时，与肌钙蛋白亚单位C结合的Ca^{2+}重新离解，细肌丝从粗肌丝中滑出，肌纤维转入舒张状态。

在兴奋-收缩耦联过程中发生胞质内Ca^{2+}浓度的升高和降低，这一Ca^{2+}浓度的波动也称钙瞬变(calcium transient)。肌细胞每次收缩，都相继发生膜电位的波动(动作电位)、Ca^{2+}浓度的波动(钙瞬变)和细胞的收缩与舒张。在这个过程中，是钙瞬变耦联了肌细胞的电兴奋与机械收缩，因此任何改变钙瞬变幅度或变化速度的病理因素或药物的作用，都会影响肌肉收缩的力学表现。

(赵翠燕)

复习思考题

1. 绘出膜结构示意图，并标示清楚各组分，讲述其基本功能。
2. 比较经载体易化扩散和经通道易化扩散的活动特点。
3. 试比较Na^+通道与钠泵活动间的异同。
4. 钠泵活动有哪些重要的生理意义?
5. 简述出胞作用与入胞作用的关系。
6. 常见的跨膜信号转导有哪几种方式?
7. 如何证明静息电位基本上相当于K^+的跨膜平衡电位?
8. 设计测定细胞兴奋后兴奋性处于不同时期的实验装置。
9. 试用跨膜信息传递理论解释神经-肌肉接头处兴奋传递和突触传递过程。
10. 试述骨骼肌兴奋-收缩耦联的基本步骤。

第2章

第3章
血　液

本章导读

血液是一种流体组织，通过在心血管系统中不停地循环流动，实现运输、调节、防御和保护等功能。血液由血浆和血细胞组成。红细胞是血液中数量最多的血细胞，具有可塑变形性、悬浮稳定性和渗透脆性等生理特性，主要功能是运输O_2和CO_2，还参与对血液中酸碱物质的缓冲及免疫复合物的清除。白细胞具有变形、游走、趋化、吞噬和分泌等特性，主要抵御外源性病原微生物的入侵和执行免疫功能。生理性止血包括小血管收缩、血小板血栓形成及血液凝固3个相继发生并相互重叠的过程，血小板与3个过程均有密切关系，在生理性止血过程中居于极为重要的地位。血液凝固是由凝血因子按一定顺序相继激活，最终使纤维蛋白原变为纤维蛋白的过程。在正常生理情况下，凝血、抗凝血和纤维蛋白溶解处于动态平衡，既保持了血管内血流畅通，又防止了血栓形成。

本章重点与难点

重点：血液的特性、组成和机能，血细胞的数量和功能以及血液凝固的步骤。

难点：血液凝固的机理。

血液(blood)是由血浆和血细胞组成的流体组织，在心脏等的推动下，在心血管系统内循环流动，实现运输营养物质、维持稳态、保护机体、传递信息以及参与调节等生理功能。

血液中的血浆是沟通各组织细胞与外部环境的最活跃的体液组分，体内各器官组织功能的变化，往往可导致血液成分或性质发生特征性的变化，因此临床上经常进行有关血液学检查，辅助疾病诊断。

3.1　血液生理概述

3.1.1　血液的组成

血液由血浆和血细胞组成。血浆(plasma)为淡黄色半透明的黏稠液体，血细胞(blood cell)可分为红细胞(erythrocyte 或 red blood cell)、白细胞(leukocyte 或 white blood cell)和血小板(platelet 或 thrombocyte)。采集的血液未经抗凝处理，静置后凝固并收缩，同时析出透明的淡黄色液体，称为血清(serum)。将新鲜血液采集后与适量的抗凝剂混匀，注入分血管(又称比容管)中离心，可见血液分为3层：上层为淡黄色或无色的液体部分，称为血浆，血清和血浆的主要差异在于血清中不含有纤维蛋白原以及一些参与凝血反应的物质；底层为暗红色的红细胞；在红细胞层表面有一薄层灰白色物质是白细胞和血小板。压紧的血细胞在全血中所占的容积百分比，称为血细胞比容(hematocrit)(图3-1)。由于白细胞和血小板所占容积微小，常被忽略不计，因此通常把血细胞比容称为红细胞比容(HCT)或称红细胞压积(PCV)。不同动物的红

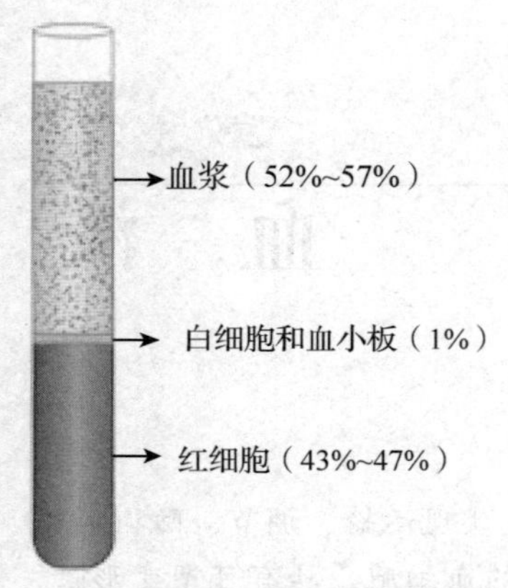

图 3-1 血细胞比容示意图

细胞比容不同，大多数家畜的红细胞比容为 34%~45%，而且通常在极小的范围内波动。血液比容可反映血浆容积、红细胞数量或体积的变化，因此，在临床中测定红细胞比容有助于了解血液浓缩和稀释的情况，也有助于诊断脱水、贫血和红细胞增多等症状。

(1)血浆

血浆是机体内环境中的重要组成部分，含有 90%~92%水分、6.5%~8.5%蛋白质和 2%小分子物质。

①血浆蛋白　是血浆中含有的多种蛋白质的总称，其相对分子质量大，不能通过毛细血管壁。血浆蛋白的含量随动物种类不同而不同，如棘皮动物、一些软体动物和环节动物可低到 1.0 mg/mL；大的头足动物则可高达 100~150 mg/mL，鸟类和哺乳动物一般为 30~75 mg/mL。血浆蛋白用盐析法可分为白蛋白、球蛋白与纤维蛋白原 3 大类。

a. 白蛋白(albumin)　数量最多，是形成血浆胶体渗透压的主要成分；白蛋白能与小分子物质和脂溶性物质相结合，作为它们的运输载体；白蛋白还可以作为组织蛋白的原材料，起修补组织的作用。

b. 球蛋白(globulin)　包括 α-球蛋白、β-球蛋白和 γ-球蛋白。其中，α-球蛋白能与糖、维生素 B_{12}、胆色素等形成结合蛋白质；β-球蛋白能与脂类结合成为脂蛋白，起运输这些物质的作用；γ-球蛋白几乎都是免疫球蛋白，起免疫保护作用。

c. 纤维蛋白原(fibrinogen)　主要在血液凝固过程中起作用，可形成凝血块，在组织受伤出血时堵塞伤口，起止血作用。

②晶体物质　包括电解质和某些小分子有机物。

a. 电解质　血浆中电解质含量与组织液中的基本相同，其中阳离子主要是 Na^+，阴离子主要是 Cl^-。血浆中的电解质是形成血浆晶体渗透压的主要成分。

b. 血浆中的其他有机物　血浆中的非蛋白质含氮化合物主要是蛋白质代谢的中间产物或终产物，包括尿素、尿酸、肌酸、肌酐、氨基酸、胆红素和氨等，其中尿素、尿酸、肌酸、肌酐等蛋白质代谢终产物均由肾脏排泄。血浆中不含氮的有机物有葡萄糖、甘油三酯、磷脂、胆固醇和游离脂肪酸等，与糖代谢和脂肪代谢有关。血浆中还有一些生物活性物质，主要包括酶类、激素和维生素。其中，酶类来源于组织或血细胞，因此临床测定酶的活性可以反映相应组织、器官的机能状态，有助于诊断。

(2)血细胞

血细胞起源于造血干细胞，包括红细胞、白细胞及血小板(非哺乳动物为血栓细胞)(图 3-2)。但成熟的各类血细胞在血液中存在的时间只有几小时(如中性粒细胞)到几个月(如红细胞)。而适应这种特性的骨髓造血干细胞，以自我更新和增殖的方式，每小时生成 10^{10} 个红细胞和 10^8~10^9 个白细胞，从而保障了对血细胞的补充，以保持血液各有形成分的动态平衡。

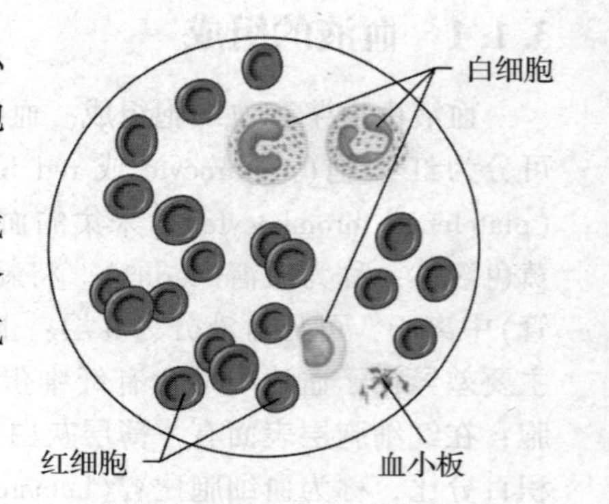

图 3-2 血细胞组成

3.1.2 血量

动物体内血液的总量称为血量，是血浆量和血细胞量的总和。动物的血量用身体质量的百分比来表示。哺乳动物的血量一般占身体质量的5%~10%，但可因动物种类、年龄、性别、营养状况、生理状态和所处的外界环境不同而有差异。马的血量为体质量的8%~9%；牛、羊和猫的血量为6%~7%；猪和犬的血量为5%~6%；成年人的血量为7%~8%。幼年动物的血量较成年动物的多，可达体质量的10%以上。

通常大部分血液在心血管系统内流动，称为循环血量；另一部分存在于肝、脾、肺及皮下的血窦、毛细血管网和静脉内，流动很慢，称为储备血量。两部分血比例，可随机体状态不同而相应变化。当机体在剧烈运动和失血等情况下，储备血量即可投入循环血量，以适应机体的需要。

机体血量相对稳定，对于维持正常血压和保证各器官的血液供应十分重要。失血是引起血量减少的主要原因。失血对机体的危害程度，通常与失血速度和失血量有关。快速失血对机体危害较大。一次失血不超过血量的10%，一般不会影响健康，因为这种失血所损失的水分和无机盐，在1~2 h就可从组织液中得到补充；所损失的血浆蛋白质，可由肝脏加速合成而在1~2 d得到恢复；所损失的血细胞可由储备血量的释放而得到暂时补充，并由造血器官生成血细胞来逐渐恢复。若是一次急性失血达血量的20%，生命活动将受到明显影响。倘若一次急性失血超过血量的30%，则会危及生命。

3.1.3 血液的功能

组成血液的血浆和血细胞在循环流动的过程中实现如下功能。

(1)运输功能

血液能携带机体所需要的氧、蛋白质、糖类、脂肪酸、甘油、维生素、水、电解质等，并将它们运送到全身各部分的组织细胞。组织细胞的代谢产物(如二氧化碳、尿素、尿酸、肌酐等)也可由血液携带并送到肺、肾、皮肤和肠管排出体外，使机体的新陈代谢得以顺利进行。体内各内分泌腺分泌的激素，大部分由血液运送，作用于相应的靶细胞，改变其活动，所以血液与机体的体液调节功能密切相关。运输是血液的基本功能，其他功能几乎都与此有关。

(2)缓冲功能

血浆和红细胞中有许多缓冲对，$NaHCO_3/H_2CO_3$ 是最主要的缓冲对，可维持体液酸碱平衡。

(3)调节体温

血液中含有大量水，水的比热较大，可吸收代谢产生的过剩热量，经血液运送到体表散发，维持体温相对恒定。

(4)免疫保护功能

血小板、血浆内的各种凝血因子、抗凝物质、纤维蛋白溶解系统物质，参与凝血、纤维蛋白溶解和生理性止血过程，既可有效防止失血，又可保持血管内血流畅通，保护机体。血液中的红细胞、白细胞、免疫球蛋白、补体和溶血素等具有免疫功能，参与机体的特异性和非特异性免疫反应，是抵御病原微生物和异物入侵的重要防线。

3.1.4 血液的理化特性

(1)颜色与气味

血液为不透明的红色液体，动脉血中，血红蛋白(hemoglobin，Hb)氧结合高，呈鲜红色；静脉血中，血红蛋白氧结合量低，呈暗红色。当机体缺氧时，常使血液的颜色变暗，使皮肤和黏膜呈现发绀现象。血液中含有挥发性脂肪酸具有特殊的血腥味，又因血液中含有氯化钠而稍带咸味。

(2)血液的相对密度

畜禽全血的相对密度一般在1.035~1.075范围内变动。其大小主要取决于红细胞和血浆容积之比，比值高，全血相对密度就大，反之就小。红细胞的相对密度一般为1.070~1.090，其大小取决于红细胞中所含的血红蛋白的浓度，血红蛋白浓度越高，相对密度就越大。血浆的相对密度为1.024~1.031，其大小主要取决于血浆蛋白的浓度。常见动物的血液相对密度见表3-1所列。

表3-1 常见动物的血液相对密度

动物种类	牛	猪	绵羊	山羊	马	鸡
血液相对密度	1.046~1.061	1.035~1.055	1.041~1.061	1.035~1.051	1.046~1.051	1.045~1.060

(3)血液的黏度

液体流动时，由于内部分子间摩擦而产生阻力，以致流动缓慢并表现出黏着的特性，称为黏度(viscosity)。全血的黏度是水的4~5倍，血浆的黏度是水的1.5~2.5倍。血液黏度的大小，主要取决于红细胞数目的多少和血浆蛋白的浓度。红细胞数目越多，血浆蛋白浓度越高，血液黏度就越大。

(4)血浆渗透压

促使纯水或低浓度溶液中的水分子通过半透膜向高浓度溶液中渗透的力量，称为渗透压(osmotic pressure)。其大小取决于溶质颗粒(分子或离子)数目的多少，而与溶质的种类或颗粒的大小(分子质量)无关，哺乳动物血浆渗透压约为771.0 kPa(约7.6个大气压)，即约300 mOsm/L。血浆渗透压包括晶体渗透压和胶体渗透压两部分，由晶体物质(主要是Na^+和Cl^-)形成的渗透压称为晶体渗透压，约占血浆总渗透压的99.5%。其作用主要是保持细胞内外水平衡或维持红细胞的正常形态和功能(图3-3)。因为血浆和组织液中的大部分晶体物质不能透过细胞膜进入细胞，因此对细胞内水分有吸引力，直至细胞内外的水分达到平衡。但是，晶体物质可自由进出于血管内外，使血管内外晶体渗透压相同。由胶体物质(主要是白蛋白)形成的渗透压称为胶体渗透压，约占血浆总渗透压的0.5%。其作用主要是维持血管内外的水平衡。因为血浆蛋白不能透过毛细血管，所以从组织液中吸收水分，维持血管内外水的平衡。假如血浆蛋白减少(肝硬化、急性肾炎)，组织液水分不易吸收入血液而滞留于组织间隙，导致发生水肿。

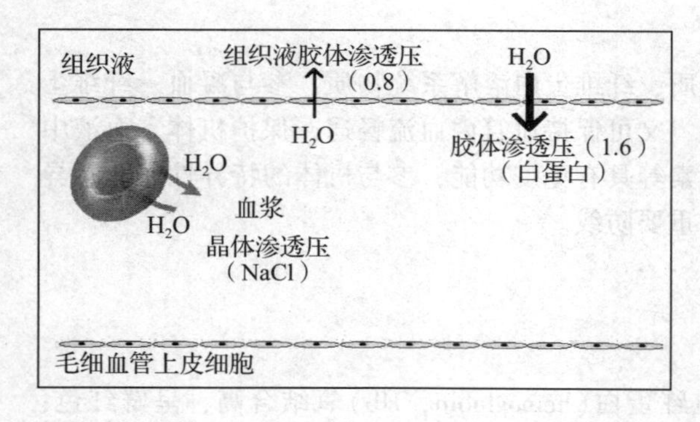

图3-3 血浆渗透压作用示意图(单位：mOsm/L)

机体细胞的渗透压与血浆的渗透压相等，也与机体各部位体液的渗透压基本相等，从而维持细胞的正常体积和形状。通常把与细胞和血浆渗透压相等的溶液称为等渗溶液(iso-osmotic solution)，如0.9%氯化钠溶液(通常称为生理盐水)和5%葡萄糖溶液。把那些高于或低于血浆渗透压的溶液分别称为高渗溶液或低渗溶液。并非每种物质的等渗溶液都能保持红细胞的正常体积和形状，只有那些由不易通过细胞膜的溶质所构成的等渗溶液才能保持红细胞的正常体积和形状，这种溶液称为等张溶液(isotonic solution)。例如，NaCl不能自由通过细胞膜，因此，0.9% NaCl溶液既是等渗溶液，也是等张溶液。而尿素能自由通过细胞膜，所以1.9%尿素溶液是等渗溶液，不是等张溶液，将红细胞置入其中后将很快发生溶血。

(5)血浆酸碱度

血液呈弱碱性，正常畜禽的血液pH值稳定于7.30~7.50，常见动物血液的平均pH值为：马7.40，牛7.50，猪7.47，绵羊7.49，鸡7.54，依种类不同存在差异。pH值变化幅度一般不超过±0.05。如果超过这个限度，将会引起机体酸中毒或碱中毒。

在正常情况下，机体在代谢过程中总是不断地有一些酸性物质和碱性物质进入血液，但血液pH值却始终保持相对恒定，除了通过肺和肾排出过多酸性或碱性物质外，主要依赖于血液中的缓冲对。其中，血浆缓冲对包括：$NaHCO_3/H_2CO_3$、蛋白质钠盐/蛋白质、Na_2HPO_2/NaH_2PO_4等；红细胞内缓冲对包括：KHb/HHb、$KHbO_2/HHbO_2$等。$NaHCO_3/H_2CO_3$是最主要的缓冲对，正常情况下，$NaHCO_3$与H_2CO_3的浓度比值是20∶1，若此值不变，血液pH值则恒定。生理学中将100 mL血浆中$NaHCO_3$的含量称为血液的碱储(alkali reserve)。

3.1.5 血液的免疫学特性

动物生活在自然环境中，不断接触周围环境中的细菌、病毒、真菌、寄生虫等病原微生物，这些病原生物的入侵可引起器官组织的损害和生理功能的异常，甚至死亡。免疫系统是机体抵御病原体感染的关键系统。此外，免疫系统还能通过清除体内衰老、损伤的细胞发挥免疫自稳功能，通过识别、清除体内突变细胞发挥免疫监视功能。免疫系统由免疫组织与器官、免疫细胞和免疫分子组成。免疫可分为固有免疫和获得性免疫两类。血液系统是各种免疫细胞和免疫分子(血细胞、抗体和补体)的载体，也是免疫反应发生的主要场所。

(1)固有免疫

固有免疫(innate immunity)由遗传获得，因不具有针对某一类抗原的特异性，又称非特异性免疫(nonspecific immunity)。完整的皮肤黏膜是动物机体的第一道防线，破损的皮肤和黏膜是病原微生物入侵的门户。固有免疫细胞及固有免疫分子(如血浆中的补体等)是实现非特异性免疫功能的重要效应细胞和效应分子。固有免疫细胞包括吞噬细胞(如中性粒细胞和单核-巨噬细胞系统)、树突状细胞(dendritic cell，DC)、自然杀伤细胞(natural killer cell，NK)、自然杀伤T细胞、γδT细胞和B1细胞等。吞噬细胞具有识别、吞噬并杀灭细菌(单核细胞需发育为巨噬细胞，才具有强的吞噬能力)等作用。NK细胞能非特异性杀伤肿瘤细胞和被病毒及胞内病原体感染的靶细胞。补体是动物正常新鲜血清和组织液中存在的一组与免疫有关、具有酶活性的球蛋白，可被细菌脂多糖或抗原抗体复合物等激活物激活。激活的补体可导致细胞和细菌溶解。补体的激活产物还能促进吞噬细胞的吞噬(补体的调理作用)。DC是功能最强的抗原提呈细胞，可摄取、加工处理并提呈抗原，进而激活初始T细胞。此外，巨噬细胞也具有一定的抗原提呈能力。因此，固有免疫是机体抵御病原微生物入侵的第一道防线，启动并参与获得性免疫应答。

(2)获得性免疫

获得性免疫(acquired immunity)是个体出生后与抗原物质接触后产生或接受免疫效应因子后所获，具有特异性，可专一性地与某种抗原物质起反应，又称特异性免疫(specific immunity)。获得性免疫是通过免疫系统产生针对某种抗原的特异性抗体或活化的淋巴细胞攻击破坏相应入侵病原生物或毒素，前者称为体液免疫，后者称为细胞免疫。

获得性免疫主要依赖特异性免疫细胞包括T淋巴细胞和B淋巴细胞的参与。抗体是由B细胞发育而来的浆细胞(plasma cell)产生的能与抗原进行特异性结合的免疫球蛋白(immunoglobulin，Ig)。Ig按其重链结构可分为IgM、IgG、IgA、IgD和IgE 5类。抗体可与侵入机体的病毒或细菌毒素结合，可使病毒失去进入细胞的能力或中和细菌毒素的毒性(称为中和作用)；抗体与病原体结合可促进吞噬细胞对病原体的吞噬(称为免疫的调理作用)，并可增强中性粒细胞、单核细胞、巨噬细胞、NK细胞对靶细胞的杀伤作用(称为抗体依赖细胞介导的细胞毒性作用)；抗体与靶细胞上的抗原结合后还可激活补体，在靶细胞膜上形成小孔而导致病原体细胞溶解。B淋巴细胞通过分化为具有抗原特异性的浆细胞产生抗体而引起体液免疫。

T淋巴细胞通过形成活化的效应淋巴细胞以及分泌细胞因子引起细胞免疫。B淋巴细胞和T淋巴细胞负责识别和应答特异性抗原，是获得性免疫反应的主要执行者。红细胞也与机体的免疫反应有关。红细胞表面有补体受体，具有识别抗原的免疫功能，当相关抗原进入血液后能被黏附到红细胞表面(称为免疫黏附作用)，形成的免疫复合物在经过肝、脾时，能被巨噬细胞所吞噬，从而清除病理性循环免疫复合物。需要指出一点，免疫应答是一把双刃剑，异常免疫应答可导致多种免疫相关疾病的发生。

3.2 血细胞生理

3.2.1 血细胞的生成

(1)血细胞的生成过程

高等脊椎动物在胚胎发育早期，最初是在卵黄囊造血，以后由肝、脾造血。胚胎发育到5个月以后，肝、脾造血活动逐渐减少，骨髓开始造血，并且造血活动逐渐增强。到出生时，几乎完全依靠骨髓造血。但如果幼龄动物急速生长发育，对造血的需要量过多时，肝、脾可再次参与造血以进行代偿。成年动物完全依靠骨髓造血而不再需要骨髓外代偿性造血。骨髓产生成熟的红细胞、有粒白细胞和血小板，而淋巴腺和其他淋巴器官参与淋巴细胞的成熟过程。

造血过程就是各类造血细胞的发育、成熟过程，它是一个连续而又分阶段的过程。骨髓内造血过程包括3个阶段(图3-4)。第一阶段是造血干细胞(hemopoietic stem cell)阶段。造血干细胞经过有丝分裂形成两个子细胞，其中一个子细胞仍维持造血干细胞的全部特征，另一个可分化成造血祖细胞。可见，骨髓中的造血干细胞具有自我复制和多能分化(pluripotent differentiation)的特征，前者可保持自身细胞数量的稳定，后者则可形成各系造血细胞。第二阶段是造血祖细胞(hemopoietic progenitor cell)阶段，早期的造血祖细胞仍具有多向分化的能力，称为多能祖细胞(multipotintial progenitor cell)，晚期的造血祖细胞则只能向特定系分化，称为定向祖细胞(committed progenitor cell)，可以区分为红系集落形成单位(colony forming unit-erythrocyte，CFU-E)、粒-单核系集落形成单位(colony forming unit-granulocyte-monocyte，CFU-GM)、巨核系集落形成单位(colony forming unit-megakaryocyte，CFU-MK)和淋巴系集落形成单位(colony forming unit-lymphocytes，CFU-L)。第三阶段是形成可辨认的前体细胞阶段。此时的造血细胞已经发育成为形态上可以辨认的各系幼稚细胞，这些细胞进一步分别成熟为具有特殊功能的各类终末血细胞，并有规律地释放进入血液循环。

(2)血细胞生成的调节

造血过程3个阶段均受相关体液因子的调节。

①对多能干细胞的调节　多能干细胞的分化趋向受到造血生长因子(hematopoietic growth factor，HGFs)的调节，例如，促红细胞生成素(erythropoietin，EPO)促进干细胞向红系祖细胞

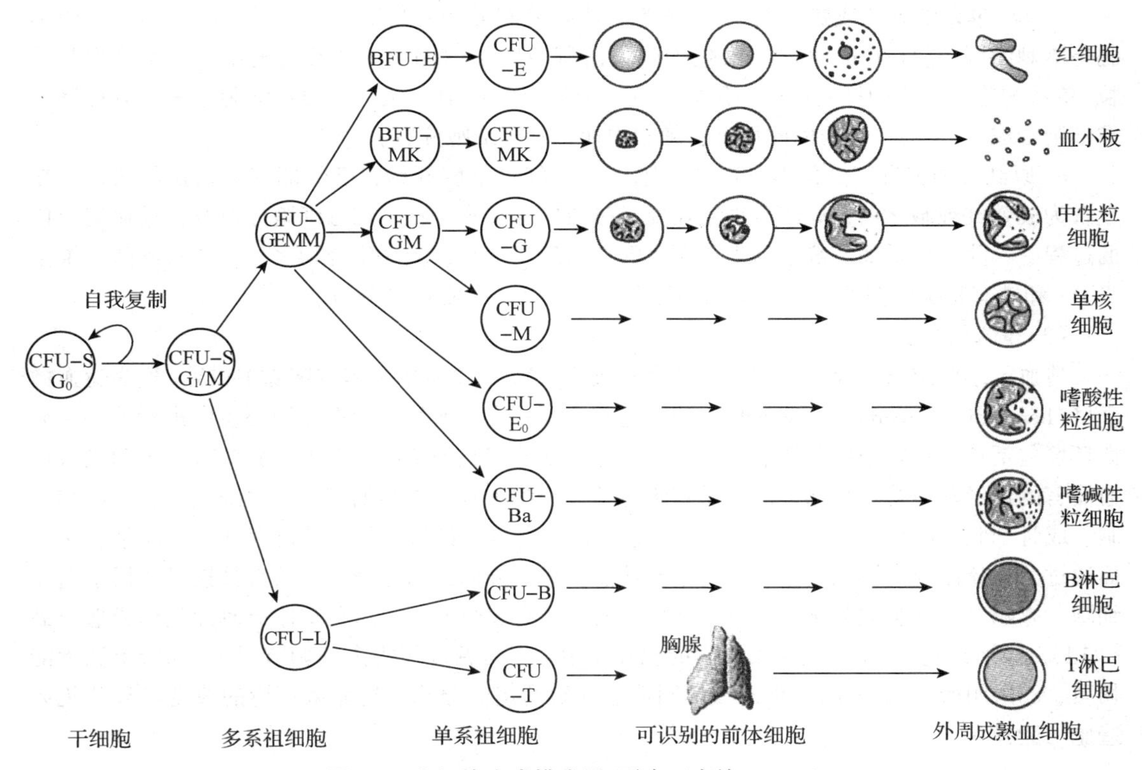

图 3-4 血细胞生成模式图(引自王庭槐, 2018)

CFU-S：脾集落形成单位；CFU-GEMM：粒红巨核巨噬系集落形成单位；BFU-E：红系爆式集落形成单位；CFU-E：红系集落形成单位；BFU-MK：巨核系爆式集落形成单位；CFU-MK：巨核系集落形成单位；CFU-GM：粒-单核系集落形成单位；CFU-G：粒系集落形成单位；CFU-M：巨噬系集落形成单位；CFU-E_0：嗜酸系集落形成单位；CFU-Ba：嗜碱系集落形成单位；CFU-L：淋巴系集落形成单位；CFU-B：B淋巴细胞集落形成单位；CFU-T：T淋巴细胞集落形成单位；G_0：G_0期；G_1/M：G_1期/M期

分化；巨核系集落刺激因子(Meg-CSF)促进干细胞向巨核系祖细胞分化；刺激粒系细胞生长的造血生长因子促进干细胞向粒系祖细胞分化等。造血干细胞的分化趋向也受到造血微环境的诱导作用。

②对定向祖细胞的调节　定向祖细胞主要受到造血生长因子的调节。体外实验证明，定向祖细胞的存活、增殖和分化都有赖于这些因子的存在。例如，红系祖细胞在EPO的作用下生长成红系祖细胞集落并分化为红母细胞，巨核系祖细胞在Meg-CSF的作用下，集落的生成和细胞数增加，同样，各种粒系集落刺激因子(colony stimulating factor，CSF)能刺激相应祖细胞的增殖。除了造血生长因子的调节之外，还有一些抑制因子也参与对祖细胞的调节。

③对母细胞发育成熟过程的调节　包括巨核母细胞生成血小板、粒-单系细胞的成熟和原红母细胞发育分化为成熟红细胞3个方面。

a. 巨核母细胞生成血小板　巨核母细胞的胞质已开始分化，核内DNA合成也增加(但细胞不分裂)。当巨核母细胞的胞质被分隔成许多小区时，每个小区完全隔开即成为血小板。巨核母细胞的成熟过程受到血小板生成素(thrombopoietin，TPO)的调节。TPO是一种糖蛋白，由肝脏和肾脏产生。它刺激巨核母细胞DNA的合成。

b. 粒-单系细胞的成熟　粒-单系细胞的成熟受到粒细胞集落刺激因子(G-CSF)、巨噬细胞集落刺激因子(M-CSF)和粒-巨噬细胞集落刺激因子(GM-CSF)的促进作用，又受到某些粒-单系细胞抑制物的抑制作用。例如，从粒细胞提取物中发现有一种粒细胞抑素，有抑制幼粒细胞合成DNA的作用，因此可延长细胞周期，延缓细胞分裂。

c. 原红母细胞发育分化为成熟红细胞　从原红母细胞开始，已经能够合成血红蛋白，在发育为成熟红细胞之前，原红母细胞还要经过数次分裂和分化。在母细胞分裂及合成血红蛋白的过程中，除了需要如一般细胞生长所需的氨基酸、脂肪、碳水化合物之外，还对叶酸、维生素 B_{12} 和铁有特殊的需要，并且受到一种重要的激素——EPO的调节。

(3)造血微环境

造血干细胞定居、存活、增殖、分化和成熟的场所(T淋巴细胞在胸腺中成熟)称为造血微环境(hemopoietic microenvironment)。造血过程主要是在造血组织的造血微环境中进行的，造血微环境包括造血器官中的基质细胞、基质细胞分泌的细胞外基质、各种造血调节因子和进入造血器官的神经和血管。骨髓中的基质细胞包括成纤维细胞、外膜细胞、内皮细胞、组织巨噬细胞、成骨细胞和破骨细胞等。造血细胞必须依附于骨髓中的基质细胞才能存活，基质细胞一方面通过分泌体液因子影响造血细胞的生理功能；另一方面，通过细胞间的直接接触作用于造血细胞，影响造血细胞的分化和发育。微环境的作用有3个方面：一是支撑造血细胞形成造血岛(如上皮样细胞)；二是有利于细胞间的相互作用；三是释放短距离的调节因子(如肾上腺素能物质、乙酰胆碱、组胺等)，促进或抑制造血细胞的定向分化。造血微环境的改变可导致机体造血功能异常。

3.2.2 红细胞生理

3.2.2.1 红细胞的形态和数量

红细胞是血液中数量最多的一种血细胞，以 10^{12} 个/L血液为单位。不同种类的动物红细胞数量不同，同种动物的红细胞数目常随品种、年龄、性别、生活条件等的不同而有差异。

哺乳动物的成熟红细胞无核、多呈双凹圆盘形(图3-5)(骆驼和鹿的为卵圆形)。这种形态可使红细胞表面积与体积的比值增大，并具有很强的变形性和可塑性，较易通过直径比它小的毛细血管、血窦间隙。此外，这种形态使细胞膜到细胞内的距离缩短，有利于氧和二氧化碳的扩散和运输。几种哺乳动物的红细胞数量见表3-2所列。

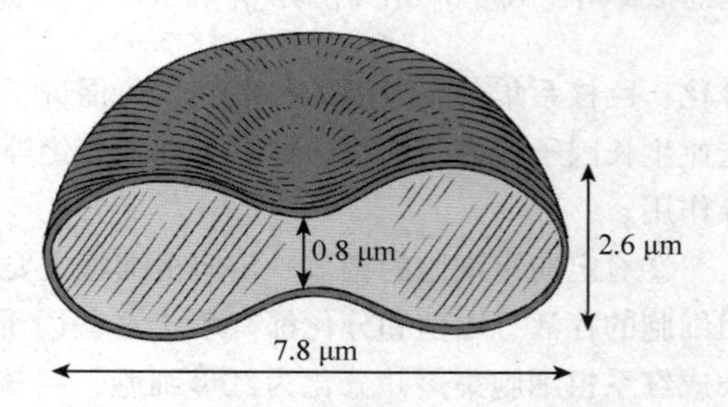

图3-5　哺乳动物红细胞形状示意图

表3-2　各种动物红细胞数量

动物	红细胞数/(×10^{12} 个/L)	动物	红细胞数/(×10^{12} 个/L)
牛	7.0(5.0~10.0)	山羊	13.0(8.0~18.0)
猪	6.5(5.0~8.0)	犬	6.8(5.0~8.0)
马	7.5(5.0~10.0)	猫	7.5(5.0~10.0)
绵羊	12.0(8.0~16.0)	兔	6.9(5.1~7.6)

3.2.2.2 红细胞的生理特性和功能

(1)红细胞的生理特性

①膜的选择通透性 红细胞膜的通透性有严格的选择性，水、氧气、二氧化碳及尿素可以自由通过，葡萄糖、氨基酸、负离子(Cl^-、HCO_3^-)较易通过，而正离子(Ca^{2+})却很难通过。红细胞从血浆中摄取葡萄糖，通过糖酵解和磷酸戊糖旁路产生的能量主要供应膜上钠泵的活动，另外也用于保持膜的完整性及细胞的双凹圆盘形。

②可塑变形性 正常红细胞在外力作用下具有变形的能力，红细胞的这种特性称为可塑变形性(plastic deformation)。外力撤销后，变形的红细胞又可恢复其正常的双凹圆盘形。红细胞在全身血管中运行时，必须经过变形才能通过口径比它小的毛细血管和血窦孔隙(图3-6)。正常的双凹圆盘形可使红细胞具有较大的表面积与体积比，因此红细胞在外力的作用下容易发生变形。当红细胞内容物的黏度增大或红细胞膜的弹性降低时，会使红细胞的变形能力降低。血红蛋白发生变性或细胞内血红蛋白浓度过高时，可因红细胞内黏度增高而降低红细胞的变形性。

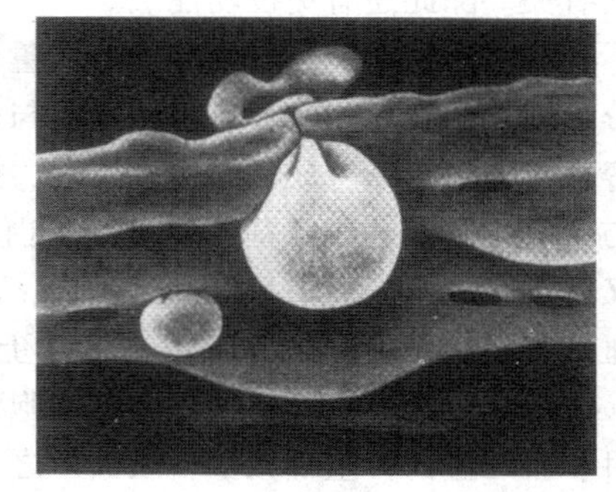

图3-6 红细胞挤过脾窦的内皮细胞裂隙

③渗透脆性 红细胞在低渗盐溶液中发生膨胀破裂的特性称为红细胞渗透脆性(erythrocyte osmotic fragility)，简称脆性。红细胞在等渗的0.9%氯化钠溶液中可保持其正常形态和大小。将红细胞悬浮于一系列浓度递减的低渗溶液中，水分就会在渗透压差的作用下渗入细胞内，红细胞由正常双凹圆盘形逐渐膨胀至球形，最终导致部分细胞破裂，释放出血红蛋白而发生溶血(hemolysis)(图3-7)，当盐浓度降至0.3%左右时红细胞全部溶血，表明红细胞对低渗溶液有一定的抵抗力，且同一个体的红细胞对低渗盐溶液的抵抗力并不相同。生理情况下，衰老红细胞对低渗盐溶液抵抗力低，即脆性较大，网织红细胞和初成熟的红细胞抵抗力较强，脆性较小。某些化学物质(氯仿、苯、胆盐)及某些疾病和细菌等，能使红细胞渗透脆性有所增大，不同程度地引起溶血。

图3-7 不同晶体渗透压对红细胞形态的影响

④悬浮稳定性 红细胞能均匀地悬浮于血浆中不易下沉的特性，称为红细胞的悬浮稳定性(suspension)。常以血沉来表示悬浮稳定性。将抗凝血放入血沉管中垂直静置，红细胞因相对密度较大而下沉，在一定时间内(常为1 h)下沉的距离就称为红细胞的沉降率，简称血沉(erythrocyte sedimentation rate, ESR)。沉降率越快，表示红细胞悬浮稳定性越小。红细胞在血

浆中具有悬浮稳定性，是由于红细胞与血浆之间的摩擦阻碍了红细胞的下沉。动物患某些疾病时血沉加快，主要是由于多个红细胞彼此能较快地以凹面相贴，称为红细胞叠连；叠连以后，红细胞与血浆的摩擦力减小，于是血沉加快。血沉取决于血浆，血浆中纤维蛋白原和球蛋白带正电，而红细胞带负电，因此它们相互吸引而叠连在一起，使血沉加快；胆固醇增加时，血沉也加快；白蛋白和卵磷脂都带负电，与红细胞相互排斥而使血沉减慢。

(2)红细胞的生理功能

红细胞的主要功能是运输氧和二氧化碳，并对酸碱物质具有缓冲作用，这些功能均与血红蛋白有关。除此还有免疫功能。

①气体运输功能　红细胞含有大量血红蛋白，占红细胞成分的30%~35%。血红蛋白的相对分子质量约为64 460，是由珠蛋白与亚铁血红素组成的结合蛋白质。在氧分压高时，血红蛋白容易与氧疏松结合成氧合血红蛋白，在氧分压低时，氧又容易解离而释放出来；血红蛋白也能与二氧化碳结合成氨基甲酸血红蛋白(又称碳酸血红蛋白)，在氧分压高的环境中，二氧化碳又解离释放出来。一旦红细胞破裂，血红蛋白逸出，即丧失运输气体的功能。各种动物血液中血红蛋白含量不同。健康动物血红蛋白含量，可因年龄、性别、营养状况等的不同而有变动。在正常情况下，单位容积内红细胞数目与血红蛋白含量的高低是基本一致的。如果红细胞数目和血红蛋白含量都减少，或其中之一明显减少，都可视为贫血。

血红蛋白在亚硝酸盐、磺胺、乙酰苯胺等以及各种氧化剂作用下，其亚铁离子被氧化成三价的高铁血红蛋白而失去携带氧的功能，这些变性血红蛋白的产生超过一定限度，都将引起机体严重缺氧，乃至造成死亡。血红蛋白与一氧化碳的亲和力比对氧的亲和力大200余倍，并结合成稳定的一氧化碳血红蛋白，因而丧失运输氧的能力，可危及生命，这就是煤气中毒的原理。

②缓冲酸碱变化　红细胞可缓冲血液pH值，红细胞内有碳酸酐酶和多种缓冲对，对血液pH值变化起缓冲作用，参与酸碱平衡的调节。

③免疫功能　红细胞膜上已明确的补体受体有Ⅰ型补体受体(CR1)和Ⅲ型补体受体(CR3)。目前认为，大多数C_3b-免疫复合物(C_3b-IC)通过CR1连接。CR1存在于红细胞、多形核白细胞、巨噬细胞及T、B淋巴细胞的膜表面。现已证明，C_3b-IC在周围组织中的沉积是导致许多免疫性疾病的主要因素，故红细胞与C_3b-IC的结合对稳定机体的免疫功能起着重要的调节作用。红细胞具有一种使抗原与T细胞接近的媒介作用。红细胞的免疫功能与巨噬细胞相似，能把抗原递呈给淋巴细胞，有增强T细胞依赖性反应的作用。红细胞膜表面存在过氧化物酶及细胞色素氧化酶。在红细胞黏附了抗原后，其黏附区的过氧化物酶活性明显增强，因而认为红细胞也起着杀伤细胞样作用。此外，红细胞对体液免疫和细胞免疫皆有调控作用，并通过适当的途径促使淋巴细胞增殖和分化。完整的红细胞能直接增强NK细胞的抗肿瘤活性，极显著地提高淋巴因子激活的杀伤细胞(LAK)的活性。

3.2.2.3　红细胞生成的调节

(1)红细胞的生成过程

红细胞是由红骨髓的髓系多功能干细胞分化增殖而成。某些放射性物质或药物会抑制骨髓的造血功能，造成再生障碍性贫血。在成年动物，骨髓是生成红细胞的唯一场所。红骨髓内的造血干细胞首先分化成红系定向祖细胞，再经过原红细胞、早幼红细胞、中幼红细胞、晚幼红细胞及网织红细胞各个阶段，成为成熟的红细胞。

(2)红细胞生成的主要原料

造血过程中需要供应充足的造血原料和促进红细胞成熟的物质。蛋白质和铁是红细胞生成的主要原料。铁有两个来源：一部分来自衰老的红细胞被破坏后，血红蛋白分解所释放的铁；另一部分来自消化吸收的亚铁离子(Fe^{2+})或亚铁化合物。蛋白质主要来自消化吸收的氨基酸。机体因缺乏蛋白质或铁引起的贫血，称为营养性贫血。若以缺铁为主导致的贫血，称为缺铁性贫血。维生素B_{12}、叶酸和铜离子是影响红细胞成熟的物质。前二者在核酸(尤其是DNA)合成中起辅酶作用，可促进骨髓原红细胞分裂增殖；铜离子是合成血红蛋白的激动剂。叶酸缺乏会引起与维生素B_{12}缺乏时相似的巨幼红细胞性贫血。维生素B_{12}是一种含钴的化合物，饲料中的维生素B_{12}需和胃黏膜壁细胞分泌的内因子结合成复合物后才能吸收，一旦吸收不足就可引起巨幼红细胞性贫血。此外，红细胞生成还需要氨基酸，维生素B_6、维生素B_2、维生素C、维生素E和微量元素锰、钴、锌等。

(3)红细胞生成的调节

红细胞的生成、红细胞数量的自稳态主要受体液调节。目前，已证实有两种调节因子分别调节着两个不同发育阶段的红系祖细胞的生长发育过程。

①爆式促进因子(burst promoting activator，BPA)　BPA是一类相对分子质量为25 000~40 000的糖蛋白，以早期红系祖细胞(BFU-E)为靶细胞，促进早期红系定向祖细胞的生长发育，形成集落单位的细胞分布呈现爆炸后散布的性状。晚期的红系祖细胞(CFU-E)对BPF不敏感，主要受促红细胞生成素调节。

②促红细胞生成素(erythropoietin EPO)　EPO主要由肾组织产生，少部分在肝细胞和巨噬细胞中合成，是一种热稳定(80℃)糖蛋白，相对分子质量为34 000。该物质可促进骨髓内造血细胞的分化、成熟和血红蛋白的合成，并促进成熟的红细胞释放入血液。在机体贫血、组织中氧分压降低时，血浆中的EPO的浓度增加。当EPO增加到一定水平时，反而能抑制自身的合成与释放。这种反馈调节，使红细胞数量维持相对恒定，以适应机体的需要。雄激素可以直接刺激骨髓造血组织，促使红细胞和血红蛋白的生成，也可作用于肾脏或肾外组织产生EPO，从而间接促使红细胞增生(图3-8)。这也可能是雄性动物的红细胞和血红蛋白量高于雌性动物的原因之一。此外，还有一些激素，如甲状腺激素和生长激素也可促进红细胞生成。

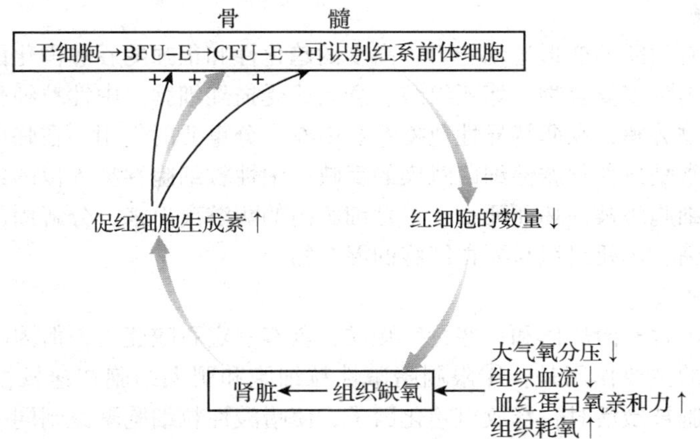

图3-8　促红细胞生成素调节红细胞生成的反馈环

+促进；−抑制

3.2.2.4　红细胞的破坏

不同动物的红细胞寿命也不同，且红细胞的平均寿命与身体质量有一定的相关性：一般身体质量小的动物其红细胞寿命比身体质量大的短，马和牛的红细胞平均寿命约150 d，人的红细胞平均寿命为120 d，猪平均85 d，兔57 d，小鼠的40 d，鸡的28~35 d，鸭为42 d。衰老红细胞变形性差且脆性增大，难以通过微小的孔隙，而易被肝、脾及骨髓等处单核-巨噬细胞吞噬，这是老化红细胞被破坏的主要方式；衰老的红细胞在急速流动的血液中，因机械碰撞而破坏，其碎片也被吞噬细胞吞噬；还有一部分红细胞被血液中存在的溶血性物质(如胆酸盐、不饱和脂肪酸等)溶解。红细胞的寿命受机体营养状况的影响。食物蛋白缺乏时，红细胞生存的期限缩短。红细胞被破坏后，释放出的血红蛋白很快被分解成为珠蛋白、胆绿素和铁3部分。珠蛋白和铁可重新参加体内代谢，胆绿素立即被还原成胆红素，经肝脏随胆汁排入十二指肠。

3.2.3 白细胞生理

3.2.3.1 白细胞的分类和数量

白细胞为无色有核的血细胞，大部分体积比红细胞大，相对密度小，数量少。根据白细胞胞质中有无粗大的颗粒可分为粒细胞和无粒细胞两类。粒细胞按其颗粒染色特点，又可分为中性粒细胞、嗜酸性粒细胞和嗜碱性粒细胞3类；无粒细胞包括单核细胞和淋巴细胞。

白细胞以10^9个/L血液为计数单位，其数量随动物生理状态而发生较大变化，剧烈运动、进食和疼痛时增多；随年龄也有所差异，初生仔畜多于成年家畜；也存在日周期变化，下午较早晨数量多。

3.2.3.2 白细胞的生理特性和功能

白细胞具有变形、游走、趋化性、吞噬和分泌多种细胞因子等特性。除淋巴细胞外，所有的白细胞都能伸出伪足做变形运动，凭着这种运动白细胞得以穿过血管壁，这一过程称为白细胞渗出(diapedisis)。白细胞具有朝向某些化学物质游走的特性，称为趋化性(chemotaxis)。能吸引白细胞发生定向运动的化学物质，称为趋化因子(chemokine)。趋化因子包括：细菌及细菌毒素、细胞或细胞的降解产物，以及抗原-抗体复合物和一些细胞因子等。白细胞可按着这些物质的浓度梯度游走到这些物质的周围，把异物包围起来并吞噬入胞质内，进而将其消化、杀灭。白细胞还可分泌多种细胞因子，如白细胞介素、干扰素、肿瘤坏死因子、集落刺激因子等，通过自分泌、旁分泌作用参与炎症和免疫反应的调控。

(1) 中性粒细胞

中性粒细胞具有活跃的变形运动能力、高度的趋化性和很强的吞噬消化能力，能吞噬侵入的细菌或异物、体内免疫复合物、坏死组织、衰老或受损红细胞。中性粒细胞内含有大量的溶酶体酶，能将吞噬物分解，在非特异性免疫系统中有十分重要的作用。在临床上，中性粒细胞数目的明显增多，常是急性化脓性细菌感染的反映。中性粒细胞吞噬入侵的细菌后，若细菌产生较强的毒素，白细胞将被损坏而死亡，于是细胞内的酶游离出来，分解周围坏死组织，而形成脓汁。浓汁是细菌、坏死组织与死亡细胞的混合物。

(2) 嗜酸性粒细胞

嗜酸性粒细胞内含有溶酶体和一些特殊颗粒，具有一定吞噬能力，但因缺乏溶菌酶基本上没有杀菌能力。它的主要作用是：①限制嗜碱性粒细胞和肥大细胞在速发性过敏反应中的作用。当嗜碱性粒细胞被激活时，释放出趋化因子，使嗜酸性粒细胞聚集到同一局部并从3个方面限制嗜碱性粒细胞的活性：一是嗜酸性粒细胞可产生前列腺素E使嗜碱性粒细胞合成和释放生物活性物质的过程受到抑制；二是嗜酸性粒细胞可吞噬嗜碱性粒细胞所排出的颗粒，使其中含有的生物活性物质不能发挥作用；三是嗜酸性粒细胞能释放组胺酶等酶类，破坏嗜碱性粒细胞所释放的组胺等活性物质。②参与对蠕虫的免疫反应。嗜酸性粒细胞能黏着经IgG调理过的蠕虫，并利用细胞溶酶体内碱性蛋白质和过氧化物酶以及H_2O_2等物质杀伤蠕虫。

(3)嗜碱性粒细胞

嗜碱性粒细胞能合成和释放组胺、肝素、过敏性慢反应物质等生物活性物质。该细胞本身虽无吞噬能力，但在局部炎症区域内，组胺可使毛细血管扩张，血管通透性增大，肝素有抗凝作用，因此有利于其他白细胞的游走和吞噬活动。组胺和过敏性慢反应物质还可使细支气管平滑肌收缩，引起哮喘等过敏反应症状。嗜碱性粒细胞被激活时还能释放出嗜酸性粒细胞趋化因子A，后者吸引嗜酸性粒细胞的聚集，反过来限制嗜碱性粒细胞在过敏反应中的作用。

(4)单核细胞

血液中的单核细胞是未成熟的细胞，其胞体较大，在血流中存在2~3 d后，就离开血管进入周围组织，继续发育成巨噬细胞。巨噬细胞的体积更大，具有比中性粒细胞更强的吞噬能力，它主要存在于淋巴结、肝和脾等器官。外周血液中的单核细胞和组织器官中的巨噬细胞统称单核-巨噬细胞系统，在体内发挥防御作用。其主要功能有：①吞噬并杀伤病毒、疟原虫和分枝杆菌等病原体或衰老损伤的组织细胞。②分泌细胞因子或其他炎性介质，包括肿瘤坏死因子α(TNFα)、白介素(IL-1、IL-2、IL-3)、前列腺素E等。③参与激活淋巴细胞的特异性免疫功能。④抗肿瘤作用，活化的巨噬细胞内的溶酶体数目和蛋白水解酶浓度均显著提高，分泌功能增强，能有效杀伤肿瘤细胞。

(5)淋巴细胞

主要参与机体的特异性免疫反应。根据淋巴细胞的发生和功能等特点，可分为T淋巴细胞、B淋巴细胞和自然杀伤细胞3种。T淋巴细胞在胸腺内分化成熟，主要参与机体的细胞免疫，它与含有某种特异抗原性的物质或细胞相互接触时，发挥免疫功能，以对抗病毒、细菌和癌细胞的侵入，而且与器官移植后发生的排斥反应有关；B淋巴细胞在骨髓内分化成熟，主要参与机体的体液免疫，当受到抗原刺激时，B淋巴细胞转化为浆细胞，后者产生和分泌多种特异抗体，释放入血，阻止细胞外液相应抗原、异物侵害；自然杀伤细胞是一种不同于T和B淋巴细胞的一个特殊淋巴系，可以直接杀伤肿瘤细胞、病毒或细菌感染的细胞等，发挥抗肿瘤、抗感染和免疫调节等功能。

3.2.3.3 白细胞生成的调节

白细胞起源于骨髓的造血干细胞，在细胞发育过程中先后经历了造血祖细胞、可识别的前体细胞和成熟白细胞阶段。白细胞的分化增殖受到一类体液因子的调节，因这些体液因子在体外可刺激造血细胞形成集落，故又称集落刺激因子(colony stimulating factor，CSF)。目前认为，与白细胞生成有关的CSF包括粒-巨噬细胞集落刺激因子(GM-CSF)、粒细胞集落刺激因子(G-CSF)、巨噬细胞集落刺激因子(M-CSF)等。GM-CSF的相对分子质量为22 000，由活化的淋巴细胞产生，能刺激中性粒细胞、单核细胞和嗜酸性粒细胞的生成。G-CSF的相对分子质量为20 000，由巨噬细胞、内皮细胞及间质细胞释放，主要促进粒系祖细胞、粒系前体细胞的增殖和分化，增强成熟粒细胞的功能活性，并能动员骨髓中的干细胞、祖细胞进入血液。GM-CSF和M-CSF等能诱导单核细胞的生成。此外，还有一些抑制因子发挥负反馈调节作用，如乳铁蛋白和转化生长因子β等，它们可以直接抑制白细胞的生成，与促白细胞生成的刺激因子共同维持正常的白细胞生成过程。

3.2.3.4 白细胞的破坏

白细胞寿命相差很大，较难准确判断。成熟白细胞一部分贮存于造血器官，一部分不断进入血液，在血液中停留时间很短，进入组织寿命变长。一般来说，中性粒细胞在血液中停留8 h左右就进入组织，4~5 d即衰老死亡；单核细胞在循环血液中停留2~3 d后进入组织，并发育成巨噬细胞，在组织中可生存约3个月。

白细胞的破坏，可因衰老死亡和执行防御功能被消耗。遭破坏的白细胞，有的与被破坏的组织残片和细菌一起形成脓液，有的被单核-巨噬细胞系统吞噬，有的则通过消化、呼吸、泌尿道排出体外。其死亡方式：凋亡、坏死崩解和自我溶解。

3.2.4 血小板生理

3.2.4.1 血小板的形态和数量

哺乳动物的血小板无核，小而无色，呈双凸圆盘形、卵圆形或杆状，是从骨髓中成熟的巨核细胞胞质裂解脱落下来的细胞质块。非哺乳动物的血栓细胞相当于血小板，具有凝血作用，有一个纺锤形核。鸟类血栓细胞为核所充满，两栖类血栓细胞核上有一深的纵行切迹或凹陷。血小板在运动与进食后增多。不同动物的血小板数目不一样，即使同一动物不同血管血液中的血小板数目也不同，静脉血的血小板数量较毛细血管血液高。

血小板实际上不是完整的细胞，但其有细胞器，此外，内部还有散在分布的颗粒成分，具有独立进行代谢活动的必要结构，所以有活细胞的特性。

3.2.4.2 血小板的生理特性和功能

(1)生理特性

血小板具有黏附、聚集、释放、吸附和收缩等生理特性，与血小板的止血功能和加速凝血的功能密切相关。

①黏附　血小板附着在异物表面的过程称为血小板黏附(platelet adhesion)。血小板不能黏附于正常血管内皮细胞的表面，当血管内皮损伤，暴露出内皮下的胶原纤维时，血小板激活并黏附其上。血小板的黏附需要血小板、血管内皮下组织(主要是胶原纤维)和血浆中的物质共同参与。

②聚集和释放　血小板与血小板相互黏着在一起聚集成团的现象称为血小板聚集(platelet aggregation)。聚集分为两个时相：第一时相是可逆的，发生迅速，容易解聚，主要由损伤组织释放 ADP 引起。第二时相发生缓慢，是不可逆的，即不能解聚，主要由血小板本身释放内源性 ADP 引起。可见 ADP 是使血小板聚集的重要物质，但必须在一定浓度的 Ca^{2+} 和纤维蛋白原存在的情况下才能实现。黏附、聚集的血小板形成止血栓封闭创口，有利于止血。血小板黏附功能受损，机体可发生出血倾向。血小板只有在受到刺激时才发生聚集，聚集的同时将贮存于颗粒内的活性物质释放出来，称为血小板释放(platelet release)或血小板分泌(platelet secretion)。血小板释放的物质有 ADP、ATP、5-羟色胺、血栓素 A_2(thromboxane A_2，TXA_2)等，这些物质具有促进血管收缩、血小板聚集和参与血液凝固等多种复杂的生理功能。其中，ADP、5-羟色胺等对血小板的聚集和释放起正反馈作用，5-羟色胺可使血管收缩，这些都有利于生理性止血过程。

③吸附　血小板质膜表面能吸附血浆中的多种凝血因子(如凝血因子Ⅰ、Ⅴ、Ⅺ、Ⅻ)。使局部凝血因子的浓度增高，促进凝血反应。

④收缩　血小板中存在着类似肌肉的收缩蛋白系统，包括肌动蛋白、肌球蛋白、微管及各种相关蛋白。血小板活化后，胞质内 Ca^{2+} 浓度增高，可引起血小板产生收缩反应，促使凝血块紧缩、止血栓硬化，加强止血效果。若血小板数量减少或功能减退，可使血块回缩不良。

(2)生理功能

血小板的主要生理功能为促进止血、参与凝血、纤维蛋白溶解及维持血管壁内皮的完整性。

①止血功能　正常情况下，小血管破后引起的出血，在数分钟内就会自行停止，这种现象称

为生理性止血(hemostasis)。临床上常用小针刺破耳垂或指尖，使血液自然流出，然后测定出血延续的时间，这段时间称为出血时间(bleeding time)，出血时间的长短可以反映生理性止血功能的状态。人的正常出血时间为1~3 min。当血小板减少或血小板功能有缺陷时，出血时间延长，甚至出血不止。

生理性止血包括血管收缩、血小板止血栓形成及血液凝固3个相继发生并相互重叠的过程(图3-9)。

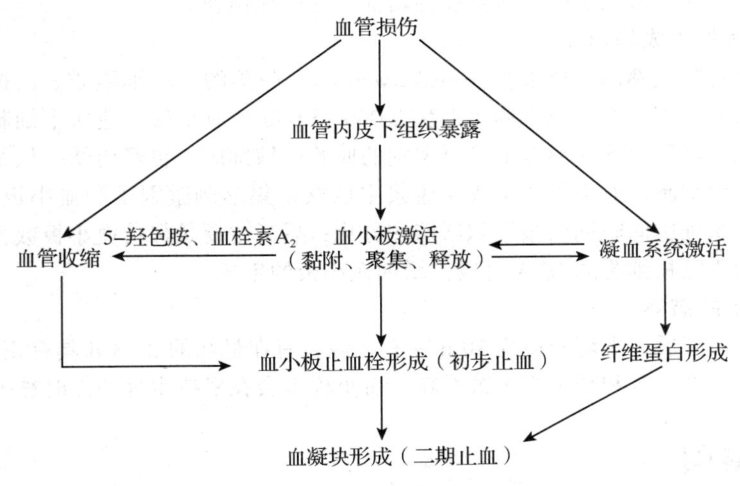

图3-9　生理性止血过程示意图

a. 血管收缩　生理性止血首先表现为受损血管局部及附近的血管收缩，使局部血流减少。

引起血管收缩的原因是：损伤性刺激通过神经反射使血管收缩；血管壁的损伤引起局部血管平滑肌收缩；黏附于损伤处的血小板释放5-羟色胺、TXA_2等缩血管物质，引起血管收缩。

b. 血小板止血栓的形成　小血管损伤后，暴露出内皮下的胶原纤维，立即引起少量的血小板黏附于胶原纤维上，形成止血栓的第一步。局部受损红细胞释放的ADP及局部凝血过程中生成的凝血酶，均可使血小板活化而释放ADP和TXA_2，进而促使血小板发生不可逆聚集，使血液中的血小板不断地黏着、聚集在已黏附固定于内皮下胶原纤维的血小板上，形成血小板止血栓，从而将伤口堵塞，达到初步止血，也称一期止血。

c. 纤维蛋白凝块形成　血管受损可启动凝血系统，在局部迅速发生血液凝固，使血浆中可溶性的纤维蛋白原转变成不溶性的纤维蛋白，并交织成网，以加固止血栓，起到有效止血作用，此称二期止血。

由于血小板与生理性止血过程的3个环节均有密切关系，因此，血小板在生理性止血过程中居于极为重要的地位。

②参与凝血　将血液置于管壁涂一薄层硅胶的玻璃管中，使血小板不易解体，虽然未加入任何抗凝剂，血液可保持液态达72 h以上；若加入血小板匀浆则立即发生凝血。这说明血小板破裂后的产物对于凝血过程有很强的促进作用。血小板内含有多种凝血因子，其中以血小板因子Ⅲ(PF_3)最为重要，由PF_3直接提供的磷脂表面是凝血因子进行凝血反应的重要场所，并可加速凝血反应的速度。PF_4则有抗肝素作用，有利于凝血酶的形成并加速凝血。

③对纤维蛋白的溶解作用　血小板对纤维蛋白溶解起抑制和促进两方面的作用。在血栓形成的早期，血小板释放抗纤维蛋白溶解酶因子(PF_6)，抑制纤维蛋白溶解酶的作用，使纤维蛋

白不发生溶解，促进止血。在血栓形成的晚期，随着血小板解体和释放反应增加，一方面直接释放纤维蛋白溶解酶原激活物，促进纤维蛋白的溶解；另一方面，释放5-羟色胺、组胺、儿茶酚胺等物质，刺激血管壁释放纤维蛋白溶解酶原激活物，间接促进纤维蛋白溶解，使血栓溶解，保证循环血流的畅通。

④维持血管内皮细胞的完整性　血小板可以融合入毛细血管内皮细胞，并能随时沉着于血管壁以填补内皮细胞脱落留下的空隙，因而可能对维持血管内皮细胞的完整或对内皮细胞的修复有重要作用。当血小板减少时，血管脆性增加，易造成出血。

3.2.4.3　血小板的生成和调节

血小板是从骨髓成熟的巨核细胞(megakaryocyte)上脱落的小块细胞质。巨核细胞仅占骨髓有核细胞的0.05%，但一个巨核细胞可产生2 000~5 000个血小板。造血干细胞首先分化成早期巨核系祖细胞，然后分化为形态上可以识别的原始巨核细胞，再经历幼巨核细胞等阶段，发育成为成熟的巨核细胞。血小板的生成受血浆中巨核系集落刺激因子和血小板生成素的调节。前者可促进巨核系细胞向晚期巨核细胞增殖和分化；后者主要是保持血小板数目恒定。当血小板减少时，可刺激巨核细胞的DNA合成，增加血小板的生成。

3.2.4.4　血小板的破坏

血小板进入血液后，平均寿命为10 d左右，但只有在最初的2~3 d具有正常的生理功能。衰老的血小板可在脾、肝和肺组织中被吞噬。血小板也会在发挥生理功能时被破坏、消耗。

3.3　血液凝固

血液凝固(blood coagulation)是指血液在一系列凝血因子参与下，由流动的溶胶状态转变为不能流动的凝胶状态的过程，简称凝血。血凝实际上是一系列复杂的酶促反应，有许多因素参与其中，其本质是使血浆中可溶性的纤维蛋白原转变为不溶解的纤维蛋白。后者呈丝网状交错重叠，将血细胞网罗其中，成为胶冻样血凝块(图3-10)。血液凝固后1~2 h，血块发生回缩，同时析出淡黄色血清。血清和血浆的区别是血清去除了纤维蛋白原和少量参与凝血的血浆蛋白，增加了血小板释放的物质。

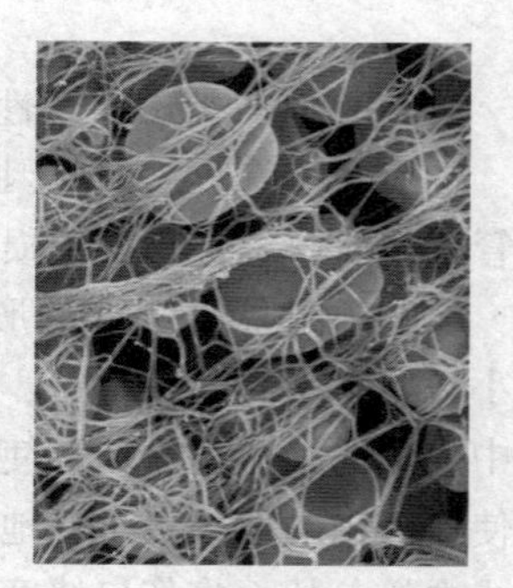

图3-10　血凝块扫描电镜图

3.3.1　凝血因子

血浆与组织中直接参与血液凝固的物质，统称凝血因子(clotting factor)。经国际凝血因子命名委员会依照发现先后顺序用罗马数字命名的凝血因子有12种(表3-3)，即凝血因子Ⅰ~ⅩⅢ，其中因子Ⅵ又称血清加速球蛋白，就是血清中活化的因子Ⅴ，故未列入表中。此外，还有前激肽释放酶(PK)、高分子质量激肽原(HMWK)以及来自血小板的磷脂等都直接参与了凝血过程。除因子Ⅳ(钙离子)与磷脂外，其余的凝血因子都是蛋白质。因子Ⅱ、Ⅶ、Ⅸ、Ⅹ、Ⅺ、Ⅻ以及前激肽释放酶都是蛋白酶，而且均为内切酶，每种酶只能水解某两种氨基酸所形成的肽键，因而只能将某一条肽链进行有限的水解。在血液中，因子Ⅱ、Ⅸ、Ⅹ、Ⅺ、Ⅻ通常以酶原的形式存在，只有通过有限水解，在其肽链上暴露或形成活性中心后，这些因子才能有活性，这个过程称为激活(activation)，被激活的酶称为这些因子的"活性型"，习惯上以该因子代号的右下角加"a"来表示，如Ⅱa表示有活性的凝血酶。有少数几种因子不具有酶的作用，但在凝血过程中是必须的辅助因子。因子Ⅱ、Ⅶ、Ⅸ、Ⅹ都在肝脏中合成，且合成时需要维生素

K的存在，故肝脏功能异常或维生素K缺乏时血凝机能异常。因子Ⅶ以活性形式存在于血浆中，但需与因子Ⅲ结合后才能发挥作用。由于因子Ⅲ存在于血浆外，故因子Ⅶ在血浆中一般不发挥作用。因子Ⅲ、Ⅴ、Ⅷ和高分子质量激肽原在凝血过程中起辅助因子的作用，其中因子Ⅴ和因子Ⅷ是血液凝固过程中的限速因子，可分别加强因子Ⅹ和Ⅸ的活性。

表3-3 凝血因子及其主要功能

因子	中文名	合成部位	主要功能
Ⅰ	纤维蛋白原	肝细胞	形成纤维蛋白，参与血小板聚集
Ⅱ	凝血酶原	肝细胞(需维生素K)	激活后转变为凝血酶，促进纤维蛋白原转变为纤维蛋白
Ⅲ	组织因子	内皮细胞和其他细胞	作为FⅦa的辅助因子，是生理性凝血反应过程的启动物
Ⅳ	钙离子	—	作为辅因子，参与凝血的多个过程
Ⅴ	前加速素易变因子	内皮细胞和血小板	作为辅因子，加速FⅩa对凝血酶原的激活
Ⅶ	前转变素稳定因子	肝细胞(需维生素K)	与组织因子形成Ⅶa-TF复合物，激活FⅩ和FⅨ
Ⅷ	抗血友病因子	肝细胞	作为辅因子，加速FⅨa对FⅩ的激活
Ⅸ	血浆凝血活酶	肝细胞(需维生素K)	FⅨa与Ⅷa形成内源性途径FⅩ酶复合物激活FⅩ
Ⅹ	Stuart-Prower因子	肝细胞(需维生素K)	与FⅤa结合形成凝血酶原酶复合物激活凝血酶原；FⅩa还可激活FⅦ、FⅧ和FⅤ
Ⅺ	血浆凝血活酶前质	肝细胞	激活FⅨ
Ⅻ	接触因子	肝细胞	激活FⅪ、纤维蛋白溶解酶原及前激肽释放酶
ⅩⅢ	纤维蛋白稳定因子	肝细胞和血小板	使纤维蛋白单体相互交联聚合形成纤维蛋白网
未编号	高分子质量激肽原	肝细胞	作为辅因子，促进FⅫa对FⅨ和对PK的激活，促进PK对FⅫ的激活
未编号	前激肽释放酶(K)	肝细胞	激活FⅫ

K：激肽释放酶。

Macfarlane、Davies和Ratnoff在1964年分别提出并逐步完善了凝血过程的瀑布学说(waterfall theory)。经典的瀑布学说认为凝血是一系列凝血因子相继酶解激活的过程，最终形成了凝血酶和纤维蛋白血凝块，每步酶解反应均有放大效应。凝血过程大体上经历3个主要阶段：第一阶段为凝血因子FⅩ激活为FⅩa，并形成凝血酶原酶复合物；第二阶段为凝血酶原激活物催化凝血酶原(FⅡ)转变为凝血酶(FⅡa)；第三阶段为凝血酶催化纤维蛋白原(FⅠ)转变为纤维蛋白单体(FⅠa)，纤维蛋白单体交错成网，网罗大量血细胞而形成血凝块。凝血基本步骤如图3-11所示。

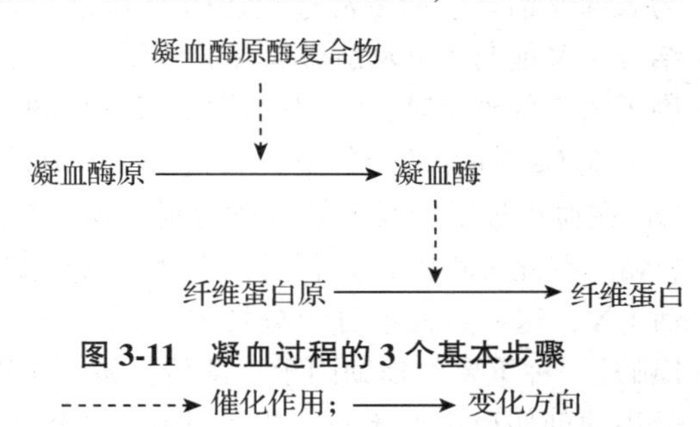

图3-11 凝血过程的3个基本步骤

- - - -▸催化作用；——▸变化方向

(1)*凝血酶原酶复合物形成阶段*

凝血酶原酶复合物又称凝血酶原激活物，是FⅩa与FⅤ、血小板磷脂和Ca^{2+}组成的复合物，其生成一般通过内源性和外源性两条途径实现。两条途径中的启动方式和参与凝血因子有所不同，但可以相互影响，故两者间密切联系，并不完全独立(图3-12)。

①内源性凝血途径(intrinsic pathway) 指凝血酶原激活物完全是靠血浆中凝血因子作用而

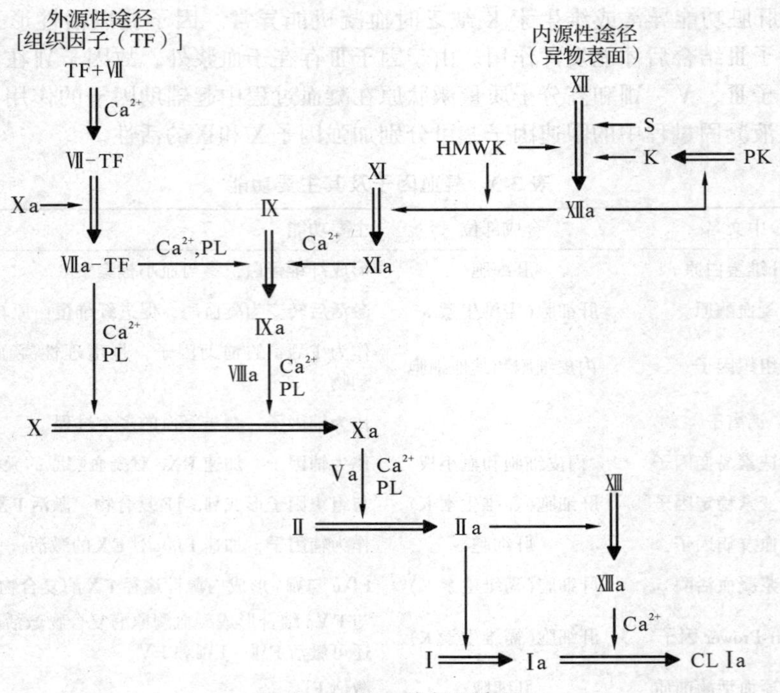

图 3-12 凝血途径示意图

⟶ 催化作用; ⟹ 变化的方向

PL:磷脂;S:血管内皮下组织;K:激肽释放酶;HMWK:高分子质量激肽原;Ia:纤维蛋白单体;
CL Ia:纤维蛋白交联成网

形成的凝血途径。当血液与带负电荷的异物表面(如血管内皮受损时暴露的胶原纤维、白陶土、玻璃等)接触时,首先是FⅫ结合到异物表面上,并立即被激活为FⅫa。FⅫa可裂解前激肽释放酶,使之成为激肽释放酶,激肽释放酶又反过来激活FⅫ,这是一种正反馈过程,可形成更多的FⅫa。在FⅫa的作用下,FⅪ转变为FⅪa。从FⅫ结合于异物表面到FⅪa形成的全过程称为表面激活。表面激活过程还需要高分子质量激肽原(HMWK)参与,HMWK既能与异物表面结合,又能与FⅪ及前激肽释放酶结合,从而将FⅪ及前激肽释放酶带到异物表面,作为辅助因子大大加速FⅫ、FⅪ及前激肽释放酶的激活过程。

在Ca^{2+}存在的条件下,表面激活形成的FⅪa使FⅨ激活成为FⅨa,生成的FⅨa与$FⅧ_a$、Ca^{2+}在血小板磷脂膜上结合成为复合物,即内源性途径因子X酶复合物,并进一步激活FⅩ为FⅩa。在此过程中,只有当FⅨa和FⅩ分别通过Ca^{2+}而同时连接在磷脂膜的表面,FⅨa才可激活FⅩ,这一过程本身十分缓慢。但由于有FⅧ存在,可使上述反应速度提高20万倍,因此FⅧ是一种重要的辅助因子。遗传性缺乏FⅧ将发生甲型血友病,这使凝血过程非常慢,甚至微小的创伤也出血不止。先天性缺乏FⅨ或FⅪ时,内源性途径激活FⅩ的反应受阻,血液也不易凝固,这种凝血缺陷称为乙型或丙型血友病。

②外源性凝血途径(extrinsic pathway) 是指由来源于血液之外的组织因子(tissue factor,TF)暴露于血液而启动的凝血过程,又称组织因子途径(tissue factor pathway)。TF是一种跨膜糖蛋白,存在于大多数组织细胞中,生理条件下血细胞和血管内皮细胞不表达。组织损伤时TF释放,与FⅦa相结合形成FⅦa-TF复合物,在Ca^{2+}和磷脂存在下,FⅦa有两方面的作用:首先,FⅦa-TF复合物使FⅩ激活为FⅩa。在此过程中,TF既是FⅦ和FⅦa的膜受体,又是

FⅦa 的辅助因子，它能使 FⅦa 催化激活 FX的效力增加1 000倍。生成的 FXa 反过来又能激活 FⅦ，进而激活更多的 FX，形成外源性激活途径的正反馈效应。在 Ca^{2+}参与下 FⅦa-TF 复合物能使 FⅦ自我活化，生成足量的 FⅦa。FⅦa-TF 复合物“锚定”在细胞膜上，有利于使凝血过程局限在受损部位。其次，激活 FⅨ生成 FⅨa，FⅨa 除能与 FⅧa 结合而激活 FX 外，也能正反馈激活 FⅦ，从而使内源性凝血途径和外源性凝血途径相互联系起来共同完成凝血过程。

(2)凝血酶原转变为凝血酶

经过上述两个途径生成 FXa 后，在血小板磷脂膜上形成 FXa-FV－Ca^{2+}－PF_3 的凝血酶原酶复合物，进而激活凝血酶原(FⅡ)为凝血酶(FⅡa)。凝血酶是一个多功能的凝血因子，一方面它可使纤维蛋白原分解形成纤维蛋白单体，激活 FV、FⅦ、FⅧ、FⅪ、FⅫ、FⅩⅢ，活化血小板，使凝血过程加强；另一方面可直接或间接灭活 FVa、FⅧa，从而制约凝血过程，使凝血过程局限于损伤部位。

FX与凝血酶原的激活，都是在 PF_3 提供的磷脂表面进行的，可以将这两个步骤总称磷脂表面阶段。

(3)纤维蛋白原转化为纤维蛋白

纤维蛋白原是一个四聚体的高分子蛋白质，凝血酶可使纤维蛋白原脱去4段小肽生成纤维蛋白单体(fibrin monomer)。纤维蛋白单体具有自动多聚化的能力，可在数秒内形成较长的纤维，构成网状结构。随后，纤维蛋白网在纤维蛋白稳定因子(fibrin-stabilizing factor，FⅩⅢa)和 Ca^{2+}的作用下形成稳定的不溶于水的纤维蛋白多聚体(fibrin polymer)，将血细胞等网罗其中形成凝血块。

血液凝固是一系列凝血因子相继酶解激活的过程，每步酶促反应均有放大效应，逐级连接下去，整个凝血过程呈现级联放大的现象。血液凝固还是一个正反馈过程，一旦触发就会连续不断地进行下去，直到血液凝固。

(4)对“瀑布学说”的修正

结合后来的临床观察和研究成果，Davies 与 Broze 等在20世纪90年代先后对经典“瀑布学说”进行了修正，提出了目前较为公认的凝血过程两阶段学说，即凝血过程先后经历启动阶段和放大阶段。

①启动阶段　外源性凝血途径在体内生理性凝血反应的启动中起关键作用。当某一组织部位的血管受损后，FⅢ作为启动者(trigger initiator)，立即与 FⅦ/FⅦa 结合而形成复合物，在磷脂与 Ca^{2+}存在条件下，激活 FX和 FⅨ，从而启动组织因子途径，由于组织因子途径抑制物的存在，外源性途径作用短暂，只能形成微量凝血酶。所以必须依赖于放大阶段中内源性凝血途径的配合，才能维持和巩固凝血。

②放大阶段　一方面，由外源性凝血途径生成的微量凝血酶可以激活血小板和 FV、FⅧ、FⅨ、FⅪ，继续促进凝血；另一方面，FⅦa-TF 复合物可以直接激活 FⅨ。通过这些反应进一步加强内源性凝血途径，生成足量凝血酶，维持和巩固凝血过程。

此外，虽然血液凝固具有正反馈调节机制，但生理性止血过程不会无限制进行下去。因为凝血系统被激活的同时，抗凝系统和纤维蛋白溶解系统也被激活。

3.3.2 抗凝系统与纤维蛋白溶解

血液在心血管系统内循环流动时不会发生凝固，因为血管内壁光滑无异物，凝血因子不会被表面激活而发生凝血反应，血小板也不会发生黏附和聚集。即使血浆中少量凝血因子被激活，也会被血流稀释，由肝脏清除或被吞噬细胞吞噬，因此凝血反应不会延续发生。正常时血液能保持液态除上述原因外，更重要的是由于体内存在着抗凝系统和纤维蛋白溶解机制。

(1)抗凝系统

抗凝系统(anticoagulative system)是血液中多种抗凝物质的总称，包括细胞抗凝系统和体液抗凝系统。细胞抗凝系统是指单核-巨噬细胞系统对已激活的凝血因子、组织因子、凝血酶原酶复合物和可溶性纤维蛋白单体的吞噬。现主要介绍体液抗凝系统。

①丝氨酸蛋白酶抑制物　血浆中含有多种丝氨酸蛋白酶抑制物，如抗凝血酶Ⅲ、肝素辅助因子Ⅱ、α_1抗胰蛋白酶、α_2巨球蛋白等，其中最重要的是抗凝血酶Ⅲ。抗凝血酶Ⅲ是一种脂蛋白，由肝细胞和血管内皮细胞分泌，它能通过与FⅦa、FⅨa、FⅩa、FⅪa、FⅫa和凝血酶的活性中心的丝氨酸残基结合，封闭这些酶的活性位点而使凝血因子失活，达到抗凝作用，是一种抗丝氨酸蛋白酶(serine protease inhibitor)。在正常情况下，抗凝血酶Ⅲ的直接抗凝作用缓慢而微弱，不能有效地抑制凝血，但与肝素结合成复合物后抗凝活性增加约2 000倍。

②蛋白质C系统　蛋白质C是由肝脏合成的维生素K依赖性蛋白，蛋白质C系统主要包括蛋白质C、凝血酶调节蛋白、蛋白质S和蛋白质C抑制物。凝血酶与血管内皮细胞上的凝血酶调制素结合后，可激活蛋白质C并使其有如下作用：第一，在磷脂和Ca^{2+}存在时使FⅤa和FⅧa失活。第二，阻碍FⅩa与血小板磷脂膜上FⅤa的结合，削弱FⅩa对凝血酶原的激活作用。第三，刺激纤维蛋白溶解酶原激活物的释放，增强纤维蛋白溶解酶活性，促进纤维蛋白降解。血浆中蛋白质S可激活并大大增强蛋白质C的作用。

③组织因子途径抑制物(tissue factor pathway inhibitor，TFPI)　主要由小血管内皮细胞合成，是体内主要的生理性抗凝物质。TFPI的抗凝作用分两步进行：第一步是与FⅩa结合，直接抑制FⅩa的催化活性，并使TFPI变构；第二步是在Ca^{2+}存在条件下，变构的TFPI再与FⅦa-FⅢ结合，形成FⅩa-TFPI-FⅦa-FⅢ四聚体，从而灭活FⅦa-FⅢ复合物，发挥负反馈性抑制外源性凝血途径的作用。

④肝素(heparin)　是一种酸性黏多糖，主要由肥大细胞和嗜碱性粒细胞产生。肝素功能主要是通过增强抗凝血酶的活性而发挥间接抗凝作用。此外，肝素还能抑制血小板黏附、聚集和释放反应；使血管内皮细胞释放凝血抑制物和纤维蛋白溶解酶原激活物；增强蛋白质C的活性，刺激血管内皮细胞释放纤维蛋白溶解酶原激活物，增强纤维蛋白的溶解。

(2)纤维蛋白溶解

血液凝固过程中形成的纤维蛋白被分解、液化发生溶解的过程，称为纤维蛋白溶解(fibrinolysis)，简称纤溶。纤溶的作用是防止血栓的形成、保证血流畅通，也与组织修复、血管再生有关。参与纤溶的物质有：纤维蛋白溶解酶原(纤溶酶原)、纤维蛋白溶解酶(纤溶酶)、纤溶酶原激活物和纤溶抑制物，总称纤维蛋白溶解系统(图3-13)，简称纤溶系统。纤溶的基本过程可分两个阶段，即纤溶酶原的激活与纤维蛋白(或纤维蛋白原)的降解。

①纤溶酶原的激活　血浆中的纤溶酶原是无活性的纤溶酶前体，需经激活物的水解才能生成有活性的纤溶酶。纤溶酶原激活物主要有血管内皮合成的组织型纤溶酶原激活物(tissue plasminogen activator，t-PA)。在纤维蛋白存在的情况下，t-PA对纤溶酶原的亲和力大大增加，激活纤溶酶原的效应是平时的1 000倍，保证纤维蛋白生成时纤溶的及时启动和限制于血凝块局部。这一途径主要是防止血栓的形成，在组织修复、愈合中发挥作用。

尿激酶型纤溶酶原激活物(urinary-type plasminogen activator，u-PA)是血液中仅次于t-PA的纤溶酶原激活物，主要由肾小管、集合管上皮细胞产生，u-PA通过与细胞膜上的尿激酶型纤溶酶原激活物受体结合，促进结合于细胞表面的纤溶酶原的激活，主要功能是在组织溶解血

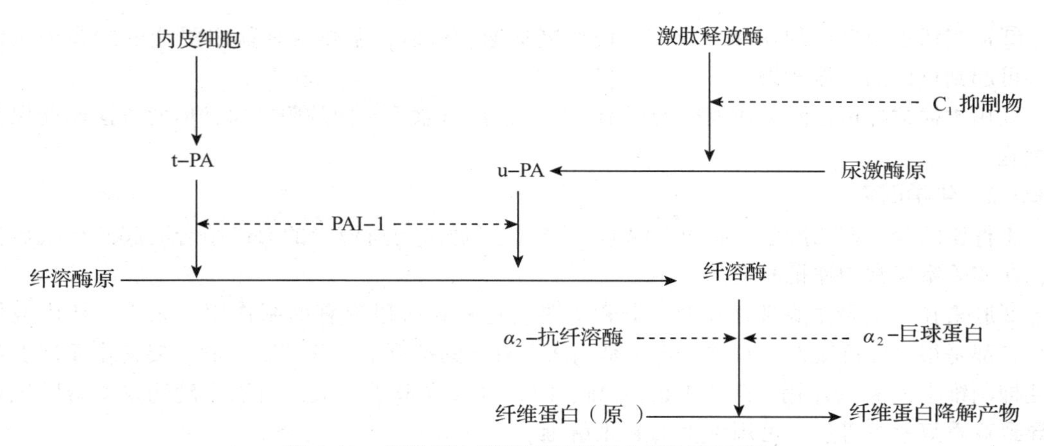

图 3-13 纤维蛋白溶解系统激活与抑制示意图

t-PA：组织型纤溶酶原激活物；u-PA：尿激酶型纤溶酶原激活物；PAI-1：纤溶酶原激活物抑制剂-1

管外纤维蛋白，也有助于防止肾小管栓塞的作用。

此外，FⅫa、激肽释放酶等有活性的凝血因子也可激活纤溶酶原，其激活能力占总量的15%，这一途径同时启动凝血系统和纤溶系统，可使凝血和纤溶互相配合，保持平衡。

②纤维蛋白与纤维蛋白原的降解　纤溶酶是血浆中活性最强的蛋白酶，但特异性较小，除主要水解纤维蛋白原或纤维蛋白外，对凝血酶、FⅤ、FⅧ、FX、FⅫ等凝血因子也有一定的降解作用。纤溶酶和凝血酶对纤维蛋白原的作用不同，凝血酶只是使纤维蛋白原从其中两对肽链的N-端各脱下一个小肽，使纤维蛋白原转变为纤维蛋白单体。纤溶酶却是水解肽链上的赖氨酸-精氨酸键，使整个纤维蛋白原或纤维蛋白分割成很多可溶的小肽，总称纤维蛋白降解产物。纤维蛋白降解产物一般不能再发生凝固，相反，其中一部分还有抗凝作用。

正常情况下，血管表面经常有低水平的纤溶活动和凝血过程，凝血与纤溶是对立统一的两个系统，当它们之间的平衡遭到破坏，将会导致纤维蛋白形成过多或不足，而引起血栓形成或出血性疾病。

③纤溶抑制物及其作用　机体内存在许多能够抑制纤溶系统活性的物质。主要的纤溶抑制物有纤溶酶原激活物抑制剂-1(PAI-1)、补体 C_1 抑制物、α_2-抗纤溶酶、α_2-巨球蛋白和抗凝血酶Ⅲ等，它们通过抑制纤溶蛋白酶原激活物、纤溶酶、尿激酶等途径来抑制纤溶。有的抑制物，如 α_2-巨球蛋白，既可通过抑制纤溶酶的作用抑制纤溶，又能通过抑制凝血酶、激肽释放酶的作用抑制凝血，对于凝血和纤溶只发生于创伤局部起着重要的作用。

在正常生理情况下，血液在体内循环流动，机体既无出血现象，又无血栓形成，而这正是凝血、抗凝血和纤溶处于动态平衡的结果，这也是正常的生命活动所必需的。

3.3.3 抗凝和促凝的方法

在实际工作中，往往需要加速或延缓血液凝固。根据对血液凝固机理的认识，可以采取一些措施以加速或延缓血液凝固。

3.3.3.1 机械与温度因素

①内源性凝血因子可因血液接触带负电荷的异物表面(如玻璃、白陶土、硫酸酯和胶原等)而启动凝血过程，因此，临床上用棉球、明胶海绵使血液与粗糙面接触，可以促进凝血因子激活，进而加速凝血。相反，光滑表面和低温可延缓凝血。

②适当增加温度可加快酶促反应，使血凝加速。所以，温热生理盐水浸渍的纱布按压伤口，可起到良好的止血效果。

③用木棒搅拌可以除去血液中的纤维蛋白，制成可永不凝固的脱纤血，但此方法不能保全红细胞。

3.3.3.2 化学因素

①柠檬酸盐、四乙酸乙二胺(EDTA)和草酸盐可通过与血液中的 Ca^{2+} 结合而起到抗凝血作用，在实验室经常用作抗凝剂。

②肝素在有抗凝血酶Ⅲ存在时，肝素对凝血过程各阶段都有抑制作用，无论在体内或体外，它都是很强的抗凝剂。双香豆素也是临床上有效的抗凝剂，其抗凝机制主要是由于能够竞争性抑制维生素 K 的作用，阻碍 FⅡ、FⅦ、FⅨ、FⅩ在肝脏合成，所以当动物采食霉败饲草而导致双香豆素中毒后，可用维生素 K 来解毒。

③应用基因工程方法合成的组织型纤溶酶原激活物已经作为抗凝剂在临床上广泛使用。

④维生素 K 参与 FⅡ、FⅦ、FⅨ、FⅩ的合成，有加速凝血和止血的间接作用。

3.4 血型

1901 年，Landsteiner 发现第一个人类血型系统 ABO 血型系统，为人类揭开了血型的奥秘，使输血成为安全度较高的临床治疗手段。近年来，随着免疫化学的发展，对血型本质有了新的认识。

3.4.1 红细胞凝集与血型

血型(blood group)通常就是指红细胞膜上特异性抗原的类型。这种抗原是由种系基因控制的多态性抗原，称为血型抗原。在正常情况下，红细胞是均匀分布在血液中的，如果红细胞膜上的抗原与同种动物不同个体血清中的同型抗体相遇时，使红细胞互相凝集成团，这种现象称为红细胞凝集(agglutination)，红细胞凝集的本质是抗原-抗体反应。在补体作用下，可引起凝集的红细胞破裂，发生溶血。凝集原的特异性取决于镶嵌在红细胞膜上的特异性糖蛋白或糖脂，它们在凝集反应中起抗原作用，因而称为凝集原(agglutinogen)。将能与红细胞膜上的凝集原起反应的特异抗体称为凝集素(agglutinin)。凝集素是溶解在血浆的 γ-球蛋白，在其结构中有 2~10 个能与抗原反应的部位，抗体可将许多具有相应抗原的红细胞聚集成团。

3.4.2 人类的血型系统

自第一个人类血型系统——ABO 血型系统发现以来，已发现了 35 个不同的红细胞血型系统，例如 ABO、Rh、P、MNSs 等，抗原近 300 个。其中，与临床关系最为密切的是 ABO 和 Rh 两种血型系统。

3.4.2.1 ABO 血型系统

在 ABO 血型系统中，根据红细胞膜上的凝集原和血清中的凝集素的分布不同，可将血液分为四型：凡是红细胞膜上只含 A 凝集原的为 A 型，只含 B 凝集原的为 B 型，两种凝集原都有的为 AB 型，两种凝集原都没有的为 O 型。在同一个体的血清中不含有同它本身红细胞抗原相对应的抗体——凝集素。其中，A 型血中只有抗 B 凝集素，B 型血中只有抗 A 凝集素，AB 型血中没有任何凝集素，O 型血中两种凝集素均有(表 3-4)。

表 3-4 ABO 血型系统凝集原和凝集素

血型		红细胞膜上的凝集原(抗原)	血清中的凝集素(抗体)
A 型	A_1	$A+A_1$	抗 B
	A_2	A	抗 B+抗 A_1
B 型		B	抗 A
AB 型	A_1B	$A+A_1+B$	无
	A_2B	A+B	抗 A_1
O 型		无 A、无 B	抗 A+抗 B

ABO 血型的鉴定方法是：将玻片上分别滴入抗 A、抗 B 两种单克隆抗体，并再加入一滴受检者的红细胞悬液，使之混合后观察是否出现红细胞凝集(图 3-14)。在 ABO 血型中还有亚型，与临床关系密切的是 A 型的 A_1、A_2 亚型。在 A_1 型红细胞膜上含有 A 与 A_1 凝集原，A_2 型红细胞膜上仅含有 A 凝集原，在 A_1 型血清中只含有抗 B 凝集素，而 A_2 血型的血清中含有抗 B 凝集素和抗 A_1 凝集素，因此输血时必须注意血液亚型的区别。

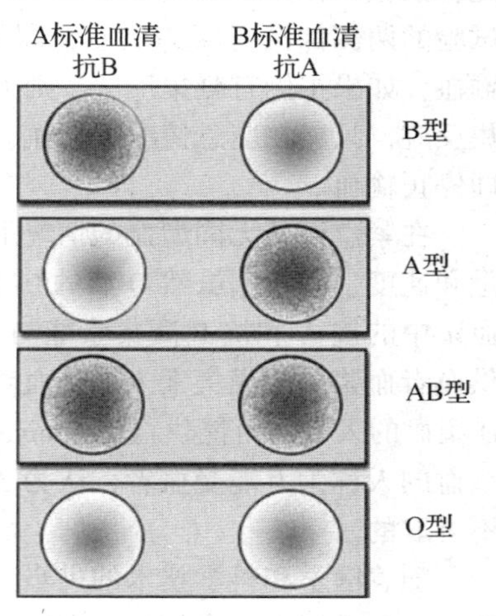

图 3-14 ABO 血型的鉴定

3.4.2.2 Rh 血型系统

在寻求新血型的过程中，Landsteiner 和 Wiener 等将恒河猴的红细胞反复注入家兔体内，使家兔产生抗恒河猴红细胞的抗体(凝集素)。然后用含有这种抗体的血清与人的红细胞混合，发生凝集反应者称为 Rh 阳性，表明其红细胞上具有与恒河猴的红细胞凝集原相同的抗原，若人的红细胞不被这种血清凝集，称为 Rh 阴性。这种血型系统称为 Rh 血型。其抗原多达 40 余种，但与临床关系密切的是 D、E、C、c、e 5 种，D 抗原的抗原性最强。

在 ABO 血型系统中，从出生几个月后开始，在人血清中一直存在着 ABO 系统的凝集素，即天然抗体。但在人的血清中不存在 Rh 的天然抗体，只有当 Rh 阴性的人在接受 Rh 阳性的血液后，通过体液免疫才产生出抗 Rh 抗体，因此该抗体是获得性抗体。

临床上 Rh 血型具有重要意义。第一，Rh 阴性的受血者第一次接受 Rh 阳性的血液后一般不产生明显的反应，但如果第二次或多次输入 Rh 阳性血液，将会发生抗原-抗体反应，使输入的 Rh 阳性红细胞凝集。第二，如果 Rh 阴性的母亲怀有 Rh 阳性的胎儿，而 Rh 阳性胎儿的红细胞或 D 抗原通过胎盘进入母亲血液，则诱发母体产生抗 D 抗体。母体内的抗 D 抗体可以透过胎盘进入胎儿的血液，使胎儿的红细胞发生凝集和溶血，造成新生儿溶血性贫血，严重时可致胎儿死亡。

在我国各民族中，99%以上汉族人为 Rh 阳性，Rh 阴性者不足 1%。但个别少数民族 Rh 阴性者较多，如苗族为 12.3%，塔塔尔族为 15.8%；白种人中约 85%为 Rh 阳性，15%为 Rh 阴性。

3.4.2.3 输血原则

输血(transfusion)是治疗某些疾病、抢救伤员生命和保证手术进行的一项重要的治疗措施。但是，不恰当的输血，可造成红细胞凝集，阻塞微血管，继而发生红细胞破裂等一系列的输血反应，严重者可引起休克，甚至危及生命。为了确保输血安全，提高输血效果，必须严格遵守输血的基本原则。

在准备输血时，首先必须鉴定血型，保证供血者与受血者的ABO血型相合，因为这一系统的不相容输血常引起严重的反应。对于生育年龄的妇女和需要反复输血的患者，还须使供血者与受血者的Rh血型相合，以避免Rh^-受血者在被致敏后产生抗Rh的抗体。即使在ABO系统血型相同的人之间进行输血，也须进行交叉配血试验(cross match test)，即把供血者的红细胞与受血者的血清进行配合试验，称为交叉配血主侧；把受血者的红细胞与供血者的血清做配合试验，称为交叉配血次侧(图3-15)。如果交叉配血试验的两侧都没有凝集反应，即为配血相合，可以进行输血；如果主侧有凝集反应，则为配血不合，不能输血；如果主侧不起凝集反应，而次侧有凝集反应，只能在应急情况下输血，输血时不宜太快太多，并密切观察，如发生输血反应，应立即停止输血。

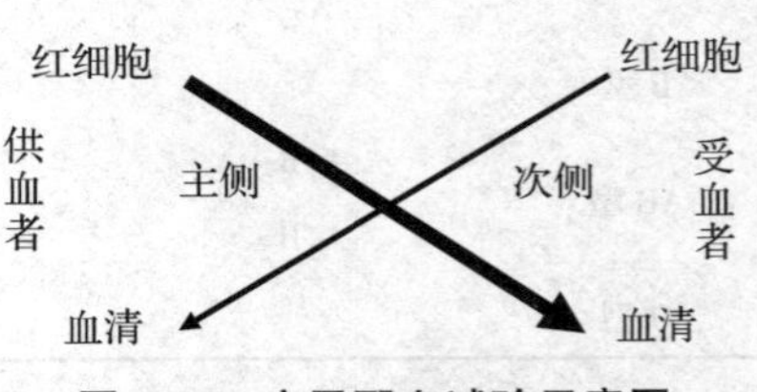

图3-15 交叉配血试验示意图

在紧急而又无同型血的情况下，可以给其他血型的人输入O型血，但应注意控制输注的血量和速度，因为，虽然O型的红细胞上没有A和B凝集原，不会被受血者的血浆凝集，但其血浆中的抗A和抗B凝集素能与其他血型受血者的红细胞发生凝集反应。当输入的血量较大，供血者血浆中的凝集素未被受血者的血浆足够稀释时，受血者的红细胞会被广泛凝集。以往把O型血的人称为万能供血者(universal donor)，认为他们的血液可以输给其他血型的人，把AB型血的人称为万能受血者，认为AB型的人可以接受其他血型供血者的血，其实，这种观点是不可取的。

随着医学和科学技术的进步，输血疗法已经从原来的单纯输全血，发展为成分输血。成分输血，就是把人血中的各种有效成分，如红细胞、粒细胞、血小板和血浆分别制备成高纯度或高浓度的制品再输入。这样既能提高疗效，减少不良反应，又能节约血源。此外，异体输血可传播肝炎、艾滋病等，自身输血疗法正在迅速发展起来。

3.4.3 动物血型及其应用

3.4.3.1 动物的血型

动物的血型有狭义和广义之分。广义的血型是指血液各成分(包括红细胞、白细胞、血小板乃至某些血浆蛋白)的抗原在个体间出现的差异。采用凝胶电泳的方法，按血清或血浆中所含蛋白质成分划分血型：血清蛋白型(Alb型)、后清蛋白型(Pr型)、转铁蛋白型(Tf型)、结合珠蛋白型(Hp型)、血浆铜蓝蛋白型(Cp型)、血清碱性磷酸酶型(Ap型)和血细胞碳酸酐酶型(CA型)、血清淀粉酶型(Am型)。也有人按血清中各种酶的同工酶电泳图谱进行血型分类。

狭义的血型是指根据红细胞上抗原差异对血液加以分类的血细胞抗原型。对动物血液的研究发现动物的血型也很复杂。例如，犬的血型有5种，猫的血型有6种，绵羊的血型有9种，马的血型有9~10种，猪的血型有15种，牛的血型达40种以上。

3.4.3.2 动物血型的应用

除了与输血有关外，动物血型在畜牧兽医实践中还具有其他应用价值。

(1)进行动物血统登记和亲子鉴定

通过血型登记，记载能稳定遗传给后代的血型，建立准确的系谱资料，确定亲子关系(子代所具有的血型必定为双亲或双亲一方所具有)，以防止血统混乱，保证育种工作的可靠性。

(2)组织相容性与血型

异体器官或组织能够相处，并发挥正常功能，称为相容性。但由于免疫反应，机体往往对异体器官表现排斥反应。白细胞，特别是淋巴细胞血型所表现的相容性，能在一定程度上反映组织移植时的相容性，已经成为动物特别是家畜组织器官移植和防止排斥反应的重要环节。因此，通常把受体与供体的淋巴细胞混合进行组织培养，并根据细胞分裂的状态判断两者之间的不相容程度。

(3)经济性状与血型的关系

控制血型和某种经济性状的基因之间可能存在着直接或间接的联系，因此可将血型作为优良个体选育和品种改良的依据。目前，已有红细胞血型与奶牛产奶率、转铁蛋白型血型与乳脂率及繁殖率之间的关系研究。

(4)血清学在动物分类中的应用

血清蛋白中的不同抗原已被用作种类鉴别的辅助特征。用一种动物的免疫血清检测不同动物的红细胞凝集反应，反应越强烈说明动物的亲缘关系越近；反之，越远。另外，利用蛋白质多态性也可推测种群间的亲缘关系。根据某种或多种蛋白质各变异体的电泳图，推算出基因频率，基因频率越近，亲缘关系越近。

(5)诊断异性孪生不育

母体怀有异性双胎时，在发生血管吻合的情况下，一方面雄性胎儿性腺产生的雄激素，可作用于尚未分化的雌性胎儿性腺，影响雌性胎儿性腺的分化，使产出的雌性动物日后缺乏生殖力；另一方面，红细胞进入对方体内，使胎儿具有两种红细胞，发生红细胞嵌合现象。对具有红细胞嵌合的个体进行血型实验时，常发生溶血反应。因此，可以通过血型实验结果判断是否发生血管吻合，由此推断异性双胎中的雌性胎儿长大后是否具有生育能力。

(6)血型和新生仔畜溶血

母子血型不合，胎儿的血型抗原物质进入母体后，引起母畜产生血型抗体，这种抗体不能通过胎盘，但分娩后可经乳汁进入仔畜，造成仔畜的红细胞迅速破坏而溶血，呈急性溶血和黄疸症状，且能致死。因此，通过检验初乳与仔畜红细胞的凝集反应，可决定是否喂养母乳，从而避免新生仔畜溶血。

(韩克光)

3.5 家禽血液生理特点

3.5.1 血液的基本组成和理化特性

禽类的血液包括血细胞和血浆两部分，血细胞比容为28%~35%。血浆中含90%~92%的水分，8%~10%的溶质。溶质中以血浆蛋白含量最大，约占血浆的5.0%，无机盐较少，约占0.9%，其余为非蛋白含氮物糖类和脂类等。禽类血浆蛋白含量较低，特别是白蛋白含量远低于哺乳动物，并随种别、年龄、生产性能不同而有一定差异(表3-5)。禽类非蛋白含氮化合物(NPN)含量为14.3~21.4 mmol/L，主要为氨基氮和尿素氮，尿素含量很低，仅0.14~0.43 mmol/L，几乎没有肌酸；而在哺乳动物，尿素和肌酸都是NPN的主要成分。禽类血糖与哺乳动物相同，也是D-葡萄糖，但血糖含量较高，可高达12.8~16.7 mmol/L。家禽血浆总脂肪含量因生理和营养状况不同而异，一般为25.0~88.9 mmol/L。禽类血浆中的无机盐与哺乳动物

表 3-5 鸡和鸽的血浆蛋白量 g/L

禽类	蛋白总量	白蛋白(A)	球蛋白(G)	A/G
母鸡(产蛋期)	51.8	25.0	26.9	0.93
母鸡(停产期)	53.4	20.0	33.4	0.60
公鸡	40.4*	16.6	25.3	0.66
鸽	23.0	13.8	9.5	1.45

注：*指血清蛋白含量；引自傅伟龙。

比较，钾离子含量较高(禽类为3.5~7.0 mmol/L，成人为3.5~5.5 mmol/L)，血钙含量与哺乳动物接近(禽类为2.2~2.7 mmol/L，成人为2.25~2.75 mmol/L)，但禽类产蛋期间血钙会明显升高。家禽的血量，公鸡约为体质量的9%，母鸡约为7%，鸭约为10.2%，鸽约为9.2%。

禽类血液呈弱碱性，pH值为7.35~7.50，与哺乳动物相似。全血的相对密度为1.045~1.060，公鸡1.054，母鸡1.043，鹅1.056，鸭1.056。禽类血液的黏滞性较大，全血相对于水的黏度为3~5，其中公鸡为3.67，母鸡为3.08，鹅4.6，鸭4.0。禽类血液总渗透压相当于0.93%氯化钠溶液的渗透压。但因家禽血浆中白蛋白含量较少，故其血浆胶体渗透压较低。

3.5.2 血细胞

禽类的血细胞分为红细胞、白细胞和凝血细胞。

3.5.2.1 红细胞

禽类的红细胞为有核、椭圆形的细胞。其体积(长径、短径乘积)比哺乳动物的大，为(10.7×6.1) μm~(15.8×10.2) μm(鸡为12.2 μm×7.3 μm，鸭为12.8 μm×6.6 μm)，但红细胞数量比哺乳动物少，一般在(2.5~4.0)×10^{12} 个/L范围内(表3-6)。禽类红细胞在循环血液中生存期较短，鸡为28~35 d，鸭为42 d，鸽为35~45 d，鹌鹑为33~35 d。禽类红细胞生存时间短与其体温和代谢率较高有关。

表 3-6 家禽血液的部分参考值

动物		红细胞数/(×10^{12}/L)	白细胞数/(×10^{9}/L)	血红蛋白/(g/L)	白细胞分类/%				
					淋巴细胞	异嗜性粒细胞	嗜酸性粒细胞	嗜碱性粒细胞	单核细胞
鸡	♂	3.8	16.6	117.0	64.0	25.8	1.4	2.4	6.4
	♀	3.0	29.4	91.1	76.1	13.3	2.5	2.4	5.7
北京鸭	♂	2.7	24.0	142.0	31.0	52.0	9.9	3.1	3.7
	♀	2.5	26.0	127.0	47.0	32.0	10.2	3.3	6.9
鹅		2.7	18.2	149.0	36.0	50.0	4.0	2.2	8.0
鸽	♂	4.0	13.0	159.7	65.5	23.0	2.2	2.6	6.6
	♀	2.2	—	147.2	—	—	—	—	—
鹌鹑	♂	4.1	19.7	158.0	73.6	20.8	2.5	0.4	2.7
	♀	3.8	23.1	146.0	71.6	21.8	4.3	0.2	2.7

注：引自陈杰。

3.5.2.2　白细胞

禽类白细胞包括异嗜性粒细胞、嗜酸性粒细胞、嗜碱性粒细胞、单核细胞和淋巴细胞(图 3-16)。

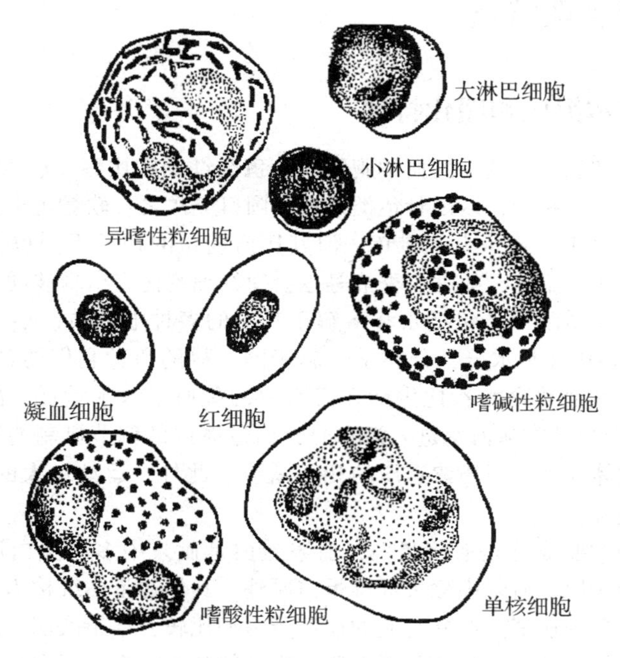

图 3-16　禽类成熟的血细胞(引自 Sturkie)

禽类无中性粒细胞，而存在异嗜性粒细胞。异嗜性粒细胞与哺乳动物中性粒细胞的功能相似，与单核细胞一起组成禽类主要的吞噬细胞，对机体起保护作用。禽类嗜酸性粒细胞和嗜碱性粒细胞的作用与哺乳动物的类似。家禽的淋巴细胞来自骨髓的淋巴样细胞，它迁移到胸腺后可分化为 T 细胞，迁移到泄殖腔背侧的法氏囊后可分化产生 B 细胞。因此，它具有细胞免疫和体液免疫两种免疫功能。

大多数禽类白细胞总数为$(20\sim30)\times10^9$/L，其中淋巴细胞的比例最高。各类白细胞在血液中的数目百分比随禽种类不同而不同(表 3-6)。

3.5.2.3　凝血细胞

禽类血液中的凝血细胞(thrombocyte)又称血栓细胞，由骨髓的巨核细胞分化而来。细胞呈卵圆形(图 3-16)，体积为$(3.9\sim5.9)$ μm×$(8.1\sim10.0)$ μm。每升血液中，鸡的凝血细胞含量约为26.0×10^9个，鸭约为30.7×10^9个。一般育雏育成鸡的含量高于成年鸡。凝血细胞的功能与哺乳动物血小板相似，主要参与机体的生理性止血和血液凝固过程。

3.5.3　血液凝固

禽类的凝血因子与哺乳动物相同，但家禽血浆中几乎不含有因子Ⅸ、因子Ⅻ，凝血因子Ⅴ和Ⅶ含量很低甚至缺乏，因而难以通过内源性凝血途径形成凝血酶原酶激活物和凝血酶，即不易发生内源性凝血。家禽的凝血主要靠组织损伤释放因子Ⅲ，促进凝血酶原酶激活物和凝血酶的形成，而发生外源性凝血。维生素 K 在肝脏内参与凝血酶原的形成，并能调节Ⅶ、Ⅸ及Ⅹ 3 种凝血因子的合成，故有促进凝血的作用。若维生素 K 缺乏，可引起鸡皮下和肌肉出血。正常情况下，家禽的凝血时间为2~10 min，平均为4.5 min。

3.6 鱼类血液生理特点

3.6.1 血液的基本组成和理化特性

鱼类血液由血浆和悬浮于其中的血细胞组成。鱼类红细胞比容一般为20%~30%，不同种类的鱼，红细胞比容各不相同，以硬骨鱼类最大，圆口类次之，软骨鱼类最小，并且海水鱼红细胞比容一般大于淡水鱼，雄鱼大于雌鱼，但其比值随鱼的种类不同也会出现较大差异。此外，活动、饥饿、疾病、温度、盐度、季节等也会使红细胞比容出现波动。

血浆是一种晶体物质溶液，包括水和溶解于其中的多种电解质、小分子有机物和一些气体。鱼类血浆中80%~90%是水分，分类学上属于同一科的鱼种它们的含水量相近。据测定，生活在淡水中的鱼类其血浆含水量比生活在海水中的鱼血浆含水量低，前者平均为83.93%，后者为86.20%。洄游性鱼类从海水进入淡水时，通过体内的调节机制能够将血液中部分水分排出，从而保证了鱼体与外界环境渗透压的相互适应。此外，运动量大的鱼，血液含水量低，在同一科中也有此差异。

血浆中的另一种主要成分是血浆蛋白，血浆蛋白是血浆中多种蛋白质的总称，包括白蛋白、球蛋白和纤维蛋白原。血浆中除去纤维蛋白原外，其他的蛋白统称为血清蛋白。运用纸电泳分析几种海水硬骨鱼的血清蛋白并与人的血清蛋白相比较，结果表明：除金枪鱼未见γ球蛋白、板鳃鱼类缺少白蛋白外，其他几种蛋白质的成分都与人的血清蛋白成分相对应，但含量有所不同。鱼类血清蛋白的含量随鱼的种类、性别、生长速度、活动能力、营养状况和性腺发育等的不同而异。一般软骨鱼类的血清蛋白含量小于硬骨鱼类，如板鳃鱼类血清蛋白含量为1~2 g/100 mL血液，硬骨鱼类为3~5 g/100 mL血液。血清白蛋白是血浆中含量最多、分子量最小的主要蛋白质，它具有多种重要功能：如形成血浆胶体渗透压，维持血管内外的体液平衡；其分解产生的内源性氨基酸，可用于合成、补充和修复组织蛋白；此外，作为血浆中主要的非特异性载体，它可与多种物质结合以发挥其运载功能。

非蛋白氮(NPN)是血浆中除蛋白质以外的含氮物质的总称，主要包括尿素、尿酸、肌酸、肌酐、氨基酸、多肽、氨和胆红素等物质。鱼类NPN含量比哺乳类高，正常成人血液中NPN含量为0.2~0.35 g/L，板鳃鱼类NPN含量可达10~13 g/L，其中含有大量尿素。关于鱼类NPN的研究还不十分充分，但在软骨鱼血浆尿素含量及其作用方面有较多发现。一般硬骨鱼类血液中尿素含量很低(不足1 g/L)，而软骨鱼类血液和肌肉中都有较高含量的尿素(占NPN的80%)，例如海水软骨鱼类血液中尿素含量为10~20 g/L，这种情况在其他动物还未曾发现。软骨鱼类血液中的尿素是维持血浆渗透压的成分之一，软骨鱼类41%~47%的血浆晶体渗透压来自氯化钠，剩下的来自尿素；而硬骨鱼类75%左右的血浆晶体渗透压来自氯化钠，其余的则来自其他离子。

鱼类血浆中含有多种无机盐，大多以离子形式存在。重要的阳离子有Na^+、K^+、Ca^{2+}、Mg^{2+}等，重要的阴离子有SO_4^{2-}、Cl^-、PO_4^{3-}、HCO_3^-等。这些离子在维持血浆晶体渗透压、酸碱平衡以及神经肌肉的正常兴奋性等方面起重要作用。

鱼类全血的密度为1.035 mg/cm^3，变化在1.032~1.051 mg/cm^3。海水硬骨鱼类的血液密度略高于淡水鱼类和软骨鱼类；其血浆的密度在1.023~1.025 mg/cm^{3}变化，低于哺乳动物(正常人血浆的密度为1.025~1.030 mg/cm^3)。

液体的黏度来源于液体内部分子或颗粒间的摩擦。血液的相对黏度通常以血液或血浆与水流过等长的两根毛细管所需要的时间之比来表示。当温度为37℃时，如以水的黏度为1，这时人全血的相对黏度为4~5，血浆的相对黏度为1.6~2.4，鱼全血的相对黏度为1.49~1.83。当温度不变时，全血的黏度主要取决于血细胞比容的高低，血浆的黏度主要取决于血浆蛋白的含量。此外，全血的黏度还受血流切率(相邻两层血液流速之差和液层厚度的比值)的影响。

鱼类血液渗透压常以冰点下降度(Δt)、毫米汞柱(mmHg)、毫米水柱(mmH_2O)以及毫渗透摩尔($mOsm/kg \cdot H_2O$)等表示。纯水的结冰点为0℃，当溶液中溶质较多时，结冰点会下降到0℃以下，其下降值的大小(Δt)与溶质的摩尔浓度成正比，即与渗透压成正比。鱼类血液渗透压的高低随鱼类的种类不同而异，淡水硬骨鱼类血液的冰点下降度平均值为0.46~0.5，海水硬骨鱼类平均值为1.83~1.92。洄游性鱼类从海水进入淡水，或者从淡水进入海水时，由于血液中氯化物含量发生变化，其血液的冰点下降度也将随之变化。板鳃鱼类血液因含有丰富的尿素而具有很高的渗透压，其冰点下降度平均值为2.256。按照渗透压大小排序，通常海水板鳃鱼类>海水>海水硬骨鱼类>淡水硬骨鱼类>淡水。生理实验中，常将与血浆渗透压相等的溶液称为等渗溶液，高于或低于血浆渗透压的溶液分别称为高渗或低渗溶液。哺乳动物的等渗溶液为0.9%氯化钠溶液或5%的葡萄糖溶液，而各种淡水硬骨鱼类的等渗溶液为0.86%~1%氯化钠溶液。等渗溶液不一定是等张溶液，但等张溶液一定是等渗溶液。

血液的酸碱度变动范围很小，如哺乳动物血浆pH值一般为7.35~7.45，而鱼类通常为7.52~7.71。但依种类不同而存在差异。

鱼类的血液总量较小，因鱼种和个体大小而有差异，变化范围很大。一般软骨鱼类血量约占体质量的5%，硬骨鱼类的血量更小，占体质量的1.5%~3%。

3.6.2 血细胞

鱼类的造血系统和高等脊椎动物不同，它没有骨髓，其主要的造血器官是脾脏和肾脏(表3-7)，并由它们分别产生红细胞、白细胞和血栓细胞(图3-17)。

表3-7 鱼类各血细胞主要造血器官

鱼种	红细胞	淋巴细胞	单核细胞	粒细胞	血栓细胞
斑马鱼(*Danio rerio*)	肾	肾	肾	肾、脾、肝	未知
日本黄姑鱼(*Nibea japonica*)	头肾、肾	头肾	头肾、肾	头肾、脾	未知
青石爬鮡(*Euchiloglanis dauidi*)	肾、脾	肾、脾	肾、脾	肾、脾	未知
海鳗(*Muraenesox cinereius*)	肝、脾	脾、头肾、	头肾	头肾、脾	未知
花尾胡椒鲷(*Plectorhinchus cinctus*)	头肾、脾	头肾、脾	头肾	头肾、脾	未知
南方鲶幼鱼(Silurus meridionalis juvenile)	肝、脾	头肾、肾、脾	头肾、肾	头肾、脾	未知
兴国红鲤(*Cyprius carpio* var. *singuonensis*)	头肾、体肾	胸腺、头肾、脾	头肾、体肾	头肾、脾	未知

注：肾包括头肾和体肾；引自晋伟等。

3.6.2.1 红细胞

与哺乳动物的无核成熟红细胞不同，除了未发现红细胞的南极冰鱼(*Cryodraco antarcticus*)以及具有无核小红细胞的*Maurolicus miielleri*等极特殊种类外，几乎所有鱼类的红细胞都是有核的椭圆形细胞，核呈圆形或椭圆形(图3-17、图3-18)，且核越细长表明红细胞越成熟。除极少数南极鱼类没有红细胞或红细胞数量很少外，绝大多数鱼类的红细胞数量均占血细胞总量的

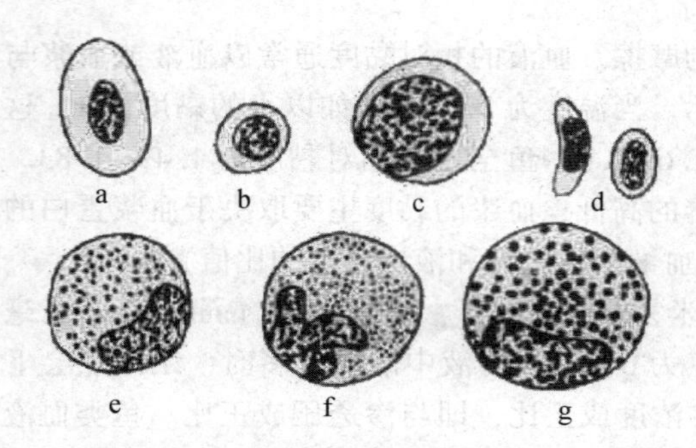

图 3-17 鱼类的各种血细胞(仿 Lagler)

a. 红细胞；b. 淋巴细胞；c. 单核细胞；d. 血栓细胞；e. 嗜酸性粒细胞；f. 中性粒细胞；g. 嗜碱性粒细胞

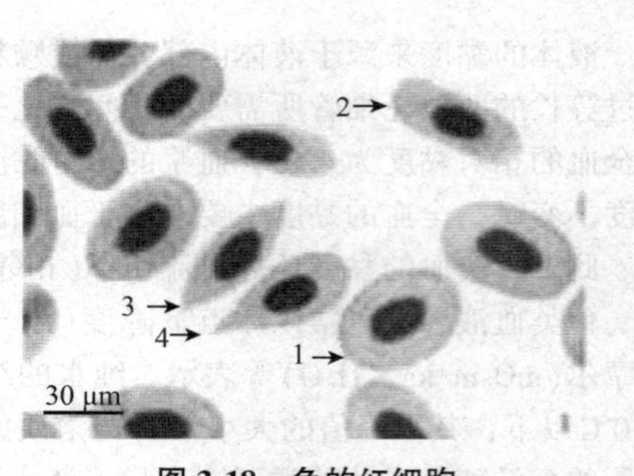

图 3-18 鱼的红细胞

1. 卵圆形的红细胞；2. 椭圆形的红细胞；3. 梭形的红细胞；4. 梨形的红细胞

90%以上。鱼类红细胞数量存在种间、性别、季节以及不同生理状况下的差异等，其变动范围为(140～360)×10^{10}/L，比兔、犬及小鼠要少得多。兔红细胞为(450～700)×10^{10}/L；犬为(550～850)×10^{10}/L；小鼠为(770～1 250)×10^{10}/L。

3.6.2.2 白细胞

鱼类的白细胞分为有颗粒白细胞和无颗粒白细胞两大类。前者包括中性粒细胞、嗜酸性粒细胞和嗜碱性粒细胞。后者包括单核细胞和淋巴细胞，淋巴细胞普遍被分为大淋巴细胞和小淋巴细胞。鱼类的白细胞大部分是中性粒细胞和淋巴细胞，其次是单核细胞，嗜酸性粒细胞只有很少量，而嗜碱性粒细胞的出现很不规则，有的因受鱼类品种、制片技术、观察数量等因素限制，甚至未观察到嗜碱性粒细胞。

鱼类白细胞数量除鲶鱼、鲤有时较低外，一般都在10.0×10^9/L以上，比哺乳动物要大得多，如正常成年人血液中白细胞数为(4.0～10.0)×10^9/L，而长吻鲨的白细胞数则高达83.5×10^9/L。鱼类白细胞数量随鱼类品种不同有相当大的变动。以白细胞与红细胞数目之比为参数，可观察到盲鳗为1/4，鳗鲡为1/60，鲆为1/130，表现出随鱼类品种进化程度由低至高、白细胞与红细胞数之比逐渐减小的趋势。

据研究，鱼类淋巴细胞具有能被抗原激活而产生抗体和淋巴因子的功能。单核细胞具有活跃的变形运动，可通过伪足样胞突捕获吞噬外来物质及衰老细胞。另外，鱼类被寄生虫感染会引起单核细胞数量的激增。中性粒细胞是分化最早、数量最多的颗粒白细胞，其吞噬能力虽然没有单核细胞强，但由于其数量较多、运动活跃，因此也是十分重要的鱼类非特异性免疫细胞。目前，人们对鱼类嗜酸性粒细胞和嗜碱性粒细胞的功能了解不多，发现在急性组织损伤或病原感染时，病灶部位常有大量嗜酸性粒细胞集聚，能非特异性地吞噬病原和自身受损组织。据Ellis(1977)观察，嗜碱性粒细胞内含有肝素等化学物质，故推测其可能与抗凝血作用有关。

3.6.2.3 血栓细胞

人类的血小板无核，而鱼类的血栓细胞是一种有核细胞。血栓细胞体积较小，常态为圆形或椭圆形。因为鱼类血栓细胞在造血器官中比较少见，所以目前还不确定其发育过程及发生场所。血栓细胞的功能类似于哺乳动物的血小板，它除含有少量的凝血活酶(FXa、FV、Ca^{2+}、PF_3复合物)外，其细胞表面的质膜还结合有多种凝血因子，如纤维蛋白原、因子Ⅴ、因子Ⅷ等，有利于凝血酶的形成，可促进凝血。关于鱼类血栓细胞应如何归类，学术界还存在争议，有的将血栓细胞划归为白细胞的一类，有的则认为它应该划分为单独的一类。

3.6.3　血液凝固与纤维蛋白溶解

3.6.3.1　血液凝固

鱼类所含的凝血因子与哺乳动物基本相同，除Ⅵ因子是血清中活化的 FVa，不再视为一个独立的凝血因子外，共存在Ⅰ～ⅩⅢ种凝血因子。鱼类的凝血过程与哺乳动物相似，也分内源性和外源性凝血途径。

鱼类的血液凝固较快。一般硬骨鱼类血液的凝固时间短于软骨鱼类，原因可能与软骨鱼类血浆中 Ca^{2+} 含量、凝血酶原、血栓细胞以及纤维蛋白原含量均低于硬骨鱼类有关。

由于血液凝固是一种生化反应，受温度影响很大，凝血时间也会因测定方法和不同测定人而有很大差异。用玻璃试管法(室温 23℃)测定鱼类内源性凝血过程，鲤鱼全血凝固的时间为(79.64±7.19)s；鲫鱼为(80.95±2.14)s；鲶鱼为(139.18±9.15)s。而用玻璃试管法(水浴37℃)测定正常人的血液凝固时间为 9～11 min。

3.6.3.2　纤维蛋白溶解

鱼类的纤维蛋白溶解过程与哺乳类基本相同。生理状态下，机体血凝与纤维蛋白溶解处于动态平衡状态。鱼类的纤维蛋白溶解系统可使其组织损伤后所形成的血凝块(止血栓)溶解，从而保证血管的畅通及受伤组织的再生和修复。正常情况下，鱼类止血栓的溶解主要依赖于纤维蛋白溶解系统。若纤维蛋白溶解系统活动亢进，鱼可因止血栓的提前溶解而有重新出血的倾向；若纤维蛋白溶解系统活动低下，则不利于血管的再通，将加重血栓栓塞。

(周定刚)

复习思考题

1. 血液在稳态的维持中起什么作用?
2. 血浆渗透压如何形成，有何生理意义?
3. 如何制备血清、血浆，两者有何区别?
4. 根据红细胞生成、破坏及红细胞生成调节的基本理论，分析导致贫血的可能原因。
5. 试述血液凝固的过程及机制。
6. 血液的生理功能有哪些?
7. 动物临床上输液治疗时为什么采用等渗溶液?
8. 正常情况下，血管内流动的血液为什么不发生凝固?

第3章

第 4 章

血液循环

本章导读

血液循环是维持生命的基本条件。生命不息，循环不止。心脏通过节律性的舒缩对血液的驱动作用称泵血功能。评价心脏泵血功能常用指标有心输出量、心指数和心脏做功量等。心脏泵血功能的实现是以其特定的生物电活动为基础的，根据组织学和电生理学特点，可将心肌细胞分成工作细胞和自律细胞。心肌细胞生理特性包括兴奋性、自律性、传导性和收缩性。血管系统中动脉、毛细血管和静脉三者依次串联，以实现血液运输和物质交换的生理功能。正常血压是推动血液循环和保持各器官有足够血流量的必要条件，心血管系统有足够的血液充盈、心脏射血、外周阻力和主动脉与大动脉的弹性贮器作用是形成动脉血压的 4 个主要条件。微循环的基本功能就是进行血液和组织间的物质交换。组织液是细胞赖以生存的内环境，机体通过组织液和淋巴液的生成与回流来维持血管内外的液体平衡。当生理状态或内外环境发生变化时，除神经系统通过颈动脉窦和主动脉弓压力感受性反射等反射活动对心血管活动进行调节外，肾素-血管紧张素系统、血管升压素、肾上腺素和去甲肾上腺素等多种体液因素也参与了调节，以适应机体当时所处的状态或环境的变化。

本章重点与难点

重点：心肌的生理特性，动脉血压的形成机制和影响因素，颈动脉窦和主动脉弓压力感受性反射。

难点：心肌的生物电现象和影响心肌生理特性的因素。

循环系统包括起主要作用的心血管系统和起辅助作用的淋巴系统（图 4-1）。心脏、血管和存在于心腔与血管内的血液组成了心血管系统。血液在心血管系统内按一定方向周而复始的流动称为血液循环（blood circulation）。血液通过循环流动，向全身各组织器官供应营养物质，带走代谢产物，并将由内分泌细胞分泌的各种激素及生物活性物质运送到相应的靶细胞，实现机体体液调节。一旦心脏活动停止，血流中断，机体的新陈代谢便不能正常进行。因此，血液循环是高等动物机体生存的主要条件之一。

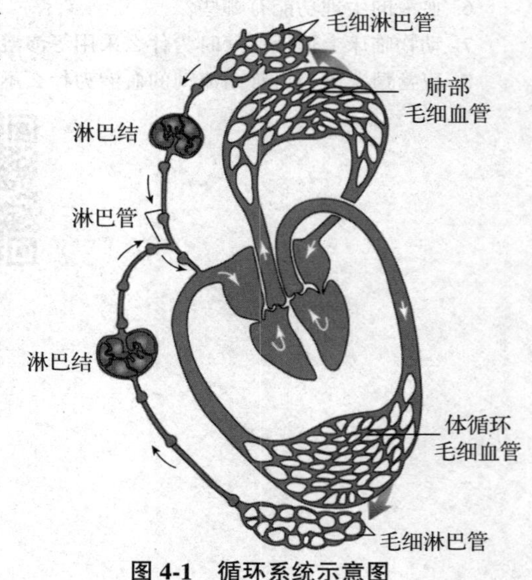

图 4-1　循环系统示意图

4.1　心脏的泵血功能

心脏是由心肌组织构成并具有瓣膜结构的空腔

器官，是血液循环的动力装置。在整个生命过程中，心脏通过周期性的收缩和舒张，以及由此而引起的瓣膜的规律性启闭活动推动血液向一定方向流动：由心室射入动脉，由静脉回到心房。心脏这种驱动血液周而复始循环的作用称为泵血功能(pumping function)(图 4-2)。心脏周期性的泵血功能是在心肌的生物电活动、机械收缩和瓣膜启闭活动的密切配合下实现的。

4.1.1　心脏的泵血过程与机制

4.1.1.1　心动周期与心率

心脏每收缩和舒张一次为一个心动周期(cardiac cycle)。由于心脏是由心房和心室两个合胞体构成的，因此一个心动周期包括心房收缩和舒张以及心室收缩和舒张 4 个过程。由于在心动周期中心室收缩期长、收缩力大，它的收缩与舒张是推动血液循环的主要因素，因此，习惯上所说的心缩期与心舒期，即指心室的收缩期和舒张期。以健康成年猪为例，如果心率为 75 次/min，则心动周期持续时间为 0.8 s。在一个心动周期中，首先是两心房同时收缩，接着心房舒张；心房开始舒张时，两心室几乎同时立即收缩，两心室收缩的持续时间要长于心房；继而，心室开始舒张，此时心房仍处于收缩后的舒张状态，即心房和心室共同处于舒张状态。至此一个心动周期完结，接着心房又开始收缩进入下一个心动周期(图 4-3)。心房收缩时间短，平均仅占 0.1 s，心房舒张期 0.7 s；心室收缩期占 0.3 s，心室舒张期 0.5 s。

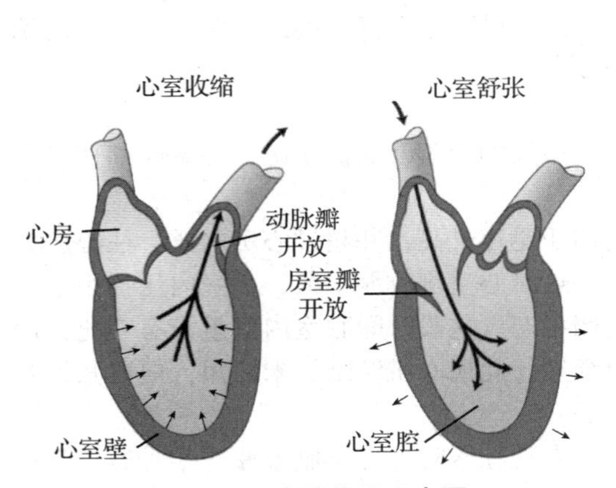

图 4-2　心室泵作用示意图

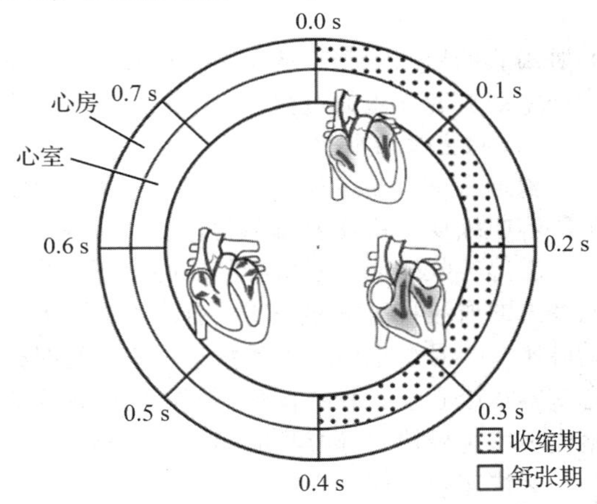

图 4-3　猪心动周期中心房心室活动的顺序

单位时间内心动周期数称为心跳频率(heart rate, HR)，简称心率。动物的心率一般与代谢率呈正相关，因动物种类、品种、性别、年龄及生理状况的不同而异(表 4-1)。一个心动周期持续的时间与心率呈负相关，心率加快时，心动周期缩短，其中舒张期缩短更明显。

表 4-1　各种成年动物心率的正常变动范围　次/min

动物	心率	动物	心率	动物	心率
猪	70~120	猫	120~140	野兔	60~70
牛	36~80	豚鼠	200~300	大象	25~35
山羊	70~80	家兔	180~350		

注：引自 Reece，2015。

4.1.1.2　心脏的泵血过程

心动周期中，心房和心室的依次收缩和舒张活动，形成心腔内压力变化，压力变化又推动

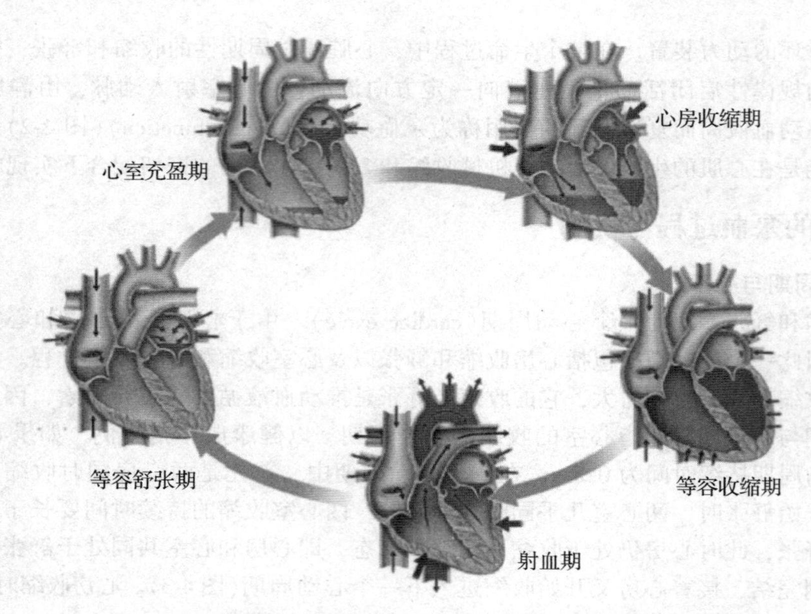

图 4-4 心动周期中心脏泵血过程示意图

心脏瓣膜的启闭活动，从而引导血液定向流动(图 4-4)。现以左心室为例，说明一个心动周期中心室射血和充盈的过程，以便了解心脏泵血的机制。

(1)心室收缩期

根据心室收缩过程中，心室内压力、容积变化、瓣膜的启闭及血流状况，心室收缩期可分为等容收缩期、快速射血期和减慢射血期。

①等容收缩期 心房舒张后心室开始收缩，室内压迅速升高，并超过心房内压，往心房方向冲击的血流将房室瓣关闭，血液不会逆流入心房。这时心室刚收缩不久，心室内压仍小于主动脉压，半月瓣也处于关闭状态，心室暂时处于封闭状态。这段时间心室内血量没有变化，即心室容积或心室肌纤维长度不变，所以称为等容收缩期。此期心肌纤维虽未缩短，但肌张力及室内压增高极快。等容收缩期为射血储备了能量。

②快速射血期 心室继续收缩，当心室内压超过主动脉压时，高压血流冲开半月瓣，急速射入主动脉，在此期间心室射出的血量约占整个收缩期射血量的70%，心室容积迅速缩小。假设心率75次/min，则快速射血期约为0.11 s，相当于整个收缩期的1/3左右。

③减慢射血期 快速射血期之后，心室收缩力量和室内压开始减小，射血速度减慢，称减慢射血期。此时，由于外周血管的阻力作用，血液的动能在主动脉内转变为压强能，使主动脉压略高于心室内压。但因心室射出的血液具有较大动能，故仍能借惯性继续流入主动脉，心室容积继续缩小，其射出的血液约占整个心室射血期射出血量的30%，但所需时间则占整个收缩期的1/2左右。

(2)心室舒张期

心室舒张期可分为等容舒张期和心室充盈期，心室充盈期又可分为快速充盈期和减慢充盈期，也包括心房收缩期在内。

①等容舒张期 心室收缩完毕，开始舒张时，心室内压急剧下降，高压的主动脉血流向心室方向返流，推动半月瓣使其关闭，阻断血液倒流入心。此时，因心室开始舒张不久，心室内压仍高于心房内压，房室瓣仍处于关闭状态。由于此时半月瓣和房室瓣均处于关闭状态，心室容积也无变化，故称等容舒张期。在该期内，由于心肌舒张，室内压急剧下降。

②快速充盈期　随着心室肌的舒张，心室内压进一步下降，当心室内压下降到低于心房内压时，心房内血液顺着房-室压梯度冲开房室瓣，快速流入心室，心室容量迅速增大，称为快速充盈期。此期因处于全心舒张期，心室内压接近于零，甚至成为负压，因此心室对心房和大静脉内的血液可产生“抽吸”作用，大静脉内的血液也直接经心房流入心室，该期进入心室的血量占充盈量的 70%～80%，是心室充盈的主要阶段。

③减慢充盈期　随着心室内血液的充盈，心室与心房、大静脉之间的压力差减小，血液流入心室的速度减慢，这段时期称为减慢充盈期。在减慢充盈期的前半段时间内，仅有少量大静脉内的血液经心房直接流入心室；但在心室舒张期的最后阶段，由于心房的收缩，又注入额外的血液到心室，进入一个新的心动周期。

(3)心房的初级泵血功能

心房收缩前，心脏处于全心舒张期，血液从静脉经心房流入心室，回流入心室的血液量占心室总充盈量的约 75%。心房开始收缩，作为一个心动周期开始，心房内压力升高，此时房室瓣处于开放状态，心房将其内的血液进一步挤入心室，因而心房容积缩小。由于心房壁较薄、收缩力不强，由心房收缩推动进入心室的血液通常只占心室总充盈量的 25%左右。心房收缩结束后即舒张，心房内压回降，同时心室开始收缩。

总的来说，在一个心动周期中，随着心房、心室的收缩与舒张，出现了一系列心房内和心室内压力的变化以及心脏瓣膜的开放与关闭。心脏瓣膜的开放与关闭，限定了血流方向，保证血液按一定方向流动(图 4-5)。而瓣膜的开闭是由瓣膜两侧压力差所决定的，这主要取决于心室的舒缩活动。

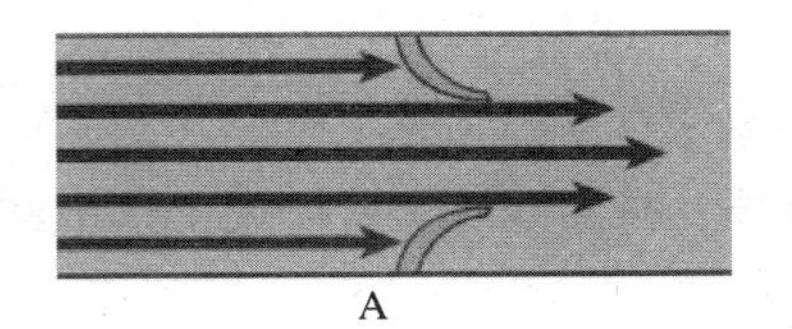

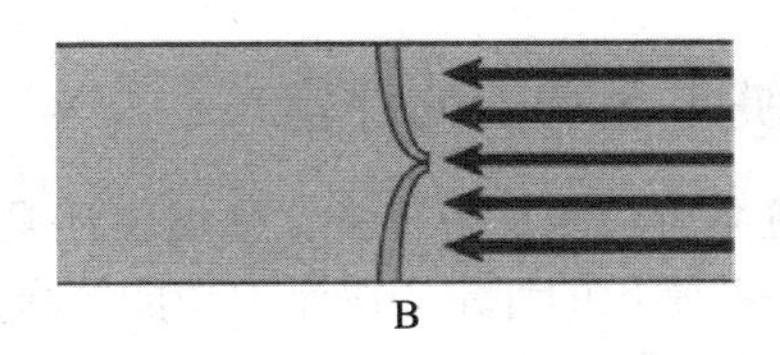

图 4-5　瓣膜功能示意图

A. 瓣膜开放；B. 瓣膜关闭

4.1.1.3　心音

在一个心动周期中，由于心肌的舒缩，瓣膜的启闭，血流的加速与减速对心血管壁的加压和减压作用以及形成的涡流等因素引起的机械振动，可通过周围组织传到胸壁，用听诊器在胸壁的某些部位，可听到该声音，称为心音。若用换能器将该机械振动转变成电信号，称为心音图(图 4-6)。在一个心动周期中，一般可听到两个心音，分别称为第一心音和第二心音。有时还可听到第三和第四心音。

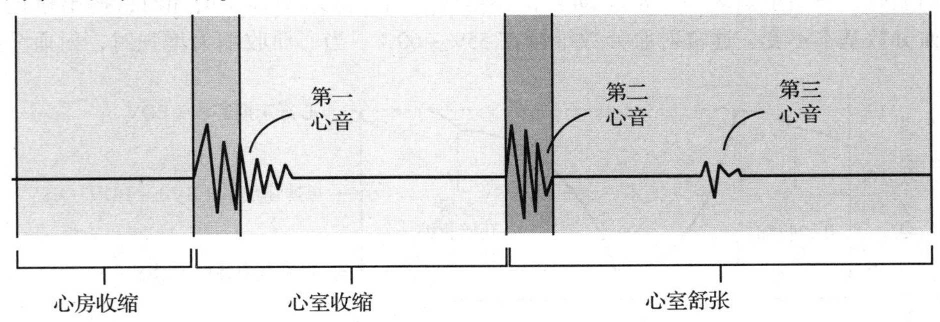

图 4-6　一次心动周期过程中记录的心音图

(1)第一心音

第一心音是由房室瓣关闭、心室收缩时血流冲击房室瓣引起心室振动以及心室射出的血液撞击动脉壁引起的振动而产生的，其音调较低，持续时间较长。心室收缩力量越强，第一心音也越强。第一心音发生在心室收缩初期，标志着心室收缩开始。

(2)第二心音

第二心音是由于主动脉瓣和肺动脉瓣迅速关闭，血流冲击大动脉根部以及心室内壁振动而形成的。第二心音的音调较高，持续时间短，其强弱可反映主动脉和肺动脉压力的高低。第二心音发生在心室舒张早期，标志着心室舒张开始。

(3)第三心音

第三心音发生在快速充盈期末，为一种低频低振幅的心音。在快速充盈期末，心室已部分充盈，此时血流速度的突然改变可造成心室壁和瓣膜振动，从而产生第三心音。

(4)第四心音

第四心音也称心房音，正常心房收缩，听不到声音。但在异常有力的心房收缩及左室壁变硬的情况下，心房收缩使心室充盈量增加，引起左心室肌及二尖瓣和血液的振动，则产生第四心音。

听取心音对于临床诊查瓣膜功能有重要的意义。第一心音可反映房室瓣的功能，第二心音可反映半月瓣的功能。瓣膜关闭不全或狭窄时，均可使血液产生涡流而发生杂音，从杂音产生的时间及杂音的性质和强度可判断瓣膜功能损伤的情况和程度。听取心音还可判断心率和心律是否正常。

4.1.2 心脏泵血功能的评定

评定心脏泵血功能是否正常，是增强还是减弱，是实践及实验研究工作中经常遇到的问题。以下是一些常用的评定心脏泵血功能的指标。

4.1.2.1 心输出量

(1)每搏输出量和射血分数

一次心脏搏动由一侧心室射出的血量称为每搏输出量(stroke volume，SV)，简称搏出量。正常情况下，两侧心室的射血量是相等的。心室舒张末期心室内血液充盈量最大，此时的心室容积称为舒张末期容积(end-diastolic volume，EDV)。心室收缩期末，心室容积最小，此时的心室容积称为收缩末期容积(end-systolic volume，ESV)。舒张末期容积与收缩末期容积之差即为搏出量，是衡量心脏泵血功能的最基本指标(图4-7)。

每搏输出量和心室舒张末期容积的百分比称为射血分数(ejection fraction，EF)。心脏在正常范围内活动时，搏出量始终与心舒末期容积相适应。当心舒末期容积增加时，搏出量也相应增加，射血分数基本不变，通常射血分数维持在55%~60%。当心肌收缩力增强时，射血分数可达

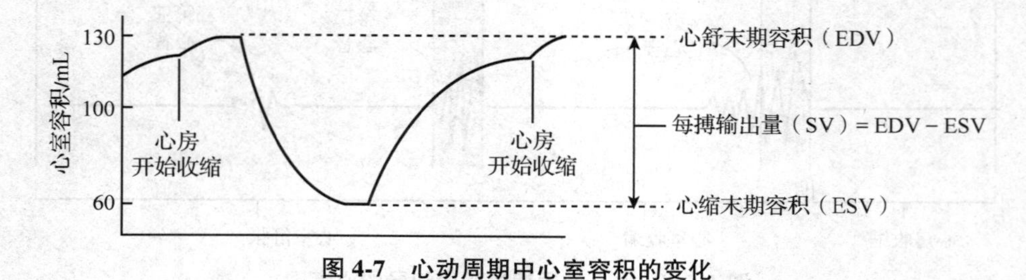

图4-7 心动周期中心室容积的变化

85%以上。

(2)每分输出量和心指数

每分钟由一侧心室射出的血液总量称为每分输出量，一般所言的心输出量(cardiac output, CO)即指每分输出量。其大小可用以下公式表示：

$$CO(mL/min)=SV(mL/beat)\times HR(beats/min)$$

如果心率75次/min，每搏输出量60~80 mL，则每分输出量为5~6 L/min。每分输出量随着机体活动和代谢情况而变化，在肌肉运动、情绪激动、怀孕等情况下，心输出量增高。

心输出量是以个体为单位计算的，其大小与机体的代谢水平相适应。一般动物个体的代谢水平与体表面积呈正变关系。不同动物个体因性别、年龄、个体大小和活动情况不同，如果用心输出量的绝对值作指标，进行心泵功能的比较，是不全面的。在对比不同个体的心脏泵血功能时，一般多采用空腹和安静状态下的每平方米体表面积的每分心输出量为指标，称为心指数(cardiac index, CI)或静息心指数。

4.1.2.2 心脏做功量

心输出量固然可以作为反映心脏泵血功能的指标，但相同的心输出量并不完全等同于相同的工作量或消耗相同的能量。例如，左、右心室尽管心输出量相等，但其做功量和能量消耗显然不同。因此，心脏做功量比心输出量更能全面地对心脏泵血功能进行评价。

(1)每搏功

血液在心血管内流动过程中所消耗的能量，是由心脏做功所供给的。心室收缩推动血液进入动脉，一方面使动脉管内具有较高的压力，另一方面使血液以较快的速度流动。因此，心室收缩射血所释放的能量转化为动脉内血液的压强能和血流的动能。心室一次收缩所做的功称为每搏功(stroke work)，简称搏功，即心室完成搏出量所做的功。可用搏出的血液所增加的压强能和动能来表示。前者等于搏出量乘以射血压力，所以：

$$每搏功=搏出量\times射血压力+动能$$

(2)每分功

左心室每分钟收缩所做的功，称为每分功(minute work)，简称分功，即心室完成每分输出量所做的功。

$$每分功=每搏功\times心率$$

用做功量来评定心脏功能是目前常用的一种方法。由于心脏收缩不仅仅是排出一定量的血液，同时这部分血液具有较高的压强能及较快的流速。在动脉压增高的情况下，心脏必须加强收缩才能射出与原先同等量的血液，如果此时心肌收缩的强度不变，则搏出量就会减少。由此可见，作为评定心脏泵血功能的指标，心脏做功量要比单纯的心输出量更全面、更理想。

4.1.2.3 心力储备

心输出量的大小与机体代谢水平是相适应的，心输出量随机体代谢需要而增大的能力，称为心力储备(cardiac reserve)，常用心脏每分钟的最大输出量来表示。最大输出量受心率和搏出量的影响，其中通过提高心率途径体现的，称心率储备；而通过增加每搏输出量途径实现的，称为搏出量储备。生理情况下，动物心率最快可增加到安静状态时的两倍多，因此动用心率储备可使心输出量增加2~2.5倍。搏出量是心室舒张末期容积和收缩末期容积之差，所以搏出量储备可通过增加心舒末期容积和减少心缩末期容积来实现，即提高射血分数实现。由于心肌的伸展性较小，而提高心肌收缩的能力较强，因此搏出量储备主要表现在收缩力量的提高上。充分利用心率和搏出量的储备能力，可使心输出量提高5~6倍。由此可见，心力储备的大小可反映心脏泵血功能对代谢需要的适应能力，动物通过调教和训练可以提高心力储备，这对骑

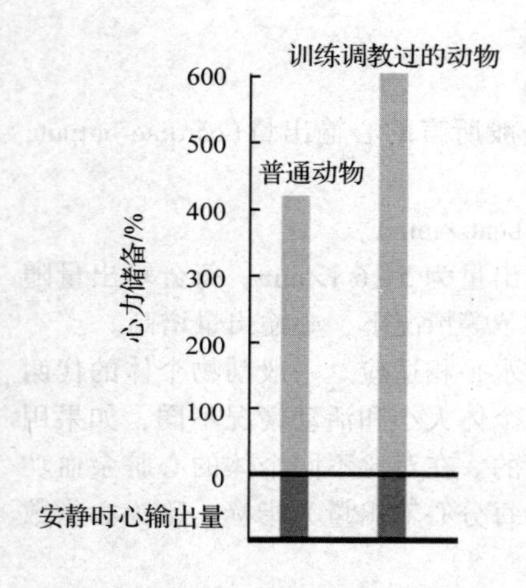

图 4-8 不同类型动物心力储备

乘马和役用家畜尤其明显(图 4-8)。

4.1.2.4 影响心输出量的因素

心输出量的大小取决于心率和搏出量，因此凡能影响心率和搏出量的因素均可影响心输出量。

(1)影响搏出量的因素

心脏的搏出量大小取决于以下 3 个因素，即心室肌前负荷、后负荷和心肌收缩能力。

①前负荷对搏出量的影响　前负荷是指肌肉收缩前所承载的负荷。它使肌肉在收缩前处于某种程度的拉长状态，具有一定的初长度(initial length)。在心动周期中，心室肌收缩前的初长度大小可以用心室舒张末期容积来反映。由于心室压力的测定比心室容积的测定较为方便和精确，且心室舒张末期容积和压力又有一定相关性，所以常用心室舒张末期压力来反映前负荷。在一定范围内，心室舒张末期容积(压力)越大，初长度越长，随后收缩时的收缩力量越强，搏出量和每搏功就越大，Starling 曲线如图 4-9 所示。这一现象首先于 1895 年被德国生理学家 Frank 发现，1914 年被英国生理学家 Starling 所确定，故被称为 Frank-Starling 心定律。这种通过心肌细胞本身初长度的改变而引起心肌收缩强度的改变，称为异长自身调节(heterometric autoregulation)。异长自身调节的生理意义在于对搏出量进行精细调控，使心室射血量和静脉回心血量相平衡。

②后负荷对搏出量的影响　后负荷是指肌肉开始收缩时遇到的负荷或阻力。心室收缩时，必须克服大动脉血压，才能将血液射入动脉内。因此，大动脉血压是心室收缩时所遇到的后负荷。在心肌收缩能力和前负荷都不变的条件下，大动脉血压升高时，后负荷增大，动脉瓣将推迟开放，致使等容收缩期延长，射血期缩短；同时，心室肌缩短的程度和速度均减少，射血速度减慢，以致每搏输出量暂时减少。另外，由于搏出量减少造成心室内剩余血量增加，通过异长自身调节机制可使搏出量恢复正常。随着搏出量的恢复，心室舒张末期容积也恢复到原来水平(图 4-10)。

③心肌收缩能力对搏出量的调节　前负荷和后负荷是影响心脏泵血功能的外在因素，而肌肉内部的功能状态是决定肌肉收缩效果的内在因素。心肌收缩能力(myocardial contractility)指心肌不依赖于前、后负荷而改变其力学活动(包括收缩的强度和速度)的一种内在特性。凡能影响心肌细胞兴奋-收缩耦联过程中各个环节的相关因素都可影响收缩能力，其中活化的横桥

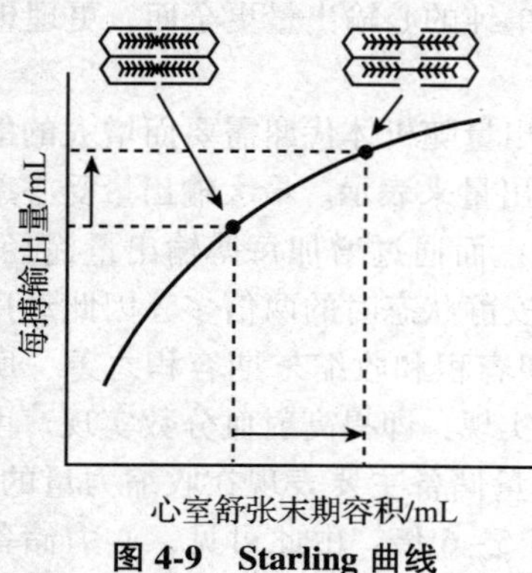

图 4-9 Starling 曲线

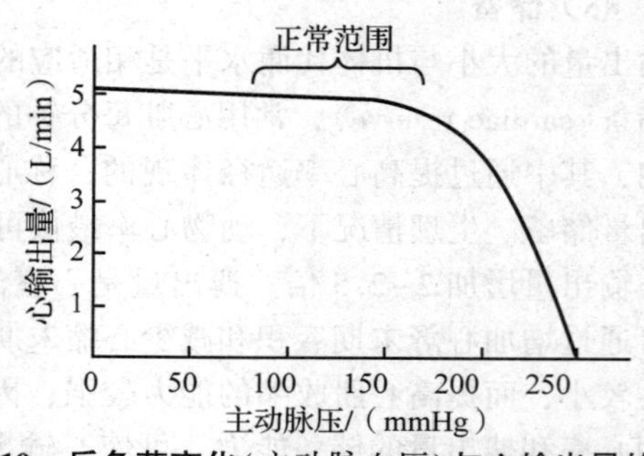

图 4-10 后负荷变化(主动脉血压)与心输出量的关系

数目和肌球蛋白头部ATP酶的活性是影响心肌收缩能力的主要环节。这种通过改变心肌收缩能力调节心脏泵血功能的机制，称为心肌等长调节(homometric autoregulation)。

(2)心率对心脏泵血功能的影响

在一定范围内，心率的增加可使心输出量相应增加。但当心率增加到某一临界水平，由于心脏过度消耗供能物质，会使心肌收缩力降低。其次，心率加快时，舒张期缩短，心室缺乏足够的充盈时间，导致心输出量反而下降。心率过低时，心舒张期过长，心室充盈早已接近最大限度，不能再继续增加充盈量和搏出量，故心输出量下降。由此可见，心率最适宜时，心输出量最大，过快或过慢，心输出量都会减少。

心率受自主神经的控制，交感神经活动增强时，心率增快；迷走神经活动增强时，心率减慢。影响心率的体液因素主要有肾上腺素、去甲肾上腺素和甲状腺激素等，这些激素水平增高时，均可使心率加快。此外，心率还受体温的影响，体温升高1℃，心率增快10~18次。

4.1.3　心脏的生物电活动与生理特性

心脏泵血功能是依靠心脏不停地节律性收缩和舒张交替活动来实现，而心脏节律性兴奋的产生、传播和协调的收缩与舒张交替活动均与心脏的生物电活动有关。依据结构、功能和电生理学特点的不同，心肌细胞可分为两类：一类是普通心肌细胞，又称工作细胞(working cardiac cell)，包括心房肌细胞和心室肌细胞。它们具有接受外来刺激，产生兴奋并传导兴奋的能力，主要执行收缩功能。另一类是特殊分化的心肌细胞，主要包括P细胞和浦肯野细胞，此类细胞能自动地、节律性地产生兴奋，故属于自律细胞(rhythmic cell)。自律细胞基本丧失了收缩性，它们分布在窦房结、心房传导组织、房室交界、房室束(希氏束)、左束支、右束支和浦肯野纤维，构成了心脏的特殊传导系统(图4-11)。

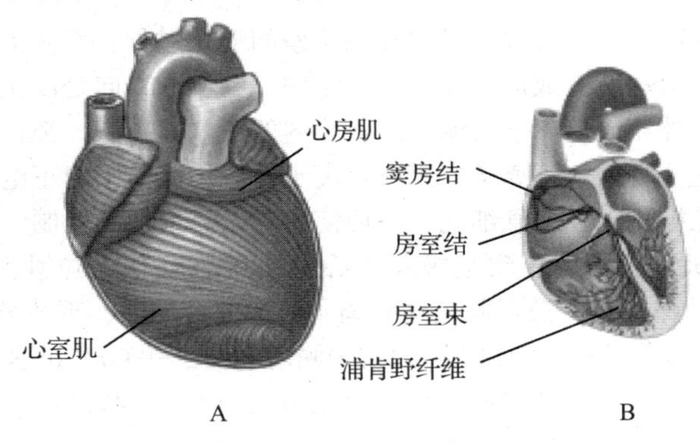

图4-11　心肌组织

A. 由工作细胞构成的心房壁和心室壁；B. 特殊传导系统

4.1.3.1　心脏的生物电活动

不同类型的心肌细胞的跨膜电位，不仅幅度和持续时间各不相同，而且波形和形成的离子基础也有一定的差别(图4-12)。

(1)普通心肌细胞的跨膜电位及其形成机制

以下以心室肌细胞为例，说明普通心肌细胞生物电现象的规律。

①静息电位　正常心室肌细胞的静息电位约-90 mV，即膜电位较膜外低90 mV，基本相当于K^+跨膜平衡电位。与骨骼肌和神经细胞静息电位形成的机制相同，心室肌细胞在静息时，膜对K^+的通透性较高，K^+顺浓度梯度由膜内向膜外扩散所达到的平衡电位，即为心肌细胞的

静息电位。由于在安静时细胞膜对 Na^+ 也有小的通透性，少量带正电荷的 Na^+ 内流，导致静息电位的绝对值较按 Nernst 公式计算的值为小。

②动作电位　与骨骼肌相比，心室肌细胞的动作电位在波形上和形成机制上要复杂得多，时程也长得多(图 4-13)。整个动作电位由去极化和复极化两部分组成，总时程可长达 250～350 ms，可分为 0、1、2、3、4 共 5 个时期，其中 0 期为去极化过程，1、2、3、4 期则为复极过程。

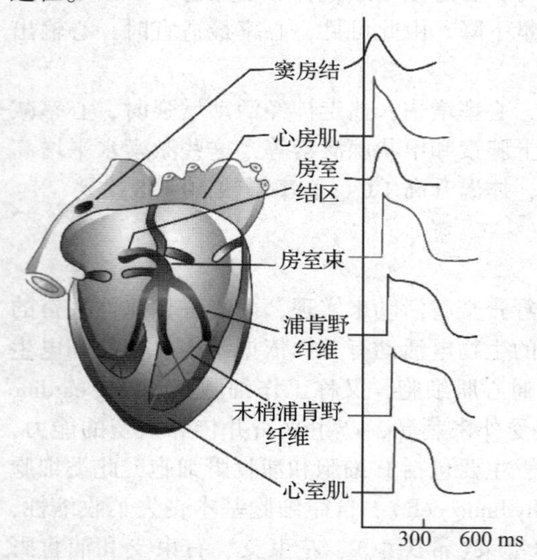

图 4-12　心脏各部分心肌细胞的跨膜电位

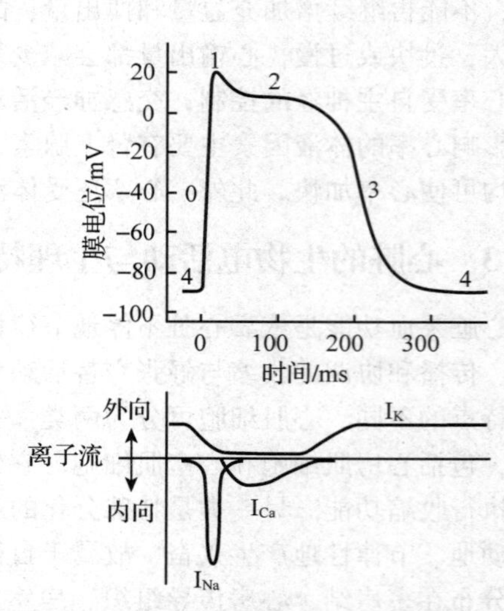

图 4-13　心室肌细胞动作电位和主要离子流示意图

动作电位反映了细胞在兴奋过程中膜内外电位差的变化过程，实质上这种电位差的变化是由膜内外各种离子跨膜流动所造成的。在电生理学中，电流的方向是以正离子在膜两侧的流动方向来命名的，正离子外流或负离子内流均能使膜内的正电荷减少，都称外向电流，外向电流促使膜复极化或超极化。相反，正离子内流或负离子外流均能使膜内正电荷增加，都称内向电流，内向电流促使膜除极化。在静息细胞，一切使内向电流增加的机制，均可导致除极化；一切使外向电流增加的机制，均可导致超极化。心室肌细胞动作电位涉及的主要离子为 Na^+、Ca^{2+} 与 K^+(图 4-13)，动作电位的波形就是这些离子流的综合反映，现按分期叙述于下：

a. 去极化过程　去极化又称 0 期除极，表现为膜内电位由−90 mV 迅速上升到+20～+30 mV，构成了动作电位的上升支。哺乳动物心室肌细胞的 0 期除极过程幅度大、速度快，仅 1～2 ms 就可完成，除极速度达到 200～400 V/s。

0 期形成是细胞膜钠通道开放 Na^+ 内流的结果。因为钠通道激活快，失活也快，开放时间很短，因此称为快通道，钠通道可被河豚毒选择性地阻断。在动作电位形成的过程中，钠通道在局部电流刺激下部分开放，有少量 Na^+ 内流造成膜的局部去极化，当达到阈电位水平(约为−70 mV)时，膜上电压依从性钠通道开放的概率和数量明显增加，细胞膜对 Na^+ 通透性突然增大，膜外 Na^+ 顺电−化学梯度快速进入膜内，膜进一步去极化达到 0 电位。此时，膜外 Na^+ 仍可随膜内外浓度梯度继续内流，直至接近 Na^+ 平衡电位。这种 0 期去极化过程由快钠通道介导的动作电位，称为快反应电位，产生该类动作电位的心肌细胞称为快反应细胞，心房肌、心室肌和浦肯野细胞都属快反应细胞。

b. 复极化过程　包括 1、2、3、4 期。与神经和骨骼肌细胞相比，心肌细胞的复极化过程要复杂得多，时程要长得多，可持续 200～300 ms。

1期复极（快速复极初期）：即膜电位由+20～+30 mV快速下降到0电位水平的时期，历时约10 ms。0期除极和1期复极共同构成了动作电位的锋电位。1期复极开始时，膜上快Na^+通道已经关闭，但在除极过程中有瞬时性的外向K^+通道的激活，因此有K^+的快速外流，而使膜电位快速下降，构成1期复极。

2期复极（缓慢复极或平台期）：此期形成的机制主要是在2期复极中既有Ca^{2+}（伴有少量Na^+）的内流，又有K^+的外流，当内向离子电流和外向离子电流达到动态平衡时形成平台。平台期电位略正于0 mV，持续100～150 ms。2期复极初期以Ca^{2+}内流为主，而后随时间推移K^+外流逐渐增强，导致膜电位逐渐变负。慢Ca^{2+}通道可被Mn^{2+}和多种Ca^{2+}通道阻断剂（异搏定等）所阻断。

3期复极（快速复极末期）：2期复极末，Ca^{2+}通道已经失活，内向离子流消失，而膜对K^+的通透性恢复并升高，使K^+外流，膜内电位向负的方向转化，造成膜的复极，直到复极完成。

4期复极（静息期）：4期时膜电位已恢复至静息电位水平。因心室肌细胞在兴奋过程中有多种离子发生了顺浓度梯度的跨膜转运（包括Na^+、Ca^{2+}内流，K^+外流），膜内外正常的离子浓度梯度发生了变化，这需要通过膜的主动转运，将Na^+、Ca^{2+}转运到细胞外，K^+转运入细胞内，使正常的浓度梯度得以恢复，为此后的再次兴奋做准备。在4期复极过程中，Na^+的外运和K^+的内运是通过钠泵进行的，钠泵每次转运活动，可以泵出3个Na^+泵入2个K^+；而细胞内Ca^{2+}的移出是通过Ca^{2+}-Na^+交换体进行的，它可将3个Na^+转入胞内，并将1个Ca^{2+}移出胞外，由此进入细胞的Na^+再由钠泵将它泵出；此外，膜上少量的钙泵也可主动排出Ca^{2+}。心室肌细胞动作电位及主要离子活动如图4-13所示。

（2）自律细胞的跨膜电位及形成机制

自律细胞的动作电位与非自律细胞不同，其动作电位3期复极化末期所达到的最大膜电位称为最大复极电位（或称最大舒张电位），此后的4期膜电位并不稳定于这一水平，而是立即开始自动而缓慢地去极化，使膜内电位逐渐减小，故称4期自动去极化（phase 4 spontaneous depolarization），一旦去极化达到阈电位水平，就爆发一次新的动作电位。4期自动去极化是自律细胞具有自动节律性的基础。

①窦房结P细胞的跨膜电位及特征　与心室肌细胞动作电位相比，P细胞的动作电位由0、3和4期组成，而无1、2期；0期去极化幅度小，约70 mV（图4-14）。

0期：去极化速度慢，幅度小。当膜电位由最大复极电位去极化达阈电位（−40 mV）时，P细胞膜上的L型Ca^{2+}通道激活，Ca^{2+}内流引起0期去极化。由于L型Ca^{2+}通道激活和失活较缓慢，因此0期去极化速度较缓慢，持续时间较长（约7 ms）。0期去极化过程由慢Ca^{2+}通道介导的动作电位，称慢反应电位，产生该类动作电位的心肌细胞称为慢反应细胞，P细胞即属慢反应细胞。

3期：继0期后，没有明显的复极1期和平台期，随即转入复极3期。3期是由于Ca^{2+}通道逐渐失活关闭，Ca^{2+}内流逐渐停止，而K^+通道开放，K^+迅速外流所产生。

4期：4期自动除极是由随时间而增长的净内向电流所引起，此自动除极化电流又称起搏电流。这个净内向电流由3部分组成：一是时间依赖性的K^+外流逐渐衰减（相当于内向电流的逐步增加）；二是进行性增强的内向离子流，主要是Na^+流；三是T型Ca^{2+}通道激活引起的Ca^{2+}内流。T型Ca^{2+}通道的阈电位为−50～−60 mV，当局部去极化到−50 mV时，膜上T型Ca^{2+}通道激活，Ca^{2+}内流进一步加速了4期自动去极化，达到L型Ca^{2+}通道的阈电位时，L型Ca^{2+}通道激活，Ca^{2+}内流引起一个新的动作电位。窦房结P细胞动作电位及主要离子活动如图4-14所示。

②浦肯野细胞的跨膜电位及特征　浦肯野细胞动作电位的0、1、2、3期的波形、幅度和形成机理与心室肌细胞的相似，只是持续时间较长(可达400 ms)，但4期复极则不同(图4-15)。浦肯野细胞4期复极时的膜电位，并不稳定于静息电位水平，而是出现缓慢的自动除极现象。浦肯野细胞的最大舒张电位约-90 mV，随着缓慢复极化，当膜电位达到浦肯野细胞的阈电位(-70 mV)时，快Na^+通道被激活、开放，即可触发一次动作电位。浦肯野细胞4期自动除极的离子基础是随时间而逐渐增强的内向电流和逐渐衰减的外向K^+电流引起的，4期去极化速度比窦房结细胞慢，故浦肯野细胞比窦房结细胞的自律性低。

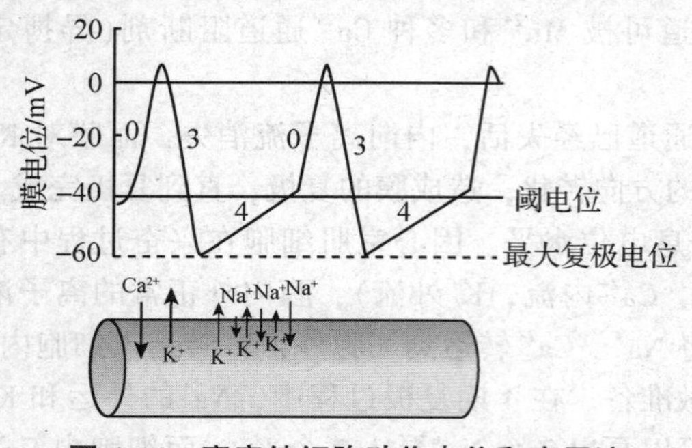

图4-14　窦房结细胞动作电位和离子流

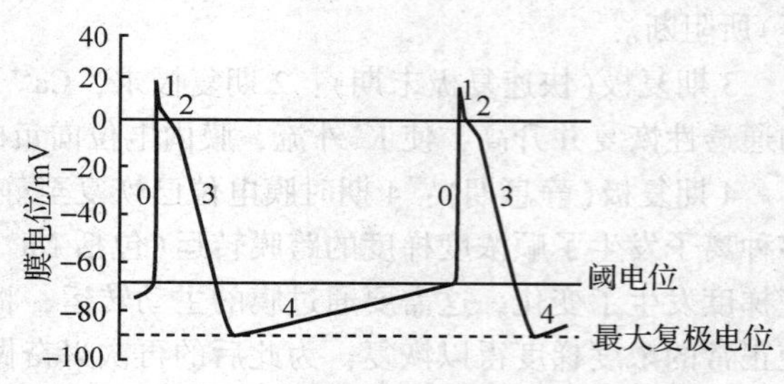

图4-15　浦肯野细胞的动作电位

4.1.3.2　心肌的生理特性

心肌组织具有兴奋性、自律性、传导性和收缩性4种生理特性。其中，前3种都是以心肌细胞膜的生物电活动为基础，故又称电生理特性；而收缩性则是以心肌细胞内的收缩蛋白的功能活动为基础的，为心肌的一种机械特性。普通工作细胞(心房、心室肌细胞)具有兴奋性、传导性和收缩性，无自律性。特殊传导系统自律细胞(浦肯野细胞、P细胞)具有兴奋性、自律性和传导性，无收缩性。

(1)兴奋性

心肌细胞受到刺激时产生兴奋(动作电位)的能力，称为心肌的兴奋性。衡量心肌兴奋性高低的指标是阈值，两者关系互为倒数，即阈值高，兴奋性低，相反则高。

①心肌兴奋性的周期性变化　心肌细胞在一次兴奋过程中其兴奋性不是固定不变的，而是伴随膜电位的变化，Na^+通道经历激活、失活和复活(备用)等状态的变化，其兴奋性也发生周期性的变化。其兴奋性变化可以分为以下几个时期。

a. 有效不应期　从0期除极到复极-55 mV这一期间内，无论给予心肌多强的刺激都不会产生动作电位，其兴奋性等于零，这一时期称为绝对不应期。从-55 mV继续复极到-60 mV这段时间内，给予强刺激可使肌膜发生局部的部分除极，但不能产生动作电位，称为局部反应期。因此，从0期除极开始到复极至-60 mV这段时间内，给予任何强度刺激心肌都不能产生动作电位形式的反应，这段时间称为有效不应期(effective refractory period)。此期是因膜电位绝对值过低，Na^+通道完全失活或复活的数量太少所致。

b. 相对不应期　从有效不应期刚结束的-60 mV继续复极到-80 mV期间，用大于正常阈值的强刺激才能产生动作电位，称为相对不应期。此时的大部分Na^+通道已逐渐复活，但开放能力尚未恢复正常，心肌细胞的兴奋性仍低于正常，引起兴奋的刺激强度要比阈值大，产生的动作电位的幅度和速度都较正常小，兴奋的传导也慢。

c. 超常期　心肌细胞继续复极，从-80~-90 mV这段时间，用阈下刺激就可以产生动作电位，表明兴奋性高于正常，故称超常期。此期Na^+通道基本恢复到正常备用状态，且膜电位绝对值小于静息电位值，与阈电位的差距较小，兴奋性高于正常，故阈下刺激也可引起兴奋。但 Na^+ 通道开放能力还没有完全恢复正常，故产生的动作电位其 0 期去极的幅度、速度、传导速度等仍低于正常。

与神经细胞和骨骼肌细胞不同，心肌兴奋时的有效不应期特别长，一直可以延续到心肌机械收缩的舒张期开始之后（图 4-16）。

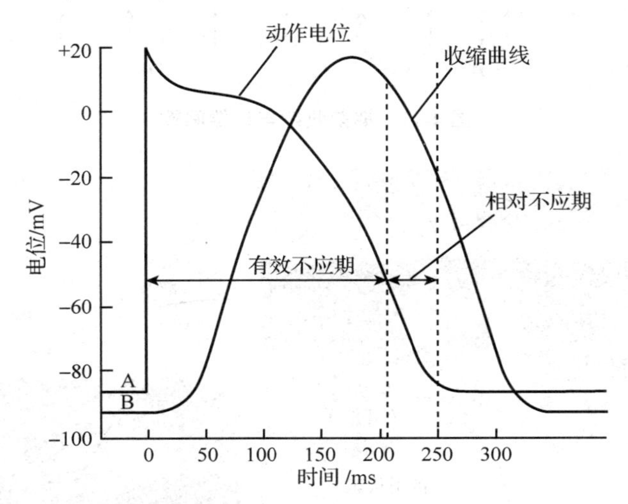

图 4-16　心室肌动作电位期间兴奋性的变化及其与机械收缩的关系

A. 动作电位；B. 机械收缩

②兴奋性的周期性变化与心肌收缩活动的关系　不发生强直收缩：心肌兴奋时的有效不应期特别长（平均 250 ms），是骨骼肌与神经纤维有效不应期的 100 倍和 200 倍。因此，在整个心脏收缩期内，任何强度的刺激都不能使心肌产生扩布性兴奋。心肌的这一特性具有重要意义，它使心肌不能产生像骨骼肌那样的强直收缩，而始终保持着收缩与舒张交替的节律性活动，这样心脏的充盈和射血才可能进行。

期前收缩与代偿间歇：正常心脏是按窦房结自动产生的兴奋进行节律性活动。如果在心室肌有效不应期之后（相对不应期和超常期之内）和下一次窦性兴奋到达之前（心室舒张的中晚期），心室肌受到一次额外的人工刺激或窦房结以外的病理性刺激时，则心室肌可出现一次提前的兴奋和收缩。此兴奋发生在下次窦房结的正常兴奋到达之前，故称期前兴奋，随后伴随的心脏收缩为期前收缩（premature systole），又称早搏（图 4-17）。期前兴奋也有它自己的有效不应期，当紧接在期前收缩后的一次窦房结的兴奋传到心室时，经常正好落在期前兴奋的有效不应期内，因而不能引起心室兴奋和收缩，形成一次“脱失”，必须等到再下一次窦房结的兴奋传到心室时才能引起收缩。因此，在一次期前收缩之后往往出现一段较正常为长的心室舒张期，称为代偿间歇（compensatory pause）（图 4-17）。

③影响兴奋性的因素　静息电位的大小：静息电位绝对值增大，距阈电位的差距就加大，引起兴奋所需的刺激阈值增高，表示兴奋性降低。例如，一定程度的血钾降低时，细胞内电位负值增大，心肌兴奋性下降。反之，静息电位绝对值减小时，兴奋性增高。

阈电位水平：阈电位水平上移，和静息电位之间的差距增大，兴奋性降低；阈电位水平下移，兴奋性增高。一般情况下，阈电位很少变化。当血钙升高时，心室肌细胞阈电位可上移，导致兴奋性下降。

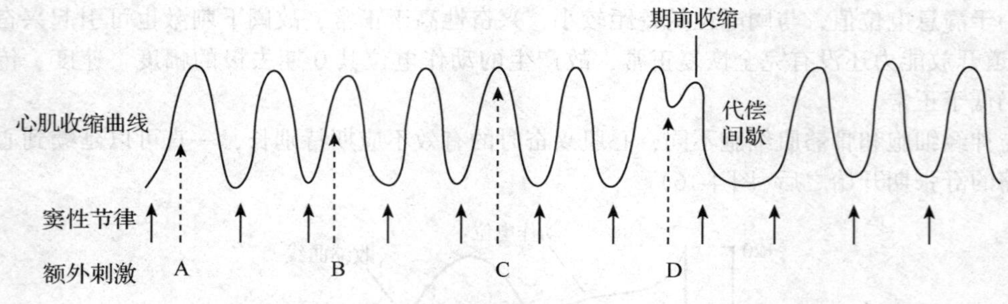

图 4-17 期前收缩与代偿间歇

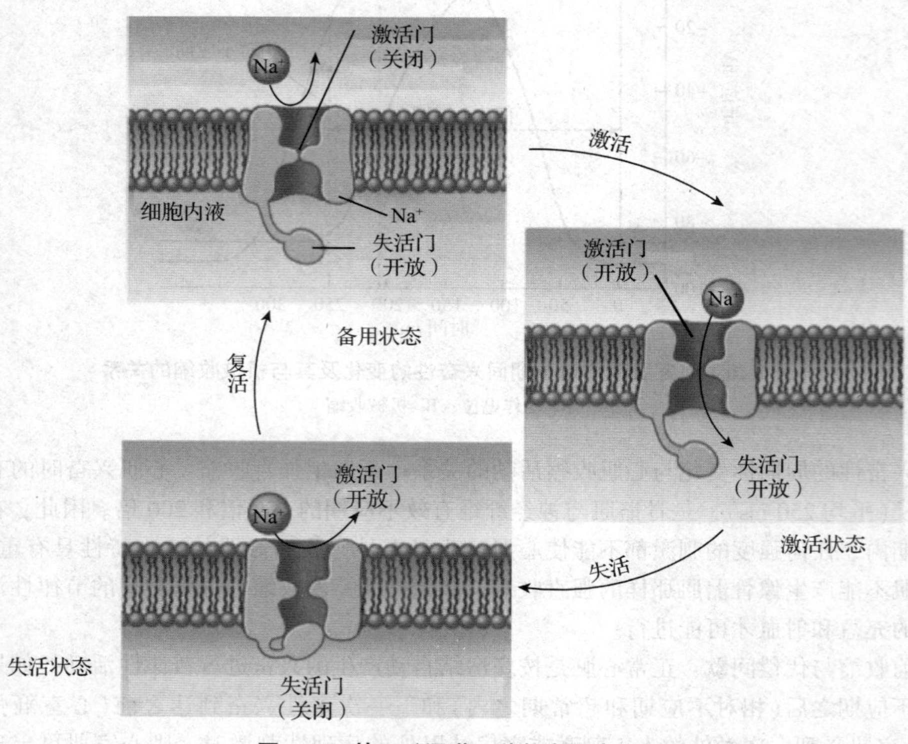

图 4-18 快 Na^+通道 3 种状态示意图

离子通道的性状：快、慢反应动作电位的去极化分别由快 Na^+通道和 L 型 Ca^{2+}通道内流引起。这两种离子通道都有备用(或称静息)、激活和失活 3 种功能状态。通道处于何种状态取决于当时的膜电位水平和在该电位的时间进程，即电压依从性(voltage-dependence)和时间依从性(time-dependence)。以快 Na^+通道为例，在膜电位去极化到-70 mV 时，大量 Na^+通道激活开放，并发生再生性循环，随后迅速失活而关闭。直到膜电位复极化到-60 mV 或更负时，才能从失活状态恢复过来，这称为复活(reactivation)。复活也有一个过程，要完全恢复到备用(或称静息)状态，需待膜电位恢复到静息电位水平。如果外来刺激落在快 Na^+通道的失活状态，该通道便不能对刺激做出反应(图 4-18)。L 型 Ca^{2+}通道的激活、失活慢，而复活更慢，常见动作电位完全复极化后，兴奋性尚未完全恢复正常的情况。

(2)自律性

心肌在没有外来刺激的条件下，能自发地产生节律性兴奋的特性，称为自动节律性(autorhythmicity)，简称自律性。单位时间内自动发生兴奋的次数，即兴奋频率，是衡量自律性高低的指标。

①心脏起搏点 心脏特殊传导系统，包括窦房结、房室交界(结区除外)、房室束、浦肯野纤维等均具有自律性。但各部位的自律性高低不一，以猪为例，窦房结P细胞的自律性最高，70~80次/min；房室交界及其束支次之，40~60次/min；浦肯野纤维最低，15~20次/min(图4-19)。正常情况下，由于窦房结的自律性最高，其冲动按一定顺序传播，依次激发心房肌、房室交界、房室束、心室内传导组织和心室肌兴奋，产生与窦房结一致的节律性活动。因此，窦房结是主导整个心脏兴奋和跳动的正常部位，故称起搏点(pacemaker)。按窦房结的节律跳动的心律称为窦性节律(sinus rhythm)。其他部位的自律组织受窦房结的控制，在正常情况下并不表现出它们自身的自律性，而只起传导兴奋的作用。只有在某种异常情况下，如它们的自律性增高，或窦房结的兴奋性因传导阻滞不能控制某些自律组织时，才可能自动发出兴奋，因此称为潜在起搏点(latent pacemaker)。心房、心室依窦房结以外的某个自律组织的节律进行跳动，称为异位节律。

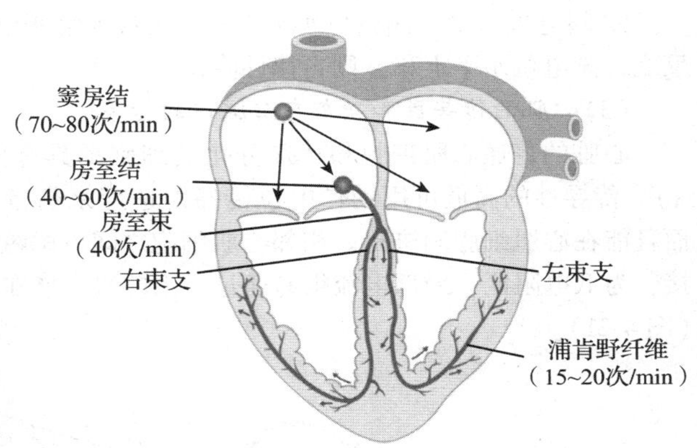

图4-19 猪心脏自律组织及其固有自律性

窦房结对潜在起搏点的控制可以通过两种方式进行。

a. 抢先占领 因窦房结P细胞的自律性远高于其他潜在起搏点，当潜在起搏点的4期自动除极尚未达到其本身的阈电位水平时，已经被由窦房结传来的冲动所激动而产生动作电位，因此其自身的自律性无法表现出来，从而控制心脏的节律性活动，称为抢先占领(capturepation)。

b. 超速驱动压抑 自律细胞受到高于其自身固有频率的刺激而发生兴奋时，称为超速驱动。超速驱动一旦停止，该自律细胞固有的自律性活动不能立即恢复，需要经过一段时间后才能呈现。这种超速驱动后原来固有的自律活动暂时受到压抑的现象，称为超速驱动压抑(overdrive suppression)。由于窦房结的自律性远高于其他潜在起搏点，它的活动对潜在起搏点自律性的直接抑制作用就是一种超速驱动压抑。超速驱动压抑具有频率依赖性，即超速驱动压抑的程度与两个起搏点自动兴奋频率的差值呈平行关系，频率差值越大，压抑效应越强，驱动中断后，停止活动的时间也越长。

②影响自律性的因素 影响自律性的因素主要有心肌自律细胞4期自动除极的速度、最大舒张电位水平和阈电位水平(图4-20)。

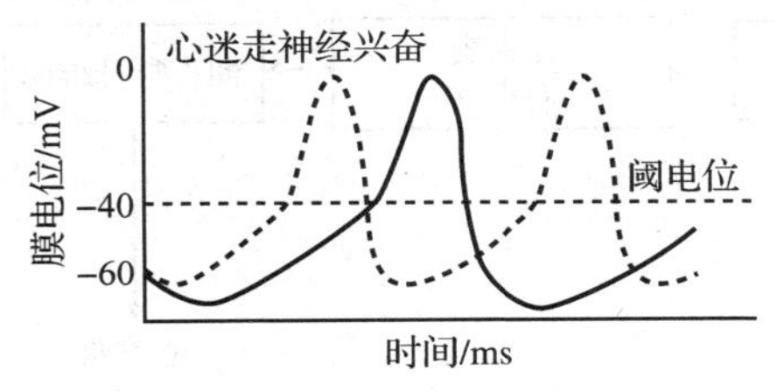

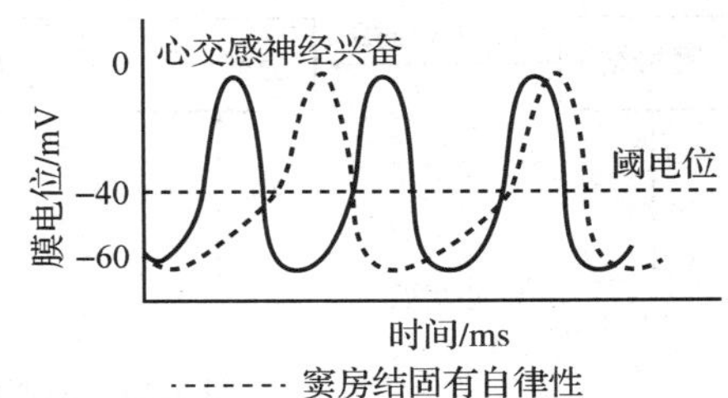

图4-20 影响自律性的因素

a. 4期自动除极的速度　在最大复极电位和阈电位水平不变的情况下，4期自动除极的速度快，到达阈电位的时间就缩短，单位时间内爆发兴奋的次数增加，自律性就增高；反之，除极速度慢，到达阈电位的时间就延长，自律性降低。心交感神经兴奋时，其递质可加快4期自动除极的速度，使心率加快。

b. 最大舒张电位水平　最大舒张电位的绝对值变小，与阈电位的差距就减小，到达阈电位的时间就缩短，自律性增高；反之，最大舒张电位的绝对值变大，则自律性降低。心迷走神经兴奋时，其递质可增加细胞膜对 K^+ 的通透性，使最大舒张电位更负，是导致心率减慢的原因之一。

c. 阈电位水平　阈电位水平下移，由最大舒张电位到达阈电位的距离缩小，自律性增高；反之，阈电位水平上移，则自律性降低。

(3)心肌的传导性和兴奋在心脏内的传导

心脏的普通心肌细胞和特殊分化的细胞都具有传导兴奋的能力，称为传导性(conductivity)。传导性的高低可用动作电位传播的速度来衡量。兴奋传导不仅发生在同一心肌细胞上，而且能在心肌细胞间进行。相邻心肌细胞之间以闰盘连接，闰盘处的肌膜中存在较多的缝隙连接，为低电阻区，局部电流很易通过，因此兴奋能在心脏的同种细胞和心脏内不同组织间传导(图4-21)。

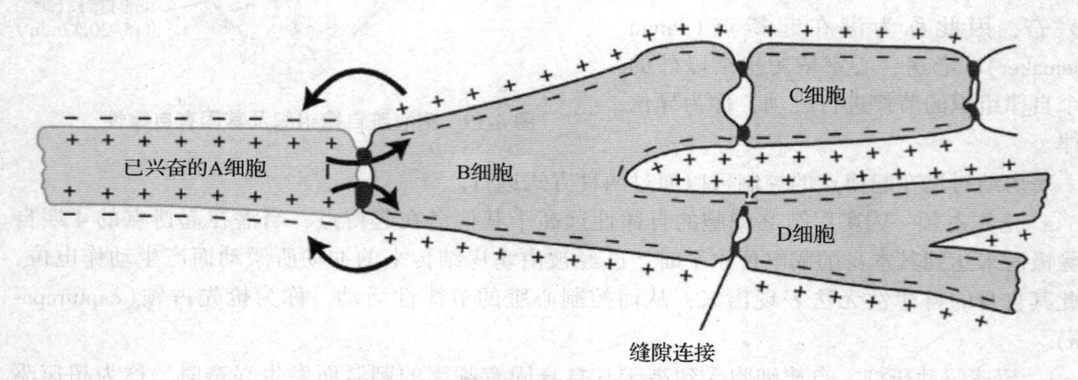

图4-21　兴奋在不同心肌细胞间传导

①心脏内兴奋传导途径和特点　正常兴奋在心内的传导主要依靠特殊传导系统有序进行的。窦房结是心脏的起搏点，正常的节律性兴奋由窦房结产生(窦性心律)直接传给心房肌纤维，同时经心房中由浦肯野样细胞组成的优势传导通路(preferential pathway)，将兴奋传播到房室交界，经房室束传到左束支、右束支，最后经浦肯野纤维到达心室肌(图4-22)。然后依靠心室肌本身的传导，将兴奋经心室壁中层传播到心外膜下心室肌，引起左右心室的兴奋收缩。

兴奋在心脏不同部位的传导速度不同，从窦房结到心室的传导有快-慢-快的特点。心房肌的传导速度约0.4 m/s，优势传导通路传导速度较快，为1.0~1.2 m/s，房室交界区的传导性

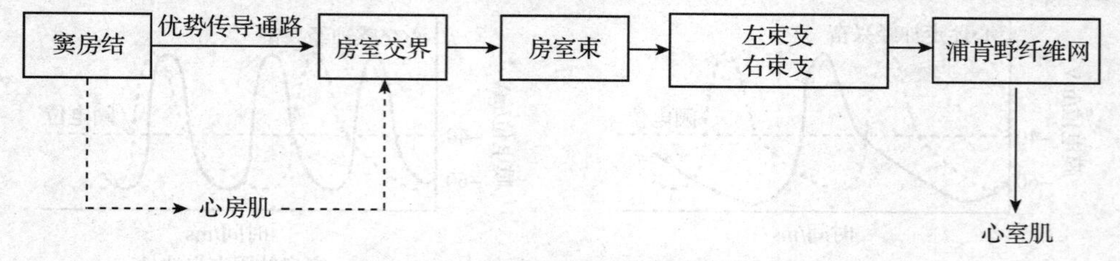

图4-22　心脏内兴奋传布示意图

很低，尤其是其中的结区细胞，细胞直径细小，缝隙连接少，产生的动作电位是慢反应动作电位，故传导兴奋的能力弱，传导速度仅为0.02 m/s，兴奋在房室交界处的缓慢传播耗时可长达0.1 s，这一现象称为房室延搁(atrioventricular delay)。房室延搁使心房与心室的收缩不在同一时间进行，只有当心房兴奋收缩完毕后才引起心室兴奋收缩，这样心室可以有充分的时间充盈血液，有利于射血。兴奋经过房室交界后，到达房室束。房室束是由浦肯野细胞组成的浦肯野系统，进入室间隔分成左束支和右束支，并进一步分支分布到心室侧壁，最终分支为浦肯野纤维并交织成网，与心室肌细胞相连。浦肯野细胞直径粗大，细胞内电阻小，缝隙连接丰富，其传导速度可达2~4 m/s，所以兴奋在浦肯野系统中的传导仅耗时0.03 s，因此可几乎同时到达心室各部位，从而保证左、右心室的同时收缩。

②影响传导性的因素　心肌的传导性受结构和生理两方面因素的影响。

a. 结构因素　心肌细胞兴奋传导的速度与细胞的直径有关。细胞直径与细胞内电阻成反比关系，直径大，横截面积较大，则对电流的阻力较小，局部电流传播的距离较远，兴奋传导较快。反之，细胞直径较小，则兴奋传导慢。例如，羊的浦肯野纤维直径为70 μm，传导速度为4 m/s，而房室交界中间部位的结区细胞直径只有3~4 μm，传导速度为0.02 m/s。另外，心肌细胞间的兴奋传导通过缝隙连接完成，细胞间缝隙连接的数量也是影响传导性的重要因素。浦肯野细胞之间的缝隙连接密度高，传导速度快；房室结细胞之间的缝隙连接密度低，传导速度慢。

b. 生理因素　第一，动作电位0期除极速度和幅度。动作电位除极速度越快，幅度越大，与未兴奋部位之间形成的局部电流也越大，向前影响的范围越广，相邻细胞除极达到阈电位的速度也越快，使传导速度加快。快反应细胞和慢反应细胞传导速度的差异就是一个例证。第二，邻近部位膜的兴奋性。只有邻近未兴奋部位心肌的兴奋性是正常的，不是处于不应期时，兴奋才可以传导过去。邻近部位膜的兴奋性取决于静息电位和阈电位的差距，膜电位和阈电位间的差距小，邻近部位的兴奋性高，传导速度就快；邻近部位膜的兴奋性还取决于0期除极Na^+通道(或慢反应细胞的Ca^{2+}通道)的状况，若未兴奋部位心肌细胞的快Na^+通道处在失活状态的有效不应期内，则不能引起兴奋，导致传导中止或完全性传导阻滞；若未兴奋部位心肌细胞的快Na^+通道处在部分失活的相对不应期或超常期内，则兴奋时产生的动作电位除极速率慢，故传导速度减慢(不完全传导阻滞)。

(4)收缩性

心肌具有收缩性(contractility)，即心房、心室工作细胞接受阈刺激后，具有产生收缩反应的能力。心肌细胞收缩机制与骨骼肌类似，在受到刺激时都是先产生动作电位，然后再通过兴奋-收缩耦联，引起肌丝相互滑行，造成整个细胞的收缩。同时，因心肌细胞的结构及电生理特性与骨骼肌不完全相同，心肌收缩时具有自身的一些特点。

①依赖细胞外钙　心肌细胞和骨骼肌细胞都以Ca^{2+}作为兴奋-收缩耦联的媒介。心肌细胞的肌浆网不如骨骼肌发达，Ca^{2+}贮存量少，兴奋-收缩耦联所需的Ca^{2+}一部分由细胞外转运进细胞内。因此，在一定范围内，细胞外液中Ca^{2+}的浓度升高，心肌兴奋时Ca^{2+}内流增多，心肌收缩力增强；反之则减弱。当细胞外液中Ca^{2+}的浓度降低到一定程度时，心肌虽仍然能兴奋，但不能发生收缩，称为兴奋-收缩脱耦联。

②不发生强直收缩　与骨骼肌细胞相比，心肌细胞兴奋性变化的特点是有效不应期特别长，超过了心肌收缩时的缩短期。在此期间将不会接受任何新的刺激，产生新的兴奋，即心肌细胞收缩后，只有进入舒张期后才能接受新的刺激，所以不会发生强直收缩。这一特点保证了心脏活动总是有规律地收缩和舒张交替进行，使心脏能有效地充盈和射血。

③“全或无”收缩　心脏的收缩一旦引起，它的收缩强度就是近于相等的，而与刺激的强

度无关。这是因为心肌细胞之间的闰盘区电阻很低，兴奋易于通过；另外，心脏内还有特殊传导系统可加速兴奋的传导，故当某一处的细胞产生兴奋，可引起组成心房或心室的所有心肌细胞都在近于同步的情况下进行收缩。因此，可将心房和心室看成是功能上的合胞体。

4.1.4 心电图

每个心动周期中，由窦房结产生的兴奋，依次传向心房和心室。在兴奋传导过程中，由于已兴奋的膜与暂未兴奋的膜之间，或已复极的膜与尚处于兴奋状态的膜之间存在电位差，因此兴奋的传导表现为是有一定方向、大小和时程的电位变化。这种电位变化可通过周围组织传导到全身，使身体各部位在每一心动周期中都发生有规律的电变化，并可用仪器在体表进行记录。将引导电极置于肢体或躯体一定部位记录到的心电变化曲线，称为心电图(electrocardiogram，ECG)。它反映的是心脏兴奋的产生、传导和恢复过程中的生物电变化，而与心脏的机械收缩活动无直接关系。因此，心电图是整个心脏在心动周期中各细胞电活动的综合向量变化。

4.1.4.1 正常心电图的波形及其意义

从体表引导出心电的电极连接方式称为导联。不同导联描记的心电图，具有各自的波形特征，但基本上都包括一个P波、一个QRS波群和一个T波。有时在T波之后还可出现一个小的U波(图4-23)。

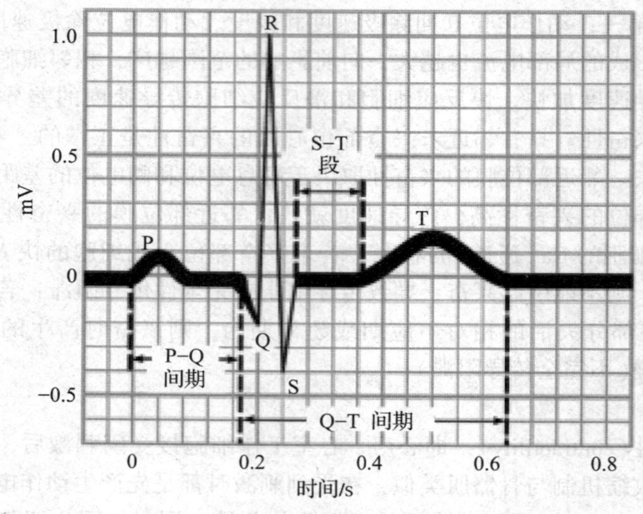

图4-23 心电图波形(标准Ⅱ导联)

(1)P波

P波反映左、右心房的去极化过程。虽然窦房结去极化在心房之前，但由于窦房结太小，所产生的电位差不能从体表记录到。P波小而圆钝，其宽度反映去极化在整个心房传播所需的时间。

(2)QRS综合波

QRS综合波反映左、右心室按一定顺序的去极化过程，包括3个紧密相连的电位波动：第一个是向下的Q波，随后是高而尖峭向上的R波，最后是向下的S波。由于各个导联在机体容积导体中所处的电场位置不同，所以在不同导联中这3个波形不一定都出现。QRS综合波幅度比P波大，但时程比P波短，这是因为心室组织的体积大于心房，且兴奋在浦肯野纤维和心室肌的传播速度很快。QRS综合波的波形代表兴奋在心室肌扩布所需的时间，在不同导联、不同动物变化较大。

(3)T 波

T 波由心室复极化产生，反映心室复极化(2 期末和 3 期)过程中的电位变化。T 波的时程明显长于 QRS 波。狭窄的 QRS 综合波是由快速传导的去极化通过心室肌所产生，而宽的 T 波则反映心室各细胞不同步的复极化。

(4)P-R 间期

P-R 间期是指从 P 波的起点到 QRS 波起点之间的时程，它反映兴奋从窦房结产生后，经由心房、房室交界和房室束到达心室并引起心室肌开始兴奋所需要的时间。当发生房室传导阻滞时，P-R 间期延长。

(5)S-T 段

S-T 段是指 QRS 波群终点到 T 波起点之间的线段。它代表心室各部均处于去极化状态，相当于平台期的早期时程，各部分之间的电位差很小，正常心电图上 S-T 段与基线平齐。

(6)Q-T 间期

从 QRS 综合波的起点到 T 波终点的时间，称为 Q-T 间期。代表心室开始除极到心室完全复极所经历的时间。Q-T 间期的时程与心率成反变关系，心率越快，Q-T 间期越短。

(7)U 波

心电图中有时在 T 波之后可见一个小的偏转，称为 U 波。其发生机制不详，生理意义尚不十分清楚。一般推测 U 波与浦肯野纤维网的复极化有关，因为它们的动作电位时程比心室肌长，复极更迟。

4.1.4.2 心电图和心肌细胞动作电位的关系

心肌细胞兴奋时描记的动作电位图形与每个心动周期描记的心电图有显著差别。前者是单个细胞的膜电位变化，而后者则是整个心脏在兴奋的发生、传播和恢复过程中综合电变化，且不同导联描出的波形也有所不同。尽管如此，单个心肌细胞动作电位的产生和消失，与心电图各波之间仍有明显的对应关系。以心室肌细胞为例，QRS 综合波相当于动作电位的 0 期，代表不同部位的心室肌细胞在不同时间去极化产生的电活动效应的总和；S-T 段相当于平台期；T 波反映 3 期复极。QRS 综合波迅速的电位变化，反映去极化在心室中的快速传导；由于不同心室肌细胞动作电位复极过程先后不一，故 T 波较宽(图 4-24)。

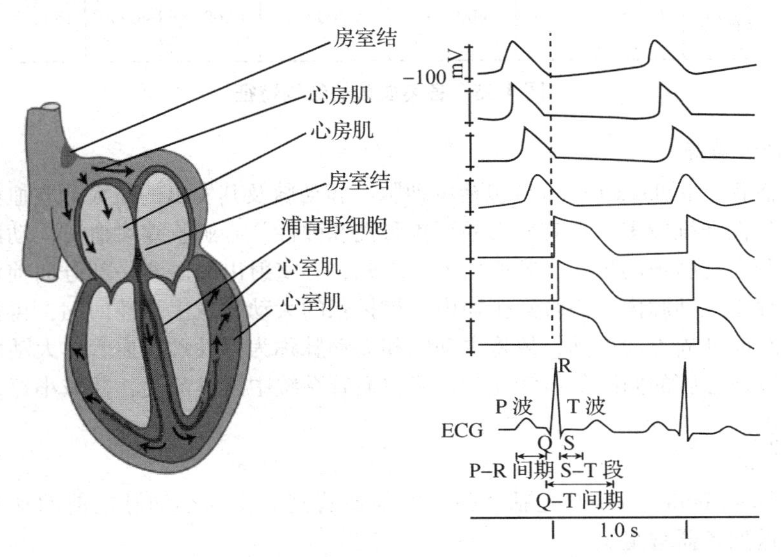

图 4-24 心脏各部分心肌细胞的动作电位图形及其与体表心电图的时相关系

4.2 血管生理

4.2.1 各类血管的功能特点

血管系统由动脉、毛细血管和静脉3类血管组成。血管功能不仅是运行血液，而且在维持血压、调节血流以及实现与组织细胞的物质交换等方面有重要作用。各类血管因管壁结构和所在的位置不同，其功能也各有特点(图4-25)。按生理功能可将血管分为以下几类。

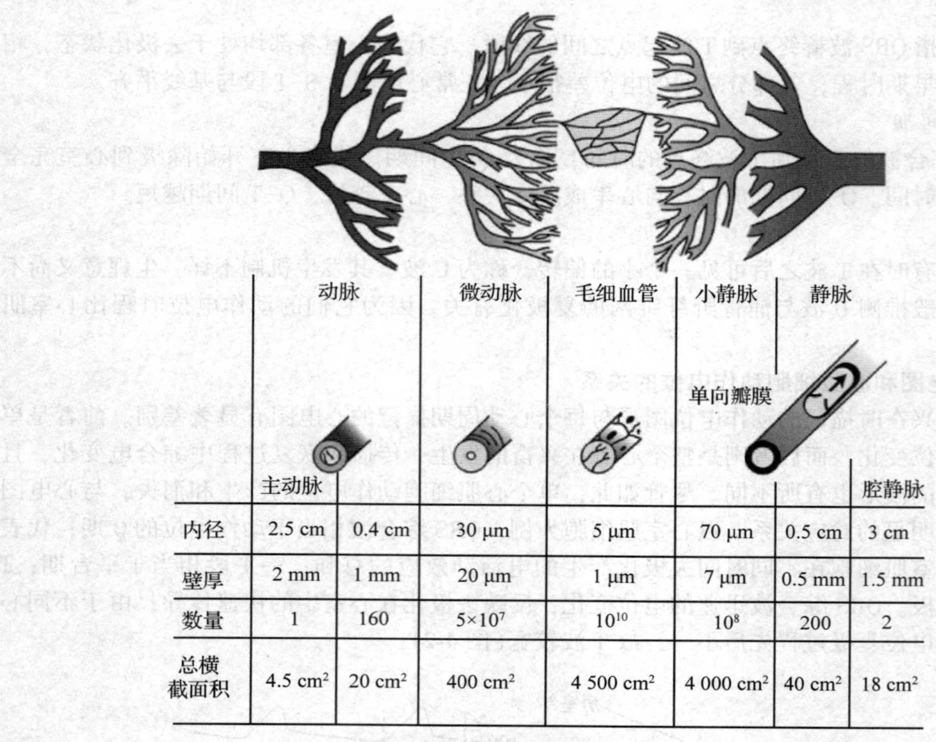

	主动脉						腔静脉
内径	2.5 cm	0.4 cm	30 μm	5 μm	70 μm	0.5 cm	3 cm
壁厚	2 mm	1 mm	20 μm	1 μm	7 μm	0.5 mm	1.5 mm
数量	1	160	5×10^7	10^{10}	10^8	200	2
总横截面积	4.5 cm^2	20 cm^2	400 cm^2	4 500 cm^2	4 000 cm^2	40 cm^2	18 cm^2

图4-25 各类血管的结构特征

(1)弹性贮器血管

弹性贮器血管(windkessel vessel)包括主动脉、肺动脉及其发出的最大分支血管。这一类血管管壁厚，含弹性纤维较多，具有较大的可扩张性和弹性。心脏收缩射血时，动脉内的压力升高，使主动脉和大动脉被动扩张，容积增大，因此，心室射出的血液一部分向前流入外周，另一部分暂时贮存于大动脉内。心脏舒张期内，被扩张的大动脉发生弹性回缩，再把在射血期多容纳的血液继续向外周方向推动，故将主动脉和大动脉称为弹性贮器血管。大动脉的这种弹性贮器作用，可以使心脏的间断射血转化为血液在血管系统中连续流动，并减小每个心动周期中血压的波动幅度。

(2)分配血管

分配血管(distribution vessel)包括从弹性贮器血管到分支为小动脉之前的动脉管道，其功能是将血液输送到各器官组织。

(3)毛细血管前阻力血管

毛细血管前阻力血管(precapillary resistance vessel)包括小动脉和微动脉。这类血管管壁富含平滑肌，在神经和体液的调节下可做舒缩活动，改变管径，对血流阻力和器官血流量影响较大。

(4)交换血管

交换血管(exchange vessel)指毛细血管。管壁纤薄，仅由单层内皮细胞构成，内皮细胞之间有裂隙，有很大的通透性，是血管内血液与血管外组织液进行物质交换的场所，故称交换血管。

(5)毛细血管后阻力血管

毛细血管后阻力血管(postcapillary resistance vessel)是指微静脉，其管径较小，可对血流产生一定阻力，但对血流的阻力远比微动脉小。微静脉口径的改变可影响毛细血管前、后阻力比值，继而改变毛细血管血压、血容量及滤过作用，影响体液在血管内、外分布情况。

(6)容量血管

容量血管(capacitance vessel)是指静脉系统。与同级的动脉比较，静脉数量多，口径大，管壁薄，在外力作用下易扩张，故容量大。在静息状态下，静脉系统容纳的血量可达循环血量的60%~70%。

(7)短路血管

短路血管(shunt vessel)是指小动脉与小静脉之间的吻合支。这种结构可使小动脉血液不经毛细血管网而直接回流静脉系统，所以没有物质交换的功能，故称短路血管。这类血管主要分布于末梢等处的皮肤中，可能与体温调节有关。

4.2.2　血流动力学概要

血液在心血管系统中流动的力学问题称为血流动力学(hemodynamics)，属流体力学的一个分支，其主要研究对象是血流量、血流阻力和血压，以及它们之间的相互关系。由于血液是含有血细胞及胶体物质等多种成分的液体，心血管系统又具有其结构和功能特点，因此血流动力学既有一般流体力学的共性，又有它自身的特点。

4.2.2.1　血流量与血流速度

在单位时间内流过血管某一横断面的血量称为血流量(blood flow)，也称容积速度，其单位通常为mL/min或L/min。按照流体力学规律

$$Q=\Delta P/R$$

血流量(Q)与血管两端压力差(ΔP)成正比，与血流阻力(R)成反比。在体循环系统中，Q相当于心输出量。在封闭的管道系统内，各个横断面的流量都是相等的，因此，在整个循环系统中，动脉、毛细血管和静脉系统各段血管总血流量都基本相等，即大致等于心输出量。

血液中一个质点在血管内移动的线速度称为血流速度(velocity of blood flow)。血液在血管内流动时，其血流速度与血流量成正比，与血管的截面积成反比。在整个血管系统中，主动脉的总截面积最小，而毛细血管的总截面积最大。因此，血流速度在主动脉最快，可达40~50 cm/s，有利于血液快速供应到组织器官；在毛细血管中最慢，仅有0.05~0.08 cm/s，有利于血液在该处与组织液进行物质交换(图4-26)。

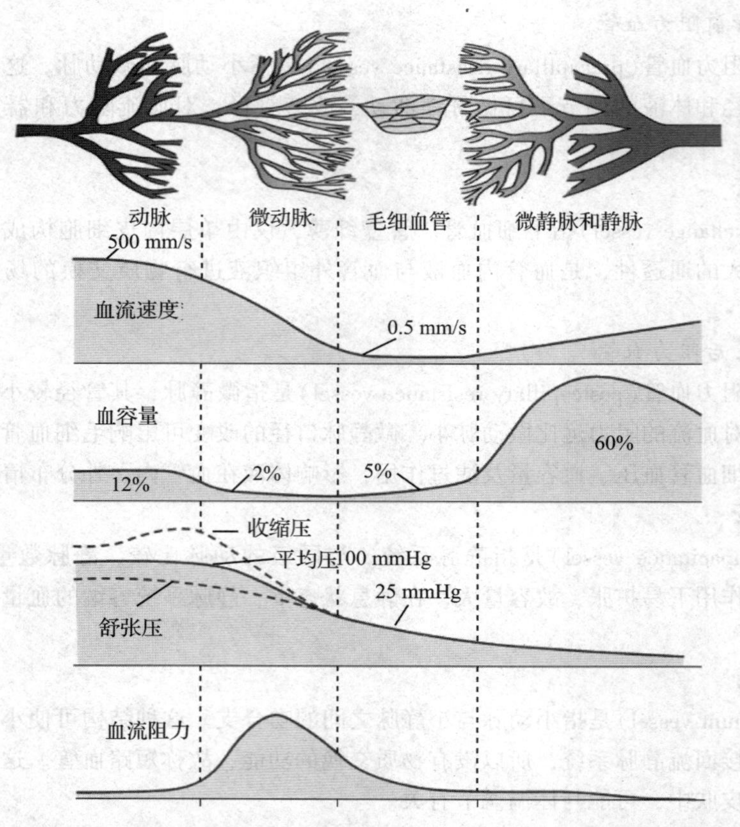

图 4-26 体循环各段血管血液速度、血容量、血压和血流阻力示意图

4.2.2.2 血流阻力

血液在血管内流动时所遇到的阻力称为血流阻力(blood flow resistance)。血流阻力的产生是由于血液流动时所发生的血液与血管壁以及血液内部分子之间的相互摩擦所致。这种摩擦必然消耗能量，一般表现为热能散失。因此，血液在血管内流动时能量逐渐消耗，压力逐渐降低。血流阻力一般不能直接测量，需通过计算得出。

根据泊肃叶定律 $Q=\Delta P\pi r^4/8\eta L$，结合欧姆定律 $Q=\Delta P/R$，则可得到计算血流阻力的公式，即

$$R=8\eta L/\pi r^4$$

式中 η——血液黏滞度；

L——血管长度；

r——血管半径。

从上式可看出，血流阻力与血管长度及血液黏滞度成正比，与血管半径的4次方成反比。通常情况下，血管的长度和血液黏滞度在一段时间内变化不大，因此，血流阻力主要取决于该器官血管的口径。阻力血管口径缩小，血流阻力增大，血流量就减少；反之，当阻力血管口径增大时，则该器官血流量增多(图4-27)。机体就是通过控制各器官阻力血管的口径对血流量进行分配调节的。体循环中血流阻力的大致分配为：主动脉及大动脉约占9%，小动脉及其分支约占16%，微动脉约占41%，毛细血管约占27%，静脉系统约占7%。可见产生阻力的主要部位是小血管(小动脉及微动脉)(图4-26)。在某些生理和病理情况下，血液黏滞度也是可变

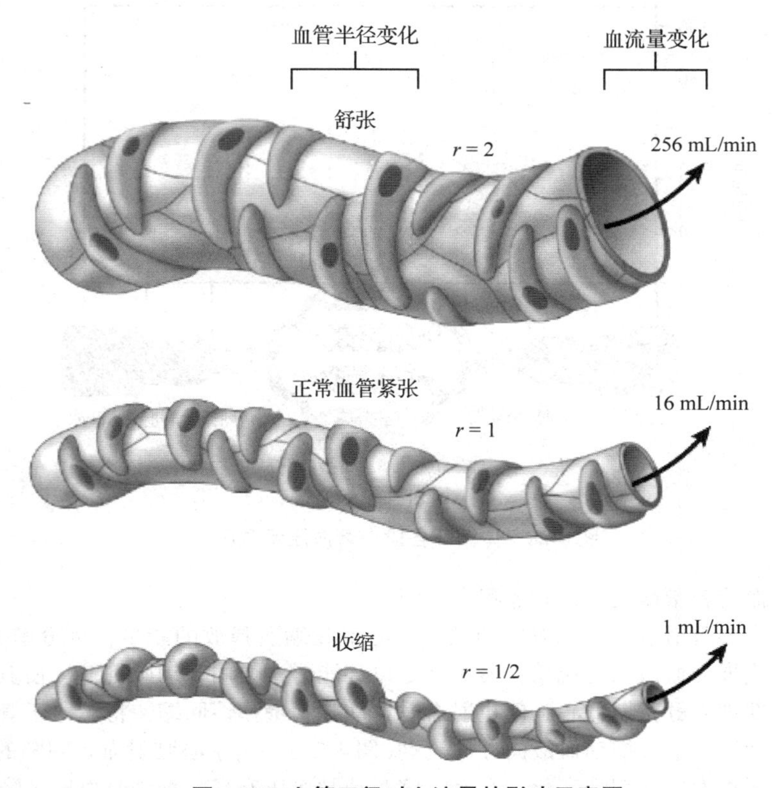

图 4-27　血管口径对血流量的影响示意图

的，它与血细胞比容、血脂含量、血管半径和温度等因素有关。

4.2.2.3　血压

血压(blood pressure，BP)是指血管内流动的血液对于单位面积血管壁的侧压力，实际上为压强。血压一般以标准大气压作为生理零值，用国际标准计量单位帕(Pa)或千帕(kPa)表示，但通常习惯用毫米汞柱(mmHg)来表示，1 mmHg = 0.1333 kPa。

由于血液从大动脉流向外周并最后回流心房，沿途不断克服阻力而大量消耗能量，所以从大动脉、小动脉至毛细血管、静脉，血压递降，直至能量耗尽，以致当血液返回接近右心房的大静脉时，血压可降至零，甚至还为负值，即低于大气压(图 4-28)。

4.2.3　动脉血压与动脉脉搏

动脉血压(arterial blood pressure)是指动脉内的血液对动脉管壁的压强。通常所说的血压，就是指动脉血压。动脉血压是机体的基本生命体征之一。

4.2.3.1　动脉血压

(1)动脉血压的形成

动脉血压的形成条件主要包括以下 4 个方面。

①血液充盈　血管内有血液充盈是形成血压的前提条件。血液充盈的程度可用循环系统平均充盈压来表示。在犬的实验中，在心跳暂停、血液停止流动的条件下，此时循环系统各部位压力相等，这一压力数值即为循环系统平均充盈压，为 0.93 kPa(7 mmHg)。这一数值的高低取决于血量与血管系统容量之间的相互关系：血量增多，血管容量减少，则充盈程度升高；反

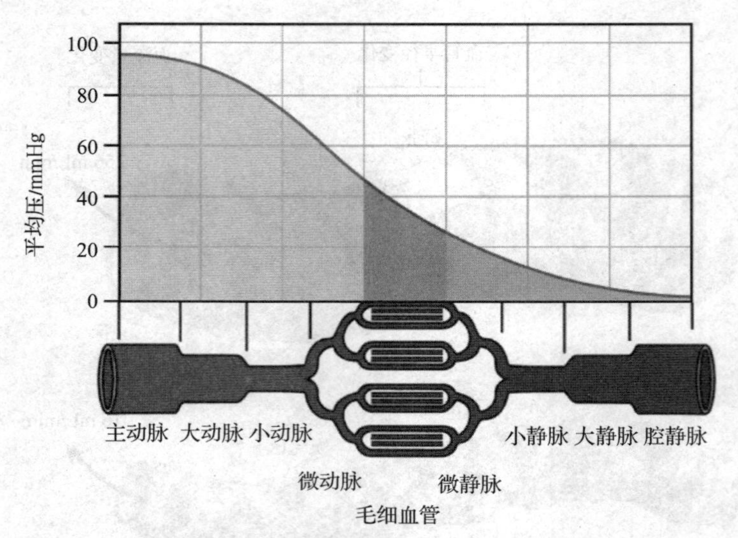

图 4-28 体循环各段血管血压示意图

之，血量减少，血管容量增大，则充盈程度下降。

②心脏射血　心脏射血是形成血压的动力。心室收缩所释放的能量，可分解为两个部分：一部分以动能形式推动血液向前流动；另一部分以势能形式作用于动脉管壁，使其扩张，即压强能。当心动周期进入舒张期，心脏停止射血时，动脉管壁弹性回缩，将贮存于管壁的势能释放出来，转变为动能，继续推动血液向外周流动(图 4-29)。由于心脏射血是间断的，因此在心动周期中动脉血压将发生周期性变化，心室收缩时动脉血压升高，舒张时血压则降低。

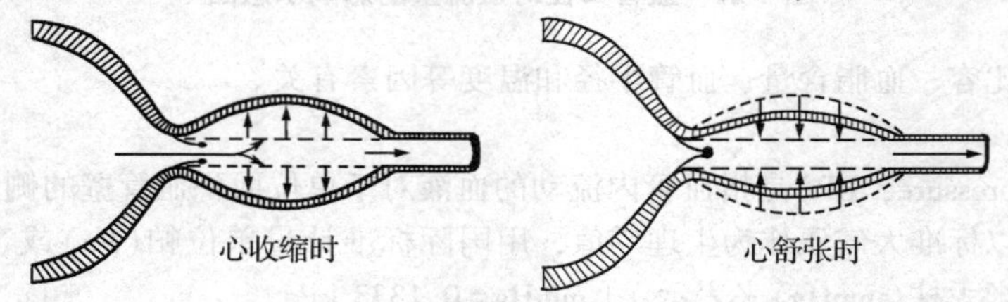

图 4-29 主动脉弹性管壁维持血压与血流的作用

③外周阻力　外周阻力是形成血压的重要因素。由于存在外周阻力，在心缩期内，只有大约 1/3 的血液流至外周，其余 2/3 被贮存在大动脉内，结果大动脉内的血液对血管壁的侧压力加大，从而形成较高的动脉血压。如果仅有心室收缩做功，而不存在任何外周阻力，那么心室收缩的能量将全部表现为动能，射出的血液毫无阻碍地流向外周，对血管壁就不能形成侧压力。可见，除了必须有血液充盈血管之外，血压的形成是心室收缩和外周阻力两者相互作用的结果。

④主动脉和大动脉的弹性贮器作用　主动脉等弹性贮器血管的作用，使心脏的间断射血变成了血管系统中连续的血流，且能缓冲心动周期中血压波动的幅度。心脏收缩射血时，主动脉和大动脉被动扩张，可多容纳一部分血液，使动脉血压在射血期不致过高；当进入心脏舒张期后，扩张的主动脉和大动脉发生弹性回缩，推动射血期多容纳的血液继续向外周方向推动，使动脉血压在舒张期又不致过低。

(2)动脉血压测量及正常值

①动脉血压的测量方法　有直接测量法和间接测量法两种。直接测量法是生理急性实验中

测定动物血压的经典方法。将导管一端插入实验动物动脉管，另一端与带有 U 形管的水银检压计相连，通过观察 U 形管两侧水银柱高度差值，便可直接读出血压数值。由于水银柱的惯性较大，不能精确反映心动周期中血压的瞬间变动值，故目前采用传感器连接导管，经传感器测量血压数据。动物血压的间接测定常用听诊法，或采用压力传感器将压力变化转换为可直接读取的数值。

②动脉血压正常值　在每一个心动周期中，心脏收缩时，动脉血压升高，其所达到的最高值，称为收缩压(systolic pressure，SP)；心脏舒张时，动脉血压下降到的最低值，称为舒张压(diastolic pressure，DP)。收缩压与舒张压之差，称为脉搏压或脉压(pulse pressure，PP)，它可反映动脉血压波动的幅度。在一个心动周期中，每一瞬间动脉血压都是变化的，其平均值称为平均动脉压(mean arterial pressure)。因心舒期较心缩期长，故平均动脉压较接近舒张压，大致等于舒张压+1/3 脉压(图 4-30)。一定高度的平均动脉压是推动血液循环和保持各器官有足够血流量的必要条件。

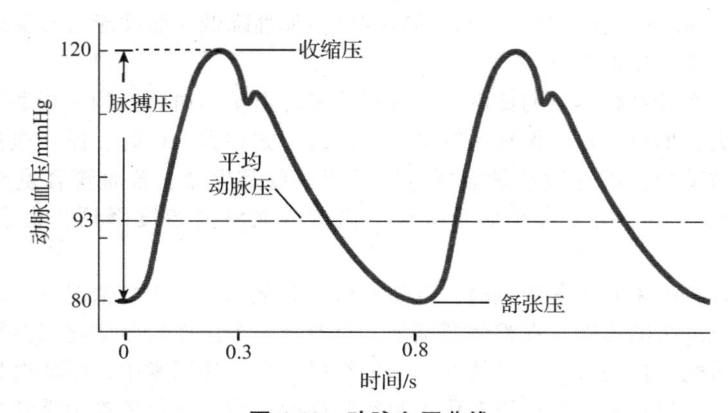

图 4-30　动脉血压曲线

不同种属动物的动脉血压有相当显著的差异，而同种动物的动脉血压是相对恒定的，但因性别、年龄、活动状态和精神状态的差异在一定范围内也有所波动(表 4-2)。

表 4-2　各种动物(成年)的动脉血压　　mmHg

动物	收缩压/舒张压	平均动脉压	动物	收缩压/舒张压	平均动脉压
马	130/95	115	猫	125/89	105
奶牛	140/95	120	兔	120/80	100
猪	140/80	110	豚鼠	100/60	80
绵羊	140/90	114	大鼠	111/80	100
犬	150/87	107	鸡	175/145	160

注：引自 Reece，2015。

(3)影响动脉血压的因素

凡是能影响动脉血压形成的各种因素都会影响动脉血压。

①每搏输出量　在心率和外周阻力恒定的条件下，每搏输出量增加时，心缩期射入主动脉血量增多，动脉管壁所承受的压强也增大，故收缩压明显升高。由于动脉血压升高，血液流速随之加快，在心舒期末动脉中存留的血液量增加不多，因此舒张压升高不如收缩压升高那样明显，故脉压增大。反之，每搏输出量减少时，收缩压的降低比舒张压的降低更显著，故脉压减小。因此，收缩压的高低主要反映搏出量的多少。

②心率 搏出量和外周阻力不变的情况下，心跳加快，心舒期明显缩短，因此在心舒期从大动脉流向外周的血量减少，致使心舒末期主动脉内存留的血量增多，舒张压明显升高。由于动脉血压升高，可使血流速度加快，因此，在心缩期内仍有较多的血液从主动脉流向外周，使收缩压升高程度较小，表现为脉压减小。反之，心率减慢时，舒张压较低，脉压增大。因此，心率改变对舒张压影响较大。

③外周阻力 如果其他因素不变，外周阻力加大，动脉血压升高，但主要表现为舒张压升高明显。因为血液在心舒期流向外周的速度主要取决于外周阻力，因外周阻力加大，血液流向外周的速度减慢，致使心舒期末存留在大动脉内的血量增多，舒张压明显升高。在心缩期内，由于动脉血压升高使血流速度加快，因此，在心缩期内仍有较多的血液流向外周，故收缩压升高不如舒张压升高明显，因而脉压减小。反之，外周阻力减小时，收缩压和舒张压都下降，但舒张压降低更显著，故脉压增大。通常情况下，舒张压主要反映外周阻力的大小。

④主动脉和大动脉的弹性 大动脉管壁良好的弹性具有缓冲动脉血压变化的作用，减小血压波动幅度，即有减小脉压的作用。当大动脉硬化，弹性降低，缓冲能力减弱时，则收缩压升高而舒张压降低，使脉压加大。

⑤循环血量与血管系统容量的比例 正常机体循环血量与血管容积是相适宜的，血管系统充盈程度变化不大，形成一定的循环系统平均充盈压。如在大失血时，循环血量迅速减小，而血管容量未能相应减少，可导致动脉血压急剧下降，危及生命。若血管容量增大而血量不变时，如细菌毒素的作用，使全身小血管扩张，血管内血液充盈度降低，也会造成血压急剧下降。

上述在分析各种因素对血压影响时，都是在假定其他因素不变的情况下，某单个因素变化时对血压变化可能产生的影响。在整体情况下，只要有一个因素发生变化就会影响其他因素的变化，因此，血压的变化是各个因素相互作用的结果。在上述因素中，循环血量和动脉管壁弹性，在正常情况下变化不大，对血压变化不起经常性的作用；而每搏输出量和外周阻力由于受心缩力和外周血管口径的直接影响，经常处于变化之中。因此，这两项因素是影响血压变化最经常、最主要的因素。动物机体就是通过神经和体液途径，调节心缩力量和血管的舒缩反应，使血压的变化适应机体不同状况下的需要。

4.2.3.2 动脉脉搏

在每个心动周期中，由于心脏的收缩和舒张，动脉内的压力和容积也发生周期性变化，导致管壁搏动，称为动脉脉搏(arterial pulse)，简称脉搏。这种搏动以弹性压力波形式沿动脉管壁向末梢血管传播出去，就是脉搏波。

(1)动脉脉搏的波形

用脉搏描记仪记录浅表动脉脉搏的波形图称为脉搏图。因描记方法和部位不同，动脉脉搏的波形有所差异，一般由上升支与下降支两部分组成(图4-31)。

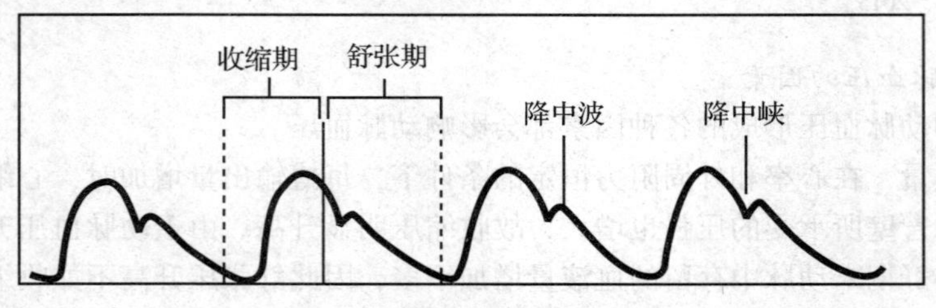

图4-31 正常颈总动脉脉搏

①上升支　上升支较陡，为快速射血期主动脉血压迅速上升使管壁扩张所致，上升的斜率和幅度受射血速度、心输出量及射血阻力等因素的影响。心输出量少、射血速度慢、阻力大，则上升速度慢(斜率小)、波幅小；反之，则上升速度快(斜率大)、波幅大。

②下降支　下降支分为前后两段。前段是由于射血后期射血速度减慢，进入主动脉的血量少于流向外周的血量，故动脉血压降低，动脉弹性回缩形成。接着心室进入舒张期而停止射血，动脉血压下降，形成下降支的其余部分。随着心室舒张，主动脉血压迅速下降。在主动脉瓣关闭的一瞬间，血液向心室方向倒流，管壁回缩使下降支急促下降，形成一个小切迹，称为降中峡(dicrotic notch)。但由于此时动脉瓣已关闭，倒流的血液被主动脉瓣弹回，动脉血压再次稍有上升，又形成一个短暂的小波，称为降中波(dicrotic wave)。随后在心室舒张期，管壁继续回缩，动脉血液继续流向外周，脉搏波形继续下降，形成下降支后段。下降支的形状大体反映外周阻力的大小，如果外周阻力大，则降支前段下降速度较慢，切迹位置较高；如果外周阻力小，则降支前段下降速度较快，切迹位置较低。降中波以后的降支后段坡度小，较平坦。

(2) 动脉脉搏波传播速度

脉搏以波浪形式沿动脉管壁向末梢血管传播出去，其传播速度远比血流速度快，动脉管壁可扩张性越大，其传播速度越慢。由于主动脉的可扩张性最大，故脉搏波在主动脉的传播速度最慢，为 3~5 m/s，大动脉的传播速度为 7~10 m/s，小动脉为 15~35 m/s。由于小动脉和微动脉阻力大，传播到毛细血管后，脉搏基本消失。

4.2.4　静脉血压与静脉回流

4.2.4.1　静脉血压

血液通过毛细血管后，绝大部分能量都用于克服外周阻力，因而到了静脉系统后血压已所剩无几，微静脉血压降至 15~20 mmHg，到腔静脉时血压更低，到右心房时血压已接近于零。

通常将右心房和胸腔内大静脉的血压，称为中心静脉压(central venous pressure，CVP)。中心静脉压的高低决定于心泵功能与静脉回心血量之间的相互关系。当心脏泵血功能较强，能将回心血液及时射入动脉时，中心静脉压就较低；当心泵功能较弱(如心力衰竭)，不能及时射出回心血液时，中心静脉压就升高。中心静脉压可作为临床输血或输液时输入量和输入速度是否恰当的监测指标。在心功能较好时，如果中心静脉压迅速升高，可能是输入量过大或输入速度过快所致；反之，如果输血或输液之后中心静脉压仍然偏低，可能是血液容量不足。

4.2.4.2　静脉回流

单位时间内由静脉回流到心房的血量，称为静脉回心血量(venous return)，其大小等于心输出量。促进静脉血回流的动力是外周静脉压与中心静脉压的差值，影响这一差值的主要因素有以下几个。

(1) 骨骼肌的挤压作用

骨骼肌收缩时，对附近静脉起挤压作用，推动其中的血液推开静脉管内壁上的静脉瓣，朝心脏方向流动。静脉瓣游离缘只朝心脏方向开放，因此，肌肉舒张时，静脉血不能倒流(图 4-32)。

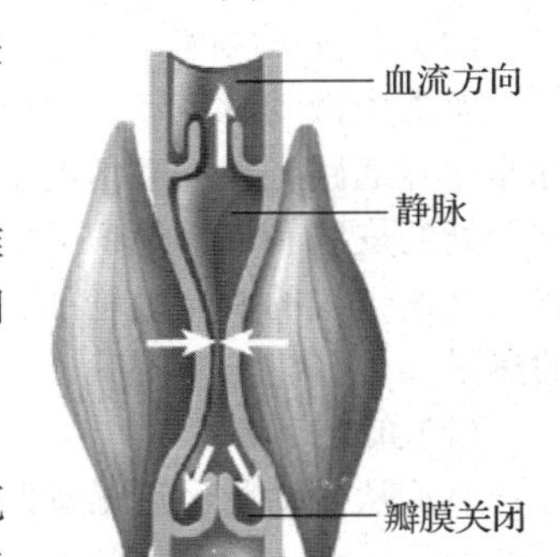

图 4-32　骨骼肌收缩对静脉回流的影响

(2) 胸膜腔负压的抽吸作用

呼吸运动时胸膜腔内压产生的负压变化，也是促进静脉回流的另一个重要因素。胸膜腔内的压力是负压(低于大气压)，吸气时更低，所以吸气时产生的负压可使胸腔内的大静脉和左心房进一步扩张，中心静脉压降低，有利于血液从外周静脉回流到右心房，因而对静脉血回流起抽吸作用。此外，心舒期心房和心室内产生的较小的负压，对静脉回流也有一定的抽吸作用。

(3)体循环平均充盈压

这是反映血管系统充盈程度的指标。实验表明，血管系统内充盈程度越高，静脉回心血量就越多。当血量增加或者容量血管收缩时，体循环平均充盈压升高，静脉回心血量增多；反之，大出血使血量减少时，静脉回心血量则降低。

(4)体位改变

动物躺卧时，全身各大静脉大都与心脏处于同一水平，依靠静脉系统中各段血压差就可以推动血液流回心脏；但在站立时，因受重力影响血液将积滞在心脏水平以下的腹腔和四肢的末梢静脉中，因而回心血量减少。

(5)心肌收缩力

心肌收缩力增强时，由于射血量增多，心室内剩余血量减少，心舒期室内压就较低，从而对心房和静脉内血液的抽吸力量增强，故回心血量增多；反之，则回心血量减少。

4.2.5 微循环

微循环(microcirculation)是指微动脉和微静脉之间的血液循环。其基本功能是完成血液与组织之间的物质交换，运送养料和排出代谢废物。

4.2.5.1 微循环的组成

一个典型的微循环(如肠系膜的微循环)是由7个部分组成：①微动脉，是小动脉的延续部分，管壁有环形平滑肌，它们的舒缩可影响微循环的血液灌注量。②后微动脉，是微动脉的分支，管壁只有一层平滑肌细胞。③真毛细血管，由后微动脉以垂直方向分出，是物质交换的主要场所。④毛细血管前括约肌，位于真毛细血管起始端，由1~2个平滑肌细胞形成一个环，它的舒缩决定着进入真毛细血管的血量。⑤通血毛细血管，是后微动脉向后直接延伸口径较粗的毛细血管，其管壁平滑肌逐渐减少至消失。⑥动-静脉吻合支，是连接微动脉与微静脉的吻合血管，管壁结构与微动脉相似。⑦微静脉，为微循环后阻力血管，其舒缩影响微循环的血液输出量(图4-33)。

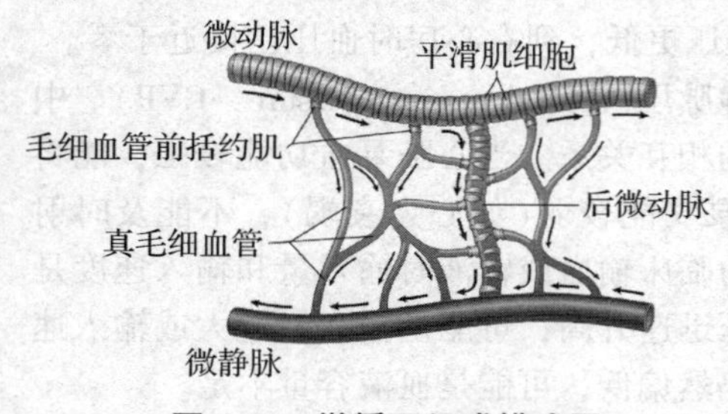

图4-33 微循环组成模式图

微循环的血液可通过3条途径由微动脉流向微静脉。

(1)动-静脉短路

血液由微动脉经动-静脉吻合支直接流回微静脉的通路，这条通路没有物质交换功能，又称非营养通路。在一般情况下，动-静脉短路处于关闭状态。此通路主要分布于指、趾端和耳郭等处的皮肤和皮下组织。它的开闭活动主要与体温调节有关。当环境温度升高时，吻合支开放，上述组织的血流量增加，有利于散发热量；环境温度降低，吻合支关闭，有利于保存体内的热量。

(2)直捷通路

血流从微动脉经后微动脉、通血毛细血管至微静脉的通路。此通路流速快，流程短，物质交换功能不大，是安静状态下大部分血液流经的通路。主要功能是使一部分血液经此通路快速进入静脉，以保证静脉回心血量，以免全部滞留于毛细血管网中，影响回心血量。直捷通路多见于骨骼肌中。

（3）营养通路

血液从微动脉经后微动脉、毛细血管前括约肌进入真毛细血管网，再汇入微静脉的通路。由于真毛细血管交织成网，迂回曲折，穿行于细胞之间，血流缓慢，加之真毛细血管管壁薄，通透性又高，因此，此条通路是血液与组织进行物质交换的主要场所，故称营养通路。真毛细血管是交替开放的，安静时，同一时间内骨骼肌中真毛细血管网大约只有 20%处于开放状态；运动时，真毛细血管开放数量增加，提高血液和组织之间的物质交换，为组织提供更多的营养物质。

4.2.5.2　血液与组织液之间的物质交换

毛细血管壁由单层内皮细胞组成，外面有一层基膜，内皮细胞之间相互连接处存在有细微裂隙，成为沟通毛细血管内外的孔道。毛细血管内外物质交换是通过扩散、滤过-重吸收及吞饮 3 种方式进行（图 4-34）。

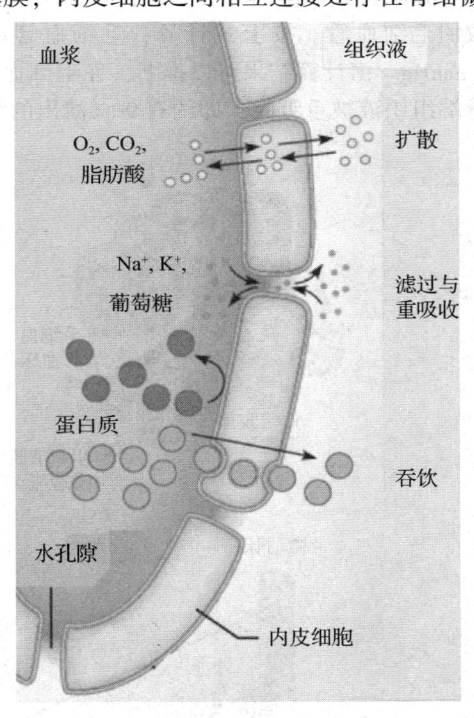

图 4-34　血液与组织液之间的物质交换方式

（1）扩散

扩散是血液与组织液之间进行物质交换的最主要形式。毛细血管内外液体中的分子只要直径小于毛细血管壁的孔隙，就能通过管壁进出毛细血管。某种物质扩散的驱动力是该物质在管壁两侧的浓度差。溶质分子在单位时间扩散的速率与该物质在管壁两侧浓度差、管壁对该物质的通透性及管壁有效交换面积等因素成正比，与管壁厚度成反比。脂溶性物质（O_2、CO_2）等扩散速度明显大于非脂溶性物质。

（2）滤过-重吸收

在毛细血管壁的两侧存在静水压差，液体会从压力高的一侧移向压力低的一侧；在毛细血管壁的两侧还存在渗透压差，使水分子从渗透压低的一侧移向高的一侧。在毛细血管壁两侧静水压差和胶体渗透压差的作用下，促使液体由毛细血管内向外的移动，称为滤过（filtration）；而将液体反方向的移动称为重吸收（reabsorption）。血液和组织之间通过滤过-重吸收方式进行的物质交换虽然只占一小部分，但在组织液的生成中起重要作用。

（3）吞饮

在毛细血管内皮细胞一侧的液体可被内皮细胞膜包围并吞饮入胞内，称为吞饮，在胞内形成吞饮泡，然后运送到细胞的另一侧，并排出细胞外。这种方式发生概率较小，分子质量较大的血浆蛋白可由此方式通过毛细血管进行交换。

4.2.6　组织液

组织液分布在细胞间隙内，是血液与组织细胞间物质交换的媒介。组织液绝大部分呈胶冻状，不能自由流动，因此正常情况下组织液不会因重力作用而流至身体低垂部分。

组织液凝胶的基质是胶原纤维与透明质酸细丝，这些成分并不妨碍凝胶中的水及溶解于水的各种溶质分子的扩散运动，仍可与血液和细胞内液进行物质交换。

4.2.6.1 组织液的生成

组织液是血浆中的液体通过毛细血管管壁的滤过而形成的。一部分组织液形成后又经毛细血管壁重吸收回到血液中去，保持组织液量的动态平衡。组织液生成和重吸收，取决于以下4种因素共同作用：①毛细血管血压。②血浆胶体渗透压(简称血浆胶渗)。③组织液静水压。④组织液胶体渗透压(图4-35)。其中，①和④是促进滤过，即有利于组织液生成的因素；而②和③是阻止滤过，即有利于组织液重吸收的因素。滤过因素与重吸收因素之差，称为有效滤过压(effective filtration pressure，EFP)。可以表示为：

有效滤过压=(毛细血管血压+组织液胶体渗透压)-(组织液静水压+血浆胶体渗透压)

如果有效滤过压为正值，表示有液体从毛细血管滤出；如果为负值，则表示有液体被重吸收回毛细血管。按上式计算，毛细血管动脉端的有效滤过压大于0 mmHg，而静脉端小于0 mmHg。由计算结果可以推断，在毛细血管动脉端有液体滤出，形成组织液；在毛细血管静脉端组织液被重吸收，即约有90%滤出的组织液又重吸收回血液(图4-35)。

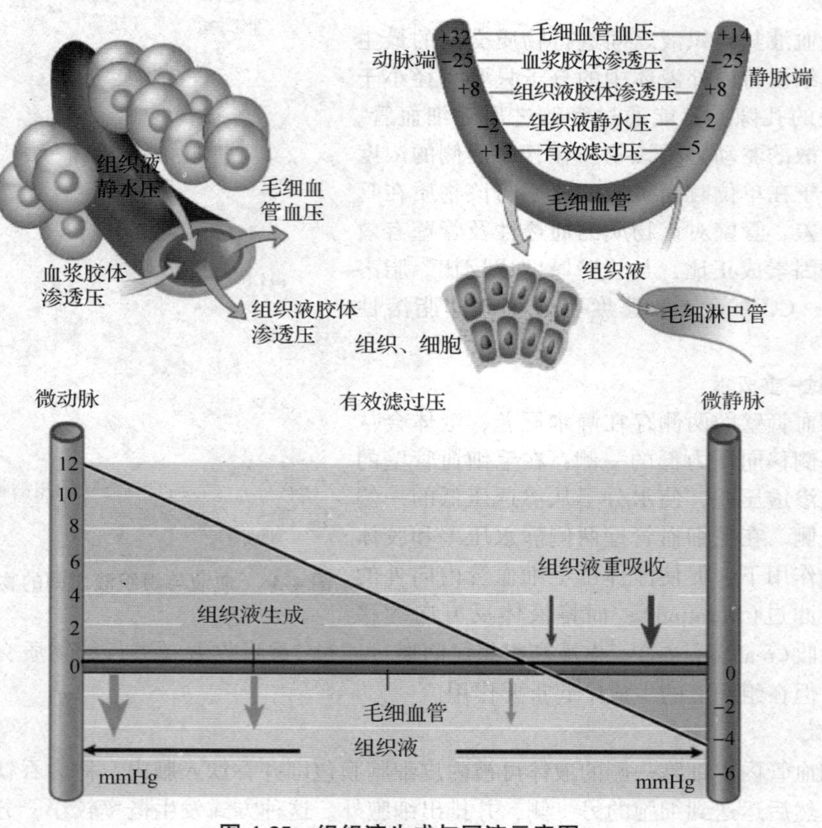

图4-35 组织液生成与回流示意图

+使液体滤出毛细血管的力量；−使液体重吸收到毛细血管力量

4.2.6.2 影响组织液生成的因素

正常情况下，组织液生成和重吸收保持着动态平衡，使血容量和组织液量能维持相对稳定。一旦与有效滤过压有关的因素改变和毛细血管通透性发生变化，将直接影响组织液的生成。

(1)毛细血管有效流体静压

毛细血管有效流体静压即毛细血管血压与组织液静水压的差值，是促进组织液生成的主要因素。全身或局部的静脉压升高是有效流体静压增高的主要成因。例如，右心衰竭可引起体循环静脉压增高，静脉回流受阻，导致毛细血管有效流体静压增高，引起全身性水肿。

(2)有效胶体渗透压

有效胶体渗透压即血浆胶体渗透压与组织液胶体渗透压之差，是阻止组织液生成的主要力量。当血浆蛋白生成减少(如慢性消耗疾病、肝病等)或蛋白质排出增加(如肾病时)，均可导致血浆蛋白减少，因而使血浆胶体渗透压下降，有效胶体渗透压下降，有效滤过压增大而发生水肿。

(3)淋巴回流

由于一部分组织液经由淋巴系统流回血液，故淋巴系统是否畅通可直接影响组织液回流。当淋巴管阻塞时(如丝虫病、肿瘤压迫等)，淋巴回流受阻，可导致局部水肿。

(4)毛细血管通透性

例如，烧伤、过敏反应等可使毛细血管通透性增大，血浆蛋白可能漏出，使血浆胶压下降，组织液胶体渗透压上升，有效滤过压加大，结果导致组织液生成增多而出现水肿。

4.2.7　淋巴液

淋巴系统是组织液向血液回流的一个重要辅助系统。毛细淋巴管以稍膨大的盲端起始于组织间隙，彼此吻合成网，并逐渐汇合成大的淋巴管(图4-36)。全身的淋巴液经淋巴管收集，最后由右淋巴导管和胸导管汇入静脉。

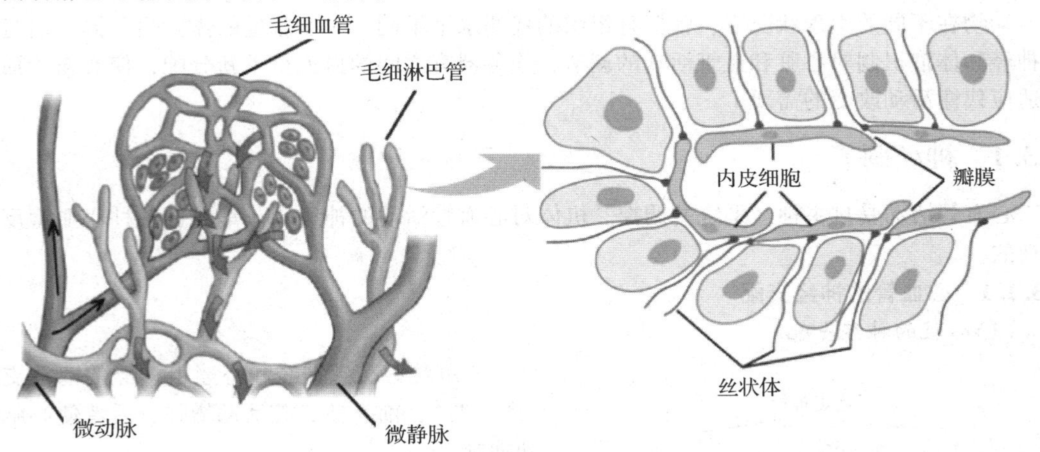

图4-36　毛细淋巴管盲端结构示意图

4.2.7.1　淋巴液的生成与回流

组织液进入毛细淋巴管，即成为淋巴液。因此，来自某一组织的淋巴液的成分和该组织的组织液非常接近。毛细淋巴管管壁由单层内皮细胞组成，管壁外无基膜，故通透性极高。在毛细淋巴管起始端，内皮细胞的边缘像瓦片般互相覆盖，形成向管腔内开启的单向活瓣。组织液生成增多时，组织的胶原纤维和毛细淋巴管之间的胶原细丝可将互相重叠的内皮细胞边缘拉开，使内皮细胞之间出现较大的缝隙，通透性增大，使组织液(包括其中的血浆蛋白分子)自由进入毛细淋巴管。

组织液与毛细淋巴管内淋巴液之间的压力差是组织液进入毛细淋巴管的动力，压力差升高能加快淋巴液的生成。毛细淋巴管汇合成集合淋巴管，集合淋巴管壁平滑肌的收缩活动和淋巴管腔内的瓣膜共同作用构成淋巴管泵，能促进淋巴液向心回流。

4.2.7.2 淋巴液回流的生理意义

(1)回收组织液中的蛋白质

由毛细血管动脉端滤出的血浆蛋白分子只能通过毛细淋巴管进入淋巴液，再转运至血液。从而维持了血浆蛋白的正常浓度，并使组织液中蛋白质浓度保持较低水平。

(2)运输脂肪及其他营养物质

食物被消化后，多数营养物质经小肠黏膜吸收直接进入血液，而80%~90%脂肪及脂溶性营养物质是由小肠绒毛的毛细淋巴管吸收并运输到血液的。因此，小肠的淋巴液呈乳糜状。

(3)调节体液平衡

淋巴系统是组织液向血液回流的一个重要辅助系统，在调节血浆量与组织液量的平衡中起重要作用。

(4)防御和免疫功能

当组织受到损伤时就会有红细胞、异物、细菌等进入组织间隙，这些物质可被回流的淋巴液带走。淋巴液在回流的途中要经过多个淋巴结，淋巴结内有大量巨噬细胞，能将红细胞、细菌或其他微粒清除掉。此外，淋巴结能释放贮存在其中的淋巴细胞和单核细胞，参与机体的免疫和防御。

4.3 心血管活动的调节

动物在不同的生理状况下，各器官组织的代谢水平不同，对血流量的需要也不同，通过体内神经和体液机制对心脏和血管活动的调节，使各器官之间的血流量重新分配，使心血管活动能适应代谢活动改变的需要。

4.3.1 神经调节

心血管活动受自主神经系统的调控。机体对心血管活动的神经调节是通过各种心血管反射实现的。

4.3.1.1 心血管的神经支配

(1)心脏的神经支配

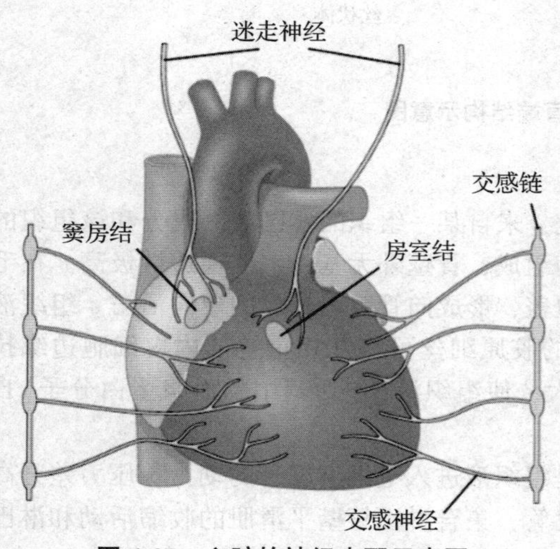

图4-37 心脏的神经支配示意图

心脏受心交感神经和心迷走神经的双重支配(图4-37)，前者使心脏活动增强，后者使心脏活动抑制。

①心交感神经及其作用 心交感神经节前神经元位于脊髓的胸段(T1~T5)，节前纤维在星状神经节或颈交感神经节更换神经元，换元后的节后纤维组成心脏神经丛，支配心脏各个部分，包括窦房结、房室交界、房室束、心房肌和心室肌。动物实验证明，两侧心交感神经对心脏的支配有所侧重，右侧心交感神经主要支配窦房结，左侧心交感神经主要支配房室交界和心室肌。

心交感神经兴奋时，可导致心率加快(正性变力作用)，收缩力增强(正性变力作用)，房室传导加速(正性变传导作用)。心交感神经对心脏的兴奋作用，是通过其节后纤维末梢释放的递质去甲肾上腺素和心肌细胞膜上 β_1 受体结合，促使 ATP 转变成 cAMP，明显增加心肌细胞膜对 Ca^{2+}的通透性和降低 K^+的通透性，产生正性变时、变力、变传导的作用。心交感神经对心肌的这种兴奋作用，可被 β 受体阻滞剂(如心得宁、心得安等药物)所阻滞。

②心迷走神经及其作用 心迷走神经节前神经元的胞体位于延髓的迷走神经背核和疑核，在心壁内的神经节换元后发出节后纤维支配窦房结、心房肌、房室交界、房室束及其分支，而对心室肌的支配则很少。两侧心迷走神经对心脏的支配也有差异，例如，右侧心迷走神经对窦房结的抑制作用占优势，而左侧心迷走神经对房室交界的抑制作用较明显。不过两侧迷走神经对心脏的支配优势侧重不如两侧交感神经的差别显著。

心迷走神经对心脏的抑制作用是通过其节后纤维末梢释放的递质乙酰胆碱来实现的。乙酰胆碱与心肌细胞膜上的 M 型胆碱受体结合，使心肌细胞内 cGMP 水平升高，cAMP 水平降低，明显增加心肌细胞膜对 K^+通透性和降低 Ca^{2+}通透性，引起心率变慢(负性变时作用)、房室交界传导减慢(负性变传导作用)和心肌收缩减弱(负性变力作用)。心迷走神经的这些生理效应，可被 M 型受体阻断剂（如阿托品等)所阻断。

心迷走神经和心交感神经作用是相拮抗的，共同调节心脏活动。心交感神经和心迷走神经平时都有一定程度的冲动发放，分别称为心交感紧张(cardiac sympathetic tone)和心迷走紧张(cardiac vagal tone)。正常安静时，一般心迷走紧张作用占较大优势。

③支配心脏的肽能神经纤维 心脏中存在多种肽能神经纤维，释放神经肽 Y、血管活性肠肽、降钙素基因相关肽(calcitonin gene-related peptide，CGRP)和阿片肽等递质，它们可与单胺类和 ACh 等递质共存于同一神经元内，参与对心肌和冠状血管生理功能的调节。

(2)支配血管的神经

除真毛细血管外，血管壁都有平滑肌分布。平滑肌纤维的收缩、舒张可使血管的管径发生变化，一方面可以影响血压，另一方面又可以调节外周器官中的血流量。血管平滑肌受自主神经系统支配，能引起血管平滑肌收缩和舒张的神经纤维，分别称为缩血管神经纤维和舒血管神经纤维。

①缩血管神经纤维 缩血管神经纤维都是交感神经纤维，故一般称为交感缩血管神经，其节前神经元位于脊髓胸、腰段的中间外侧柱内，末梢释放的递质为乙酰胆碱。节后神经元位于椎旁和椎前神经节内，末梢释放的递质为去甲肾上腺素。血管平滑肌细胞有 α 和 β_2 两类肾上腺素能受体。去甲肾上腺素与 α 受体结合引起缩血管效应，而与 β_2 受体结合则引起血管舒张。去甲肾上腺素与 α 受体结合的能力较强，与 β_2 受体结合能力较弱，故交感缩血管神经纤维兴奋时的主要效应是血管收缩。

体内几乎所有的血管都受交感缩血管纤维支配，但不同部位的血管缩血管纤维分布的密度不同。皮肤血管缩血管纤维分布最密，骨骼肌和内脏的血管次之，冠状血管和脑血管分布较少。在同一器官中，动脉缩血管纤维的密度高于静脉，微动脉密度最高，但毛细血管前括约肌神经纤维分布很少。

机体内多数血管只接受交感缩血管纤维的单一神经支配。在安静状态下，交感缩血管纤维持续发放低频冲动，使血管平滑肌保持一定程度的收缩状态，称为交感缩血管紧张。当交感缩血管紧张增强时，血管平滑肌进一步收缩；交感缩血管紧张减弱时，血管平滑肌收缩程度减低，血管舒张(图 4-38)。生理状况下，交感缩血管神经纤维的放电频率在一定范围变动，可使

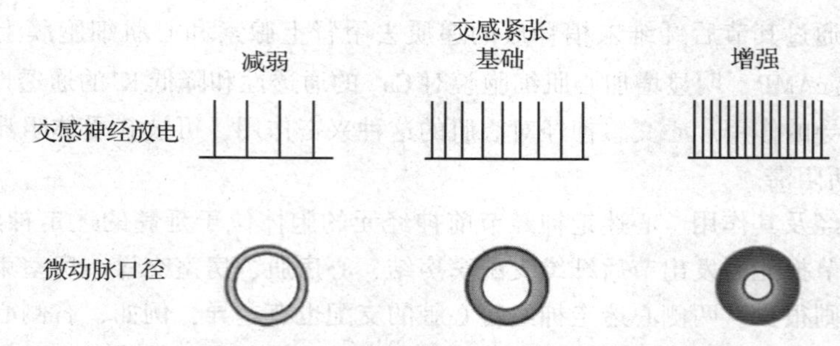

图 4-38　交感神经放电和微动脉口径关系示意图

血管口径发生很大程度的变化，从而能有效调节器官的血流阻力和血流量。

②舒血管神经纤维　体内有一部分血管除接受缩血管纤维支配外，还接受舒血管纤维支配。舒血管纤维来源很多，主要有：a. 交感舒血管纤维。主要支配骨骼肌的微动脉，其末梢释放乙酰胆碱，通过作用于血管平滑肌 M 受体起舒张血管效应。b. 副交感舒血管纤维。分别来源于面神经(支配脑血管、唾液腺血管)、迷走神经(支配肝、胃肠及冠状血管)和盆神经(支配盆腔及外生殖器血管)，末梢释放的递质是乙酰胆碱，与血管平滑肌的 M 受体结合可引起血管舒张和局部血流量增加。c. 脊髓背根舒血管纤维。当皮肤受到伤害性刺激时，感觉冲动一方面沿传入神经到达脊髓，另一方面通过神经末梢的分支到达受刺激部位邻近的微动脉，使之舒张，局部皮肤出现红晕，其释放的递质还不清楚。d. 血管活性肠肽(vasoactive intestinal peptide，VIP)神经元。有些自主神经元内有血管活性肠肽与乙酰胆碱共存。例如，支配汗腺的交感神经元和支配颌下腺的副交感神经元等，其末梢释放的乙酰胆碱引起腺细胞分泌，而同时释放的血管活性肠肽则可使血管舒张，使局部组织血流量增加，有利于腺体的分泌活动。

4.3.1.2　心血管中枢

心血管中枢(cardiovascular center)是指位于中枢神经系统内与心血管反射有关的神经元集中的部位。它们不是只集中在中枢神经系统的某一个部分，而是分布在从脊髓到大脑皮层的各个水平，各自具有不同的功能，又相互联系使心血管活动协调并适应整个机体活动的需要。

(1)延髓心血管中枢

通过动物实验观察到，在延髓上缘横断脑干后，动脉血压无明显的变化，如果在延髓和脊髓交界处横断脊髓，则动脉血压下降非常明显，证实心血管活动的最基本的中枢在延髓(图 4-39)。进一步研究证明，延髓心血管中枢至少包括以下 4 个部分的神经元。

①缩血管区　位于延髓头端的腹外侧部，称为 C1 区，其轴突下行至脊髓的中间外侧柱，能引起心交感神经和交感缩血管神经纤维的紧张性活动，使血管收缩，血压升高。

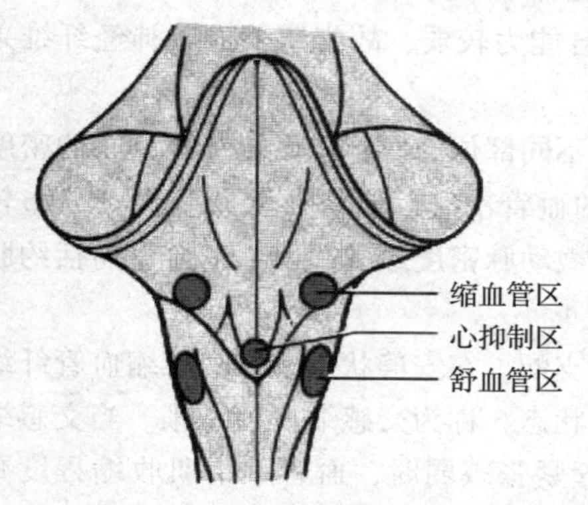

图 4-39　延髓心血管中枢示意图

②舒血管区　位于延髓尾端腹外侧部，又称 A1 区。它们兴奋后可抑制 C1 区神经元活动，导致交感缩血管紧张性降低，血管舒张。

③传入神经接替站(延髓孤束核)　延髓孤束核的神经元接受压力感受器、化学感受器和心肺感受器经舌咽神经和迷走神经的传入信息，并发出冲动至延髓和中枢神经系统的其他部位，以影响心血管活动。刺激动物的延髓孤束核引起血压降低；毁损孤束核则导致血压升高。

④心抑制区 位于延髓的迷走神经背核和疑核，这是迷走神经元胞体所在地。压力感受器的传入冲动经延髓孤束核接替后到达迷走神经背核和疑核，可引起心迷走神经兴奋。

(2)延髓以上的心血管中枢

在延髓以上的脑干部分以及下丘脑、大脑和小脑中，都存在与心血管活动有关的神经元。它们的调节功能更高级，表现为对心血管活动与机体其他功能之间的复杂的整合作用。例如，经边缘系统的整合使心血管活动和情绪反应相适应；经下丘脑的整合使心血管活动同内脏的功能变化一致；经大脑皮层整合使心血管活动与各种条件反射相协调。

4.3.1.3 心血管反射

神经系统对心血管活动的调节是通过反射来实现的。内外环境的变化，可以被机体各种相应的内、外感受器所感受，通过反射引起各种心血管效应。在各种心血管反射中，颈动脉窦和主动脉弓压力感受性反射通常被认为是最重要的一种反射。

(1)颈动脉窦和主动脉弓压力感受性反射

①动脉压力感受器、传入神经及其中枢联系 动脉压力感受器是指位于颈动脉窦和主动脉弓(简称窦弓区)(图4-40)血管外膜下的感觉神经末梢，呈树枝状分布或形成特异的环层结构(图4-41)，能感受动脉血压对血管壁的牵张刺激。在一定范围内，当动脉血压升高时，动脉管壁被牵张的程度加大，压力感受器发放的神经冲动也就增多(图4-42)。颈动脉窦压力感受器传入纤维组成窦神经，它加入舌咽神经后进入延髓，与孤束核的神经元构成突触。主动脉弓压力感受器的传入纤维混合在迷走神经干内进入延髓，到达孤束核。家兔的主动脉弓压力感受器传入纤维在颈部单独成为一束，与迷走神经伴行，称为主动脉神经或降压神经。压力感受器的传入神经冲动到达孤束核后，可以通过延髓内的神经通路使延髓的C1区血管运动神经元抑制，使交感神经的紧张性活动减弱；另外，压力感受器的传入冲动到孤束核后还与迷走神经背核和疑核发生联系，使迷走神经活动加强。

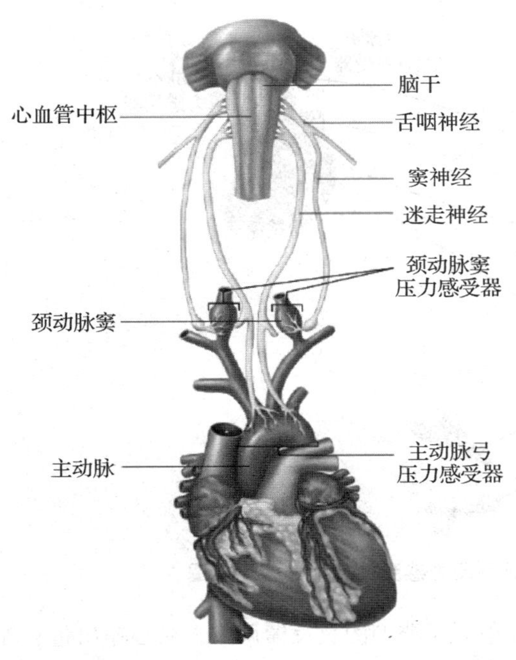

图4-40 颈动脉窦和主动脉弓的压力感受器

图4-41 压力感受器结构示意图

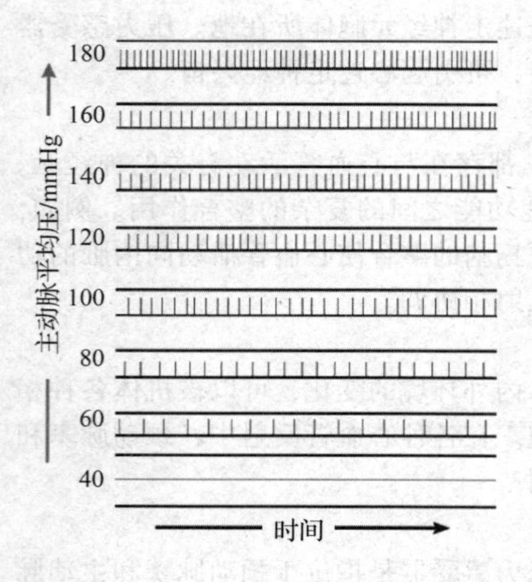

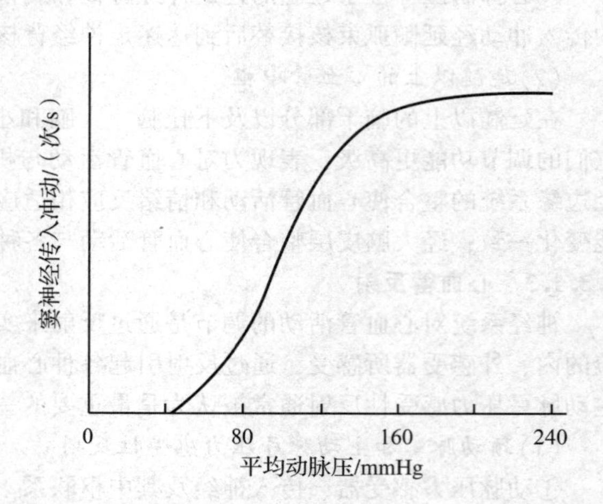

图 4-42 动脉血压与颈动脉窦压力感受器传入发放的关系

②反射效应 当动脉血压突然升高时，窦弓区受到的牵张刺激增强，发放传入冲动增多，通过上述中枢联系机制，使心迷走中枢(疑核)和舒血管区的紧张增高，缩血管区的紧张降低，结果使迷走神经活动增强，而交感神经紧张活动减弱，引起心率减慢，心输出量减少，小动脉舒张，外周阻力降低，故血压下降，这一反射称为压力感受性反射(baroreceptor reflex)或降压反射(depressor reflex)(图 4-43)。反之，当动脉血压突然降低时，压力感受器传入冲动减少，使迷走紧张减弱，交感紧张加强，故血压升高，称为降压反射减弱。因此，窦弓区引起的压力感受性反射包括降压反射和降压反射减弱，从而能缓冲血压的升降变化，维持血压的相对稳定。

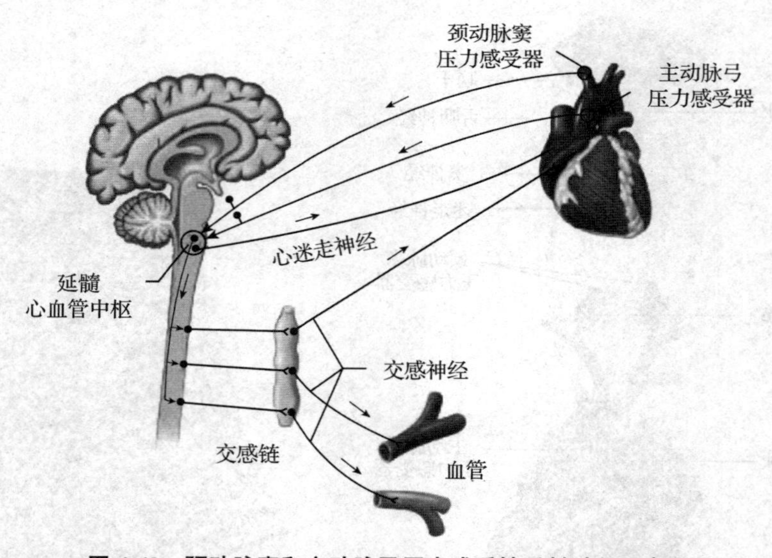

图 4-43 颈动脉窦和主动脉弓压力感受性反射过程示意图

③反射的特点和生理意义 压力感受性反射属于典型的负反馈调节，在心输出量、外周阻力、血量发生突然变化的情况下，在短时间内对动脉血压进行快速调节。其生理意义是缓冲血压的升降变化，使血压不致发生过分的波动，维持血压的相对稳定。因此，在生理学中将动脉

压力感受器的传入神经称为缓冲神经。

(2)颈动脉体和主动脉体化学感受性反射

颈动脉分叉处及主动脉弓附近的血管外有对血液化学成分变化起反应的感受器，即颈动脉体与主动脉体，称为外周化学感受器。当血液中氧分压降低，CO_2 分压升高或 H^+浓度升高时，通过外周化学感受器的传入冲动，经舌咽神经和迷走神经到达延髓，反射性地兴奋呼吸中枢，同时还反射性地引起心血管功能的变化，称为化学感受性反射(chemoreceptor reflex)。此反射可提高缩血管区的紧张性，使交感缩血管神经紧张增强，于是血管收缩，外周阻力增加，动脉血压升高。

化学感受性反射的效应，在正常情况下对心血管活动不起明显的调节作用，只有在缺氧、窒息、失血、动脉血压过低和酸中毒等情况下才起作用。

(3)心肺感受器引起的心血管反射

心肺感受器主要存在于心房、心室和肺循环大血管壁内。引起心肺感受器兴奋的适宜刺激有两类：一类是机械牵张刺激，如当心房、心室或肺循环大血管中压力升高或血容量增多使之受到牵张时，感受器发生兴奋；另一类是化学物质刺激，如当心肌缺血、缺氧或负荷增加时，释放的心钠素、前列腺素、激肽等，均可刺激心肺感受器。

大多数心肺感受器兴奋经迷走神经传入，引起的效应是迷走紧张增强，交感紧张降低，使心率减慢，心输出量减少。

4.3.2 体液调节

血液和组织液中一些化学物质对心肌和血管平滑肌活动的调节称为心血管活动的体液调节，其中有些化学物质是通过血液循环广泛作用于心血管系统，有些则是在组织中形成，作用于局部血管，对局部组织的血流起调节作用。

4.3.2.1 肾素-血管紧张素系统

肾素(renin)是肾脏近球细胞分泌的一种酸性蛋白酶。血管紧张素(angiotensin)是一组多肽类物质，其前体为血浆中的一种球蛋白，即肝脏所产生的血管紧张素原。当循环血量减少，动脉血压降低使肾血流量减少时，都会引起肾近球细胞分泌肾素，它使血管紧张素原水解成10肽的血管紧张素Ⅰ(AngⅠ)，再在肺循环中被血管紧张素转化酶水解成8肽的血管紧张素Ⅱ(AngⅡ)(图4-44)。AngⅡ受到血浆或组织中氨基肽酶(血管紧张素酶A)的作用，失去一个氨基酸残基后成为7肽，即血管紧张素Ⅲ(AngⅢ)。血管紧张素通过与细胞膜表面特异的血管紧张素受体(angiotensin receptor, AT receptor)结合而发挥作用。目前，已知AT受体有AT_1、AT_2、AT_3 和 $AT_4$4种亚型。

血管紧张素中最重要的成员是AngⅡ，其生理作用几乎都是通过激动AT_1受体产生的，主要表现为以下几个方面：①缩血管作用。AngⅡ可直接使全身微动脉收缩，血压升高；也能使静脉收缩，回心血量增加。②促进交感神经末梢释放递质。AngⅡ可作用于交感缩血管纤维末梢的突触前AT受体，通过突触前调制作用促进其释放去甲肾上腺素。③对中枢神经系统的作用。AngⅡ可作用于中枢神经系统的一些神经元，使中枢对压力感受性反射的敏感性降低，并刺激血管升压素释放和引起或增强渴感，并导致饮水行为。④促进醛固酮(aldosterone)的合成和释放。AngⅡ可刺激肾上腺皮质球状带合成和分泌醛固酮，促进对Na^+、水的重吸收，使循环血量增加。对体内多数组织而言，AngⅠ不具有生物活性。AngⅢ可作用于AT_1受体，产生与AngⅡ相似的生理作用，但其缩血管效应仅为AngⅡ的10%~20%，但它刺激肾上腺皮质球状带合成和释放醛固酮的作用较强。

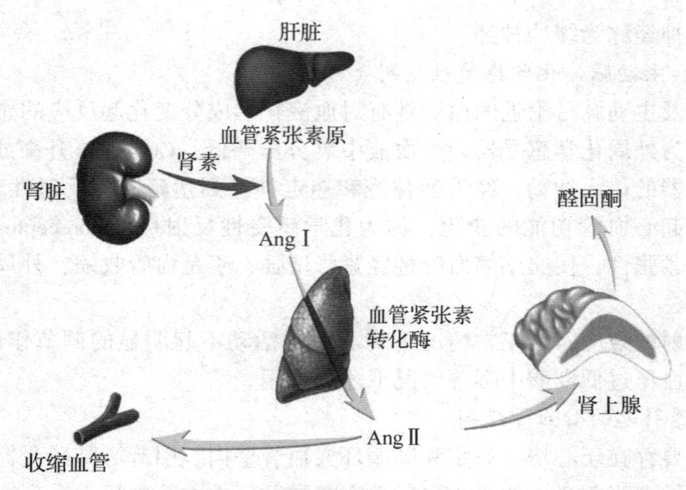

图 4-44 肾素-血管紧张素系统

由于肾素和血管紧张素之间存在密切的联系，故称肾素-血管紧张素系统(rennin-angiotensin system，RAS)。这一系统对于动脉血压的长期调节可能具有重要意义，临床上常采用血管紧张素转换酶抑制剂或血管紧张素受体阻断剂治疗高血压。

4.3.2.2 肾上腺素和去甲肾上腺素

肾上腺素(epinephrine，E 或 adrenaline，Adr)和去甲肾上腺素(norepinehrine，NE 或 noradrenaline，NA)是生理情况下对心血管系统产生调节作用的主要激素。血液中的肾上腺素和去甲肾上腺素主要来自肾上腺髓质，其中肾上腺素约占 80%，去甲肾上腺素约占 20%。高等动物的肾上腺素能神经末梢释放的去甲肾上腺素，小部分可入血。

肾上腺素与去甲肾上腺素同属于儿茶酚胺类，但由于和不同肾上腺素能受体亚型结合的能力不同，因此对心血管的作用既有共性，又有特殊性。肾上腺素能受体分为 α 和 β(β_1 和 β_2)两类，它们在组织中的分布不同。心肌细胞膜上的受体为 β_1 受体，激活后可使心肌兴奋活动加强；血管平滑肌上有 α 和 β_2 受体，α 受体兴奋可使血管收缩，β_2 受体兴奋后使血管舒张。

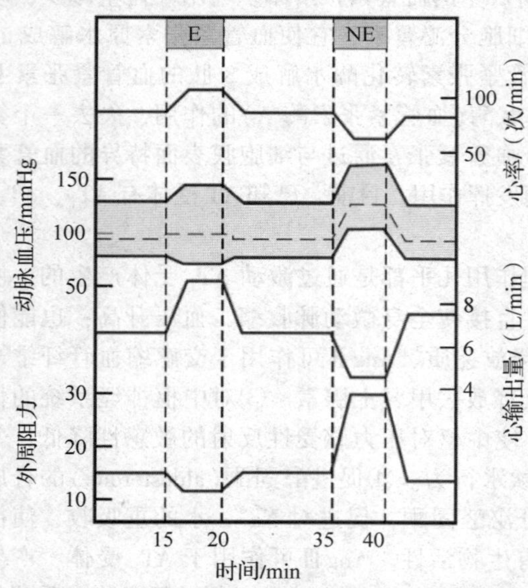

图 4-45 静脉注射肾上腺素和去甲肾上腺素后心血管活动变化

肾上腺素与 α 和 β 受体结合的能力都很强。在心脏，肾上腺素与 β_1 受体结合后可产生正性变时和正性变力作用，使心输出量增多。在血管，肾上腺素的作用取决于血管平滑肌上 α 和 β_2 受体的分布情况，肾上腺素可引起 α 受体占优势的皮肤、肾和胃肠道血管平滑肌收缩；在 β_2 受体占优势的骨骼肌和肝脏血管，小剂量的肾上腺素产生的效应常以兴奋 β_2 受体为主，引起这些部位的血管舒张，大剂量时由于 α 受体也兴奋，则引起血管收缩。肾上腺素可在不增加或降低外周阻力的情况下增加心输出量，故在临床上被用作强心药(图 4-45)。去甲肾上腺素主要与血管平滑肌上的 α 受体结合，与 β_2 受体的结合能力较弱，因而静脉注射去甲肾上腺素可使全身血管广泛收缩，动脉血压升高。虽然去甲肾上腺素也能激活心肌细胞上的 β_1 受体而增强心肌活动，但由于血压升高刺激压力感受器，可反射性地引起心率减慢。在临床，去甲肾上腺素被用作升压药(图4-45)。

4.3.2.3 血管升压素

血管升压素(vasopressin，VP)又称抗利尿激素(antidiuretic hormone，ADH)，是由下丘脑视上核和室旁核合成的九肽，经下丘脑-垂体束运输到垂体后叶贮存，当机体活动需要时释放入血。VP通过激活 V_1 和 V_2 受体而发挥作用。V_1 和 V_2 受体分别存在于血管平滑肌和肾小管上。VP与 V_1 受体结合可使大部分血管收缩，血压升高，故称血管升压素。但在生理情况下，血液中的VP的主要作用是与肾小管上皮细胞上的 V_2 受体结合，促进水和 Na^+ 的重吸收，减少尿量，所以也被称为抗利尿激素。当在禁水和失血等情况下，VP在维持细胞外液量的恒定和动脉血压的稳定中都起着重要的作用。

4.3.2.4 血管活性物质

血管内皮细胞是衬于血管内表面的单层细胞组织，能合成与释放多种血管活性物质，主要调节局部血管的舒缩活动。

(1)*舒血管物质*

血管内皮细胞生成和释放的舒血管物质主要包括NO、前列环素(prostacyclin，PGI_2)和内皮超极化因子(endothelium-derived hyperpolarizing factor，EDHF)等。NO前体是L-精氨酸，在NO合酶作用下生成，通过激活血管平滑肌细胞内的鸟苷酸环化酶，使胞内cGMP浓度升高，胞质游离 Ca^{2+} 浓度降低，导致血管舒张。实验发现，如果将ACh作用于内皮完整的血管，可引起舒张，而将血管内皮除去后，ACh使血管收缩。表明ACh的舒血管作用是通过内皮实现的。血管内皮究竟产生了一种什么因子使血管舒张？进一步的实验表明，如果先用氨基胍(NO合酶抑制剂)处理以阻断完整血管的NO合成，则ACh的舒血管作用明显减弱，说明ACh是作用于血管内皮细胞产生NO，从而使血管舒张(图4-46)。PGI_2 是血管内皮细胞膜花生四烯酸的代

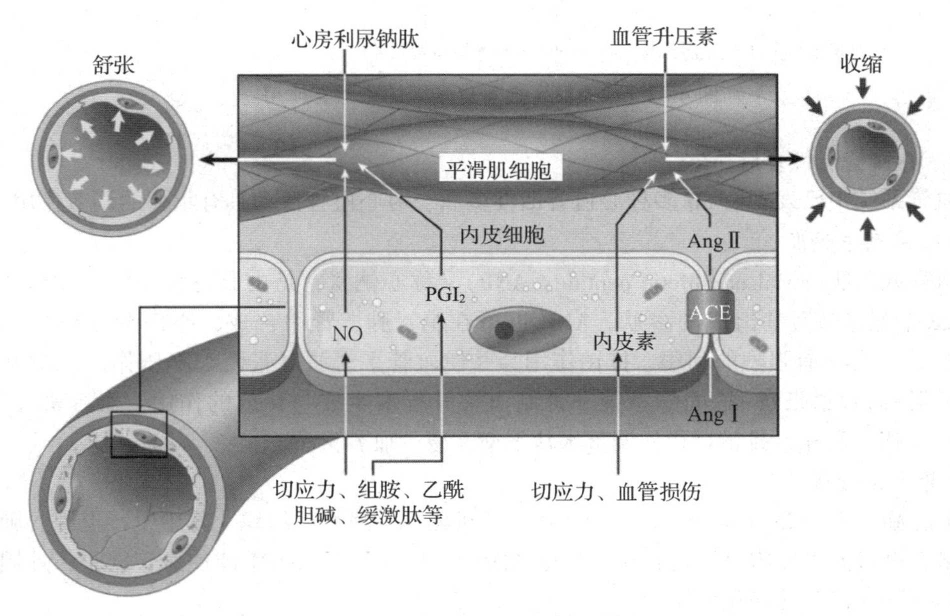

图4-46 部分生物活性物质对小血管张力的调控

ACE：血管紧张素转换酶

谢产物，在前列环素合成酶的作用下生成，其作用是舒张血管。EDHF 可通过促进 Ca^{2+} 依赖的 K^{+} 通道开放，引起血管平滑肌超极化，从而使血管舒张。

(2)缩血管物质

血管内皮细胞产生的许多缩血管物质总称内皮源缩血管因子。研究较深入的是内皮素(endothelin，ET)，它是由 21 个氨基酸残基构成的多肽，目前已确定的有 3 种内皮素(ET-1、ET-2 与 ET-3)，是已知的最强的缩血管物质之一，特别是 ET-1 具有强而持久的升压效应，可能参与血压的长期调节(图 4-46)。

4.3.2.5 激肽释放酶-激肽系统

激肽释放酶-激肽系统包括激肽释放酶、激肽原、激肽、激肽受体和激肽酶。激肽释放酶是一组具有激肽原酶活性的血清蛋白酶。它分为两大类：一类存在于血浆，称为血浆激肽释放酶。它作用于血浆中的高分子质量激肽原，使之水解为缓激肽。另一类存在于肾、唾液、胰腺等组织，称为组织激肽释放酶，它作用于血浆中的低分子量激肽原，生成赖氨酰缓激肽，又称胰缓激肽或血管舒张素，后者经氨基肽酶作用失去赖氨酸残基成为缓激肽，缓激肽经激肽酶水解失活(图 4-47)。

已发现的激肽受体有 B1、B2 两种亚型。激肽作用于 B1 受体，可能会介导其致痛作用；作用于 B2 受体，使血管平滑肌舒张，但可引起其他平滑肌(如内脏平滑肌)收缩。

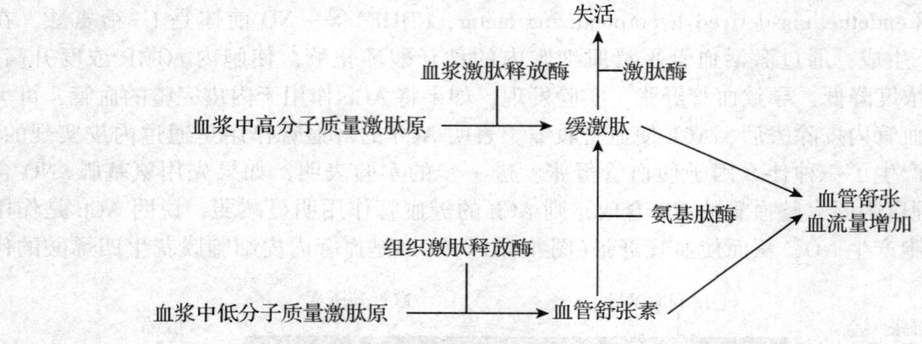

图 4-47 缓激肽、血管舒张素的来源与作用

4.3.2.6 心血管活性多肽

心血管系统中已发现有 30 多种心血管活性多肽，对心血管活动具有重要的调节作用。

(1)心房利尿钠肽

心房利尿钠肽(atrial natriuretic peptide，ANP)又称心钠素，是由心房肌细胞合成与释放的一类由 28 个氨基酸残基组成的多肽，ANP 也可在脑、肺、肾中合成，心房壁受牵拉可引起 ANP 的释放。ANP 有强烈的利尿、排钠作用，并使血管平滑肌舒张而起降压作用。ANP 还具有对抗肾素-血管紧张素-醛固酮系统和抑制血管升压素生成与释放的作用。血容量增加时，ANP 增多，通过利尿、排钠途径，调节水盐平衡，减少血容量。

(2)肾上腺髓质素

肾上腺髓质素(adrenomedullin，ADM)存在于机体几乎所有的组织，其中以肾上腺、肺和心房为最多。血管内皮细胞可能是合成和分泌 ADM 的主要部位。ADM 能使血管舒张，外周阻力降低，具有强而持久的降压作用。

(3)尾升压素Ⅱ

尾升压素Ⅱ(urotensin Ⅱ，UⅡ)最早是从刺鳍鱼的尾下垂体中分离出来的神经环肽。UⅡ

能持续、高效地收缩血管，尤其是动脉血管，是迄今所知最强的缩血管活性肽。小剂量UⅡ可引起血流阻力轻度降低，心输出量轻度增加；大剂量UⅡ则引起心输出量明显减少。

(4)阿片肽

阿片肽(opioid peptide)有多种。脑内的β-内啡肽(β-endorphin)可作用于心血管中枢的有关核团，使交感神经活动抑制，心迷走神经活动加强，降低动脉血压。阿片肽也可直接作用于外周血管壁的阿片受体，可使血管平滑肌舒张；也可与交感缩血管纤维末梢突触前膜中的阿片受体结合，减少交感缩血管纤维递质的释放。

4.3.2.7　气体信号分子

气体信号分子是一类在酶催化下内源性产生、不依赖于膜受体而能自由通过细胞膜的小分子气体物质，一般在生理浓度下有明确的特定功能等特性。前文已述NO的作用，以下介绍CO和硫化氢(H_2S)。

(1)CO

哺乳动物几乎所有器官、组织的细胞都能合成和释放内源性CO。体内的血红素经血红素加氧酶代谢可生成内源性CO。CO能快速自由透过各种生物膜，产生舒血管作用。

(2)H_2S

哺乳动物体内H_2S是以*L*-半胱氨酸为底物经酶催化而产生。以脑组织生成最多，其次为血管、心、肝和肾。生理浓度的H_2S具有舒张血管、维待正常血压稳态的作用，对心肌组织具有负性肌力作用和降低中心静脉压的作用。

4.3.2.8　前列腺素

前列腺素(prostaglandin，PG)是一族二十碳不饱和脂肪酸，其前体是花生四烯酸或其他二十碳不饱和脂肪酸，由于分子结构的差异，PG分为多种类型。各种PG对血管平滑肌的作用是不相同的。例如，$PGF_{2\alpha}$可使静脉收缩；PGE_2和PGI_2有强烈的舒血管作用，是机体内重要的降血压物质，它们和激肽一起，与体内的血管紧张素Ⅱ和儿茶酚胺等升血压物质的作用相对抗，对维持血压的相对稳定起着重要作用。

4.3.2.9　其他体液因子

生长因子也可作用于心肌、血管内皮或平滑肌细胞，影响心血管活动。例如，胰岛素样生长因子-1(insulin-like growth factor-1，IGF-1)可促进心肌生长、肥大和增强心肌收缩力，也能刺激血管平滑肌细胞增殖和血管舒张。血管内皮生长因子能促进血管内皮增生和血管生成，并能使血管扩张和增加毛细血管的通透性。

有些全身性的激素也可影响心血管系统的活动。例如，肾上腺糖皮质激素能增强心肌的收缩力，胰岛素对心脏有直接的正性变力作用，胰高血糖素对心脏有正性变力与正性变时作用，甲状腺激素能增强心室肌的收缩和舒张功能、加快心率、增加心输出量和心脏做功量等。

一些细胞因子(如肿瘤坏死因子、白细胞介素、干扰素、趋化因子等)是由细胞所产生的一类信息物质，大多以自分泌或旁分泌的方式作用于靶细胞而引起生物效应。例如，白细胞介素家族中的成员多数为炎症介质参与免疫反应，但也能调节心血管功能，能扩张血管和增加毛细血管的通透性。

可见，循环与内分泌系统的众多因子，彼此间发生相互作用，并与神经调节之间相互影响，构成复杂的网络体系，对心血管功能进行全身性的和局部的准确而精细的调节。

4.3.3　自身调节

心泵功能的自身调节已在本章4.1.2.4“影响心输出量的因素”部分介绍。除心输出量外，各器官组织的血流量在没有外来神经和体液因素的调节作用时，仍能通过局部血管的舒缩活动而得到相应的调节，这种调节机制存在于器官组织或血管自身之中，所以也称自身调节。关于组织器官血流量自身调节的机制，现有两种不同的学说。

4.3.3.1 代谢性自身调节学说

代谢性自身调节学说认为，血液中缩血管物质活性较稳定，器官血流量的自身调节主要取决于该器官的代谢水平，代谢水平越高，血流量也越多。当组织代谢活动增强时，代谢产物腺苷、二氧化碳、H^+、乳酸和K^+等在组织中的浓度升高，而氧分压降低，使局部组织的微动脉和毛细血管前括约肌舒张，器官血流量增多，于是代谢产物可充分被血流带走和改善缺氧。局部代谢产物浓度下降，导致血管收缩，血流量恢复原有水平，使血流量与代谢活动水平保持相互适应。前文微循环中所述毛细血管前括约肌的交替开放就是一种典型的代谢性自身调节。

4.3.3.2 肌源性自身调节学说

肌源性自身调节学说认为，血管平滑肌经常保持一定程度的紧张性收缩活动，是一种肌源性活动(myogenic activity)。器官的血管灌注压突然升高时，血管平滑肌受到牵张刺激，肌源性活动加强，器官血流阻力加大，不因灌注压升高而增加血流量。反之，当器官灌注压突然降低时，肌源性活动减弱，血管平滑肌舒张，器官血流阻力减小，器官血流量不因灌注压下降而减少。这种肌源性自身调节机制在肾血管特别明显，脑、心、肝、肠系膜和骨骼肌的血管也能看到，但皮肤血管一般没有这种表现。

4.3.4 动脉血压的长期调节

根据对动脉血压的调节时程，可将动脉血压调节分为短期调节和长期调节。短期调节(short-term regulation)是指对短时间(数秒至数分钟)内发生的血压变化进行调节，主要是通过神经调节方式实现，除压力感受性反射外，化学感受性反射也是一种短期的血压调节机制。长期调节(long-term regulation)是指对血压在较长时间内(数小时、数天、数月或更长)的调节，主要依靠肾-体液控制系统(renal-body fluid system)实现，即肾脏通过对体内细胞外液量的调节来实现。

肾-体液控制系统是控制体液量的最关键因素，是长期血压调控的主角。因为在体内，体液平衡与血压稳态的维持密切相关，只要液体摄入量与排出量不等，体液总量以及循环血量就会发生相应的变化，从而影响动脉血压的高低。影响肾-体液控制系统重要的因素有血管升压素、心房利尿钠肽、肾素-血管紧张素-醛固酮系统等。当循环血量增多，动脉血压升高时，可通过以下机制使循环血量和血压恢复到正常水平：①血管升压素的释放减少，肾脏集合管对水的重吸收减少，肾排水增加，血量恢复。②心房利尿钠肽分泌增多，抑制肾重吸收钠和水，排钠和排水增加，细胞外液量下降。③体内 RAAS 系统的活动被抑制，肾素分泌减少，循环血中 AngⅡ水平降低，血管收缩效应减弱，血压回降；醛固酮分泌减少，肾小管重吸收钠和水减少，引起细胞外液量回降。④交感神经系统活动相对抑制，可使心肌收缩力减弱，心率减慢，心输出量减少，外周血管舒张，血压回降。反之，当循环血量减少，动脉血压降低时，则引起相反的调节过程。

4.4 哺乳动物特殊器官循环

体内各器官的结构和功能不同，其血管分布也有各自的特点。因此，其血流量的调节除服从此前已述的一般规律外，还有其本身的特点。

4.4.1　冠脉循环

冠脉循环(coronary circulation)是指心脏的血液循环。心肌的血液供给来自冠脉循环，仅心内膜最内侧厚约0.1 mm范围内的心肌才能直接利用心腔内的血液供应。

冠状动脉起始于主动脉根部，主干及其大分支行走于心脏的表面，其小分支常以垂直于心脏表面的方向穿入心肌，并在心内膜下层分支成网。这种分支方式使冠状血管在心肌收缩时容易受到压迫。心肌的毛细血管网分布极为丰富，与心肌纤维平行排列，毛细血管数与心肌纤维数的比例高达1∶1。因此，心肌和冠脉血流间的物质交换能很快进行。

冠脉循环的生理特点表现为：①循环途径短、血压高、血流量大。冠状动脉直接开口于主动脉根部，且冠脉循环的途径短，血流阻力小，压力降低幅度小，故血压高，血流快，循环周期只需几秒钟即可完成。尽管心脏只占体质量的0.5%左右，但安静状态下，冠脉血流量可达到心输出量的4%~5%。②心肌摄氧能力强。心肌富含肌红蛋白，其摄氧能力很强。动脉血液流经心肌毛细血管后，其中摄氧率可达70%左右，远高于其他器官组织(25%~30%)，心肌几乎已最大程度地摄取了动脉血中的氧。③血流量受心肌收缩的影响较大。由于冠脉分支大部分分布在心肌纤维之间，故心肌的节律性收缩活动对冠脉血流量有很大的影响。心室收缩时，由于心肌压迫小血管，冠状循环血流阻力增大，血流量减少；心室舒张时，对小血管的压迫减弱，血流阻力减小，血流量增加，加之心舒期较心缩期长，因而心舒期冠脉循环血流量明显超过心缩期，故冠脉循环血流量主要决定于主动脉舒张压的高低和心舒期的长短(图4-48)。例如，心动过速，由于舒张期缩短，可导致冠脉循环血流量减少。

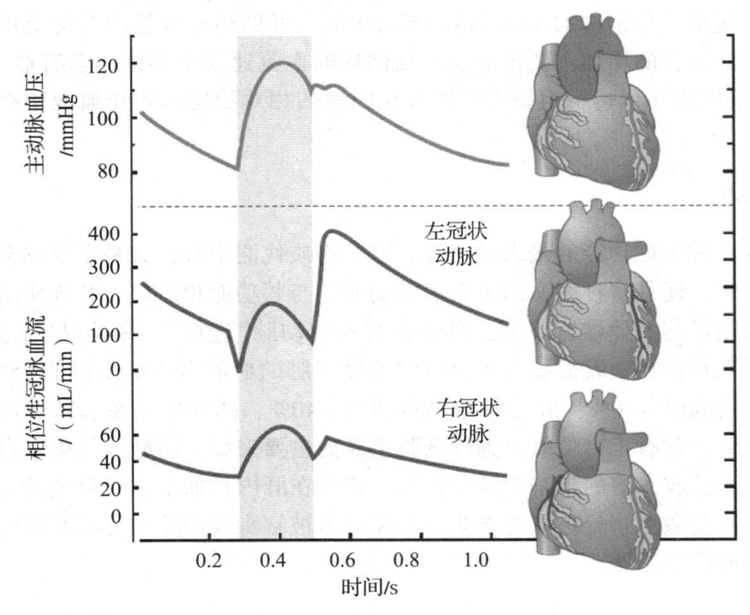

图4-48　一个心动周期中左、右冠状动脉血流变化情况

4.4.2　肺循环

肺有两套供血系统：一是肺循环，二是支气管循环。前者的功能是实现肺换气，将含氧量较低的静脉血转变为含氧量较高的动脉血。后者是体循环中一个分支，其功能是营养支气管和肺组织。这里主要讨论肺循环，它有以下生理特点：①血流阻力小、血压低、血容量大。与体循环血管相比，肺循环途径短，肺动脉及其分支短而粗，管壁薄，且肺循环血管全都位于胸腔负压环境中，因而血流阻力小，血压低。肺的血容量也大，占全身血量的9%~12%，是机体的贮血库之一。因肺血管容易扩张，这使其血容量易受呼吸活动的影响。吸气时，胸内负压加大，这使肺循环的血管扩张，容纳的血量增加；呼气时则发生相反的变化。②基本无组织液。由于肺毛细血管血压远小于血浆胶体渗透压，因而促使液体进入肺组织间隙的力量小于组织液渗入血管内的力量，加上肺泡表面活性物质的作用大大地降低了肺泡的表面张力，有效滤过压为负值，有利于组织液的回流，使肺组织间隙和肺泡中的液体不断进入肺毛细血管。因此，肺循环基本无组织液生成，肺泡内相对干燥。如果肺循环毛细血管血压升高，可使肺泡或肺组织间隙积聚液体，形成肺水肿。

4.4.3 脑循环

脑循环主要是为脑组织供氧、供能、排出代谢产物以维持脑的内环境稳定。脑循环的血液供应来自颈内动脉和椎动脉，具有以下生理特点：①血流量大，耗氧量大。脑虽仅占体质量的约2%，但安静状态下血流量却占心输出量的15%左右，每100 g脑的血流量为50~60 mL/min。脑组织的耗氧量也较大，安静时耗氧量约占全身耗氧量的20%。脑组织的代谢率高，主要依靠血糖的有氧氧化供能，因此脑组织对缺血极其敏感，对缺氧的耐受性极低，如果缺血几秒钟，就可能导致意识丧失。②血流量变化小。由于颅腔的容积是固定的，而脑组织和脑脊液均不可压缩，脑血管的舒缩程度就受到很大的限制，通过脑血管一定的自身调节作用，可使脑血流量保持相对稳定。动物发生惊厥时，脑中枢强烈兴奋，脑血流量仅增加约50%，而心肌和骨骼肌活动加强时，血流量可分别增加4~5倍和15~20倍。可见脑血流量的变化范围明显小于其他器官。脑组织血液供应的增加主要依靠提高脑循环的血流速度来实现。③有血-脑脊液屏障和血-脑屏障。两屏障对于保持脑组织内环境理化因素的相对稳定，防止血液中有害物质进入脑组织有重要意义。

4.4.4 肝循环

肝脏是具有多种生理功能的最大消化腺。既是物质代谢中心，又是重要的分泌、排泄、生物转化和屏障器官，还是多种凝血因子合成的场所。与其功能相适应，肝脏血液供给丰富而独特。肝脏的血液循环与其他器官不同，其他器官均由动脉“进血”，由静脉“出血”，而肝脏由门静脉与肝动脉双重供血。安静状态下每分钟流经肝脏的血液占心输出量的25%~30%，其中肝脏门静脉血供占60%~70%，肝动脉血供占30%~40%，两种血液在窦状隙内混合。肝动脉为肝脏的营养血管，含有丰富的氧，为肝细胞供氧的主要来源；门静脉收集来自腹腔内脏的血液，内含从消化道吸收入血的丰富的营养物质，它们在肝内被加工、贮存或转运；同时，门静脉血中的有害物质及微生物等抗原性物质也将在肝内被解毒或清除。流经肝脏的血液最后由肝静脉进入腔静脉而回到心脏。

（黎德兵）

4.5 禽类血液循环特点

禽类血液循环系统进化水平较高，主要表现在：动静脉完全分开、完全的双循环、心脏容量大、心跳频率快、动脉血压高和血液循环速度快。

4.5.1 心脏生理

禽类心脏和哺乳类的结构一样，也分为左右心房和左右心室4个部分，通过心脏的节律性舒缩活动，为血液循环注入动力。相对体质量比例，禽类心脏大于哺乳类，心脏容量大。

4.5.1.1 心率

禽类的心率比哺乳动物高(表4-3)。幼禽心率较高，随年龄的增加心率有下降趋势。成年公鸡的心率比母鸡和阉鸡低，但鸭和鸽的心率性别差异不显著。禽类的心率晚上很低，但随光照和运动而增加。

表4-3 几种成年家禽的心率 次/min

种别	心率	种别	心率	种别	心率
鸡	350~370	鸭	212~217	鸽子	221
火鸡	200~300	鹅	200	鹌鹑	500~600

注：引自赵茹茜，2020。

4.5.1.2 心电图

禽类心脏节律性兴奋也是发源于窦房结，并沿心脏特殊传导系统向全心脏扩布，由于房室束周围没有纤维鞘围绕，来自窦房结的兴奋易于广泛地沿着房室束扩布到心脏各部。心脏兴奋过程中的电活动，通过导联电极导入心电图机可记录到心电图。禽类的心电导联和人的导联基本相似。也可分为标准导联、加压单极肢导联和单极胸导联等。禽类标准导联的方法见表4-4所列。

表4-4 禽类心电图标准导联

导联方式	电极夹插入体表部位	电路正负极
导联Ⅰ	左翼	“+”
	右翼	“-”
导联Ⅱ	左肢	“+”
	右翼	“-”
导联Ⅲ	左肢	“+”
	左翼	“-”

禽类心电图由于心率较快，通常只表现P、S和T3个波。R波小而不全，Q波缺失，而且P波还不明显。P波代表心房肌去极化，S波代表心室肌去极化，T波代表心室肌复极化。如果心率超过300次/min，则P波和T波可能融合在一起，可见心房在心室完全复极化之前就开始去极化。记录证明，鸡的心电图有性别差异，公鸡心电图中各波的波幅较大，这种差异可能和雌激素水平有关，因为注射雌激素可使各波波幅降低约35%。

4.5.1.3 心输出量

禽类心输出量和性别有关。按每千克体质量计，公鸡的心输出量大于母鸡。环境温度、运动和代谢状况等对心输出量也有显著影响。短期的热刺激，能使心输出量增加，但血压降低。急冷，也可引起心输出量增加，血压升高。鸡在热环境中生活3~4周后发生适应性变化，心输出量不是增加而是明显减少。鸭潜水后比潜水前心输出量明显下降。

4.5.2 血管生理

禽类血液在动脉、毛细血管和静脉内流动的规律和哺乳动物的相同。

4.5.2.1 血压

禽类血压因禽种、性别、年龄等而有差异。成年公鸡的收缩压为25.3 kPa(190 mmHg)，舒张压为20.0 kPa(150 mmHg)，脉压5.3 kPa(40 mmHg)。鸡血压性别差异到10~13周龄时开始显现，原因可能与性激素有关。实验表明，成年公鸡用雌激素后，血压降低到接近正常母鸡水平。鸡血压还随年龄增大而增高，如从10~14个月到42~45个月的阶段，血压明显上升。鸡的血压还受季节的影响，随着季节转暖，血压有下降趋势。这种血压的季节性变化，主要是环境温度的作用，而与光照变化无关。据观察，习惯于高温环境的鸡，其血压明显低于生活在寒冷环境下的鸡。

血压和心率之间没有明显关系，虽然不同物种之间(如家鸡和火鸡)血压存在相当大的差异，可心率变化不大。雄性鸡与雌性鸡相比，血压较高但心率较慢。

4.5.2.2 血液循环时间

禽类血液循环时间比哺乳动物短。鸡血液循环经体循环和肺循环一周所需时间为2.8 s，鸭为2~3 s，潜水时血流速度明显减慢，循环时间增至9 s。

4.5.2.3 器官血流量

单位时间内流过某一器官的血流量与该器官的机能活动强度以及代谢水平有关。鸡的实验表明，母鸡生殖器官的血流量占心输出量的15%以上。比例较高的还有肾、肝和十二指肠。

4.5.2.4 组织液的生成和回流

血液流经毛细血管时，经物质交换，部分血浆水分和其他物质进入组织间隙，生成组织液，一部分组织液经毛细血管静脉端返回到毛细血管内，另一部分组织液则经淋巴管回流入血液循环。家禽体内淋巴管丰富，在组织内分布成网，毛细淋巴管逐渐汇合成较大的淋巴管，然后汇合成一对胸导管，最后开口于左右前腔静脉。

4.5.3 心血管活动的调节

禽类心脏受迷走神经和交感神经支配。与哺乳动物不同的是，禽类在安静情况下，迷走神经和交感神经对心脏的调节作用比较平衡。

禽类大部分血管接受交感神经支配，调节禽类心脏和血管的基本中枢位于延髓。

与哺乳动物相比，禽类的颈动脉窦和颈动脉体位置低得多，位于甲状旁腺后面、颈总动脉起点处、锁骨动脉根部前方。虽然压力感受器和化学感受器参与血压调节，但敏感性较差，调节作用似乎不重要。

激素等化学物质对心血管的作用大体与哺乳动物的情况相同。肾上腺素和去甲肾上腺素可使鸡血压升高。催产素对哺乳动物的作用是使血管收缩，血压上升，但对鸡却是起降低血压的作用，可能是使血管舒张的结果。有资料报道，禽类血液中5-羟色胺和组织胺水平比哺乳动物高，给鸡注射组织胺(5 μg/kg)和5-羟色胺(0.5~10 μg/kg)，可使血压显著降低。

(司晓辉)

4.6 鱼类血液循环特点

鱼类的循环系统和哺乳动物一样，由心脏和血管两部分组成。其中，心脏是推动血液流动的动力器官，血管是血液流动的管道，包括动脉、毛细血管、静脉3部分。鱼类的心脏较原始，未形成中隔，为单心室单心房，完全混合血；不像鸟类、哺乳类那样，为双心室双心房，完全分隔的四腔心，完全双循环。

4.6.1 鱼类的心脏

鱼类的心脏位于体腔最前端，在最后一对鳃弓后下方的围心腔内，两侧由肩带包围。围心腔与腹腔之间有一结缔组织的横膈(septum transversum)。

4.6.1.1 鱼类心脏结构特点

真骨鱼类的心脏由3部分组成(图4-49)。由后向前分别是：静脉窦(venous sinus)、心耳(atrium)和心室(ventricle)。板鳃鱼类和部分低等硬骨鱼类的心脏由4部分组成，即静脉窦、心耳、心室和动脉圆锥(bulbus conus)。其中，心耳和心室都只有一个。这与哺乳动物双心房、双心室是不同的。

(1)静脉窦

静脉窦位于心脏后背侧，其壁很薄，接收来自身体前后各部的所有回心静脉血，其来源与各大静脉同源。静脉窦的后背两侧，连接粗大的总主静脉与古维导管。

(2)心耳

心耳位于静脉窦前方，其壁较静脉窦稍厚。由内膜层，心肌层和外膜层3层组成。有些种类心肌层又可分为内、外两层，一般内层较厚，肌柱发达成网状。心耳与静脉窦之间有2个瓣膜，称为窦房瓣。

(3)心室

心耳的腹前方为心室，其壁很厚，为心脏的动力中心，心室的后方有一大孔与心耳相通，孔的周围有2个袋状瓣膜，袋口对着心室，称为房室瓣，在瓣膜边缘有丝状腱索相连以加强作用。

(4)动脉球和动脉圆锥

心脏前方的圆锥状结构即为动脉圆锥，为软骨鱼类及部分低等硬骨鱼类(总鳍鱼类、软骨硬磷鱼类)所特有。动脉圆锥有丰富的心肌纤维，能产生独立的心搏频率，有辅助性心脏之称。它属于心脏的组成部分，心室和动脉圆锥之间有数目不等的半月瓣(图4-49)，防止血液倒流。硬骨鱼类动脉圆锥退化。

心室前方由腹大动脉膨大形成的圆锥状结构，称为动脉球，为硬骨鱼类所特有。其壁很

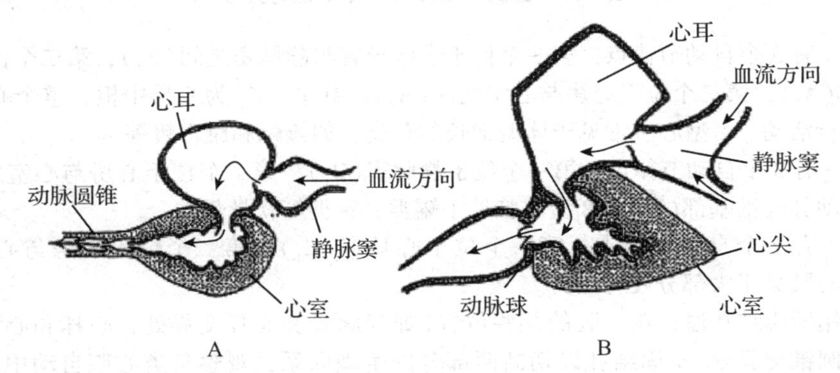

图4-49 鱼类心脏的构造

A. 板鳃鱼类；B. 真骨鱼类

厚，由肌纤维和弹性纤维网构成，能防止血液直接冲入鳃毛细血管中，并保持血流的持续性。动脉球不属于心脏本部，是由腹大动脉基部扩大而成。动脉球壁由平滑肌纤维和弹性纤维网构成，本身不具有收缩性，但可随心室的压力而被动扩张，防止血液直接冲入鳃毛细血管，对维持血压及血液的持续流动有重要作用。在动脉球与心室交界处仍有2个半月瓣。以上的窦房瓣、耳室瓣、半月瓣均有防止血液倒流的作用。

鱼类的心脏与体质量之比小于哺乳动物(约4.6%)。例如，鲤鱼为1.11%~1.23%、鳗鲡为0.59%，其他大多数鱼类在1%左右。这与鱼类生活的环境，以及体位、运动状态均有关系。

4.6.1.2 鱼类的心肌细胞

鱼类的心脏主要由心肌细胞组成，根据它们的组织学特点、电生理特性和功能上的差异，可将心肌细胞分为两大类型：一类是普通心肌细胞，构成心耳、心室壁；另一类是特殊分化的心肌细胞，主要构成心脏的特殊传导系统。

(1)普通心肌细胞

普通心肌细胞又称工作细胞，主要分布在心脏的心房肌和心室肌。这类细胞具有兴奋性、传导性、收缩性，但不具有自律性，故又称非自律性细胞。

(2)自律细胞

心肌细胞中的自律细胞主要分布在房室束、窦房结、房室交界等处。这类细胞是一些特殊分化的心肌细胞，含肌原纤维纤维甚少或完全缺乏，几乎不具有收缩性，但具有兴奋性、自律性和传导性。

(3)心脏的自动节律中枢

高等脊椎动物的特殊传导系统包括窦房结、心房传导束、房室交界、房室束和浦肯野纤维。它是心脏产生兴奋和传导兴奋的组织，起着控制心脏节律性活动的作用，鱼类虽然也具有这一系统，但不如哺乳动物那样进化。鱼类的心脏具有2个或3个自律性较强的部位，根据各种鱼类心脏自动节律中枢的分布，可将其分为3种类型(图4-50)。

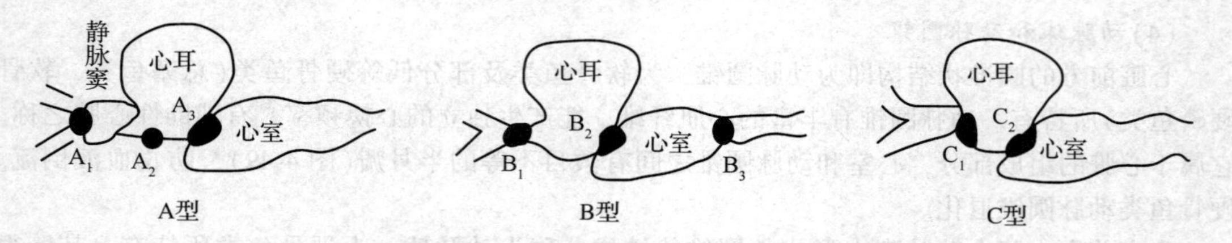

图4-50 鱼类心脏自动节律中枢的分布

①A型 有3个自动节律点，第一个位于古维导管与静脉窦之间(A_1)，第二个位于心房底部(心耳道)(A_2)，第三个位于心房与心室之间(A_3)。其中，A_1为主导中枢，整个心脏通常按照其节律进行活动。A型心脏常见于体型细长的鱼类，如鳗鲡和康吉鳗等。

②B型 有3个自动节律点，第一个位于静脉窦(B_1)，第二个位于心房与心室之间(B_2)，第三个位于动脉圆锥基部(B_3)。B型心脏见于鳐类、鲨类等软骨鱼类。

③C型 有2个自动节律点，第一个位于心耳道(C_1)，第二个位于心房与心室交界处(C_2)。C型心脏见于大部分硬骨鱼类。

例如，用斯氏结扎法，在心脏的某些位置(如静脉窦和心耳交界处、心耳和心室交界处、心室和动脉圆锥交界处)牢固结扎以切断两部分的生理联系，观察鱼类心脏自动中枢的作用。结果表明，A_1、B_1、C_1为第一级中枢；A_2、B_2、C_2为第二级中枢；而A_3和B_3所引起的搏动数少而弱。在正常情况下，由第一级中枢主导整个心脏的搏动，而当它被结扎而切断其作用时，则由第二级中枢按其特有的节律和强度开始搏动。

4.6.1.3　心肌的生物电现象

见本章哺乳动物。

4.6.2　鳃循环

鱼类血液与外界进行气体交换，主要靠鳃部的呼吸来完成。在水环境中呼吸比在陆地环境呼吸会面临许多不利因素。例如，溶于水中的氧量仅为空气中含氧量的1/30，而水的密度约为空气的 1 000 倍，黏度为空气的 100 倍，气体在水中的扩散受到很大阻力。鳃的构造及生理机能的特殊适应性，保证了处于水环境中的鱼类能顺利地进行气体交换。

4.6.2.1　鱼类鳃部的主要血液循环途径

硬骨鱼类鳃丝血液循环的路径是：腹大动脉（ventralaorta）→入鳃弓动脉（afferent arch artery）→在鳃丝的后缘进入入鳃丝动脉（afferent filament artery）→入鳃小丝动脉（afferent lamellae arteriole）→进入次级鳃瓣进行气体交换→出鳃小丝动脉（afferent filament artery）经过鳃丝的前缘→出鳃弓动脉（efferent arch artery）→背大动脉（dorsal aorta）（图 4-51）。

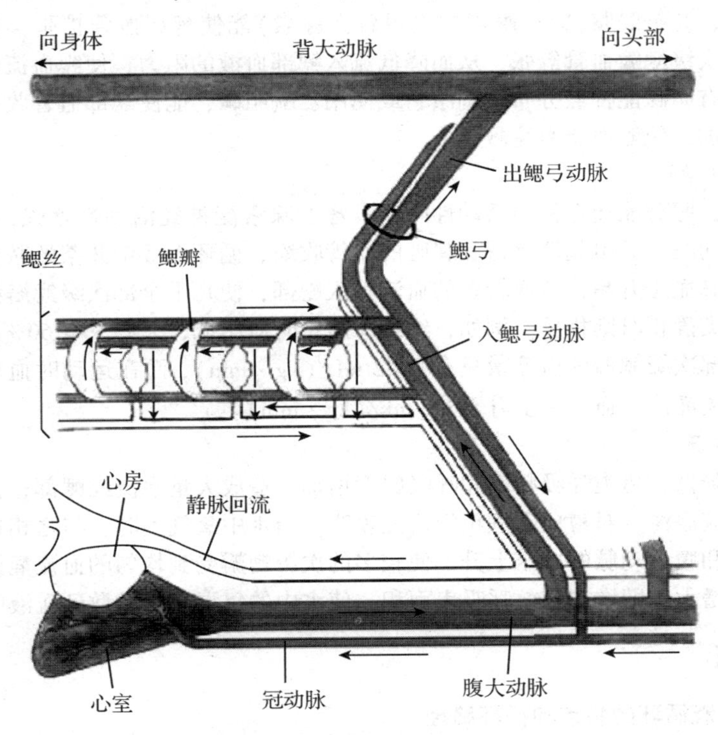

图 4-51　硬骨鱼类鳃部血液循环式图（引自 Randall）

鱼类鳃部的血液循环，其血流量大，血压高，促使大量血液，灌注次级鳃瓣和注入的水流进行气体交换。

哺乳动物是双循环，其肺循环的血压要比体循环的血压低，但单循环的鱼类，鳃部血液循环的血压要比身体其他部位血液循环的血压高。鳃部的血液阻力（vascular resistance）是全身血流总量的血管阻力的 20%~40%，所以由心脏出发，血流经过鳃部后压力大约降 1/2。

4.6.2.2 影响鳃部血液循环的主要因素

鳃区的血流灌注是影响鱼类进行气体交换的重要因素，鳃区血流量大，灌注充盈对气体交换十分有利。影响鳃部血液循环的因素很多。

(1)血压

血液在次级鳃瓣的分布情况和次级鳃瓣被血流灌注的数目都受到血压的影响。血压低时，每片次级鳃瓣只有基部和边缘的血管能受到血流灌注。血压高时，血液会比较均匀地灌注进入整个次级鳃瓣。

(2)神经和激素

鱼类的鳃具有肾上腺素能神经纤维和胆碱能神经纤维分布，同时具有相应的受体存在。交感神经的节后纤维是肾上腺素能纤维，其末梢释放的递质是去甲肾上腺素，当去甲肾上腺素与α受体结合，可引起血管平滑肌收缩；而与β受体结合，则使血管舒张。副交感神经的节后纤维是胆碱能纤维，其末梢释放的递质是乙酰胆碱，当乙酰胆碱与M受体结合，可引起血管平滑肌舒张。大多数鱼类全身血管都有肾上腺素能神经分布，但圆口类和板鳃鱼类的鳃血管上可能缺乏这类神经的分布。除了鳃和嗜铬细胞，目前尚无直接的证据证明血管上有胆碱能纤维的分布。实验证明，儿茶酚胺(肾上腺素和去甲肾上腺素)能使鳃部血管扩张，肾上腺素可使鳗鲡鳃部血管以及次级鳃瓣血管舒张，从而降低流入鳃部血液的阻力，使鳃血流灌注增加。研究发现，鱼类鳃上有胆碱能神经分布，刺激它或使用乙酰胆碱，能使鳃部血管收缩，从而使血流经过鳃的阻力增加，使鳃血流灌注减少。

(3)鱼类的运动

鱼类运动时，胆碱能迷走神经活动性降低，肾上腺素能神经活动性增强，使心搏率增加，心输出量增大。同时，会引起消化道和脾脏的血管收缩，循环血液中儿茶酚胺含量增加，使背大动脉和腹大动脉血压升高，造成较多的血流输入鳃部，使几乎全部次级鳃瓣都受到均匀而充分的灌注。在鱼类静止时则相反。例如，红鳟在静止时血压低，大约只有60%次级鳃瓣受到血流灌注，这时全部次级鳃瓣的血流量只有0.42 mL/(kg·min)，而在运动时血压升高，所有次级鳃瓣都受到血流灌注，血流量上升至0.7mL/(kg·min)。

(4)水中氧分压

水中氧分压降低，鱼类呼吸频率和呼吸幅度增加，造成大量水流经鳃部，使较多的次级鳃瓣受到较多的血流灌注。对鳟鱼和鲤鱼的研究表明，当水中氧气不时，与之相适应的反应之一是导致背大动脉和腹大动脉的血压上升，使较多的次级鳃瓣受到均匀的血流灌注，结果使鳃的氧扩散容量明显增大，即增加有效呼吸表面积，使水中的氧更容易扩散到血液中。

4.6.3 体循环

4.6.3.1 鱼体血液循环的特点和循环路径

鱼类的循环系统是单循环，闭锁式。单循环是指血液在整个鱼体内循环一周，只经过一次心脏。由心脏泵出的血液经过鳃进行气体交换后直接进入体循环，而不像高等动物那样，经过气体交换后的新鲜血液又要回到心脏，再由心脏重新泵入体循环(图4-52)。闭锁式是指血液在循环过程中，始终在封闭式的管道内进行，只在毛细血管处与组织细胞之间进行物质交换，以此来完成物质的运输功能。

鱼类的血管系统对动静脉的区分，与其他高等动物区分规则一样。即离心方向的血管为动脉，向心方向的血管为静脉。动静脉之间为毛细血管。鳃区的血管都称为动脉，鳃毛细血管之前为入鳃动脉，鳃毛细血管之后为出鳃动脉。血管中血液的含氧量不因是动静脉而异，而是以

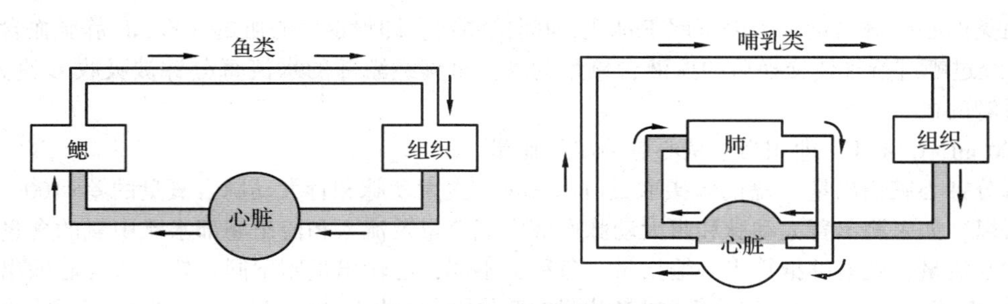

图 4-52 鱼类和哺乳类血液循环系统比较

鳃毛细血管为界。到达鳃毛细血管之前的血液为二氧化碳含量高的污血，经过鳃毛细血管之后的血液为充氧后的净血。鱼类心脏内的全部血液均为含二氧化碳高的污血。

鱼类体循环的循环路径大致是：血液由心脏泵出，经腹大动脉到入鳃动脉，进入鳃后在次级鳃瓣的毛细血管处进行气体交换。每侧的多条出鳃动脉先汇集成鳃上动脉，两侧的鳃上动脉再汇集成背大动脉。背大动脉向头部分出颈总动脉，负责头部和脑的血液供应，向后沿脊柱腹面延伸至尾部。背大动脉达到体腔时由前至后分出多条分支，锁下动脉、体腔肠系膜动脉、背鳍动脉、肾动脉生殖腺动脉、腹鳍动脉和臀鳍动脉等，分别到达相应的组织器官。背大动脉出体腔后进入尾椎的脉弓中成为尾动脉。尾动脉经过毛细血管折入尾静脉，尾静脉向前进入体腔，分出左右两条后主静脉，沿途收集部分内脏的内脏器官和尾部的静脉血，进入心脏。另一部分内脏器官的静脉与肝门脉联系，由肝静脉注入心脏。头部回心血液主要靠前主静脉和颈下静脉回到心脏(图 4-53)。

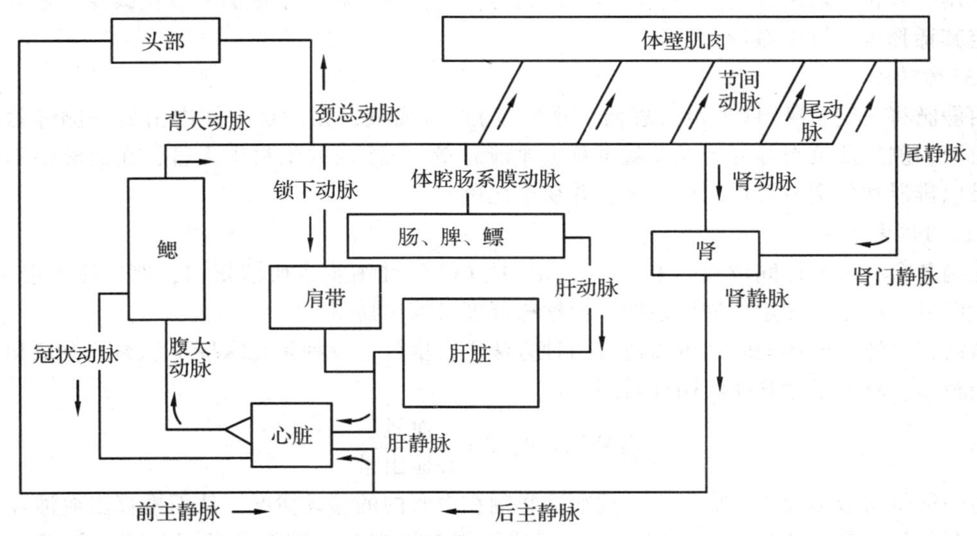

图 4-53 硬骨鱼血液循环模式图(引自林浩然，2007)

箭头代表血流方向

4.6.3.2 心输出量

鱼类心脏每搏动一次所射出的血量称为每搏输出量，每搏输出量乘以心率，称为每分输出量或心输出量(cardiac output)。测定鱼类心输出量的方法主要有染料稀释法(dye dilution)、电磁法或用超声波血流计(blood flowmeter)直接测出腹大动脉血流速度，从而计算出心输出量。

鱼类的心脏输出量也可以依照 Fick 原理间接测定：即设返回心脏的 100 mL 静脉血含氧量为 V，经过鳃进行气体交换后的血液含氧量为 A，而流经鳃部的水流每分钟被吸收 C 毫升氧，则流过鳃的血量应为：

$100\ \text{mL}\times C/A-V$　即相当于从心脏输出的血量

每分钟心脏输出量= 鳃的氧摄取量(mL/min)/腹大动脉和背大动脉含氧量的差×100

所以，如果测出背大动脉和腹大动脉血液中氧含量及流入和流出鳃部水流中氧的含量以及每分钟水流量，就能够推算出心输出量。鱼种类不同，心输出量则不同。软骨鱼类心输出量一般为 9~25 mL/(min · kg)；硬骨鱼类心输出量的变化较大，为5~100 mL/(min · kg)，大多数鱼类为15~30 mL/(min · kg)。

4.6.3.3 血量

鱼类的血量在不同种鱼类变化较大，而同一种鱼类因发育阶段和生理状态不同而有差别。在鱼类新陈代谢过程中，血量经常发生变动，但通过调节又能保持相对稳定。软骨鱼类血量约为体质量的 6%，硬骨鱼类约为体质量的 3%。如鲤鱼为 3%，硬头鳟为 3.5%，鳕鱼为 2.4%。因此，有人认为，鱼类的血量在进化过程中趋于减少，但其意义还不清楚。

测定鱼类全血量的方法很多，主要有集血法、一氧化碳法、稀释法和同位素法。

(1)集血法

从心脏将鱼体内所有血液全部抽取，同时用任氏液灌注血管，将所得的稀释液与正常血液的浓度相比，算出血液的总量。这种方法有较大的误差，因为微血管、肝、肾中的血液难于抽取干净。

(2)一氧化碳法

利用一氧化碳与血红蛋白一经结合就不易分离的性质，将一定量的一氧化碳注入血管，然后测定其稀释度，算出血量。

(3)稀释法

由静脉将一定量染料(如伊文思蓝、刚果红)注入血液，在一定时间内由另一侧静脉抽取少量血液，测定此染料稀释情况。就可算出血液总量(所注入的染料须无害，在血液中不起变化，难以排泄和代谢或渗透到血管外，并易于比色)。

(4)同位素法

先制备含有放射性同位素的 Fe^*、I^*、P^* 或 Cr^* 的红细胞或血清蛋白，然后注入血管内，一段时间后，取血样测定放射性强度，根据稀释度可算出血量。

血液在鱼体内循环的时间可以通过两种方法进行推算。一种是在掌握了鱼类的血量和每分钟输出量后，就可以计算血液循环时间。

$$\text{血液循环时间}=\frac{\text{血量}}{\text{心输出量}}$$

另一种是将造影剂注入血管内，观察造影剂在血管内的移动情况，从而推算出血液经过鱼体各重要部位所需要的时间。一般来讲，用造影剂直接观察血液循环的时间要比推算的快得多。因为推算的是表示血液循环时间的平均值，而在鱼体各部位，血液循环时间是有差异的。

4.6.3.4 血液的分布

Stevens 研究硬头鳟，发现血液在身体各部位分布很不均匀。其中，占体质量 61%的肌肉只含有总血量的 20%，而占体质量只有 34%的内脏和其他部位却占有总血量的 80%，而在肌肉中，按单位体质量计，红肌的含量为白肌的 2~3 倍。

血液在鱼体分布的测定方法主要有两种：一种是将一定量的放射性铷(Rb，Rudidium)注入血液内，让其通过血液循环均匀分布。然后将鱼迅速冰冻，分别测定鱼体各部位的放射性强度，再换算为血液在身体各部位的分布量。另一种是将一种直径略小于毛细血管径的放射性标志物粉球，均匀分布在稀释液内，然后注入鱼体，以同样的方法测定鱼体各部位的放射性强度。以上的两种方法结果基本一致(表 4-5)。

表 4-5　鳟鱼身体各主要部分的血液分布

身体主要部分	占血液的百分比/%		占体质量的百分比/%
	A	B	
由红肌与白肌“镶嵌”在一起的肌肉	36	49	66
红肌	7	11	2. 5
肾脏	9	5	1. 0
皮肤	—	8	4. 2
肝脏	9	5	1. 2
消化道	8	7	3. 2
脾脏	1	1	0. 2
性腺	2	10*	4. 0

注：A. 采用^{86}铷测定；B. 采用放射性标志的粉球测定；* 性腺的差别是由于两种测定方法采用的性腺发育状况不同所引起；引自林浩然。

4. 6. 4　心血管活动的调节

见本章哺乳动物。

(何立太)

复习思考题

1. 心肌收缩的特点是什么?
2. 试述在一个心动周期中，心脏的压力、容积、瓣膜开闭及血流方向的变化。
3. 简述影响心输出量的因素。
4. 试述心室肌细胞动作电位的形成及特点。
5. 心肌有哪些生理特性? 与骨骼肌相比有何不同?
6. 试述心肌细胞在一次兴奋过程中，兴奋性的周期性变化特点及生理意义。
7. 试述心迷走神经怎样影响心肌生物电活动和收缩功能。
8. 试述动脉血压形成机制及其影响因素。
9. 动物机体血压是如何维持相对恒定的?
10. 肾上腺素与去甲肾上腺素对心血管的作用有何不同?
11. 在动物实验中，夹闭一侧颈总动脉后，动脉血压有何变化? 为什么?
12. 简述鳃循环路径。
13. 与哺乳动物比较，鱼类血液循环的主要特征是什么?

第 4 章

第5章
呼 吸

本章导读

呼吸过程包括外呼吸(肺通气、肺换气)、气体在血液中的运输、内呼吸(血液与组织细胞之间的气体交换)3个环节。实现肺通气的动力是呼吸运动。呼吸肌的节律性收缩与舒张导致胸廓和肺随着扩大和缩小，从而导致气体吸入或呼出肺泡。肺泡与血液之间通过扩散而进行气体交换。影响肺换气的因素有呼吸膜面积与厚度、气体分压差、气体相对分子质量、气体在水中的溶解度、通气/血流比值。气体在血液中通过物理溶解和化学结合两种方式运输。O_2 主要通过与红细胞中的血红蛋白(Hb)相结合的方式运输；CO_2 主要以与 H_2O 结合形成碳酸氢根和与Hb结合成氨基甲酰Hb的方式运输。节律性呼吸活动起源延髓，机体可通过神经系统调节和控制呼吸的深度和频率以适应内、外环境的变化。

本章重点与难点

重点：肺通气、气体交换和呼吸运动的调节。

难点：胸膜腔负压、氧解离曲线、呼吸中枢及呼吸节律形成机制。

机体与外界环境之间的气体交换过程称为呼吸(respiration)。呼吸是维护机体新陈代谢和其他机能活动所必需的基本生理过程之一。呼吸一旦停止，生命也将结束。

高等动物呼吸的全过程包括3个互相紧密衔接的环节(图5-1、图5-2)：①外呼吸(external respiration)，又称肺呼吸(pulmonary respiration)，是指肺毛细血管血液与外界环境之间的气体

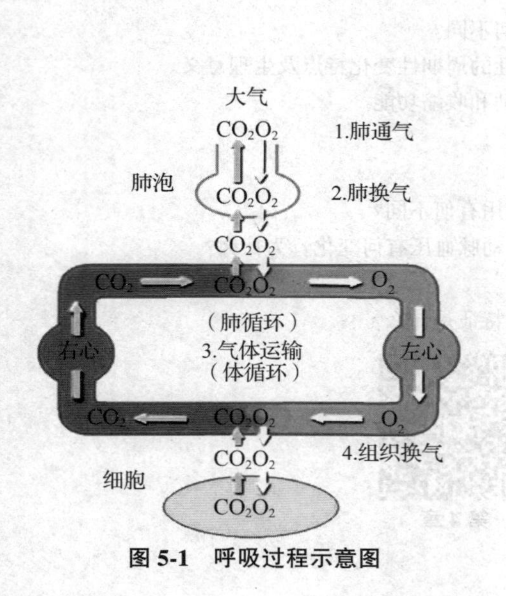

图5-1 呼吸过程示意图

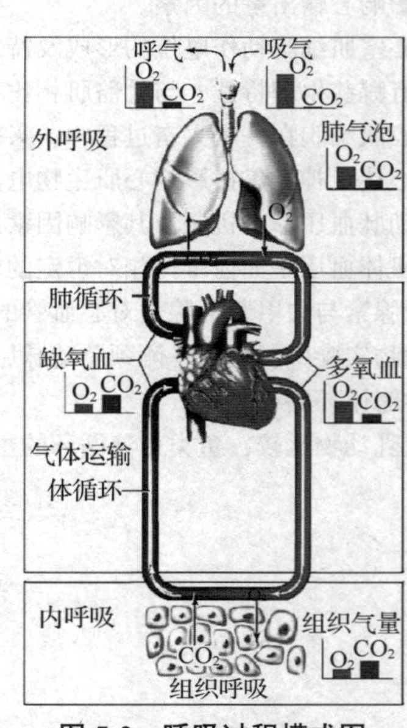

图5-2 呼吸过程模式图

交换过程，包括肺通气(pulmonary ventilation)和肺换气(pulmonary gas respiration)。前者是指肺泡与外界环境之间的气体交换过程，后者则指肺泡与肺毛细血管血液之间的气体交换过程。②气体运输是指 O_2 和 CO_2 在血液中的运输，是衔接外呼吸和内呼吸的中间环节。③内呼吸(internal respiration)，是组织细胞与组织毛细血管之间的气体交换，以及组织细胞内的氧化代谢过程。其中，组织细胞与组织毛细血管之间的气体交换过程也称组织换气(gas exchange in tissues)。

5.1 哺乳动物的呼吸

5.1.1 肺通气

肺通气是指外界空气与肺泡之间的气体交换过程。实现肺通气的器官包括呼吸道、肺泡和胸廓等。呼吸道是沟通肺泡与外界环境的通道；肺泡是肺泡气与血液进行气体交换的主要场所；胸廓在呼吸肌收缩作用下能产生节律性运动，为肺通气提供动力。

5.1.1.1 肺通气的结构基础

(1)呼吸道

呼吸道是气体进出肺的通道，包括上呼吸道和下呼吸道。上呼吸道由鼻、咽、喉 3 部分组成；下呼吸道由气管、支气管及其在肺内的各级小支气管、细支气管和终末细支气管组成。呼吸道不具备气体交换功能，但呼吸道黏膜和管壁平滑肌分别具有防御保护和调节呼吸道阻力的作用。

①呼吸道黏膜 上呼吸道黏膜含有丰富的毛细血管网并有黏液腺分泌黏液，因此对吸入的空气有加温和湿润的作用。下呼吸道黏膜含黏液腺，分泌的黏液对吸入气中的尘粒等异物有黏附作用，通过黏膜上皮纤毛的定向运动将异物推进至咽部；呼吸道黏膜含有多种感受器，可以感受有害气体和异物的刺激，通过咳嗽、喷嚏等保护性反射将其排出。有的异物或细菌可能少量进入呼吸性细支气管、肺泡管及肺泡，但这些部位的巨噬细胞可将其吞噬。此外，呼吸道黏膜滤泡，即鼻相关淋巴组织(nasal-associated lymphoid tissue，NALT)、支气管相关淋巴组织(bronchus-associated lymphoid tissue，BALT)和广泛分布在固有层中的弥散淋巴组织等组成的呼吸道黏膜免疫系统(respiratory passage mucosa immune system，RMIS)在抗感染方面起着极其重要的作用。

②呼吸道平滑肌 为了保证管腔的畅通，哺乳动物的气管壁由许多不完全的环状软骨、平滑肌和弹性纤维组成。下呼吸道软骨组织减少，尤其是细支气管，平滑肌极为丰富。平滑肌收缩时，呼吸道口径变小，通气阻力增大；舒张时，呼吸道口径变大，通气阻力减小。呼吸道平滑肌的收缩受交感神经和副交感神经双重支配。迷走神经兴奋时，其末稍释放乙酰胆碱，与气管平滑肌上的 M 型受体结合，引起平滑肌收缩。交感神经兴奋时，其末稍释放去甲肾上腺素与 β_2 型受体结合，引起平滑肌舒张。一些体液因素，如组织胺、5-羟色胺、缓激肽和前列腺素等，可引起呼吸道平滑肌的舒缩活动，也参与气道通气阻力的调节。

(2)肺泡

肺的主要结构是由肺内各级支气管和无数肺泡组成。按其功能又可分为肺的导管部和呼吸部。前者包括各级小支气管、细支气管和终末细支气管；后者包括呼吸性细支气管、肺泡管、肺泡囊和肺泡(图 5-3)。肺泡是肺部气体交换的主要场所。肺泡表面有两种类型的上皮细胞，绝大多数是Ⅰ型细胞(又称扁平上皮细胞)，尚有少量的Ⅱ型细胞(又称分泌上皮细胞)，后者能合成和分泌磷脂类表面活性物质，覆盖在肺泡内液体表面。

①呼吸膜(respiratory membrane) 肺泡与肺毛细血管之间的结构称为呼吸膜，是肺泡气体与毛细血管网之间进行气体交换所通过的组织结构。在电子显微镜下，呼吸膜由6层组成(图5-4)：即含表面活性物质的液体层、肺泡上皮细胞层、肺泡上皮细胞基膜层、肺泡与毛细血管之间的间质、毛细血管基膜层和毛细血管内皮细胞层。呼吸膜的总厚度为0.2~1 μm，通透性大，气体容易扩散通过。

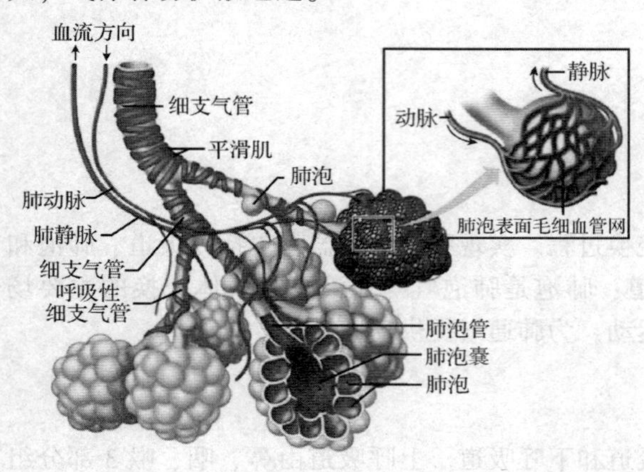

图 5-3 肺呼吸部模式图

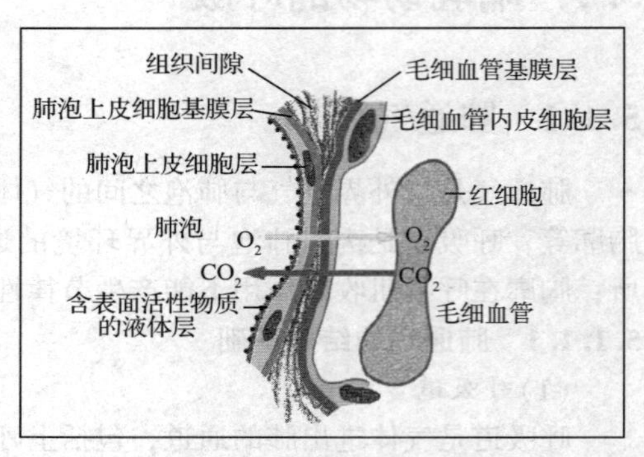

图 5-4 呼吸膜结构模式图

②肺泡表面活性物质(pulmonary surfactant) 由肺泡Ⅱ型上皮细胞合成与分泌，是由脂质和肺表面活性物质相关蛋白组成的混合物，主要成分是二棕榈酰卵磷脂(dipalmitoyl lecithin, DPL或dipalmitoyl phosphatidyl choline, DPPC)。它的分子类似于细胞膜上的磷脂结构，一端是不溶于水的非极性疏水脂肪酸，另一端是亲水的胆碱极性基团。DPPC分子垂直排列于气-液界面，极性一端插入水中，非极性一端伸入肺泡气中，改变了气-液界面的结构，从而大大降低了肺泡的表面张力。肺泡表面活性物质主要生理机能有以下几方面。

a. 降低肺泡的表面张力 在正常情况下，肺泡内侧表面分布有极薄的液体层，由于它与肺泡气体形成气-液界面，液体分子间的吸引力大于气-液界面分子间的吸引力，因而产生表面张力，使液体表面有收缩的倾向，导致肺泡趋于回缩。肺扩张后的回缩力，除小部分来自肺弹性组织外，约2/3来自肺泡表面张力。肺泡表面活性物质以单分子层覆盖在肺泡液体表面，能使肺泡表面张力降至原来的1/7~1/4。

b. 维持肺泡内压的相对稳定 根据Laplace定律

$$P = 2T/r$$

式中 P——肺泡内的压力；

T——肺泡表面张力；

r——肺泡半径。

如果大肺泡和小肺泡的表面张力相等，则肺泡内压力与肺泡半径成反比。即肺泡越小，肺泡内的压力越大；反之，肺泡越大肺泡内压就越小。如果大小肺泡彼此相通，小肺泡内的气体将顺着压力梯度不断流向大肺泡，从而使小肺泡趋于塌陷，大肺泡极度膨胀，肺泡失去稳定性(图5-5)。但在正常机体内并不存在这种现象，这是因为肺泡表面存在着表面活性物质的缘故。由于肺泡表面活性物质的密度随肺泡半径变小而增加，也随半径增大而降低，所以在小肺泡或呼气时，肺泡表面活性物质的密度大，降低肺泡表面张力的作用强，肺泡表面张力小，可

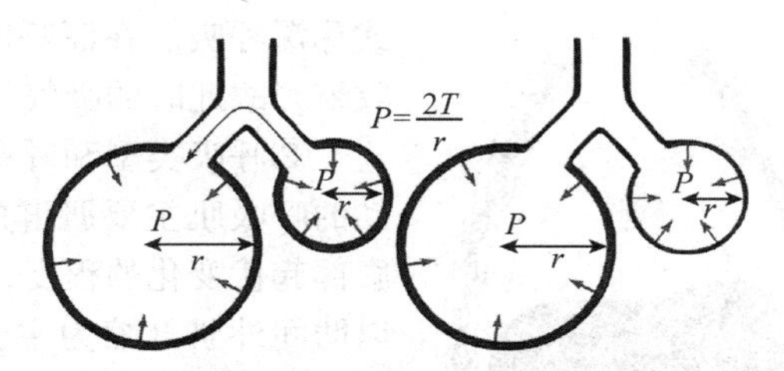

图 5-5 Laplace 定律，相连通的大小不同的肺泡内压及气流

P. 压力；*r*. 半径；*T*. 表面张力

防止肺泡塌陷；在大肺泡或吸气时，肺泡表面活性物质的密度减小，肺泡表面张力增加，可防止肺泡过度膨胀，从而可保持肺泡容量(内压)的相对稳定。

c. 阻止肺泡积液　肺泡表面张力使肺泡回缩，有促使肺毛细血管内液体进入肺泡而形成肺水肿的倾向，但因肺泡表面存在表面活性物质的缘故，降低了肺泡表面张力，从而减弱表面张力对肺毛细血管中液体的吸引作用，防止肺水肿的发生。

(3)胸廓

胸廓是胸腔壁的骨性基础和支架，由胸椎、胸骨、肋骨和肋间组织组成。胸廓在呼吸运动过程中能扩大和缩小，主要靠附着在其上的肌肉收缩和舒张引起。参与呼吸运动的肌肉称为呼吸肌，包括吸气肌、呼气肌和辅助呼吸肌。主要的吸气肌包括膈肌和肋间外肌；主要的呼气肌包括腹肌和肋间内肌。此外，还有一些辅助呼吸肌(如斜角肌、胸锁乳突肌等)只在用力呼吸时才参与呼吸运动。

5.1.1.2　肺通气的原理

气体之所以能够进出肺，是由于大气和肺泡气之间存在着压力差，这种压力差是由肺的收缩和舒张引起的。当肺扩张时，肺容积增大，肺内压(肺泡内的压力)低于大气压，空气经呼吸道进入肺内，称为吸气(inspiration)。当肺回缩时，肺容积缩小，肺内压高于大气压，肺内气体经呼吸道排出体外，称为呼气(expiration)。

气体进出肺取决于两方面的因素：一是推动气体流动的肺通气动力；二是阻止其流动的肺通气阻力。只有在肺通气动力克服肺通气阻力情况下，方能实现肺通气。

(1)肺通气动力

肺是一富有弹性的器官，本身不具有主动舒缩的能力。肺的张缩是由胸廓的扩大和缩小所引起，而后者又是通过呼吸肌的收缩和舒张实现的。可见，大气和肺泡气之间的压力差是肺通气的直接动力，而呼吸肌收缩和舒张引起的呼吸运动则是实现肺通气的原动力。

①呼吸运动　由呼吸肌的收缩与舒张所引起的节律性胸廓扩大或缩小称为呼吸运动(respiratory movement)，包括吸气运动和呼气运动。动物在安静时，吸气主动而呼气被动的呼吸称为平静呼吸(eupnea)。平静呼吸时，吸气运动是由膈肌和肋间外肌收缩引起的主动运动。吸气时膈肌收缩，膈向后(向下)移动，胸廓前后径(上下径)增大(图 5-6、图 5-7)；肋间外肌收缩时，肋骨向前向外(向上向外)移动，同时胸骨向前向下移动(人则胸骨上举)，胸廓上下左右径增大(图 5-8)，结果随胸腔扩大肺也被动扩张，使肺内压低于大气压，空气经呼吸道进入肺内，引起吸气。但在平静呼气时，呼气并不是由呼气肌(肋间内肌和腹肌等)收缩引起的，而是因膈肌和肋间外肌的舒张，使胸廓回位，恢复其吸气开始之前的位置，肺容积减小，肺内压上升高于大气压，肺内气体经呼吸道排出体外，引起呼气。因此，平静呼气时，吸气是主动的，呼气是被动的。动物在劳役或运动时用力而加深的呼吸称为用力呼吸(forced breathing)，

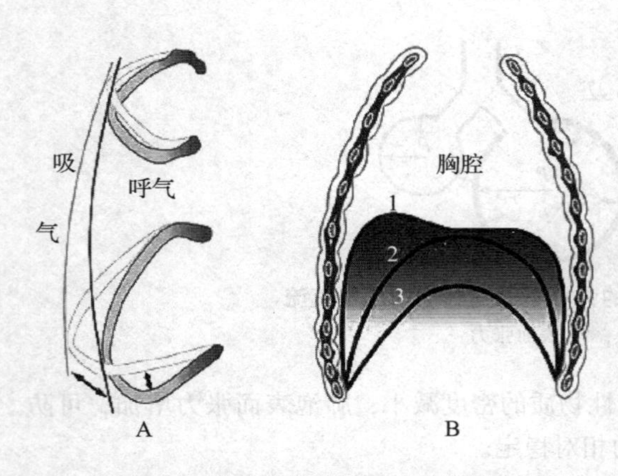

图 5-6　呼吸时肋骨和膈肌位置的变化

A. 呼吸时肋骨位置的变化；B. 呼吸时膈肌位置的变化
1. 平静呼气；2. 平静吸气；3. 深吸气

或称深呼吸。在深呼吸时，由于呼气肌参与了收缩，故此时的吸气、呼气运动都是主动的。

②呼吸类型和呼吸频率　根据参与呼吸运动的呼吸肌主要肌群的主次、活动状况以及胸腹部起伏变化的程度，可将呼吸类型分为3类：以肋间外肌舒缩为主，胸部起伏明显的呼吸运动称为胸式呼吸(thoracic breathing)；以膈肌舒缩为主，腹壁起伏明显的呼吸运动称为腹式呼吸(abdominal breathing)；如果肋间外肌和膈肌都参与呼吸活动，胸腹部均有明显起伏的呼吸运动称为胸腹式呼吸(混合式呼吸)(combined breathing)。正常情况下，健康动物的呼吸多属于这一类型。只有在胸部或腹部活动受到限制时，才可能出现胸式呼吸或腹式呼吸。

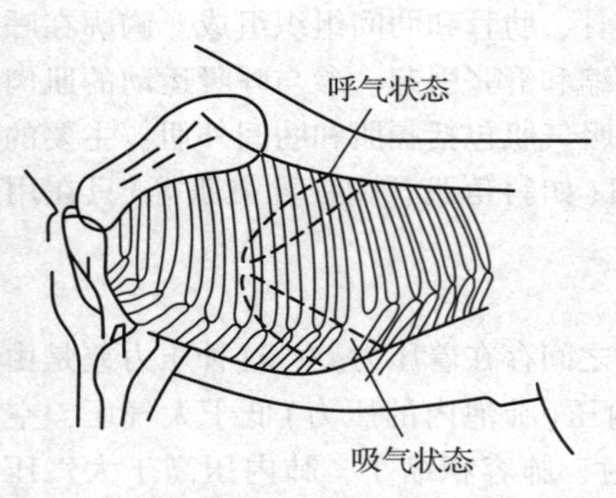

图 5-7　膈在呼气和吸气运动中的位置

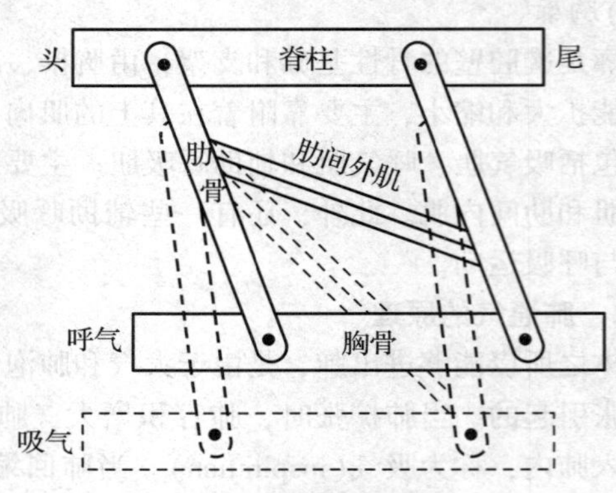

图 5-8　肋骨运动模式

动物每分钟呼吸的次数称为呼吸频率(respiratory frequency)。呼吸频率可因种别、年龄、个体大小、外界温度、海拔高度、空气中 O_2 和 CO_2 含量、机体状态、新陈代谢强度以及疾病等因素的影响而发生变化。各种健康动物的呼吸频率见表 5-1 所列。

表 5-1　健康动物的平静呼吸频率　　次/min

动物品种	频率	动物品种	频率	动物品种	频率
马	8~16	骆驼	5~12	兔	50~60
绵羊	12~24	鸽	50~70	鸡	22~25
山羊	10~20	鹿	8~16	鸭	16~28
猪	15~24	犬	10~30	水牛	9~18
牛	10~30	猫	10~25		

③肺内压与胸膜腔内压　肺内压(intrapulmonary pressure)是指肺泡内的压力。动物在吸气末和呼气末，肺通气停止，肺内压与大气压相等。吸气初，肺容积增大，肺内压低于大气压，空气进入肺泡，肺内压也随之升高，至吸气末肺内压等于大气压，吸气停止。在呼气初，肺容量减小，肺内压高于大气压，气体由肺内流出，肺内气体量逐渐减少，肺内压随之下降，至呼气末肺内压降至与大气压相等，呼气停止。

由上述可见，在呼吸过程中，正是由于肺内压周期性的交替升降，才造成了肺内压与大气压之间的压力差。这一压力差成为推动气体进出肺的直接动力。呼吸过程中肺内压的变化程度，与呼吸缓急、深浅和呼吸道是否畅通有关。呼吸变浅，呼吸道畅通，则肺内压变化较小，反之肺内压变化较大。

胸膜腔内压(intrapleural pressure)曾称胸内压。肺和胸廓之间存在着一个密闭、潜在的胸膜腔。胸膜腔是由紧贴于肺表面的胸膜脏层和紧贴于胸廓内壁的胸膜壁层两层胸膜构成。胸膜腔内只有少量浆液，没有空气。这些浆液一方面在两层胸膜间起润滑作用，减少呼吸运动中两层胸膜互相滑动的摩擦阻力；另一方面，浆液分子之间的内聚力可使两层胸膜紧贴在一起，不易分开，使肺可以随胸廓的运动而运动。因此，胸膜腔的密封性和两层胸膜间浆液分子的内聚力对于维持肺的扩张状态和肺通气具有重要的生理意义。如果胸膜破裂与大气或肺泡气相通，空气进入胸膜腔，形成气胸(pneumothorax)，两层胸膜分开，肺将因本身的回缩力而塌陷。这时，尽管呼吸运动仍在进行，肺却减少或失去了随胸廓运动而张缩的能力，从而影响肺通气功能；同时，静脉血液和淋巴液的回流也将受阻。

胸膜腔内压比大气压低，习惯上称为胸膜腔内负压。胸内负压可用检压计直接测量(图5-9)，但此法具有刺破胸膜脏层和肺的危险，故临床常用间接方法，即测定食管内压来表示胸膜腔内压。因为食管在胸腔内介于肺和胸壁之间，食管壁薄而软，在呼吸过程中食管内压与胸膜腔内压二者的压力变化值基本一致。故可通过测食管内压的方法间接反映出胸膜腔内压的变化情况。

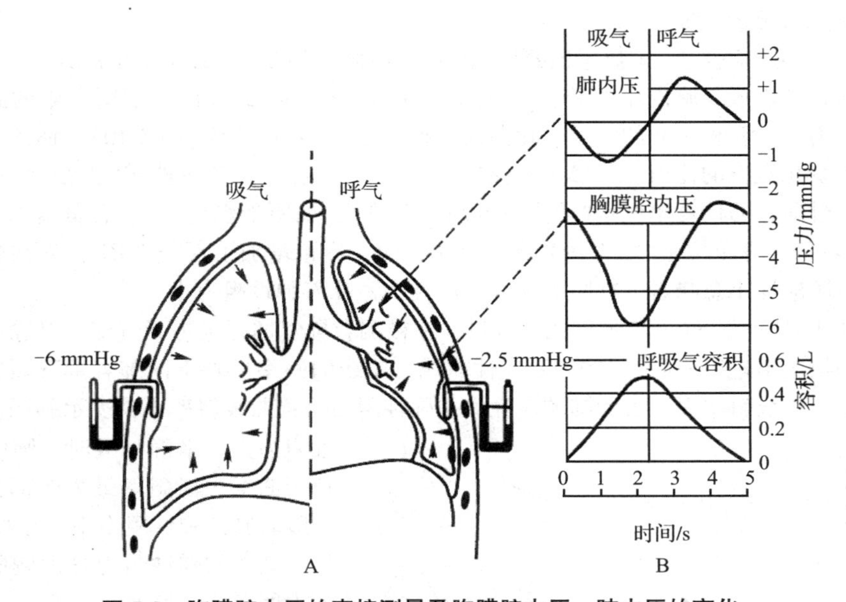

图5-9 胸膜腔内压的直接测量及胸膜腔内压、肺内压的变化

A. 胸膜腔内压直接测量示意图；B. 吸气和呼气时，肺内压、胸膜腔内压及呼吸气容积的变化

测量表明，胸膜腔内压低于大气压，为负压。胸膜腔内负压的形成与作用于胸膜的两种力量有关：一是肺内压，使肺泡扩张；二是肺的回缩产生的压力，使肺泡缩小。胸膜腔内的压力实际是这两种方向相反的力量的代数和。

胸膜腔内压=肺内压(大气压)-肺回缩压

在吸气末或呼气末肺内压等于大气压，若把大气压值设为零(生理零位标准)，则

胸膜腔内压=-肺回缩压

可见，胸膜腔负压实际上是由肺的回缩压造成的。吸气时肺扩张，肺回缩压增大，故胸膜腔内负压增大；呼气时肺缩小，肺的回缩压减小，故胸膜腔内负压也减小。平静呼气末胸膜腔内压仍为负压，这是因为动物在生长发育过程中，胸廓的生长速度比肺快，胸廓的自然容积大于肺的自然容积，所以从出生后第一次呼吸开始，肺便被充气而始终处于扩张状态，在正常情况下肺总是表现出回缩倾向，故无论在平静吸气或呼气过程中，胸膜腔内压均为负压。

(2)肺通气的阻力

肺通气的阻力可分为弹性阻力和非弹性阻力两种。在平静呼吸时，弹性阻力(肺和胸廓)约占总阻力的70%，非弹性阻力(气道阻力、惯性阻力和组织的黏滞阻力)约占总阻力的30%。

①弹性阻力(elastic resistance) 是指弹性组织在外力作用下变形时，具有的对抗变形和回位的力量。在相同外力的作用下，变形程度小者，弹性阻力大；变形程度大者，弹性阻力小。

弹性阻力一般用顺应性(compliance)来衡量。顺应性是指弹性组织在外力作用下的可扩张性。顺应性(C)与弹性阻力(R)成反比关系。

$$C=1/R$$

顺应性的大小用单位压力变化(ΔP)所引起的容量变化(ΔV)来衡量，即

$$C=\Delta V/\Delta P\,(\mathrm{L/cmH_2O})$$

因为肺和胸廓都是弹性组织，所以弹性阻力包括肺的弹性阻力和胸廓的弹性阻力。

肺的弹性阻力包括肺弹性纤维的回缩力和肺泡表面张力，肺的弹性阻力可用肺顺应性(*compliance*，C)表示，即

肺顺应性(C)= 肺容积的变化(ΔV)/跨肺压的变化(ΔP)($\mathrm{L/cmH_2O}$)

跨肺压是肺内压与胸内压之差，ΔV是在一定的跨肺压(ΔP)作用下所产生的肺容积的变化。这种压力与肺容积之间的关系变化曲线，称为压力-容量曲线(图5-10)。曲线上容量变化数值与压力变化数值的比值($\Delta V/\Delta P$)则称为应变性或顺应性。顺应性与“扩张性”的意思基本相同。只不过前者的计算单位是“压力每升高一个单位(如厘米水柱)时，容量增加了几升或几毫升”，后者的计算单位是“压力每升高一个单位时，容量增加了百分之几”。顺应性是弹性阻力的倒数，顺应性小意味着弹性阻力大，顺应性大意味着弹性阻力小。

图5-10是在静态下(分步吸气或呼气后，在被测者屏气即呼吸道无气流、排除摩擦阻力等因素影响的情况下进行)所测得的肺顺应性曲线。曲线的斜率反映不同肺容量下顺应性或弹性阻力的大小。曲线斜率大，表示肺顺应性大，弹性阻力小；曲线斜率小，表示肺顺应性小，弹性阻力大。平静呼吸时，肺顺应性大致位于曲线中段斜率最大的部分，故平静呼吸时肺的弹性阻力小，呼吸省力。

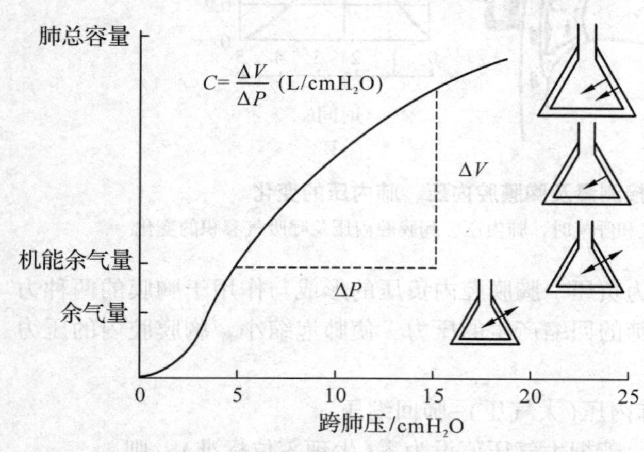

图5-10 肺压力-容量曲线($1\ \mathrm{cmH_2O}=0.098\ \mathrm{kPa}$)

胸廓的弹性阻力是由胸廓的弹性回缩力所形成。胸廓处于自然位置时，肺容量一般相当于肺总量的67%左右(相当于平静吸气末的肺容量)，此时胸廓无变形，不表现出弹性阻力。当肺容量小于肺总量的67%时(如平静呼气末)，胸廓被牵引向内而缩小，其弹性阻力向外，构成吸气的动力，呼气的阻力；当肺容量大于肺总容量的67%时(如深吸

气状态），胸廓被牵引向外而扩大，其弹性阻力向内，成为吸气的阻力，呼气的动力。由此可见，胸廓的弹性阻力与肺（肺的弹性阻力总是为吸气的阻力）不同，它可以是吸气或呼气的阻力，也可以是吸气或呼气的动力。胸廓的弹性阻力可用胸廓的顺应性（thoracic compliance，*Ct*）表示：

胸廓顺应性（*Ct*）= 胸腔容积的变化（ΔV）/跨胸壁压的变化（ΔP）（L/cmH_2O）

胸廓顺应性除取决于胸廓的弹性阻力外，也受附属或邻近组织如胸廓脂肪和腹腔中内脏质量的影响。

②非弹性阻力　主要由惯性阻力、黏滞阻力和气道阻力3种力量组成。

惯性阻力是气流在发动、变速、换向时因气流和组织惯性所产生的阻止肺通气运动的因素。平静呼吸时，由于呼吸频率低，气流速度慢，惯性阻力小，可忽略不计。

黏滞阻力来自呼吸时组织相对位移所发生的摩擦。

气道阻力（airway resistance）是非弹性阻力的主要组成部分，占80%~90%，来自气体流经呼吸道时气体分子间和气体分子与气道壁之间的摩擦。气道阻力受气流速度、气流形式和气道管径大小的影响。气流快，阻力大；气流慢，阻力小。气流形式有层流和湍流，层流阻力小，湍流阻力大。不规则的气道容易形成湍流，是产生气道阻力的主要部位。气道管径大小是影响气道阻力的另一个重要因素，气道阻力随管径的缩小而增大。

5.1.1.3　肺通气功能的评价

肺通气是呼吸的重要环节之一，应用肺量计进行测定，可得到肺容积曲线（图5-11）。所测得的肺容积和肺通气量等指标可用于评价肺通气的功能。

（1）肺容积（pulmonary volume）

肺容积是指不同状态下肺所能容纳的气体量。有4种基本肺容积，它们互不重叠。

①潮气量（tidal volume，TV）　每次呼吸时吸入或呼出的气量，称为潮气量。正常动物深呼吸时，潮气量增加，每次平静呼气终点都稳定在同一个水平上，这一水平的连线称为平静呼吸基线（图5-11）。

②补吸气量（inspiratory reserve volume，IRV）　为平静吸气末，再尽力吸气所能吸入的气量。马的补吸气量约为12 L。

③补呼气量（expiratory reserve volume，ERV）　是指平静呼气末，再尽力呼气所能呼出的气量。马的补呼气量约为12 L。

④余气量（residual volume，RV）　指平静呼气末尚存留于肺内不能再呼出的气体量。残气量是无法用力将其呼出的，利用肺量计无法测得余气量，只能用间接法（如氦稀释法等）测定。

（2）肺容量（pulmonary capacity）

肺容量是指肺容积中两项或两项以上的联合气体量。肺容量包括深吸气量、功能余气量、肺活量和肺总量（图5-11）。

①深吸气量（inspiratory capacity，IC）　是指在平静呼气末做最大吸气时所能吸入的气量，等于潮气量和补吸气量之和。深吸气量一般与肺活量呈平行关系，是衡量最大通气潜力的重要指标。

②功能余气量（functional residual capacity，FRC）　是指平静呼气末肺内存留的气量，为补呼气量和余气量之和。正常时功能余气量很稳定，肺气肿患者，功能残气量会增加，呼气基线上移；肺实质性病变时则减少，平静呼吸基线下移。其生理意义是缓冲呼吸过程中肺泡氧气和二氧化碳分压的过度变化，以利于气体交换的持续进行。

③肺活量（vital capacity，VC）　是指最大吸气后，尽力呼气所能呼出的气量，等于潮气量、

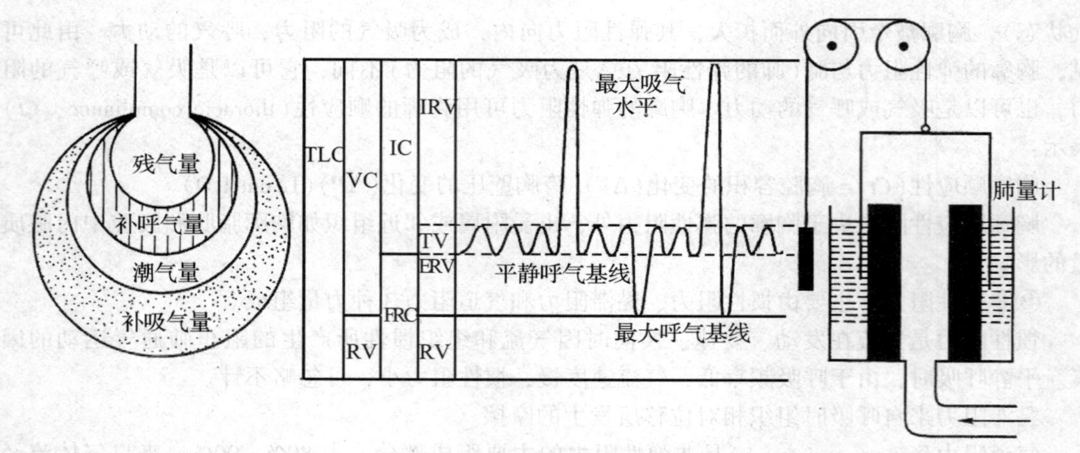

图 5-11 肺静态容量示意图

TV：潮气量；TLC：肺总量；RV：余气量；IC：深吸气量；FRC：功能余气量；IRV：补吸气量；ERV：补呼气量；VC：肺活量

补吸气量和补呼气量之和或肺总容量减去余气量。肺活量有较大的个体差异，与动物的性别、年龄、个体大小和运动强度等因素有关。

用力肺活量(forced vital capacity，FVC) 是指最大吸气后，以最快速度用力呼气所能呼出的最大气量。该指标避免了肺活量不限制呼气时间的缺陷，排除气道阻塞患者在延长呼气时所测得的肺活量仍然正常的假象，能更客观地反映肺的通气功能。

用力呼气量(forced expiratory volume，FEV) 又称时间肺活量(timed vital capacity，TVC)，它是指最大吸气后，以最快速度尽力呼气，同时记录第 1 s、2 s、3 s 末所能呼出的最大气量，通常以它所占用力肺活量的百分数来表示。这是一个动态指标，它既能反映肺活量的大小，也能反映呼吸阻力的变化。

④肺总容量(total lung capacity，TLC) 是指肺所能容纳的最大气量，它等于肺活量与余气量之和。

(3)肺通气量

肺通气量包括每分通气量和肺泡通气量。

①每分通气量(minute ventilation volume) 是指每分钟吸入肺内或从肺内呼出的气体总量，也称肺通气量。其值等于潮气量与呼吸频率的乘积。每分通气量受两个因素影响：一是呼吸的速度，二是呼吸的深度。动物呼吸频率加快，呼吸深度增加，每分通气量将相应增大。如果尽力做深快呼吸，每分钟吸入或呼出的最大气体量称为肺最大随意通气量(maximaln voluntary ventilation)。它反映单位时间内充分发挥全部通气能力所能达到的通气量，是估计动物能进行多大运动量的重要指标。健康动物的最大通气量可比平静呼吸时每分通气量大 10 倍。比较每分平静通气量与最大通气量，可以了解通气功能的储备能力，后者通常用通气储备量百分比表示。

通气储备量百分比=(最大随意通气量-每分平静通气量)/最大随意通气量×100%

②肺泡通气量(alveolar ventilation volume) 是指每分钟吸入肺泡的新鲜空气量或每分钟能与血液进行气体交换的量。肺泡通气量比每分通气量小，其差值为无效腔气量乘以呼吸频率。因为每次吸入的气体并非全部进入肺泡，其中一部分停留在呼吸性细支气管以上部位的呼吸道内，不能与血液进行气体交换。故把这一段呼吸道称为解剖无效腔(anatomical dead space)或死

腔(dead space)。进入肺泡内的气体，也可因血液在肺内分布不均而未能全部与血液进行气体交换，这部分未能与血液发生气体交换的肺泡容量称为肺泡无效腔(alveolar dead space)。肺泡无效腔和解剖无效腔合称生理无效腔(physiological dead space)。健康动物的肺泡无效腔接近零，因此生理无效腔几乎与解剖无效腔相等。

由于无效腔的存在，每次吸入的新鲜空气一部分停留在无效腔内，另一部分进入肺泡，可见肺泡通气量才是真正的有效通气量，肺泡通气量可按下式计算：

肺泡通气量=(潮气量-无效腔气量)×呼吸频率

潮气量和呼吸频率的变化，对每分通气量和肺泡通气量的影响是不同的。例如，潮气量减半而呼吸频率加倍时，或潮气量加倍而呼吸频率减半时，肺通气量保持不变，但肺泡通气量却发生明显改变。从表5-2可看出，在一定范围内深慢呼吸比浅快呼吸的气体交换效率高。

表5-2　人不同呼吸频率和潮气量时的肺通气量和肺泡通气量

呼吸特点	呼吸频率/(次/min)	潮气量/mL	肺通气量/(mL/min)	肺泡通气量/(mL/min)
平静呼吸	16	500	8 000	5 600
深慢呼吸	8	1 000	8 000	6 800
浅快呼吸	32	250	8 000	3 200

5.1.2　肺换气与组织换气

在动物的呼吸过程中，气体交换发生在两个部位：一是呼吸器官肺与血液间的气体交换，称为肺换气；二是组织与血液间的气体交换，称为组织换气。

5.1.2.1　气体交换的原理

混合气体中，每种气体分子运动所产生的压力为该气体的分压。温度相对恒定时，气体分压值的大小只决定其本身的浓度。液体中的气体分压称为气体张力。当生物膜两侧的气体分压不等时，气体分子总是从高分压向低分压方向移动，直至动态平衡，这一过程称为扩散。因此，存在于生物膜两侧的各种气体的分压差是气体交换的动力。压力差越大，单位时间内气体分子的扩散量就越多。

5.1.2.2　气体交换过程

(1)气体在肺内的交换

呼吸膜是气体在肺内交换的组织结构，其总厚度不足1 μm，允许气体分子自由通过。当呼吸膜两侧出现分压差时，气体就会由高分压一侧扩散至低分压一侧。由于肺通气不断进行，新鲜空气不断进入肺泡内，所以肺泡内的P_{O_2}总是高于肺泡毛细血管静脉血液的P_{O_2}，而肺泡气中P_{CO_2}总是低于肺泡毛细血管静脉血中P_{CO_2}(图5-12)。因此，当静脉血流经肺毛细血管时，O_2顺其分压差由肺泡扩散入血液；同时，CO_2顺其分压差由血液扩散至肺泡。肺换气的速度很快，仅需0.3 s就可以达到平衡。通常情况下，血液流经毛细血管的时间约0.7 s，所以当血液流经肺毛细血管全长1/3时，已基本完成气体交换过程(图5-13)，通过肺换气使静脉血变为动脉血。

(2)气体在组织中的交换

组织细胞在代谢过程中不断消耗O_2并产生CO_2，使组织中的P_{O_2}总是低于动脉血，而P_{CO_2}则高于动脉血。当动脉血液流经全身组织毛细血管时，动脉血中的O_2即向组织细胞中扩散，而CO_2则由组织细胞扩散入血液。经过组织换气使动脉血变成静脉血。

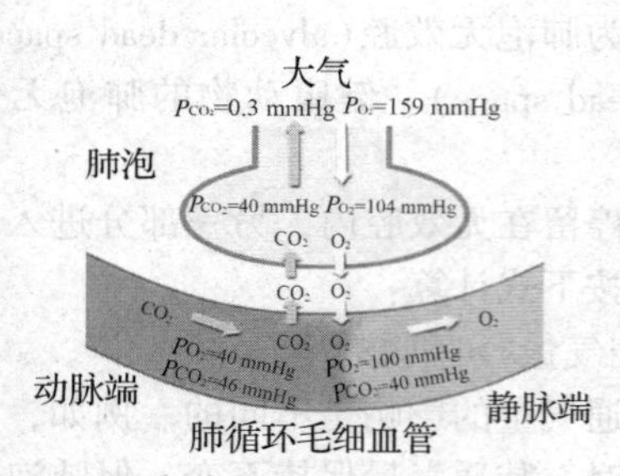

图 5-12 肺泡气体交换示意图

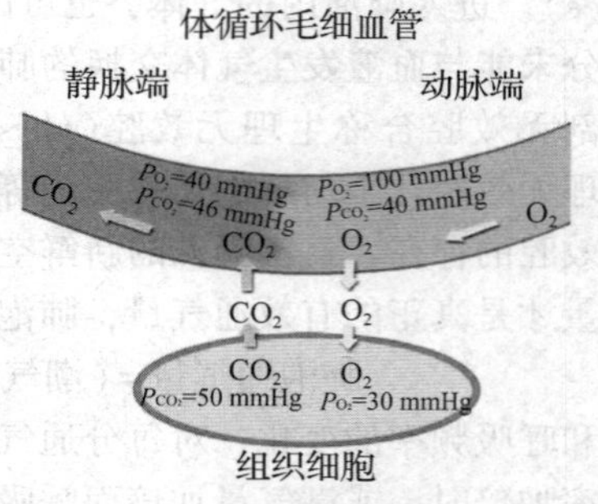

图 5-13 组织换气示意图

5.1.2.3 影响肺换气因素

(1)气体分压差

气体分压差是影响肺内气体交换的最主要因素，如果呼吸膜两侧不出现气体分压差，气体就没有由高分压一侧扩散到低分压一侧的动力。单位时间内气体扩散的容积，称为气体扩散速率。其他条件不变，在一定分压差范围内气体扩散速率与气体分压差成正比。如果扩散发生在气相与液相之间，则扩散速率还与气体在溶液中的溶解度成正比。气体的溶解度(S)是指某气体在单位分压下能溶解于液体中的量。

(2)气体扩散系数

溶解度与气体相对分子质量(MW)的平方根之比称为扩散系数(diffusion coefficient)。它取决于气体分子本身的特性。溶解度与气体相对分子质量直接影响扩散系数。质量轻的气体扩散较快。气体扩散速率遵从拉普拉斯公式：

$$D \propto \Delta P \cdot T \cdot A \cdot S/(d \cdot \sqrt{MW})$$

即气体分子扩散速率(D)与分压差(ΔP)、绝对温度(T)、扩散面积(A)以及溶解度(S)成正比，与扩散距离(d)、相对分子质量的平方根成反比。CO_2 与 O_2 在血液中的溶解度之比为 24∶1，CO_2 与 O_2 相对分子质量的平方根之比为 1.17∶1。因此，在相同分压下 CO_2 的扩散速率要比 O_2 快得多，约为 O_2 的 20 倍。而正常换气时，ΔP_{O_2} 为 ΔP_{CO_2} 的 10 倍，如果将气体的分压差、溶解度和相对分子质量综合考虑，CO_2 的扩散率是 O_2 的约 2 倍。所以，肺换气不足时，通常缺氧显著，而 CO_2 潴留不明显。

(3)呼吸膜的面积和厚度

气体扩散速率与呼吸膜的面积呈正相关。呼吸膜的面积又与参与换气肺泡的数量有关。在平静呼吸时，参与换气活动的肺泡约占总肺泡量的 55%左右。运动或使役时，由于有更多储备状态的肺泡参与换气活动，使呼吸膜总面积增加，气体扩散速率也增加；病理状态下，如肺气肿、肺不张、肺实变或毛细血管关闭和堵塞，均能使呼吸膜换气面积大为缩小，气体扩散速率也随之降低。

呼吸膜的厚度不仅影响气体扩散的距离，也影响膜的通透性，气体扩散速度与呼吸膜的厚度呈负相关。正常情况下，呼吸膜很薄($<1\ \mu m$)，有很高的通透性，加之红细胞膜通常能接触到毛细血管壁，使 O_2 和 CO_2 可不经大量血浆层即可到达红细胞或进入肺泡，扩散距离短，更有利于气体交换。在病理情况下，如肺纤维化、肺水肿，均会使呼吸膜增厚，导致通透性降低，气体扩散速率下降。

(4)肺通气量与肺血流量比值

每分钟肺泡通气量(V_A)与每分钟肺血流量(Q)之间的比值，称为通气/血流比值(ventilation/perfusion ratio)。健康动物的 V_A/Q 比值是相对恒定的，表示肺通气量与肺血流量配比适当，即肺泡气体能充分地与血液进行气体交换。如果比值增大，表明通气过剩，血流不足，部分肺泡气未能与血液充分交换，使肺泡无效腔增大；如果比值下降，表明通气不足，血流量过剩，部分静脉血液得不到气体交换，形成功能性动-静脉短路(图 5-14)。由此可见，V_A/Q 比值无论增大或减小，两者都妨碍了有效的气体交换，导致血液缺氧或 CO_2 潴留，但主要是缺氧。高等哺乳动物 V_A/Q 的生理值约为 4. 2/5＝0. 84。

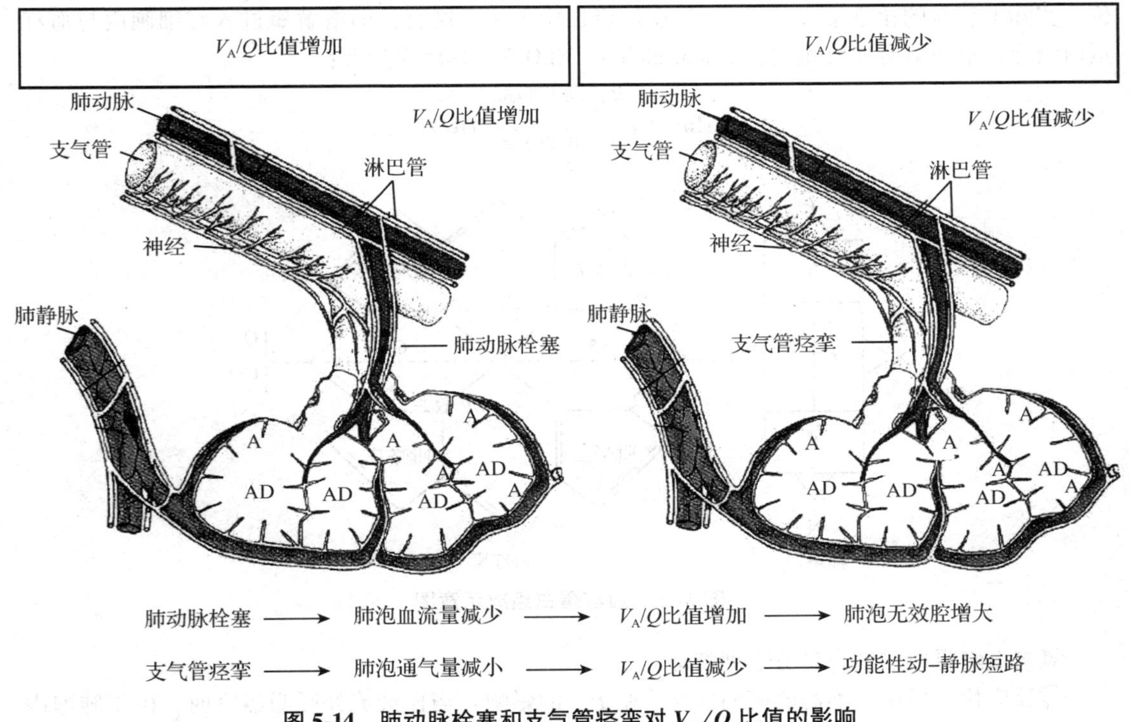

图 5-14 肺动脉栓塞和支气管痉挛对 V_A/Q 比值的影响

A：肺泡；AD：肺泡管

5. 1. 3 气体在血液中的运输

O_2 和 CO_2 在血液中的存在形式有两种，即物理溶解状态和化学结合状态。以溶解形式存在的很少(表 5-3)，但较重要，因为气体必须先通过物理溶解，而后才能化学结合。在化学结合后要解离时也要通过物理溶解才能扩散。物理溶解量与其分压和溶解度成正比，与温度成反比，物理溶解和化学结合两者之间处于动态平衡。

表 5-3 100 mL 血液中 O_2、CO_2 的量 mL

气体	动脉血			静脉血		
	化学结合	物理溶解	合计	化学结合	物理溶解	合计
O_2	20. 00	0. 30	20. 30	15. 20	0. 20	15. 40
CO_2	46. 40	2. 62	49. 02	50. 00	3. 00	53. 00

5.1.3.1 氧的运输

血液中的氧以溶解形式存在的量极少，约占血液总氧含量的1.5%，有98.5%是以化学结合形式存在的。

(1)血红蛋白与氧的可逆结合

血红蛋白(Hb)是红细胞内的色素蛋白，它是一种结合蛋白。1分子的血红蛋白由1个珠蛋白和4个血红素(又称亚铁原卟啉)组成(图5-15)。每个血红素又由4个吡咯基组成一个环，中心为Fe^{2+}。每个珠蛋白有4条多肽链，每条多肽链与1个血红素连接构成血红蛋白的亚单位。实际上，氧的化学结合是指O_2与血红蛋白中的Fe^{2+}结合，即溶解氧进入红细胞内与血红蛋白结合，形成氧合血红蛋白(oxyhemoglobin，HbO_2)，其反应如下：

$$Hb+O_2 \underset{P_{O_2}\text{低的组织}}{\overset{P_{O_2}\text{高的肺部}}{\rightleftharpoons}} HbO_2$$

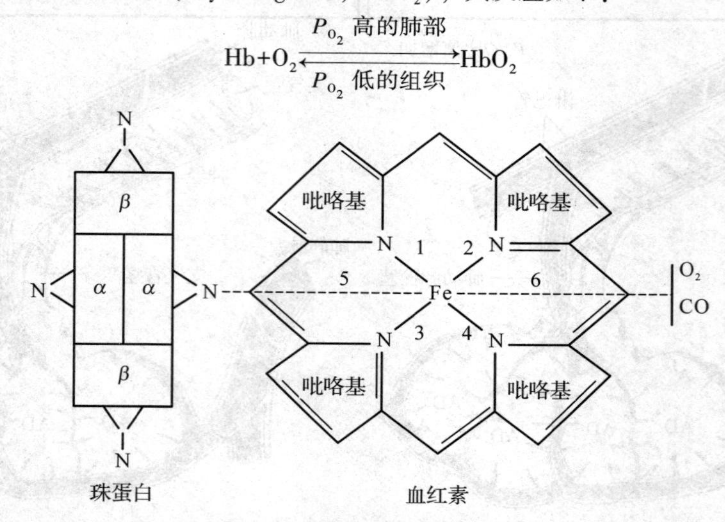

图5-15 血红蛋白组成示意图

氧与血红蛋白的结合具有下列特征：

①反应快、可逆、不需要酶的催化、受P_{O_2}的影响 当血液流经呼吸器官时，由于肺泡内P_{O_2}高，Hb与O_2结合形成HbO_2；当血液流经组织时，由于组织内P_{O_2}低，HbO_2迅速解离，并释放出O_2，整个反应不需要任何酶参与，反应速度非常快(<0.01 s)，而且是可逆的。

②Hb与O_2的结合称为氧合反应 因为反应前后Fe^{2+}仍保持亚铁形式，没有电子得失，因此这一过程不是氧化(oxidation)反应，而是一种疏松的结合，称为氧合(oxygenation)。

③1分子Hb可以和4分子O_2结合 从理论上讲，1分子Hb可以与4分子O_2结合，达到百分之百的结合率。但实际并非如此，Hb与O_2的结合受P_{O_2}和Hb浓度的影响。P_{O_2}越高结合度越高，但均不能达到百分之百的结合率，原因与Hb的变构效应有关。因此，我们把100 mL血液中Hb所能结合的最大O_2量称为Hb氧容量(oxygen capacity)，把Hb实际结合的O_2量称为氧含量(oxygen content)。为了表达Hb与O_2的结合度，常把氧含量与氧容量的百分比称为Hb氧饱和度(oxygen saturation)。

④Hb具有变构效应(见下文)。

(2)氧解离曲线

氧解离曲线(oxygen dissociation curve)是表示P_{O_2}与Hb氧饱和度的关系曲线(图5-16)。该曲线表示在不同P_{O_2}下，O_2与Hb解离与结合情况，从曲线可以看出：血红蛋白与O_2结合与解离的关系并非直线关系，而是呈“S”形曲线，这与Hb的变构效应有关。目前认为Hb有两种构型：去氧 Hb 为紧密型(T型)和氧合 Hb 为疏松型(R型)。当第一个 O_2 与 Hb 的 Fe^{2+} 结合后，盐键逐渐断裂，Hb 分子就会由 T 型变为 R 型，对 O_2 的亲和力逐渐增加。R 型对 O_2 的亲和力为 T 型的数百倍。也就是说 Hb 的 4 个亚单位无论在结合 O_2 或释放 O_2 时，彼此间有协同效应。即一个亚单位与 O_2 结合，由于变构效应，可以促进其他亚单位与 O_2 结合。反之，当 HbO_2 中的一个亚单位释放 O_2 后，可促进其他亚单位释放 O_2，因此氧解离曲线为"S"形。这种变构效应对结合或释放 O_2 都具有重要意义。氧解离曲线为"S"形，各段特点及其功能意义如下：

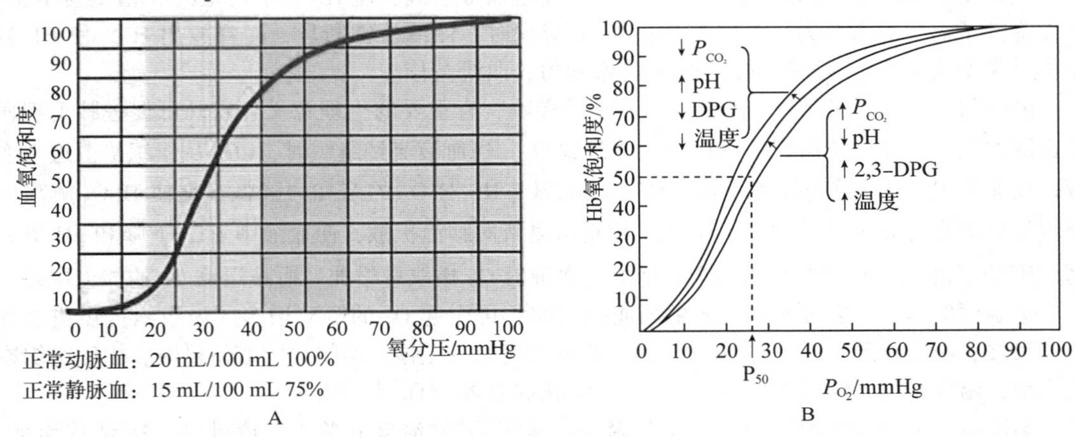

图 5-16 氧解离曲线及影响因素

A. 氧解离曲线；B. 影响氧解离曲线主要因素

①氧解离曲线上段　相当于 P_{O_2} 在 8.0～13.3 kPa(60～100 mmHg)范围内 Hb 的氧饱和度，此时曲线较平坦，表明 P_{O_2} 的变化对氧饱和度的影响不大。显示出动物对空气中的氧含量降低或呼吸性缺氧有很大的耐受能力。只要 P_{O_2} 不低于 60 mmHg，Hb 氧饱和度仍保持在 90%以上，血液仍可携带足够量的 O_2，不致发生明显的低血氧症。

②氧解离曲线中段　相当于 P_{O_2} 在 5.3～8.0 kPa (40～60 mmHg)时的 Hb 氧饱和度，该段曲线较陡，反映的是安静状态时 HbO_2 释放 O_2 的部分。P_{O_2} 轻度变化可使氧饱和度发生较大变化。安静时，组织毛细血管中混合静脉血 P_{O_2} 为 5.3 kPa(40 mmHg)，此时 Hb 氧饱和度约为 75%，每 100 mL 血中含 O_2 14.4 mL。而正常情况下，动脉血的氧饱和度为 97.4%，即每 100 mL 血液中含 19.4 mL O_2，因此每 100 mL 动脉血流过组织时可释放出 5 mL O_2，能够满足安静状态下组织的氧需要。

③氧解离曲线下段　相当于 P_{O_2} 在 2.0～5.3 kPa(15～40 mmHg)时的 Hb 氧饱和度，为曲线最陡部分，血中 P_{O_2} 较小变化将引起 Hb 氧饱和度明显改变，从而可以释放更多的 O_2 供组织利用。当组织活动加强时，P_{O_2} 可降至 2 kPa(15 mmHg)，HbO_2 进一步解离，Hb 氧饱和度降至更低水平，血氧含量仅约为 4.4%。这样每 100 mL 血液能供给组织约 15 mL O_2，是安静时的 3 倍。可见，该段氧解离曲线也可反映血液中氧的储备。

(3)氧解离曲线的位移及其影响因素

Hb 与 O_2 的结合与解离可受多种因素的影响，使氧解离曲线的位置发生偏移，Hb 对 O_2 的亲和力发生变化。通常用 P_{50} 表示 Hb 对 O_2 的亲和力。P_{50} 指使 Hb 氧饱和度达 50%时的 P_{O_2}，正常值为 3.5 kPa(26.5 mmHg)。P_{50} 增大，表明 Hb 对 O_2 的亲和力降低，需要更高的 P_{O_2} 才能使 Hb 氧饱和度达到 50%，氧解离曲线右移；P_{50} 降低，表明 Hb 对 O_2 的亲和力增加，达 50%

Hb氧饱和度所需P_{O_2}降低，氧解离曲线左移。影响氧解离曲线位移的因素主要有：

①pH值和P_{CO_2} 血液中pH值下降或P_{CO_2}上升时，Hb对O_2的亲和力降低，P_{50}增大，曲线向右移，有利于Hb释放O_2。反之，血液pH值升高或P_{CO_2}降低时，P_{50}降低，曲线左移，Hb对O_2亲和力增加，有利于Hb结合O_2。pH值和P_{CO_2}对Hb与O_2亲和力的这种影响，称为波尔效应(Bohr effect)。波尔效应的机制与pH值改变时Hb构型变化有关。当H^+增加时，H^+与Hb多肽链的某些氨基酸残基的基团结合，促进盐键形成，使Hb分子构型由R型变为T型，从而降低了对氧的亲和力，曲线右移；当H^+减少时，促使盐键断裂，而释放出H^+，使Hb分子构型又变为R型，从而增加了对O_2的亲和力，曲线左移。

pH值和P_{CO_2}对Hb与O_2的亲和力的这种影响，有重要的生理意义：它既可促进肺毛细血管血液的氧合，又利于组织毛细血管血液释放O_2。当血液流经组织时，CO_2从组织扩散进入血液，使血液P_{CO_2}升高和pH值下降，H^+浓度上升，Hb对O_2的亲和力降低，促使HbO_2解离向组织释放更多的O_2；当血液流经肺时，CO_2从血液向肺泡扩散，使血液中P_{CO_2}下降和pH值升高、H^+浓度降低，Hb对O_2的亲和力增大，血液对O_2摄取量增加，血液运输O_2的能力增强。

②温度的影响 温度升高使氧解离曲线右移，可引起O_2的解离增多，为组织提供更多的O_2。反之，温度降低促进Hb与O_2结合，使氧解离曲线左移。动物运动或使役时，由于组织剧烈活动，温度升高，促进HbO_2解离，对组织获取更多的O_2十分有利。

温度对氧解离曲线的影响，可能与温度影响了H^+的活度有关。温度升高，H^+活度增加，可降低Hb与O_2的亲和力。组织代谢活动增强(如运动)时，局部组织温度升高，CO_2和酸性代谢产物增加都有利于HbO_2解离，因此组织可获得更多的O_2，以适应代谢增加的需要。

③2,3-二磷酸甘油酸(2,3-diphosphoglycerate，2,3-DPG) 2,3-DPG是红细胞内无氧酵解的产物。当血液的P_{O_2}降低时，红细胞内无氧酵解增强，2,3-DPG产生增多，带负电荷的2,3-DPG易与Hb的两条β链之间空隙中的正电荷结合，促使Hb向紧密型转变，从而降低了Hb对O_2的亲和力，使氧解离曲线右移；反之，2,3-DPG浓度降低，使Hb和O_2的亲和力增加，曲线左移，有利于Hb和O_2的结合。在慢性缺氧，高原缺氧等情况下红细胞无氧酵解加强，红细胞内生成2,3-DPG增加，氧解离曲线右移，在相同的P_{O_2}下，组织血管中的HbO_2可释放更多的O_2供组织利用。

④Hb自身性质的影响 血液中Hb的数量和质量同样会影响Hb与O_2的结合。例如，受某些氧化剂(如亚硝酸盐等)的作用，将Hb中的Fe^{2+}氧化成Fe^{3+}，形成高铁Hb，便会失去携O_2的能力。此外，CO与Hb亲和力比O_2大250倍，也能与Hb结合，生成HbCO。当CO与Hb结合时，占据O_2的结合位点，HbO_2含量下降。此外，当CO与Hb分子中某个血红素结合后，将增加其余3个血红素对O_2亲和力，使氧解离曲线左移，妨碍O_2的解离。因此，CO中毒既妨碍Hb与O_2的结合，又妨碍O_2的解离，危害极大。

5.1.3.2 二氧化碳的运输

(1)二氧化碳及运输形式

CO_2在血液中以两种形式存在：一种是溶解状态，占5%~6%；另一种是化学结合状态，占94%~95%。化学结合的CO_2主要是碳酸氢盐和氨基甲酰血红蛋白。

①碳酸氢盐 CO_2以碳酸氢盐(主要是钠盐)形式运输，约占CO_2运输总量的87%。当血液流经组织时，CO_2顺分压差由组织扩散入血浆，其中一小部分在血浆中与H_2O形成H_2CO_3，后者再解离成HCO_3^-和H^+，H^+被血浆缓冲系统缓冲(图5-17)。溶解的CO_2绝大部分经单纯扩散进入红细胞，在红细胞内与水反应生成H_2CO_3，H_2CO_3又解离成HCO_3^-和H^+，即

$$CO_2+H_2O \xrightleftharpoons{\text{碳酸酐酶}} H_2CO_3 \rightleftharpoons HCO_3^-+H^+$$

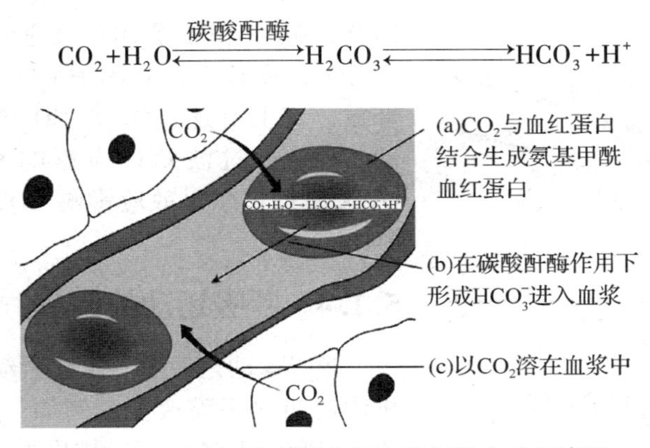

图 5-17 CO_2 在血液中的 3 种运输方式示意图

红细胞内碳酸酐酶(carbonic anhydrase, CA)含量远高于血浆，在红细胞内生成 H_2CO_3 的速度比血浆快很多。由于红细胞内 HCO_3^- 的浓度不断增加，加之红细胞膜对负离子容易通透，HCO_3^- 便顺浓度差经红细胞膜扩散入血浆。红细胞不允许正离子自由通过，但允许小的负离子(Cl^-)通过，经红细胞膜上特异的 HCO_3^--Cl^- 载体转运，Cl^- 由血浆扩散进入红细胞，以维持膜内外正负离子的平衡，这一现象称为氯转移(chloride shift)。由于血浆中的 Cl^- 与红细胞内的 HCO_3^-，有细胞膜上特异的 HCO_3^--Cl^- 载体帮助进行跨膜交换，这样红细胞内的 HCO_3^- 就不会堆积，有利于以上反应向右进行和 CO_2 不断运输。在肺部，反应向相反方向（向左)进行。由于肺泡气的 P_{CO_2} 比静脉血低，故血浆中溶解的 CO_2 首先扩散入肺泡。同时，红细胞内的 HCO_3^- 与 H^+ 生成 H_2CO_3，碳酸酐酶又加速 H_2CO_3 分解成 CO_2 和 H_2O，CO_2 从红细胞扩散入血浆，而血浆中的 HCO_3^- 便进入红细胞以补充消耗了的 HCO_3^-，Cl^- 则扩散出红细胞。这样，以 HCO_3^- 形式运输的 CO_2 在肺部被释放出来。

②氨基甲酰血红蛋白　以氨基甲酰血红蛋白形式运输的 CO_2，约占 CO_2 运输总量的 7%。当血液流经组织时，进入红细胞的 CO_2，除了大部分形成 H_2CO_3 外，同时还有小部分 CO_2 直接与 Hb 的自由氨基结合，形成氨基甲酰血红蛋白(carbaminohemoglobin, HHbNHCOOH)，这一反应无需酶的催化，且 CO_2 与 Hb 结合疏松，因而迅速、可逆。调节上述反应的主要因素是氧合作用。HbO_2 与 CO_2 结合形成 HHbNHCOOH 的能力比去氧 Hb 小。在组织，HbO_2 解离释放 O_2，部分 HbO_2 变成去氧 Hb，与 CO_2 结合生成 HHbNHCOOH，下式反应向右进行。在肺部，由于这里的 P_{CO_2} 低，P_{O_2} 较高，HbO_2 生成增多，促使 HHbNHCOOH 解离释放 CO_2 和 H^+，反应向左进行。于是 CO_2 从 HHbNHCOOH 释放出来，经呼吸器官排到体外。其反应如下：

$$HbNH_2O_2+H^++CO_2 \underset{\text{肺}}{\overset{\text{组织}}{\rightleftharpoons}} HHbNHCOOH+O_2$$

(2) CO_2 解离曲线

CO_2 的解离曲线(carbon dioxide dissociation curve)是表示血液中 CO_2 含量与 P_{CO_2} 关系的曲线。与氧解离曲线不同的是，血液 CO_2 含量随 P_{CO_2} 上升而增加，几乎呈线性关系且没有饱和点。因此，CO_2 的解离曲线的纵坐标不用饱和度而用含量表示。

值得注意的是 O_2 与 Hb 结合可促使 CO_2 的释放，这一现象称为霍尔丹效应(Haldane effect)。这是因为 Hb 与 O_2 结合后酸性增强，与 CO_2 的亲和力下降，使结合于 Hb 的 CO_2 释放；同时使 H^+ 从 HHbNHCOOH 中解离出来，H^+ 与 HCO_3^- 结合生成 H_2CO_3，再解离为 CO_2 和 H_2O。

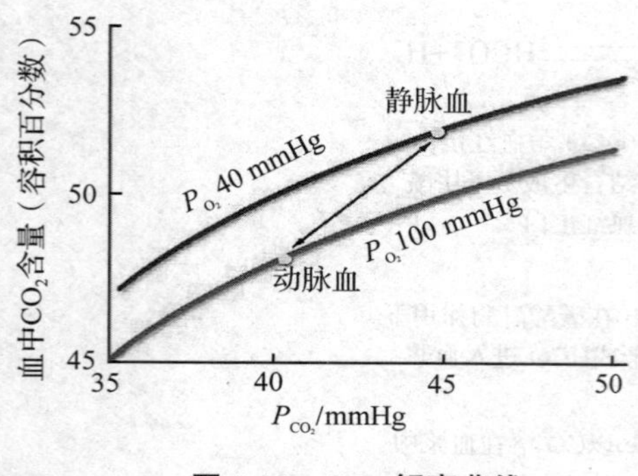

图 5-18 CO_2 解离曲线

因此，在组织中，霍尔丹效应可促使血液摄取并结合 CO_2；在肺部，则因 Hb 与 O_2 结合，促使 CO_2 释放。综上所述，O_2 和 CO_2 的运输是互相影响的，CO_2 通过波尔效应影响 O_2 的结合与释放，O_2 又通过霍尔丹效应影响 CO_2 的结合与释放(图 5-18)。

5.1.4 呼吸运动的调节

呼吸运动是一种节律性活动，其深度和频率随机体代谢水平而改变。例如，运动时呼吸加深加快，以吸入更多的 O_2，排出更多的 CO_2，适应机体代谢的需要。节律性呼吸运动的产生、呼吸的深度和频率的改变等，都是通过神经系统的调节和控制实现的。

5.1.4.1 呼吸中枢

呼吸中枢是指中枢神经系统内发动和调节呼吸运动的神经细胞群所在的部位。呼吸中枢分布在大脑皮层、间脑、脑桥、延髓和脊髓等部位，它们在呼吸节律发动和调节中所起的作用不同，正常呼吸运动是在各级呼吸中枢的相互配合下进行的。

(1)脊髓

脊髓中支配呼吸肌的运动神经元位于第 3~5 颈段(支配膈肌)和胸段(支配肋间肌和腹肌等)腹角。在动物实验中，在延髓和脊髓间做一横断，便会导致呼吸运动停止。因此，可以认为节律性呼吸运动不是在脊髓产生的。脊髓只是联系高位中枢和呼吸肌的中继站和整合某些呼吸反射的初级中枢。

(2)延髓

实验证明，基本呼吸节律产生于延髓。应用微电极技术记录神经元的电活动表明，在低位脑干内有的神经元呈节律性放电，并与呼吸周期有关，称为呼吸相关神经元或呼吸神经元。在吸气相放电的为吸气神经元，在呼气相放电的为呼气神经元，在吸气相放电并延续至呼气相的为吸气-呼气神经元，在呼气相放电并延续至吸气相的为呼气-吸气神经元。吸气-呼气神经元和呼气-吸气神经元均为跨时相神经元。在延髓，呼吸神经元主要集中在背侧和腹侧两组神经核团内，分别称为背侧呼吸组和腹侧呼吸组。

①背侧呼吸组(dorsal respiratory group，DRG) 位于延髓背内侧，主要包括孤束核外侧区和中缝核，以吸气神经元为主，其轴突在闩部交叉到对侧，下行至脊髓颈段和胸段，支配膈肌和肋间外肌运动神经元，兴奋时产生吸气。DRG 的神经元接受肺牵张感受器和外周化学感受器等处的传入冲动，起着整合传入信息和调节呼吸运动的作用。

②腹侧呼吸组(ventral respiratory group，VRG) 位于延髓的腹外侧部，纵贯延髓全长，主要集中在疑核、后疑核、旁疑核和面神经后核，所含的吸气神经元和呼气神经元数目大致相当。按其结构与功能，VRG 可分为 3 个部分：VRG 头端，包括面神经后核和包钦格复合体(Bötzinger complex，Böt C)，含各类呼吸神经元，但以呼气神经元为主；VRG 中间部，主要包括疑核和旁疑核，以吸气神经元为主，其轴突经脊髓支配膈肌和肋间外肌运动神经元，引起吸气；VRG 尾端，位于脊髓与延髓连接处到闩部附近，主要包括后疑核，以呼气神经元为主，其轴突下行投射到胸段脊髓腹角，支配肋间内肌和腹肌的运动神经元，兴奋时引起主动呼气。有实验证明，在头端与中间部 VRG 交接处，存在一个含有各类呼吸性中间神经元的过渡区域，

称为前包钦格复合体(pre-Bötzinger complex, pre-Böt C),它是哺乳动物呼吸节律起源的主要部位(图5-19)。

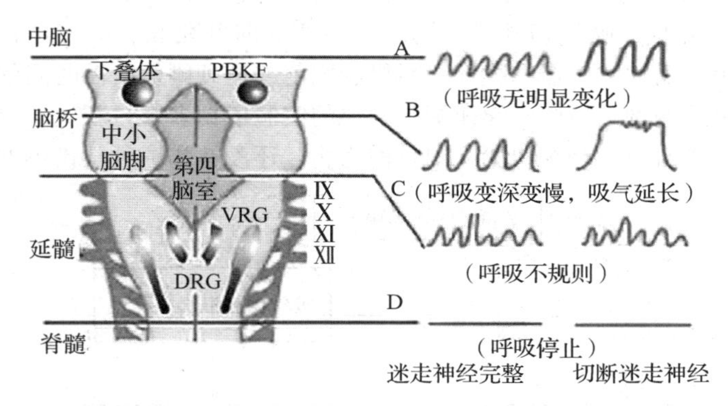

图5-19 在不同平面横切脑干后呼吸的变化示意图

(3)脑桥

脑桥呼吸组(pontine respiratory group, PRG)的呼吸神经元相对集中于臂旁内侧核和相邻的KF核(Kölliker-Fuse nucleus),合称PBKF核群。PBKF核群位于传统观念中的呼吸调整中枢部位(脑桥背外侧部),其中含有一些跨时相神经元,其表现为吸气和呼气相转换期间发放冲动增多。PBKF和延髓的呼吸神经核团之间有双向联系,形成调控呼吸的神经元回路。将猫麻醉后,切断双侧迷走神经,损毁PBKF核群,可出现长吸式呼吸,提示脑桥前部抑制吸气的中枢结构主要位于PBKF核群,其作用为限制吸气,促使吸气向呼气转换,防止吸气过长、过深。

(4)高位脑

脑桥以上的高位中枢,如大脑皮层、边缘系统、下丘脑等对呼吸具有调整作用。大脑皮层可通过皮层脊髓束和皮层脑干束在一定程度上控制呼吸运动神经元的活动,以保证与呼吸相关的其他功能活动的完成,如吼叫、咳嗽等,并在一定限度内可随意屏气或加深、加快呼吸,使呼吸精确而灵敏地适应环境的变化。因此,大脑皮层对呼吸运动的调节属于随意的呼吸调节系统。而低位脑干的呼吸相关神经元产生的节律性呼吸,通过相应的传出纤维到达脊髓腹角呼吸神经元,属于不随意的自主呼吸调节系统。

5.1.4.2 呼吸节律的形成

关于正常呼吸节律的形成,目前主要有两种解释:一是起步细胞学说,二是神经元网络学说。起步细胞学说认为,节律性呼吸犹如窦房结起搏细胞的节律性兴奋引起整个心脏产生节律性收缩一样,是由延髓内具有起步样活动的神经元节律性兴奋引起的。对新生动物离体脑片制备的研究结果表明,前包钦格复合体中就存在着类似的电压依赖性起搏神经元,但这样的神经元是否存在于成年动物,目前由于方法学的限制尚难以得到证实。神经元网络学说认为,呼吸节律的产生依赖于延髓内呼吸神经元之间复杂的相互联系和相互作用。有学者在总结大量实验研究资料的基础上提出了多种模型,其中最有影响的是20世纪70年代提出的中枢吸气活动发生器(central inspiratory activity generator)和吸气切断机制(inspiratory off-switch mechanism)模型(图5-20)。该模型认为,在呼吸过程中吸气和呼气的发生与切断由呼吸节律发生器(respiratory rhythmical generator)完成,而呼吸运动的模式则由吸气活动发生器来执行。当吸气活动发生器的吸气神经元兴奋时,其兴奋传至3个方向:①脊髓吸气肌运动神经元,引起吸气,肺扩张。②脑桥臂旁内侧核,加强其活动。③吸气切断机制相关神经元,使之兴奋。吸气切断机制接收来自吸气神经元、脑桥臂旁内侧核和肺牵张感受器3方面的冲动。随着吸气相的进行,冲动均逐渐增加，在吸气切断机制总和达到阈值时，吸气切断机制兴奋，发出冲动到中枢吸气活动发生器或吸气神经元，以反馈形式抑制、终止其活动，吸气停止，转为呼气。切断迷走神经或(和)毁损脑桥臂旁内侧核，吸气切断机制达到阈值所需时间延长，吸气延长，呼气变慢。因此，凡可影响中枢吸气活动发生器、吸气切断机制阈值或达到阈值所需时间的因素，都可影响呼吸过程和节律。上述两种学说中，起搏细胞学说的实验依据多来自新生动物实验，而神经元网络学说的依据主要来自成年动物实验。到目前为止，还没有哪一种学说得到公认。

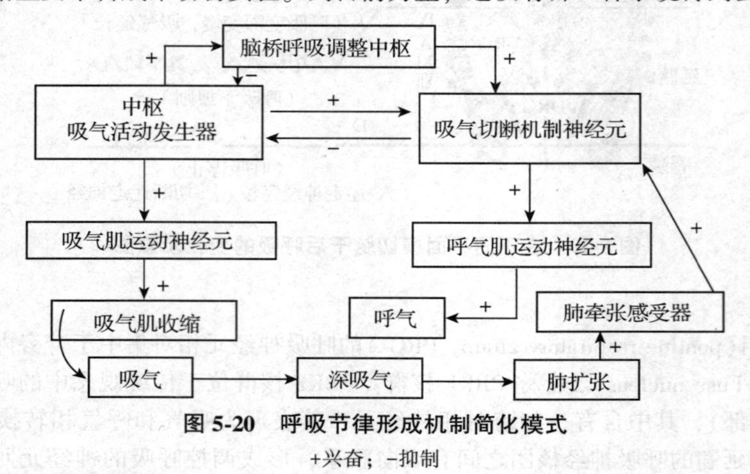

图 5-20 呼吸节律形成机制简化模式

+兴奋；−抑制

5.1.4.3 呼吸的反射性调节

呼吸运动的节律虽然产生于脑，但可受到来自呼吸器官本身以及血液循环等其他器官系统感受器传入冲动的反射性调节。

(1)肺牵张反射

1868年Breuer和Hering发现，麻醉动物肺充气或肺扩张，则抑制吸气；肺放气或肺缩小，则引起吸气。切断迷走神经，上述反应消失，说明这是由迷走神经参与的反射性反应。这种由肺扩张或肺缩小引起的吸气抑制或兴奋的反射称为黑-伯反射(Hering-Breuer reflex)或肺牵张反射(pulmonary stretch reflex)。包括两种类型：肺扩张反射和肺缩小反射。

①肺扩张反射(pulmonary inflation reflex) 是指肺扩张时抑制吸气的反射。感受器位于从气管到细支气管的平滑肌中，是牵张感受器，当肺扩张牵拉呼吸道时，感受器兴奋，冲动经迷走神经传入延髓。在延髓内通过相关的神经联系激活吸气切断机制，使吸气停止，转入呼气。肺扩张反射的意义在于避免吸气过长，加快吸气和呼气的转换，加快呼吸频率。动物实验中，当切断动物迷走神经后，将出现吸气延长、加深，呼吸频率变慢。有人比较了8种动物的肺扩张反射，发现肺扩张反射有种属差异，其中家兔的最强，人的最弱。

②肺萎陷反射(pulmonary deflation reflex) 是指肺萎陷到一定程度时反射性地使呼气停止，引起吸气的反射。感受器同样位于气道平滑肌内，其阈值高，一般在较大程度的肺萎陷时才出现，所以它在平静呼吸调节中意义不大，但对阻止呼气过深和肺不张等具有一定作用。

(2)呼吸肌本体感受性反射

当呼吸肌内的肌梭受到牵拉刺激时，可反射性地引起呼吸加强，称为呼吸肌本体感受性反射。呼吸肌本体感受性反射参与正常呼吸运动的调节，尤其在呼吸肌负荷增加时，能反射性地引起呼吸肌收缩加强，以克服气道阻力，发挥更大作用。

(3)防御性呼吸反射

呼吸道黏膜受刺激时所引起的一系列保护性呼吸反射，称为防御性呼吸反射。主要有咳嗽反射和喷嚏反射。

①咳嗽反射(cough reflex) 是常见的重要防御性反射，其感受器位于喉、气管和支气管的黏膜。大支气管以上部位的感受器对机械刺激敏感，二级支气管以下部位对化学刺激敏感。传入冲动经迷走神经传入延髓，触发咳嗽反射。

咳嗽时，先是深吸气，接着紧闭声门，呼气肌强烈收缩，肺内压和胸膜腔内压急剧上升，然后声门突然打开，由于气压差极大，气体便以极高的速率从肺内冲出，将呼吸道内异物或分泌物排出。剧烈咳嗽时，因胸膜腔内压显著升高，可阻碍静脉回流，使静脉压和脑脊液压升高。

②喷嚏反射(sneeze reflex) 类似于咳嗽反射，不同之处是其感受器位于鼻黏膜，传入神经是三叉神经。喷嚏反射发生时，引起轻微的吸气动作，同时腭垂下降，舌压向软腭，并产生爆发性呼气，使高压气体从鼻腔急促喷出，以清除鼻腔中的刺激物。

(4)化学感受性呼吸反射

机体通过呼吸运动调节血液 P_{O_2}、P_{CO_2} 和 H^+浓度，而动脉血液中 P_{O_2}、P_{CO_2} 和 H^+浓度又可通过化学感受器反射性地调节呼吸运动。

化学感受器(chemoreceptor)是指其适宜刺激是化学物质的感受器。参与呼吸调节的化学感受器因其所在部位的不同，可将其分为外周化学感受器和中枢化学感受器。

①外周化学感受器(peripheral chemoreceptor) 位于颈动脉体和主动脉体(图5-21)，是机体最重要的外周化学感受器。它们能感受动脉血的 P_{O_2}、P_{CO_2} 和 H^+浓度的变化，产生的冲动分别经窦神经(舌咽神经的分支)和迷走神经传入延髓，反射性调节呼吸运动和血液循环等功能活动。虽然颈动脉体和主动脉体两者都参与呼吸和循环的调节，但是颈动脉体主要调节呼吸，而主动脉体主要参与循环调节。

②中枢化学感受器(central chemoreceptor) 位于延髓腹外侧浅表部位，左右对称，可以分为头、中、尾3个区(图5-22)。头区和尾区有化学感受性；中间区不具有化学感受性，但局部阻滞或损伤中间区，可以使动物通气量降低，并使头、尾区受刺激时的通气反应消失，这提示中间区可能是头区和尾区的传入冲动向脑干呼吸中枢投射的中继站。中枢化学感受器的生理刺激是脑脊液和局部细胞外液中的 H^+，而不是 CO_2 本身。但血液中的 CO_2 能以单纯扩散的方式迅速通过血-脑屏障，在脑脊液中碳酸酐酶的作用下，CO_2 与 H_2O 生成 H_2CO_3，后者再解离出 H^+，使中枢化学感受器周围液体中的 H^+浓度升高，从而刺激中枢化学感受器，再引起呼吸中枢兴奋。这样 CO_2 的增加可通过兴奋中枢化学感受器而兴奋呼吸。由于脑脊液中碳酸酐酶含量很少，CO_2 与 H_2O 生成 H_2CO_3 的反应很慢，所以中枢化学感受器对 CO_2 的反应有一定的时间延迟。

中枢化学感受器与外周化学感受器不同，它不感受缺氧的刺激，但对 CO_2 的敏感性比外周化学感受器高25倍。此外，中枢化学感受器对 H^+的敏感性虽然也比外周化学感受器高，但血液中的 H^+不易直接通过血-脑屏障，故血液pH值变化对中枢化学感受器的直接作用不大，反应潜伏期较长。中枢化学感受器的生理作用可能是调节脑脊液的 H^+浓度，使中枢神经系统有一个稳定的pH值环境；而外周化学感受器的作用主要是在机体缺氧时，维持对呼吸运动的驱动。

③高 CO_2、H^+和低氧对呼吸的影响 P_{CO_2} 对呼吸的调节：CO_2 是调节呼吸最重要的生理性刺激因素，一定水平的 CO_2 对维持呼吸中枢的兴奋性是必要的。当吸入气体中 CO_2 浓度升高时，将使肺泡气和动脉血中 P_{CO_2} 随之升高，呼吸加深加快，肺通气量增加(图5-23)。肺通气

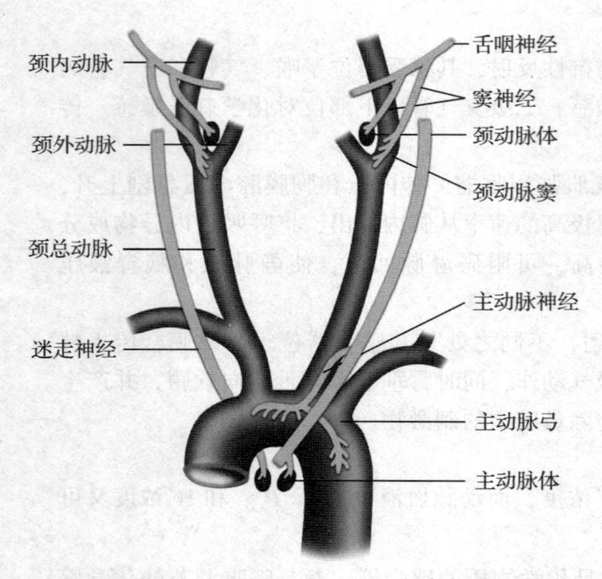

图 5-21　颈动脉窦和主动脉弓的压力感受器及化学感受器

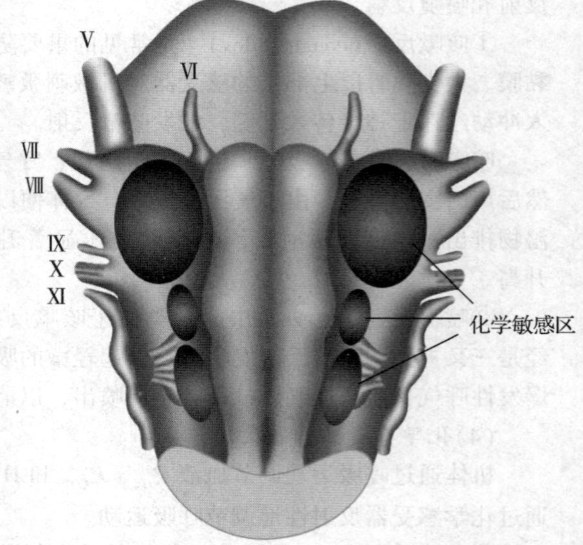

图 5-22　延髓腹外侧浅表部位的中枢化学敏感区和第 V ~ XI 对脑神经

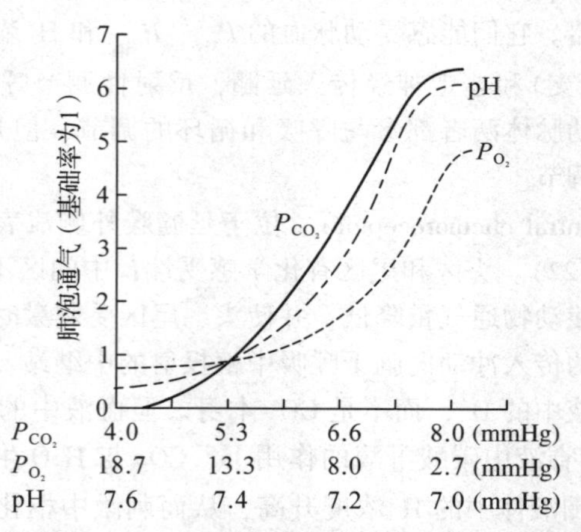

图 5-23　单独改变 P_{CO_2}、P_{O_2} 或 pH 而固定另外两因素对肺泡通气的影响

的增加可使 CO_2 的排出增多，肺泡气和动脉血中 P_{CO_2} 可回降至正常水平。但是，当吸入气体中 CO_2 含量超过一定水平时，肺通气量不再相应增加，致使肺泡气和动脉血的 P_{CO_2} 显著升高。CO_2 过多会抑制中枢神经系统包括呼吸中枢的活动，引起呼吸困难、头痛、头昏，严重时昏迷甚至死亡，称为 CO_2 麻醉。总之，CO_2 在呼吸调节中经常起作用，动脉血 P_{CO_2} 在一定范围内升高，可以加强对呼吸的刺激作用，但超过一定限度则有抑制和麻醉效应。

CO_2 的刺激作用是通过两条途径实现的：一是通过使脑脊液中 H^+浓度增加，刺激中枢化学感受器后，再兴奋呼吸中枢；二是刺激外周化学感受器，冲动经窦神经和迷走神经传入延髓呼吸有关核团，反射性地使呼吸加深、加快，增加肺通气。但两条途径中主要是通过中枢化学感受器发挥作用。因为去掉外周化学感受器的作用之后，CO_2 的通气反应仅下降 20%；动脉血中 P_{CO_2} 只需升高 0. 266 kPa(2 mmHg)就可直接刺激中枢化学感受器，出现通气加强反应。如果刺激外周化学感受器，则需要升高1.33 kPa(10 mmHg)。不过，当动脉血P_{CO_2}突然增大时，外周化学感受器在引起快速呼吸反应中可起重要作用。另外，当中枢化学感受器受到抑制，对CO_2的敏感性降低时，外周化学感受器的作用将加强。

H^+对呼吸的调节：动脉血中H^+浓度升高导致呼吸加深、加快，肺通气增加；血中H^+浓度降低则导致呼吸抑制。H^+对呼吸的调节也是通过刺激外周化学感受器和中枢化学感受器实现的。中枢化学感受器对H^+的敏感性远高于外周化学感受器，约为外周化学感受器的25倍。但血液中的H^+难以通过血-脑屏障，限制了它对中枢化学感受器的作用。脑脊液中的H^+才是中枢化学感受器的最有效刺激。所以，H^+浓度对呼吸的调节主要是通过刺激外周化学感受器发挥作用。

P_{O_2}对呼吸的影响：各种原因使动脉血中P_{O_2}降低时，一方面缺氧可直接抑制呼吸中枢；另一方面P_{O_2}降低可兴奋外周化学感受器，使呼吸中枢兴奋。因此，缺氧对呼吸的直接作用是抑制，间接作用是兴奋。轻度缺氧时，间接的兴奋作用大于直接的抑制作用。例如，当吸入气P_{O_2}降低时，肺泡气、动脉血P_{O_2}都随之降低，刺激呼吸中枢兴奋，使呼吸运动加深、加快，肺通气增加。这一效应完全是通过刺激外周化学感受器实现的，切除外周化学感受器后低氧对呼吸的兴奋效应几乎完全消失。

动脉血P_{O_2}的轻度下降对呼吸的影响较弱，只有在P_{O_2}低于10.64 kPa(80 mmHg)以下时，肺通气才出现可觉察到的增加，可见动脉血P_{O_2}对正常呼吸的调节作用不大，仅在特殊情况下低氧刺激才具有重要意义。例如，严重的肺气肿、肺心病患者，由于肺换气功能障碍，可导致低血O_2和CO_2潴留；长时间CO_2潴留使中枢化学感受器对CO_2的刺激作用发生适应，而外周化学感受器对低氧刺激的适应很慢，这时低氧对外周化学感受器的刺激便成为驱动呼吸的主要刺激因素。

(5)P_{CO_2}、H^+和P_{O_2}在呼吸调节中的相互作用

图5-24为其中一种因素改变，另两种因素不加控制时的情况。从图中可见，CO_2对呼吸的刺激作用最强，而且比其单因素作用时(图5-23)更明显；H^+的作用次之；低氧的作用

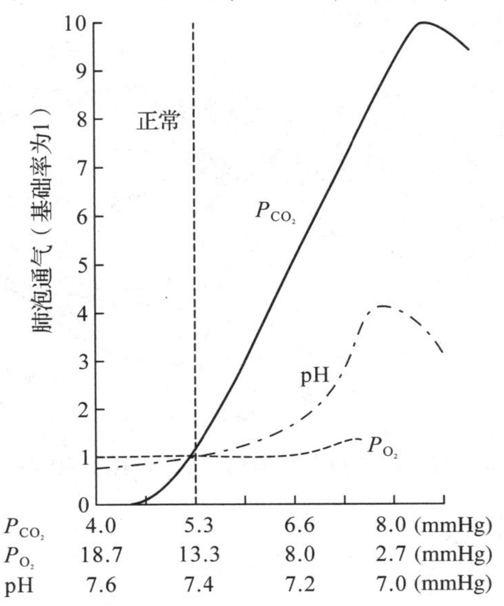

图5-24 改变P_{CO_2}、P_{O_2}或pH值而不控制另外两因素对肺泡通气的影响

最弱。概括而言，P_{CO_2} 升高时，H^+浓度也随之升高，两者的作用总和起来，使肺通气反应比单独 P_{CO_2} 升高时更强。H^+浓度增加时，因肺通气增大使 CO_2 排出增加，导致 P_{CO_2} 下降，H^+浓度也有所降低，两者可部分抵消 H^+的刺激作用，使肺通气的增加较单独 H^+浓度升高时小。当 P_{O_2} 下降时，也因肺通气量增加，呼出较多的 CO_2，使 P_{CO_2} 和 H^+浓度下降，从而减弱了低氧的刺激作用。

（王　讯　何立太）

5.2 禽类的呼吸

5.2.1 禽类呼吸系统解剖特点

禽类呼吸系统包括鼻、口咽、喉、气管、鸣管、肺和气囊。禽类气管在肺内不分支成支气管树，而是分支形成1~4级支气管，各级支气管间互相连通。家禽每侧支气管入肺前，为肺外一级支气管；进肺后的支气管，为肺内一级支气管(又称初级支气管)。后者又分为4群：腹内侧群和背内侧群、腹外侧群和背外侧群次级支气管，向肋面分布，并分出三级支气管(或副支气管)相互连接，形成原肺；背外侧附加的副支气管网形成新肺。肺约1/3嵌于肋间隙内，因此扩张性不大。肺各部均与易扩张的气囊直接连通。鸡的新肺较发达，通过其表面的小孔与各气囊(颈气囊除外)相通，通常9个。颈气囊、锁骨气囊(不成对)和前胸气囊又与腹内侧二级支气管相通；后胸气囊则又与腹外侧二级支气管相通；腹气囊则直接与肺内一级支气管末端相通(图5-25)。它们形成特殊的气体循环通道，使气囊内的气体在呼气时可再次进入肺，进行二次气体交换。气囊是禽类特有的器官，除有贮存气体、促进肺内气体交换、参与呼吸机能外，还具有调节体温、减轻体质量、便于飞翔时调节身体重心等多种功能。家禽的肺无肺泡，只有发自副支气管的毛细气管。每一副支气管可发出多条盲端毛细气管(或称肺毛细管)，与肺内毛细血管相贴而行，形成气体交换的有效区。

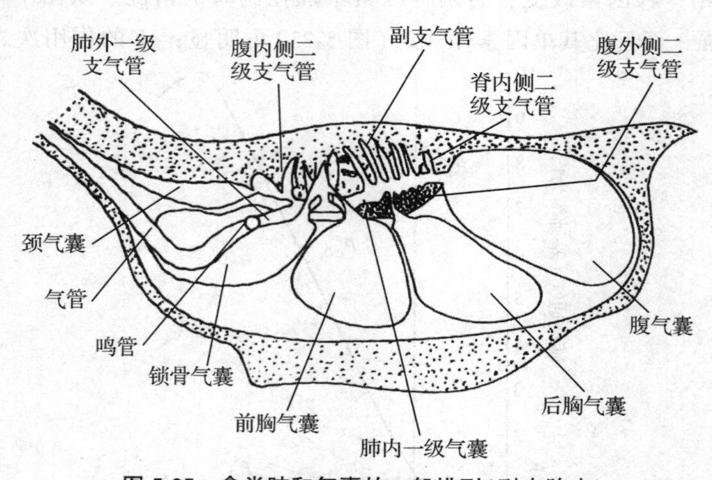

图5-25 禽类肺和气囊的一般排列(引自陈杰)

5.2.2 禽类呼吸生理特点

5.2.2.1 禽类的呼吸运动

禽类没有像哺乳动物那样的膈肌，胸腔和腹腔仅由一层薄膜隔开，胸腔内的压力几乎与腹腔内完全相同，没有经常性负压存在。

禽类的肺位于胸腔的背侧，其弹性较差，打开胸腔后并不萎缩。呼吸主要通过强大的呼气肌和吸气肌的收缩来完成。吸气时胸腔容积加大，气囊容积也随之扩大，肺受牵拉而稍微扩张，气囊内压力下降，气体即进入肺，再由肺进入气囊。呼气肌收缩时则发生相反的过程。

禽类气管系统分支复杂，毛细气管壁上有许多膨大部，称为肺房(aeria)，相当于家畜的肺泡，是气体交换的场所。气体通过各级支气管进入气囊。根据研究，禽类呼吸时均有气体进出气囊并通过肺部交换区。因此，吸气过程或呼气过程都可在肺部进行气体交换，从而提高了呼吸效率。

家禽呼吸器官的总容积，母鸡为298 mL，公鸡为502 mL；潮气量占气囊总容量的8%~15%。鸡的潮气量为15~30 mL，鸭为38 mL左右，鸽为4.5~5.2 mL。

禽类的呼吸频率因体格大小、种类、年龄、性别、环境温度和运动状态等因素而有较大的变动。在常温下，母鸡为20~36次/min，公鸡为12~20次/min；母鸭为110次/min，公鸭为42次/min；母鹅为40次/min，公鹅为20次/min，鸽(雌、雄)为25~30次/min。

5.2.2.2 气体交换

禽类肺内的支气管不像哺乳动物那样分支形成气管树和肺泡，而是分支形成互相贯通的管道系统。气体是通过副支气管与血液进行交换的，即通过毛细气管和毛细血管来交换。家禽的毛细气管和毛细血管构成的交换膜很薄，交换面积较大，至少为人肺的10倍。按肺每单位体积的交换面积计算，母鸡交换面积达17.9 cm^2，鸽高达40.3 cm^2。禽类副支气管以前的呼吸通道不能进行气体交换，为气体交换的无效区。只有副支气管分出的毛细气管才有气体交换作用，为气体交换的有效区。气囊虽然能容纳气体，但无气体交换功能。

气体交换的动力也是动静脉血液中 O_2 和 CO_2 的分压差。鸡的静脉血 P_{O_2} 约为6.7 kPa (50 mmHg)，肺和气囊中为12.5 kPa (94 mmHg)，O_2 从肺进入血液，当血液离开肺时便成为含氧丰富的动脉血。

5.2.2.3 气体运输

禽类气体的运输方式大体上与哺乳动物相同，只是前者氧解离曲线偏右，表明在相同氧分压条件下，血氧饱和度比哺乳动物小，即血红蛋白易于释放氧，以供组织利用。家禽的血红蛋白与氧气结合的饱和度较高，可达96%~97%；鸡相对较低，为80%~90%，因此容易使氧合血红蛋白中的 O_2 解离释放。各种家禽对 O_2 的利用率，鸡为54%，鸭和鸽为60%，鹅仅为26%。

5.2.2.4 禽类呼吸运动的调节

禽类的基本呼吸中枢位于脑桥和延髓的前部。中脑前背区有喘气中枢，刺激时可出现浅快的急促呼吸。肺和气囊壁上存在牵张感受器，能引起类似哺乳动物那样的牵张反射。在呼吸运动的神经调节过程中起作用的是肺内的 CO_2 感受系统和颈动脉体化学感受器。血液中的 P_{CO_2}、P_{O_2} 和pH值的变化对呼吸运动的调节作用与哺乳动物相似。

(王 讯)

5.3 鱼类的呼吸

5.3.1 呼吸方式

动物的呼吸是由呼吸器官完成的。呼吸方式有两种：一是气呼吸，二是水呼吸。

(1)气呼吸

气呼吸为陆生动物的呼吸方式，陆生脊椎动物，利用自身的呼吸器官(肺)从空气中获取 O_2，空气通过呼吸道在肺泡内完成气体交换。气体交换过程是在气相和液相两个界面上完成的。

(2)水呼吸

水呼吸为水生动物的呼吸方式。水生脊椎动物(鱼类)利用自身的呼吸器官鳃从水中获取 O_2，水通过口咽腔进入鳃腔在次级鳃腔内完成气体交换。气体交换过程是在水和血液同一个液相界面上完成的。

鳃是鱼类的主要呼吸器官，鱼类的呼吸器官除了鳃外还具有辅助呼吸器官，如鳗鲡的皮肤、泥鳅的肠、黄鳝的口咽腔黏膜、乌鳢的鳃上器、攀鲈的鳃上器、肺鱼的气肺等。

5.3.2 鳃呼吸

鱼类的呼吸器官与陆生脊椎动物的不同，主要是用鳃来进行水呼吸。鱼类的鳃已发展成为适应于水中呼吸的高效呼吸器官。鳃是鱼类的主要呼吸器官，与低等水生动物的外鳃相比，鱼类的鳃已进入鳃腔，外有鳃盖(硬骨鱼类)保护。鳃呈片状或瓣状(硬骨鱼类)，少数呈囊状(圆口类)。

鱼类的呼吸器官必须具备以下4个条件：一是具有十分丰富的微血管，以保证气体运输效率；二是有较大的呼吸面积，以增大呼吸器官与水的接触面；三是呼吸管壁极薄，能迅速进行气体交换；四是应具有适应的“机械装置”使水不断接触呼吸面，以确保气体交换效率。

5.3.2.1 鳃呼吸的主要功能性结构

鱼类的呼吸器官与陆生脊椎动物不同，由于鱼类生活在水中，因此维持鱼体代谢所需要的 O_2 须从水中获取，氧从水中进入血液，是从液相到液相，鳃之所以能在水中进行气体交换，主要与鳃的结构有关。

(1)呼吸瓣

多数硬骨鱼类都有两对呼吸膜(又称呼吸瓣)，第一对附着在上下颌的内缘称为口腔瓣，其作用是封闭口隙，防止吸入口内的水逆行流出口外；第二对附着在鳃盖骨后缘，即鳃盖膜(或称鳃盖瓣)，其作用是封闭鳃孔，可防止水从鳃孔倒流入口。

(2)鳃弓

在硬骨鱼类的咽喉两侧具有5对鳃弓，相邻两鳃弓之间的空隙称为鳃裂，只有水流进入鳃裂后才能进入鳃的次级鳃瓣。第1~4对鳃弓内侧各有2列鳃耙，少数鱼类退化或仅留痕迹。鳃弓外侧除第5对鳃弓外，都长有2列由鳃丝组成的鳃瓣。鳃弓的主要作用是支撑鳃瓣(图5-26)。

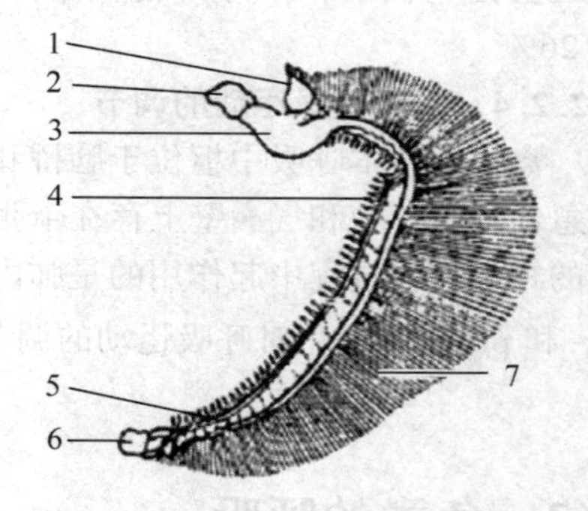

图5-26 鳃弓结构模式图

1. 结缔组织；2. 咽鳃骨；3. 上鳃骨；4. 鳃耙；5. 角鳃骨；6. 下鳃骨；7. 鳃瓣

(3)鳃瓣

鳃瓣呈薄片状，由无数鳃丝排列而成。鳃丝排列紧密，使鳃瓣在外观上形成十分整齐的梳状。将鳃弓横切，可见入鳃动脉位于两鳃丝的基部，其两侧有横纹肌分布，四周有软骨支持，在其背面有出鳃动脉。每一鳃丝两侧有许多与之垂直的次级鳃瓣。将次级鳃瓣横切，可见次级鳃瓣中分布有丰富的微血管，这是气体交换的场所(图5-27)。

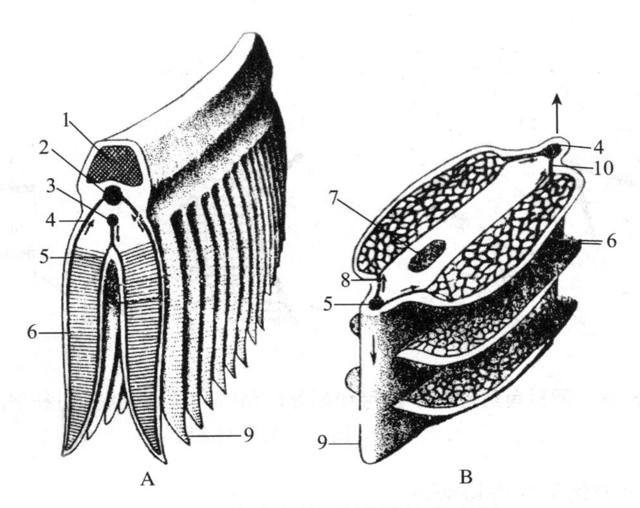

图 5-27 鳃瓣及鳃小瓣结构模式图

A. 鳃瓣；B. 鳃小瓣

1. 鳃弓；2. 出鳃动脉；3. 入鳃动脉；4. 出鳃丝动脉；5. 入鳃丝动脉；6. 鳃小瓣；7. 鳃条；8. 入鳃小瓣动脉；9. 鳃丝；10. 出鳃小瓣动脉

5.3.2.2 鳃的机械装配

(1)动力装配

鳃是为鱼类提供呼吸动力的装置，其结构基础主要由两部分构成。一是骨骼部分，包括鳃盖骨系和部分颌弓、舌弓骨片，这些骨片相互连接，形成了一个类似于高等动物的胸廓，所围成的鳃腔相当于胸腔。二是肌肉部分，主要包括鳃盖提肌、鳃盖收肌、鳃盖开肌、颌弓提肌、颌弓收肌、舌肌和胸舌肌。这些肌肉一般都着生在上述相应的骨片上，当这些肌肉舒张或收缩时，鳃腔的容积就会增大或缩小，对呼吸水的进入和排出十分有利，同时具有保护鳃避免强流和异物撞击或损坏鳃的作用。

(2)呼吸通道

如果将鱼类呼吸器官与哺乳类呼吸器官的结构进行比较，鱼类口腔、鳃腔、鳃裂和鳃分别相当于哺乳动物的呼吸道、气管、支气管和肺。而鱼类鳃丝之间的空隙和鳃小瓣之间的孔，相当于哺乳动物细支气管和肺泡腔。与高等动物不同的是，鱼类的呼吸通道在口咽腔内是完全敞开的，严格地说它们不是管道，而是将进入口咽腔里的水进行层层分流的裂隙。其作用是使含氧水与次级鳃瓣充分接触，经气体交换后的水又汇集在一起从鳃孔排出。

鱼类呼吸通道的这种机械装配，对水中呼吸十分有利。因为水在呼吸器官中完全敞开，流动路线几乎成一直线且流动距离短，单方向的水流有利于降低阻力。相比之下，陆生动物的呼吸气流是回转式，即空气从气管吸入又从气管呼出，呼吸管道长、呼吸阻力大。

(3)呼吸面积和鳃栅

硬骨鱼类的鳃瓣为8对。同一鳃弓上的两个鳃瓣游离端呈锐角状各自分开，形成鳃栅，其作用是阻拦水流，使水流方向与次级鳃瓣内的血流方向形成对流，有利于气体交换。鳃弓上的鳃丝平行排列，鳃小瓣垂直于鳃丝，彼此间又是错开排列，这种装配形式，可以大大增加鳃的表面积，提高呼吸效率(图5-28)。

(4)鳃血管装配

见第4章4.6.2鳃循环。

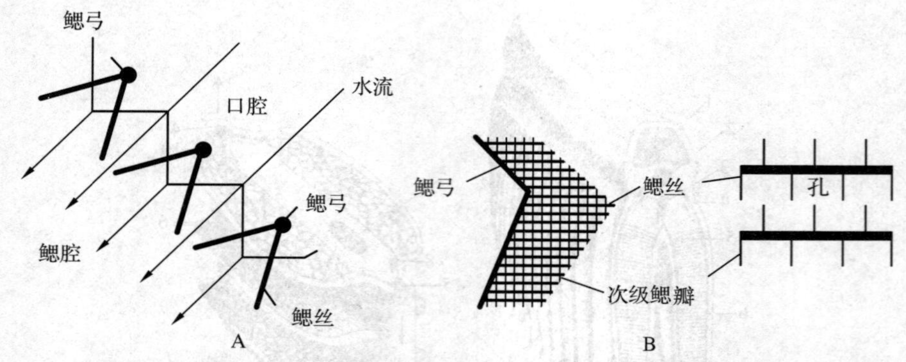

图 5-28 硬骨鱼类鳃腔、鳃弓和鳃丝的结构和位置图解(仿林浩然)

A. 鳃弓横切图；B. 鳃弓侧面图

5.3.2.3 鳃呼吸的机械运动和呼吸频率

鱼类的呼吸运动，主要依靠上下颌和鳃部肌肉的舒缩，以及口腔的协同作用来实现。由于口腔壁、鳃盖及呼吸瓣的运动改变了口腔和鳃腔内的压力形成两个呼吸泵(口腔泵和鳃腔泵)，因此含氧水就能被动地从环境流入口内，再由鳃孔流出，中间不断经过鳃进行气体交换。

(1)吸气(水)过程

鱼类在吸气(水)时，颌弓收肌、鳃弓收肌和鳃盖收肌收缩，则鱼类口张开，口腔底部下降，口腔扩大形成口腔内负压，水吸入口腔。紧接着，鳃盖开肌收缩，使鳃腔扩大，鳃盖膜受外部水压的影响紧贴鱼体，使鳃腔内形成真空，其压力低于口腔内压力，水从口腔流入鳃腔(图 5-29)。

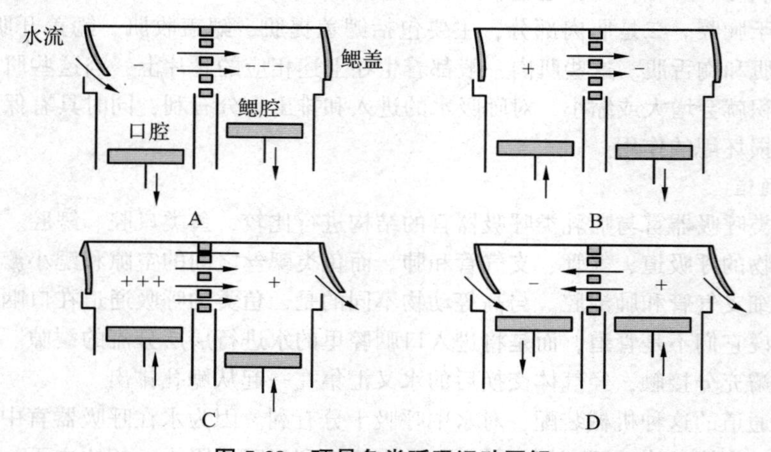

图 5-29 硬骨鱼类呼吸运动图解

A~D. 呼吸运动的 4 步骤；+、-. 口腔和鳃腔内压与周围压力的关系

(2)呼气(水)过程

鱼类在呼气(水)时，颌弓提肌，鳃弓提肌和鳃盖开肌收缩，则鱼类的口关闭，口腔瓣膜打开并封闭口隙，紧接着鳃盖收肌收缩，鳃盖向内紧缩，鳃弓收肌收缩使鳃弓合并，鳃腔缩小，当鳃腔内压力高于鱼体外水的压力时，鳃盖打开，水冲开鳃盖膜进入水环境。

在呼吸过程中食道一直呈收缩状，所以水流不会被咽入胃肠。虽然水由口进入鳃孔排出是间断性的，但在鳃内造成的水流是连续不断的，这主要是因为鳃盖结构特点的调节和内部压力而形成。

在呼吸运动中，绝大多数鱼类主要依靠口腔和鳃腔的连续动作进行呼吸，但有些游泳速度很快的鱼类，如鲭鱼、金枪鱼的鳃盖的肌肉退化，不能运动，它们依靠口张开快速游泳，使水自动地从口和鳃流过，而达到呼吸目的，这种呼吸称为冲压式呼吸。

板鳃类呼吸的机械作用和硬骨鱼类相似，所不同的是它们主要用口腔泵进行呼吸。当口腔扩大时，水从口及眼后的喷水孔进入口腔。口腔缩小时水由鳃裂流出。软骨鱼类有5~7对鳃裂，由前一个鳃间隔的皮褶掩盖在后一个鳃裂上面，有如鳃盖。

(3)呼吸频率

呼吸频率是指鱼类每分钟呼吸的次数。呼吸频率的快慢直接影响鳃的通水量，在一定范围内通水量随鱼类呼吸频率的加快而增加。鱼类的呼吸频率与鱼的种类、年龄、水温、水中含氧量、不同季节、生理状态及不同氧含量等因素有关。其中，水温和含氧量对呼吸频率影响极大。当水温升高时，呼吸频率加快。体质量25 g的草鱼鱼种在水温12℃时，呼吸频率为68次/min；17℃时呼吸频率增加到82次/min；28℃时可达139次/min。水中含氧量降低时，呼吸频率加快。由于影响鱼类呼吸频率的因素很多，所以鱼类呼吸频率的快慢是和多种生态因子密切相关，应该在某些生态因子固定不变的条件下，阐明某一单独因素与其呼吸频率的关系，才比较符合客观情况。

5.3.3 气体交换与运输

5.3.3.1 气体交换

(1)气体交换过程

鱼类和哺乳动物一样，其气体交换是在两处进行的，一是呼吸器官鳃与血液之间的气体交换，二是血液与组织细胞之间的气体交换。这里只简单介绍一下呼吸器官鳃与血液之间的气体交换。

当水流经次级鳃瓣(secondary gill lamellae)时，水中O_2的溶解度高于次级鳃瓣内血液中O_2的溶解度，使两侧出现分压差。这时水中的O_2就会以分压差大小作为动力，由分压大的一侧扩散到分压小的一侧。由于鳃吸水不断进行，新鲜水不断进入次级鳃瓣，所以次级鳃瓣外的氧分压总是高于次级鳃瓣内毛细血管静脉血液的氧分压，而次级鳃瓣外水中的CO_2分压总是低于次级鳃瓣内毛细血管静脉血中CO_2分压。因此，当静脉血流经次级鳃瓣毛细血管时，O_2顺其分压差由水环境扩散入血液；同时CO_2顺其分压差由血液扩散至水环境。

在鱼类气体交换过程中，通过鳃的水流量(Vg)和血流量(Q)的比例大约是10∶1，即$Vg/Q=10$；而不像哺乳类通过肺泡的空气流量(Va)和血流量(Q)的比例接近1∶1，即$Vg/Q=1$。这反映出两种不同呼吸介质(水和空气)的不同含氧量。因为水的含氧量比空气的含氧量低得多，鱼类只有增加呼吸频率和进水量，才能获得较多的氧。

(2)次级鳃瓣与气体交换

鱼类的鳃部实现气体交换的部位在次级鳃瓣。次级鳃瓣由两层上皮细胞构成，其厚度为1~10 μm，其下为基底膜。当中有一层支柱细胞把两层上皮撑开，其中有充满红细胞的血道(blood chamnel)，这种结构减少了水与血液气体交换的层次，缩短了气体扩散的距离，有利于CO_2和O_2自由通过(图5-30)。影响次级鳃瓣的气体交换因素主要有：①次级鳃瓣的厚度。次级鳃瓣的厚度随不同种类的生活方式而不同，快速运动的金枪鱼仅0.53~1 μm，但大多数硬骨鱼类为2~4 μm，板鳃类多数在5~11 μm。次级鳃瓣越厚，气体交换效率越差。CO_2、NH_3、H^+、O_2可以通过次级鳃瓣的鳃上皮，而HCO_3^-则不能通过。所以水中的CO_2、NH_3、O_2或H^+的浓度变化，能明显影响这些分子在鳃上皮的转移。②呼吸面积。呼吸面积对气体交换很重要，

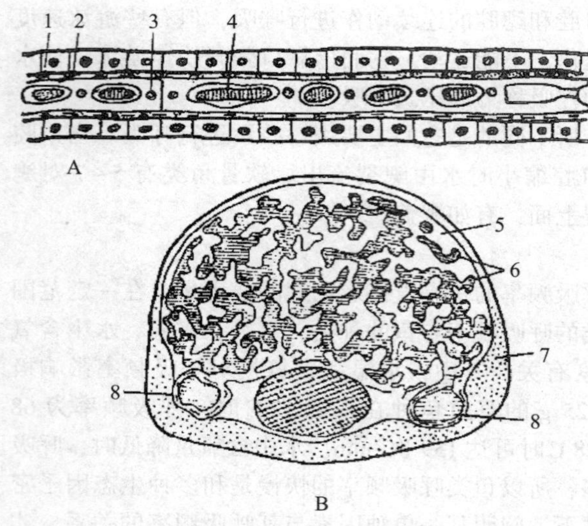

图 5-30 呼吸皱褶模式图

A. 纵切模式图；B. 横切模式图

1. 上皮细胞；2. 结缔组织基膜；3. 支柱细胞；4. 血细胞；5. 血管壁细胞；6. 血液；7. 鳃丝边缘；8. 血管小分支

次级鳃瓣越多，呼吸面积越大。根据对硬骨鱼类测定，鱼鳃的平均表面积为5 cm^2/g，可见按单位体质量来计算，鱼类的呼吸面积比哺乳动物小得多，多数在150～350 mm^2/g，只有游泳能力很强的金枪鱼可达1 500～3 500 mm^2/g，已接近哺乳动物的水平。呼吸面积的扩大对气体交换十分有利，气体的扩散率与呼吸面积和次级鳃瓣两侧的分压差成正比，与次级鳃瓣的厚度成反比。

对鱼类而言并非呼吸面积越大越好，这与鱼类的双重机能——气体交换，离子和水交换有密切关系。因为鳃的表面积增加，就会同时增加气体交换以及离子与水的交换。而淡水鱼类为了维护体内渗透压高于水环境，必须减少离子与水的交换。所以，限制鳃的呼吸面积就成为必然。

(3)对流装置与气体交换

血液与水流之间进行气体交换的位置在次级鳃瓣，水流通过次级鳃瓣的方向与次级鳃瓣内血液流动的方向相反(图5-31)，这种配置称为对流装置，又称逆向对流系统(counter current system)。在这一系统中，含氧最充足的刚流入的新鲜水和已部分充氧的血液在出鳃丝血管处邻接；而部分脱氧的水和刚进入鳃的含氧最低的血液在入鳃丝血管处邻接，从而保证了次级鳃瓣各部位呼吸面两侧的气体分压差达到最大，这样就可以最大限度地提高气体交换效率。

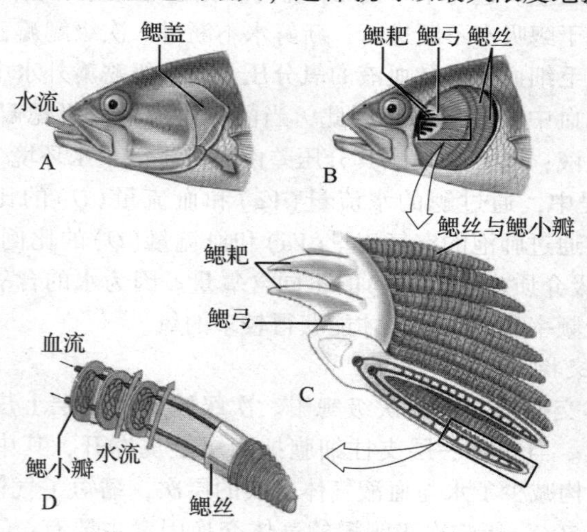

图 5-31 鱼类鳃瓣的位置、结构及水流通过的模式图

A. 肌肉附着在鳃盖上，起水泵作用，将水泵过鳃并从鳃裂中流出；B. 覆盖鳃的骨性保护性皮瓣(盖)被切除，露出包含鳃的鳃腔。每侧有4个鳃弓，每个鳃弓上有许多鳃丝；C. 鳃弓的一部分显示鳃耙，向前突出过滤出食物和碎片；另外，鳃丝向后突出；D. 单根鳃丝以显示鳃小瓣内的毛细血管。水流方向与血液流动方向相反

鱼类之所以能形成对流系统是由于鱼类在呼吸时，相邻两个鳃弓上两个半鳃、鳃丝末端紧密相接，构成漏斗状的鳃栅。经过鳃栅的阻拦，迫使大部分水从两侧的次级鳃瓣之间流过，次级鳃瓣微血管内的血流方向是从内向外，而经鳃栅阻拦后的水流方向正好是从外向内，这就形成了对流系统。板鳃类由于鳃间隔长，为了不影响水的通路，次级鳃瓣与鳃间隔之间是游离的，形成了一条“水管”，作为呼吸后水流出路，所以板鳃类的鳃间隔并不影响对流装置，也不影响呼吸效果。

5.3.3.2 气体运输

见本章哺乳动物。

5.3.4 鱼类的特殊呼吸方式

大部分鱼类离开了水就不能生存，其原因是鳃丝和次级鳃瓣结构十分柔软，特别是次级鳃瓣缺乏骨骼支持。当离开水后，鳃丝和次级鳃瓣，失去水的张力就会黏合在一起，无法进行气体交换，鱼类很快就会死亡。但少数鱼类可以暂时离开水或者在含氧量极少的水域生活，这是因为它们除了鳃以外还可用其他特殊呼吸方式来获取氧。

5.3.4.1 鳃上器呼吸

鳃上器是一种气呼吸器官，乌鳢、攀鲈、胡子鲶、斗鱼，这些鱼类生命力很强，离开水环境不易死亡，都有发达的气呼吸器官——鳃上器。

乌鳢的鳃上器，是由第一对鳃弓上的上鳃骨和部分舌颌骨伸出的屈曲骨片发展演变而来的。上鳃骨呈三角形，舌颌骨突起呈耳状。这些骨片很薄，表面布满丰富的微血管。乌鳢依靠这种鳃上器上的微血管直接与空气进行气体交换。在炎热的干燥季节乌鳢钻进泥土靠气呼吸生存(图 5-32)。

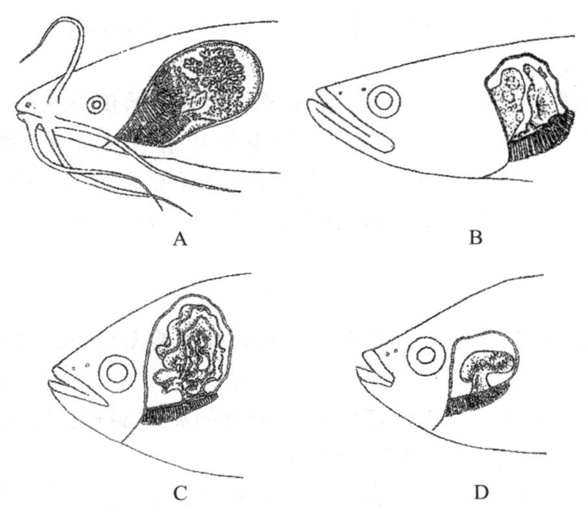

图 5-32 几种鱼类的鳃上器(引自孟庆闻)

A. 胡子鲶；B. 乌鳢；C. 攀鲈；D. 斗鱼

攀鲈的鳃上器，为迷路状结构，由第一鳃弓的咽鳃骨和上鳃骨扩大特化而成。这种鳃上器一般由 3 个或 3 个以上的边缘呈波状的骨质瓣组成，骨质瓣呈螺旋形，边缘曲折，故有迷路器之称。外观呈木耳状，由第四对入鳃动脉进入迷路器，变成微细血管，再由出鳃动脉到达背大动脉。攀鲈可以在干旱季节埋于泥土内达数月之久，或离水到陆地觅食，就是由于它有这种鳃上器，能进行气呼吸。

胡子鲶的鳃上器为第二及第四对鳃弓上的树枝状肉质突起。没有骨骼支持，外覆盖富含血管的黏膜血管，此器官包藏在鳃腔后背面的鳃上腔内。胡子鲶可依靠此鳃上器在干燥季节营穴居生活达数月之久。

5.3.4.2 口咽腔黏膜呼吸

黄鳝是典型的用口咽腔黏膜进行气呼吸的鱼类。它们常常生活在稻田或河流的泥穴中，即使水干枯也能生存很久。这是因为黄鳝口腔内壁的扁平表皮细胞上面布满了微血管，形成了口咽腔黏膜。需要呼吸时它们可以竖起前半段身躯，将吻部伸出水面或洞外吸气，将空气储藏于口腔和咽部进行呼吸，达到长久生存的作用。

5.3.4.3 肠呼吸

有些鱼类当水中含氧量充足时，用鳃呼吸；当水温较高时或水中含氧量低，以及水中 CO_2 含量高时，它们会上升到水面“吞食”空气，利用肠进行气体交换。泥鳅是典型的肠呼吸鱼类。泥鳅的肠呈直管状，夏季高温季节由于缺氧，是泥鳅的肠呼吸期。在肠呼吸期间，肠后段上皮细胞变为扁平状，细胞间出现了微血管网。肠壁变得很薄，经常无食物，肠黏液细胞分泌更多的黏液包裹消化残渣，使粪便很快通过这段肠段，不致损伤肠道。泥鳅将吞入的空气压入这段肠段，在这里进行气体交换，余气从肛门排出。在水中氧气充足时或非高温季节，泥鳅不用肠呼吸时，肠后段的扁平细胞又变为柱状细胞，细胞间的微血管被隐藏或消失。

5.3.4.4 皮肤呼吸

有些鱼类离开水后可以在陆地生活一段时间不致死亡，是因为这些鱼类可以用皮肤来呼吸。例如，鳗鲡的皮肤就具有呼吸功能，它们经常在夜间从水中转移到陆地，经过潮湿草地，移居到另外的水域。这些鱼类皮肤很薄，鳞片退化，表皮下分布着微细血管网，便于与空气进行气体交换。实践证明，鲶鱼、弹涂鱼、肺鱼均具有皮肤呼吸功能。

5.3.4.5 气鳔(肺)呼吸

一些低等的硬骨鱼类，如肺鱼、多鳍、雀鳝及弓鳍等原始鱼类的鳔，构造较为特殊，起着陆生动物“肺”的功能，能呼吸空气。肺鱼在干涸季节开始钻入洞中，体外分泌黏液形成黏液壳——“茧”，壳顶有一小孔可透入空气，此时的肺鱼处于夏眠状态，完全以鳔(肺)呼吸空气，可达数月，待雨季来临时“茧”溶化，肺鱼又回到水中，又以鳃呼吸生活。

5.3.5 鳔

圆口类和软骨鱼类没有鳔的构造。硬骨鱼类除少数种类无鳔外，大多数的种类都具有鳔。

5.3.5.1 鳔的构造

多数硬骨鱼类肠管的背面和肾腹面之间有一中空的囊状器官，称为鳔(图5-33)。鳔内充满气体，鳔中的气体主要是 O_2、N_2、CO_2 等气体。

鱼类的鳔形态特殊，结构复杂，鳔壁一般都较薄，分为3层：外层是坚韧而透明的纤维组织；中层是结缔组织；最内层是上皮细胞层。鳔壁内含有纤维和肌肉，因此具有弹性，可以收缩或松弛。多数鱼类的鳔壁上具有分泌气体的气腺，也称红腺(red gland)，它由腺体组织和奇异网组成。奇异网是由几束平行排列的动静脉毛细血管构成。闭鳔类的鳔可以分为红腺和卵圆窗两个形态不同的部分，喉鳔类无红腺和卵圆窗的结构。

闭鳔类的鳔内红腺位于鳔的前端腹面内壁，它是由微血管网组成的泌气腺。红腺的血液由背大(主)动脉或体腔肠系膜动脉供给。通向红腺的动脉分支成大量整齐平行的微血管，而朝着相反方向而行的静脉也同样分成整齐直而平行的微血管，这样组成一奇异的网状构造，故称奇异网。闭鳔类鳔内的另一个结构为卵圆窗，位于鳔的后端背面内壁(图 5-33)。

根据鳔管的有无，可将鱼类分为两大类：一种为有鳔管的喉鳔类(或开鳔类)(physostomous)，如大多数的硬鳞鱼、较低等的硬骨鱼类、肺鱼等；另一种为无鳔管的闭鳔类(physoclistous)，如鲈形目等较高等的硬骨鱼类。

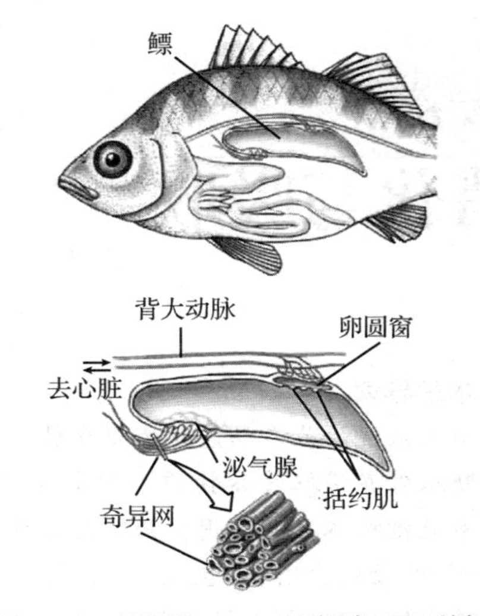

图 5-33　喉鳔类(上)、闭鳔类(下)的鳔

5.3.5.2　鳔的充气和排气

鳔最重要的功能，是通过充气和放气来调节鱼体的相对密度，从而调节鱼体内外的水压平衡和控制身体沉浮。

喉鳔类鳔内气体的调节是通过鳔管来实现的。由于鳔管与食道交界处有环形括约肌可控制鳔管的开放与闭合。因鳔管与食管相通，故喉鳔类可直接由口吞入或排出气体。闭鳔类的排气是靠卵圆窗，卵圆窗具有密集的毛细血管网，鳔内的气体分压大于血液中的气体分压，气体通过卵圆窗向血管内扩散，血液中的气体通过细脉网进入气腺，气腺在分泌气体时，卵圆窗括约肌收缩，卵圆窗关闭；鳔排气时，括约肌松弛，卵圆窗开启(图 5-33)。鳔内有中隔的鱼类，鳔的前室分泌气体，后室的鳔壁有裸露的毛细血管，因而能吸收鳔室的气体而将其排出，排气的速率由隔膜中央的小孔调节。鳔的排气受交感神经和迷走神经调节，卵圆窗关闭，但交感神经的影响尚不清楚。

鱼类的鳔除了有上述气呼吸功能(肺鱼)、调节鱼体的相对密度、控制身体沉浮外，还具有感觉机能和发声机能等。

(何立太)

复习思考题

1. 肺泡表面活性物质主要成分是什么？当肺泡表面活性物质减少时，对肺通气有何影响？
2. 如何评价肺通气的功能？
3. 肺换气的正常进行取决于哪些条件？
4. 简述哺乳动物“S”形氧解离曲线的重要生理意义。
5. 什么叫胸内压？它是怎样形成的？
6. 血液中 P_{CO_2} 的变化对呼吸会产生哪些影响？是怎样实现的？
7. 呼吸运动的反射性调节有哪些？
8. 比较哺乳类、鱼类、禽类呼吸器官通气的特点。
9. 什么叫逆向对流系统？在鱼类气体交换中有何意义？

第 5 章

第 6 章

消化与吸收

本章导读

消化系统的基本功能是消化食物、吸收营养物质和排泄某些代谢产物。动物为了生存，必须不断从外界摄取营养物质。但食物中的养分一般都是结构复杂、难于溶解的天然大分子物质，不能被机体直接利用，必须经过消化管的运动(机械性消化)、消化酶的作用(化学性消化)和微生物的分解(微生物消化)将其转变为结构比较简单的可溶性小分子物质，如葡萄糖、氨基酸和脂肪酸(挥发性脂肪酸)等才能被机体吸收利用。

本章将概述消化生理有关内容，包括消化与吸收的概念、动物消化的方式、消化道平滑肌的生理特性、消化腺的分泌功能、消化道的神经支配、消化道的内分泌功能及消化道黏膜免疫等。在此基础上深入讨论摄食的调控，食物(饲料)在口腔、胃(单胃及复胃)和肠的机械性消化、化学性消化和微生物消化过程及其调节；食物在小肠的吸收过程及其机制，并扼要介绍肝脏主要的生理功能及家禽、鱼类的不同消化特点。

学习本章内容，将会遇到不少饶有兴趣、发人深思的问题。例如，为什么动物患萎缩性胃炎，易发生巨幼红细胞性贫血？为什么胰液分泌障碍时常引起脂肪泻，而糖类的消化、吸收一般不受影响？为什么切除动物70%~80%的肝脏，它还能生长至原有大小？为什么动物每天都在摄取食物(饲料)，而食物抗原却很少引起机体产生免疫应答？……生理学知识面较广，与多种学科都有密切联系，只有多查、多想、多问、多验证才会真知、真懂！

本章重点与难点

重点：饲料在胃(单胃及复胃)和肠内的消化过程及其调节；糖类、蛋白质和脂肪(脂溶性维生素)在小肠内的吸收过程及机制。

难点：摄食调控机制；消化道的内分泌功能；消化道黏膜免疫。

6.1 消化生理概述

动物在生命活动过程中，必须不断从外界摄取营养物质作为机体生长发育和生产活动的物质及能量来源。单细胞动物(如草履虫)摄入的食物在细胞内被各种水解酶分解，其消化过程完全在细胞内进行，称为胞内消化(intracellular digestion)。多细胞动物逐渐形成了消化腔或消化管，食物的消化过程则是在细胞外的消化腔或消化管内进行，故称胞外消化(extracellular digestion)。

动物依靠摄取外界的植物或动物为生，这些植物性或动物性食物(饲料)含有6大类营养物质，即糖类、蛋白质、脂肪、维生素、无机盐和水；其中，前三类是结构复杂、难于溶解的大分子物质，需经消化后才能被吸收；后三类为小分子物质，不需要消化就可被机体吸收利用。

食物在消化道内被分解为可吸收的小分子物质的过程，称为消化(digestion)。经消化后的营养成分透过消化道黏膜进入血液或淋巴液的过程，称为吸收(absorption)。未被吸收的食物残渣则以粪便的形式排出体外。消化和吸收是两个相辅相成、紧密联系的过程，消化或吸收功能发生障碍可导致机体营养不良、代谢紊乱或产生消化系统疾病。

6.1.1 消化的方式

哺乳动物的消化器官由消化管及消化腺组成。消化管为一肌性管道，起自口腔，经咽、食道、胃、小肠(十二指肠、空肠和回肠)和大肠(盲肠、结肠和直肠)，最后终止于肛门。消化腺包括唾液腺、肝、胰大消化腺以及分布于消化道管壁内的胃腺、肠腺等小消化腺。高等动物的消化主要为细胞外消化，在消化管内进行，其消化方式通常有以下 3 种。

(1)机械性消化

机械性消化(mechanical digestion)又称物理性消化(physical digestion)，是指通过消化道肌肉的收缩和舒张运动(包括咀嚼、胃肠运动等)将大块食物磨碎、搅拌并与消化液混合形成食糜(chyme)，把食糜不断向消化道远端推送的过程(饲料发生形变)。

(2)化学性消化

化学性消化(chemical digestion)是指通过消化液(包括唾液、胃液、胰液和胆汁等)所含的各种消化酶(除胆汁外，其他消化液都含有消化酶)把食物中的大分子物质(蛋白质、脂肪和糖类等)分解为可吸收的小分子物质的过程(饲料发生质变)。

(3)微生物消化

微生物消化(microbial digestion)是指通过微生物产生的酶类，对饲料养分进行分解的过程，又称生物学消化。在反刍动物(牛、羊、骆驼等)的瘤胃、草食动物(马、驴、兔等)的盲肠内，饲料中纤维素类的消化几乎完全靠微生物发酵。肉食动物大肠内的细菌可以分解未被消化的蛋白质。有些鱼类肠道微生物所分泌的酶类有助于消化饵料中的多糖、木质素等。

除单胃草食动物外，单胃杂食动物、肉食动物的消化以化学性消化为主，微生物消化作用较弱，主要在大肠内进行。而马、驴、兔等单胃草食动物的盲肠、大肠微生物消化作用相当强，但弱于反刍动物瘤胃。

6.1.2 消化道平滑肌的生理特性

在整个消化道中，除口、咽和食管上端的肌肉组织以及肛门外括约肌为骨骼肌外，其余部分的肌肉组织均属于平滑肌。消化道平滑肌具有肌肉组织的共同特性，如兴奋性、传导性和收缩性，但也有其自身的特点。

6.1.2.1 消化道平滑肌的一般生理特性

(1)兴奋性低，收缩缓慢

消化道平滑肌的兴奋性比骨骼肌低，收缩的潜伏期、收缩期和舒张期所占的时间均比骨骼肌长很多，而且变异较大。

(2)具有自律性

消化道平滑肌在离体后，置于适宜的环境内仍能自动地进行节律性收缩和舒张，但其节律较慢，远不如心肌规则。

(3)具有紧张性

消化道平滑肌经常处于微弱的持续收缩状态，即具有一定的紧张性。消化道各部分(如胃、肠等)之所以能保持一定的形状和位置，与平滑肌具有紧张性这一特性密切相关。平滑肌的紧张性还能使消化道内经常保持一定的基础压力，有助于消化液向食物中渗透。平滑肌的各种收缩活动也都是在紧张性的基础上发生的。

(4)富有伸展性

平滑肌因无肌小节、Z线限制，可将其拉长2~3倍而张力不发生变化。消化道平滑肌具有很强的伸展性，胃的伸展性尤其明显。良好的伸展性具有重要的生理意义，能使消化道有可能容纳几倍于原初体积的食物，而消化道内压力却不明显升高。

(5)对不同刺激的敏感性不同

消化道平滑肌对电刺激较不敏感，而对化学、温度、机械牵张刺激特别敏感。例如，用单个的电刺激，往往不能引起平滑肌收缩；而微量的乙酰胆碱或牵拉刺激则引起其收缩加强。消化道平滑肌的这一生理特性与其所处的生理环境密切相关，消化道内食物的温度变化、对平滑肌的机械扩张和化学性刺激可促进消化腺分泌及消化道运动，有助于食物的消化。

6.1.2.2 消化道平滑肌的电生理特性

消化道平滑肌电活动形式比骨骼肌复杂得多，其电变化大致可以分为3种，即静息电位、慢波电位和动作电位。

(1)静息电位

消化道平滑肌的静息电位很不稳定，波动较大，其实测值为-50~-60 mV。主要由K^+的平衡电位产生；但Na^+、Cl^-、Ca^{2+}以及生电性钠泵也参与了静息电位的形成，这可能是其绝对值略小于骨骼肌和神经细胞静息电位的原因。

(2)慢波电位

消化道平滑肌在静息电位基础上，自发地产生周期性的轻度去极化和复极化，由于其频率较慢，故称慢波电位(slow wave potential)；因慢波电位对平滑肌的收缩节律起决定性作用，故又称基本电节律(basal electric rhythm, BER)。

慢波起源于平滑肌的纵行肌和环行肌之间的卡哈尔间质细胞(interstitial cell of Cajal, ICC)。由ICC产生的电活动可以电紧张的形式传递给纵行肌和环行肌细胞，因此ICC被认为是胃肠运动的起搏细胞。关于慢波产生的离子机制，目前尚不十分清楚。

现已证实，平滑肌存在机械阈(mechanical threshold)和电阈(electrical threshold)两个临界膜电位值。当慢波去极化达到或超过机械阈时，细胞内Ca^{2+}浓度增加至足以激活肌细胞轻度收缩水平，平滑肌细胞出现小幅度收缩，其收缩幅度与慢波幅度呈正相关；而当去极化达到或超过电阈时，则可引发动作电位，使平滑肌细胞收缩进一步增强。慢波上出现的动作电位数目越多，平滑肌细胞收缩越强(图6-1)。

(3)动作电位

消化道平滑肌细胞的动作电位与骨骼肌细胞动作电位的区别在于：①动作电位去极化主要

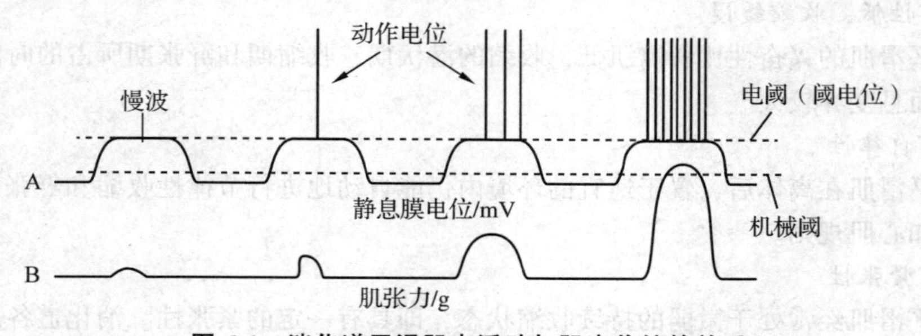

图6-1 消化道平滑肌电活动与肌肉收缩的关系

A. 慢波及不同发放频率的动作电位；B. 平滑肌不同收缩幅度

依赖 Ca^{2+} 内流，因此锋电位上升较慢，持续时间较长。②复极化也由 K^+ 外流所致，不同的是平滑肌细胞 K^+ 的外向电流与 Ca^{2+} 的内向电流在时间过程上几乎相同，因此锋电位的幅度较低，且大小不等。

消化道平滑肌细胞产生动作电位时，由于 Ca^{2+} 内流量远大于慢波去极化达机械阈时的 Ca^{2+} 内流量，所以在只有慢波而无动作电位时，平滑肌仅发生轻度收缩，而当发生动作电位时，收缩幅度明显增大，并随动作电位频率的增高而加大(图 6-1)。

平滑肌慢波、动作电位和收缩之间的关系可概括为：在慢波的基础上产生动作电位，动作电位触发肌肉收缩，慢波上动作电位的数目(频率)可作为平滑肌收缩力大小的指标。

6.1.3　消化腺的分泌功能

如前所述，在消化管附近及消化管黏膜内存在多种腺体(如唾液腺、肝、胰腺、胃腺和肠腺等)，它们向消化管内分泌各种消化液，包括唾液、胃液、胆汁、胰液、小肠液和大肠液。其主要成分是水、无机盐、黏液及多种消化酶，由消化酶完成对食物的化学性消化(表 6-1)。

表 6-1　各种消化液的 pH 值和主要消化酶

消化腺	pH 值	主要消化酶	酶的底物	酶水解产物
唾液	6.6~7.1	唾液淀粉酶	淀粉	麦芽糖
胃液	0.9~1.5	胃蛋白酶	蛋白质	脲、胨、多肽
胰液	7.8~8.4	胰淀粉酶	淀粉	麦芽糖、寡糖
		胰脂肪酶	三酰甘油	脂肪酸、甘油、甘油酯
		胰蛋白酶	蛋白质	氨基酸、寡肽
		糜蛋白酶	蛋白质	氨基酸、寡肽
胆汁	6.8~7.4	无	未测定	未测定
小肠液	7.6~8.0	肠致活酶	胰蛋白酶原	胰蛋白酶
大肠液	8.3~8.4	未测定	未测定	未测定

消化腺分泌消化液是腺细胞的主动活动的过程，一般包括：①从血液中摄取原料。②在细胞内合成分泌物，以酶原颗粒和囊泡等形式贮存于腺细胞内。③腺细胞膜上存在多种受体，不同的刺激物与相应受体结合，引起细胞内一系列反应，最终以出胞方式排出分泌物。

消化液的主要作用是：①稀释并溶解食物，以利于消化和吸收。②改变消化管内的 pH 值，为消化酶发挥作用提供适宜的环境。③消化液中的消化酶能水解饲料中的大分子营养成分，使之成为可以吸收的小分子物质。④保护胃肠道黏膜，防止物理性和化学性损害。

6.1.4　消化道的神经支配及其作用

支配胃肠道的神经有外来神经和内在神经两部分。其中，外来神经属于自主神经系统，包括交感和副交感神经。

6.1.4.1　外来神经

消化道除口腔、咽、食道前端的肌肉及肛门外括约肌由躯体神经支配外，主要受交感神经和副交感神经的双重支配，其中副交感神经起主要作用。

(1) 交感神经

支配消化道的交感神经节前纤维起自脊髓胸腰段灰质的侧角，在腹腔神经节和肠系膜前、后神经节内换元后，节后纤维分布到胃、小肠和大肠各部。节后纤维末梢释放的递质为去甲肾上腺素。一般情况下，交感神经兴奋可抑制胃肠运动和分泌，但引起胆总管括约肌、回盲括约肌与肛门内括约肌收缩。

(2)副交感神经

支配消化道的副交感神经主要来自迷走神经和盆神经，其节前纤维直接终止于消化道的壁内神经元，与壁内神经元形成突触，然后发出节后纤维支配消化道的腺细胞、上皮细胞和平滑肌细胞。副交感神经的大部分节后纤维释放的递质是乙酰胆碱，通过与 M 受体结合，促进消化道的运动和消化腺的分泌，但对消化道的括约肌则起抑制作用。少数副交感神经的节后纤维释放某些肽类物质，如血管活性肠肽、P 物质、脑啡肽和生长抑素等，在胃的容受性舒张等过程中起调节作用。

6.1.4.2 内在神经(肠神经系统)

消化道除受外来自主神经(交感神经和副交感神经)系统支配外，还受内在神经的调控。消化道的内在神经是指消化道的内在神经丛，包括位于黏膜层和环形肌之间的黏膜下神经丛(submucosal plexus)和位于环形肌与纵形肌之间的肌间神经丛(myenteric plexus)(图 6-2)。这些神经丛含有感觉神经元、运动神经元和大量的中间神经元。每一神经丛内部以及两种神经丛之间都有神经纤维互相联系，共同组成消化道内在的神经系统，称为肠神经系统(enteric nervous system，ENS)。

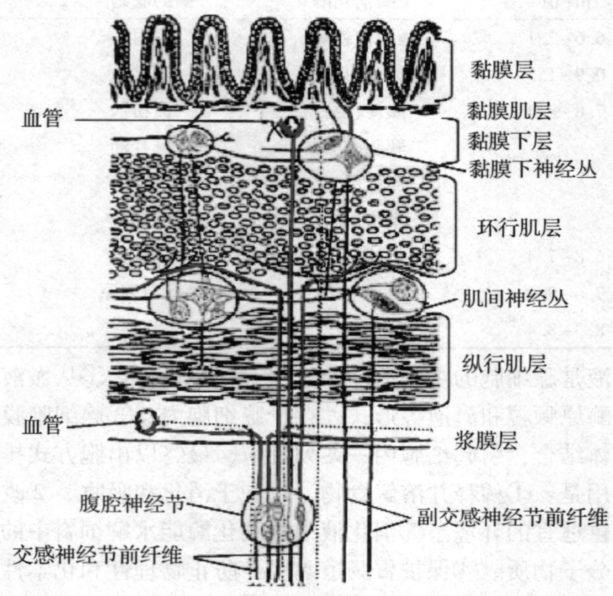

图 6-2 消化道内在神经丛及其与自主神经的关系示意图

——— 交感节后纤维(由节前纤维在腹腔神经节换元后发出)；
········· 感觉传入纤维

肠神经系统内的神经元释放多种神经递质，完成消化道内的局部反射。其中，黏膜下神经丛主要调节腺细胞和上皮细胞的功能；肌间神经丛主要支配平滑肌的活动。在整体情况下，外来神经对肠神经系统具有调节作用，但去除外来神经后，肠神经系统仍可整合各种信息，独立地调节胃肠运动、分泌以及局部血液供应等。

6.1.5 消化道的内分泌功能

6.1.5.1 APUD 细胞和胃肠激素

消化器官除受神经支配外，还受激素调节，这些激素是由胃肠内分泌细胞合成及分泌。已经证明，从胃到大肠的黏膜内存在40多种内分泌细胞，这些细胞都具有摄取胺的前体、进行脱羧而产生肽类或活性胺类的能力，通常将这类细胞统称APUD细胞(amine precursor uptake and decarboxylation cell)。现已知道，其他组织(如神经系统、甲状腺、肾上腺髓质和腺垂体)中也含有APUD细胞。消化道黏膜中所含内分泌细胞的总数远超过体内其他内分泌细胞的总和，因此消化道被认为是体内最大和最复杂的内分泌器官。由于这些内分泌细胞合成和释放的多种激素主要在消化道内发挥作用，因此把这些激素合称胃肠激素(gastrointestinal hormone)。胃肠激素都是肽类，但肽类并不都是胃肠激素。消化道主要内分泌细胞的名称、分泌物质及所在部位见表6-2所列。

表6-2 消化道主要内分泌细胞的种类、分泌物及分布部位

细胞名称	分泌物质	分布部位
G细胞	促胃液素	胃幽门部、十二指肠
α细胞	胰高血糖素	胰岛
β细胞	胰岛素	胰岛
δ细胞	生长抑素	胰岛、胃、小肠、大肠
I细胞	缩胆囊素	小肠前段
K细胞	抑胃肽	小肠前段
S细胞	促胰液素	小肠前段
Mo细胞	胃动素	小肠
N细胞	神经降压素	回肠
PP细胞	胰多肽	胰岛、胰腺外分泌部、胃、小肠、大肠

消化道内分泌细胞具有开放型和闭合型两种类型，大多数为开放型细胞，其细胞呈锥形，顶端有微绒毛伸入胃肠腔内，直接感受胃肠腔内容物的刺激，触发细胞的分泌活动。具有这种分泌特点的胃肠激素有促胃液素(gastrin)、胆囊收缩素、生长抑素、胰多肽(pancreaticpoly、petide，PP)等。闭合型细胞较少，主要分布在胃底、胃体的泌酸区和胰腺，这类细胞无微绒毛，不直接接触胃肠腔，它们的分泌活动受神经和周围环境因素的调节。

6.1.5.2 胃肠激素的生理作用

胃肠激素的生理作用极为广泛，但主要是调节消化器官的功能，大致包括以下3个方面。

(1)调节消化腺分泌和消化道运动

例如，促胃液素能促进胃液分泌和胃运动；而促胰液素和抑胃肽则可抑制胃液分泌和胃运动。

(2)调节其他激素的释放

例如，消化期间抑胃肽对胰岛素的释放有很强的刺激作用；此外，生长抑素、胰多肽、促胃液素释放肽等对生长激素、胰岛素、促胃液素的释放也有调节作用。

(3)营养作用

有些胃肠激素能促进消化道组织的生长，发挥其营养性作用。例如，促胃液素和胆囊收缩素分别能促进胃黏膜上皮和胰腺外分泌部组织的生长。

表6-3为几种主要胃肠激素的生理作用及有关刺激因素。

6.1.5.3 脑-肠肽

研究发现，一些被认为是胃肠激素的肽类物质，也存在于中枢神经系统，而原来认为只存在于中枢神经系统的内源性活性物质神经肽也相继在消化道中发现。这些在消化道和中枢神经

表 6-3 几种主要胃肠激素的生理作用及有关刺激因素

激素名称	主要生理作用	有关刺激因素
促胃液素	促进胃酸和胃蛋白酶原的分泌；促使胃窦和胃幽门括约肌收缩，延缓胃排空；促进胃肠运动和胃肠黏膜生长	蛋白质的分解产物、迷走神经兴奋、胃受扩张刺激
促胰液素	促进胰液、胆汁中的 HCO_3^- 分泌；抑制胃酸分泌和胃肠运动；促使幽门括约肌收缩，抑制胃排空；促进胰腺外分泌部生长	盐酸、蛋白质分解产物、脂酸钠
胆囊收缩素	刺激胰液分泌和胆囊收缩；增强小肠和大肠运动；抑制胃排空；促使幽门括约肌的收缩，Oddli 括约肌舒张；促进胰腺外分泌组织的生长	蛋白质消化产物、脂肪酸
抑胃肽	刺激胰岛素分泌；抑制胃酸和胃蛋白酶原分泌，抑制胃排空	葡萄糖、脂肪酸和氨基酸
胃动素	消化期刺激胃和小肠运动	迷走神经、盐酸和脂肪

系统内双重分布的肽类物质统称为脑-肠肽(brain-gut peptide)。目前已知的这些肽类物质有20余种，如促胃液素、胆囊收缩素、胃动素、生长抑素、神经降压素(neurotensin，NT)等。脑-肠肽概念的提出揭示了神经系统与消化道之间存在的内在联系。

6.1.6 消化道黏膜免疫

消化道不仅具有消化、吸收营养物质的作用，而且具有重要的黏膜免疫功能。黏膜免疫是指机体与外界相通的呼吸系统、消化系统、泌尿生殖系统的黏膜组织及一些外分泌腺(哈德氏腺、泪腺、唾液腺、胰腺、乳腺等)的局部免疫。即局部黏膜组织在病原、食物抗原、变应原(引起变态反应的抗原物质)等的刺激下诱导出的免疫应答反应。其主要功能是清除通过黏膜表面入侵机体的病原体。哺乳动物黏膜面积巨大，是与外界抗原直接接触的门户，黏膜免疫则是构成机体防御外来有害物质入侵的第一道防线。

6.1.6.1 肠道黏膜屏障的防御机制

动物肠道内栖息着大量的微生物，正常情况下并未损害机体健康，其主要原因是机体存在完整的肠道黏膜屏障。正常的肠道黏膜屏障由肠黏膜组织屏障(化学、物理屏障)、肠相关淋巴组织(免疫屏障)和肠道共生菌群(微生态屏障)组成(图6-3)，这3层屏障对维持肠道微生态平衡，抵御病原体的入侵具有重要作用。

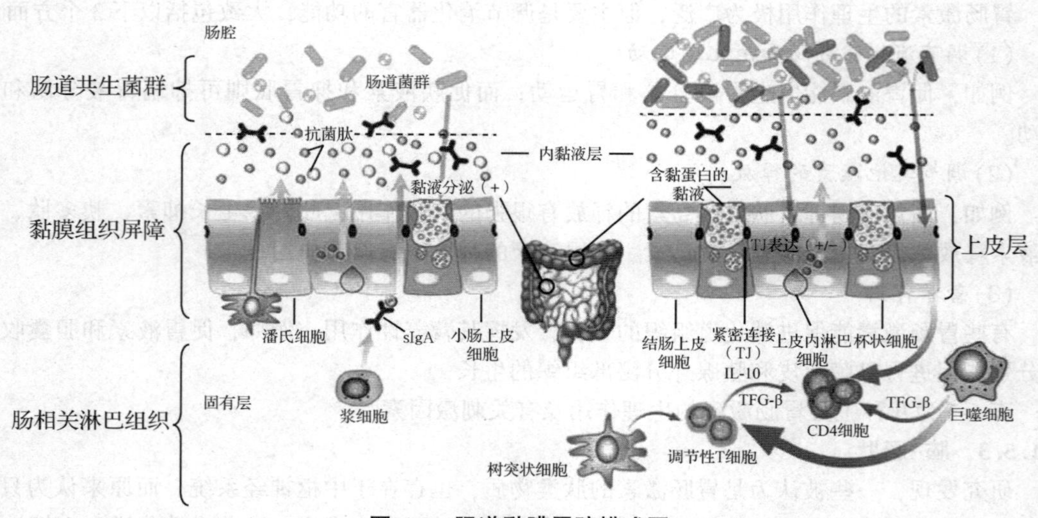

图 6-3 肠道黏膜屏障模式图

(1)肠黏膜组织屏障

肠黏膜组织屏障由肠道上皮细胞、细胞间紧密连接与黏液层构成。完整的肠上皮细胞和相邻肠上皮细胞之间的连接所构成的黏膜屏障，是肠道重要的屏障之一。相邻上皮细胞之间有多种连接方式，如紧密连接、缝隙连接、黏附连接和桥粒等，而紧密连接是细胞间最重要的连接方式。其功能是只允许离子及小分子可溶性物质通过，而不允许毒性大分子及微生物通过，这种特殊生理功能在肠道黏膜屏障的维护中起着举足轻重的作用。研究发现，在病理状态下，紧密连接蛋白可产生收缩现象，并向细胞质中移动，细胞孔隙(窗孔)明显扩大，导致大分子物质及毒素、细菌移位，此时肠黏膜就丧失其选择性屏障作用。可见，肠黏膜上皮的完整性及正常的再生能力是肠道黏膜屏障重要的结构基础。此外，分布于黏膜柱状上皮细胞之间的杯状细胞(goblet cell，GC)分泌的黏蛋白(主要为 MUC2)等，形成板层状的黏液层覆盖于上皮细胞表面。MUC2 黏蛋白的网状结构具有选择性通透性质，凭借其“分子筛”样作用使大分子的细菌和细菌产物无法透过结构完整的黏液层与肠上皮细胞接触，从而将病原菌与肠上皮隔离。位于小肠腺底部的潘氏细胞(Paneth cell)，其主要分泌物是具有杀菌能力的蛋白多肽，如 α-防御素、隐窝素相关序列肽、溶菌酶和磷脂酶 A_2 等。潘氏细胞分泌的 α-防御素在应对病原菌感染中起着重要作用，革兰阳性菌、革兰阴性菌、脂多糖、胞壁酸、胞壁酰二肽，以及脂类 A(内毒素的毒性和生物活性的主要组分)都能刺激小肠潘氏细胞分泌防御素。小肠潘氏细胞接触到病原菌时几分钟内就会分泌富含抗菌肽的颗粒杀死病原微生物，其中 α-防御素约占总抗菌肽活性的 70%。潘氏细胞功能异常会导致炎症性肠炎等多种疾病的发生。

(2)肠相关淋巴组织

肠道免疫屏障由肠相关淋巴组织(gut-associated lymphoid tissue，GALT)构成。GALT 是位于肠黏膜下的淋巴组织，可大致分为组织性淋巴样组织(orgenized lymphoid tissue)及散在于整个肠壁中的淋巴细胞。前者包括派伊尔结、独立淋巴滤泡和肠系膜淋巴结，是局部免疫的诱导位点，即首次接触抗原并诱导起始反应的部位；后者主要指散在于上皮细胞层及黏膜固有层内的淋巴细胞，为局部免疫的效应位点，是 T 淋巴细胞和 B 淋巴细胞产生免疫应答的部位(图 6-4)。

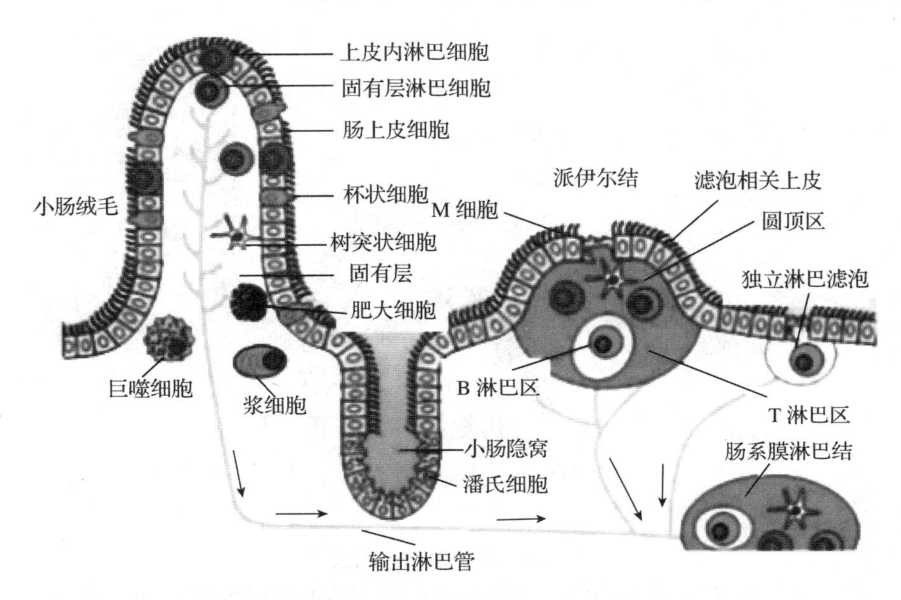

图 6-4 肠相关淋巴组织示意图

①派伊尔结(Peyer's patches，PP) 简称派氏结，位于肠系膜对侧的小肠壁中(图6-5)，是小肠黏膜内的一组淋巴滤泡(又称淋巴小结)，由巨噬细胞、树突状细胞、B淋巴细胞和T淋巴细胞(CD4为主)等组成。PP在鸟类、啮齿动物、人类及其他哺乳动物的小肠内均有分布，一般在十二指肠和空肠分布较少，主要分布在远端小肠的黏膜固有层内，在回肠末端最为明显。PP内淋巴滤泡排列成单层，均向黏膜表面呈圆顶状凸起，此区表面光滑，无绒毛，无肠腺，淋巴组织表面被覆滤泡相关上皮(follicular associated epithelium，FAE)(图6-4、图6-6)。根据T细胞和B细胞分布的特点，可将PP划分为3个区域，即滤泡区(follicular area)、上皮下圆顶区(subep tuelial dome area)和滤泡间区(interfollicular area)。滤泡区靠近浆膜面，主要由B细胞组成(图6-6)。滤泡间区，也称滤泡旁区(parafollicular area)是T细胞所在区，占PP内细胞数量的25%~35%。滤泡相关上皮与滤泡(B细胞区)之间的区域为上皮下圆顶区(图6-4)，此区内既有T细胞、B细胞，又有特化的微皱褶细胞(microfold cells，M cells)，简称M细胞。目前，在家兔、小鼠、大鼠、豚鼠、猪、牛等动物的眼结膜、扁桃体、胃肠道、呼吸道、泌尿生殖道中的相关淋巴组织表面上皮内均发现有M细胞存在。M细胞是一种特化的、对抗原有胞吞作用的上皮细胞，广泛分布于PP圆顶区(诱导位点)的滤泡相关上皮之间，这种特殊的组织定位和结构使M细胞转运的微生物和其他外源性物质跨过上皮屏障后可直接传递给吞噬细胞和/或抗原递呈细胞，这一结构特点缩短了抗原物质转运至免疫细胞的距离，有利于淋巴细胞尽快接受M细胞传递的抗原信息。因此，M细胞被看作是肠相关淋巴组织采集抗原的关键细胞，是肠腔抗原与免疫细胞相接触的门户，在启动肠内免疫中起着重要作用。

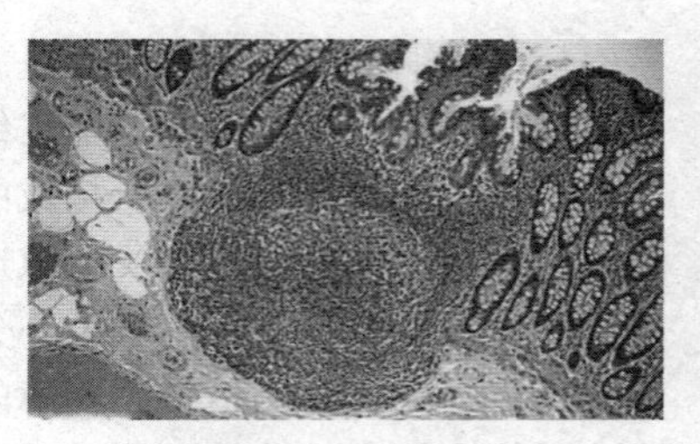

图6-5 派伊尔结

派伊尔结内含有大量的树突状细胞，简称DC细胞。DC细胞能以多种方式摄取各种抗原物质(图6-7)，是已知体内功能最强、唯一能活化静息T细胞的专职抗原递呈细胞(antigen-presenting cells，APCs)，是启动、调控和维持免疫应答的中心环节。

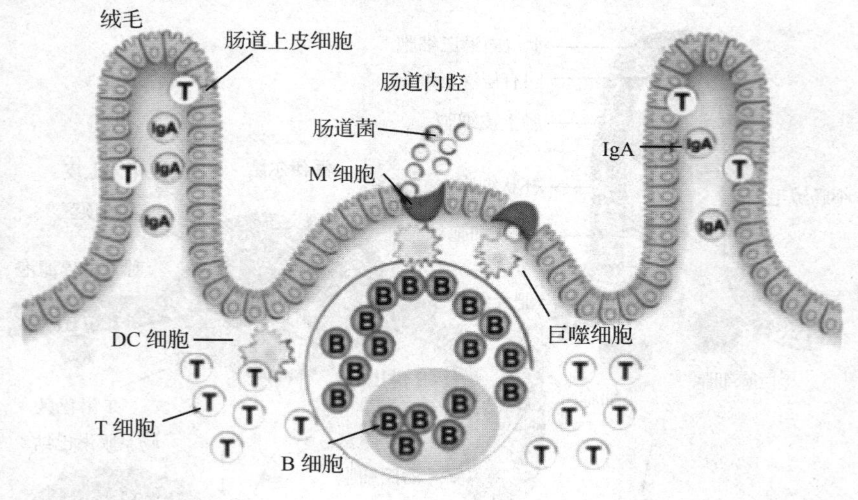

图6-6 派伊尔结模式图

两绒毛之间向上隆起的椭圆形区域，为派伊尔结；其中最大正圆形代表派伊尔结的滤泡区；区内大小圆圈代表密集B细胞的各种滤泡

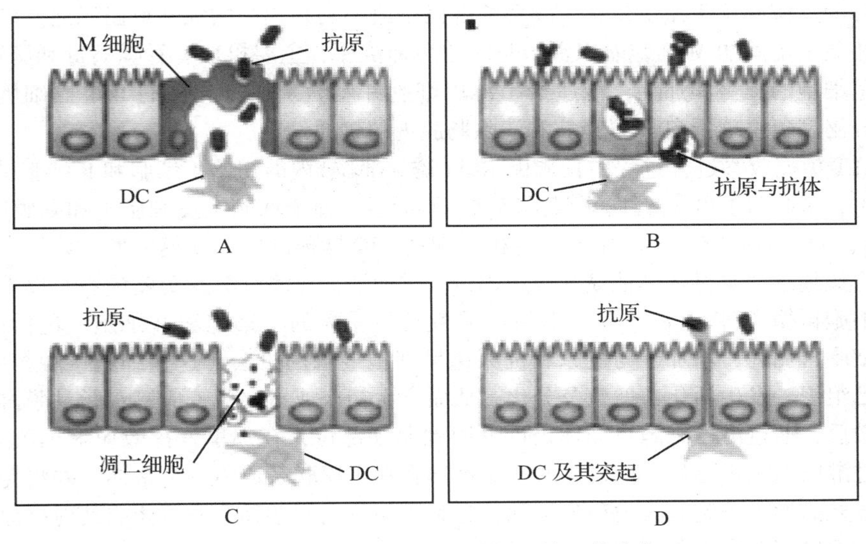

图6-7　树突状细胞独特地摄取抗原的途径

A. 抗原经M细胞非特异性地转运给DC；B. 抗原经抗体与Fc受体结合转运给DC；
C. DC吞噬含抗原的凋亡细胞；D. DC伸出突起穿过黏膜上皮直接从肠腔摄取抗原

②独立淋巴滤泡(isolated lymphoid follicles，ILF)　肠道内的淋巴滤泡并不像脾脏、淋巴结那样由生发中心(指B淋巴细胞受抗原刺激后大量增殖分化形成的致敏区域)快速增殖所形成，它不依赖于某个特定的器官(如脾脏或淋巴结)而是独立地由B淋巴细胞直接快速分化形成，所以称为独立淋巴滤泡。ILF在整个肠壁均有存在，但主要分布在结肠，这些滤泡在结构上与PP非常相似，在淋巴组织表面所覆盖的复层扁平上皮中含有特化的M细胞。有资料表明ILF与PP有类似的功能，如在实验动物中将PP摘除并未有效地影响黏膜免疫的抗原处理过程，这可能与ILF中也含有与PP相似的抗原递呈细胞有关。

③肠系膜淋巴结(mesentric lymphnoles，MLN)　是一群位于肠系膜内的大淋巴结，由于它具有完整的淋巴结结构，故未将其直接归属于GALT。但MLN与GALT在肠道协同工作，共同组成肠道免疫的诱导部位。

④阑尾(vermiform appendix，VA)　位于回盲部，由盲肠外突形成，其黏膜上皮下的固有层中含有许多淋巴小结和弥散的淋巴样组织。VA能促进B淋巴细胞的成熟和IgA抗体的生成，在生理免疫反应以及对食物、药物、细菌或病毒性抗原的控制中发挥重要作用。

⑤上皮内淋巴细胞(intraepithelial lymphocytes，IEL)　IEL是分布于肠道柱状上皮细胞之间、肠黏膜上皮基底膜上的一类淋巴细胞(图6-4、图6-6)，平均每100个上皮细胞之间就有10~20个IEL，80%为$CD8^+$型T细胞，也有一定数量的K细胞和自然杀伤细胞。IEL除具有消化、吸收、分泌、转运和屏障等重要生理功能外，在黏膜特异性免疫和非特异性免疫中也起着重要的作用。

肠相关淋巴组织(GALT)是机体免疫系统内最大也是最为复杂的部位，这不仅是因为肠道的内外环境非常复杂，使肠道黏膜持续地受到包括病原体、食物蛋白和共生菌群的信号刺激，同时还因为GALT需要依靠严格的调控机制来区分这些信号中的危险信号和无害信号。对于无害刺激，GALT或者保持一种低反应性的免疫监视状态，或者调动其免疫耐受机制；而对于危险信号，GALT则及时做出反应将其清除，从而维持肠道内环境的稳定。GALT对病原体引发的危险信号的反应起始于派伊尔结、肠系膜淋巴结或小肠黏膜中的独立淋巴滤泡。以PP为例，位于滤泡相关上皮间的M细胞能识别肠腔内的多种抗原，主要摄取、吞噬病毒和肠道病原菌，经抗原递呈细胞的提呈和加工，传递给T淋巴细胞并刺激抗原特异性的B淋巴细胞成熟、分化，产生分泌型免疫球蛋白A以捕获和清除肠腔内的抗原。

在GALT免疫应答过程过程中，派伊尔结(诱导部位)内的初始T细胞和B细胞受抗原刺激而活化迁出，多数(约80%)经肠系膜淋巴结、胸导管及血液回到上皮细胞层和黏膜固有层(即效应部位)，分化为效应或记忆性T细胞和B细胞，参与肠道局部黏膜免疫；另外，约20%免疫细胞则广泛地迁移至身体其他黏膜效应部位，进而诱导全身性黏膜免疫应答。以上过程称为黏膜淋巴细胞再循环(图6-8)。带有各种特异性抗原受体的T细胞和B细胞，包括记忆细胞，通过淋巴细胞再循环，增加了与抗原和抗原递呈细胞接触的机会，这些细胞接触相应抗原后，即进入淋巴组织，发生活化、增殖及分化，从而产生初次或再次免疫应答；肠黏膜淋巴细胞接受抗原刺激后，通过淋巴细胞再循环仍可返回到原来部位，在那里发挥效应淋巴细胞的作用；此外，通过淋巴细胞再循环，使机体所有免疫器官和组织联系成为一个整体，并将免疫信息传递给全身各处的淋巴细胞和其他免疫细胞，有利于动员它们迁移至病原体或其他抗原性异物所在部位，从而发挥全身性免疫效应。

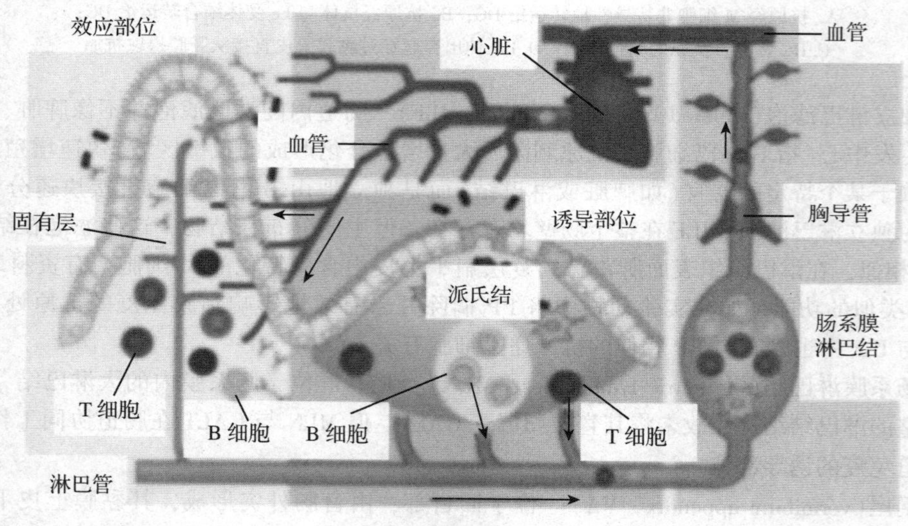

图6-8 黏膜淋巴细胞再循环示意图

(3)肠道共生菌群

肠道黏膜屏障最外面一层为肠道共生菌群(见图6-3)。肠道菌群可分为3大部分：①与宿主共生的共生菌，为专性厌氧菌，是肠道的优势菌群，占99%~99.9%，如双歧杆菌、类杆菌、优杆菌和消化球菌等，是肠道菌群的主要构成者。②与宿主共栖的条件致病菌，以兼性需氧菌为主，为肠道非优势菌群，如肠球菌、肠杆菌，在肠道微生态平衡时是无害的，在特定的条件下具有侵袭性，对动物有害。③病原菌，大多为过路菌，长期定植的机会少，生态平衡时，这类细菌数量少，不易致病，如果数量超出正常水平，则可引起动物发病，如变形杆菌、假单孢菌和产气荚膜杆菌等。共生菌是长期寄居在肠道内组成相对稳定的微生物，在进化过程中通过个体适应和自然选择形成，与宿主互相依存、相互制约，对机体有益无害，是机体不可分割的一部分。至于机体为什么不产生针对肠道共生菌的免疫应答，目前虽有多种推论，但其机制至今仍不清楚。

肠道内众多益生菌和共生菌形成组分非常固定的菌膜结构和生物屏障，构成肠道定植抗力(由肠道正常菌群提供的对致病菌和潜在致病菌在肠道中定植和增殖的抵抗力)，可有效地抵御过路菌对机体的侵袭，与肠黏膜共同构成一道保护屏障，阻止致病菌、病毒和食物抗原的入侵，并可调控免疫细胞的分化，促进免疫器官的发育，提高肠道免疫力，是消化道最表面一层的生物屏障。其主要作用如下：

①阻止病原菌长期定植　肠道众多的益生菌和共生菌形成组分相当固定的菌膜结构和生物屏障，在与病原菌争夺肠黏膜空间和养分方面占绝对优势，从而构成肠道定植抗力，有效抵御过路菌对机体的侵袭。

②为肠道上皮细胞生长提供能源　肠道菌群能产生水解酶、脱羧酶、氧化还原酶和氢化酶等一系列酶类，催化底物生成乙酸、丙酸、丁酸等短链脂肪酸，参与糖代谢过程，为肠道上皮细胞生长提供主要能源。

③诱导肠道上皮细胞分化增殖　肠道益生菌可调控凋亡抑制基因的表达，阻断凋亡信号通路，影响凋亡过程，进而诱导肠道上皮细胞分化增殖，抑制凋亡。

④抑制上皮组织炎症反应　肠道益生菌可产生二乙酰、乙醛、过氧化氢、细菌素等多种广谱抗菌代谢物，显著抑制或杀灭沙门菌、致肠道病大肠杆菌(EPEC)等致病菌，抑制上皮组织炎症反应。

⑤提高肠道免疫力　常驻原籍菌带有抗原性，可刺激机体产生一定数量的非特异抗体，激活肠道上皮细胞中的树突状细胞、自然杀伤细胞和巨噬细胞，诱导巨噬细胞分泌有关抗炎因子(IL-10、TGF-β等)及树突状细胞分泌某些细胞因子(IL-10、IL-12等)，促进T淋巴细胞与B淋巴细胞的分化成熟，提高肠道免疫力。

6.1.6.2 消化道黏膜免疫系统的功能

消化道黏膜免疫系统独立于全身免疫系统之外，是抵抗病原微生物从黏膜入侵机体的主要屏障，也是机体免疫系统的重要组成部分之一。消化道黏膜免疫系统主要由肠相关淋巴组织构成，其在固有免疫(天然免疫、非特异性免疫)中的作用已在“肠道黏膜屏障的防御机制”中提及，以下仅简要介绍其在适应性免疫(获得性免疫、特异性免疫)中的重要功能。适应性免疫可分为T细胞介导的细胞免疫和B细胞介导的体液免疫。

(1)*体液免疫*

体液免疫是指B细胞在抗原刺激下转化为浆细胞，并产生抗体来达到保护目的的免疫机制。体液免疫是黏膜免疫效应的主要过程，其主要效应因子是分泌型免疫球蛋白A(sIgA)。sIgA是一种复合体，主要由IgA(d)、j链和分泌成分(secretory component，SC)组成。消化道黏膜中存在数量庞大的B细胞，其中80%~90%是免疫球蛋白生成细胞，它可同时合成IgA(d)及j链。经过抗原刺激，IgA合成细胞通过黏膜的淋巴管进入血液循环，再经过增殖分化，生成能够产生IgA的浆细胞。该浆细胞首先在胞质内合成α链和j链，并在两者分泌出胞外的瞬间连接成带j链的IgA(d)，然后与上皮细胞表面的分泌成分接成完整的sIgA释放到分泌液中，分布在黏膜或浆膜表面发挥免疫作用，成为黏膜免疫的主要抗体。由于外分液中sIgA含量多，又不易被蛋白酶破坏，故成为抗感染、抗过敏的一道主要防线。其主要机理如下：

①阻抑黏附　sIgA可阻止病原微生物黏附于黏膜上皮细胞表面，其作用机制可能是：a. sIgA使病原微生物发生凝集，丧失活动能力而不能黏附于黏膜上皮细胞。b. sIgA与微生物结合后，阻断了微生物表面的特异结合点，因而丧失结合能力。c. sIgA与病原微生物抗原结合成复合物，从而刺激消化道、呼吸道等黏膜的杯状细胞分泌大量黏液，“冲洗”黏膜上皮，妨碍微生物黏附。

②免疫排除作用 sIgA对由食物摄入或空气吸入的某些抗原物质具有封闭作用，使这些抗原游离于分泌物，便于排除，或使抗原物质局限于黏膜表面，不致进入机体，从而避免某些过敏反应的发生(如食物过敏反应)。

③溶解细菌 无论血清型IgA或sIgA均无直接杀菌作用，但可与溶菌酶、补体共同作用，引起细菌溶解。

④中和病毒 存在于黏膜局部的特异性sIgA不需要补体的参与，即能中和消化道、呼吸道等部位的病毒，使其不能吸附于易感细胞上。

⑤调理吞噬作用 sIgA一旦分泌到肠腔就会与黏液混合，形成一层保护膜包被在上皮表面，它能直接与病原微生物或食物抗原形成抗原-抗体复合物，以便于吞噬细胞的吞噬和清除。

除sIgA外，消化道还含有其他免疫球蛋白。其中，IgM在补体和吞噬细胞参与下，具有杀菌、溶菌等作用，但IgM在肠液中的浓度远低于IgA；生理状态下，IgG对胃肠道无重要免疫保护作用，但在急性黏膜炎症时它可经黏膜损伤处渗入肠壁，发挥暂时性保护作用；此外，IgE有抗寄生虫作用，与肠道局部炎症反应和免疫损伤有关。

(2)细胞免疫

狭义的细胞免疫仅指T细胞介导的免疫应答，广义的细胞免疫还包括吞噬细胞的吞噬作用，K细胞、自然杀伤细胞等所介导的细胞毒作用。黏膜免疫系统的细胞免疫包括上皮淋巴细胞、黏膜固有层免疫细胞以及K细胞、自然杀伤细胞免疫等。

肠道T细胞广泛分布于派伊尔结、肠系膜淋巴结、黏膜固有层及肠道上皮组织内。固有层中的T细胞主要是$CD4^+$和$CD8^+$(其比例为3∶1)，另外还有少量γδT细胞，它们在肠道免疫中均起着重要作用。肠上皮内淋巴细胞(intestinal intraepithelial lymphocyte，iIEL)是体内最大的淋巴细胞群，由于离肠腔很近而成为黏膜免疫系统中首先与细菌、食物抗原接触的部位。iIEL是肠道黏膜免疫系统的前沿守护者，肠黏膜上皮与肠腔大量微生物、食物抗原接触后，可通过调节iIEL以预防肠腔致病微生物侵袭和对无害抗原产生耐受。iIEL在体内和体外受到刺激时能分泌多种细胞因子，在肠道黏膜免疫方面具有重要的作用，具体表现为：

①免疫监视功能 免疫监视是指免疫系统识别、杀伤并及时清除体内突变细胞，防止肿瘤发生的功能。iIEL除具有对肠道上皮细胞源性肿瘤细胞株的自发细胞毒活性外，还具有淋巴因子激活的杀伤细胞活性、细胞毒性T细胞(CTL)活性和自然杀伤细胞活性。

②保持肠上皮的完整性 iIEL通过产生细胞因子招集免疫细胞破坏被感染细胞，再生上皮内淋巴细胞，下调活化的iIEL，保持肠黏膜的完整性。

③调节对外源性抗原的免疫应答 iIEL可阻止肠道中外源性抗原强大的致敏作用，通过调节生长抑素的分泌控制相关淋巴组织的免疫应答，并抑制其异常增殖。

④诱导和维持口服耐受 肠道每天接触为数众多的抗原(病原体、食物抗原等)，对于某些抗原可诱发免疫应答，引起严重的病理损伤，而对另一些抗原则可产生口服耐受(指口服某种可溶性抗原可诱导机体出现对再次同一抗原刺激的免疫无应答现象)。口服耐受诱导的机制依赖于抗原的性质和剂量，若口服抗原的性质和剂量能刺激Th1型细胞(辅助性T细胞中的一个T细胞亚群)分泌IFN-γ(Ⅱ型干扰素)继而产生炎症因子，阻断抑制性细胞因子分泌，则肠黏膜受炎症因子作用产生严重的病理损伤；若口服抗原可诱导抑制性细胞因子产生，抑制Th1型细胞因子的反应活性，则可形成口服耐受。从以上可见，iIEL在细胞介导的黏膜免疫中具有重要的作用。

6.2 摄食的调节

摄食是动物赖以生存的本能，是维持生命活动和生产性能的重要保障，是动物健康状况的表观指标之一。摄食活动是维持机体代谢稳态的一种调节性行为，受体内外多种因素的影响和调控。

6.2.1 食欲中枢及其食欲调节因子

20 世纪 50 年代初，以电刺激为基础的脑损毁实验已证明下丘脑对摄食具有调节作用。电刺激下丘脑外侧区(LHA)，可观察到已饱食的大鼠继续进食，损毁该区则动物表现厌食。因此，将 LHA 视为“饥饿中枢”。另外，电刺激下丘脑腹内侧区(VMH)可使正在进食的大鼠产生饱感停止摄食，损毁该区则导致动物贪食，故将 VMH 视为“饱中枢”。由于这两个中枢在功能和部位上具有密切联系，而将其合称为“食欲中枢”。随后多年，对下丘脑“饱中枢”更精细的研究发现，室旁核对“饱”感的调节具有更重要的作用。除下丘脑腹内侧区和室旁核外，下丘脑穹窿周区也具有饱效应。越来越多的证据表明，摄食的启动和终止并非简单地由 VMH 和 LHA 所调节。应用脑区损毁或切除脑区的神经通路证实：脊椎动物的下丘脑是调节摄食的重要部位，其中弓状核、腹内侧核、背内侧核、室旁核、视交叉上核和下丘脑外侧区(图 6-9)皆可影响摄食行为。除下丘脑外，大脑杏仁核、黑质纹状体系统和延髓孤束核等也参与摄食的调节。近年来，随着对各种促进或抑制食欲物质产生部位、神经通路、受体分布等的深入研究，逐步认识到上述区域并非功能独立的部位，而是彼此形成复杂、精细的“食欲调节网络”，共同控制和维持机体能量代谢平衡。其中，众多的食欲调节因子(包括多种食欲促进因子和抑制因子)起着极其重要的信息传递作用。

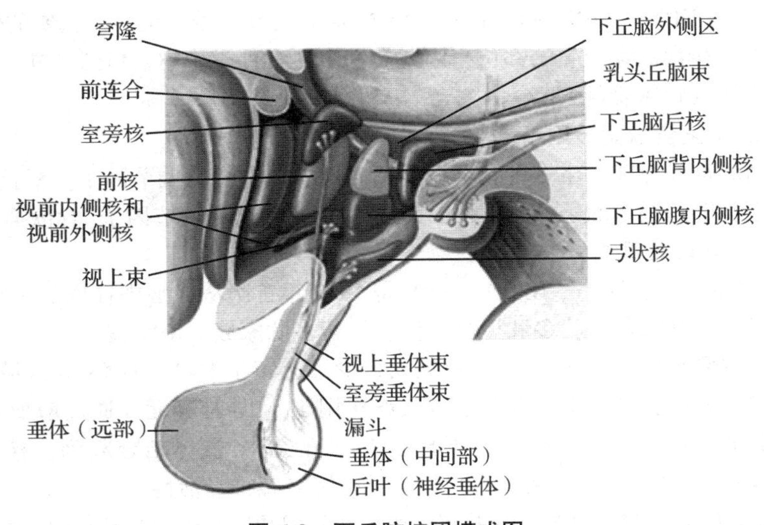

图 6-9 下丘脑核团模式图

6.2.1.1 下丘脑食欲中枢的结构基础

下丘脑是调控摄食的基本部位。其内侧区的弓状核、室旁核、腹内侧核、背内侧核和下丘脑外侧区，不仅在结构上有广泛的突轴联系，在功能上也密不可分，合称为食欲中枢(视交叉上核虽有摄食调节功能，但主要是哺乳动物生物节律中枢)。

(1)弓状核(ARC)

ARC位于下丘脑基底部第三脑室两侧，在食欲调节中发挥着重要作用。它拥有产生各种食欲调节信号的神经元并向其他部位投射，如促食欲的神经肽Y(NPY)、甘丙肽(galanin, GAL)、γ-氨基丁酸以及抑制食欲的阿黑皮素原(POMC)、刺鼠相关蛋白(AgRP)等；同时由于该部位缺乏血脑屏障，因此成为中枢与外周循环各食欲因子交换信息的重要通道。目前认为，其最主要的两个投射区域为腹内侧核和外侧下丘脑。

(2)室旁核(PVN)

PVN及其邻近区域含有各种食欲调节信号的相关受体，是整合能量代谢的重要中枢。目前，认为它主要表达促食欲的NPY的受体Y1和Y5及抑制食欲神经肽α-黑素细胞刺激素(α-MSH)、黑皮质素受体4。向PVN投射的神经纤维形成密集的神经束，呈扇形排列在第三脑室顶部的两侧。下丘脑及腹内侧核分泌的NPY和α-MSH分别与其相应受体结合发挥调节食欲的作用。

(3)腹内侧核(VMN)

VMN是一些食欲因子受体存在的部位，是接受、整合与传递能量代谢信号的信息中转站。正常情况下它主要接受来自ARC的POMC神经元(抑制摄食)和下丘脑AgRP神经元(增强食欲)的投射。VMN损伤后会产生迅速而持久的食欲亢进和体质量增加。

(4)背内侧核(DMN)

研究表明，DMN可以直接接受并整合来自外周的摄食调节相关信息。但DMN损伤后，动物仅产生轻微的摄食紊乱。此外，DMN能接受弓状核NPY能神经元的投射，是瘦素(leptin)与NPY相互作用的位点之一。

(5)下丘脑外侧区(LHA)

LHA位于VMN的外侧部，是一些促食欲因子合成及食欲调节因子受体存在的部位。它主要接受来自ARC的NPY、AgRP神经元和VMN的食欲调节信号，是两个重要的促食欲神经肽、即黑素细胞刺激素和食欲素产生的部位，因此是一个摄食促进中枢。LHA受损可导致暂时性的食欲减退、渴感缺乏和体质量下降。

6.2.1.2 下丘脑主要食欲调节因子

下丘脑核团的神经元能产生多种食欲调节信号肽，或称食欲调节因子。根据其不同功能分为两类，即促进食欲的调节因子(食欲促进因子)和抑制食欲的调节因子(食欲抑制因子)。

(1)下丘脑食欲促进因子

①神经肽Y(neuropeptide Y, NPY) NPY是1982年首次从猪脑中提取的一种含36个氨基酸残基的单链多肽，其结构与胰多肽极其相似，属胰多肽家族。NPY是迄今发现的作用最强的促食欲神经肽，主要产生于下丘脑ARC神经元，少量分布于PVN、DMN等区域，并形成相互投射的神经环路。外周各种激素和调节信号最终作用于ARC神经元，通过增加或抑制NPY的释放来完成其调节摄食的功能。NPY与下丘脑PVN的NPY受体结合起到直接促进食欲的作用。脑室注射NPY可显著增加动物的摄食量，并抑制交感神经活性。

哺乳动物上的研究表明，NPY广泛分泌于中枢及外周神经组织的神经元中，但以下丘脑ARC中的细胞合成速度最快。ARC在整合食欲调节信号中起重要作用，其神经元毗邻于第三脑室的下缘，该部位血脑屏障少，因此可以通过ARC-NPY对外周信号产生直接反应，并调节摄食及能量平衡。

②刺鼠相关蛋白(agouti-related protein, AgRP) AgRP与NPY共表达于下丘脑弓状核神经元。脑室内注射AgRP能促使摄食增加，作用可维持1周。AgRP是黑皮质素受体(melanienocortin receptor，MCR）的内源性强拮抗调节剂，在哺乳动物中主要通过拮抗 MC_4 型受体（MC_4R）发挥摄食调节作用。

AgRP 是 α-MSH 及 MCR 竞争性拮抗剂，作用于外周的 MC_1 型受体（MC_1R）导致皮肤发黄，作用于下丘脑 MC_4 型受体会导致肥胖，是构成中枢食欲调节作用的重要促食欲因子。刺鼠是一种 AgRP 过度表达的肥胖老鼠模型，刺鼠肥胖的发生正是由于异位表达的 AgRP 竞争了 MC_4 型受体，使 α-MSH（α-MSH 与 MC_4 型受体结合抑制食欲）无法发挥食欲抑制作用所致。

③食欲素（orexin，ORX）　ORX 是 1998 年在大鼠脑组织提取物中发现的多肽物质，分为食欲素 A 和食欲素 B。食欲素 A 是由 33 个氨基酸残基组成的神经肽，食欲素 B 由 28 个氨基酸残基组成，其中 46%的氨基酸与食欲素 A 一致。它们分别通过活化食欲素 A 受体和食欲素 B 受体实现对食欲的刺激作用。食欲素是下丘脑分泌的一种促食欲神经肽，其神经元胞体位于 LHA 及其周边区域。脑室注射食欲素 A 和食欲素 B 可引起剂量依赖性摄食增加，且食欲素 A 的作用强于食欲素 B。

（2）下丘脑食欲抑制因子

①阿黑皮素原（pro-opiomelanocortin，POMC）　POMC 是黑皮质素（melanocortin）、促脂解素（lipotropin）和 β-内啡肽的前体物质。POMC 翻译后加工具有组织细胞特异性：在垂体前叶，POMC 被加工成促肾上腺皮质激素（ACTH）和 β-促脂素（β-lipotropin，β-LPH）；在下丘脑弓状核，ACTH 被进一步加工处理成黑素细胞刺激素，而 β-LTH 被分解成 β-内啡肽。

POMC 是下丘脑抑制食欲调节网络中最重要的成员之一，主要通过室旁核的 MC_4 型受体发挥作用。POMC 的表达水平反映机体的能量状态，禁食或给予瘦素可使 POMC mRNA 表达降低，恢复进食几小时后 POMC 表达复原。对小鼠的研究发现，POMC 基因仅 1 个拷贝缺失就足以使其易患食物诱发性肥胖。

②可卡因-苯异丙胺调节转录肽（cocaine-and amphetamine-regulated transcript peptides，CART）　1981 年，Spiess 等首先报道大鼠下丘脑中有一种未知功能的多肽，并对该肽进行了序列分析。1995 年，Douglass 等在研究药物依赖性时，发现大鼠弓状核中包含有 Spiess 等曾经报道过的这种多肽。此后对该神经肽进行了一系列研究，并命名为可卡因-苯丙胺调节转录肽（CARP）。目前，大鼠、小鼠、金鱼、人类的 CART 基因均已得到分离并测序。

CART 是一种脑-肠肽，在中枢和外周神经系统中皆有分布，尤其在下丘脑 VMN、DMN、LHA、ARC、PVN 和基底前脑的伏隔核（nucleus accumbens，NAcc）中分布较多。CART 还和一些与摄食有关的神经肽（如瘦素、神经肽 Y、阿黑皮素原、胆囊收缩素等神经递质）共存于某些神经元，提示 CART 参与调节摄食行为。

近年，曾采用以下方式研究 CART 对摄食行为的影响：一是直接注射重组的 CART 片段。在禁食后的大鼠和小鼠后脑或第四脑室内注射 CART 片段后，两者都产生短暂的厌食效应，但只影响摄食量而不影响摄食次数。二是运用抗 CART 抗体。在大鼠脑室内注射抗 CART 抗体后大鼠摄食增加，表明 CART 可能是一种摄食行为的内源性抑制因子。三是通过基因敲除。相对于野生型小鼠，CART 基因敲除小鼠在正常饮食条件下体质量明显增加，而高脂饮食时则表现为肥胖，表明 CART 参与摄食量及体质量的调节。

③黑素细胞刺激素（melanocyte stimulating hormone，MSH）　MSH 是 POMC 的裂解产物，通过结合到黑皮质素受体发挥作用。黑皮质素受体 3（MC_3R）和黑皮质素受体 4（MC_4R）分布于下丘脑 ARC、VMN 和 PVN。MC_4R 在摄食中的作用已明确，啮齿动物 MC_4R 缺乏会导致贪食和肥胖，在人类已证明 MC_4R 缺失与 1%~6%早发的严重肥胖有关。MC_3R/MC_4R 重要的内源性配体是 MSH，MSH 与 MC_4 型受体结合能有效抑制 NPY 诱导的小鼠摄食。从脑室内给予 MC_4R 激动

剂可抑制摄食，给予选择性拮抗剂可导致食欲旺盛。目前认为，MC_4 型受体基因突变是非同源性肥胖最常见的遗传性因素。

6.2.1.3 其他食欲调节因子

除下丘脑食欲中枢外，近年来不断发现有新的核团和神经中枢(如杏仁核、视上核、黑质-纹状体、脑干等)合成及分泌食欲调节因子(表 6-4)，食欲调节网络在不断扩大，它们间相互作用的关系越来越复杂，但共同点之一都是最终通过作用于 NPY/AgRP 和 POMC/CART 神经元，影响下丘脑食欲调节因子的表达或与下丘脑食欲中枢相关受体结合间接发挥食欲调节作用。

表 6-4 下丘脑食欲中枢以外的部分摄食调节因子

因子名称	缩写	产生部位	调节作用
内源性阿片肽	EOP	下丘脑、丘脑、杏仁核、苍白球、延髓、脊髓	促进食欲
甘丙肽	GAL	下丘脑视上核、垂体前叶、肾上腺髓质	促进食欲
多巴胺	DA	黑质-纹状体、中脑-边缘前脑、结节-漏斗	促进食欲
去甲肾上腺素	NE	中脑网状结构、桥脑蓝斑、延髓网状结构等低位脑干	促进食欲
γ-氨基丁酸	GABA	下丘脑、大脑皮层浅层、小脑皮层浦肯野细胞层	促进食欲
促肾上腺皮质激素释放激素	CRP	下丘脑促垂体区	抑制食欲
5-羟色胺	5-HT	下丘脑、边缘系统、新皮层、小脑、脊髓	抑制食欲

注：GAL 及其受体还表达于下丘脑 PVN。

6.2.2 摄食的外周调节信号

研究表明，众多外周信号分子，如胃肠激素(胆囊收缩素、生长素释放肽等)、脂肪细胞因子(瘦素与脂联素等)以及血液中的营养代谢产物(葡萄糖、氨基酸与脂肪酸等)，对动物摄食具有重要影响。胃肠道、胰岛、肝脏门脉系统及内脏脂肪等组织器官可感知机体能量状态，它们所产生的信号通过神经和内分泌途径向中枢传递，由下丘脑整合各种信息并对机体摄食活动进行动态调节。

进食期间，经消化后的饲料通过其理化特性作用于胃肠道不同部位，刺激胃肠道产生饱信号(satiety signal)，包括胆囊收缩素、胰高血糖素样肽(glucagon-like peptide，GLP)、胰多肽、胃泌素调节素(oxyntomodulin，OXM)等。空腹时胃肠道则产生饥饿信号(hunger signal)——生长素释放肽(ghrelin)等。两者(饱感信号与饥饿信号)均反映短期的能量摄入信息，是启动和终止摄食的重要因素。

长期摄食调节的信息是由脂肪组织提供的脂肪信号(adiposity signal)，它可反映脂肪贮存水平。瘦素和胰岛素在血循环中的浓度与脂肪含量呈正相关，可反映体内脂肪的贮存情况，是长期摄食调节和能量平衡的两个最为关键的外周信号分子(表 6-5)，其中向中枢传递体内能量贮存情况的主要信号是瘦素。瘦素能够顺利穿过血-脑脊液屏障到达中枢，特别是下丘脑和低位脑干中一些与摄食有关的核团。下丘脑核团中对瘦素、胰岛素等能量信号最为敏感的是弓状核。弓状核可以合成 NPY、CARP、AgRP 和 POMC。瘦素主要通过作用于弓状核使之产生相应的食欲促进或抑制因子，从而调节体内能量代谢状况，以保证体内能量的相对平衡。胰岛素是体内唯一能降低血糖的激素，胰岛素受体在下丘脑、特别是在弓状核中高表达，特异性敲除神经元胰岛素受体的小鼠表现为摄食增加和肥胖。胰岛素向下丘脑食欲中枢传递血糖水平等信号，主要是通过调节 AgRP 和 POMC 的基因表达来调控食欲。POMC 神经元产生 α-MSH 同样需要胰岛素的作用。

表 6-5　摄食调节的主要外周信号分子

名称	分泌部位	化学结构	调节作用
生长激素释放肽*	主要由胃底腺泌酸细胞产生	28 个氨基酸残基组成的肽类	促进食欲
脂联素*	脂肪组织	244 个氨基酸残基组成的肽类	促进摄食
肽 YY*	主要由结肠、直肠 L 细胞产生	36 个氨基酸残基组成的肽类	抑制摄食
胰多肽*	主要由胰腺 PP 细胞分泌 PP 细胞合成释放	36 个氨基酸残基组成的肽类	抑制摄食
胰高血糖素样肽-1*	由回肠、结肠黏膜 L 细胞、胰岛 α 细胞、孤束核中神经元释放	30 个氨基酸残基组成的肽类	抑制食欲
胃泌素调节素*	小肠黏膜 L 细胞分泌	37 个氨基酸残基组成的肽类	抑制摄食
胆囊收缩素*	主要由十二指肠和空肠 I 细胞合成	CCK_{33} 等多种分子结构的肽类	抑制摄食
胰岛素**	主要由胰岛 β 细胞分泌，脂肪细胞也可少量分泌	51 个氨基酸残基组成；蛋白质类激素	抑制摄食
瘦素**	白色脂肪组织	146 个氨基酸残基组成；蛋白质类激素	抑制摄食

注：*短期调节信号；**长期调节信号。

6.2.3　食欲调节的中枢信号通路

如上所述，下丘脑中参与摄食调控的神经核团主要有弓状核、室旁核、腹内侧核、背内侧核和下丘脑外侧区，各核团能产生多种食欲调节因子，其中神经肽 Y、刺鼠相关蛋白及食欲素能促进摄食，而阿黑皮素原及可卡因和安非他明调节转录肽(CART)等则抑制食欲。研究表明，下丘脑促进食欲神经元 NPY/AgRP 及抑制食欲神经元 POMC/CART 是中枢食欲调节网络的核心，该网络受各种外周或中枢的信号刺激，进而发挥调节摄食的作用。研究表明，葡萄糖和脂类等营养素，以及瘦素和胰岛素等外周激素均可被特化的能量敏感神经元感应，并在下丘脑神经元回路中整合，以维持机体能量平衡。迄今为止，下丘脑已发现有两种能量感应功能的蛋白激酶可以调节机体能量平衡。一种是腺苷酸活化蛋白激酶(AMP-activated protein kinase, AMPK)，它在低能量状态下整合外周营养和激素信号，从而调节食欲；另一种是哺乳动物雷帕霉素靶蛋白(mammalian target of rapamycin, mTOR)，它可以被高能量状态激活。有关外周信号经 AMPK 或 mTOR 通路传递后，能刺激食欲相关因子(如促进食欲的 NPY 和 AgRP；抑制食欲的 POMC 及 CART)的表达，以调控机体食欲、维持能量平衡。

6.2.3.1　AMPK 通路

AMPK 是高度保守的丝氨酸激酶家族的一员，广泛分布于脑、肝、肾、脾、骨骼肌、心脏等组织。AMPK 的主要作用是根据机体的能量状况调节细胞内代谢进程，被认为是细胞的能量感受器。当细胞内 AMP 浓度升高或 AMP/ATP 比值增加时，AMPK 被激活，从而引起一系列下游效应物的链式反应，如刺激脂肪酸氧化、葡萄糖的吸收转运，抑制蛋白质、糖原、脂肪酸及胆固醇的合成等，其总的效应是增加 ATP 的合成，减少 ATP 的消耗，维持细胞的能量稳态。

AMPK高度表达于哺乳动物下丘脑ARC、PVN、VMH和LHA等摄食调节区域；而且，下丘脑AMPK活性与机体能量状态密切相关。禁食可激活下丘脑AMPK，而禁食后再进食可降低其活性；中枢注射AMPK抑制剂能降低下丘脑AMPK活性，导致动物摄食下降；相反，中枢注射AMPK激动剂或下丘脑过量表达AMPK则可促进动物摄食。

胰岛素是胰岛β细胞分泌的主要代谢激素，血浆胰岛素水平随机体能量代谢状况而变化，机体能量处于正平衡时，血浆胰岛素水平上升；机体能量处于负平衡时，血浆胰岛素水平下降。胰岛素是长期调节摄食和能量平衡的外周激素，其受体在下丘脑、特别是在ARC高表达。作为厌食信号，它导致摄食量减少，体质量减轻；在中枢注射胰岛素能剂量依赖性地抑制摄食，并显著降低下丘脑AMPK活性。瘦素是由脂肪细胞分泌的一种肽类激素，是抑制摄食的主要外周激素信号之一。瘦素受体在下丘脑弓状核、腹内侧核、背内侧核、室旁核等区域均有表达。中枢或外周注射瘦素可显著抑制大鼠摄食及降低下丘脑AMPK活性，而用AMPK激动剂处理、或过表达AMPK以增加AMPK活性，则可阻断瘦素抑制摄食的作用。提示瘦素抑制摄食的效应至少部分是通过降低下丘脑AMPK活性实现的。

6.2.3.2 mTOR通路

mTOR是一类进化上相当保守的丝氨酸/苏氨酸蛋白激酶，属于磷酸肌醇相关激酶(PIKK)家族成员，广泛存在于各种生物细胞中。作为一种重要的信号传导分子，mTOR可与不同上游信号分子结合，接受生长因子信号、营养信号和激素信号等，被激活后可通过磷酸化其下游靶蛋白调节多种细胞功能。雷帕霉素为mTOR的特异性抑制剂，可阻断mTOR信号转导通路。

Cota等的研究首次证实，mTOR作为中枢信号通路可通过感受外周营养物质和激素水平的变化调控大鼠摄食。研究发现，大鼠进食后下丘脑弓状核mTOR及下游靶点S6K1(mTOR信号通路下游的一个效应蛋白，属AGC家族成员之一，具有丝/苏氨酸激酶活性)磷酸化水平增高；禁食48 h后，mTOR及S6K1的磷酸化水平降低；大鼠禁食后再摄食时，mTOR及S6K1的磷酸化水平又再次增高，从而证明mTOR在感受机体能量状态方面具有重要作用。此外，mTOR还可以调节其他食欲因子的表达量。研究发现，给大鼠脑室注射瘦素后，下丘脑mTOR的磷酸化水平增高，而注射mTOR的抑制剂雷帕霉素后，瘦素的生理效应明显减弱。此后的研究表明，mTOR对其他食欲因子都具有相似的调节方式。近年来的研究发现，在下丘脑中mTOR主要参与对蛋白质合成和摄食量的调控。中枢注射亮氨酸激活下丘脑mTOR，可抑制动物摄食；而阻断mTOR通路后，也阻断了亮氨酸以及瘦素的抑制摄食效应。

6.2.4 食欲调节网络的作用机制

目前认为，在复杂的食欲调节网络中下丘脑是全身食欲调节的中心，AMP活化蛋白激酶(AMPK)和哺乳动物雷帕霉素靶蛋白(mTOR)在下丘脑能量状态的信号中起到了最为关键的作用，被称为“中枢神经系统的能量感受器”。下丘脑接收并整合各种信号，最终通过促进食欲的NPY/AgRP神经元和抑制食欲的POMC/CART神经元两条途径共同调节摄食行为和能量平衡。AMPK与NPY/AgRP神经元之间关系密切，而mTOR则与NPY/AGRP和POMC/CART神经元都存在密切关系。这两者的作用正好相反，AMPK在机体能量不足时被激活从而促进摄食；而mTOR则是在机体能量过剩时被激活，从而发挥抑制摄食作用。同时AMPK对mTOR也存在一定作用，AMPK的激活可以减少下丘脑mTOR的激活，而体内多种氨基酸都会通过mTOR通路发挥抑制摄食的作用。

6.3 口腔消化

消化从口腔开始，主要包括咀嚼、唾液分泌及吞咽3个过程。

6.3.1 唾液分泌

唾液是由腮腺、颌下腺、舌下腺3对大的腺体及口腔黏膜上许多小腺体所分泌的混合液。

6.3.1.1 唾液的性质和成分

哺乳动物的唾液是无色透明的黏性液体，呈弱碱性，其中99%为水分，1%由唾液淀粉酶(草食动物牛、羊、马等的唾液中不含淀粉酶；犊牛等幼畜的唾液中含舌脂酶)、溶菌酶、过氧化物酶、黏液蛋白、免疫球蛋白、尿素、尿酸以及其他无机物(如K^+、Ca^{2+}、Mg^{2+}、氯化物、磷酸盐、碳酸氢盐)等组成。因此，唾液具有消化、抗菌、消炎和保护胃黏膜等作用。

6.3.1.2 唾液的作用

①湿润和溶解饲料　使之便利于吞咽，并有助于引起味觉。

②化学性消化作用　唾液中的淀粉酶(猪)可分解淀粉为麦芽糖；舌脂酶(犊牛)可水解乳脂为游离脂肪酸。

③清洁和保护口腔　唾液有助于清除饲料残渣与中和有毒物质，其中溶菌酶和免疫球蛋白具有杀菌和杀病毒作用。

④排泄作用　某些进入体内的重金属(如铅、汞等)及氰化物、碘化物可通过唾液分泌而排出。

6.3.1.3 唾液分泌的调节

唾液分泌完全受神经的反射性调节，包括条件反射和非条件反射。

非条件反射性唾液分泌是指食物刺激舌、口腔和咽部黏膜的机械、化学、温度等感受器，经过第Ⅴ、Ⅶ、Ⅸ、Ⅹ对脑神经传入纤维到达唾液分泌中枢，而引起的唾液分泌。

条件反射性唾液分泌是指食物的性状、颜色、气味、采食环境、进食信号等通过视、嗅、听神经到达大脑皮层及以下的唾液分泌中枢，经传出神经到达唾液腺所引起的唾液分泌。唾液分泌的初级中枢在延髓的上涎核和下涎核，高级中枢分布于下丘脑和大脑皮层等处。传出神经为第Ⅶ、Ⅸ对脑神经的副交感神经和交感神经纤维，但以副交感神经纤维为主。副交感神经兴奋，末梢释放的乙酰胆碱与腺细胞膜上的M受体结合，引起细胞内三磷酸肌醇释放和触发细胞内钙库释放Ca^{2+}，使颌下腺和腮腺大量分泌唾液；刺激交感神经，末梢释放的去甲肾上腺素作用于腺细胞膜上的β受体，引起细胞内cAMP释放，使唾液腺分泌少量而黏稠的唾液。M受体拮抗剂阿托品可抑制唾液分泌；乙酰胆碱、毛果芸香碱等则促使唾液分泌。在人类，“望梅止渴”是条件反射性唾液分泌的典型例子。

6.3.2 咀嚼

咀嚼(mastication)是饲料入口后，被送到上下颌臼齿间，借助咀嚼肌的收缩和舌、颊部的配合所组成的复杂的节律性动作，对饲料的消化具有十分重要的意义。

咀嚼的重要作用是：①切割、磨碎和搅拌饲料，使饲料与唾液淀粉酶充分接触而产生化学性消化。②使切碎后的饲料与唾液混合，形成食团便于吞咽。③反射性地引起胃、胰、肝和胆囊的活动加强，为饲料的进一步消化和吸收做好准备。

6.3.3 吞咽

吞咽(deglutition)是指食团由舌背推动经咽和食管进入胃的过程。根据食团在吞咽时经过的解剖部位，可将吞咽动作分为3个时期。

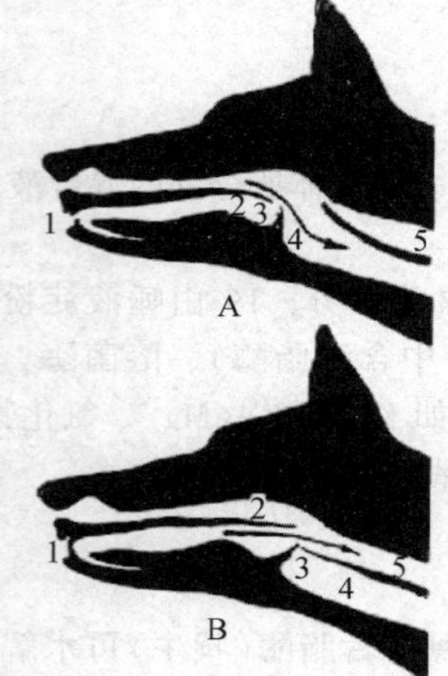

图6-10 吞咽动作模式图

A. 呼吸时；B. 吞咽时

1. 口腔；2. 软腭；3. 会厌软骨；4. 喉(气管)；5. 食管

①口腔期 是指食团从口腔进入咽的时期。主要通过舌的运动，把食团由舌背推入咽部，是在大脑皮层控制下的随意运动。

②咽期 是指食团从咽部进入食管上端的时期。其基本过程是，食团刺激咽部触觉感受器，冲动传到位于延脑和脑桥下端网状结构的吞咽中枢，反射性地引起软腭上举，关闭鼻咽孔，封闭咽与鼻腔的通路；同时舌根后移，挤压会厌，使会厌软骨翻转盖住喉口，防止食物进入气管或逆流到鼻腔。当喉头的开口关闭后，来源于咽部的肌肉收缩波推动食团向食管开口处移动，反射性引起食管颈段括约肌舒张，以利于食团从咽部进入食管(图6-10)。

③食管期 是指食团由食管上端经贲门进入胃的时期。此期主要是通过食管的蠕动实现。食管蠕动时，食团前的食管出现舒张波，食团后的食管跟随出现收缩波，从而挤压食团使食团向食管下端移动，食团便逐渐被推送入胃。

6.4 胃内消化

6.4.1 单胃内的消化

胃是消化道中最膨大的部分，能暂时贮存食物。食物入胃后，受到胃液的化学性消化和胃运动的机械性消化作用，食团逐渐被胃液水解和胃运动磨碎，形成食糜(chyme)。胃的运动使食糜逐次、少量地通过幽门进入十二指肠。

6.4.1.1 胃液的分泌

(1)胃液的性质、成分和作用

胃液是胃黏膜各腺体所分泌的混合液，是一种无色透明、呈酸性反应的液体。分泌旺盛期纯净胃液的pH值为1或略低于1，除水分外主要成分包括无机物(如盐酸、氯化钠、氯化钾)及有机物(如黏蛋白、消化酶等)。

①盐酸 就是通常所说的胃酸，因胃液中其他酸(如酸性磷酸盐、乳酸等)含量很少，可忽略不计。盐酸由壁细胞分泌，在胃液中有两种形式：一种呈解离状态，称为游离酸。另一种与黏液中的蛋白质结合成盐酸蛋白盐，称为结合酸。两者在胃液中的总浓度称为胃液的总酸度。胃液中的盐酸含量通常以单位时间内分泌的毫摩尔(mmol)数表示，称为盐酸排出量。临床上常用中和100 mL胃液所需0.1 mmol/L NaOH的毫升数表示胃液的酸度，称为胃液酸度的临床单位。

壁细胞与细胞间隙接触的质膜称为底侧膜，膜上镶嵌有Na^+-K^+泵；细胞膜面向胃腔的部分称为顶端膜。细胞内有从顶端膜内陷形成的分泌小管(secretory canaliculus)，小管膜上镶嵌有H^+泵(即H^+-K^+-ATP酶，又称质子泵)和Cl^-通道。壁细胞分泌的H^+来自细胞内水的解离

($H_2O \rightleftharpoons H^+ + OH^-$)。在分泌小管$H^+$泵的作用下，$H^+$从细胞内主动转运到分泌小管中。$H^+$泵每水解1分子ATP所释放的能量驱使一个$H^+$从细胞内进入分泌小管，同时驱动一个$K^+$从分泌小管腔进入细胞内。在顶端膜主动分泌$H^+$和换回$K^+$时，顶端膜中$K^+$通道和$Cl^-$通道处于开放状态，进入细胞内的$K^+$又经$K^+$通道进入分泌小管腔，细胞内的$Cl^-$通过$Cl^-$通道又进入分泌小管腔内，并与$H^+$形成HCl。留在壁细胞内的$OH^-$在碳酸酐酶的催化下与$CO_2$结合成$HCO_3^-$，$HCO_3^-$通过壁细胞基底侧膜上的$Cl^-$-$HCO_3^-$交换体被转运出细胞，而$Cl^-$则被转运入细胞内，补充分泌入分泌小管中的$Cl^-$。此外，壁细胞基底侧膜上的$Na^+$-$K^+$泵将细胞内的$Na^+$泵出细胞，同时将$K^+$泵入细胞，以补充由顶端膜丢失的部分$K^+$(图6-11)。

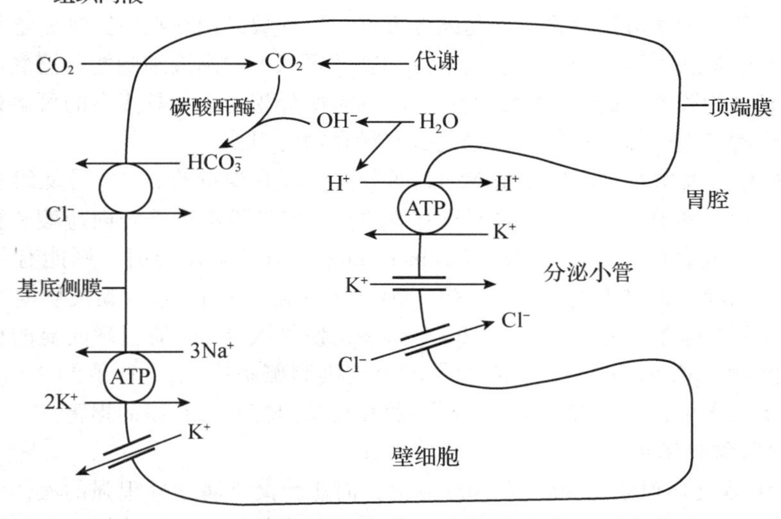

图6-11　胃黏膜壁细胞分泌盐酸的基本过程示意图

盐酸的主要作用是：①能激活胃蛋白酶原，使之转化为具有活性的胃蛋白酶，并为该酶提供所需的酸性环境。②使食物中的蛋白质变性，有利于蛋白质的水解。③盐酸进入小肠后可促进胰液、胆汁的分泌及胆囊的收缩(刺激促胰液素和胆囊收缩素的分泌)。④盐酸造成的酸性环境，有助于小肠对铁、钙等物质的吸收。⑤杀死随食物进入胃内的细菌(幽门螺菌是目前所知能够在胃中生存的唯一微生物种类)等。胃酸属于强酸，对胃和十二指肠黏膜有侵蚀作用，如果盐酸分泌过多，将损伤胃和十二指肠黏膜，诱发或加重溃疡病；如果分泌过少或缺乏胃酸，细菌容易在胃内繁殖，则可引起慢性胃炎或腹胀、腹泻等消化不良等症状。

②消化酶　胃液中的消化酶有胃蛋白酶、凝乳酶、胃脂肪酶等。

a. 胃蛋白酶　胃蛋白酶原(pepsinogen)主要由胃底腺中的主细胞合成与分泌，胃腺(胃底腺、贲门腺和幽门腺)的黏液细胞以及十二指肠近端的腺体也能分泌少量胃蛋白酶原。胃蛋白酶原最初以无活性的酶原形式贮存于细胞内，进食、迷走神经兴奋及促胃液素等刺激，可促使其释放。胃蛋白酶原在盐酸或已被激活的胃蛋白酶的作用下，转变为具有活性的胃蛋白酶(pepsin)。胃蛋白酶是胃液的几种消化酶中最重要的一种，因此常用它在胃液中的含量来代表胃液的消化力。胃蛋白酶的主要作用是在较强的酸性环境下，将蛋白质水解为脉和胨，少量多肽及游离氨基酸。胃蛋白酶的最适pH值为1.8~3.5，当pH值超过5.0时，此酶便完全失去活性。

b. 凝乳酶　主要存在于幼年期家畜(如羔羊、犊牛等)的胃液中，成年动物一般不含此酶。

刚分泌出来的凝乳酶处于不具活性的酶原状态，在酸性条件下被激活为凝乳酶。凝乳酶先将乳中的酪蛋白原转变成酪蛋白，然后与钙离子结合成不溶性的酪蛋白钙，促使乳汁凝固，延长乳汁在胃内停留的时间，增加胃液对乳汁的消化作用。

c. 胃脂肪酶　肉食动物幼畜的胃液中含少量胃脂肪酶。它的主要作用是将乳脂中的丁酸甘油酯分解为甘油和脂肪酸，因而对乳脂有一定的消化作用。

③内因子　内因子(intrinsic factor)是壁细胞分泌的一种糖蛋白。它有两个活性部位：一个部位与进入胃内维生素 B_{12} 结合，形成内因子-维生素 B_{12} 复合物，保护维生素 B_{12} 免受肠内水解酶的破坏。另一个部位与远端回肠黏膜上的受体结合，促进维生素 B_{12} 的吸收。当内因子缺乏时，可因维生素 B_{12} 吸收障碍而影响红细胞生成，引起巨幼红细胞性贫血。促进胃酸分泌的各种刺激，均可使内因子分泌增多；而萎缩性胃炎、胃酸缺乏则导致内因子分泌减少。

④黏液和碳酸氢盐　胃黏膜层的表面上皮细胞及胃腺中的黏液细胞能分泌黏液。表面上皮细胞所分泌的黏液为胶冻状的不溶性黏液；黏液细胞所分泌的为含黏蛋白的可溶性黏液。它们的主要作用是润滑胃壁，保护黏膜，使之免受粗糙食物的损伤。

胃内的 HCO_3^- 主要由胃黏膜的非泌酸细胞所分泌，仅有少量的 HCO_3^- 是从组织间隙渗透入胃内的。单独的黏液和 HCO_3^- 的分泌并不能有效地保护胃黏膜不受胃腔内盐酸和胃蛋白酶的损伤，当两者共同形成黏液-碳酸氢盐屏障(mucus_bicarbonate barrier)时，则能有效地保护胃黏膜。因为黏液的黏度为蒸馏水的30~260倍，所以当胃腔内的 H^+ 通过黏液层向上皮细胞扩散时，其移动速度明显减慢，并不断地被 HCO_3^- 中和，使黏液层pH值呈现明显的梯度变化，即靠近胃腔侧呈酸性，pH值约2.0，而靠近黏膜上皮细胞侧呈中性，pH值约7.0，使胃蛋白酶失去分解蛋白质的作用，从而有效地防止了盐酸和胃蛋白酶对胃黏膜的损害。

(2)胃黏膜的细胞保护作用

胃液中的 H^+ 浓度比血浆高300万~400万倍，而盐酸又是腐蚀性很强的液体之一。不仅如此，胃液中还含有分解蛋白质的胃蛋白酶。如果把胃内容物注入其他体腔，如胸腔、腹腔和关节腔，很快就会发生严重的炎症和坏死。说明在正常情况下，胃能抵御住胃液腐蚀而不被消化。1975年，A. Robert等发现胃黏膜上皮细胞能不断合成和释放内源性前列腺素(PG)，PG可增加胃肠道黏膜的血流量，且对受伤的细胞有促进再生的功能。他们用浸蚀大鼠胃黏膜的物质(如无水乙醇、沸水、浓的盐溶液、强碱、4倍于胃酸浓度的盐酸等)以产生黏膜坏死，但如在1 min前向胃内灌注微量的PG则能保护胃黏膜，防止这些物质的浸蚀作用。在A. Robert实验观察的基础上，美国德克萨斯大学生理学家Jasobson建议将此现象称为细胞保护，意指某些物质(如PG)，具有的防止或减轻有害物质对消化道黏膜损伤和致坏死作用的能力。这一概念具有重要的理论和实践意义，此概念一经提出就很快被广泛应用。它不仅限于胃肠道黏膜，还扩大到心、脑、肾等机体所有细胞。

许多资料表明，不论是天然的或人工合成的前列腺素衍生物都有阻止或减轻动物实验性胃溃疡形成和加速动物胃溃疡愈合率的作用。现已证明，胃黏膜和肌层中含有高浓度的前列腺素(如 PGE_2 和 PGI_2)和表皮生长因子，它们能抑制胃酸和胃蛋白酶原的分泌，刺激黏液和碳酸氢盐的分泌，使胃黏膜的微血管扩张，增加胃黏膜的血流量。胃黏膜血流量是黏膜防御的重要机制，可为黏膜细胞提供氧、营养物质及胃肠肽类激素等以维持其正常功能。近年来的研究进一步发现，不仅前列腺素有细胞保护作用，有些脑-肠肽(如瘦素、胆囊收缩素、促胃液素、胃动素、褪黑素、神经降压素、生长抑素和降钙素基因相关肽等)也对胃黏膜有明显的保护作用。上述的细胞保护作用，Robert将其称为直接细胞保护。此外，他还发现另一种重要的细胞保护现象，即预先给胃黏膜以弱刺激，可以防止随后给予的坏死性物质所引起的胃黏膜损伤。例如，胃内食物、胃酸、胃蛋白酶及倒流的胆汁等，可经常性地对胃黏膜构成弱刺激，使胃黏膜持续少量地释放前列腺素和生长抑素等，也能有效地减轻或防止强刺激对胃黏膜的损伤，他将这一现象称为适应性细胞保护(adaptive cytoprotection)。

一些药物的使用，如大量服用吲哚美辛、阿司匹林等药物，不但可抑制黏液及HCO_3^-的分泌，破坏黏液-碳酸氢盐屏障，还能抑制胃黏膜合成前列腺素，降低细胞保护作用，从而损伤胃黏膜。

(3)消化期胃液的分泌

在生理条件下，食物是引起胃液分泌的自然刺激物，不同性质的食物引起胃液分泌的质和量不尽相同。在非消化期，除猪、马以外，其他家畜一般不分泌酸性胃液。酸性胃液只有在消化期内通过条件反射与非条件反射才引起其大量分泌。消化期的胃液分泌，一般按食物刺激感受器的部位和先后可以将其分为3个时期，即头期、胃期和肠期。

①头期 头期的胃液分泌通常以假饲(sham feeding)方法进行研究。即事先将动物(如犬)的食管切断，给犬手术分别造一食管瘘和胃瘘。当犬进食时，摄取的食物从食管瘘流出体外，并未进入胃内，但这时却有胃液从胃瘘流出(图6-12)。“假饲”证明，客观存在头期胃液分泌。

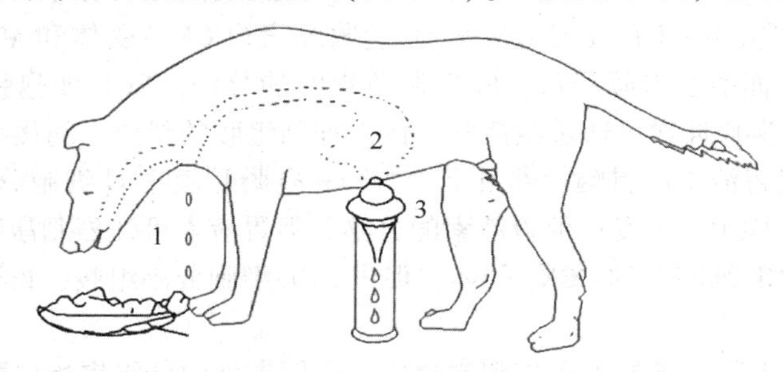

图6-12 假 饲

1. 食物从食管切口流出；2. 胃；3. 从胃瘘收集胃液

头期胃液分泌包括条件反射和非条件反射两种机制。前者是指食物的颜色、形状、气味和声音等对视、听、嗅觉器官的刺激引起的反射；后者是指食物刺激舌、口腔、咽部等黏膜的感受器，经第Ⅴ、Ⅶ、Ⅸ、Ⅹ对脑神经传入延脑、下丘脑、大脑边缘系统及大脑皮层的反射中枢后，再由迷走神经传出引起的胃液分泌。迷走神经是条件反射和非条件反射的共同传出神经，其末梢主要支配胃腺和胃幽门部G细胞，既可直接促进胃液分泌，也可通过促胃液素间接促进胃液分泌，其中以直接促进胃液分泌更为重要。

头期胃液分泌的特点是潜伏期长(5~10 min)、分泌持续时间长(2~4 h)、分泌量较多(约占消化期分泌总量30%)、酸度高、消化力强(富含胃蛋白酶)；但受食欲的影响十分明显。

②胃期 食物入胃后，通过以下几种途径继续刺激胃液分泌：食物机械性扩张刺激胃底、胃体和幽门部的感受器，经壁内神经丛短反射和迷走-迷走神经长反射(传入和传出神经都是迷走神经)引起胃酸分泌；食物扩张刺激胃幽门部，通过壁内神经丛作用于G细胞，引起促胃液素释放；蛋白质的消化产物肽和氨基酸直接作用于G细胞引起促胃液素(G_{17})释放，后者再刺激壁细胞分泌胃酸。

胃期胃液分泌的特点是酸度高、分泌量多(约占进食后分泌总量60%)、消化力比头期弱。

③肠期 肠期胃液分泌主要是通过体液调节机制实现的。胃内酸性食糜进入小肠后，刺激十二指肠黏膜G细胞释放促胃液素和小肠黏膜释放肠泌酸素(entero-oxyntin)，引起胃液分泌轻度增加。

肠期胃液分泌的特点是酸度低，分泌量少(约占分泌总量10%)，消化力弱。

(4)消化期胃液分泌的调节

①促进胃液分泌的主要因素

a. 迷走神经　迷走神经一是通过末梢释放乙酰胆碱，直接刺激壁细胞分泌胃酸；二是刺激胃幽门部G细胞及胃泌酸区黏膜内的肠嗜铬细胞(enterochromaffin cell，ECL)分别释放促胃液素和组胺，间接引起壁细胞分泌胃酸。其中，支配ECL细胞的迷走神经纤维末梢释放ACh，而支配G细胞的迷走神经纤维末梢释放促胃液素释放肽(gastrin-releasing peptide，GRP)，又称铃蟾素(bombesin)。另外，迷走神经中还有传出纤维支配胃和小肠黏膜中的δ细胞，其作用是抑制δ细胞释放生长抑素，消除或减弱它对G细胞分泌促胃液素的抑制作用，增强促胃液素释放的效果。上述由ACh对靶细胞的作用均可被阿托品所阻断，说明这些作用是通过激活靶细胞的$M(M_3)$受体而实现的；而其通过GRP对G细胞的作用则是由铃蟾素受体所介导的。

b. 组胺　组胺由胃黏膜肥大细胞或肠嗜铬细胞所分泌，具有极强的促胃酸分泌作用。组胺释放后扩散至邻近的壁细胞，与壁细胞上的组胺Ⅱ受体(H_2)结合，促进壁细胞分泌胃酸。H_2受体阻断剂西咪替丁及其类似物可阻断组胺与H_2受体结合而抑制胃酸分泌，有助于消化性溃疡的愈合。ECL细胞膜中还存在促胃液素/胆囊收缩素(CCK_B)受体和M_3受体，可分别与促胃液素和ACh结合，而引起组胺释放，间接调节胃酸的分泌。ECL细胞膜中还有生长抑素受体，由δ细胞释放的生长抑素可通过激活此受体而抑制组胺的释放，间接抑制胃酸的分泌。

c. 促胃液素　促胃液素由胃幽门部及十二指肠和空肠黏膜中G细胞分泌的一种胃肠激素，迷走神经兴奋时释放GRP，可促进促胃液素的分泌。促胃液素可强烈刺激壁细胞分泌胃酸。促胃液素也能作用于ECL细胞上的CCK_B受体，促进ECL细胞分泌组胺，再通过组胺刺激壁细胞分泌盐酸。

此外，能引起壁细胞分泌的大多数刺激物均能促使主细胞分泌胃蛋白酶原和黏液细胞分泌黏液。例如，迷走神经递质ACh和促胃液素可直接作用于主细胞促进胃蛋白酶原的分泌；十二指肠黏膜中的内分泌细胞分泌的促胰液素和胆囊收缩素也能刺激胃蛋白酶原的分泌。

②抑制胃液分泌的主要因素　生长抑素、前列腺素(PGE_2、PGI_2)以及上皮生长因子(epidermal growth factor)是抑制胃酸分泌的内源性物质，它们通过激活Gi(抑制性G蛋白)，可抑制壁细胞的腺苷酸环化酶，降低胞质内的cAMP水平，从而抑制胃酸分泌。生长抑素还可通过抑制G细胞及ECL细胞释放促胃液素和组胺，间接抑制壁细胞分泌盐酸。除内源性物质外，消化期抑制胃液分泌的主要因素有盐酸、脂肪和高渗溶液。

a. 盐酸　消化期在食物入胃后可刺激盐酸分泌，当盐酸分泌过多时可负反馈抑制胃酸分泌。一般而言，胃幽门部pH值降低到1.2~1.5时胃酸分泌即受到抑制。其原因是盐酸可直接抑制胃幽门部G细胞，使促胃液素的分泌减少，并刺激胃幽门部D细胞释放生长抑素，间接抑制促胃液素和胃酸的分泌；当十二指肠内的pH值下降到2.5以下时，酸性食糜刺激小肠黏膜S细胞释放促胰液素，以及十二指肠球部黏膜释放球抑胃素(bulbogastrone)，前者可抑制促胃液素的释放，后者可直接抑制壁细胞分泌胃酸。

b. 脂肪　脂肪及其消化产物进入小肠后，可刺激小肠黏膜分泌多种激素，如促胰液素、胆囊收缩素、抑胃肽、神经降压素和胰高血糖素等，这些肠抑胃素(enterogastrone)都具有抑制胃液分泌和胃运动的作用。然而肠抑胃素至今未能提纯，故目前倾向于认为它可能不是一个独立的激素，而是几种具有此类作用的激素(如抑胃肽、神经降压素等)的总称。

c. 高渗溶液　食糜进入十二指肠后，可使肠内出现高渗溶液，高渗溶液可刺激小肠内渗透压感受器，通过肠-胃反射(entero-gastric reflex)抑制胃液分泌；也可通过刺激小肠黏膜释放多种胃肠激素(如抑胃肽、神经降压素等)而抑制胃液分泌。随着消化产物被吸收，以及盐酸、高渗溶液等被胰液、胆汁中和与稀释，肠内抑制胃液分泌的因素逐渐消除，从而使刺激和抑制胃液分泌的因素重新达到新的平衡。

6.4.1.2　胃的运动

胃的运动主要完成 3 个方面的功能：容纳摄入的食物、对食物进行机械性消化和向十二指肠排入食糜。

(1) 胃的运动形式

消化期胃运动主要有 3 种形式：容受性舒张、紧张性收缩和蠕动。

①容受性舒张　当咀嚼和吞咽时，食物对口腔、咽、食道等处感受器的刺激，通过迷走神经传入和传出的反射过程(迷走-迷走反射)，反射性地引起胃底和胃体平滑肌舒张，胃容积增大，称为胃的容受性舒张(receptive relaxation)。容受性舒张使胃容量大大增加，而胃内压并不明显升高。胃容受性舒张的生理意义是完成容纳和贮存食物的功能，同时保持胃内压力基本不变(胃内压过高易导致食物和胃液反流等)。引起胃容受性舒张的传出神经纤维是迷走神经中的抑制性纤维，其节后纤维释放的递质是血管活性肠肽或 NO 等。

②紧张性收缩　胃壁平滑肌经常保持一定程度的缓慢持续收缩状态，称为胃的紧张性收缩(tonic contraction)。紧张性收缩对于维持胃的形态和位置有重要意义。紧张性收缩在空腹时即已存在，胃充盈后逐渐加强。这种运动一方面能使胃内保持一定压力，促使胃液渗入食团，有利于化学性消化；另一方面由于胃内压增加，使胃与十二指肠之间的压力差增大，有助于食糜向十二指肠方向推送。

③蠕动(peristalsis)　是纵肌、环肌协调收缩，而以环肌节律性交替舒缩为主的一种运动形式。空腹时基本不出现蠕动，食物入胃后蠕动开始。蠕动起始于胃的中部，并逐渐向幽门方向推进(图 6-13)，频率大约为 3 次/min，表现为一波未平，一波又起。蠕动波开始时较弱，当接近幽门时收缩力加强，速度明显加快，可将一部分食糜排入十二指肠，故有幽门泵之称。蠕动的生理意义在于磨碎进入胃内的食团，使之与胃液充分混合，形成粥状食糜；并将食糜逐步推入十二指肠。迷走神经兴奋、促胃液素和胃动素的释放，均可使胃的蠕动频率和强度增加；交感神经兴奋、促胰液素和抑胃肽的作用则相反，它们使胃运动减弱。

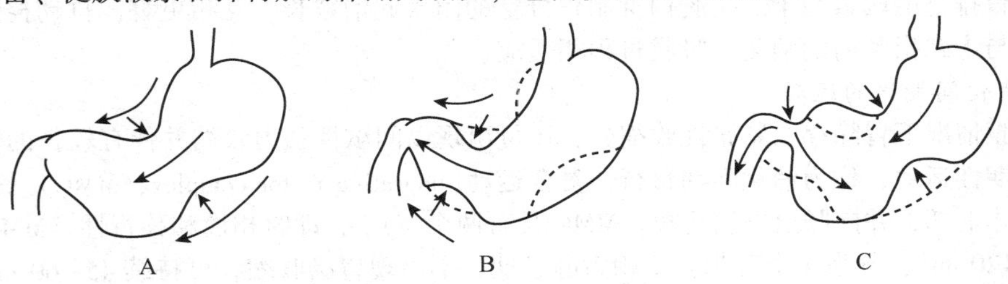

图 6-13　胃蠕动示意图

A. 胃蠕动始于胃的中部，向幽门方向推进；B. 胃蠕动可将食糜推入十二指肠；
C. 蠕动波将食糜反向推回到近侧胃窦或胃体，使食糜在胃内进一步被磨碎
虚线和实线分别表示胃蠕动期间胃形体发生的变化

(2) 胃运动的调节

胃运动与胃平滑肌的慢波电位有密切关系，胃的慢波电位起源于胃大弯上部，沿纵行肌向幽门方向传播，3 次/min，其传播速度由大弯向幽门逐渐加快。胃大弯上部平滑肌去极化的频率较胃的其他部分高，故把它称为胃运动的起步点，在慢波电位的基础上产生的动作电位常伴有胃蠕动。神经和体液因素可通过影响胃的慢波电位和动作电位而调节胃的运动。

①神经调节　迷走神经兴奋时通过其末梢释放乙酰胆碱，使胃的慢波和动作电位频率增加，胃蠕动加强加快。交感神经兴奋时通过其末梢释放去甲肾上腺素，使胃的慢波和动作电位频率降低，胃蠕动减弱。正常情况下以迷走神经的作用为主。饲料对胃壁的机械、化学刺激可通过内在神经丛局部地引起平滑肌紧张性加强，蠕动波传播速度加快。

胃运动的反射性调节不仅有非条件反射，也有条件反射。例如，动物看到食物的外形或嗅到食物的气味，均会引起胃运动加强。

②体液调节　许多胃肠激素都能影响胃收缩和电活动。促胃液素和胃动素可使胃的慢波及动作电位的频率加快、胃运动加强。胆囊收缩素、促胰液素和抑胃肽等抑制胃的运动。

(3) 胃排空及其影响因素

食物由胃排入十二指肠的过程称为胃排空(gastric emptying)。一般在食物入胃后几分钟左右即开始胃排空。排空速度与食物的物理性状和化学组成有关。液体食物比固体食物排空快，小颗粒食物比大块食物快，等渗液体比非等渗液体快；三大营养物中，糖类食物排空较快，蛋白质次之，脂肪类排空最慢。

排空速度除与食物性质有关外，不同家畜或同一家畜处于不同状态其排空速度也不相同。一般肉食动物胃排空速度较快，混合饲料4~6 h即可排空；马排空速度较慢，通常饲喂后24 h胃内还留有食物残渣。此外，正常情况下，动物安静或运动时胃排空较快；惊恐、疲劳时胃排空则受到抑制。胃排空受以下因素控制：

①胃内因素　食物对胃的扩张刺激可通过迷走-迷走反射和胃壁的内在神经丛局部反射引起胃运动加强，促进胃排空。此外，食物对胃的扩张刺激和食物中的化学成分可引起胃幽门部G细胞释放促胃液素。促胃液素既能促进胃的运动，又能增强胃幽门括约肌的收缩，总的效应是延缓胃排空。

②十二指肠腔内因素　十二指肠壁存在多种感受器，食糜进入十二指肠后，食糜中的盐酸、脂肪、高渗溶液以及食糜对肠壁的机械扩张刺激，均可通过肠-胃反射抑制胃的运动，使胃排空减慢。另外，食糜中的盐酸和脂肪还可刺激小肠黏膜释放促胰液素、抑胃肽等，抑制胃运动，使胃排空暂停。随着十二指肠的酸性食糜被中和，食物的消化产物被逐步吸收，对胃运动的抑制性影响被消除，胃运动又开始增强，胃排空再次发生。可见，胃排空是间断进行的。胃内促进胃排空的因素与十二指肠内抑制胃排空的因素此消彼长，互相更替，自动控制着胃排空，使之与十二指肠内的消化、吸收过程相适应。

(4) 消化间期胃的运动

在空腹情况下胃除存在紧张性收缩外，还可出现以间歇性强力收缩并伴有较长的静息期为特点的周期性运动，称为消化间期移行性复合运动(migrating motor complex, MMC)。这种运动开始于胃体上部，并向肠道方向传播。MMC具有两个特点，即时相性和移行性。MMC的每一周期90~120 min，分为4个时相：Ⅰ相为静息期，不出现胃肠收缩，可持续45~60 min；Ⅱ相为胃肠不规则收缩期，胃肠开始出现不规则的蠕动，持续30~45 min；Ⅲ相为胃肠规则的强烈收缩期，有规则的高幅胃肠收缩，持续5~10 min，然后收缩停止，转入Ⅳ相；Ⅳ相为收缩消退期，实际是向下一周期Ⅰ相过渡的短时期，持续约5 min。MMC Ⅲ相蠕动波可以从胃体移行至胃窦十二指肠空肠回肠。MMC Ⅲ相以5~10 cm/min的速度向远端扩布，约90 min后可到达回肠末端。当一个蠕动波到达回肠末端时，另一个蠕动波又在胃和十二指肠出现。

消化间期MMC的主要意义是可将上次进食后遗留的食物残渣、脱落的细胞碎片和细菌，以及积累的各种黏液等清扫干净，为下次进食做好准备。进食后这种运动便消失。若消化间期这种移行性复合运动减弱，可引起功能性消化不良及肠道内细菌过渡繁殖等病症。

(周定刚　刘春霞)

6.4.2　复胃的消化

复胃是反刍动物胃的统称，由瘤胃(rumen)、网胃(reticulum)、瓣胃(omasum)和皱胃(abomasum)4 个腔室组成(图 6-14)，4 个腔室的内腔相连，具有庞大的容积。瘤胃、网胃和瓣胃合称前胃。根据反刍动物复胃的形态和结构特点，分为反刍亚目和骆驼亚目两大类。前者包括牛、水牛、麝香牛、绵羊、山羊、羚羊、鹿和长颈鹿等；后者包括骆驼、羊驼和骆马等。两类动物复胃的结构很相似，但骆驼亚目的皱胃不发达。

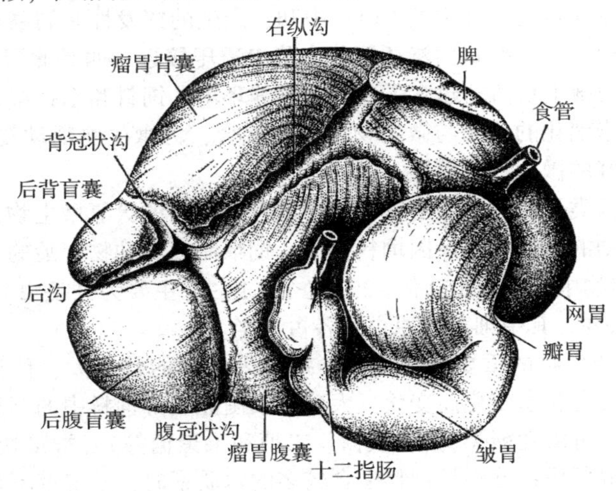

图 6-14　反刍动物复胃(牛胃)

6.4.2.1　复胃的结构特点

反刍动物复胃的总容积随动物的年龄不同而不同，成年牛 140~240 L，犊牛 90~130 L。复胃 4 个腔室大小也随动物生长发育而变化。初生牛犊的瘤胃和网胃合起来只占皱胃的 1/2，当反刍动物由哺乳阶段进入采食饲草阶段以后，前胃逐渐发育，大约到 1.5 岁时，前胃发育基本成熟，各部分容积占比为：瘤胃约占 80%、网胃约占 5%、瓣胃和皱胃各占 7%~8%。

瘤胃是复胃中最大的一个，在解剖学上可分为瘤胃前庭、瘤胃背囊、后背盲囊、后腹盲囊和瘤胃腹囊。瘤胃前庭内有食管的开口，还有与网胃相通的瘤网口。瘤胃背囊与瘤胃腹囊是瘤胃内呈半封闭状态的内腔，仅与瘤胃前庭相通。瘤胃黏膜由角质化的复层上皮覆盖，并形成很多大小不等的乳头。

网胃经瘤网口与瘤胃相通，经网瓣口与瓣胃相通。网胃也由角质化的复层上皮覆盖，黏膜上有蜂窝状的皱褶。

瓣胃呈球状，在网瓣口通向皱胃的瓣皱口之间有一条瓣胃沟。瓣胃也由角质化的复层上皮覆盖，黏膜形成很多长短不一的叶片状突起，又称“百叶胃”。

皱胃呈前端粗、后端细的弯曲长囊形。前端与瓣胃相连，后端与十二指肠相通。皱胃壁由黏膜、黏膜下组织、肌膜和浆膜组成。黏膜光滑、柔软，在底部形成 12~14 片螺旋形大皱褶。黏膜上皮为单层柱状上皮，黏膜内含有腺体。

6.4.2.2　前胃的消化

前胃黏膜无腺体，不分泌胃液，主要通过微生物消化和物理性消化来实现其消化功能。其中，瘤胃和网胃在结构与功能上关系极为密切，故常合称网瘤胃。前胃消化是反刍动物最突出的特征，它具有独特的反刍、嗳气、食管沟反射、网瘤胃运动以及微生物发酵等特点，与单胃消化有明显的差别。复胃中只有皱胃具有胃腺，能够分泌胃液，因而称为真胃。

(1)*瘤胃微生物及瘤胃内消化、代谢过程*

①瘤胃微生物　瘤胃微生物的生存条件：瘤胃和网胃在动物的整个消化过程中占据特别重要的地位，可消化饲料中70%~85%的干物质，其中起主要作用的是微生物。瘤胃为厌氧微生物的生长繁殖提供了良好的微生态环境：一是瘤胃内温度一般维持在38.5~41.0℃。二是瘤胃内pH值通常维持在5.5~7.5。瘤胃内pH值主要通过反刍动物大量分泌的唾液来调节，饲料发酵产生的大量酸性物质可被唾液中的HCO_3^-中和；产生的挥发性脂肪酸可被吸收进入血液或随食糜排入后段消化道。三是瘤胃内渗透压与血浆渗透压接近。四是瘤胃内高度乏氧，CO_2和CH_4丰富。五是瘤胃为微生物活动建立了适宜的营养环境。饲料和水持续稳定地进入瘤胃，瘤胃节律性地运动，使未消化的食物与微生物均匀地混合，为微生物活动提供丰富的营养物质。因此，瘤胃是一个良好的微生物发酵罐。

瘤胃内微生物的种类及作用：反刍动物瘤胃内存在大量的厌氧微生物，主要有原虫、细菌和真菌。瘤胃内微生物的种类和数量因饲料性质、饲喂制度和动物年龄的不同而发生改变。据测定，1.0 g瘤胃内容物中含细菌150亿~250亿个，原虫(主要为纤毛虫)60万~180万个，总体积约占瘤胃液的3.6%，其中细菌和原虫约各占一半。

a. 细菌　是瘤胃微生物的重要组成部分。瘤胃内细菌的数量大、种类多，并随着饲料性质、采食后的时间和宿主状态变化而变化。大多数细菌能发酵饲料中的一种或几种糖类，作为菌体生长的能源物质。可溶性糖类(如六碳糖、二糖和果聚糖等)发酵最快；淀粉和糊精较慢；纤维素和半纤维素发酵更慢；特别是饲料中含较多的木质素时，发酵率不足15%。不能发酵糖类的细菌，常利用糖类分解后的产物作为能源。细菌还能利用瘤胃中的有机物作为碳源和氮源，并将其转化为自身菌体成分，然后在皱胃和小肠中被消化以供宿主利用。此外，有些细菌还能利用非蛋白含氮物(如酰胺和尿素等)，并将其转化为自身菌体蛋白质。因此，在反刍动物饲料中适当添加尿素和铵盐等，可增加微生物蛋白质的合成。尿素在瘤胃内脲酶的作用下分解迅速，产生氨的速度约为瘤胃微生物利用速度的4倍。因此，饲料中的尿素添加量不宜过多，以免瘤胃内氨贮存过多而导致氨中毒。在饲料中添加尿素的同时添加脲酶抑制剂以延缓氨的释放，也是生产实践中的常用方法。成年牛一昼夜进入皱胃的微生物蛋白质约为100 g，约占牛日粮中蛋白质最低需要量的30%。

b. 原虫　瘤胃原虫主要是纤毛虫和鞭毛虫，后者数量较少。瘤胃纤毛虫大体可分为全毛虫和贫毛虫两类，均严格厌氧，以可溶性糖和淀粉为主要营养来源。瘤胃内纤毛虫含有多种分解糖类(α-淀粉酶、蔗糖酶和呋喃果聚糖酶等)、蛋白质(蛋白酶和脱氨基酶)和纤维素(半纤维素酶和纤维素酶)的酶，可分解糖、果胶、纤维素和半纤维素，产生乙酸、丙酸、乳酸、CO_2和氢等；也可分解蛋白质和脂类。瘤胃纤毛虫不产生囊泡，若长期暴露于空气中或处于不良条件下，就不能生存。因此，幼畜瘤胃中的纤毛虫主要通过与其他反刍动物直接接触获得天然的接种来源。如果幼畜出生后隔离饲养，则易成为无纤毛虫动物。通常犊牛生长到3~4个月，瘤胃中才出现各种纤毛虫。瘤胃内各种纤毛虫的种类和数量随饲料不同而发生显著的变化。其次，瘤胃中的pH值变化也影响纤毛虫的数量。当pH值降低至5或更低时，纤毛虫的活力降低，数量减少或完全消失。此外，饲喂次数也对纤毛虫的数量有影响，饲喂次数多，数量也增多。反刍动物在瘤胃缺少纤毛虫的情况下，通常也能良好生长。但在营养水平较低时，纤毛虫对宿主是非常有益的。纤毛虫进入皱胃和小肠后，首先虫体本身所含的蛋白质和糖原被宿主消化利用。纤毛虫体蛋白含有丰富的赖氨酸等必需氨基酸，其品质超过菌体蛋白。其次，纤毛虫喜好捕食饲料中的淀粉和蛋白质颗粒，并贮存于体内，进入小肠后，随着纤毛虫的解体，淀粉和蛋白质颗粒再被宿主消化吸收，从而提高了饲料的消化和利用率，显著增加氮贮存和挥发性脂肪酸的产生。纤毛虫虫体蛋白质的生物价(91%)比细菌(74%)高，所以纤毛虫是宿主所需营养的来源之一，约占宿主摄入动物性蛋白质需要量的20%。

c. 真菌　瘤胃内生活着严格的厌氧真菌，约占瘤胃微生物总量的8%。瘤胃真菌可产生多种酶类(如纤维素酶、木聚糖酶、糖苷酶、半乳糖醛酸酶和蛋白酶等)，对纤维素的消化能力很强。此外，瘤胃真菌还可利用饲料中的碳源、氮源合成胆碱和蛋白质等物质，以供宿主利用。

d. 微生物的共生　瘤胃微生物与宿主之间存在着共生关系。一方面，宿主采食的饲料为瘤胃微生物提供营养来源，瘤胃环境为微生物提供理想的场所；另一方面，瘤胃微生物帮助宿主消化饲料中的某些营养物质，尤其是宿主自身不能消化的纤维素和半纤维素等物质，然后又为宿主提供消化产物及微生物蛋白。反刍动物与瘤胃微生物之间的共生关系是物种长期进化过程中形成的。此外，瘤胃微生物之间也存在着互相制约和共生关系。纤毛虫能吞噬和消化细菌，并以细菌作为主要蛋白质来源；与纤毛虫共生的细菌可为纤毛虫提供多种酶系统，以促进纤毛虫消化营养物质。瘤胃内细菌之间也存在共生关系。例如，白色瘤胃球菌可消化纤维素，但不能发酵蛋白质。而拟杆菌可消化蛋白质，却不能消化纤维素。因此，二者共生时，白色瘤胃球菌消化纤维素产生的己糖可满足拟杆菌的能量需要；拟杆菌消化蛋白质也为白色瘤胃球菌生长提供了氨基酸和氨气。总之，瘤胃微生物与宿主之间以及微生物之间保持着相互依存的共生关系。宿主为微生物提供良好的生存环境，而微生物的发酵产物则为宿主提供营养物质。

②瘤胃内消化与代谢过程　饲料进入瘤胃后，在微生物作用下，发生一系列的消化与代谢过程，饲料中的营养物质被分解，产生挥发性脂肪酸和氨基酸等消化产物，同时还能合成微生物蛋白、糖原及维生素等，供机体利用。

a. 糖类的消化与代谢　反刍动物饲料中的纤维素、果聚糖、淀粉、果胶、蔗糖、葡萄糖以及其他糖类物质，均能被微生物发酵。但发酵速度随饲料成分的性质而异，可溶性糖最快、淀粉次之，纤维素和半纤维素则较慢。纤维素首先被分解成纤维二糖，再被转变成己糖(如葡萄糖)，然后经丙酮酸和乳酸阶段，最终生成挥发性脂肪酸(VFA)、CH_4 和 CO_2。瘤胃内容物中的VFA主要是乙酸、丙酸和丁酸(表6-6)以及一些数量很少但在代谢上却很重要的VFA(如戊酸、异戊酸、异丁酸和己-甲基丁酸等)。VFA是反刍动物和其他大型草食动物主要的能源物质。如牛瘤胃一昼夜所产生的VFA可提供25 121~50 242 kJ(6 000~12 000 kal)能量，占机体所需能量的60%~70%。

表6-6　不同日粮条件下乳牛瘤胃内挥发性脂肪酸的含量　%

日粮	乙酸	丙酸	丁酸
精料	59.60	16.60	23.80
多汁料	58.90	24.85	16.25
干草	66.55	28.00	5.45

乙酸、丙酸和丁酸在瘤胃液中的相应浓度对机体营养代谢有重要影响。据报道，瘤胃中乙酸、丙酸、丁酸浓度的比例通常为70∶20∶10，但随饲料种类的不同而发生显著的变化。当日粮粗饲料较多、营养价值较低时，乙酸、丙酸的比例升高，丁酸的比例降低，VFA含量降至57.8 mmol/L；当日粮蛋白质饲料较多时，乙酸比例下降，丁酸比例上升，CH_4 产量减少，VFA水平可超过100 mmol/L。瘤胃内VFA一般为60~120 mmol/L，当饲喂高淀粉日粮或采食

大量青绿饲料时 VFA 的浓度可达到 200 mmol/L。

b. 蛋白质的消化与代谢　饲料蛋白进入瘤胃后，有 50%~70% 被细菌和纤毛虫的蛋白酶水解为肽类和氨基酸。大部分氨基酸在微生物脱氨基酶作用下生成 NH_3、CO_2、短链脂肪酸和其他酸类；某些肽和少量氨基酸可直接进入微生物细胞内合成菌体蛋白(图 6-15)。尽管瘤胃微生物能直接吸收肽，并利用其中的氨基酸合成微生物蛋白，然而也有为数不多的微生物必须利用 NH_3 和 VFA 合成氨基酸，再生成菌体蛋白。因此，氨是合成微生物蛋白的主要氮源。瘤胃微生物利用氨合成氨基酸时，还需要能量和碳链。除 VFA 是主要的碳链来源外，CO_2 和糖也是主要的碳链来源。糖同时还是能量的主要供给者。由此可见，瘤胃微生物在合成蛋白质的过程中，氮代谢和糖代谢是密切相关的。在可利用糖充足的情况下，许多瘤胃微生物，包括那些能利用肽的微生物在内，也可以利用氮来合成蛋白质。瘤胃中的非蛋白氮物质(如尿素、铵盐和酰胺等)被微生物分解后也产生氨，可用于合成蛋白质。

瘤胃中的氨除了被微生物合成菌体蛋白外，其余的则被瘤胃壁吸收，经门脉循环进入肝脏，在肝脏经过鸟氨酸循环生成尿素。在肝脏生成的尿素一部分经血液循环运送到唾液腺，随唾液分泌重新进入瘤胃，还有一部分通过瘤胃壁又弥散进入瘤胃内，剩余的则随尿液排出。进入瘤胃的尿素又可被微生物利用，这一过程称为尿素再循环，其对于提高饲料中含氮物质的利用率具有重要的意义，保证了瘤胃微生物合成蛋白质所需的氨。

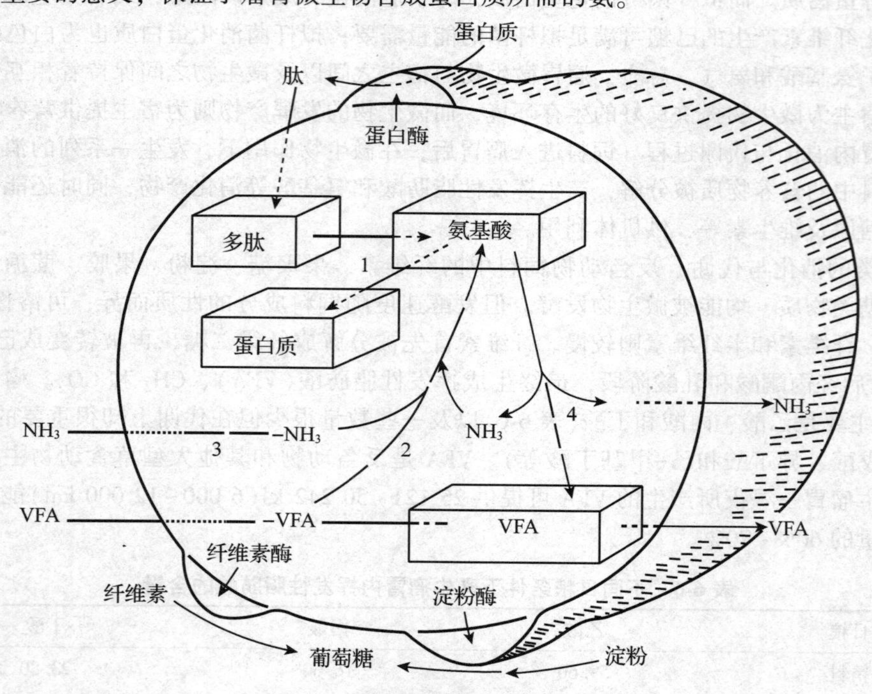

图 6-15　瘤胃微生物蛋白质代谢

1. 合成微生物蛋白质；2. 利用 VFA 和 NH_3 合成氨基酸；3. 不能利用肽作为氨基酸来源的细菌依靠细胞外 NH_3 合成氨基酸；4. 不用于合成蛋白质的氨基酸生成 NH_3 和 VFA

c. 脂肪的消化和代谢　饲料中的脂肪大部分被瘤胃微生物彻底水解，生成甘油和脂肪酸等物质。其中，甘油发酵生成丙酸，少量被转化成琥珀酸和乳酸；来源于甘油三酯的不饱和脂肪酸被氢化，转化成饱和脂肪酸。细菌还能合成少量的奇数碳长链、短链脂肪酸和偶数碳支链脂肪酸，并以此合成磷脂。虽然饲料中脂肪较少，但却是体脂和乳脂的重要来源。与单胃草食动物相比，反刍动物的体脂和乳脂含有较多的饱和脂肪酸。单胃动物体脂中饱和脂肪酸占 36%，而反刍动物则高达 55%~62%。

d. 维生素的合成 瘤胃微生物能合成多种 B 族维生素，其中硫胺素大多存在于瘤胃液中，40%以上的生物素、吡哆醇和泛酸也存在于瘤胃液中；而叶酸、核黄素、烟酸和维生素 B_{12} 等大都存在于微生物体内。此外，瘤胃微生物还能合成维生素 K。幼龄反刍动物，由于瘤胃发育不完善，微生物区系不健全，有可能患 B 族维生素缺乏症。

e. 气体的产生 在瘤胃微生物的强烈发酵过程中，不断产生大量的气体。据计算，牛一昼夜产气量达 600~1 300 L，其中 CO_2 占 50%~70%，CH_4 占 30%~40%，还含有少量的 N_2、O_2 和 H_2S 等。气体的产量和组成随饲料的种类和饲喂时间而有显著的差异。犊牛出生后几个月内，瘤胃内气体以 CH_4 为多；随日粮纤维含量增加，CO_2 含量也增加。到 6 月龄时达到成年牛的水平。正常动物瘤胃内 CO_2 比 CH_4 多，但饥饿或胀气时，CH_4 含量大大超过 CO_2。CO_2 主要是由糖类发酵和氨基酸脱羧而产生，小部分由唾液内碳酸氢盐中和脂肪酸时产生，或者是脂肪酸吸收时透过瘤胃上皮进行交换的结果。瘤胃中的 CH_4 主要是在甲烷细菌的作用下，通过还原 CO_2 而生成。

(2) 前胃运动及其调节

成年反刍动物前胃的运动频率随消化状态而不同。在未进食及未反刍时，运动频率较低；在进食时，运动频率和强度明显增大；在反刍时，前胃还出现额外的收缩。前胃运动在神经和体液的调控下，相互配合、协调进行。

①网瘤胃运动 前胃运动从网胃两相收缩开始。第一相收缩力量较弱，只收缩一半，然后舒张或不完全舒张，此收缩的作用是将漂浮在网胃上部的粗糙饲料压向瘤胃。第二相收缩十分剧烈，其内腔几乎消失。如果网胃有铁钉等异物存在，易造成创伤性网胃炎和心包炎。动物反刍时，在两相收缩之前网胃再出现一次额外的附加收缩。

在网胃第二相收缩尚未终止时，瘤胃即发生收缩。瘤胃收缩先从瘤胃前庭开始，收缩波沿前背囊依次向后背囊传播，然后转入后腹囊，接着又由腹囊由后向前传播，最后止于瘤胃前庭。这种收缩，称为瘤胃的第一次收缩或称 A 波，它使食物在瘤胃内顺着由前向后、再由后向前的顺序和方向移动并混合(图 6-16、图 6-17)。有时在 A 波之后，瘤胃还发生第二次收缩或称 B 波，它的产生与网胃收缩无直接关系，而是瘤胃运动的附加波，其作用与嗳气密切相关。B 波运动的方向与 A 波相反，开始于后腹盲囊，向上经后背盲囊和前背盲囊，最后到达主腹囊。其频率在采食时为 A 波的 2/3，而在静息时大约为 A 波的 1/2。

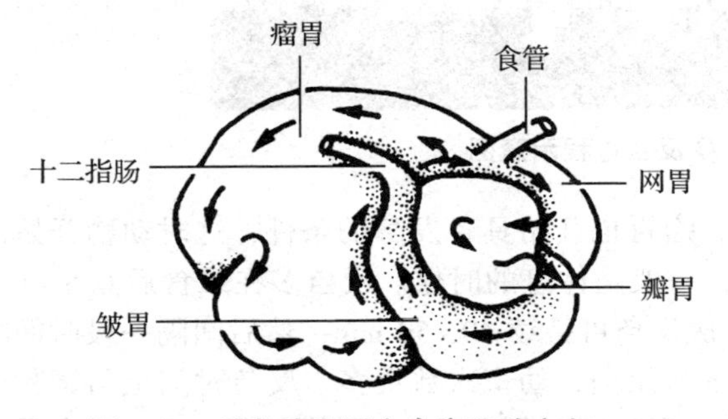

图 6-16 反刍动物胃内食糜移动方向

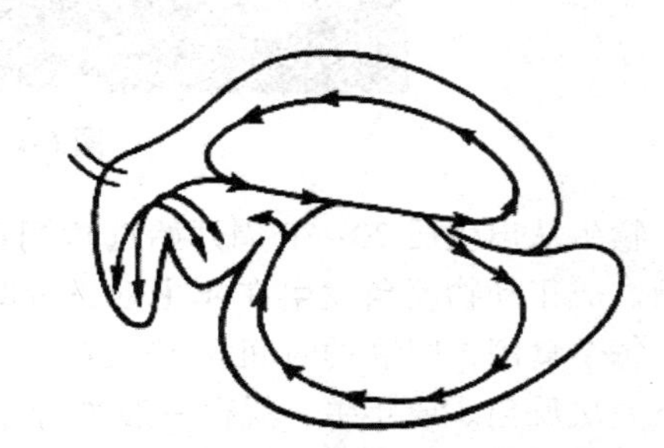

图 6-17 瘤胃内食糜运动模式

一般来说，网瘤胃收缩的频率是 1~3 次/min。进食时强度和频率明显增大，熟睡时收缩全部消失。收缩的强度和速度还与食物的性状有关，粗糙纤维多的饲料刺激网瘤胃产生高频率和高强度的收缩。

②瓣胃运动　瓣胃运动与网瘤胃运动互相协调。瓣胃运动起始于网胃收缩。网胃第二次收缩，网瓣口开放，食糜快速流入瓣胃。网胃收缩之后，瓣胃沟首先收缩，网瓣口关闭，迫使新进入的食糜进入瓣胃叶片之间。食糜中较稀的成分经瓣胃沟很快进入皱胃，而较浓稠的成分则留在瓣叶间，瓣胃和叶片的收缩起研磨作用。因此，当瓣胃运动机能减弱时，极易发生瓣胃阻塞。

③前胃运动的调节　前胃运动具有自动节律性。这种节律性运动也受到神经和体液的调节。前胃运动的基本调节中枢位于延髓，高级中枢位于大脑皮层，传出神经是迷走神经和交感神经。刺激迷走神经，前胃运动加强。若切断两侧迷走神经，前胃各部分的收缩失去协调性，食糜不能由网瘤胃进入瓣胃和皱胃。刺激交感神经外周端，则前胃运动迟缓。胃肠激素(如促胰液素、胆囊收缩素等)对瘤胃和皱胃运动有抑制作用，而促胃液素对瘤胃运动有兴奋作用。当日粮中精料过多而粗料不足时，皱胃内容物中 VFA 含量过高，导致皱胃运动抑制。

(3)反刍

反刍动物将吞入瘤胃的饲料经浸泡软化一段时间后，再逆呕至口腔仔细咀嚼，混入唾液，并将其再次吞咽入瘤胃的过程，称为反刍(rumination)。反刍是一个复杂的反射活动，包括逆呕、再咀嚼、再混入唾液和再吞咽4个阶段(图6-18)，感受器位于网胃、瘤胃前庭和食管沟等处，传入神经是迷走神经，中枢可能位于脑干，传出神经则广泛分布于唾液腺、食管、网胃及与呼吸、咀嚼和吞咽活动相关的骨骼肌。反刍可使动物在短时间内快速摄取大量食物，贮存于瘤胃中，然后在休息时再将食糜充分咀嚼，有利于消化和吸收。此外，咀嚼过程中还可以混入大量唾液，有利于维持瘤胃 pH 值相对稳定。

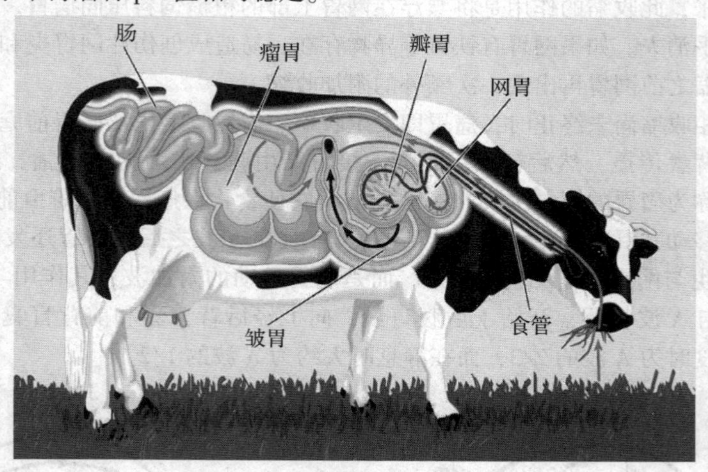

图6-18　牛反刍过程示意图

犊牛从出生后20~30周开始选食饲草，瘤胃也开始具备发酵的条件，这时动物开始出现反刍。成年动物反刍发生在非主动进食时，一般是休息的时候。反刍多在采食后0.5~1 h开始，每个食团再咀嚼的时间为40~50 s。一次反刍可持续40~50 min，然后间隔一段时间再开始下一次反刍。成年牛一昼夜一般进行6~8次反刍，幼畜次数更多。反刍时间也与饲料的种类有关，采食谷物饲料反刍时间最短，采食秸秆饲料时每天反刍时间可长达10 h。反刍易受环境因素和健康因素的影响，惊恐、疼痛等因素干扰反刍，使反刍受到抑制；动物处在发情期，反刍减少；因疾病导致消化异常时，反刍减少甚至停止。因此，反刍是反刍动物健康的重要标志之一。

(4)嗳气

瘤胃微生物发酵产生的气体通过食管、口腔向外排出的过程，称为嗳气(eructation)。瘤胃发酵产生的气体，约1/4通过瘤胃壁吸收入血后，经肺排出；一部分气体被瘤胃内微生物所利用；一小部分随饲料残渣经胃肠道排出；但大部分气体是靠嗳气排出。牛每小时嗳气17~20次。嗳气的次数决定于气体产生的速度。正常情况下，瘤胃所产生的气体和通过嗳气等排出的气体之间维持相对平衡。如产生的气体多，不能及时排出，可形成瘤胃急性膨气。例如，牛在过量采食鲜嫩青绿饲料后，易产生瘤胃臌气。

嗳气是一种反射活动，它是由于瘤胃内气体增多，瘤胃背囊壁的压力增大，刺激了瘤胃背囊和贲门括约肌处的牵张感受器，经迷走神经传到延髓嗳气中枢。中枢迷走神经传出引起背囊收缩，由后向前推进(B波)压迫气体进入瘤胃前庭，同时前肉柱与瘤胃肉褶收缩，阻挡液状食糜前涌，贲门区的液面下降，贲门口舒张，气体向前和向腹面流动而进入食管。然后，贲门口关闭，食管肌几乎同时收缩，迫使食管内气体进入咽部。这时因鼻咽括约肌闭锁，迫使大部分气体经口腔逸出，也有一小部分气体通过开放的声门进入气管和肺，并经过肺毛细血管吸收入血。

(5)食管沟反射

从食管末端到瓣胃入口有一条食管沟。幼畜在摄乳时，其吸吮动作反射性地使食管沟的两侧闭合成管状，使乳汁直接从食管进入瓣胃，再经瓣胃沟流进皱胃，这种反射称为食管沟反射。食管沟反射与吞咽动作是同时发生的，感受器分布在唇、舌、口腔和咽部的黏膜上，传入神经为舌咽神经、舌下神经和三叉神经咽支，中枢位于延髓内，与吸吮中枢密切相关。传出神经为迷走神经。食管沟闭合的程度与吸吮方式有密切关系。犊牛用人工哺乳器慢慢地吸吮时，食管沟闭合严密；但从桶中饮乳时，由于缺乏吸吮刺激，食管沟反射降低，部分乳汁会漏入瘤胃。由于幼畜的网瘤胃发育不完善，不能排出漏入的乳汁，乳汁长时间存留在这些部位易发生酸败，引起幼畜腹泻。

哺乳期反刍动物食管沟反射较发达、食管沟能完全闭合，随着年龄增长，食管沟反射逐渐减弱，食管沟闭合不全。但某些化学物质可刺激反刍动物的食管沟闭合。给牛喂饮10% $NaHCO_3$溶液，可刺激其咽部感受器，反射性地引起食管沟闭合。$CuSO_4$溶液可引起绵羊食管沟闭合。因此，在兽医实践中往往先给予上述溶液，然后再投药，这样可以使药物直接经食管沟进入皱胃而迅速发挥杀灭肠道寄生虫的作用。

6.4.2.3 皱胃消化

(1)皱胃分泌及其调节

皱胃黏膜上具有能分泌胃液的腺体，其功能与单胃动物的胃相似。皱胃胃液中含有胃蛋白酶、凝乳酶(幼畜)和盐酸，并有少量黏液。皱胃液中酶的含量和盐酸的浓度随着年龄的变化而变化。绵羊皱胃液pH值为1.0~1.3；牛胃液pH值为2.0~4.1，总酸度相当于0.2%~0.5%，明显低于单胃动物胃液pH值。幼畜胃液凝乳酶含量比成年家畜高很多，而胃蛋白酶含量随幼畜的生长而增加。

与单胃动物胃液分泌不同的是，皱胃胃液是持续分泌的，这与食糜不断从瓣胃进入皱胃有关。皱胃分泌的胃液量和酸度取决于瓣胃内容物进入皱胃的量和内容物中挥发性脂肪酸的浓度，而与饲料的性质关系不大。这是因为进入皱胃的饲料经过瘤胃发酵以后已经失去其原有的特性。

与单胃相似，皱胃胃液的分泌也受神经和体液因素的调节。副交感神经兴奋时，胃液分泌增多。皱胃黏膜含有丰富的促胃液素，可促进胃液分泌。促胃液素的分泌也受迷走神经和皱胃中食糜 pH 值的影响。迷走神经兴奋或皱胃 pH 值升高，均使促胃液素释放增加，胃液分泌增多；相反，胃液分泌减少。

(2)皱胃运动及其调节

皱胃运动与单胃相似，不如前胃那样富有节律性。皱胃收缩与十二指肠充盈度有关，十二指肠排空时，皱胃运动增强；十二指肠充盈时，皱胃运动减弱。同样，皱胃的扩张可引起前胃运动减弱，进入皱胃的食糜减少。

食糜的理化性质尤其是渗透压，是调节皱胃排空的重要因素。皱胃食糜通常是间歇性的由幽门进入十二指肠。如绵羊一般每隔 1~2 min 排空一次，喂食可促进排空。皱胃食糜排空还与生理状态有关，如空怀绵羊一昼夜排空量约为 8.32 kg，怀孕后期增至 12.15 kg，哺乳期为 13.63 kg。此外，日粮对皱胃排空的影响也很大。

皱胃运动受迷走神经支配，但与前胃有所不同。切断双侧迷走神经只能使皱胃运动减弱，并不能使其运动停止，并且皱胃仍可进行有效的排空。胃肠激素是其主要的体液调节因子，如 CCK、促胰液素抑制皱胃排空，促胃液素则促进皱胃排空。

(康 波)

6.5 小肠内消化

食糜由胃进入十二指肠，开始小肠内消化。由于胰液、小肠液及胆汁的化学性消化作用，以及小肠运动的机械性消化作用，食物的消化过程在小肠基本完成，经过消化的营养物质也大部分在小肠被吸收，未被消化的食物残渣从小肠进入大肠。因此，小肠是消化与吸收的最重要的部位。食物在小肠内停留的时间随食物的性质和动物的种类不同而异。

6.5.1 胰液的分泌

6.5.1.1 胰液的性质、成分和作用

胰液由胰腺外分泌部分泌，是无色透明的碱性液体，pH 值为 7.8~8.4，渗透压约与血浆相等，胰液中含有水、碳酸氢盐、电解质和有机物。有机物主要是由胰腺腺泡细胞分泌的各种消化酶，包括胰淀粉酶、胰脂肪酶、胰蛋白酶原、糜蛋白酶原以及胰核糖核酸酶和胰脱氧核糖核酸酶等。

(1)碳酸氢盐

碳酸氢盐主要作用是中和进入十二指肠的胃酸，使肠黏膜免受强酸的侵蚀；同时为小肠内多种消化酶提供适宜的 pH 值环境。

(2)蛋白水解酶

蛋白水解酶主要包括胰蛋白酶(trypsin)、糜蛋白酶(chymotrypsin)、弹性蛋白酶(elastase)和羧基肽酶(carboxypeptidase)等。这些酶从胰腺刚分泌出来都是酶原状态，胰蛋白酶原(trypsinogen)在肠液中的肠激酶(enterokinase 或 enteropeptidase)的作用下，转变为有活性的胰蛋白酶。此外，胃酸、组织液以及胰蛋白酶本身也能使胰蛋白酶原激活，后者称为自身激活。胰蛋白酶还能激活糜蛋白酶原、弹性蛋白酶原和羧基肽酶原，使它们分别转化为相应的酶。胰蛋白酶和糜蛋白酶的作用很相似，都能分解蛋白质为脲和胨。当两者共同作用于蛋白质时，则可分解蛋白质为小分子多肽和游离氨基酸。此外，糜蛋白酶还有较强的凝乳作用。

正常胰液中还含有羧基肽酶、核糖核酸酶、脱氧核糖核酸酶等水解酶，它们以酶原形式分

泌，在已活化的胰蛋白酶作用下激活。激活后，羧基肽酶可作用于多肽末端的肽键，分解多肽为氨基酸，核酸酶则可使相应的核酸部分水解为单核苷酸。正常情况下，胰腺泡细胞在分泌蛋白水解酶时，还分泌少量胰蛋白酶抑制物(trypsin inhibitor)。胰蛋白酶抑制物是一种多肽，可和胰蛋白酶结合形成无活性的化合物，从而防止胰蛋白酶原在胰腺内被激活而发生自身消化。

(3)胰淀粉酶

胰淀粉酶(pancreatic amylase)是一种α-淀粉酶，能将淀粉分解为糊精、麦芽糖及麦芽寡糖，但不能水解纤维素。其最适 pH 值为6.7~7.0。

(4)胰脂肪酶

胰脂肪酶(pancreatic lipase)可分解甘油三酯为脂肪酸、甘油一酯和甘油，其最适 pH 值为7.5~8.5。胆盐具双嗜特性，能乳化脂肪，因而有利于胰脂肪酶发挥作用；但胆盐又是一种去垢剂(阴离子表面活性剂)，可将附着于胆盐微胶粒表面的蛋白质(酶)通过吸附、变性、沉淀等作用清除下去，使胰脂肪酶无法与底物结合。正因如此，在离体条件下，生理浓度的胆盐完全抑制了胰脂肪酶的活性。

胰辅脂酶(pancreatic colipase)是胰腺分泌的小分子蛋白质，在胰腺腺泡中以酶原形式合成，随胰液分泌进入十二指肠被胰蛋白酶激活。胰辅脂酶具有与胰脂肪酶及脂肪底物相结合的特性，而无酶的活性。研究表明，整体条件下生理浓度的胆盐并不能完全抑制胰辅脂酶分别与胰脂肪酶及脂肪结合。在肠腔内，胰辅脂酶先后与脂肪和胰脂肪酶结合，将被胆盐清除掉的脂肪酶拖回脂肪表面，使胰脂肪酶得以克服胆盐的阻隔作用，从而确保胰脂肪酶与脂肪底物相结合。因此，胰辅脂酶是在生理情况下，小肠内脂肪消化的一个必不可少的因子。

胰液中除胰脂肪酶、胰辅脂酶外，还有胆固醇脂酶(cholesterol esterase)和磷脂酶 A_2(phospholipase A_2)，可分别水解胆固醇脂和和卵磷脂。

6.5.1.2 胰液分泌的调节

在非消化期，胰液几乎不分泌或很少分泌。进食后，胰液开始分泌或分泌增加，可见食物是刺激胰液分泌的自然因素。进食时胰液分泌受神经和体液双重调控，但以体液调节为主。

(1)神经调节

食物的性状、气味以及食物对口腔、食管、胃和小肠的刺激都可通过神经反射(包括条件反射和非条件反射)引起胰液分泌。反射的传出神经主要是迷走神经。迷走神经可通过其末梢释放乙酰胆碱直接作用于胰腺，也可通过引起促胃液素的释放，间接引起胰腺分泌。切断迷走神经或注射阿托品阻断迷走神经的作用，均可显著减少胰液分泌。迷走神经主要作用于胰腺的腺泡细胞，对小导管细胞的作用较弱，因此，迷走神经兴奋引起胰液分泌的特点是水和碳酸氢盐含量很少，而酶的含量很丰富。

(2)体液调节

调节胰液分泌的体液因素主要有促胰液素和胆囊收缩素。

①促胰液素(secretin) 食糜进入十二指肠和前段空肠后，可刺激小肠黏膜的 S 细胞分泌促胰液素。盐酸是引起促胰液素分泌的最强刺激因素，其次是蛋白质分解产物和脂酸钠，糖类几乎没有刺激作用。迷走神经兴奋不引起促胰液素释放；切除小肠的外来神经后，盐酸在小肠内仍能引起胰液分泌，说明促胰液素的释放不依赖于肠外来神经。引起小肠内促胰液素释放的 pH 阈值为4.5，当 pH 值下降到3.0时，可引起促胰液素大量释放。

促胰液素主要作用于胰腺小导管上皮细胞，使其分泌酶含量低、而富含水和 HCO_3^- 的胰液，从而可中和进入十二指肠的盐酸，保护小肠黏膜不受盐酸侵蚀，并给胰酶作用提供适宜的 pH 值环境。

②胆囊收缩素(cholecystokinin，CCK) 食糜中的蛋白质消化产物(肽、氨基酸)以及脂肪分解产物(脂肪酸、甘油一酯)可刺激十二指肠和前段小肠黏膜的Ⅰ细胞释放胆囊收缩素，胆囊收缩素通过血液循环作用于胰腺的腺泡细胞，使胰腺分泌含酶较多的胰液，此作用比迷走神经的作用更强。胆囊收缩素的一个重要作用是促进胰液中各种酶的分泌，故也称促胰酶素(pancreozymin，PZ)；它的另一个重要作用是促进胆囊强烈收缩，排出胆汁。胆囊收缩素可加强促胰液素对胰腺导管的作用，促胰液素也可加强胆囊收缩素对胰腺腺泡细胞的作用。引起胆囊收缩素释放的因素按由强至弱的顺序为蛋白质分解产物、脂酸钠、盐酸、脂肪，糖类没有刺激作用。

促胰液素和胆囊收缩素之间存在协同作用，即一个激素可加强另一个激素的作用。此外，迷走神经对促胰液素也有加强作用。当各因素同时作用于胰腺时，将引起胰液更强烈分泌。

进食可引起胰液分泌，而胰液分泌同时存在反馈性调节。进食后，肠腔内的蛋白质水解产物及脂肪酸可刺激小肠黏膜Ⅰ细胞释放一种胰蛋白酶敏物质——胆囊收缩素释放肽(cholecystokinin-releasing peptide，CCK-RP)，它可介导CCK的释放，进而促进胰蛋白酶的分泌。当食糜进入小肠后，一方面刺激CCK-RP的释放，引起CCK和胰蛋白酶的分泌；另一方面分泌的胰蛋白酶可使CCK-RP失活(CCK-RP是一种对胰蛋白酶敏感的物质，胰蛋白酶可使其失活)，从而反馈性地抑制CCK和胰蛋白酶的进一步分泌。胰蛋白酶分泌反馈性调节的生理意义主要在于防止胰蛋白酶的过度分泌。慢性胰腺炎患者由于胰酶分泌减少，其反馈性抑制作用减弱，将导致CCK释放增加，刺激胰腺分泌，因而产生持续性疼痛。

6.5.2 胆汁的分泌

6.5.2.1 胆汁的分泌和排出

胆汁由肝细胞持续分泌。在非消化期，肝细胞分泌的胆汁首先进入毛细胆管，经小叶间胆管，左、右肝管，出肝后汇集入肝总管，再经胆囊管贮存于胆囊(胆囊胆汁)。消化期间，在神经、体液因素的刺激下引起胆囊收缩排出胆汁，胆汁经胆囊管进入胆总管(由肝总管与胆囊管汇合而成)，最后排入十二指肠(肝胆汁)(图6-19)。有的动物(如马、骆驼等)没有胆囊，贮存胆汁的功能由粗大的胆管完成。消化期间，胆管内的胆汁经肝管(无胆总管)持续性地进入十二指肠。羊(山羊、绵羊)虽有胆囊，但与其他动物有所不同，其主胰管(或称胰管)从胰体穿出后，直接与胆总管合并成一条总管开口于十二指肠。因此，其排入十二指肠的实际是胰液和胆汁的混合物。

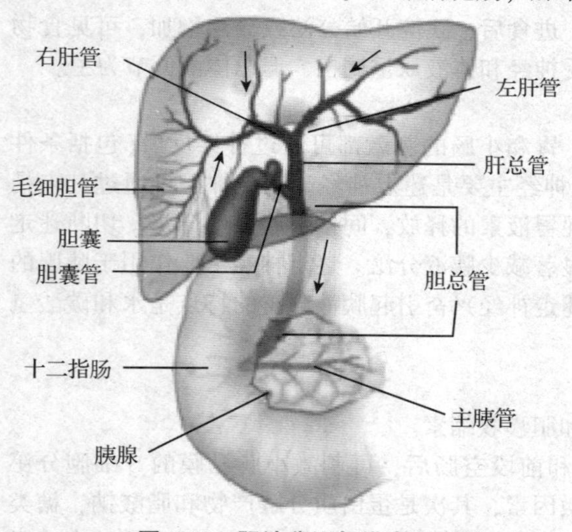

图6-19 胆汁分泌与排出示意图

6.5.2.2 胆汁的性质、成分和作用

(1)胆汁的性质和成分

胆汁是一种有色、黏稠、带苦味的碱性液体，胆囊胆汁因HCO_3^-在胆囊中被吸收而呈弱酸性。胆汁的颜色因畜种不同和其所含的胆色素种类不同而异。草食动物的胆汁呈暗绿色，肉食动物的胆汁呈红褐色，猪的胆汁呈橙黄色。胆汁中除水分外，主要含有胆盐、卵磷脂、胆固醇

和胆色素等有机物及 Na^{+}、K^{+}、Ca^{2+}、HCO_3^- 等无机物。哺乳动物的胆汁缺乏消化酶。胆汁中最重要的成分是胆盐，其主要作用是促进脂肪的消化和吸收；胆色素是血红素的分解产物，不参与消化过程，是决定胆汁颜色的主要成分；胆固醇是脂肪代谢的产物，可被肝脏利用合成新的胆汁酸。

(2)胆汁的作用

胆汁的主要作用是促进脂肪的消化和吸收。

①促进脂肪的消化　胆汁中的胆盐、卵磷脂和胆固醇等均可作为乳化剂，降低脂肪的表面张力，将脂肪乳化成微滴分散在肠液中，增加脂肪与胰脂肪酶的接触面积，促进脂肪的分解消化。

②促进脂肪和脂溶性维生素的吸收　胆盐是双嗜性分子，很容易在水溶液中形成圆筒型的微胶粒(micelles)。胆汁中的胆固醇、磷脂以及脂肪分解产物(脂肪酸、一酰甘油)和脂溶性维生素(维生素 A、维生素 D、维生素 E 和维生素 K)均可渗入微胶粒的内部，共同组成水溶性的混合微胶粒(mixed micelles)。混合微胶粒很容易穿过小肠绒毛表面覆盖的一层不流动水层(即静水层)到达肠黏膜表面，从而促进脂肪分解产物和脂溶性维生素的吸收。

③中和胃酸和促进胆汁自身分泌　胆汁排入十二指肠后，可中和一部分胃酸。此外，绝大部分胆盐由回肠黏膜吸收入血，通过门静脉回到肝脏。回到肝脏的胆盐经肝细胞改造后再随肝胆汁排入小肠，这一过程称为胆盐的肠-肝循环(enterohepatic circulation)。返回肝脏的胆盐有刺激肝胆汁分泌的作用，称为胆盐的利胆作用。

6.5.2.3 胆汁分泌和排出的调节

胆汁的分泌受神经、体液因素的调节，以体液调节为主。食物是引起胆汁分泌和排出的自然刺激物，其中以高蛋白食物刺激作用最强，高脂肪和混合食物次之，而糖类食物作用最弱。

(1)神经调节

采食动作或饲料对胃和小肠的刺激，均可反射性地引起肝胆汁分泌少量增加，胆囊收缩轻度加强。反射的传出途径是迷走神经，迷走神经通过其末梢释放乙酰胆碱直接作用于肝细胞和胆囊，增加胆汁分泌和引起胆囊收缩，也可通过迷走神经-促胃液素途径间接引起肝胆汁分泌增加。交感神经兴奋可引起 Oddi 括约肌收缩和胆囊平滑肌舒张，抑制胆汁的排出。

(2)体液调节

调节胆汁分泌的体液因素有以下几种。

①促胰液素　促胰液素的主要作用是刺激胰液分泌，对肝胆汁分泌也有一定刺激作用。它主要作用于胆管系统引起水和碳酸氢盐含量增加，而刺激肝细胞分泌胆盐的作用不显著。

②胆囊收缩素　胆囊收缩素可通过血液循环作用于胆囊平滑肌和 Oddi 括约肌，引起胆囊平滑肌收缩和 Oddi 括约肌舒张，促使胆汁排出；此外，也有较弱的促使胆汁分泌的作用。

③促胃液素　促胃液素可通过血液循环作用于肝细胞引起肝胆汁分泌；也可先引起盐酸分泌，然后由盐酸作用于十二指肠黏膜，使之释放促胰液素，进而促进胆汁分泌。

④胆盐　胆盐可通过肠-肝循环回到肝脏，刺激肝胆汁的分泌，但对胆囊运动(舒缩)并无明显影响。

此外，生长抑素、P 物质、促甲状腺激素释放激素等脑-肠肽，具有抑制胆汁分泌的作用。

6.5.3 小肠液的分泌

小肠内有两种腺体即十二指肠腺和肠腺。十二指肠腺又称勃氏腺(Brunner gland)，位于十二指肠黏膜下层，分泌碱性液体，内含黏蛋白。其主要机能是保护十二指肠黏膜上皮，使之免受胃酸侵蚀。肠腺又称李氏腺(Lieberkühn crypt)，分布于全部小肠的黏膜层内，其分泌液为小肠液的主要部分。

6.5.3.1 小肠液的性质、成分和作用

小肠液是一种弱碱性液体，pH值约为7.6，渗透压与血浆相等。小肠液中的有机物主要是黏液、多种消化酶和大量脱落的肠黏膜上皮细胞，并常混有白细胞以及肠上皮细胞分泌的免疫球蛋白。大量的小肠液可以稀释消化产物，使其渗透压下降，有利于吸收。小肠液分泌后又被小肠绒毛重新吸收，这种液体的往返循环，为小肠内营养物质的吸收提供了运载工具。

近年来认为，真正由小肠腺分泌的酶只有肠激酶，它能激活胰液中的胰蛋白酶原，使之活化为胰蛋白酶，从而有利于蛋白质的消化。小肠上皮细胞的刷状缘和上皮细胞内含有多种消化酶，如分解寡肽的肠肽酶、分解双糖的蔗糖酶和麦芽糖酶等，它们可分别将寡肽和双糖进一步分解为氨基酸和单糖。但当这些酶随脱落的肠上皮细胞进入肠腔后，则对小肠内消化不再起作用。

6.5.3.2 小肠液分泌的调节

小肠液的分泌是经常性的，但不同条件下分泌的速率变化很大。食糜对肠局部黏膜的机械刺激和化学刺激都可引起小肠液的分泌。小肠黏膜对扩张刺激最为敏感。一般认为，这些刺激是通过肠壁内在神经丛的局部反射而引起的，小肠内食糜量越多，小肠液分泌也越多。刺激迷走神经可引起十二指肠腺的分泌，但对其他部位的肠腺作用并不明显。研究表明，只有在切断内脏大神经(消除了抑制性影响)后，刺激迷走神经才能引起小肠液的分泌。

此外，在胃肠激素中的促胃液素、促胰液素、胆囊收缩素和血管活性肠肽都有刺激小肠液分泌的作用。

6.5.4 小肠的运动

6.5.4.1 小肠的运动形式

小肠的运动机能是依靠肠壁的两层平滑肌完成的。肠壁的外层是纵行肌，内层是环行肌。小肠的运动可以分为两个时期：一是发生在进食后的消化期，二是发生在消化道内几乎没有食物的消化间期。小肠的运动形式包括消化期的紧张性收缩、分节运动和蠕动，以及消化间期的移行性复合运动。

(1)紧张性收缩

小肠平滑肌的紧张性是其他运动形式有效进行的基础。当小肠紧张性降低时，肠壁易于扩张，小肠对食糜混合无力，推送缓慢。紧张性高时，食糜在肠腔内的混合和推送过程加快。

(2)分节运动

分节运动(segmentation)是一种以环行肌为主的节律性收缩和舒张交替进行的运动。当小肠被食糜充盈时，肠壁受到的牵张刺激可引起该段肠管的环行肌彼此以一定的间隔在许多点同时收缩，将食糜分割成若干邻接的节段；随后，原来收缩处舒张，原舒张处收缩，使原来节段的食糜分成两半，相邻的两半又合拢形成新的节段(图6-20)。如反复，使小肠内的食糜不断分割，又不断混合，小肠的这种运动形式称为分节运动。分节运动在空腹时几乎不存在，食糜进入小肠后便逐步加强。分节运动的主要生理功能是：①使食糜与消化液充分混合，有利于化学性消化。

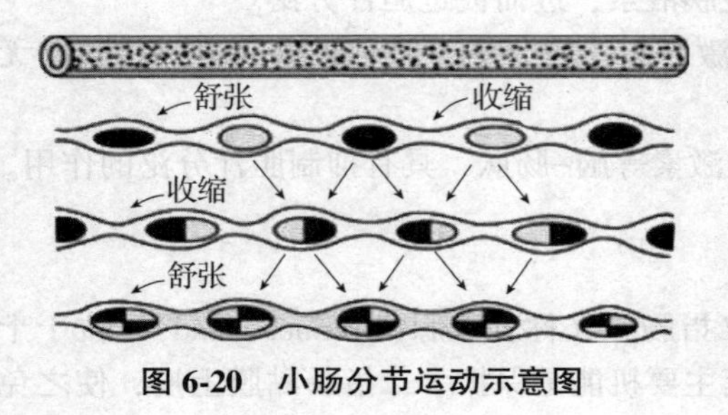

图6-20 小肠分节运动示意图

②使食糜与肠管紧密接触，不断挤压肠壁以促进血液和淋巴的回流，有利于吸收。③小肠各段分节运动的频率不同，肠前段频率较高，后段较低，呈梯度递减趋势，这种梯度对食糜有一定推进作用，但不明显推进食糜。

(3)蠕动

蠕动是肠壁环形肌与纵形肌协同收缩的结果。当食糜前面的纵形肌收缩时，环形肌舒张，而食糜后面的环形肌收缩时，纵形肌舒张，从而将糜向后一段消化管推进。蠕动可发生在小肠的任何部位，其速度为0.5~2.0 cm/s。此外，小肠还有一种蠕动形式，不但速度快(2~25 cm/s)，而且传送距离远，它可把食糜从小肠起始端一直推进到小肠末端，甚至推送至大肠，称为蠕动冲(peristaltic rush)。蠕动冲由进食时的吞咽动作或食糜进入十二指肠而引起。当肠黏膜受到强烈刺激时，如肠梗阻或肠道感染也可引起蠕动冲。发生蠕动冲时，可在几分钟之内把食糜从小肠前段推送到结肠，从而可迅速清除食糜中的有害刺激物或解除肠管的过度扩张。除蠕动、蠕动冲外，有时在回肠末端可出现一种与一般蠕动方向相反的逆蠕动(antiperistalsis)，其作用是防止食糜过早进入大肠，增加食糜在小肠停留的时间，以便对食糜进行更充分的消化和吸收。

(4)移行性复合运动

小肠也存在与胃相同的移行性复合运动(MMC)，它是胃 MMC 向后(下)继续传播而形成，其意义与胃 MMC 相似，被称为小肠的“管家”。

6.5.4.2 小肠运动的调节

(1)神经调节

神经调节包括肌间神经丛和外来神经的调节作用。

小肠的运动主要受肌间神经丛的调节，小肠内容物对肠黏膜的机械、化学性刺激，可通过局部反射使小肠蠕动加强。在整体情况下，外来神经也可调节小肠的运动，一般副交感神经兴奋能加强小肠的运动，而交感神经兴奋则产生抑制作用。外来神经的作用通常是通过小肠的壁内神经丛实现的。

(2)体液调节

促进小肠运动的体液物质有乙酰胆碱、5-羟色胺、促胃液素、胆囊收缩素、胃动素和P物质等。其中，P物质、5-羟色胺等作用更强。抑制小肠运动的物质有血管活性肠肽、促胰液素、生长抑素、肾上腺素和胰高血糖素等。

6.6 肝脏主要的生理功能

肝脏是动物体内最大的腺体，其结构单元为肝小叶，由排列成索的肝细胞构成。家畜的肝脏大部分都位于右季肋部，红褐色，分两面：壁面凸，与膈和腹壁相邻；脏面凹，与胃、肠、胰腺接触。不同动物肝脏的分叶不尽相同，如猪肝分叶非常明显，牛肝分叶则不明显。有些动物(马、鹿和骆驼等)的肝脏无胆囊，肝管出肝后与胰管一起开口于十二指肠；有胆囊的动物其胆囊管与肝管合并在一起称为胆总管，与胰管共同开口于十二指肠。肝脏的血液供应极为丰富，1/4 来自肝动脉，3/4 来自门静脉。肝门静脉收集来自腹腔内脏的血液，内含丰富的营养物质；肝动脉富含氧气，为肝细胞供氧的主要来源。

肝脏是维持生命的重要器官，是动物新陈代谢的枢纽，其功能十分复杂。

6.6.1 肝脏分泌胆汁的功能

肝细胞能不断生成胆汁酸和分泌胆汁，非消化期间肝胆汁流入胆囊内贮存，成为胆囊胆汁。消化期间，胆汁可直接由肝脏及胆囊大量排出至十二指肠。胆汁中最重要的成分是胆盐，其主要作用是促进脂肪的消化与吸收。

在正常情况下，胆汁中的胆盐(或胆汁酸)、胆固醇和卵磷脂的适当比例是维持胆固醇成溶解状态的必要条件。当胆固醇分泌过多，或胆盐、卵磷脂合成减少时，胆固醇便从胆汁中析出而形成胆固醇结石。

胆汁中绝大部分胆红素在正常情况下以水溶性的双葡萄糖醛酸酯形式(即结合胆红素)存在，仅约1%以不溶于水的游离胆红素存在。后者易与Ca^{2+}结合，形成胆红素的钙盐，即胆色素结石。如果血浆中结合胆红素和(或)游离胆红素过高，可使皮肤、黏膜及巩膜变黄，称为黄疸(jaundice)。

肝脏在胆红素的代谢中起重要作用，非结合胆红素(即游离胆红素)在胆红素葡萄糖醛酸转移酶的作用下，变成水溶性的双葡萄糖醛酸酯(结合胆红素)而排泄在毛细胆管中。结合胆红素的排泄增加，胆汁流量增多，血清胆红素浓度下降，起到利胆作用。

6.6.2 肝脏在物质代谢中的功能

6.6.2.1 糖代谢

肝脏是糖异生的主要器官，可将甘油、乳糖及生糖氨基酸转化葡萄糖或糖原；饥饿时肝糖原分解，生成葡萄糖-6-磷酸，后者在葡萄糖-6-磷酸酶(糖异生关键酶)的催化下，释放葡萄糖入血，维持血糖水平。可见，肝脏对调节血糖浓度具有重要作用。

6.6.2.2 蛋白质代谢

肝内蛋白质的代谢极为活跃，肝蛋白质的半衰期为10 d，而肌肉蛋白质的半衰期达180 d，可见肝内蛋白质的更新速度较快。肝脏除合成自身所需蛋白质外，还合成多种分泌蛋白。血浆蛋白中除γ-珠蛋白外，白蛋白、凝血酶原、纤维蛋白原及血浆脂蛋白所含的多种载脂蛋白(apotipoprotein，APO)均在肝脏合成。故肝脏严重损害，功能不良时，常出现营养性水肿及血液凝固机能障碍。

肝内有关氨基酸代谢的酶类十分丰富，氨基酸的脱氨基、转氨基、脱甲基、脱硫及脱羧基作用以及个别氨基酸特异的代谢过程都在肝内进行。肝有病时，由于肝细胞内氨基酸代谢速度降低，可导致血浆氨基酸浓度升高及氨基酸从尿中丢失。

在蛋白质代谢中，肝脏还具有一个极为重要的功能，即将氨基酸代谢产生的氨(对机体具有毒性)通过鸟氨酸循环合成尿素，经肾脏排出体外。所以，肝病时血浆蛋白质减少，血氨升高。

6.6.2.3 脂肪代谢

肝脏在脂类消化、吸收、合成、分解及运输等代谢过程中均起重要作用。肝脏是运输脂肪的枢纽。消化后的一部分脂肪进入肝脏，以后再转变为体脂贮存。饥饿时，贮存的体脂先运送到肝脏，然后进行分解。在肝内，中性脂肪可水解为甘油和脂肪酸，甘油可通过糖代谢途径被利用，而脂肪酸则可完全被氧化为CO_2和H_2O。肝脏还是体内合成脂肪酸、胆固醇、磷脂的主要器官之一，多余的胆固醇随胆汁排出。动物体内血脂的各种成分是相对恒定的，其比例靠肝细胞调节。当肝功能受损或磷脂缺乏时，脂蛋白合成受到障碍，过多的可在肝细胞内沉积下来形成脂肪肝。肝脏合成磷脂需要胆碱，故摄入胆碱有助于防止脂肪肝。

6.6.2.4 维生素代谢

肝脏是机体贮存维生素的“仓库”。大多数动物95%的维生素A都贮存在肝脏内，而肺、肾、肌肉内贮存较少。在实验动物中，大鼠贮存能力较强，兔和豚鼠贮存能力较弱。除维生素

A 外，肝脏还是维生素 C、D、E、K、B_1、B_6、B_{12}、烟酸、叶酸、生物素等多种维生素贮存和代谢的场所。肝脏直接参与维生素的生物转化，如将 β-胡萝卜素转变为维生素 A，将维生素 D_3 羟化为 25-(OH)D_3 等。不仅如此，在肝脏多种维生素参与组成辅酶。例如，尼克酰胺形成 NAD^+(尼克酰胺腺嘌呤二核苷酸，辅酶Ⅰ)及 $NADP^+$(尼克酰胺腺嘌呤二核苷酸磷酸，辅酶Ⅱ)，泛酸形成辅酶 A，维生素 B_6 形成磷酸吡哆醛，维生素 B_2 形成成 FAD(黄素腺嘌呤二核苷酸)，维生素 B_1 形成 TPP(焦磷酸硫胺素)等。此外，凝血因子多数在肝内合成，其中凝血因子 FⅡ、FVⅡ、FIX、FX 的生成需要维生素 K 的参与。当肝病严重时，会出现维生素代谢异常。如动物维生素 K 缺乏，可导致轻重不一的出血症状。维生素 D 缺乏将出现佝偻病、骨软化症等。维生素 A 缺乏则会引起一系列缺乏症(如夜盲症、干眼症、皮肤干燥、发育不良、生长缓慢、神经症状、繁殖机能障碍等)，严重时将会导致动物死亡。

6.6.2.5　激素代谢

许多激素在发挥其调节作用后，主要在肝脏内被分解转化，从而降低或失去其活性，此过程称为激素的灭活(inactivation)。"灭活"对激素的作用时间和强度起着调控作用。肝脏是许多激素(如甲状腺素、肾上腺素、胰岛素、雄激素、雌激素、醛固酮等)生物转化、灭活或排泄的重要场所。

一些激素(如醛固酮、性激素及抗利尿激素等)可在肝内与葡萄糖醛酸或活性硫酸等结合而灭活，再随胆汁或尿液排出体外。当肝脏严重受损、对激素的灭活功能降低时，会出现激素失调。如果出现醛固酮和抗利尿激素灭活障碍，则可导致钠、水潴留而发生水肿。

许多蛋白质及多肽类激素也主要在肝脏内"灭活"。例如，甲状腺素通过脱碘、移去氨基等，其产物(T_4)与葡萄糖醛酸、(T_3)与硫酸根结合而从体内排出。胰岛素则在肝内谷胱甘肽-胰岛素转氢酶的作用下使二硫键断裂，分解为 A 链和 B 链而失去活性。严重肝病时，此激素的灭活减弱，于是血中胰岛素含量增高，对机体造成低血糖等一系列不良影响。

6.6.3　肝脏的解毒功能

动物摄取的食物、药物及其他有毒有害物质，经血管系统先由门静脉收集入肝，再在肝内被逐一代谢、解毒和清除。肝脏是动物的主要解毒器官，它能保护机体免受损害，使毒物成为无毒、低毒或溶解度大的物质，随胆汁或尿液排出。肝脏解毒主要有以下 3 种方式。

6.6.3.1　代谢作用

代谢作用包括氧化、还原、分解、结合和脱氨作用等。例如，脂肪族有机酸类、醇类、和醛类等，可通过氧化作用，最后生成 CO_2 和 H_2O 排出体外。肠内产生的胺类，经肝脏单胺氧化酶的催化，先被氧化为醛和氨，醛再被氧化为酸，最后生成 CO_2 和 H_2O；氨则大部分在肝内经鸟氨酸循环合成尿素随尿排出。又如，生物碱士的宁(强毒)在肝线粒体细胞色素 P450(CYP450)催化下，代谢为士的宁氮氧化物、2-羟基士的宁、16-羟基士的宁以及 C18 氧化士的宁等，其毒性显著减弱，其中士的宁氮氧化物的毒性仅为士的宁的 1/10。肝细胞含有多种酶类，可通过葡萄糖醛酸化、硫酸化、乙酰化、谷胱甘肽化、甲基化等多种结合反应，将有毒物质变成无毒物质。如吗啡(鸦片中最主要的生物碱)的代谢器官主要在肝脏，60%～70%的吗啡在肝中与葡萄糖醛酸结合成无毒的 3-葡萄糖醛酸吗啡和 6-葡萄糖醛酸吗啡，以及少量 3,6-葡萄糖醛酸吗啡、3-硫酸酯吗啡、3-葡萄糖醛酸去甲吗啡、6-葡萄糖醛酸去甲吗啡和游离去甲吗啡。其中，仅游离去甲吗啡具有毒性。吗啡及其代谢产物在体内主要随尿排泄，少量经胆汁、汗液、唾液及粪便排出。

6.6.3.2 分泌作用

肝细胞能不断分泌胆汁，胆汁中既含有肝脏的分泌物(主要是胆盐)，又有排泄物。不少代谢产物可经胆汁排出体外，如胆色素、胆固醇、进入体内的某些药物和金属化合物等。一些重金属(如汞)，以及来自肠道的细菌，也可随胆汁分泌排出。

6.6.3.3 吞噬作用

肝静脉窦内皮层含有大量的库普弗细胞(Kupffer cell，KC)，有很强的吞噬能力，能吞噬血中的异物、细菌、染料及其他颗粒物质。据估计，门静脉血中的细菌约有99%在经过肝静脉窦时被吞噬。肝脏这一滤过作用的重要性极为明显，能起到吞噬病菌而保护肝脏的作用。

6.6.4 肝脏的防御和免疫功能

肝脏是最大的网状内皮系统。如上所述，肝静脉窦内皮层含有大量的库普弗细胞，它们能吞噬血液中的异物、细菌、染料及其他颗粒物质。在肠黏膜因感染而受伤的情况下，致病性抗原物质便可穿过肠黏膜(肠道免疫系统的第一道防线)而进入肠壁内的毛细血管和淋巴管。因此，肠系膜淋巴结和肝脏便成为肠道免疫系统的第二道防线。实验证明，来自肠道的大分子抗原可经淋巴结至肠系膜淋巴结(发生肠黏膜免疫)，而小分子抗原则主要经过门静脉微血管至肝脏。肝脏中的单核-巨噬细胞可吞噬这些抗原物质，经过处理的抗原物质可刺激机体的免疫反应。因此，健康的肝脏可发挥其免疫调节作用。

肝脏的血液供应极为丰富，具有肝动脉和门静脉双重血液供应。肝血供的1/4来自肝动脉，肝动脉含丰富的O_2，是肝细胞供氧的主要来源；肝3/4的血供来自门静脉，门静脉收集腹腔内脏的血液，其中营养物质丰富，并在肝内代谢、转运或贮存。肝脏由于面对肝动脉和门静脉两套循环系统，所以在获取氧和代谢营养物质的同时、还需识别来自肝动脉的全身性抗原与来自门静脉的胃肠道内抗原。一方面，肝脏需要识别有害物质并引起适度的免疫反应以清除有害抗原；另一方面，需要对食物抗原等无害物质保持免疫耐受，避免产生过激的免疫反应。这种免疫平衡的建立依赖于各类固有免疫和适应性免疫细胞的参与。当肠黏膜(肠道免疫系统的第一道防线)损伤时，肠道的病原体通过淋巴管到达肠系膜淋巴结从而引发免疫应答；另一部分抗原则通过肝动脉、门静脉的分支入肝最终进入肝血窦内，触发肝脏的免疫反应。因此，肠系膜淋巴结和肝脏便成为肠道免疫系统的第二道防线。肝脏参与免疫应答与免疫反应的细胞，主要分为两类：肝脏定居细胞与血循环募集细胞。其中，肝脏定居细胞主要有库普弗细胞、肝窦内皮细胞(liver sinusoidal endothelial cell，LSEC)、树突状细胞及肝星状细胞(hepatic stellate cell，HSC)；血循环募集细胞主要有自然杀伤细胞、自然杀伤T细胞(natural killer T cell，NKT)、中性粒细胞、嗜酸性粒细胞及单核细胞。这些免疫细胞在促进肝脏修复、解毒以及控制病毒感染和肿瘤的发生发展等方面起着重要作用。

6.6.5 肝脏的再生功能

肝脏的再生功能极强，动物实验证明，切除70%~80%肝脏的动物，经过3周(大鼠)至8周(犬)修复，残余的肝脏最终能再生至原来肝重。人类切除60%~70%肝脏，需3~6个月再生到原来大小。这种再生能力除个体差异外，还取决于是否存在其他严重慢性疾病。

在正常的肝组织中仅有0.001 2%~0.1%肝细胞进行有丝分裂，而大部分肝细胞处于相对静止的G_0期。但在肝脏被部分切除后，残余的或未受到损害的肝细胞可以通过DNA合成和有丝分裂增殖，重建与机体大小相适应的体积。当肝脏再生后，肝重与整个体质量达到一定比例时，肝脏的再生将自动停止。

肝细胞的再生是一个复杂的细胞增殖过程。与一般组织由原始细胞或干细胞分化完成的再生过程不同，肝再生增殖主要依赖于残余肝组织的细胞重新活化，获得增殖活性，启动后续的DNA复制，细胞分裂和细胞增殖。这些细胞包括肝细胞、肝窦内皮细胞、胆管上皮细胞、库普弗细胞以及贮脂细胞等。其中，肝细胞占肝脏实质的70%~80%，是肝脏再生过程中主要的效应细胞。不同类型的非实质细胞能分泌各种细胞因子作用于肝细胞并彼此相互作用，从而对肝再生进行精准的调控。

到目前为止，肝再生机制的研究已有70多年的历史，随着近年来分子生物学和基因技术突飞猛进的发展，人们已经对肝再生的过程有了深入认识，目前公认肝细胞再生包括3个关键阶段。首先是启动阶段，G_0期肝细胞在肿瘤坏死因子-α(tumor necrosis factor-alpha，TNF-α)和白介素-6(interleukin-6，IL-6)的协同刺激下进入G_1期，即感受态的形成；随后在肝细胞生长因子(hepatocyte growth factor，HGF)、转化生长因子-α(transforming growth factor-α，TGF-α)等生长因子的调控下，肝细胞越过G_1期的限制点进入S期进行DNA合成，并开始细胞增殖；最后是终止阶段，在转化生长因子-β(transforming growth factor-β，TGF-β)的参与下进行凋亡机制的控制和细胞外基质的重构，以终止肝再生的继续，从而使肝重与体质量的比例达到正常。

肝脏再生是一个涉及多因素、多步骤的复杂而又精细的调控过程。其中，细胞因子、生长因子、细胞与细胞外基质之间的相互效应都具有不同的生物学作用。但是肝再生过程极为复杂，肝细胞增殖的启动和终止调控机制，细胞因子、生长因子和免疫相关因子之间相互协调的调控机制等尚不完全清楚，还有待进一步阐明。

6.7 大肠内消化

大肠内的消化活动在不同种类的动物具有较大差别。肉食动物的消化吸收过程在小肠已经基本完成，大肠只是吸收水分和形成粪便，没有重要的消化活动。但对草食动物，尤其是单胃草食动物(马属动物与兔等)来说，大肠内的消化非常重要。反刍动物和杂食动物的大肠内消化也有一定的意义。

6.7.1 大肠液的分泌

大肠液是一种黏稠的碱性液体，富含黏蛋白和碳酸氢盐，pH值为8.3~8.4，由大肠腺细胞和大肠黏膜的杯状细胞所分泌。大肠液中可能含有少量二肽酶和淀粉酶，但它们对物质的分解作用不大。大肠液的主要作用在于其中的黏蛋白，它能保护肠黏膜和润滑粪便。

大肠液的分泌主要由食物残渣对肠壁的机械性刺激所引起，由内在神经丛的局部反射完成，与外来神经无直接关系。刺激副交感神经可使其分泌增加，而刺激交感神经则使其分泌减少。迄今尚未发现其重要的体液调节因素。

6.7.2 大肠的运动和排便

大肠的运动微弱、缓慢，对刺激的反应也比较迟缓，这些特点与大肠作为粪便的暂时贮存场所相适应。大肠的运动除蠕动(集团蠕动)外，还有袋状往返运动、分节推进和多袋推进运动。

6.7.2.1 大肠的运动形式

(1)袋状往返运动

这是在空腹和安静时最常见的一种运动形式，由环行肌无规律地收缩所引起，它使结肠黏膜折叠成袋，袋中的内容物向前、后两个方向做短距离的位移，但并不向前推进。这种运动有助于促进水的吸收。

(2)分节推进和多袋推进运动

分节推进运动是一个结肠袋或一段结肠袋收缩，其内容物被推至下一肠段的运动；如果一段结肠上同时发生多个结肠袋的收缩，并且将肠内容物推移到下一肠段，则称为多袋推进运动。一般常在进食后或胃中充满食物时出现，有人称为胃-结肠反射。

(3)蠕动

大肠的蠕动是由一些稳定向前的收缩波所组成。收缩波前方的肌肉舒张，而后方的肠肌则保持收缩状态，使内容物逐渐推向肛门。在大肠还有一种进行很快，且前进很远的蠕动，称为集团蠕动(mass peristalsis)。它通常开始于横结肠，可将一部分大肠内容物推送至降结肠或乙状结肠。集团蠕动多发生在进食后，当胃内食糜进入十二指肠时，刺激肠黏膜通过内在神经丛反射引起，称为十二指肠-结肠反射(duodenum-colon reflex)。

6.7.2.2 排便

(1)粪便

食物残渣在大肠内停留的时间较长，一般在 10 h 以上，在这一过程中，食物残渣中的一部分水分被结肠黏膜吸收，其余经细菌发酵和腐败作用后形成粪便。粪便中除食物残渣外，还包括脱落的肠上皮细胞和大量的细菌。此外，机体的某些代谢产物，包括由肝排出的胆色素衍生物，以及由血液通过肠壁排至肠腔中的某些重金属，如钙、镁、汞等的盐类，也随粪便排至体外。

各种动物粪便的形状与其食性密切相关。马粪含水分约 75%，粪便稍硬、落地易碎，舍饲时粪呈褐色，放牧时一般呈淡绿色。牛粪含水分约 85%，平常时落地呈叠饼状，放牧时呈粥状，过量饲喂多汁饲料时则为流体状。羊粪含水分约 55%，呈颗粒状。猪粪为稠粥状。犬粪正常时为黄色条状。

(2)排便

排便(defecation)是一种反射性活动，其基本中枢在脊髓，但受到高位中枢、尤其是大脑皮层的控制。平时直肠内通常没有粪便，当肠的蠕动将粪便推入直肠时，可扩张刺激直肠壁内的感受器，冲动经盆神经和腹下神经传至腰荐部脊髓的初级排便中枢，同时上传到大脑皮层高级排便中枢，引起便意(awareness of defecation)。若外界条件适合，即可发生排便反射(defecation reflex)。这时冲动由盆神经(副交感神经)传出，使降结肠、乙状结肠和直肠收缩，肛门内括约肌(平滑肌)舒张；同时，阴部神经(躯体神经)的传出冲动减少，使肛门外括约肌(横纹肌)舒张，于是粪便被排出体外。排便过程中，由于支配腹肌和膈肌的神经兴奋，腹肌和膈肌也发生收缩，使腹内压增加，促进粪便的排出。如果环境和条件不适合排便，便意可受到大脑皮层的抑制，暂时不引起排便。

6.7.3 大肠内的微生物消化

除肉食动物外，栖居于肠道内的微生物对动物的消化和营养具有十分重要的意义。非反刍单胃动物(兔、马、猪等)的微生物消化主要在大肠内进行。

6.7.3.1 肉食动物

狮、虎、豹、狼等肉食动物的大肠，主要是进行蛋白质的细菌腐败和脂肪、糖类的降解过程，其主要功能是吸收水分、无机盐及形成粪便。

6.7.3.2 草食性单胃动物

大肠内消化对草食性单胃动物十分重要。草食性单胃动物(兔、马属动物等)大肠的容积大，其生态环境与反刍动物的瘤胃相似。可溶性糖(淀粉、双糖等)和大多数不溶性糖(纤维素和半纤维素)以及蛋白质等，是大肠微生物发酵的主要底物。大肠微生物的主要作用是：将纤维素、半纤维素等分解为挥发性脂肪酸，为大肠吸收供能；利用大肠内容物中的非蛋白含氮物合成微生物蛋白，为机体水解吸收利用；合成B族维生素和维生素K。例如，兔盲肠、结肠发达，有大量微生物繁殖，厌氧菌占绝对优势，结肠中韦荣氏球菌、肠杆菌为优势菌群，是消化粗纤维的基础。兔子对粗纤维的消化率为60%~80%，仅次于牛、羊，高于马和猪。

马盲肠发达，容量超30 L，是胃容量的十多倍，其功能与反刍动物的瘤胃相似，素有“发酵罐”之称。马属动物(马、驴、骡等)盲肠的主要菌群是专性厌氧球菌，包括细菌、真菌、原生动物和古细菌。主要的消化纤维菌为真菌和纤维菌。实验证明，马饲料中40%~50%的纤维素、39%的蛋白质、24%的糖类可在大肠微生物的作用下被消化。由此可见，大肠内微生物发酵纤维是草食动物消化的一个重要环节。据研究，马属动物小肠内的消化酶对糖类的消化效率并不高，即便使用优质的谷物饲料，也会有高达29%的淀粉到达大肠后才被发酵消化。由此推断，马需要的能量至少有一半是由盲肠和结肠通过微生物发酵供应的。大肠中的微生物可水解植物性食糜使可溶性糖发酵产生乙酸、丙酸和丁酸等短链脂肪酸，为马属动物提供60%~70%的能量。但与反刍动物相比，马属动物大肠内微生物蛋白质合成效率较低，而且很多微生物蛋白不能被消化吸收，而随粪便排出。

6.7.3.3　杂食动物

大肠内消化对杂食动物也很重要。哺乳动物中有许多类别是杂食动物(就食性而言，非生物学类别)，如猴、猫、犬、猪等。以猪为例，猪大肠内的微生物区系与瘤胃中的微生物区系有相似之处，包含需氧微生物和兼性微生物，其中专性厌氧微生物占优势。在盲肠和结肠内，微生物的数量为(10^{10}~10^{11})个/g食糜，由400~500种微生物构成，主要包括高活性的反刍纤维素分解菌属，其中琥珀酸生成纤维菌和生黄瘤胃球菌为瘤胃纤维分解菌的两个优势菌，在生长猪的大肠内也占优势地位。

猪的大肠、特别是盲肠是猪主要的发酵器官。猪大肠内微生物发酵的主要底物包括：①日粮非淀粉多糖。②脱落的小肠黏膜。③来源于唾液、胃液和黏性分泌液的糖蛋白。④少量的单糖和双糖。食糜在大肠内停留的时间为20~40 h，而在胃和小肠停留的时间为2~16 h，这有利于纤维分解菌对微生物底物的利用。纤维分解菌能够分泌纤维素酶、半纤维素酶、果胶酶和其他分解非淀粉多糖的酶，这对于利用日粮中的纤维供能具有非常重要的作用。微生物发酵的主要产物是VFA和一些支链脂肪酸，动物可吸收利用其中的94.4%~97.3%。猪大肠内细菌分解纤维素产生的VFA浓度达80~90 mmol/L，接近瘤胃内水平。这些短链脂肪酸被大肠迅速吸收，可满足生长猪维持需要的30%。

6.8　吸收

饲料经过消化后，各种营养物质的分解产物、水分、无机盐和维生素，以及大部分消化液通过消化道黏膜上皮细胞进入血液和淋巴的过程称为吸收(absorption)。

6.8.1　吸收的部位及途径

由于消化管各部分组织结构不同，加之营养物质在消化管各段内被消化的程度和停留的时间各异，因此消化管不同部位所吸收的物质和吸收速度也不相同。营养物质在口腔和食管内几乎不被吸收，在胃内只吸收乙醇和少量水分。营养物质的主要吸收部位是小肠，糖类、蛋白质和脂肪的消化产物大部分在十二指肠和空肠被吸收。回肠具有独特的功能，能主动吸收胆盐和维生素 B_{12}(图6-21)。食物中大部分营养物质到达回肠时已基本被吸收完毕，进入大肠时仅剩一些食物残渣。大肠除可吸收细菌合成和分解的某些产物外，主要是吸收其中的水分和盐类，一般大肠可吸收其内容物中80%的水和90%的氯化钠。

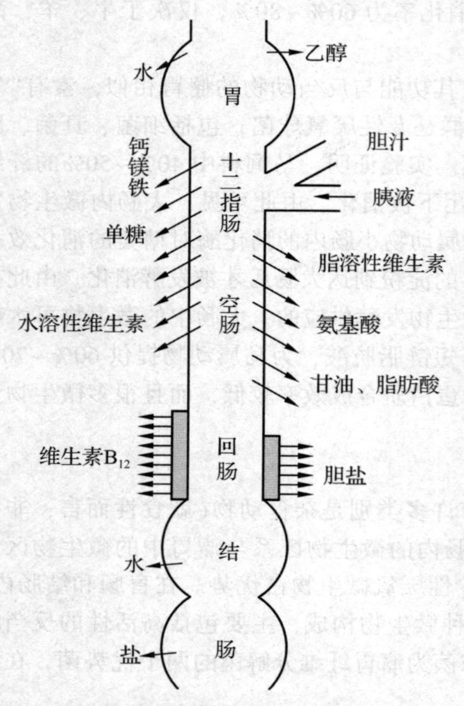

图6-21 各种主要物质在小肠吸收的部位

小肠之所以成为动物最主要的吸收部位，其有利条件是：①在小肠内，糖类、蛋白质、脂肪等已消化为可吸收的小分子物质。②小肠吸收面积大。如果小肠是一个直径4 cm，长280 cm的长管，则黏膜面积约为3 500 cm^2。由于小肠黏膜形成许多环形皱襞(plicae circulares)，结果使小肠面积增加了近3倍左右。此外，在皱襞上还拥有大量高约1 mm的绒毛，又使小肠面积增加了10倍左右。电镜观察大鼠等动物的小肠表明，其小肠绒毛上皮中每个柱状细胞的游离面有600~1 000个微绒毛(microvilli)，它们又进一步使小肠的吸收面积增加20~24倍。所有这些结构最终使小肠吸收面积达2 000 000 cm^2，约相当于原面积的600倍(图6-22)。③小肠绒毛结构特殊，有利于吸收。小肠绒毛内含有丰富的毛细血管、毛细淋巴管(乳糜管)、平滑肌纤维及神经纤维网结构，消化期间小肠绒毛节律性的伸缩和摆动，可促进绒毛内的血液和淋巴流动，有助于吸收。④小肠长(表6-7)、食糜在其内停留的时间较久(人3~8 h；在猪胃内和小肠停留的时间为2~16 h)，有利于营养物质被充分吸收。

营养物质可以通过两条途径进入血液或淋巴：一是跨细胞途径，即通过绒毛柱状上皮细胞的顶端膜进入细胞内，再通过细胞基底侧膜(基底膜和/或侧膜)进入血液或淋巴；二是细胞旁途径，即通过相邻上皮细胞间的紧密连接(由纵横交织成网的封闭条索蛋白颗粒组成)进入细胞间隙，然后再进入血液或淋巴。

表6-7 部分动物小肠与大肠各肠段占全肠总长度的比例

动物种类	长度/cm				各肠段占肠总长度的比例/%		
	小肠	盲肠	结肠、直肠	总长	小肠	盲肠	结肠、直肠
犬	4.14	0.08	0.60	4.82	85	2	13
猫	1.72	—	0.35	2.07	83	—	17
兔	3.56	0.61	1.65	5.82	61	11	28
羊	26.20	0.36	6.17	32.76	80	1	19
猪	18.29	0.23	4.99	23.51	78	1	21

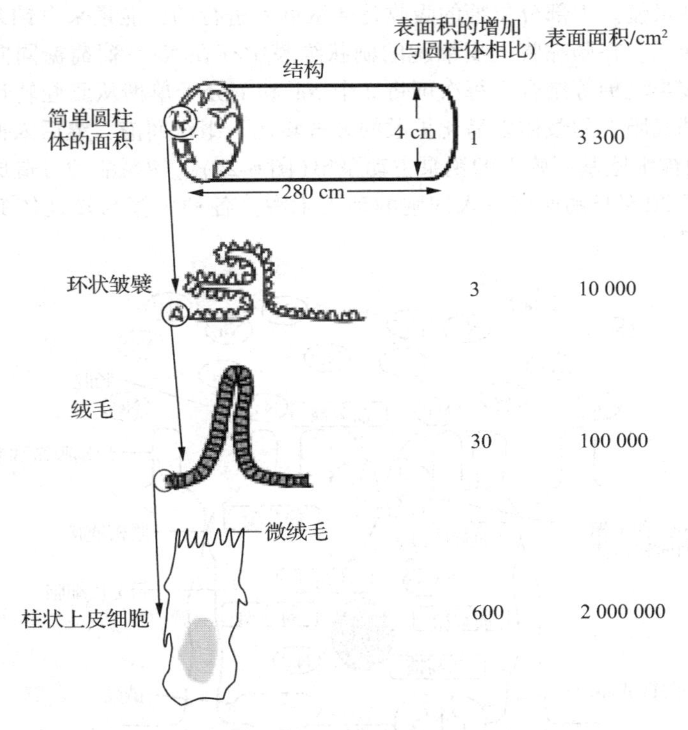

图 6-22　小肠皱襞、绒毛及微绒毛结构模式图

6.8.2　小肠内主要营养物质的吸收

营养物质通过质膜的机制包括被动转运、主动转运、出胞和入胞(胞饮)等。

6.8.2.1　水的吸收

水是通过渗透方式被吸收的，即由于肠内营养物质及电解质的吸收，造成肠内容物低渗，从而促进水从肠腔经跨细胞途径和细胞旁途径进入绒毛的毛细血管中(图 6-23)；水的吸收都是跟随溶质分子的吸收而被动吸收的，各种溶质特别是氯化钠的主动吸收所产生的渗透压梯度是水分吸收的主要动力。细胞膜和细胞间的紧密连接对水的通透性都很大，一般只需 3~5 mOsm/(kg · H_2O)的渗透压即能驱使水吸收。水也可以从血浆进入肠腔，例如，当胃排出大量高渗溶液入十二指肠时，血浆内水分则经肠壁渗出到肠腔内，使食糜很快变成等渗。

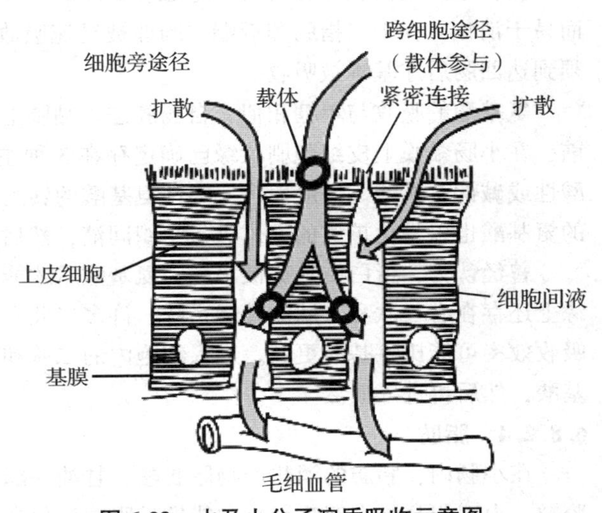

图 6-23　水及小分子溶质吸收示意图

6.8.2.2　糖类

食物中的糖类必须分解为单糖才能被小肠上皮细胞吸收。各种单糖的吸收速率有很大差异，葡萄糖等己糖的吸收很快，戊糖(如核糖、脱氧核糖等)则很慢。在己糖中，又以半乳糖和葡萄糖的吸收最快，

果糖次之，甘露糖最慢。大部分单糖的吸收是逆浓度差进行的，能量来自钠泵，这种转运方式属于继发性主动转运。在肠黏膜上皮细胞的刷状缘膜中存在 Na^+-葡萄糖同向转运体，它能选择性地同葡萄糖或半乳糖等结合，每次可将2个 Na^+ 和1分子单糖从肠腔转运入细胞内。进入细胞内的单糖由基底膜上的载体以易化扩散的方式转运入组织间液，继后入血而被吸收。而进入细胞内的 Na^+ 则被细胞基底膜上的钠泵主动泵出(图6-24)，钠泵活动可造成和维持细胞内低 Na^+，并成为 Na^+ 经顶端膜钠通道进入细胞的动力来源。各种单糖与转运体的亲和力不同，因此吸收速率也不同。

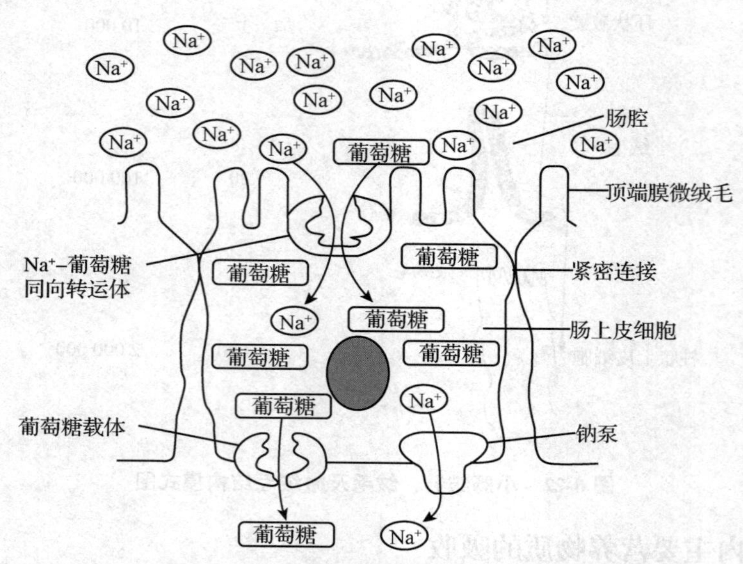

图6-24 小肠内葡萄糖吸收模式图

从上述可见，Na^+ 对单糖的主动吸收是必需的。用抑制钠泵的哇巴因，或用能与 Na^+ 竞争转运体蛋白的 K^+，均能抑制糖的主动转运。

6.8.2.3 蛋白质

食物中的蛋白质须分解为氨基酸或寡肽后，才能被小肠吸收。蛋白质经加热处理后因变性而易于消化，在十二指肠和近端空肠即被迅速吸收，而未经加热处理的蛋白质则较难被消化，须到达回肠后才基本被吸收。

氨基酸的吸收与单糖相似，自肠腔进入黏膜上皮细胞的过程也属于继发性主动性转运。目前，在小肠黏膜上皮细胞刷状缘已确定存在3种主要的氨基酸运载系统，它们分别转运中性、酸性或碱性氨基酸。一般而言，中性氨基酸的转运比酸性或碱性氨基酸速度快。进入上皮细胞的氨基酸也以易化扩散的方式进入组织间液，然后进入血液为机体利用。

曾经认为，蛋白质只有被水解为氨基酸后才能被吸收。但近年来的实验证明，小肠的刷状缘上还存在有二肽和三肽的转运系统，许多二肽和三肽也可完整地被小肠上皮细胞吸收，且其吸收效率可能比氨基酸更高。进入细胞内的二肽和三肽可被细胞内的二肽酶和三肽酶水解成氨基酸，然后再进入血液。

6.8.2.4 脂肪

在小肠内，脂肪的消化产物脂肪酸、甘油一酯和胆固醇等很快与胆汁中的胆盐形成混合微胶粒。由于胆盐具有双嗜性，它能携带脂肪消化产物通过覆盖在小肠绒毛表面的非流动水层达到微绒毛上(胆盐被遗留于肠腔，反复转运脂类消化产物，最后在回肠被吸收)。在这里，脂肪酸、甘油一酯和胆固醇等又逐渐地从混合微胶粒中释出，它们通过微绒毛的脂蛋白膜而进入黏膜细胞。其中，中、短链甘油三酯水解产生的脂肪酸和甘油一酯，在小肠细胞中不再变化，它们是水溶性的，可直接进入门静脉血液而不进入淋巴循环。长链脂肪酸及甘油一酯被吸收后，在肠上皮细胞内质网中大部分重新合成甘油三酯，并与细胞中生成的载脂蛋白结合成乳糜微粒(chylomicron)。乳糜微粒形成后即进入高尔基复合体中，许多乳糜微粒被质膜结构包裹而形成囊泡。当囊泡移行到细胞基底侧膜时便与细胞膜融合，以出胞方式释出其中的乳糜微粒至细胞间液再扩散入淋巴循环(图 6-25)。因动、植物油含长链脂肪酸较多，所以脂肪的吸收以淋巴途径为主。

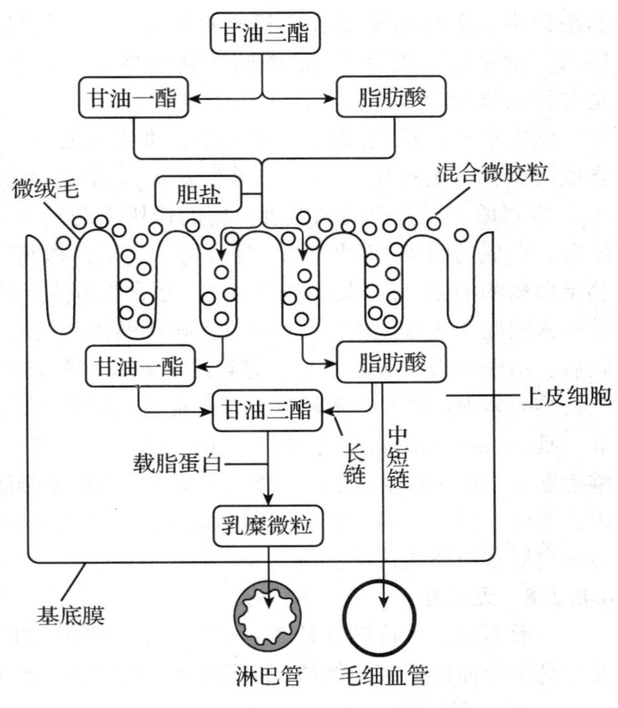

图 6-25 脂肪的吸收示意图

6.8.2.5 胆固醇

进入肠道的胆固醇有两个来源：一是来自饲料，二是来自肝脏分泌的胆汁。来自饲料的胆固醇部分是酯化的，酯化后的胆固醇必须在肠腔内经消化液中的胆固醇酯酶的作用形成游离的胆固醇才能被吸收。由胆汁来的胆固醇呈游离状态，游离的胆固醇通过形成混合微胶粒，在小肠前部被吸收。被吸收的胆固醇大部分在小肠黏膜上皮细胞内又重新酯化生成胆固醇酯，最后与载脂蛋白一起组成乳糜微粒经淋巴入血。

6.8.2.6 挥发性脂肪酸

挥发性脂肪酸(VFA)是消化道微生物发酵的产物，瘤胃和大肠是 VFA 最主要的产生部位。瘤胃中产生的 VFA 大部分在瘤胃内被吸收。瘤胃中 VFA 以分子状态和离子状态两种形式存在，其比例取决于瘤胃 pH 值条件：当 pH 5.5~6.5 时，分子状态的比例较大；而当 pH 7.0~7.5 时，离子状态的比例较大。VFA 的吸收速度与其存在形式和相对分子质量有关。分子状态的 VFA 吸收速度快于离子状态，而且分子质量越小吸收速度越慢，即乙酸<丙酸<丁酸。VFA 进入瘤胃上皮后被强烈代谢。据测定，被吸收的丁酸约有 85%被代谢并产生酮体，丙酸约有 65%在细胞内转变为乳酸和葡萄糖，乙酸也有同样的变化，但仅被代谢 45%。由于瘤胃壁的代谢作用，来自瘤胃的血液中各种 VFA 的浓度恰恰相反，即乙酸>丙酸>丁酸。

VFA 是顺浓度梯度以自由扩散方式通过瘤胃壁。分子状态的乙酸(HAC)可直接通过瘤胃壁，而离子状态的乙酸(AC^-)则须先在瘤胃上皮细胞中转变为分子状态后才能通过瘤胃壁。这一过程中的 H^+ 由 CO_2 转变为 HCO_3^-($CO_2+H_2O \rightarrow H^+ + HCO_3^-$，$AC^- + H^+ \rightarrow HAC$)时提供。分子状态的 HAC，进入血液后都解离为 H^+ 和 AC^-。

6.8.2.7 维生素

维生素主要分为脂溶性维生素和水溶性维生素两大类。脂溶性维生素 A、D、E、K 的吸收与饲料脂类消化产物的吸收相同，主要在小肠前段通过被动扩散吸收(除维生素A外)。水溶性维生素包括维生素C和B族维生素。大多数水溶性维生素(如维生素C、B_1、B_2、B_6、PP等)则是通过依赖于Na^+的同向转运体在小肠前段主动吸收，只有维生素B_{12}比较特殊，是在回肠被吸收。

维生素B_{12}又称钴胺素，是水溶性维生素之一，主要存在于动物源性产品中，植物几乎不含或极少含维生素B_{12}。大多数维生素B_{12}通常以蛋白质结合态形式存在，经口腔摄入的维生素B_{12}，在胃酸、胃蛋白酶和胰蛋白酶的作用下与结合的蛋白质分离，并与壁细胞分泌的内因子结合，形成内因子-维生素B_{12}复合物。其复合物使转运中的维生素B_{12}受到保护，可高度抵抗胰蛋白酶的消化。内因子-维生素B_{12}复合物进入肠道后与回肠上皮细胞顶端膜相应受体结合，转运入回肠上皮细胞内的维生素B_{12}再次游离而被吸收。当机体发生萎缩性胃炎或胃大部分切除后，由于内因子分泌不足，导致维生素B_{12}吸收障碍而发生巨幼红细胞性贫血。

维生素B_{12}进入血循环后，与血浆蛋白结合为维生素B_{12}运输蛋白，包括钴胺转运蛋白Ⅰ、Ⅱ、Ⅲ(transcobalamin Ⅰ，TCⅠ；transcobalamin Ⅱ，TCⅡ；transcobalamin Ⅲ，TCⅢ)，TCⅡ是维生素B_{12}的主要转运蛋白，将维生素B_{12}运输至细胞表面具有TCⅡ-维生素B_{12}特异受体的组织，如肝、肾、骨髓、红细胞和胎盘等，通过受体介导胞吞作用进入细胞，在细胞内与运输蛋白分离后参与体内代谢反应。

6.8.2.8 无机盐

一般而言，单价碱性盐类(如钠、钾、铵盐)的吸收很快，多价碱性盐类则吸收很慢，凡能与钙结合而形成沉淀的盐(如硫酸盐、磷酸盐、草酸盐等)，则不能被吸收。

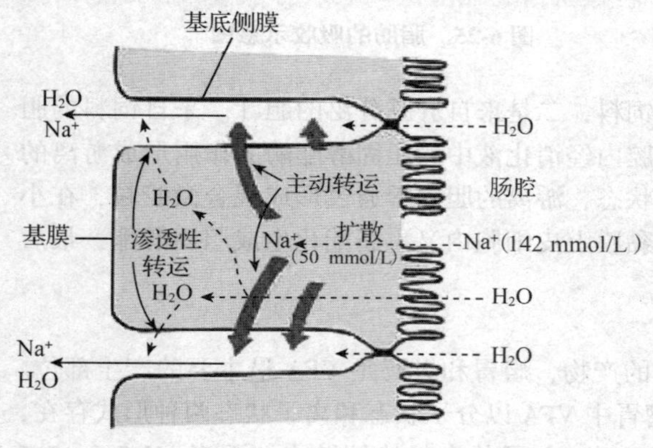

图6-26 肠道中钠和水的吸收过程

➡ 钠泵将进入细胞内的Na^+泵入细胞间液

(1)钠的吸收

小肠对Na^+的吸收与肠黏膜上皮细胞基底侧膜上钠泵的活动分不开。上皮细胞基底侧膜上的钠泵将上皮细胞内的Na^+泵入细胞间液和血液，使上皮细胞内的Na^+浓度低于肠腔内Na^+浓度，加上细胞内的电位较膜外肠腔内的电位约-40 mV，因此肠腔内的Na^+顺电-化学梯度，以易化扩散形式进入细胞内(图6-26)。由于Na^+往往是和葡萄糖或氨基酸等共用同一载体，所以Na^+主动转运时钠泵分解ATP释放的能量将葡萄糖和氨基酸等同向地转运入细胞。

(2)钙的吸收

小肠各部分都有吸收钙的能力。钙盐只有呈离子状态才能被吸收，凡能使钙沉淀的因素，如与钙结合形成的硫酸钙、磷酸钙等，都能阻止钙的吸收。肠腔内酸性环境有利于钙的吸收，这是因为钙容易溶解于酸性溶液中。在pH值约为3时，钙呈离子状态，最易吸收。因此，胃酸对钙的吸收有促进作用。1,25-二羟钙化醇促进钙结合蛋白(calcium-binding protein，Ca-PB)的合成，后者与钙有高亲和性，从而促进钙的吸收。脂肪酸对钙的吸收也有促进作用，它能与钙结合成钙皂，后者与胆汁酸结合形成水溶性复合物而被吸收。另外，钙的吸收还受到机体需要量的影响。在缺钙状态下，钙的吸收能力增强。

Ca^{2+}的吸收有跨细胞途径和旁细胞途径两种机制。当肠道内的Ca^{2+}浓度超过一定范围时(人类为1~5 mmol/L)，Ca^{2+}可通过小肠绒毛上皮细胞顶端膜上的钙通道顺电-化学梯度进入细胞，与胞质内的钙结合蛋白结合。进入黏膜细胞内的Ca^{2+}由基底侧膜上的钙泵（Ca^{2+}-H^{+}-ATP酶）主动转运进入血液。还有一小部分Ca^{2+}在细胞基底侧膜通过Ca^{2+}-Na^{+}交换机制入血。

（3）磷的吸收

磷可在小肠各段被吸收，磷的吸收也存在主动吸收和被动吸收两种机制，主动吸收主要受维生素D调节。

磷的吸收一方面受肠道内pH值环境制约，pH值较低时有利于吸收；另一方面取决于饲料中磷的状态，以植酸磷形式存在的磷难以吸收。饲料中相当一部分磷是以植酸磷形式存在，而消化液中缺乏植酸酶故无法吸利用。生产上在饲料中添加外源植酸酶，以提高磷的吸收利用，已取得良好效果。

（4）铁的吸收

铁主要在十二指肠和空肠被吸收，其他部位（如胃、回肠、盲肠）也能吸收少量的铁。饲料中的铁分为无机铁（非血红素铁）和有机铁（血红素铁和氨基酸铁螯合物）。无机铁包括二价亚铁（Fe^{2+}）和三价铁（Fe^{3+}），饲料中的Fe^{3+}大多以植酸铁、草酸铁等不溶性盐的形式存在，不易被吸收，必须还原为Fe^{2+}或与铁螯合物（如氨基酸、单糖、黏蛋白等）结合后才易被吸收。Fe^{2+}吸收的速度比相同数量的Fe^{3+}要快2～15倍。维生素C能将Fe^{3+}还原为Fe^{2+}，从而促进铁的收。铁在酸性环境中易于溶解，故胃酸有促进铁吸收的作用。胃大部分切除或胃酸分泌减少，由于影响铁的吸收可导致缺铁性贫血。有机铁（血红素铁）主要存在于动物性食品（如瘦肉、鱼类、动物肝脏、血液等）中，在此不具体讨论。

关于铁的吸收，1983年Huebers等提出了转铁蛋白途径理论。他认为，肠黏膜细胞以转铁蛋白（transferrin，Tf）为载体，Tf被分泌到肠腔与铁结合后，再与肠黏膜细胞上的转铁蛋白受体（transferrin receptor，TfR）结合，通过TfR介导的内吞途径将饲料中的铁转运至细胞内。但是在小肠绒毛并未发现TfR的存在，因此铁的吸收不可能通过Tf-TfR的转运途径实现。1995年后，Gruenheid等在小肠黏膜细胞相继发现了二价金属离子转运蛋白（divalent metal transporter 1，DMT1）、肠细胞色素B（duodenal cytochrome b，DCb）、金属转运蛋白1（metal transporter protein 1，MTP1）、膜铁转运蛋白1（ferroportin 1，Fp1）和膜铁辅助转运蛋白（hephaestin，Hp）等几种铁转运相关的蛋白质。这些蛋白的发现是目前铁代谢领域重大的突破，也使小肠吸收铁的机制有了基本答案。现已证实，DMT1和DCb两种转运蛋白能穿过肠上皮顶端膜将无机铁转运入细胞内，而Fp1和Hp则进一步将铁从肠上皮细胞基底侧膜转运入血液循环。近年来，随着铁吸收和转运机制不断深入研究，国外学者又提出了肠道吸收铁的新学说，但这些新的假设和学说还有待今后进一步验证。

肠黏膜吸收铁的能力取决于黏膜细胞内的含铁量。由DMT1等转运入黏膜细胞内的Fe^{2+}，大部分被胞内亚铁氧化酶（ferroxidase）催化生成Fe^{3+}，并与细胞内存在的去铁蛋白（apoferritin）结合成铁蛋白（ferritin），暂时贮存在细胞内，以后逐渐向血液中释放；另一小部分Fe^{2+}，则由Fp1和Hp等转运蛋白将其从基底侧膜转运到血浆中。当黏膜细胞刚吸收铁而尚未将它们转移至血浆中时，则暂时失去其由肠腔再吸收铁的能力。这样，积存在黏膜细胞内的铁量，就成为再吸收铁的抑制因素。这种平衡吸收机制，既发挥了肠黏膜细胞对铁的吸收能力，又能防止过量的铁进入机体形成铁超载（iron overload），增加血色素沉着症、心肌梗塞等慢性病的危险。

（5）负离子的吸收

在小肠吸收的负离子主要是Cl^{-}和HCO_3^{-}。Cl^{-}除了与Na^{+}耦联经跨细胞途径同向转运入细胞

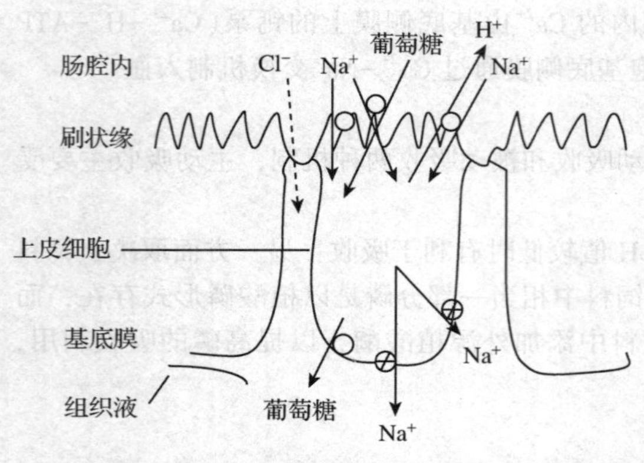

图 6-27 Na^+的吸收促进 Cl^- 等的吸收示意图

而被吸收外，主要是以扩散方式经细胞旁途径进入细胞间隙而被迅速吸收。由 Na^+重吸收所建立的跨上皮电位差(肠腔负电位)，是 Cl^-顺电位梯度进入细胞间隙的动力(图 6-27)。HCO_3^- 的吸收也与 Na^+的吸收有关。肠上皮细胞的钠泵将 Na^+泵入血液，肠腔内的 Na^+与细胞内的 H^+进行交换。H^+与肠腔中 HCO_3^- 结合成 H_2CO_3，后者解离为 H_2O 和 CO_2。H_2O 留在肠腔，而 CO_2(脂溶性)则通过肠上皮细胞吸收入血，最后从肺呼出。即是说 HCO_3^- 是以 CO_2 形式吸收的。

(周定刚 刘春霞)

6.9 家禽的消化和吸收

家禽的消化器官包括喙、口腔、咽、食管、嗉囊、腺胃、肌胃、小肠、大肠、盲肠、直肠、泄殖腔以及消化腺肝脏和胰腺等(图 6-28)。家禽的消化器官与家畜明显不同。家禽没有牙齿而有喙、嗉囊和肌胃，没有结肠而有两条发达的盲肠。肝脏和胰腺在消化过程中所发挥的作用明显高于家畜。

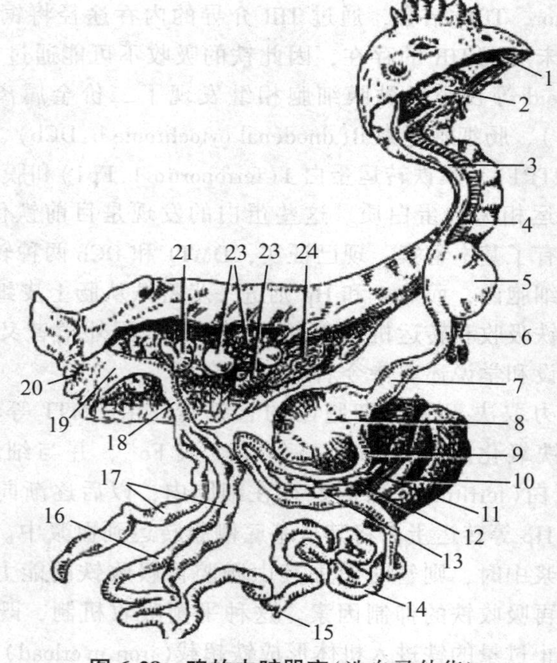

图 6-28 鸡的内脏器官(选自马仲华)

1. 口腔；2. 咽；3. 食管；4. 气管；5. 嗉囊；6. 鸣管；7. 腺胃；8. 肌胃；9. 十二脂肠；10. 胆囊；11. 肝肠管和胆囊肠管；12. 胰管；13. 胰腺；14. 空肠；15. 卵黄囊憩室；16. 回肠；17. 盲肠；18. 直肠；19. 泄殖腔；20. 肛门；21. 输卵管；22. 卵巢；23. 心；24. 肺

6.9.1　口腔内消化的特点

家禽没有软腭、唇和齿，颊不明显，上下颌形成喙，喙是家禽的采食器官。家禽的口腔消化较为简单，采食后不经咀嚼，借舌的帮助很快咽下。口腔壁和咽壁分布有丰富的唾液腺，唾液腺的导管直接开口于黏膜，主要分泌黏液，有润滑食物的作用。禽类吞咽食物主要靠头部上举，在食物重力和反射活动的作用下，食管扩大，经食管的蠕动推动食物下移并进入嗉囊或食管的扩大部。

6.9.1.1　唾液的性质和成分

家禽唾液腺不发达，口腔壁和咽壁唾液腺可分泌含少量淀粉酶的唾液，其消化食物的作用较小，主要起浸润饲料的作用。鸭、鹅多采食鲜湿饲料，唾液腺不发达，仅分泌较少唾液；鸡通常多采食干饲料，唾液腺较发达，可分泌较多的唾液。饥饿状态下的成年母鸡，每昼夜可分泌 7~25 mL 的唾液，鸡的唾液腺呈弱酸性，pH 平均值为 6.75。采食时唾液分泌量增加。主食谷物的家禽，唾液中含有淀粉酶，可初步分解淀粉。唾液分泌受神经调节。

6.9.1.2　吞咽

家禽的咽因未形成软腭，故口腔和咽腔无明显界限，常合称口咽腔。家禽吞咽是一种复杂的反射活动，一般可分为主动阶段和被动阶段。在主动阶段，饲料借助舌强有力的运动而被运至口腔的后部和咽，刺激口咽腔感受器，反射性地引起鼻后孔和喉门的关闭，同时发生伸颈、头高举及有力的振动，使饲料达到食管的上端，此后就进入被动阶段。由于重力作用，饲料进入食道，依靠食管的蠕动将食物推送下移，进入嗉囊或食管扩大部。但有时也可以直接进入腺胃和肌胃，这主要取决于胃内食物充满的程度。

6.9.2　嗉囊内消化的特点

嗉囊位于颈部和胸部的交界处，由食管扩大而形成，主要功能是贮存和湿润的食物。鸡的嗉囊较发达，鸭、鹅没有真正的嗉囊，仅在食管颈段形成一纺锤形扩大部以贮存食物。家禽采食饲料大都先进入嗉囊贮存数小时，并借助嗉囊腺体分泌的黏液、嗉囊运动和嗉囊内栖居微生物的作用，对食物进行发酵和预加工。

6.9.2.1　嗉囊液的性质和成分

嗉囊液是家禽嗉囊中嗉囊腺分泌的黏液，pH 值为 6.0~7.0，可起到软化食物的作用，有助于微生物发酵，促进生物学消化。但嗉囊腺并不产生消化酶，嗉囊中的化学性消化是全靠饲料酶和十二指肠逆蠕动时返回的消化酶进行的。雏鸡嗉囊主要依靠细菌对淀粉和蔗糖进行生物性消化。鸽的嗉囊腺能分泌一种乳状液，称为“嗉囊乳”或“鸽乳”，含有大量的蛋白质、脂肪、无机盐、淀粉酶和蔗糖酶等。鸽能逆呕出嗉囊乳，用以哺育 20 日龄内的幼鸽。饲喂鸽时可引起鸽嗉囊腺分泌活动显著增加，表明神经系统参与调节嗉囊分泌活动。

6.9.2.2　嗉囊的运动

嗉囊的运动促使食糜混合均匀，并向后排放。嗉囊的运动有蠕动和排空两种形式。嗉囊蠕动时的蠕动波，起自上段食管，进而扩展至嗉囊，直至腺胃和肌胃。嗉囊蠕动波通常成群出现，每群 2~15 个波，波群间隔时程为 1~40 min。波群节律可随饥饿程度的增大而增加。饥饿 1.5 h、10 h 和 27 h 的鸡，波群出现的频率分别增加为 13 次/h、55 次/h 和 75 次/h。但嗉囊和肌胃充盈时，嗉囊的蠕动被抑制(鸽嗉囊蠕动可被抑制 30~40 min)。嗉囊排空是将食糜推向胃部，在嗉囊即将排空时，在其腹侧可产生周期性收缩(间隔时程 1~1.5 min)，并扩布到整个嗉囊，进而促使嗉囊排空。但这种排空运动，可随进食而消失。中枢神经极度兴奋、惊恐或挣扎均可抑制嗉囊收缩。

6.9.2.3 嗉囊内微生物的作用

嗉囊内的环境适宜微生物栖居和活动。据测定，成年鸡嗉囊内含有大量细菌。嗉囊微生物区系中以乳酸菌占优势；还有少量小球菌、链球菌和酵母菌等。微生物的作用主要是对饲料中的糖类进行发酵分解，产生有机酸，主要是乳酸，还有少量的挥发性脂肪酸(如乙酸、丙酸和丁酸等)。

6.9.3 腺胃和肌胃内消化的特点

家禽的胃可分为腺胃和肌胃(图 6-29)两部分。腺胃位于腹腔左侧(鸵鸟在右侧)，左右两肝叶之间。腺胃容积小，呈短纺锤形，前以贲门与食管相通，向后以狭部与肌胃相接。腺胃内有腺胃浅腺和腺胃深腺，前者为单管状腺，可分泌黏液；后者为复管腺，相当于哺乳动物的胃底腺，但不同的是盐酸和胃蛋白酶原都是由主细胞所分泌。家禽具有发达的肌胃，肌胃内经常含有吞食的砂砾，故又称砂囊，俗称肫。肌胃位于腹腔左侧，前部腹侧为肝脏，后方大部分接触腹底壁。肌胃呈扁圆形或椭圆形的双凸透镜状，经腺肌胃口接腺胃，由右侧幽门与十二指肠相通。肌胃腺体和黏膜上皮的分泌物以及脱落的上皮细胞在酸性环境中硬化，形成一层厚而坚韧的类角质膜，紧贴于黏膜层，称为肌胃角质层，俗称肫皮。鸡的肫皮为黄白色，易剥离，中药名为鸡内金。肌胃内的砂砾及粗糙而坚韧的角质膜，在肌胃强有力的收缩下，对食物起机械性磨碎作用。长期食肉或以浆果为食的鸟类和以粉料饲养的家禽，肌胃不发达，机械性磨碎作用较弱。

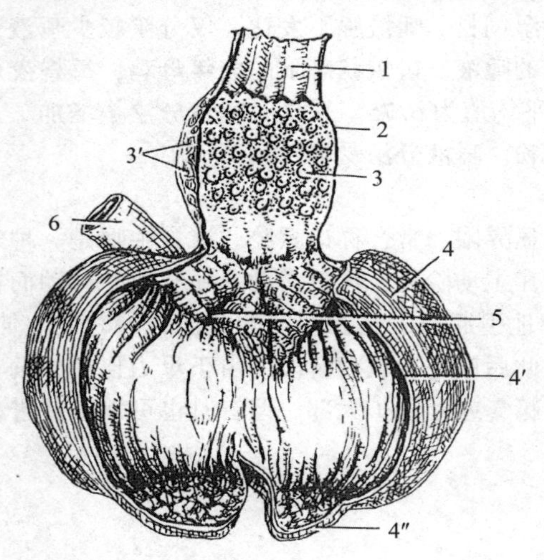

图 6-29 鸡的胃(纵剖开)(引自马仲华)

1. 食管；2. 腺胃；3. 乳头及前胃深腺开口；3′. 深腺小叶；4. 肌胃厚肌；4′. 胃角质层；4″. 肌胃薄肌；5. 幽门；6. 十二指肠

6.9.3.1 腺胃内的消化

禽类腺胃内 pH 值一般为 3.0~4.5。家禽胃液呈连续性分泌，这与嗉囊食物贮存功能以及采食的饲养方式有关。鸡的胃液分泌量为 5.0~30.0 mL/h，胃液中含胃蛋白酶 247 IU/mL，饲喂可引起分泌增加，饥饿则使其降低，不同饲料或日粮的不同配比不仅引起分泌水平变化，胃液组成和酸度还会有很大差异。

家禽胃液分泌受神经调节，迷走神经是主要的分泌神经，而刺激交感神经只能引起胃液的少量分泌。饲料对嗉囊和胃壁的扩张刺激可引起较多的胃液分泌。家禽胃液分泌也受体液调节。食糜化学和扩张刺激作用于幽门和十二指肠黏膜，在黏膜内产生促胃液素，经血液循环到达胃腺，刺激胃液分泌。胆囊收缩素有类似促胃泌素的作用，能促进胃液分泌。但促胰液素则表现显著地抑制作用。组胺对胃液分泌也有强烈的促进作用。注射组胺可使胃液分泌量显著增加，同时胃液总酸度和胃蛋白酶活性也升高。

腺胃虽然分泌胃液，但因体积小，食物在腺胃内停留时间短，所以消化力并不强。胃液的消化作用并不在腺胃，而主要在肌胃内进行。

6.9.3.2 肌胃内的消化

肌胃壁肌肉强有力的收缩，可磨碎来自嗉囊的食糜，对其进行机械性消化。另外，来自腺胃的盐酸和胃蛋白酶，也可在肌胃内对饲料进行化学性消化。

(1)机械性消化

肌胃具有周期性的运动，在饲喂或饥饿状态下都能进行运动，平均2~3次/min。收缩频率与年龄、生理状态及饲料性质等有关。随年龄增长，鸡肌胃收缩频率逐渐减少，而采食时及饲喂后30 min内频率加快。肌胃内砂砾的多少和大小也与年龄及饲喂方式有关。由于砂砾在家禽消化中的作用，在集约化笼养鸡时，应添加适量的、适当大小的砂砾以助消化。研究表明，肌胃内的砂砾可将鸡消化燕麦的能力提高3倍，消化一般谷物和种子的能力提高10倍。肌胃中保持有砂砾的家禽，一旦失去砂砾，就会消瘦，甚至死亡。肌胃收缩时，肌胃内压力升高。据测定，鸡、鸭和鹅分别可达到13~20 kPa、24 kPa和35~37 kPa。肌胃运动受自主神经调节：迷走神经兴奋时，肌胃收缩加强；交感神经兴奋时，则抑制肌胃运动。

(2)化学性消化

肌胃内的消化液(主要含有盐酸和胃蛋白酶原)是随食糜一起由腺胃进入肌胃的，借助肌胃运动，消化液与食物充分混合而进行化学性消化。

6.9.4 小肠内消化的特点

家禽小肠前端接肌胃，后端接盲肠。小肠包括十二指肠、空肠和回肠。十二指肠位于腹腔右侧，分为肠袢降支和升支，二者之间夹有胰腺。空肠和回肠形成许多肠袢(鸡10~11圈；鸭、鹅6~8圈)，以肠系膜悬挂于腹腔的右侧。空肠和回肠的中部有一小突起，称为卵黄囊憩室，是胚胎期卵黄囊柄的遗迹，常以此作为空肠和回肠的分界。家禽小肠消化与哺乳动物基本相似。家禽小肠的消化液包括胰液、胆汁和肠液，起化学性消化作用。小肠壁肌肉的收缩有机械性消化作用，可使饲料与消化液充分混合，并使食糜沿消化管向后移动。

6.9.4.1 胰液的分泌及其消化作用

家禽胰腺呈淡黄色或淡红色，长条形，通常分为背叶、腹叶和较小的脾叶。鸡、鸽的胰管一般有2~3条；鸭、鹅有2条。胰腺外分泌部与家畜相似，为复管泡状腺。内分泌部即胰岛，可分两类：一类主要由甲细胞构成，称为甲胰岛或暗胰岛；另一类主要由乙细胞构成，称为乙胰岛或明胰岛。家禽胰腺分泌的胰液经胰导管进入十二指肠参与消化过程。家禽胰液为透明、味咸的液体，pH值为7.5~8.4。除水以外，胰液含有无机物和有机物。无机物主要为高浓度的碳酸氢盐和氯化物；有机物主要为各种消化酶(包括胰蛋白酶、糜蛋白酶、羧基肽酶、胰淀粉酶、胰脂肪酶和胰核糖核酸分解酶等)。

6.9.4.2 胆汁的分泌及其消化作用

家禽的胆汁是由肝脏连续分泌的。鸡肝脏较大，约50 g，位于腹腔前下部，分左、右两叶，两叶的脏面各有横窝(沟)，相当于肝门，每叶的肝动脉、门静脉和肝管由此进出肝脏。鸡的胆囊呈长椭圆形，位于肝右叶的脏面。左叶的肝管不经胆囊直接开口于十二指肠终部，称为肝胆管；右叶的肝管进入胆囊，再由胆囊发出的胆囊胆管开口于十二指肠终部(图6-30)。在非消化期，肝左叶分泌的胆汁量少，直接经肝管进入小肠；肝右叶分泌的胆汁量大，经肝胆管进入胆囊，在胆囊中贮存和浓缩。进食和进食后胆囊胆汁排入小肠，一般可持续3~4 h。就胆汁的分泌量而言，4~6月龄鸡约1 mL/h，一昼夜可达9.5 mL/kg。家禽的胆汁呈酸性，pH值为5.0~6.8。鸡胆汁的平均pH值为5.88，鸭为6.14。家禽胆汁中的胆汁酸主要是鹅脱氧胆酸、胆酸和异胆酸，而缺乏哺乳动物胆汁中普遍存在的脱氧胆酸。

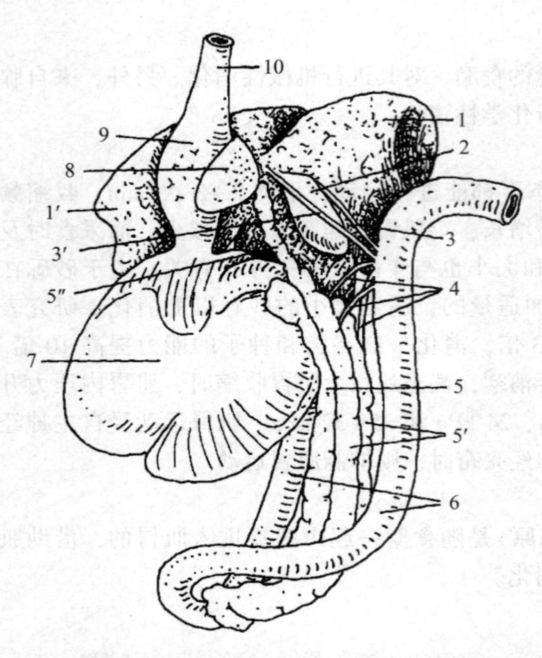

图 6-30 鸡的肝、胆囊、胰腺和胰管

1 和 1′. 肝右叶和左叶；2. 胆囊；3、3′. 胆囊胆管和肝胆管；4. 胰管；5、5′和 5″. 胰腺背叶、腹叶和胰叶；6. 十二指肠袢；7. 肌胃；8. 脾；9. 腺胃；10. 食管

6.9.4.3 小肠液的分泌及其消化作用

小肠液是家禽小肠黏膜中肠腺分泌的碱性消化液，pH 值为 7.39~7.53，其中含有肠肽酶、肠脂肪酶、肠淀粉酶、多种双糖酶和肠激酶等。肠激酶能激活胰蛋白酶原。肠肽酶能把多肽分解成氨基酸。脂肪酶分解脂肪为甘油和脂肪酸。淀粉酶能把淀粉或糖原分解为单糖，供家禽机体吸收利用。家禽小肠液呈连续分泌。据测定，体质量 2.5~3.5 kg 的成年鸡小肠液的基本分泌率平均为 1.1 mL/h。

6.9.4.4 小肠的运动

家禽小肠有蠕动和分节运动。蠕动是由肠壁纵肌与环肌交替发生收缩与舒张引起的，呈波状由前向后缓慢推进的运动，其作用主要是推送食糜向后移动。家禽常见有较明显的逆蠕动，因此食糜可在小肠内前后移动，甚至会使食糜由小肠返回肌胃，延长了食糜在胃肠道内的停留时间，也使十二指肠内容物常呈现弱酸性，继续接受胃液的消化，有利于进行充分的消化和吸收。

6.9.5 大肠内消化的特点

家禽的大肠由 2 条盲肠和 1 条短的直肠组成，大肠的消化主要是盲肠消化。盲肠一般长 14~23 cm，分为盲肠基、盲肠体和盲肠尖 3 部分，在盲肠基的壁内分布有丰富的淋巴组织，称为盲肠扁桃体，是禽病诊断的主要观察部位。家禽直肠短，没有明显的结肠，有时也将其称为结-直肠。

经小肠消化后的小肠内容物先进入直肠，然后依靠直肠的逆蠕动将食糜推入盲肠，再由盲肠的蠕动将内容物由盲肠送到盲肠顶部。盲肠内容物可在盲肠内停留 6~8 h。家禽盲肠发达，容积很大，能容纳大量的粗纤维，盲肠内 pH 值为 6.5~7.5，严格厌氧，很适合厌氧微生物的繁殖。据测定，1 g 盲肠内容物含细菌 10 亿个。因此，盲肠消化主要是盲肠微生物将粗纤维消化分解为 VFA。鸡对盲肠内粗纤维的利用率最高可达 43.5%，而草食家禽(鹅)利用率更高。此外，盲肠内的细菌，依靠其菌体酶的作用可将蛋白质、肽和氨基酸分解成氨，并能利用非蛋白氮合成菌体蛋白。有些细菌还可合成维生素 K 和 B 族维生素。

6.9.6 家禽吸收的特点

家禽对营养成分的吸收与哺乳动物基本相似，主要通过小肠绒毛进行。家禽的小肠黏膜形成“乙”字形横皱襞，因而扩大了食糜与肠壁的接触面积，延长食糜通过的时间，使营养物质被充分吸收。

6.9.6.1 糖类的吸收

糖类主要在小肠前段被吸收，尤其是食物中的六碳糖更是如此。由淀粉分解产生的葡萄糖的吸收速度慢于直接来自饲料中的葡萄糖，因为当食糜进入空肠后段时，仅有 60%的淀粉被消化。D-葡萄糖、D-半乳糖、D-木糖、3-甲基葡萄糖、D-甲基葡萄糖和 D-果糖都以主动转运方式被吸收。糖主动吸收的机制与哺乳动物相似，也是通过同向转运方式进行的。家禽的年龄、饲料中的抑制因子以及小肠的 pH 值都能影响糖类的吸收。

6.9.6.2　蛋白质的吸收

蛋白质的分解产物大部分以小分子肽的形式进入小肠上皮刷状缘，然后分解成氨基酸而被吸收，且二肽、三肽的吸收率比氨基酸高。外源性蛋白质水解成的氨基酸大部分在回肠前段吸收，而内源性蛋白质的分解产物则大部分在回肠后段吸收。家禽小肠上皮中已发现有分别吸收中性、碱性和酸性氨基酸的载体系统。中性氨基酸的载体系统转运的氨基酸，彼此之间有竞争性抑制现象。有些氨基酸能同时通过 2 种不同的方式被吸收。氨基酸的吸收速度不是决定于相对分子质量的大小，而是由极性或非极性侧链所决定的。含有非极性侧链的氨基酸被吸收的速度比极性侧链的氨基酸快。大多数氨基酸是以主动方式被吸收。

6.9.6.3　脂肪的吸收

脂肪一般需要分解为脂肪酸、甘油或甘油一酯后而被吸收。脂类的消化终产物大部分在回肠前段被吸收。由于家禽肠道的淋巴系统不发达，绒毛中没有中央乳糜管，因此，脂肪的吸收不像哺乳动物那样通过淋巴途径被吸收，而是直接进入血液循环。胆酸的重吸收也主要发生在回肠后段。分泌的胆酸大约 93% 在小肠被吸收。给雏鸡饲喂生大豆，可以明显抑制雏鸡对脂肪的吸收。

6.9.6.4　水和无机盐的吸收

家禽主要在小肠和大肠吸收水分和盐类，嗉囊、腺胃、肌胃和泄殖腔也有较弱的吸收功能。各种盐类的吸收除受日粮中含量的影响外，还受其他因素的影响。钙的吸收受 1,25-二羟维生素 D_3、钙结合蛋白的影响。用维生素 D 饲喂维生素 D 缺乏的鸡可显著增加鸡对磷的吸收。产蛋鸡对铁的吸收高于非产蛋鸡和成年鸡，非产蛋鸡与成年鸡对铁的吸收无明显差异。

（康　波）

6.10　鱼类的消化和吸收

6.10.1　消化器官

消化器官是消化和吸收的结构基础，它包括消化道及消化腺等，大黄鱼消化系统如图 6-31 所示。

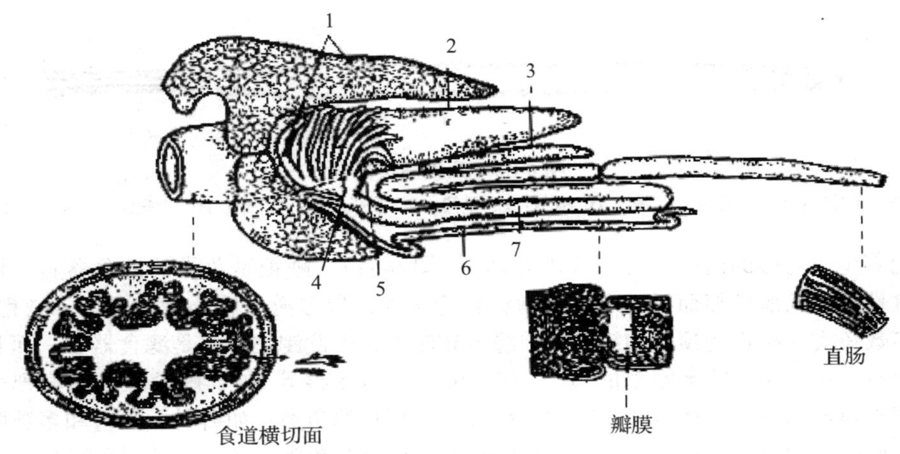

图 6-31　大黄鱼消化系统

1. 肝脏；2. 胃盲囊；3. 脾脏；4. 幽门胃；5. 幽门盲囊；6. 胆囊；7. 小肠

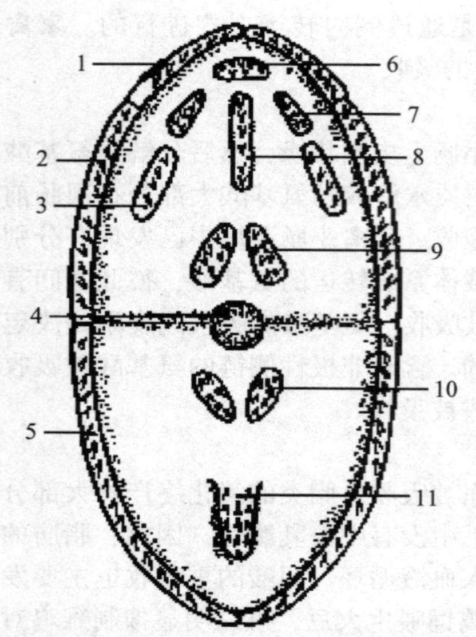

图 6-32 硬骨鱼类口腔齿和咽齿的着生位置
(引自叶富良)
1. 前颌骨齿；2. 上颌齿；3. 外翼骨齿；4. 食道开口；5. 下颌齿；6. 犁骨齿；7. 腭骨齿；8. 副蝶骨齿；9. 上咽骨齿；10. 下咽骨齿；11. 舌骨齿(基舌骨齿)

6.10.1.1 消化道

消化道为一肉质性的管道，它起自口腔，经过咽、食道、胃等部分，止于肛门。

(1)口咽腔和食道

鱼类的口腔和咽腔(鳃裂开口处)没有明显的界线，故称口咽腔。口咽腔内有齿、舌和鳃耙等构造，某些构造与摄取食物有密切关系故又称取食器官。它们的形状和大小因鱼的食性不同而异。鱼类的齿多种多样，根据着生位置有：犁骨齿、舌骨齿、腭骨齿、颌骨齿、咽骨齿(图6-32)。齿的形状、大小、构造与种类有关。一般掠食性鱼类齿锐利而有缺刻；以浮游生物为主的鱼牙齿细小；植食性的鱼牙齿多为咀嚼型。

鱼类的舌一般不发达，为原始类型，无肌肉，仅由基舌骨的突起外覆黏膜形成，故无弹性(图6-33)。大多数鱼类的舌前端游离，可由舌弓上肌肉使舌前部上下活动，如康吉鳗科、颌鳗鲡科等。这类鱼类的舌在摄食中有将食物导向食管的作用；但也有一些鱼类舌不游离，如鲤、鲻、绯鲤等。还有少数鱼类(如海龙科)，舌已经退化或缺少。鱼类的舌上分布有味蕾，起味觉作用。

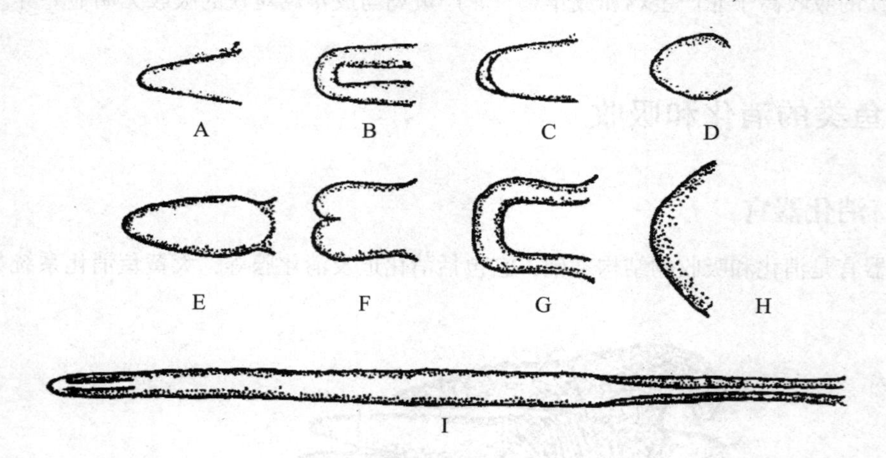

图 6-33 几种鱼类的舌
A. 宝刀鱼；B. 后鳍鱼；C. 鲥；D. 鳙鱼；E. 星鳗；F. 舌虾虎鱼；G. 鲬；H. 黑鮟鱇；I. 鳞烟管鱼

鳃耙着生于鳃弓的内侧，排列成内外两列(图6-34)。鳃耙是鱼类的滤食器官。植食性鱼类和肉食性鱼类的鳃耙短而稀，对获取食物作用不大；以浮游生物为食的鱼类，鳃耙长而密。另外，多数鱼类在鳃耙的顶端和鳃弓的前缘分布味蕾，因此鳃耙不仅是滤食器官，而且在味觉感觉上也有一定作用。除无鳃耙的鱼类(如鳗鲡科、海龙科等)外，硬骨鱼类的鳃耙大致可分为：有鳃耙痕迹的鱼类，如鳅科、虾虎鱼科等；鳃耙长的鱼类，如鲱科、鲭科和多数鲤科鱼类等，变异性鳃耙的鱼类，如乌鳢等。鳃耙的形状、数目与鱼类的食性有关(图6-35)。

鱼类的食道大多很短，内壁具有黏膜褶，以增强扩张力。食道壁的黏膜层有丰富的黏液分泌细胞，能分泌黏液有助于食物吞咽。有的鱼黏膜上皮细胞具有味蕾。少数无胃鱼类食道还能分泌消化酶。鱼类食道因有味蕾和发达的环肌，因此有选择食物的作用，当环肌收缩时可将异物抛出口外。大黄鱼的食道稍长，黏膜皱褶甚多，横切观察呈波纹状。鲳亚目鱼类食道外还有一侧囊。

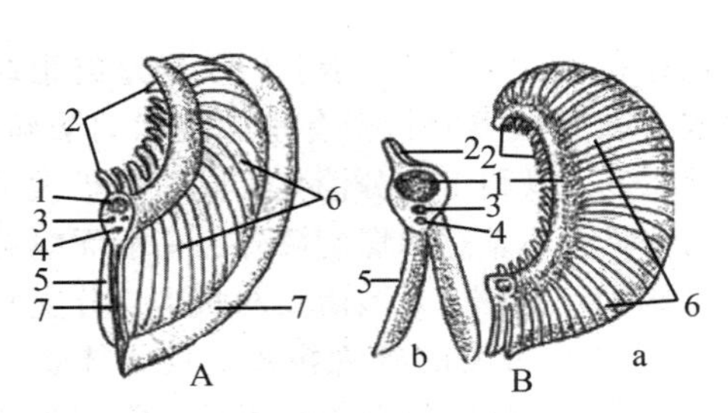

图 6-34 鱼的鳃

A. 软骨鱼；B. 硬骨鱼(a. 鳃片；b. 部分鳃放大)
1. 鳃弓；2. 鳃耙；3. 出鳃动脉；4. 入鳃动脉；
5. 鳃丝；6. 鳃片；7. 鳃间隔

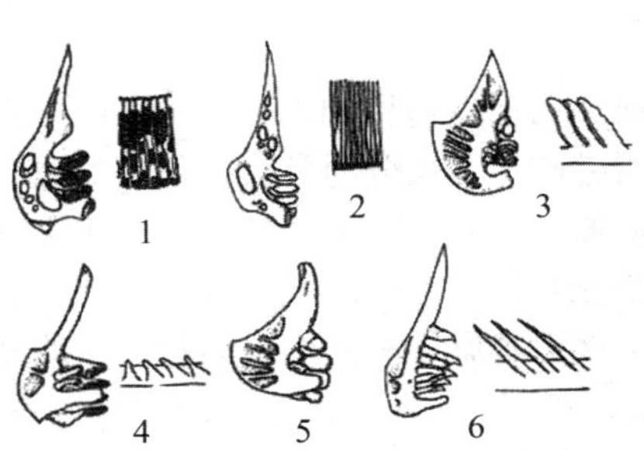

图 6-35 几种鱼的咽齿和鳃耙

1. 鲢的咽齿(左)和鳃耙(右)；2. 鳙的咽齿(左)和鳃耙(右)；
3. 鲤的咽齿(左)和鳃耙(右)；4. 草鱼的咽齿(左)和鳃耙(右)；
5. 青鱼的咽齿；6. 鳡的咽齿(左)和鳃耙(右)

(2)胃和肠

①胃　胃是消化道最膨大的部分，位于食道后方，其近食道端称为贲门部，近肠的一端称为幽门部。大部分硬骨鱼类(如鳜、乌鳢、大黄鱼等)，在胃后方、肠开始处有许多指状盲囊突出物，称为幽门盲囊(pyloric appendage)或幽门垂(pyloric caecum)。

这是鱼类特有的一种结构，它的组织学构造和酶含量等都与附近的肠相似，说明它的作用可能是用于扩大肠的消化吸收面积。鱼类幽门盲囊的数量因种而异，少至1个，多可逾1 000个。鱼类胃的结构与其他脊椎动物相似，最内为黏膜层，其次为黏膜下层、肌肉层，最外为浆膜层。胃与食道交界处有贲门括约肌，与肠交界处有幽门括约肌。鱼胃贲门部无任何腺体。鱼胃的形态和大小与其食性有关。吃大型捕获物的鱼通常胃较大，摄食小型饵料的鱼一般胃较小，有些鱼甚至没有胃，如软骨鱼中的圆口类、银鲛；真骨鱼中的鲤科鱼类、鳗鲶、海鲫、海龙科、翻车鱼、飞鱼科、隆头鱼科等。有些无胃鱼类肠的最前端膨大，但无胃腺，称为肠球，相当于有胃鱼类的十二指肠。无胃鱼类多属草食性或杂食性，常以肠的功能来代替或弥补胃的消化。硬骨鱼类的胃可分为5大类(图6-36)。

I型：胃直而稍膨大，呈圆柱状，无囊盲部，如银鱼科、烟管鱼科、狗鱼科鱼类的胃。

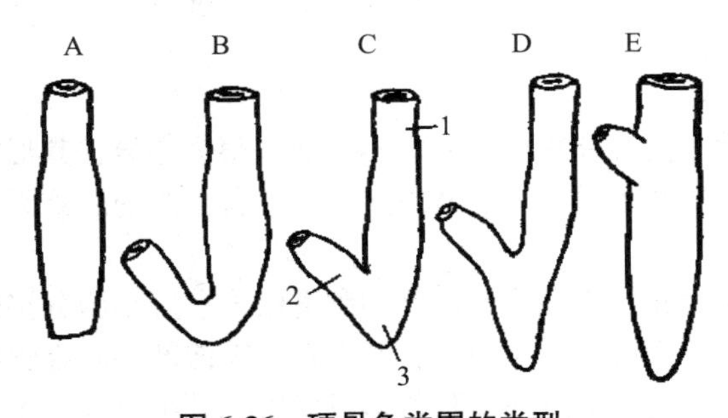

图 6-36 硬骨鱼类胃的类型

A. I型；B. U型；C. V型；D. Y型；E. 卜型
1. 贲门；2. 幽门部；3. 盲囊部

U型：胃呈U型，囊盲部不明显，如银鲳、池沼公鱼、白点鲑等的胃。

V型：胃呈V型，有囊盲部，但不甚发达，如香鱼、蓝子鱼、鲑鳟类、鲷科等的胃。

Y型：在V型胃的后方突出一明显的囊盲部，如鲥鱼、灯笼鱼及日本鳗鲡等的胃。

卜型：胃的囊盲部特别延长而发达，幽门部较小，胃一般呈圆锥形，如鲐鱼、鳕鱼、花鲈等的胃。

②肠　肠前端与胃相连(无胃鱼类的肠直接与食道相接)，肠后端止于肛门。肠壁的组织结构与胃壁相似，也分为黏膜、黏膜下层、肌层和浆膜。软骨鱼类的肠壁有呈螺旋状的皱褶，称为螺旋瓣(spiral valve)(图6-37)，其作用是延缓食物通过，以利于充分消化，同时也扩大了吸收面积。真骨鱼类除海鲢、宝刀鱼等少数低等鱼类肠壁具有不发达的螺旋瓣外，一般无螺旋瓣，但大多数具有多种多样、形状各异的黏膜褶。包括纵褶、横褶、Z型褶、网状褶、分支状褶等(图6-38)。肠的形状与鱼的食性有密切关，一般肉食性鱼类的肠管粗短，仅为体长的1/4~1/3，肠呈直管状，没有盘曲，如鳜鱼、乌鳢、鲶类等。植食性鱼类的肠很长，常常盘曲在腹腔中，常为体长的2~5倍，有的可达15倍。如鲢鱼、草鱼、华鲮等。杂食性鱼类一般介于两者之间。

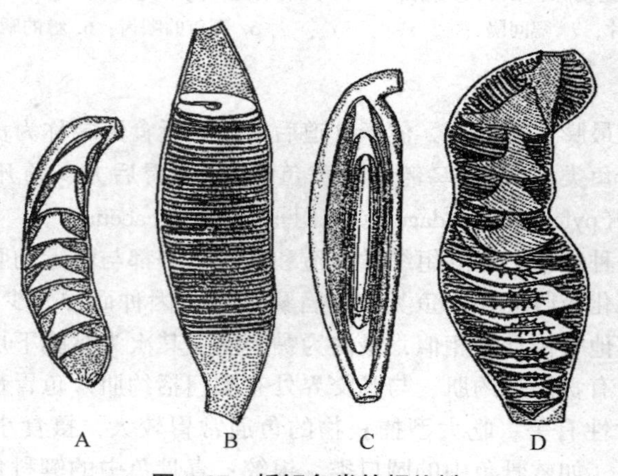

图6-37　板鳃鱼类的螺旋瓣

A. 短尾角鲨；B. 灰鳍鲨；C. 路氏髻鲨；D. 圆犁头鳐

6.10.1.2　消化腺

鱼类的消化腺主要有胃腺、肝脏和胰腺，没有唾液腺。除鳕科鱼类的肠中段有类似肠腺的多细胞管状腺外，其他鱼类无真正的肠腺。鱼类的胃腺与哺乳动物一样为分支管状腺。以下主要介绍肝脏和胰脏。

(1)肝脏

鱼类肝脏的形状、大小及分叶程度因种类不同而有很大差异，其形状一般与体形有关。大多数的肝脏分左右两叶，少数为单叶、三叶或多叶。鲤科鱼类的肝脏无一定形状，分散在肠系膜上且混有胰腺组织。

大多数鱼类的肝脏是由相互交织成网的肝细胞群组成。肝细胞分泌的胆汁，通过肝管进入胆囊中贮存。肝管是由许多胆细管汇合而成，肝管在肝脏前部与胆囊管相通，胆囊管的基部连接于胆囊。胆囊管与肝管相连后继续向前延伸形成胆管，其末端开口于小肠。

(2)胰脏

胰脏是兼有内分泌和外分泌功能的腺体，胰脏的外分泌部占胰脏大部分，属消化腺，分泌

图6-38 鱼类肠内壁黏膜褶

A. 鱤小肠黏膜；B. 鲢小肠黏膜；C. 梭鲻小肠黏膜；D. 鳙小肠黏膜；E. 三角鲂小肠黏膜；F. 梭鲻直肠黏膜；G. 青鱼小肠黏膜；H. 鲫鱼小肠黏膜；I. 乌鳢小肠黏膜；J. 草鱼小肠黏膜；K. 黑鮟鱇小肠黏膜；L. 松江鲈小肠黏膜

胰液；胰脏的内分泌部为胰岛，分泌胰岛素。

鱼类的胰脏分布复杂，软骨鱼类胰脏很发达，为一独立的致密型器官，它的形状随鱼的种类有所差别，胰管开口于肠的前部，其显微结构与哺乳动物胰脏很相似。硬骨鱼类胰脏通常是弥散型，由分散在肠表面的结缔组织、肠系膜、幽门盲囊周围或肝、胰中的腺泡和分支小管组成。只有少数硬骨鱼类(如鳗鲡、鲶鱼等)具有致密型胰脏。胰管单独开口于肠或幽门盲囊，或与胆管共同开口于肠。有些鱼类(如鲤科鱼)胰脏分散在肝脏中，合称肝胰脏，但各自是独立的器官。

6.10.1.3 消化液和消化酶

鱼类的口咽腔及食道通常都没有消化酶，因此没有消化作用。但它们能分泌黏液，润滑食道，便于吞咽。消化液主要有胃液、胰液、胆汁和肠液，它们在消化过程中起重要作用。

(1) 胃液和胃消化酶

除无胃鱼类外，大多数鱼类都能分泌由盐酸、胃蛋白酶和黏液组成的胃液。

①盐酸 软骨鱼类胃液明显呈酸性，例如魟的胃液 pH 值为 5.6，摄食后酸度增加。大多

数硬骨鱼空腹时的胃液接近中性，有的呈弱酸或弱碱性，而在胃充满饵料时呈强酸性。例如，在罗非鱼属鱼类的胃中，其pH值在每日投食后数小时可达2.0。又如，鲨鱼空腹时胃液呈弱碱性或中性，进食后胃液呈强酸性，pH值为1.69。

海水鱼类为了调节体内渗透压平衡，需要吞饮海水，由碱性的海水大量进入胃内，势必降低胃液的酸性，因此它们往往采取多种方式进行调节：消化食物时，不吞饮海水；分泌过量的盐酸以中和海水；食道和胃幽门相互靠近，使海水通过胃受到限制；将胃蛋白酶和盐酸直接分泌在食物表面进行消化。

②胃蛋白酶　胃蛋白酶是胃中最重要的消化酶。它由胃腺中主细胞所分泌，分泌物为无活性的胃蛋白酶原，后者在胃酸或已激活的胃蛋白酶的作用下转变成有活性的胃蛋白酶。从星鲨的胃黏膜中，已分离出4种不同的胃蛋白酶原。在一些硬骨鱼类，已获得结晶的胃蛋白酶。对大鳞大马哈鱼及金枪鱼等胃蛋白酶的分析表明，其结晶特性和氨基酸的组成等都和猪的胃蛋白酶不同。

鱼类的胃蛋白酶能水解多种蛋白质，但对黏蛋白(mucin)、海绵硬蛋白(spongin)、贝壳硬蛋白(conchiolin)、角蛋白(keratin)或相对分子质量小的肽类不起作用。胃蛋白酶最适pH值虽然在不同鱼类中有所不同，但差异不大，多变动在2~3。胃蛋白酶最适温度变动范围很大，30~60℃。温水性鱼类最适温度较高，冷水性鱼类较低。

除胃蛋白酶外，在一些鱼类的胃液中还发现有少数非蛋白水解酶。例如，大西洋鲱及鲱科鱼类的胃中有淀粉酶(amylase)；罗非鱼胃中有脂肪酶；虹鳟胃内有酯酶(esterase)；板鳃类、摄食昆虫的硬骨鱼类胃黏膜内有壳多糖酶(chitinase)；日本鲭鱼胃黏膜有透明质酸酶(hyaluronidase)。此外，在少数河口性鱼类和一些淡水鱼类(斑点叉尾鮰)的胃和前肠中曾发现有纤维素酶活性，但这类鱼用链霉素处理后其活性即消失，由此推测这种酶可能来自消化道中的微生物。

(2)胰液和胰消化酶

胰液是胰脏所分泌，由于鱼类的胰脏形态各异，弥散型居多，很难收集到纯净的胰液，因此对大多数鱼类胰液的化学成分了解较少。鱼类与其他高等脊椎动物类似，其胰液中存在蛋白水解酶(主要有胰蛋白酶、糜蛋白酶和弹性蛋白酶)、脂类水解酶(胰脂肪酶)和糖类水解酶(胰淀粉酶)。

(3)胆汁

胆汁由肝细胞合成及分泌。鱼类胆汁的成分与哺乳类相似，由水、无机盐、胆汁酸、胆固醇、胆色素、脂肪酸、卵磷脂等组成。胆汁酸与甘氨酸或牛磺酸结合形成胆盐。软骨鱼类和鲤的胆汁酸则与硫酸酯形成硫酸酯盐。鱼类与哺乳类一样，大部分胆盐可被肠壁重吸收入血液然后再返回肝脏，这一过程称为胆盐的肠肝循环。

多数鱼类的胆汁中不含消化酶，但在一些具有肝胰脏的鱼类发现其胆汁中含有少量的胰蛋白酶、脂肪酶和淀粉酶等。一般认为这些酶是由胰腺分泌，然后进入胆汁的。

(4)肠液

除个别鱼类(如鳕科鱼类)外，其他鱼类没有特化的多细胞肠腺。肠液中所发现的酶类，除由肠黏膜杯状细胞所分泌的外，还有来自胰液、胃液及食物中微生物的酶类。它们包括分解肽类的酶(如氨肽酶、肠肽酶)、酯酶(如脂肪酶、卵磷脂酶)、核苷酸酶(如碱性和酸性核苷酸酶及多核苷酸酶)和糖类消化酶(如淀粉酶、麦芽糖酶、异麦芽糖酶、蔗糖酶、乳糖酶、海藻糖酶及地衣多糖酶)等。这些酶类的活性与鱼类食性有关。一般杂食性或植物食性的鱼(如鲤鱼)，其肠淀粉酶的活性明显高于许多肉食性鱼类(如鲮鱼、鳕鱼、鱿鱼)；而以浮游生物和植物碎屑为食的鱼(如罗非鱼)，其肠的抽提液中能测出地衣多糖酶的活性。

6.10.2 鱼类消化和吸收特点

6.10.2.1 消化特点

多数鱼类的口腔无消化酶，故消化作用主要始于胃。无胃鱼的消化则始于肠。

(1)口腔内消化

鱼类的口和咽并没有明显的界限，通常鳃裂开口处为咽，其前方为口腔，统称口咽腔。口咽腔内有齿、舌和鳃耙等构造。

鱼类口咽腔没有唾液腺，也没有重要的消化酶生成，对食物消化作用很小。但鱼类口腔和咽表面有一层复层上皮，富含味蕾和杯状细胞(能分泌黏液)，有助于对食物的选择、摄取和吞咽。这些功能对齿系比较发达的鱼类有重要作用。

有少数鱼类(特别是无胃鱼类)食道能分泌消化酶，如鲤、罗非鱼的食道内发现有淀粉酶、麦芽糖酶和蛋白酶的活性，但作用较弱。

(2)胃内消化

鱼类的胃内消化比哺乳动物简单，适应性较广，主要有以下特点：①胃的结构简单，有的甚至无胃内结构(如无胃鱼类)。②大多数硬骨鱼类在空腹时的胃液 pH 值接近中性，有的呈弱酸性或弱碱性。③鱼类为变温动物，酶的活性受温度变化影响较大，胃蛋白酶适宜温度一般为30~50℃，其中温水性鱼类适宜温度较高，冷水性鱼类则较低。④鱼类胃液中除胃蛋白酶外，有些鱼的胃液中还发现有非蛋白消化酶(如上述)。⑤切断迷走神经或用阿托品阻断剂，对软骨鱼类胃液分泌没有影响，哺乳动物的促胃液素不能引起软骨鱼胃液的分泌。⑥鱼类胃液分泌无明显条件反射现象，只有进食后胃受扩张刺激才有胃液分泌。⑦胆碱类药物和组胺能促使硬骨鱼类胃液分泌。

(3)肠内消化

①鱼的肠内由于混有胃、幽门盲囊、胰液、胆汁等的分泌液，不易取得纯净的肠液，所以研究鱼的肠内消化比较复杂。一般认为鱼肠黏膜细胞可分泌分解肽类的酶类(如氨肽酶、肠肽酶)、分解核苷的酶类(如碱性和酸性核苷酶)、分解糖类的酶类(如淀粉酶、麦芽糖酶、异麦芽糖酶、蔗糖酶、海藻糖酶和地衣多糖酶等)和酯酶(如脂肪酶、卵磷脂酶等)等。②有关鱼类脂肪酶的报道较少，现有研究表明脂肪酶几乎存在于鱼类所有的消化组织器官中，但主要由肝胰脏分泌。③鱼类肠道一般不存在纤维素酶。④在鱼类，盐酸对胰腺分泌具有明显的促进作用，如给鳐小肠注射 0.36%~0.95%盐酸，发现其胰液分泌显著增加，这与哺乳动物相似；但用毛果芸香碱(胆碱能药物)、乙酰胆碱、阿托品(抗胆碱药物)和肾上腺素注入鱼血管，对胰液的分泌无效。这提示，鱼类胰液的分泌可能不受植物神经影响。

6.10.2.2 吸收特点

鱼类肠壁的构造比较原始，没有哺乳动物类那样的微绒毛，只形成各种各样的黏膜褶，以延缓食物通过的时间，并增加吸收面积。和其他脊椎动物一样，肠是鱼类对营养物质吸收的主要部位，吸收机理与哺乳动物大致相同，主要形式是单纯扩散和主动转运。

(1)蛋白质的吸收

蛋白质主要以氨基酸或小肽的形式被吸收。其吸收是逆浓度梯度、依赖于 Na^+ 的主动转运过程。此外，少量蛋白质和多肽也可经胞饮作用吸收。

蛋白质分解产物吸收的部位与种类有关，如虹鳟主要在肠与胃交界处附有幽门盲囊的肠管吸收，而鲤鱼则是在肠的后部。有的鱼(如鲨鱼)胃也有一定吸收作用。

(2)脂肪的吸收

鱼类甘油三酯的分解产物及其吸收机制与哺乳动物相近。除甘油三酯外，鱼类还可消化吸收蜡脂。脂肪的吸收主要在肠的前部和幽门盲囊，胃和肠的中后部也可吸收少量脂肪。

(3)碳水化合物的吸收

鱼类吸收的单糖主要是已糖(葡萄糖、半乳糖、果糖、甘露糖等)和戊糖(核糖、木糖和阿拉伯糖)。它们在肠的吸收速率不同，一般已糖比戊糖快，但在一些鱼类也发现果糖的吸收比戊糖还慢。葡萄糖、半乳糖的吸收是逆浓度梯度转运的主动过程。果糖的吸收机制与葡萄糖不同，是以易化扩散的方式被动吸收的。

糖在胃中几乎不被吸收，而在小肠中几乎全部吸收。鱼类对不同的单糖吸收率不一样，一般是已糖比戊糖快些。但在一些鱼类也发现果糖(已糖)的吸收比戊糖还慢。

(4)水和无机盐的吸收

不同鱼类对水的吸收情况不尽相同。淡水鱼类由于生活在低渗环境中，为了维持渗透压平衡，几乎不饮水。海水鱼类则恰恰相反，它们生活在高盐度的海水中，为了维持渗透压平衡，需要大量吞饮海水来补充体内的水分，多余的盐离子通过排泄系统和肠排出。海水鱼类每天吞饮量可达体质量的5%~12%，其肠管对水的吸收能力也很强，远远超过淡水鱼类。鱼类吸收无机盐的机制与哺乳类相似。

6.10.2.3 消化吸收率

消化吸收率是指消化吸收的营养物质占饵料中该物质总量的百分比，简称消化率。消化吸收率是消化生理的研究内容之一，在鱼类养殖业和饵料营养价值评定方面具有重要意义。价值饵料在鱼体内吸收率的方法有以下两种。

(1)直接法

直接法是从饵料摄取量和粪便排出量求得。公式如下：

$$消化吸收率=\frac{饵料摄取量-粪便排出量}{饵料摄取量}\times 100\%$$

直接法对陆生动物较易进行，但鱼类生活在水中，要从水中获取饵料摄取量和粪便排出量的准确数据很难，故一般采用间接法。

(2)间接法

间接法是把指标物质均匀地混合在饵料里投喂鱼类，测得饵料中某种成分和指标物质的含量，以及粪便中相应成分和指标物质的含量，计算其消化吸收率。公式如下：

$$消化吸收率=1-\left(\frac{饵料中指标物质浓度}{粪便中营养成分浓度}\times\frac{粪便中营养成分浓度}{饵料营养成分浓度}\times 100\%\right)$$

利用间接法测定消化吸收率须注意：所用指标物质必须是消化管完全不被吸收的，同时也不影响饵料的消化吸收，而且必须无害，容易定量。目前最常用的是三氧化二铬(Cr_2O_3)，其他如硫酸钡、氧化铁、木质素等也可作为指标物质。此外，指标物质须与饵料均匀混合，并避免水溶性物质流失。

(何立太)

复习思考题

1. 为什么称慢波是平滑肌的起步电位，它对消化管运动有何影响？
2. 正常情况下，为什么胰蛋白酶不会引起胰腺自身消化？
3. 缺铁性贫血与巨幼红细胞性贫血分别与什么营养物质的吸收障碍有关，它们与哪部分消化器官的功能有关系，是什么关系？

4. 胰液含有消化三大营养物质的酶类，为什么胰液分泌障碍通常只引起脂肪泻，而对糖类的消化、吸收一般没有影响？

5. 大部分营养物质都是通过血液途径吸收，为什么部分脂类消化产物为会循淋巴途径？

6. 反刍动物瘤胃和草食动物大肠内消化有何特点？如何利用这些特点提高生产效益？

7. 家禽胃内消化的主要特点是什么？

8. 海水鱼类是怎样调节胃内酸性的？

第 6 章

第 7 章
能量代谢与体温调节

本章导读

机体的物质代谢所伴随的能量释放、转移、贮存和利用，称为能量代谢。基础状态下的能量代谢称为基础代谢。衡量动物体的基础能量代谢只能采用静止能量代谢的概念来描述。能量代谢受多种因素影响，主要包括肌肉活动、精神因素、食物特殊动力效应和环境温度等。测定机体单位时间内能量代谢水平通常有两种方法：直接测热法和间接测热法。

物质代谢所释放的能量除用于肌肉做功、物质转运及腺体分泌等活动外最终都转化成热能，以维持动物的体温。机体的体温包括体核温度和体表温度。体表温度易受环境的影响，而机体深部的温度比较稳定。体温是指机体深部的平均温度，临床上常用直肠、口腔和腋窝等处的温度来代表体温。体温的相对稳定有赖于机体产热和散热过程的动态平衡，而这种动态平衡是在体温调节机构的控制下实现的。体温调节的基本中枢位于下丘脑。视前区-下丘脑前部的温度敏感神经元可能起着调定点的作用。各种恒温动物正常体温的调定点不尽相同，该调定点决定着体温水平的高低。低等脊椎动物的体温随环境温度而变化。

本章重点与难点

重点：基础代谢与静止能量代谢；体温及体温的调节(调定点学说)。

难点：体温自主性调节(神经、激素调节)。

7.1 能量代谢

新陈代谢是生物体生命活动的基本特征之一。这就意味着生物体与环境之间持续不断地进行着物质与能量交换。新陈代谢包括物质代谢(material metabolism)和能量代谢(energy metabolism)。物质代谢包括合成代谢(anabolism，大致相当于同化作用)和分解代谢(catabolism，大致相当于异化作用)。前者是指机体在生存过程中，不断从外界摄取营养物质，合成自身结构成分及其他物质的过程；后者是指体内物质和组织成分经异化作用，分解氧化并释放能量的过程。因此，合成代谢是吸能反应(endergonic reaction)，而分解代谢是放能反应(exergonic reaction)，两者紧密联系。通常把生物机体内物质代谢过程中所伴随的能量释放、转移、贮存和利用，称为能量代谢。

7.1.1 能量的来源与利用

7.1.1.1 饲料中主要营养物质能量的转化

能量是一个非常基础、非常抽象、非常难定义的物理概念。能量既不会凭空产生，也不会凭空消失，它只能从一种形式转化为别的形式，或者从一个物体转移到别的物体，在转化或转移的过程中其总量不变。动物的一切生命活动都需要能量，如果没有能量，生命活动就不能进行。动物机体不能直接利用太阳的光能，也不能直接利用外部供给的能量。机体体温、心跳、呼吸、血液循环、和胃肠蠕动等过程的维持以及其他生命活动所需的能量只能来源于食物。动物通过摄食活动从外界获取食物，并经消化和吸收过程将食物中的能量进行转化，同时将能源物质分子结构中碳氢键蕴藏着的化学能释放出来，用于完成自身的各种生命活动(图 7-1)。饲料中的能量主要来源于糖、脂肪和蛋白质三大营养物质中所蕴藏的化学能。糖、脂肪和蛋白质在体内氧化供能的途径不同，但有相同的规律。它们氧化释放的能量约有 50%以上迅速转化为热量，其余不足 50%转移到体内贮存。

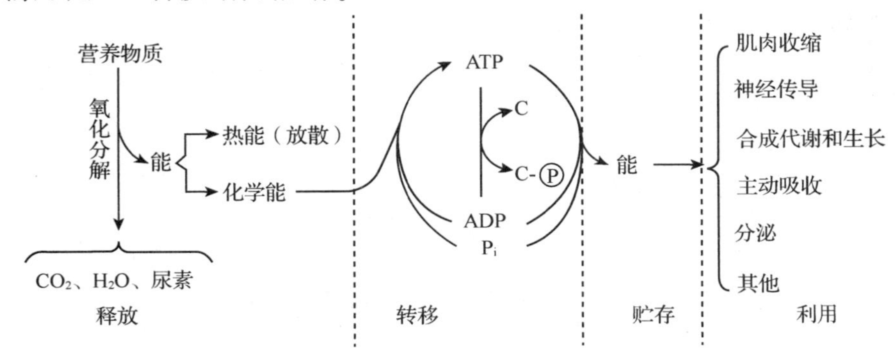

图 7-1　体内能量的释放、转移、贮存和利用示意图

(1) 糖

糖(carbohydrate)的主要功能是供给动物生命活动所需要的能量。动物体内的糖代谢实际上是以葡萄糖为中心进行的。葡萄糖转化供能的主要方式是产生三磷酸腺苷(adenosine triphosphate，ATP)，其转化过程有两条途径：一是在氧充足时，葡萄糖经有氧氧化彻底氧化分解为 CO_2 和 H_2O，同时释放大量能量。在机体供氧充分的情况下，1 mol 葡萄糖进行有氧氧化释放出的能量可供合成 30~32 mol ATP。二是在氧气供应不足时，葡萄糖经无氧酵解分解为乳酸，同时只释放少量能量。1 mol 葡萄糖进行无氧酵解仅能合成 2 mol ATP。上述糖分解的两条途径各有不同的生理意义，糖的有氧氧化是机体在正常情况下供能的主要途径，而糖酵解则是生物体在缺氧状况下供能的重要方式。一般情况下，绝大多数组织细胞有足够量的氧气供应，能通过糖的有氧氧化获得能量。糖的酵解过程释放出的能量虽少，但却是机体唯一不需氧的供能途径，有其自身重要的意义。此外，某些细胞(如成熟的红细胞)由于缺乏有氧氧化的酶系，也主要依靠糖酵解来供能。另外，脑组织所消耗的能量主要来源于糖的有氧氧化，因而对缺氧非常敏感，对血糖的依赖很大，如果血糖水平低于正常值的 1/3 或 1/2，即可出现脑的功能障碍，如发生低血糖休克等。

(2) 脂肪

脂类(fat)是含能量最高的营养素，从供能的角度来看，相同质量脂肪氧化所释放的能量约为糖或蛋白质氧化时所释放能量的 2 倍。脂肪在体内的主要功能是贮存和供给能量。体内脂肪的贮存量要比糖多。脂肪酸供能的基本方式是 β-氧化。脂肪酸 β-氧化的最终产物也是 CO_2 和 H_2O，同时释放出能量。当机体需要时，贮存的脂肪首先在酶的催化下分解为脂肪酸和甘油。甘油在肝脏经过磷酸化和脱氢处理而进入糖的氧化分解途径来供能或转化为葡萄糖。脂肪酸的氧化是在肝及肝以外的许多组织细胞进行，长链脂肪酸经过活化和 β-氧化，逐步分解为许多乙酰辅酶 A 而进入糖的氧化供能途径，彻底分解，同时释放能量。在饥饿状况下，糖供应不足时，机体供能主要依靠脂肪分解。脂肪分解过多，酮体生成也会增加，可发生酮血症。因此，对不能进食的患者，补充葡萄糖可预防酮血症的发生。但是，对于肝硬化患者，通过高糖补充营养反而会加重糖代谢异常。

(3)蛋白质

蛋白质(protein)的基本组成单位是氨基酸。无论是由肠道吸收的氨基酸，还是由机体组织蛋白质分解所产生的氨基酸，都主要用于组织细胞的自我更新、修复，或用于合成酶、激素等生物活性物质。只有在某些特殊情况下，如长期不能摄食或消耗极大而体内糖原、脂肪储备耗竭时，机体才会依靠蛋白分解供能，以维持必要的生理功能。

7.1.1.2 饲料中能量在体内的利用与转化

动物摄入的饲料能量伴随着养分的消化代谢过程，发生一系列转化，根据能量守恒和转化定律可将饲料能量相应地划分为若干部分(图7-2)。

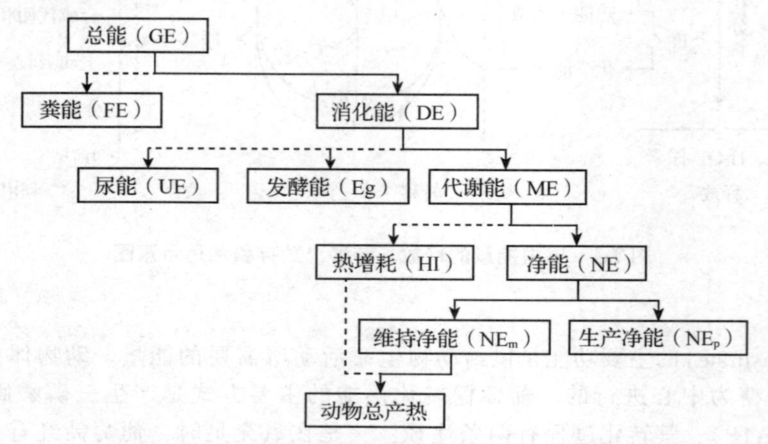

图7-2 饲料能量在动物体内的分配(引自伍国辉)

(1)总能

总能(gross energy，GE)是指饲料中有机物质完全氧化燃烧生成CO_2、H_2O和其他氧化物时释放的全部能量，主要为碳水化合物、粗蛋白质和粗脂肪能量的总和。饲料的总能取决于其碳水化合物、脂肪和蛋白质含量。对上述三大有机物而言，氧化释放的能量主要取决于碳和氢与外来氧的结合，分子中碳、氢含量越高，氧含量越低，则能量越高，C/H比值越小，氧化释放的能量越多。因为每克碳氧化成CO_2释放的能量(33.81 kJ)比每克氢氧化成H_2O释放的能量(144.3 kJ)低。因此，三大有机物的能值以碳水化合物最低，蛋白质次之，脂肪最高。

总能包括可消化能和粪能。粪能占总能的比例因动物种类和食物类型不同而异，吮乳幼龄动物低于10%，马约40%，猪约20%，反刍动物采食精料时为20%~30%，采食粗饲料时为40%~50%，采食低质粗料时可达60%。

(2)消化能

消化能(digestible energy，DE)是指饲料可消化养分所含的能量，即动物摄入饲料的总能与粪能之差。粪能(energy in feces，FE)为粪中养分所含的能量。正常情况下粪能主要由未被消化吸收的饲料养分、消化道微生物及其代谢产物、消化道分泌物和经过消化道排泄的产物以及消化道脱落细胞组成。在实际生产中，凡是影响饲料消化的因素均能影响消化能值。

(3)代谢能

代谢能(metabolizable energy，ME)是指饲料的消化能扣除尿能以及发酵能后剩余的能量。其中，尿能(energy in urine，UE)是指尿中有机物所含有的能量，主要来自蛋白质代谢产物，如尿素、尿酸、肌酐等。此外，饲料在消化道消化过程中，消化道微生物发酵产生的气体也会造成部分能量损失，即发酵能(energy in gaseous products of digestion，Eg)，是不能被动物机体利用的部分，实际上在代谢能中能被机体利用的能量是扣除热增耗以后的净能。

(4)净能

净能(net energy，NE)是指饲料中用于动物维持生命和生产产品的能量。即饲料的代谢能减去热增耗(heat increment，HI)。热增耗又称特殊动力作用，是指绝食动物在采食饲料后短时间内，体内产热高于绝食代谢产热的那部分以热的形式散失的能量，主要包括消化过程产热、营养物质代谢做功产热、与营养物质代谢相关的器官肌肉活动所产生的热量、肾脏排泄做功产热等部分。在实际生产中，只有净能才是被用于维持家畜本身的基础代谢活动，随意运动、调节体温和从事生长、泌乳、繁殖、产毛等各种生产活动的能量。此外，在冷应激环境中，热增耗对体温的维持是有益的，相反在炎热的环境中，热增耗将成为动物机体的负担，机体需要消耗能量将其散去以防体温升高。

7.1.2　能量代谢的测定原理与方法

机体与周围环境的能量交换，以及机体内部各种能量形式的互相转化，都服从于热力学的能量守恒定律。机体在一定时间内(如每天)能量的输入和输出是相等的。这种关系称为能量平衡(energy balance)。输入的能量最终来源于被吸收食物中的化学能，由下丘脑的摄食中枢和饱中枢调节；能量输出表现为功能、热能和贮存化学能的总和。其中，主要部分为热能，其次是功能。它们的输出速率都决定于机体活动的强度。化学能既可能因贮存而增多，也可能因消耗而减少。当能量输入大于热能和功能输出总和时，体内的贮存化学能为正值，体质量增加；反之，体质量减少。能量代谢测定是指定量测定机体单位时间所消耗的能量，即能量代谢率(energy metabolic rate)。从上述机体内能量的来源和去路，可以从理论上找到多种不同的方法来测定能量代谢率。这些方法通常可分为两类：直接测热法和间接测热法。

7.1.2.1　直接测热法

直接测热法(direct calorimetry)是指通过收集机体在一定时间内散发的总热量求得能量代谢率的方法。它所依据的原理就是能量守恒定律。即单位时间释放的能量等于单位时间内消耗的能量，包括热能、机械能和化学储备能三者之和。如果在测定期间，化学储备能极少可以忽略不计，骨骼肌处于静息状态没有做机械外功，则能量代谢率等于单位时间内散发的热量。若在测定能量代谢率时肌肉做机械外功，则应将其折算为热量一并计入。

直接测热法是利用一种特殊测量装置(图 7-3)，直接测量整个机体在单位时间内向外界环境散发的总热量。如果不做机械外功，这个热量就是单位时间机体代谢的全部能量。其原理是单位时间内由机体散发的热能使一定量水的温度升高，根据流过管道的水量和温度差，将水的比热容考虑在内，即可计算出机体散发的总热量。由此换算出单位时间的能量代谢量，即能量代谢率。由于直接测热法装置庞大，结构复杂，仪器精密，操作烦琐，主要用于科学研究，一般测定都改用间接测热法。

7.1.2.2　间接测热法

(1)间接测热法的原理

间接测热法(indirect calorimetry)所依据的基本原理是物质化学反应的定比定律。即在化学反应中，反应物的量与生成物的量之间呈一定的比例关系。例如，氧化 1 mol 葡萄糖，需要 6 mol O_2，同时产生 6 mol CO_2 和 6 mol H_2O，并释放一定的能量(ΔH)。其反应式为：

$$C_6H_{12}O_6+6O_2 \longrightarrow 6CO_2+6H_2O+\Delta H$$

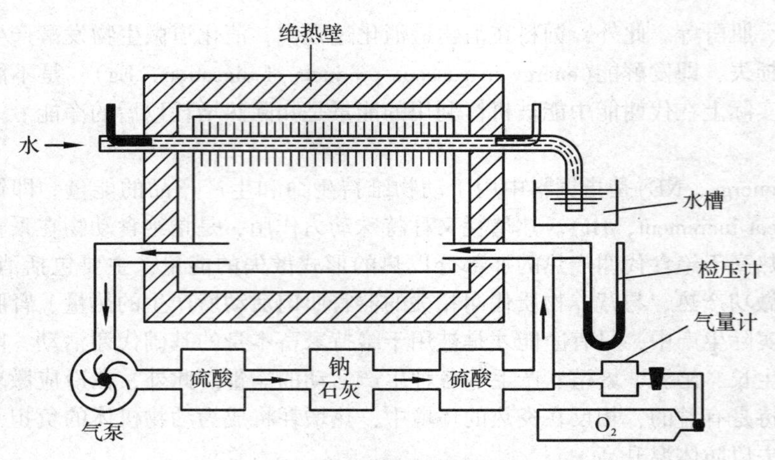

图 7-3 直接测热的设备

同一种化学反应中，一定数量的某种物质在氧化供能时，不管中间过程及条件有多大差异，这种定比关系不变。体内氧化 1 mol 葡萄糖与体外燃烧 1 mol 葡萄糖的反应式完全相同，因此定比定律也适用于体内营养物质的氧化供能反应。根据定比定律，只要测出一定时间内机体中氧化分解的糖、脂肪和蛋白质各有多少，就可以测算出机体在该段时间内所释放的总热量。此外，要完成间接测热还必须知道每种营养物质在氧化分解时产生的能量为多少。

下面介绍能量测定中的几个概念：

①饲料的热价(thermal equivalent of food) 1 g 饲料在体内氧化或在体外燃烧时所释放出来的能量，称为饲料的热价。饲料的热价可分为物理热价和生物热价。前者是饲料在体外燃烧时所释放的热量，后者是饲料在体内氧化时所产生的热量。实验证明，糖和脂肪在体外燃烧与在体内氧化分解所产生的热量是相等的，因此糖和脂肪的物理热价和生物热价是相等的。蛋白质在体内不能够彻底氧化分解，有一部分热量主要以尿素的形式从尿中排泄。同时，三大营养物在体内的消化率分别为：98%(糖)、95%(脂肪)和92%(蛋白质)。因此，三大营养物的物理热价大于生物热价。

②饲料的氧热价(thermal equivalent of oxygen) 某种营养物质在体内氧化时，消耗 1 L 氧气所产生的热量，称为该物质的氧热价。饲料的氧热价可从量上表示某种物质氧化时的耗氧量与产热量之间的关系。根据上述概念测定机体在一定时间内的耗氧量，就可以推算出它的能量代谢率。

③呼吸商(respiratory quotient，RQ) 机体从外界摄取氧气以供各种营养物质氧化需要，同时将代谢产生的二氧化碳排出体外。一定时间内，机体呼出的二氧化碳量和吸入的氧气量的比值称为某物质的呼吸商。用气体的摩尔数表示。通常在同一温度和气压条件下，每摩尔任何气体的容积都是相等的，因此在实际的计算过程中也常用气体容积数代替摩尔数。即

$$\mathrm{RQ}=\frac{\text{产生二氧化碳的摩尔数}}{\text{消耗氧气的摩尔数}}=\frac{\text{产生二氧化碳的容积}}{\text{消耗氧气的容积}}$$

各种养分无论在体内或体外氧化，它们的氧气消耗量和二氧化碳产生量都取决于该物质的化学组成。由于糖、脂肪和蛋白质等营养物质所含的碳、氢、氧不同，在体内氧化时的耗氧量和二氧化碳产生量也不同。根据营养物质氧化的化学反应式计算可知糖、脂肪、蛋白质氧化时消耗的氧气和产生的二氧化碳量各不相同，故它们具有不同的呼吸商。糖氧化时产生二氧化碳分子数与消耗氧气的分子数相同，在同一温度下，具有相同分子数的气体的体积是相同的，因

此糖的呼吸商等于1。脂肪氧化时耗氧量较多，其呼吸商仅约为0.71。蛋白质在体内氧化不完全，而且氧化分解的细节尚不够明了，测算蛋白的呼吸商比较困难，只能通过蛋白质分子的碳和氢被氧化时需要的氧气量和产生的二氧化碳量，间接算出蛋白的呼吸商为0.8。通常情况下动物日粮是糖、脂肪、蛋白质的混合物，日粮在体内氧化分解时整体的呼吸商为0.71～1.00。但在正常情况下，家畜机体内能量主要来源于糖和脂肪的氧化供能，蛋白质的作用可以忽略不计。糖和脂肪氧化(非蛋白质代谢)时的二氧化碳产生量与耗氧量的比值，称为非蛋白呼吸商(non-protein respiratory quotient，NPRQ)。

(2)*间接测热法的方法和步骤*

间接测定的过程包括测定一定时间内氧气的消耗量、二氧化碳的产生量以及尿氮的排出，根据尿氮的量计算出参与氧化的蛋白质量，同时扣除由蛋白质氧化产生的二氧化碳和消耗的氧气量，得到非蛋白呼吸商，进而计算出非蛋白食物的产热量和总产热量。因此，整个间接测定过程包括以下几个步骤。

①第一步　测定机体在一定时间内耗氧量和二氧化碳的产生量。测定耗氧量及二氧化碳产生量的方法有两种：闭合式测热法和开放式测热法。

a. 闭合式测热法　将受试动物置于一个密闭的能够收集热量的装置中。通过气泵不断将定量的氧气送入装置中。根据装置中氧气的减少量计算出单位时间内动物的耗氧量。动物呼吸作用产生的二氧化碳则被装置中气体吸收剂吸收，实验前后二氧化碳吸收剂的质量差即为动物释放的二氧化碳的量。通过上述过程就可求耗氧量和二氧化碳产生量。此法主要用于安静状态下能量代谢的测定，临床上常用闭合式测热法来测定基础代谢率。

b. 开放式测热法(气体分析法)　是在机体呼吸空气的条件下测定耗氧量和二氧化碳产生量的方法。其原理是将受试者一定时间内呼出的气体收集于气袋中，用气体分析仪分析呼出气中的氧气和二氧化碳容积百分比。再根据两者的差值计算出该时间内的耗氧量和二氧化碳产生量。此法可用于安静状态或各种运动程度的能量代谢的测定，特别适用于劳役或运动时能量代谢的测定。

②第二步　测定一定时间内从尿中排出的氮量，根据尿氮计算氧化分解的蛋白质，进而计算出由蛋白质分解产生的热量和消耗的氧气与产生的二氧化碳的量。

③第三步　从测定的总耗氧量和二氧化碳排出量中减去蛋白质氧化分解的耗氧量和二氧化碳生成量，得到氧化分解糖和脂肪的耗氧量和二氧化碳生成量，计算出非蛋白呼吸商，得出对应的氧热价，计算出非蛋白物质氧化产生的热量。

④第四步　计算出总的产热量和能量代谢率，总的产热量等于蛋白质代谢产热量与非蛋白食物产热之和。

尽管上述间接测热法需要测定的数据较多，计算步骤复杂，但所要求的条件比直接测热法简单，且在一般情况下测定结果比较准确。但上述操作和计算仍较繁多，在实际应用中常采用简略法，即用气体分析法测得一定时间内的耗氧量和二氧化碳产生量，并求出呼吸商，并且不考虑蛋白质代谢部分，就根据非蛋白呼吸商表查出呼吸商的氧热价，然后将氧热价乘以耗氧量，便得出该时间内的产热量。

由于个体差异，单位时间内不同个体的总产热量是不同的。若以每千克体质量的产热量进行比较，小动物每千克体质量的产热量要比大动物高得多。实际测定结果表明，能量代谢率的高低与体质量并不成比例关系，而与体表面积基本上成比例。因此，能量代谢率通常以单位时间内每平方米体表面积的产热量来表示。除个体差异外，能量代谢还受测定时动物的肌肉活动、精神活动、食物的特殊动力作用以及环境温度等因素的影响。

7.1.3 基础代谢与静止能量代谢

7.1.3.1 基础代谢与静止能量代谢的概念

(1)基础代谢

基础代谢(basal metabolism)是指机体在基础条件下的能量代谢。单位时间内的基础代谢称为基础代谢率(basal metabolism rate, BMR)。基础状态是指室温在20~25℃、清晨、空腹、清醒而又极其安静的状态。在这种状态下排除了肌肉活动、环境温度、食物特殊动力作用和精神紧张等因素的影响，各种生理活动都比较稳定，体内的能量消耗主要用于维持基本的生命活动，代谢率比较稳定。因此，临床上规定测定基础代谢时，必须在以下条件下进行：①清晨空腹，餐后12 h以上，以此排除特殊动力作用的影响。②室温在20~25℃。③测定前应避免剧烈活动。④排除精神紧张带来的干扰。⑤受试者体温在正常范围。这种在基础条件下测得的代谢率比安静时的代谢率低。

基础代谢率有两种表示方法：一种是绝对数值，通常以千焦/平方米·小时[kJ/(m^2·h)]。另一种是相对数值，用超出或低于正常值的百分数来表示。一般临床上多采用后一种方法表示。

(2)静止能量代谢

基础代谢的概念是用于描述人体在基础状态下的能量代谢情况的。而让动物保持与人体相似的状态有很大困难，因此，衡量动物体的基础代谢只能采用静止能量代谢的概念来描述。

静止能量代谢(resting energy metabolism)是指动物在一般的畜舍或实验条件下，早晨饲喂前休息时的能量代谢水平。这时，许多家畜的消化道并不处于排空后的状态，动物所处的环境温度也不一定适中。静止能量还包括一定量的特殊动力作用产生的能量，以及用于生产和体温调节的能量。

7.1.3.2 影响畜体能量代谢的因素

(1)劳役和运动

肌肉活动对能量代谢的影响最为明显。任何轻微的活动改变都可改变机体的能量代谢率。动物在运动或劳役时，能量代谢和耗氧量都会增加，最多可达安静时的10~20倍。

(2)精神活动

脑组织是机体代谢水平较高的组织。在安静状态下脑组织的耗氧量是相同质量肌肉组织的20倍。在动物处于激动、紧张、恐惧和焦虑等状态下，能量代谢率会显著增加，精神紧张可引起骨骼肌紧张性升高，产热量增加，同时也可以引起甲状腺、肾上腺髓质等分泌激素增多，促进细胞代谢活动，从而增加产热量。

(3)热增耗

热增耗也称食物的特殊动力作用(food specific dynamic effect)，是由于摄食后机体产生额外能量消耗的现象。蛋白质的食物特殊动力作用在摄食1~2 h开始，持续时间可达8 h左右，糖类仅持续2~3 h。由于摄食活动会产生热增耗，因此动物的摄食量必须满足基础代谢和机体各种生理活动的需要以及食物特殊动力作用的需要量，才能达到机体能量收支平衡。目前，尚不清楚产生食物特殊动力作用的内在机制，推测其主要与肝脏对营养物质的处理吸收有关，特别是氨基酸在肝脏内进行的氧化脱氨基作用有关。

(4)环境温度

环境温度与动物的能量代谢有着极为密切的关系。环境温度过高或者过低都会导致动物散热或产热的改变，从而导致能量代谢的变化。哺乳动物安静时，其能量代谢在20~30℃的环境最稳定，此时机体肌肉处于松弛状态。当环境温度低于 20℃时，寒冷刺激可反射性引起战栗和肌肉紧张增强，使代谢率增加，在 10℃以下，代谢率增加更为显著。当环境温度为 30~45℃范围时，代谢率逐渐增加，这与体内的化学反应过程加速、发汗、呼吸、循环功能增强有关。

(5) 个体自身因素

①品种、年龄、性别　不同品种、年龄和性别的动物其静止代谢率是不相同的。生长快速的品种比生长缓慢的品种代谢率高，而瘦肉型品种比肥胖型品种高。幼年动物的代谢水平高，因而其静止能量代谢率较高，成年以后静止能量代谢率随着代谢水平的下降而下降。这种年龄性的变化与生长有密切关联，生长最快时期的静止能量代谢水平也最高。由于雄性激素可使动物的基础代谢率增加 10%~15%，因此性成熟以后，在同样的情况下，公畜的静止能量代谢率高于母畜。

②体质量大小　家畜体质量的大小影响着动物机体的产热量，但是产热量并不与机体的质量直接成正比关系。研究证明：大型动物的产热量高于小型动物，如牛、马的产热量比大鼠高 1 000~2 000 倍；但大鼠每千克体质量的产热量比大动物的多。若以单位体表面积的产热量进行比较，则不同大小的动物每 24 h 每平方米体表面积的产热量几乎相等。

③生理状态和营养状态　处于不同生理状态和营养状态的动物其静止能量代谢率有所不同。各种母畜在发情、妊娠和哺乳期间，静止能量代谢率均会升高。情绪变化和应激时，也可使静止能量代谢率发生改变。此外，营养良好的动物代谢水平比营养不良个体的代谢水平高。

环境因素的影响主要包括季节和气候的影响。在一年的不同季节里，环境温度、光照条件、牧草等环境因素的变化，使家畜的静止能量代谢率产生十分复杂的季节变化。此外，气候对家畜的静止能量代谢的影响也比较明显。热带地区家畜的静止能量代谢率一般都比温带和寒带地区的低。除了上述因素影响动物机体的静止能量代谢率外，动物在正常生活条件下，还有许多因素会导致畜体能量代谢的改变。

7.2　体温及其调节

低等动物（如爬虫类、两栖类等）不具备维持体温相对稳定的能力，它们的体温在一定范围内随着环境温度的变化而变动，故称变温动物（poikilothermic animal）。随着动物的进化，机体的体温调节机构愈臻完善。鸟类、哺乳类等高等动物，能够在环境温度变化较大的情况下，通过体内的体温调节机构来维持体温的相对稳定，以适应环境温度的变化。所以，高等动物可称为恒温动物（homeothermic animal）。正常的体温是机体进行新陈代谢和维持正常生命活动的必要条件。

7.2.1　动物的体温

7.2.1.1　体表温度和体核温度

生理学将机体表层的温度称为表层温度（shell temperature），或体表温度；而将机体深部的温度称为深部温度（core temperature），或体核温度。这里所说的表层与深部，不是指严格的解剖学结构，而是生理学对于整个机体温度按功能模式所划分的区域。现分述如下：

(1) 体表温度

体表温度主要指机体外周组织即表层（包括皮肤、皮下组织和肌肉等组织）的温度。由于体表经常向周围环境散发热量和受到周围环境的影响，因此其温度不稳定，各部之间的差异也较大。动物的体表温度因各部位的血液供应、皮毛厚度和散热程度不同而存在明显差异。通常四肢末梢皮肤温度最低，越近躯干、头部，皮肤温度越高。气温达32℃以上时，皮肤的部位温差将变小。在寒冷环境中，随着气温下降，四肢的皮肤温度降低最显著，但头部皮肤温度变动相对较小。

体表的温度与皮肤局部血流量关系密切。凡是能影响皮肤血管舒缩的因素(如环境温度变化或精神紧张等)都能改变皮肤温度。在寒冷环境中，由于皮肤血管收缩，皮肤血流量减少，皮肤温度随之降低，体热散失因此减少。相反，在炎热环境中，皮肤血管舒张，皮肤血流量增加，皮肤温度因而升高，起到增强散失体热的作用。

(2)体核温度

体核温度是指机体深部(心、肺、脑和腹腔内脏等处)的温度。生理学所说的体温(body temperature)是指机体深部的平均温度，即体核温度。体核温度比体表温度高，且相对稳定，由于体内各器官的代谢水平不同，它们的温度略有差别，但不会超过1℃。机体在安静时，肝脏代谢最活跃，产热最多，温度也最高；脑的产热较多，温度也较高；肾、胰、十二指肠等温度略低；直肠温度则更低。循环血液是体内传递热量的重要途径，由于血液不断循环，机体深部各个器官的温度会经常趋于一致。故血液的温度可以代表重要内脏器官温度的平均值。通常动物的体核温度不易测量，临床上常用口腔温度、直肠温度和腋窝温度来代表体温。人体直肠温度的正常值为36.9~37.9℃；口腔温度(舌下部)平均比直肠温度低0.3℃；腋窝温度平均比口腔温度低0.4℃。畜牧兽医实践中，则多以直肠温度代表家畜体温。健康家畜的直肠温度见表7-1所列。

表7-1 健康动物的体温(直肠内测定) ℃

动物	体温	动物	体温	动物	体温
马	37.5.~38.6	肉牛	36.7~39.1	犬	37.0~39.0
骡	38.0~39.0	犊牛	38.5~39.5	兔	38.5~39.5
驴	37.0~38.0	牦牛	37.0~39.7	猫	38.0~39.5
黄牛	37.5~39.0	绵羊	38.5~40.5	豚鼠	37.8~39.5
水牛	37.5~39.5	山羊	37.6~40.0	大鼠	38.5~39.5
乳牛	38.0~39.3	猪	38.0~40.0	小鼠	37.0~39.0

7.2.1.2 正常体温的生理性波动

在生理情况下，体温可在一定范围内变动，称为生理性波动。昼夜、性别、年龄、肌肉活动、机体代谢情况等不同，都可使体温产生一定差异。

(1)体温的昼夜波动

体温常在一昼夜间有很规律的周期性波动。昼行性动物的体温下午最高，以后逐渐降低，黎明前最低，黎明后逐渐升高。一天内温差可达1℃左右。夜行性动物正好相反。这种波动实际上与动物的睡眠和觉醒有关，也是自然界光线、温度等因素周期性变化对机体代谢影响的结果。体温昼夜波动的幅度有一定的畜种差异，也与环境温度、季节、饮水、放牧条件有关。

(2)年龄

新生幼畜代谢旺盛，体温比成畜高。但其体温调节能力比较弱，不能有效地使体温恒定。幼畜在出生后的一段时间内容易受外界环境温度变化的影响使体温发生波动，因此对幼畜要加强护理和保温。

(3)性别

性别差异在性成熟时开始出现。在相同条件下，雄性的静止能量代谢比雌性高。但是，雌性发情期间代谢增强、体温升高，排卵时体温下降。雌性动物的体温随性周期变动的现象可能同性激素的周期性分泌有关，其中孕激素或其代谢产物可能是导致体温上升的因素。

(4)*肌肉活动*

动物在运动和使役时，肌肉活动，代谢增强，产热量增加，从而导致体温上升。例如，马在奔驰时，体温可升高到40~41℃；当马不奔跑时，肌肉活动减弱后体温逐步恢复到正常水平。

此外，地理气候、情绪激动、采食等情况对体温也可产生影响。在测定体温时，对以上所述的因素应予以注意。

7.2.2　机体的产热与散热

恒温动物之所以能够维持正常体温的相对稳定，是在体温调节机制的调控下，使产热过程和散热过程处于动态平衡的结果。如果机体的产热量大于散热量，体温就会升高，散热量大于产热量则体温就会下降。当机体的产热与散热达到动态平衡时，则可使体温稳定在一定的水平上。

7.2.2.1　产热

(1)*产热器官*

机体的热量来源于体内代谢，体内营养物质代谢释放的化学能，50%以上以热能形式直接用于维持体温，其余不足50%的化学能，经贮存、转化与利用，除部分用于完成机械外功外，最终也变成热能参与体温的维持。动物的主要产热器官是内脏、骨骼肌和脑(表7-2)。内脏中，以肝脏的代谢最旺盛，产热量最大。检测发现，安静时肝脏血液的温度比主动脉的高0.4~0.8℃。尽管每块骨骼肌在安静状态下产热量不多，但由于骨骼肌的总质量占全身体质量的40%左右，具有巨大的产热潜力。在轻度运动时，骨骼肌的产热量可比安静时增加3~5倍，在剧烈运动时，产热量可增加达40倍，占机体总产热量的90%。因此，机体安静时以内脏产热为主，而活动时则以骨骼肌产热为主。草食家畜消化道中饲料发酵产生大量热能，是这类动物体热的重要来源。

表7-2　几种组织器官的产热百分比　　%

组织器官	安静时产热量	活动时产热量	组织器官	安静时产热量	活动时产热量
脑	16	1	肌肉	18	90
内脏	56	8	其他	10	1

(2)*产热方式*

机体的总产热量主要包括基础代谢产热、食物的特殊动力作用和组织器官活动所产生的热量。但在寒冷环境中散热量显著增加，此时机体主要依靠战栗产热(shivering thermogenesis)和非战栗产热(non-shivering thermogenesis)来增加产热量，以维持体温。

①战栗产热　又称寒战产热，是机体处于寒冷环境时，骨骼肌发生的不随意节律性收缩，其节律为9~11次/min。战栗的特点是屈肌和伸肌同时收缩，所以基本不做外功，但产热量很高。通常在战栗之前，骨骼肌由于寒冷刺激先出现战栗前肌紧张(pre-shivering tone)，在此基础上因寒冷刺激的持续作用而发生战栗，代谢率可增加4~5倍，这样就维持了机体在寒冷环境中的体温平衡。

②非战栗产热　又称代谢产热，该产热方式与肌肉收缩无关。一方面，寒冷刺激时机体肾

上腺素、去甲肾上腺素和甲状腺激素等分泌增多，促进机体组织器官(特别是肝脏)产热增加；另一方面，交感神经兴奋引起褐色脂肪(brown fat)分解产热。褐色脂肪细胞内含有丰富的线粒体和大量的中性脂肪小滴。交感神经兴奋可能通过β受体介导，引起脂肪小滴在线粒体中氧化而快速产热。以上产热方式泛称非战栗产热(non-shivering thermogenesis)，也有学者将非战栗产热定义为交感神经兴奋时引起的褐色脂肪分解产热。此外，若寒冷环境持续数周，下丘脑-腺垂体-甲状腺功能轴活动增强，甲状腺激素分泌增多，也可引起全身细胞代谢率增加，产热量增多。

(3)等热范围

机体的代谢强度随环境温度的变化而改变。环境温度低，代谢加强；环境温度在一定范围内升高，代谢强度适当降低。在适当的环境温度范围内，动物的代谢强度和产热量保持在生理的最低水平而体温仍能维持恒定，这种环境温度的范围称为等热范围或代谢稳定区。等热范围的低限温度称为临界温度(critical temperature)，其高限温度称为过高温度(zone of hyperthemia)。在等热范围内，若气温下降，动物仅靠体表血管收缩、被毛竖立、汗腺分泌减少等物理性调节即可保持体温恒定。在这样的温度范围内饲养动物，动物产热量最少，饲料利用率和生产力最高，养殖效益最好。若低于临界温度，机体需要通过提高代谢强度与增加产热量来维持体温，从而使饲料消耗增加；反之，超过过高温度，机体则需增加皮肤血流量和发汗来耗能散热，以致使生产性能降低。一些动物的等热范围或代谢稳定区见表7-3所列。

表7-3 各种动物的等热范围 ℃

动物	等热范围	动物	等热范围	动物	等热范围
牛	16~24	犬	15~25	兔	15~25
猪	20~23	豚鼠	25	鸡	16~26
羊	10~20	大鼠	29~31		

等热范围因动物种类、品种、年龄及管理条件而有差异。一般被毛密集，皮下脂肪发达的动物(如牛、羊)等临界温度较低，耐寒性能较好。从年龄上看，幼龄动物由于皮毛较薄，散热较多，临界温度显著高于成年动物。

(4)产热的调节

体液因素和神经因素均参与产热活动的调节。

①体液调节　如上所述，多种激素可刺激细胞增加代谢率，其中以甲状腺激素的作用最重要。长时间的寒冷刺激可使甲状腺活动明显增强而分泌大量的甲状腺激素，使代谢率增加20%~30%。甲状腺激素作用的特点是起效慢，但作用时间长。去甲肾上腺素和生长激素等也可刺激产热，其特点是起效快，但维持时间短。

②神经调节　当寒冷信息通过传入神经传至下丘脑时，一方面通过交感神经-肾上腺髓质系统的活动增加代谢率；另一方面通过躯体神经系统引起战栗以增加产热量。前述的甲状腺激素产热效应实际上也是通过下丘脑-腺垂体-甲状腺系统实现的。

7.2.2.2 散热

(1)散热器官

动物的热量可通过皮肤、呼吸道、尿道、消化道等器官向外界散发。在一般环境温度下，体热约有1.5%随粪、尿散失，约有14%在呼吸过程中从呼吸道散失，这些散热不受体温调节机制的调控；而大部分的体热(约85%)通过皮肤散发，皮肤散热受机体体温调节机制的调控。

因此，皮肤是主要的散热部位并在体热平衡中发挥重要作用。

(2)散热方式

①辐射(radiation)　机体以热射线(红外线)的形式将体热传给外界的散热方式称为辐射散热。所有高于绝对温度的物体都具有这种波长为5~20 μm的红外热射线。机体在21~25℃安静状态下，约有60%的热量是以辐射方式散发的。辐射散热量的多少取决于皮肤与周围环境的温度差和有效散热面积。皮肤温度高于环境温度，其差值越大，散热量越多；反之，机体则吸收外界物体的热量。因此，若动物在炎热季节受烈日照射，可使体温升高，发生日射病(heliosis)；而在寒冷时节，照射阳光或靠近热源，则有利于动物保暖。此外，有效散热面积越大，散热量越多。动物采用不同的姿势时，则其有效散热面积可有较大的变化。

②传导(conduction)　机体热量直接传给较冷接触物体的散热方式称为传导散热。机体深部的热量以传导方式传到机体表面的皮肤，再由后者直接传给同它相接触的物体，如地面、圈舍的墙壁等。传导散热的多少取决于皮肤与接触物的温度差、接触物的热导率、接触面积等。温度差越大，热导率越高，接触面积越大，则散热量越多。另外，由于机体脂肪的导热性能较低，所以肥胖动物由深部向表层传导的散热量较少，动物秋天贮存大量脂肪对冬季防寒保暖、维持体温有重要作用。水的热导率高，热容量大，夏天动物通过在凉水中浸泡，有助于散热降温。

③对流(convection)　通过与体表接触的气体或液体来交换和散发热量的方式称为对流散热。动物皮肤总是被一薄层空气包绕。皮肤的热量先传给这一层空气并使之升温，如这层空气的温度升至与皮肤温度相等时，则传导散热停止。但实际上，由于空气对流，这些流走的温暖空气被较冷空气替代，使传导散热得以继续进行。因此，对流散热是传导散热的一种特殊形式。对流散热的多少主要取决于风速，也受皮肤与接触物温度差的影响。风速越大，散热量越多。另外，温度差越大，散热量也越多。覆盖动物皮肤表层的被毛，其间空气不易流动，且干燥空气是热的不良导体，因而有利于体温的保存。对于饲养的动物，冬天应该减少空气对流，夏天应加强舍内通风，以利于体温的调节。

④蒸发(evaporation)　机体通过体表蒸发水分来散发体热的散热方式称为蒸发散热。在常温下，体表每蒸发1 g水可使机体散发2.43 kJ的热量，是一种有效的散热途径。当环境温度为21℃时，大部分的体热(78%)靠辐射、传导和对流的方式散热，少部分的体热(22%)则由蒸发散热；当环境温度升高时，皮肤和环境之间的温度差变小，辐射、传导和对流的散热量减小，而蒸发散热作用则增强；当环境温度等于或高于皮肤温度时，辐射、传导和对流的散热方式就不起作用，此时蒸发就成为机体唯一的散热方式。

蒸发散热分为不感蒸发(insensible perspiration)和发汗(sweating)两种形式。动物即使不发汗，其皮肤和呼吸道仍不断有水分渗出而被蒸发掉，这种感觉不到的水分蒸发称为不感蒸发。室内温度在30℃以下时，人体24 h不感蒸发的水量约为1 000 mL，其中通过皮肤蒸发的水分为600~800 mL，这种蒸发与汗腺活动无关。幼年动物的不感蒸发的速率比成年动物大，因此，在缺水时，幼年动物更容易发生脱水。不感蒸发是一种很有效的散热途径，有些动物(如犬、猪)，虽有汗腺结构，但在高温环境下也不能分泌汗液，此时，它们必须通过热喘呼吸(panting)和增加唾液分泌，靠呼吸道和唾液的水分蒸发来增强散热。

发汗是汗腺主动分泌汗液的过程，发汗后通常伴随汗液蒸发而带走大量的热量，故又称可感蒸发(sensible perspiration)。但需注意的是，汗液只有在汽化时才有散热作用，如被擦掉则起不到最佳散热效果。蒸发散热受温度、风速、空气湿度的影响。环境温度高、发汗速度加快；但动物若在高温环境中停留时间过长，可因汗腺疲劳而导致发汗速度明显减慢。皮肤温度高，风速大，则汗液汽化加快，散热增多。值得注意的是，空气湿度增大时，虽发汗增多，但汗液不易蒸发，导致体热贮积，可反射性地引起大量出汗。大面积烧伤的患者存在汗腺分泌障碍，在热环境中由于皮肤不能散热，体温可明显上升。

蒸发散热有明显的种属特异性。马属动物大汗腺受交感肾上腺素能纤维支配，能够大量出汗；牛有中等程度的出汗能力；绵羊虽可发汗，但以热喘呼吸散热为主。热喘呼吸时动物的呼吸浅而快，频率可达200~400次/min。鸟类没有汗腺。犬虽有汗腺，但在高温下不能分泌汗液。啮齿动物既不热喘呼吸，也不发汗，而是通过向被毛上涂抹唾液或水来蒸发散热。

(3)散热的调节

机体通过神经、体液机制调节皮肤血流量和发汗活动，进而调节散热量。

①皮肤血流量的调节　皮肤散热量的多少，关键取决于皮肤与周围环境的温度差。机体深部的热量可以通过热传导和血液循环的方式到达皮肤，但以后者为主。例如，在炎热的环境中，交感神经紧张性降低，皮肤血管舒张，动-静脉吻合支开放，皮肤血流量大大增多，皮肤温度升高，散热量增加。

②发汗活动的调节　动物的汗腺有两种：大汗腺和小汗腺。大汗腺分布于腋窝和外阴部等处，开口于毛根附近。小汗腺则分布于全身皮肤，但分布的密度不同，足跖部最多，其次为额部，四肢躯干最少，而以躯干和四肢的发汗能力最强。

发汗是一种反射活动。中枢神经系统从脊髓到大脑皮层都有调控发汗的中枢，其中以下丘脑发汗中枢(center of sweating)的作用最重要。视前区-下丘脑前部的神经冲动经自主性通路传至脊髓，然后经交感神经的胆碱能纤维控制小汗腺的分泌细胞。因此，注射乙酰胆碱可引起发汗，而阿托品(M受体阻断剂)可阻断发汗。大汗腺可接受血中肾上腺素的刺激而出现分泌活动。

汗腺的分泌可由温热性刺激和精神紧张引起。由温热性刺激引起的发汗称为温热性发汗(thermal sweating)，见于全身各处，主要受下丘脑发汗中枢控制，其主要意义在于散发体热，调节体温。由精神紧张或情绪激动引起的发汗称为精神性发汗(mental sweating)，就人而言，主要见于掌心、足底、腋窝和前额等处，由大脑皮层运动前区发出的神经冲动引起，意义不明。这两种发汗活动并不是截然分开的，而是经常以混合形式出现。实际上，汗腺在一定程度上也接受血液中肾上腺素和去甲肾上腺素的刺激。运动增加发热，同时也通过交感神经-肾上腺髓质活动增强来增加发汗散热，从而调节体温。

汗液是一种低渗溶液，其中水分占99%以上，而固体成分则不到1%，固体成分中以NaCl为主，也有少量的KCl、乳酸及尿素等。同血浆相比(表7-4)，汗液中NaCl的浓度一般低于血浆；汗液中不含蛋白质和葡萄糖，但乳酸浓度高于血浆。汗液是由汗腺细胞主动分泌的，在汗腺分泌时，分泌管腔内的压力高达250 mmHg以上。汗液中的乳酸是汗腺细胞进入分泌活动的产物。刚从汗腺细胞分泌的汗液与血浆是等渗的，但在流经汗腺管腔时，由于受到醛固酮的调节，Na^+和Cl^-被重吸收，所以，最后排出的汗液是低渗的。机体在高温环境大量出汗而丧失体

表7-4　血浆和汗液的成分比较

mmol/L

物质	血浆	汗液	物质	血浆	汗液
钠	142	80	尿素	5.5	5.5
钾	4.4	4.4	葡萄糖	5.6	0.1
钙	2.5	1.0	乳酸	1.5	3.5
氯	103	86.5			

液时，失水多于失盐，常可导致高渗性脱水。因汗液毕竟含有一定的盐，故大汗后补水的同时需注意补盐，否则有可能从高渗性脱水转化为低渗性脱水。

7.2.3　体温的调节

体温调节包括自主性体温调节和行为性体温调节。自主性体温调节(autonomic thermoregulation)是指在体温调节中枢的控制下，机体通过改变产热和散热活动来维持体温恒定的反应。行为性体温调节(behavioral thermoregulation)是指机体为维持体温而采取的各种行为。显然，后者是以前者为基础的，是对前者的补充。通常所说的体温调节主要是指前者而言。

自主性调节是由体温反馈控制系统完成的。如图 7-4 所示，控制系统包括调定点和体温调节中枢，它的传出信息调节受控系统(如肝脏、骨骼肌、皮肤血管和汗腺等)的活动，试图维持机体温度在一定水平；温度感受器检测受干扰因素影响后的体温输出(受控)变量，并不断将反馈信息送回控制系统，进而调整传出信息以精确控制受控系统的活动，从而维持体温的恒定。

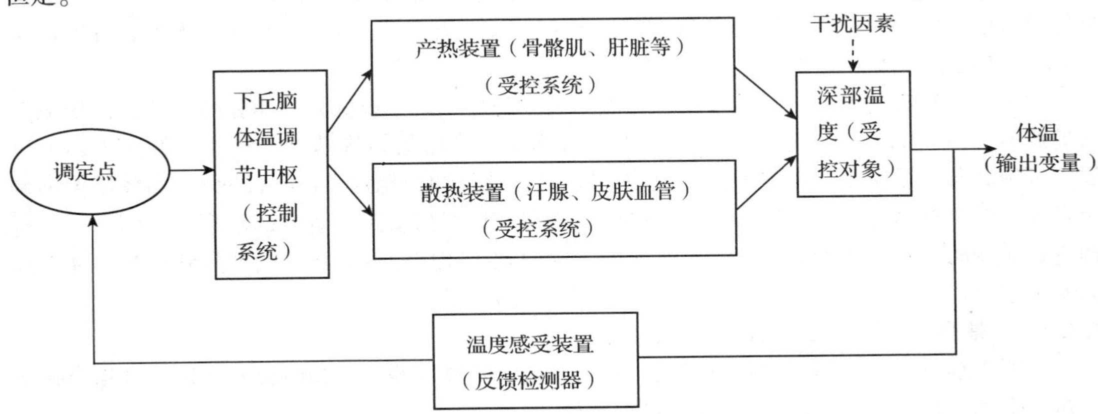

图 7-4　体温调节自动控制示意图

7.2.3.1　温度感受器

温度感受器是感受所在部位温度变化的特殊结构。按其分布位置可分为外周温度感受器和中枢温度感受器；按其感受的刺激又可分为冷感受器(cold receptor)和热感受器(warm receptor)。

(1)外周温度感受器

外周温度感受器泛指分布于中枢神经系统以外的温度感受器，见于全身皮肤、黏膜、内脏和肌肉等处。当局部温度升高时，热感受器兴奋；反之，冷感受器兴奋。从记录温度感受器发放的冲动频率可见，大鼠阴囊的冷感受器在 28℃时发放冲动频率最高，而热感受器则在 43℃时发放冲动频率最高。当皮肤温度偏离这两个温度时，两种感受器发放冲动的频率均逐渐减少。研究表明，冷感受器多于热感受器，尤其是皮肤，冷感受器约为热感受器的 10 倍，提示皮肤和深部温度感受器的功能主要在于感受冷刺激，以防止体温下降为主。

(2)中枢温度感受器

存在于中枢神经系统内对温度变化敏感的神经元群称为中枢温度感受器，分布于脊髓、延髓、脑干网状结构以及下丘脑等处。用电生理学方法记录单纤维放电时，因局部升温而放电频率增加的神经元称为热敏神经元(warm-sensitive neuron)。因局部降温而放电频率增加的神经元称为冷敏神经元(cold-sensitive neuron)。在下丘脑的视前区-下丘脑前部(preoptic anterior hypothalamus，PO/AH)以热敏神经元居多，而在脑干网状结构和下丘脑弓状核则以冷敏神经元较多。实验证明，下丘脑的两种温度敏感神经元在局部温度变化仅0.1℃时就改变放电频率，而且不出现适应现象。PO/AH中某些温度敏感神经元除感受局部脑温变化外，尚对其他部位(如脑干、脊髓、外周等处)传入的温度变化信息发生反应。提示中枢和外周的温度信息均可会聚到这些神经元。此外，致热原、单胺类物质以及多种多肽类物质也可直接作用于这些神经元，引起体温的改变。

7.2.3.2 体温调节中枢与调定点学说

体温调节中枢存在于从脊髓到大脑皮层的整个中枢神经系统。在多种恒温动物中采用不同水平横断脑干的实验方法证明，只要保持下丘脑及其以下结构完整，体温就可以维持正常，说明下丘脑是调节体温的基本中枢。

切除下丘脑的动物，其表现很像变温动物。进一步的实验表明，PO/AH是体温调节中枢整合的重要部位。其证据如下：①广泛破坏PO/AH，体温调节反应显著减弱或消失。②PO/AH既是温度感受部位，又是体内各个部位传入的温度信息的汇聚部位。③PO/AH对温度信息进行整合的型式与整体的体温调节反应型式相似。④致热原(pyrogen)等化学物质能直接作用于PO/AH而引起体温调节反应。

关于体温稳态的维持，目前多用调定点学说来解释。该学说认为，体温的调节类似于恒温器的调节，PO/AH的温度敏感神经元可能是起调定点作用的结构基础。这些神经元为调节体温于恒定状态而设定了一个参考温度值(如37℃)，此值即为调定点(set-point)。当体温偏离调定点水平时，机体通过产热和散热活动的改变而促使体温恢复到调定点的水平。任何原因引起调定点改变时，热敏神经元和冷敏神经元的活动便发生相应改变，机体的产热和散热活动在新的调定点水平达到动态平衡，体温即被稳定于这一新水平。

7.2.3.3 信号传出途径及体温调节反应

由下丘脑发出的传出信号可通过自主神经系统、躯体神经系统和内分泌系统3种途径调节产热器官和散热器官的活动，以维持体温稳定。

(1)自主神经系统

通过对心血管系统、呼吸系统、皮肤等器官活动和代谢的影响调节机体的产热和散热过程。例如，寒冷时引起交感神经兴奋，使心率加快，血压升高，褐色脂肪组织细胞代谢显著增强，产热量明显增加；同时使皮肤血管收缩，体表温度降低，散热量下降，并使竖毛肌收缩，被毛竖立、增加空气绝热层，以减少散热。在炎热环境中，交感神经兴奋性下降，皮肤血管舒张，血流加快而使散热量明显增加。此外，体温升高或较强的温热性刺激作用于皮肤温度感受器时，引起下丘脑发汗中枢兴奋，通过交感神经的胆碱能纤维控制全身小汗腺的分泌活动，引起汗液分泌，促进散热。

(2)躯体神经系统

通过控制骨骼肌的紧张性和运动，影响机体产热和散热。环境寒冷时，刺激皮肤温度感受器，引起下丘脑战栗中枢兴奋，反射性引起全身骨骼肌肌紧张增强，发生战栗，产热量明显增加；反之，骨骼肌肌紧张减弱，产热量减少。此外，环境温度刺激还可通过大脑皮层调节骨骼肌随意运动和动物的行为变化。例如，寒冷时，引起动物蜷缩身体，寻找温暖场所以减少散热；而炎热时，动物身体舒展，寻找阴凉场所以增加散热。在炎热和潮湿环境中，动物伏卧不动尽量减少肌肉运动和降低代谢率等。

(3)内分泌系统

通过甲状腺和肾上腺激素等的分泌活动来调节机体的代谢和产热。例如，寒冷时，下丘脑通过垂体分泌促甲状腺激素和促肾上腺皮质激素引起甲状腺素和肾上腺激素的分泌增加。甲状腺激素能加速细胞内的氧化过程，促进分解代谢，增加产热量。肾上腺素促进糖和脂肪的分解代谢，促使产热增加。此外，寒冷刺激引起交感神经兴奋和儿茶酚胺类激素分泌，促使褐色脂肪分解产热，使产热量明显增加。

7.2.4　恒温动物对环境温度的适应

7.2.4.1　家畜的耐热与抗寒性能

家畜对高热环境的适应能力是很有限的，不同畜种对炎热的适应能力不同。骆驼的耐热能力最强，在供给充足的饮水情况下，可长期耐受炎热而干燥的环境，它对高温的主要调节方式是加强体表的蒸发散热。

绵羊有较好的耐热能力。对高温的体温调节方式主要是热喘呼吸，出汗也有一定的作用。在 32℃时，其直肠温度开始升高，当达到 41℃时，出现热喘呼吸。外界温度高达 43℃而相对湿度不超过 65%时，绵羊一般可耐受几个小时。

牛的耐热能力不如羊，役用牛的耐热性能强于乳牛。荷兰乳牛在 21℃时，直肠温度开始升高。气温继续上升时，进食量减少，甲状腺活动减弱，泌乳量下降。气温达 40℃时，直肠温度可升高到 42℃，此时食欲废绝，产奶停止。水牛的汗腺不发达，皮肤色深而厚，热应激时主要以水浴来散热。

猪对高温的耐受能力也较差。在 30~32℃时，成年猪直肠温度开始升高，在相对湿度超过 65%的 35℃环境中，猪就不能长时间耐受。直肠温度 41℃是猪的致死临界点，容易发生虚脱。由于猪耐热能力弱，尤其是仔猪，所以夏季应注意采取降温措施，人工协助猪体散热。此外，还要避免长途驱赶。

马汗腺发达，皮肤较薄，耐热能力较强。在 30~32℃时，呼吸次数增加，但不出现热性喘息，主要依靠是出汗散热。

家禽由于没有汗腺，热应激时主要靠热性喘息散热。

家畜的抗寒能力比耐热能力大得多。例如，气温接近体温时(35~40℃)，大多数家畜都不能长时间耐受，但气温比体温低 20~30℃，甚至更低时，一般都能维持体温于正常水平。

牛、马和绵羊在气温降到-18℃时，都能有效地调节体温。在-15℃环境中，荷兰乳牛仍能维持正常泌乳量。猪的抗寒能力比其他家畜低得多，成年猪在 0℃环境中一般不能持久地维持体温。一日龄猪在 1℃环境中停留 2 h 就将陷入昏睡状态。

7.2.4.2　动物对高温与低温的适应

由于恒温动物具有完善的体温调节系统，通过自主性的体温调节和行为性的体温调节来保持体温的相对恒定。哺乳动物对寒冷的适应能力要强于对高温的适应能力。它们对环境高温、低温的生理性适应可分为 3 类。

(1) 习服

习服(acclimation)是指动物短期(通常数月)生活在极端环境温度(寒冷或炎热)中所发生的适应性反应。在寒冷的环境中，冷习服的主要变化是由战栗产热转变为非战栗产热，主要表现为与糖、脂肪代谢有关酶的活性和代谢率的变化，使产热过程适应已变化的温度环境。甲状腺、肾上腺等参与这一过程的调节。动物经过冷习服后，在严寒中存活的时间延长，其代谢率可持续增强，但启动产热调节的临界温度并无明显降低。

(2) 风土驯化

风土驯化(acclimatization)是指随着季节性变化，机体的生理性调节逐渐发生改变，形成对环境温度的适应。例如，由夏季经秋季到冬季气温逐渐下降，动物常常出现冷驯化。冷驯化动物主要通过增加身体的隔热层和减少散热来维持正常体温，如被毛增厚、皮下脂肪沉积、皮肤血管收缩性改善等。冷驯化并不像冷习服那样，依靠消耗大量的能源储备来维持体温。冷驯化中，机体的代谢率并不升高，主要是通过被毛的变化和血管的舒缩活动等，调整和提高机体的保温能力。

(3)气候适应

气候适应(climatic adaptation)是指经过几代自然选择和人工选择，动物的遗传性发生变化，不仅本身对当地的温度环境表现了良好的适应，而且能遗传给后代，成为该种或品种的特点。例如，寒带品种的动物有较厚的被毛和皮下脂肪层，具有最有效的绝热层，在较冷的条件下无须代谢增高，体温也能保持正常水平并很好地生存。气候适应并不改变动物的体温，无论处于寒带还是温带的动物均有大致相等的直肠温度。

在热环境中动物也可发生气候适应，体温升高，甚至超过环境温度，如骆驼的直肠温度可由34℃升高到40℃，以此减少水分的蒸发以保存体液。

7.2.4.3 动物的休眠

休眠(dormancy)是动物在不良条件下维持生存的一种独特的适应性反应。休眠又可分为非季节性休眠(如日常休眠)和季节性休眠。日常休眠是指一天内的某一时间不活动，呈现低体温的休眠。而季节性休眠和日常休眠不同，它的休眠期持续时间较长，并且有季节性的限制。季节性休眠又分为冬眠和夏眠。冬眠发生于一年中的寒冷季节，夏眠发生于一年中的干旱炎热季节。

(1)冬眠

无脊椎动物和脊椎动物中的有些种类在寒冷的季节有休眠现象。在温带和高纬度地区，随着冬季的到来，许多小型哺乳动物就进入洞内，开始冬眠(hibernation)。冬眠的特征是体温下降到同气温相近，呼吸和心率极度减慢，代谢(耗氧量)降到最低限度。冬眠期间，机体组织对缺氧具有极强的适应能力，不会因缺氧而造成损伤。当环境温度适宜时，又可以自动苏醒，称为出眠。在寒冷的季节，陆生的无脊椎动物，如软体动物、甲壳动物、蜘蛛和昆虫等以及变温的脊椎动物都进入一种麻痹(休眠)状态，这种状态也称冬眠。但是这些变温动物一般没有调节体温的能力，冬眠的机制与恒温动物不同，但其生物学意义则是相同的，即降低消耗来度过困难的冬天。

许多水生无脊椎动物，在寒冷的冬天也藏到池塘、湖泊和河底的淤泥中进行休眠。脊椎动物中的鱼类、两栖类、爬行类在寒冷的冬天都有冬眠。哺乳动物中，刺猬、蝙蝠和许多啮齿动物(如山鼠、跳鼠、仓鼠、黄鼠、旱獭)也进行冬眠。在较大的肉食性哺乳动物中，如熊、獾、猩等也有类似冬眠的状态。但这些动物的冬眠程度不深、不能进行持续性的深眠，故有人称为假冬眠。哺乳动物的冬眠是从睡眠开始，冬眠与睡眠有许多相似之处，但冬眠和睡眠是两种不同的生理现象。

真正冬眠的哺乳动物苏醒的时间和温度上升的速度是各有不同的，有的动物苏醒所用的时间较短，有的则需要较长时间。例如，松鼠苏醒时，体温由4℃上升到35℃时约需4 h，而蝙蝠不到1 h就可以完全苏醒。有的研究者曾将蝙蝠放在冰箱内保存144 d，然后放到室温内，15 min后它就能迅速起飞。蝙蝠在冬眠时的最低体温是0.1~2.2℃，而非冬眠期的正常体温在27.9~32.1℃。冬眠哺乳动物的苏醒是自身升温的过程，并不一定都需要环境温度的升高，这一点与变温动物不同。

(2)夏眠(蛰伏)

夏眠(estivation)主要指动物在高温和干旱时期的休眠现象。夏眠动物大多是生活在赤道地区和热带的动物，种类不多。哺乳动物的夏眠以啮齿动物为多，在食虫目和有袋类中虽然也有，但为数极少，鸟类也很少。夏眠动物和冬眠动物有着一系列相同的特点，即休眠的动物都是处于麻痹状态，停止摄食，不活动，对外界刺激基本上无反应，体温下降到同周围环境的温度相近。

哺乳动物的夏眠与低温所引起的冬眠的区别仅在于生理过程强度的缓慢程度不同，在夏眠中麻痹状态不是很深。夏眠动物的体温远比冬眠动物的体温高，所以新陈代谢也比较强。例如，夏眠的黄鼠体质量下降很快，夏眠15 d，黄鼠的体质量减少17%~19%。冬眠期间体温为2~8℃时，一昼夜体质量仅减少0.16%~0.50%；而在夏眠时，一昼夜体质量下降1.1%~1.2%。

7.2.5　家禽的体温及体温调节特点

7.2.5.1　家禽的正常体温

家禽虽然是恒温动物，在一定范围的环境温度条件下，能保持体温的相对恒定。但是，这并不意味着禽体各种组织都保持同样的温度。一般而言，身体深部的温度较体表高；体内重要的器官，如中枢神经系统、心脏等温度的变化较小，其他器官特别是体表器官以及与外界相通的器官，如鸡冠、肉垂、嗉囊、肺等温度的变动范围就较大。据报道，成年鸡在环境温度23.3℃时，直肠温度为41.4℃，鸡冠35.0℃，肉垂33℃，颈胸部38.9℃，腹后部40.0℃。此外，一天内禽类的深部体温是有波动的。例如，成年鸡的体温在24:00时最低(40.5℃)，17:00时最高(41.44℃)。但气温恒定时，体温变化则不甚显著。这种节律性变化直接受气温、光照、禽体活动和内分泌的影响，并受产热和散热调控机制的制约。禽类的深部体温一般为39~42℃，比哺乳动物的高，其幅度视种类而有所不同。鸟类比哺乳动物更能耐受高体温，许多鸟类的致死温度为46~47℃，而一般哺乳动物的为42~44℃。通常通过测量直肠温度以表示禽体的体温，家禽的正常体温较家畜高。多种成年家禽和一些家畜的体温(直肠温度)见表7-5所列。

表7-5　成年家禽和家畜的体温　℃

动物	体温	动物	体温	动物	体温
鸡	39.6~43.6	鹅	40.0~41.3	马	37.5~40.0
鸭	41.0~42.5	牛	37.8~39.8	兔	38.5~40.7
鸽	41.3~42.2	猪	38.0~40.0		
火鸡	41.0~41.2	绵羊	38.5~40.5		

7.2.5.2　影响正常体温的因素

(1)品种

家禽体温除有种别差异外，品种间也有差异。据报道，白来航鸡在第7天和第10天的体温分别较同龄的洛岛红鸡高0.5℃和0.55℃，成年后这种差异消失。羽毛稀少的鸡其体温通常较低。通过选种可育成“高体温”与“低体温”的品系。

(2)性别

有报道显示成年母鸡的体温高于成年公鸡，但对白来航鸡则有相反的报道。

(3)年龄

鸡的体温可随生长发育而变化，初出壳的雏鸡由于绒毛潮湿，体热大量散发，体温最低，仅在30℃以下；随后在第1周内体温升高很快，在第2周体温升高较慢，3周龄后接近于成年鸡水平。

(4)环境温度、相对湿度

在一般环境温度条件下，家禽的体温保持相对稳定。不过高温时由于蒸发散热不足，可使体温升高。而在低温时，由于战栗使产热增加，深部的体温上升。在40.5℃高温环境育成的鸡，平均直肠温度比在32.5℃环境育成的鸡高。

在适温环境下，相对湿度对家禽体温调节的影响不显著。低温环境下潮湿空气的导热性强，可能会增加家禽的可感散热，但这方面研究较少。高温时家禽以蒸发散热为主，较高的空气湿度会抑制蒸发散热，对家禽体温调节具有明显的影响。研究发现，35℃时，相对湿度超过85%可显著提高肉鸡的直肠温度以及背部和腹部皮温。

(5)生殖状态

有报道产蛋期母鸡的体温较停产期高。

(6)昼夜节律性

大多数禽类的体温有明显的昼夜节律性，这种体温变化与禽类的活动、光照期以及环境温度有密切关系，也与甲状腺的活动有关。对鸡的研究表明，在一般环境中，昼夜体温差可达1℃。而在环境温度稳定时，体温的昼夜变化不显著，温差降至0.17℃。如果将光照期颠倒过来，体温的昼夜节律性也相应地发生颠倒。

7.2.5.3 家禽的体温调节特点

禽类像哺乳动物一样是恒温动物，但在产热和散热途径以及体温调节方式等方面，与哺乳动物存在较大差异。家禽正常体温的维持是产热和散热过程达到动态平衡的结果。而产热与散热之所以能达到动态平衡，是因为家禽体内存在着高度发达的体温调节机构。

(1)产热过程

禽体各组织和器官在新陈代谢过程中都产生热量，其中产热最多的器官是骨骼肌和肝脏。

测定禽体的产热量可用间接测热法，根据其耗氧量和产生的二氧化碳量进行计算，鸡的产热量的计算公式是：

$$M=3.871\ O_2+1.194\ CO_2$$

式中 M——产热量(kJ)；

O_2——耗氧量(L)；

CO_2——二氧化碳产生量(L)。

用上式计算鸡的产热量，其误差约为1.5%。

如果不测定二氧化碳产生量，而只测定耗氧量，计算鸡的产热量则用氧消耗量(L)乘以20.1(氧的热价)，即消耗每升氧可产生20.1 kJ的热。据报道，用这一方法测定鸡的产热量误差也不到4.5%。

家禽在中等的环境温度下休息时的产热量是：2.4 kg的鸡，28.61 kJ/h；3.7 kg的火鸡，32.1 kJ/h；1.9 kg的鸭，27.39 kJ/h；5 kg的鹅，48.9 kJ/h。

环境温度和昼夜节律对产热量有显著的影响。环境温度在25~37℃时，耗氧量相对稳定，当气温超过高限临界温度时，耗氧量增加，体温也升高；当气温低于低限临界温度时，肌肉活动增强，产热量也增加。鸡在一昼夜的产热量，以午前最多，午后8 h左右最少，夜间的产热量较白天少18%~30%。这种变化与光照时间有关，如将昼夜的光照期颠倒，产热量的变化也随之颠倒。

(2)散热过程

家禽体内各器官的产热量，首先是通过传导、对流和逆流交换3种不同的途径运送到皮肤表面或者上呼吸道的黏膜上，然后再通过蒸发和非蒸发两种方式散发到环境中去。蒸发散热

（又称无感觉散热）是靠皮肤表面和上呼吸道黏膜蒸发水分，以散失热量。非蒸发散热（又称可感觉散热）是体表通过辐射、传导和对流等方式散失热量。

在通常的情况下，家禽的体温比环境温度高，热量可以通过辐射、传导、对流和蒸发的方式散发于外界。几种散热方式散发的热量所占的比例，随环境温度而变化。在等热区的环境温度变化范围内，成年鸡的75%甚至95%的总热量经辐射、传导和对流等方式散失，随着环境温度增高，蒸发散热的比例也随之增高。禽体蒸发1 g水分可散失2.43 kJ热量。当空气相当干燥时，禽体与周围环境之间的水汽压差较大，通过蒸发散热效率也较高。当空气温度与禽体温度相等或较高时，禽体不能通过其他方式散热，只能通过蒸发散热。但是，禽类的皮肤没有汗腺和皮脂腺，并且有羽毛被覆。因此，水分很少由体表蒸发，而主要靠呼吸道蒸发散热。故在炎热条件下，常见家禽咽喉扇动，发生热性喘息。

(3) 产热、散热过程的调节

当环境温度在家禽的等热区范围内时，家禽的体温完全通过物理的方法进行调节。即当外界气温下降时，体表血管收缩，减少血流，以减少体热散失。反之，外界气温升高时，体表血管舒张，增加血流，以增加散热。这样就可以维持体温的相对恒定。

①产热过程的调节　在环境温度低于临界温度的情况下，由于散热超过产热，禽体为维持体温，需提高代谢水平，以促进产热。动物体内的产热过程，大致可分为战栗性产热和非战栗性产热两种。战栗性产热是借骨骼肌的不随意收缩，使产热量增加。这时，肌肉战栗的次数可达10次/s，氧的消耗量可增加4倍。非战栗性产热是由于寒冷的刺激，使甲状腺和肾上腺机能加强，甲状腺素、肾上腺素和肾上腺皮质激素分泌增多，而使体内代谢水平提高，产热增加。

在寒冷的环境中，成年鸡的体温调节主要靠战栗性产热的作用，其战栗的强度随着冷刺激程度的增加而增加。规模化养殖模式下家禽肌肉活动产热的变化很小（热性喘息例外），主要通过下丘脑调控肾上腺、甲状腺、性腺等内分泌系统，改变饲料的摄入及营养物质的代谢调控产热量。

如上所述，在环境温度低于临界温度的情况下，禽体需提高代谢水平，以促进产热。同时，还辅以行为性调节，尽量减少散热。例如，羽毛蓬松，形成不同厚薄的绝热的空气层，以增加绝热效应，保护体热使之不易散失；把背弯成弓状、将头藏于翅下，以减少体表面积，从而减少散热；处于蹲伏姿态，减少无毛的双腿和双足上热的散失；成群挤在一起，以减少散热面积等。据报道，雏鸡成群挤在一起时可减少散热约15%，蹲伏姿势可减少散热约50%，头藏于翅下可减少散热约12%。

②散热过程的调节　在环境温度高于临界温度的情况下，家禽头颈伸长，翅下垂，以增加散热的体表面积。腿、肉垂、冠等无毛部分的血管舒张，使散热增加。禽类的皮肤没有汗腺和皮脂腺，并且有羽毛被覆。因此，水分很少由体表蒸发，而主要靠呼吸道蒸发散热。故在炎热条件下，常见家禽咽喉扇动，发生热性喘息。这时，禽类的呼吸频率明显增加，热性喘息不断加强，使蒸发散热的比例逐渐增大。例如，成年鸡当体温达42.0~42.5℃时开始热性喘息，这时呼吸频率为60次/min；体温进一步增高时，呼吸频率可增至250次/min。雏鸡对热的适应能力较低，较早开始热性喘息，最高呼吸频率可达300次/min。

(4) 神经、激素在体温调节中的作用

禽类的体温调节有外周温度感受器和中枢神经系统的温度敏感神经元的参与。禽类的喙部和胸腹部存在温度感受器，受三叉神经支配。当这些部位接受外界气温信息后，将其传至体温调节中枢，通过控制皮肤血管、呼吸和羽毛等的运动，来维持体温。禽类体温调节中枢的部位基本上与哺乳类的相同，也位于下丘脑内。例如，将家雀的视前区-下丘脑前部(PO/AH)局部加热会导致产热减少，而在同样的区域降温则有相反作用。禽类的视前区-下丘脑前部似乎也有控制羽毛运动的机能。例如，将家雀的这个区域局部加热，会减弱其暴露在冷环境中的羽毛蓬松程度。冷却鸽子的视前区-下丘脑前部时，可引起其竖羽，以增加绝热效应。视前区-下丘脑前部两侧损伤，则会大大地降低禽类在寒冷环境中维持体温的能力。

禽类和哺乳动物的下丘脑都含有相当量的肾上腺素、去甲肾上腺素和5-羟色胺，它们的作用在禽类和哺乳类表现不同。实验表明，给哺乳类第三脑室注射去甲肾上腺素，可刺激产热，注射5-羟色胺则刺激散热；而在鸡则相反，去甲肾上腺素使体温明显降低，5-羟色胺则能促使体温升高。

体温调节中枢的温度敏感神经元除存在于下丘脑外，还存在于脊髓和脑干。局部冷却鸽的脊髓时，能引起颤抖和耗氧量增加。将鸽子的脊髓局部加温时可引起热性喘息，而局部冷却脊髓则抑制热性喘息。在下丘脑之前横切大脑，温度过高的鸡仍会发生热性喘息，但损伤中脑以后则不发生，说明温度敏感神经元也存在于中脑部位。

（朱晓彤）

复习思考题

1. 体温相对恒定有何重要意义？动物机体是如何维持体温相对恒定的？
2. 畜体的散热方式主要有哪几种？举例说明散热原理在畜牧生产中的运用。
3. 视前区-下丘脑前部(PO/AH)在体温调节中起哪些作用？
4. 何谓非蛋白呼吸商？测定非蛋白呼吸商有何生理意义？
5. 影响畜禽或鱼类能量代谢的因素有哪些？举例说明。

第7章

第 8 章

尿的生成与排出

本章导读

肾脏是体内最重要的排泄器官。体循环中的血液在流经肾脏时，经过肾小球的滤过作用形成原尿，再通过肾小管和集合管的重吸收、分泌及排泄作用形成终尿并排出体外。机体通过尿的生成与排出，可将体内的代谢产物、多余的水分和电解质以及进入体内的异物等排出体外，从而调节水、电解质和酸碱平衡，维持机体内环境的稳态。

尿的生成过程受多种因素影响，它们除受肾自身调节外，还受交感神经和抗利尿激素、肾素–血管紧张素–醛固酮系统、心房钠尿肽以及其他体液因素的调节。

除哺乳动物尿的生成和排出外，本章还适当介绍了禽类排泄和鱼类渗透压调节的特点。

本章重点与难点

重点：尿的生成过程及其影响因素；尿生成的调节。

难点：尿浓缩和稀释的机制。

肾脏是机体最重要的排泄器官，通过尿的生成和排出，维持机体内环境的稳态。肾脏能排出进入机体过剩的物质和异物，调节水、电解质和酸碱平衡等。

尿生成包括 3 个基本过程：血浆经肾小球毛细血管滤过形成超滤液；超滤液在流经肾小管和集合管的过程中被选择性重吸收；再经肾小管和集合管的分泌及排泄作用，最后形成终尿。

肾脏也是一个内分泌器官，它能合成和释放多种生物活性物质，如合成和释放肾素，参与动脉血压的调节；合成和释放促红细胞生成素等，调节骨髓红细胞的生成；肾脏中的 1-α 羟化酶可使 25-羟维生素 D_3 转化为 1,25-二羟维生素 D_3，调节钙的吸收和血钙水平；肾脏还能生成激肽和前列腺素，参与局部或全身血管活动的调节。此外，肾脏还是糖异生的场所之一。可见肾脏具有多种功能。本章主要讨论尿生成和排出，简要介绍禽类排泄和鱼类渗透压调节的特点。

8.1 尿液的理化性质

健康动物尿液的理化性质常随动物摄入的食物性质和机体代谢状态不同而有所变化(表 8-1)。家畜的尿液颜色变化很大，有无色、淡黄色和暗褐色等，这主要取决于尿中所含色素的数量。一般情况下，草食动物的尿多为淡黄色。

尿的透明度随动物种类不同而异，一般家畜的尿液在刚排出时都是透明无沉淀的清亮液体，但马属动物的尿液因含有较多碳酸钙、不溶性磷酸盐和黏液，静置片刻则呈黏性混浊液。

尿液的相对密度取决于尿量及有关成分，并直接、间接受多种因素影响。例如，摄入饲料的性质、数量，饮水的多少，以及汗腺、胃肠道、呼吸道和肾脏的机能状态等对尿的相对密度都有一定影响。一般饲养条件下，家畜尿的相对密度见表 8-1 所列。

尿液的 pH 值与饲料的性质有关。肉食动物的尿多呈酸性，因为肉食动物所摄食的大部分

表 8-1 几种动物尿液的理化性质

动物	尿量/[mL/(kg·d)]	相对密度	渗透压/mOsm	pH 值	颜色	透明度
马	3.0~8.0	1.025~1.055	800~2 000	7.80~8.30	黄白色	混浊有黏性
牛	17.0~45.0	1.025~1.055	1 000~1 800	7.60~8.40	草黄色	稀薄透明
山羊	7.0~40.0	1.015~1.070	600~2 480	7.50~8.80	草黄色	稀薄透明
绵羊	10.0~40.0	1.025~1.070	600~1 800	7.50~8.80	草黄色	稀薄透明
猪	5.0~30.0	1.018~1.050	400~2 000	6.25~7.55	淡黄色	稀薄透明
犬	20.0~100.0	1.025~1.050	600~2 000	6.00~7.00	黄色	稀薄透明

是蛋白质含量较高的食物，在体内代谢可产生硫酸、磷酸等。草食动物多摄食植物性饲料，这类饲料中含有大量柠檬酸、苹果酸、乙酸等的钾盐，这些物质在体内氧化、生成碳酸氢钾随尿排出，所以尿一般呈碱性。杂食动物因兼食植物性和动物性饲料，所以尿有时呈碱性或酸性。

在正常情况下，尿中的水分占 96%~97%，固形物占 3%~4%。固形物包括无机物(钾、钠、钙、铵、氯、硫酸盐、磷酸盐和碳酸盐等)和有机物(尿素、尿酸、肌酸、肌酸酐、马尿酸、草酸、尿胆素、葡萄糖醛酸酯、某些激素和酶等)，其中多数为机体内的代谢终产物。

8.2 肾脏的解剖功能结构和肾血流量

8.2.1 肾的解剖功能结构

肾脏是实质器官，形似蚕豆，左右各一个。肾的内侧缘上有一凹陷，称为肾门。肾门深入肾实质所围成的腔隙称为肾窦，内有肾动脉的分支、肾静脉的属支、肾盂、肾大盏、肾小盏、神经、淋巴管和脂肪组织。肾实质分为外部的肾皮质和内部的肾髓质。肾皮质由肾小体和部分肾小管组成，肾皮质深入肾髓质内的部分称为肾柱。肾髓质位于肾皮质的深部，血管少，主要由肾小管组成。髓质内有多个肾锥体，锥体尖端突入肾小盏内，称为肾乳头。肾产生的尿液经乳头孔开口于肾小盏。2~3 个肾小盏合成一个肾大盏，2~3 个肾大盏再汇合成一个前后扁平约呈漏斗状的肾盂。肾盂出肾门后，直接与输尿管相通，肾形成的尿液由此流至膀胱经尿道排出体外(图 8-1)。

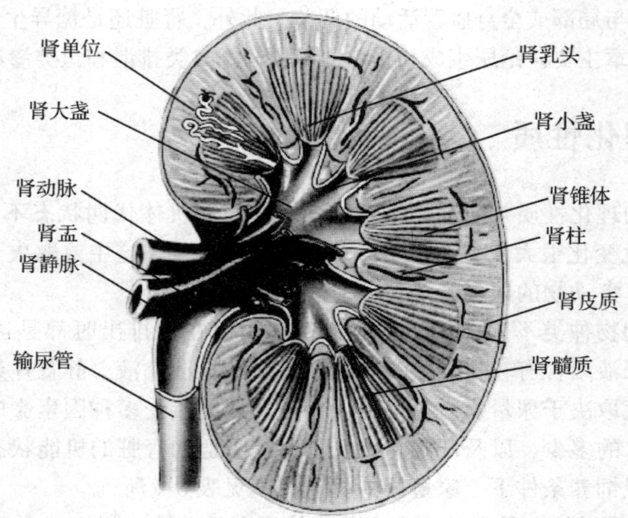

图 8-1 肾解剖结构示意图

8.2.1.1　肾单位

肾单位(nephron)是肾脏最基本的结构和机能单位，与集合管共同完成泌尿机能。肾单位由肾小体(renal corpuscle)和与之相连的肾小管(renal tubule)组成。肾小体则由肾小球(renal glomerulus)和肾小囊(Bowman's capsule)构成。肾小球是由入球小动脉反复分支形成的一团毛细血管网，由它再汇合形成出球小动脉。肾小球外侧被肾小囊所包裹，肾小囊的脏层和壁层之间的间隙称为肾小囊腔。肾小囊延续即为肾小管。肾小管包括近曲小管、髓袢和远曲小管。髓袢按其行走方向，又分为降支和升支。前者包括髓袢降支粗段和髓袢降支细段；后者包括髓袢升支细段和髓袢升支粗段。近曲小管和髓袢降支粗段，称为近端小管；髓袢升支粗段和远曲小管，称为远端小管。远曲小管经连接小管与集合管相连接(图 8-2)。

肾单位按肾小体所在皮质的不同部位，可分为皮质肾单位和近髓肾单位。肾小体位于外皮质层和中皮质层的肾单位，称为皮质肾单位(cortical nephron)；肾小体位于靠近髓质的内皮质层的肾单位，称为近髓肾单位(juxtamedullary nephron)。皮质肾单位占 85%~90%，这类肾单位的肾小体相对较小，髓袢较短，只达外髓质层，有的还不到外髓质层；其入球小动脉的口径比出球小动脉大，两者的比例约为 2∶1，出球小动脉分支形成小管周围的毛细血管，包绕在肾小管的外面，有利于肾小管的重吸收。近髓肾单位(juxtamedullary nephron)的肾小体位于靠近髓质的内皮质层，其特点是肾小球较大，髓袢长，可深入到内髓顶层，有的还可达肾乳头；入球小动脉和出球小动脉口径无明显差异，但出球小动脉进一步分支形成两种血管：一种为网状血管，缠绕在邻近的近曲小管和远曲小管周围；另一种为细而长的 U 形直小血管。网状血管有利于肾小管的重吸收，直小血管在维持肾髓质高渗中起重要作用。在有的灵长类动物，近髓肾位占全部肾单位的 10%~15%。

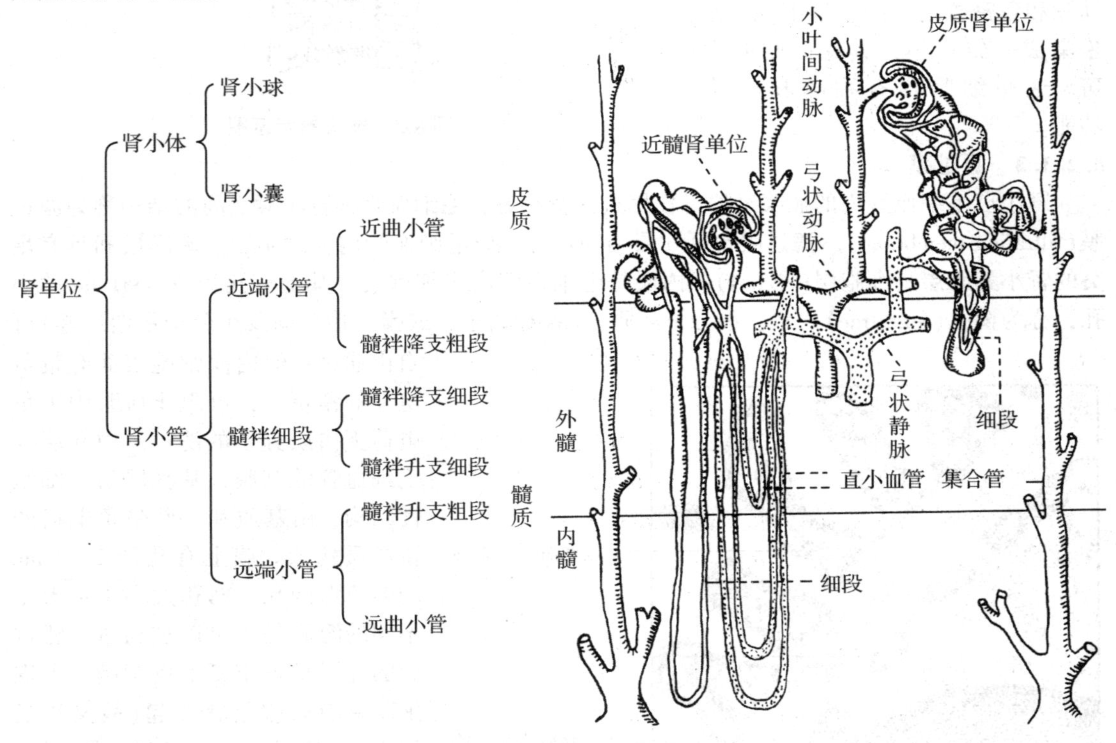

图 8-2　肾单位示意图

集合管不包括在肾单位内，但功能上与肾小管的远端小管有许多相同之处，它们在尿液的浓缩和稀释过程中起着重要作用。多条远曲小管汇合成一条集合管，许多集合管又汇入乳头管开口于肾乳头。尿液经肾乳头、肾盏、肾盂、输尿管进入膀胱。

8.2.1.2 球旁器

球旁器(juxtaglomerular apparatus)由球旁细胞、致密斑和球外系膜细胞组成(图8-3)。球旁细胞(juxtaglomerular cell)又称颗粒细胞(granular cell)，是入球小动脉和出球小动脉管壁中一些特殊分化的平滑肌细胞，细胞内含分泌颗粒，能合成、贮存和释放肾素(renin)。

致密斑(macula densa)位于穿过入球小动脉和出球小动脉之间的远曲小管起始部，该处小管的上皮细胞成高柱状，使管腔内局部呈现斑状突起，故称致密斑。致密斑能感受小管液中氯化钠含量的变化，并将信息传递给邻近的球旁细胞，以调节肾素的分泌和肾小球滤过率。

球外系膜细胞(extraglomerular mesangial cell)是入球小动脉、出球小动脉和致密斑之间的一群细胞，细胞聚集成一锥形体，其底面朝向致密斑。这些细胞具有吞噬和收缩等功能。

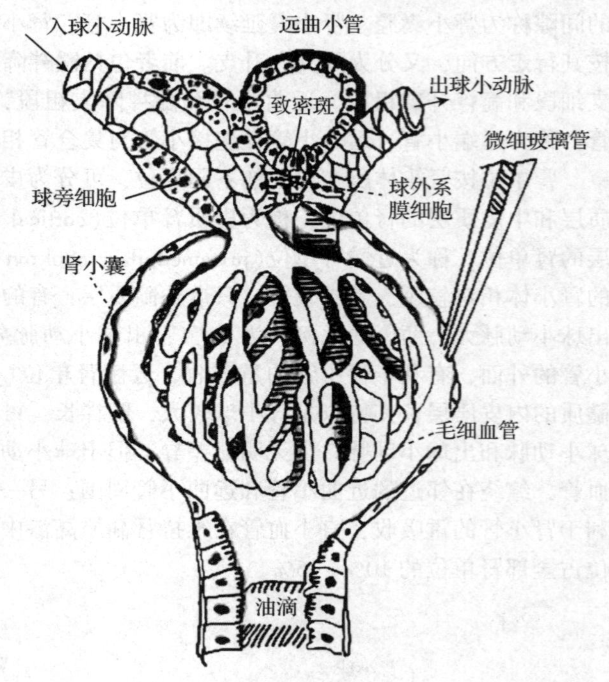

图8-3 球旁器示意图

8.2.1.3 滤过膜

肾小球毛细血管内的血浆经滤过作用进入肾小囊，毛细血管和肾小囊之间的结构称为滤过膜(filtration membrane)。滤过膜包括3层结构：肾小球毛细血管内皮细胞层、基膜层和具有足突的肾小囊脏层足细胞层(图8-4)。内层是毛细血管内皮细胞层，其上有孔径70~90 nm的小孔，称为窗孔(fenestrae)。水、小分子溶质(如各种离子、尿素、葡萄糖及小分子蛋白质等)可自由通过；但内皮细胞表面有带负电荷的糖蛋白，可阻止血浆中带负电荷蛋白质分子的滤过。中间层为毛细血管的基膜，基膜层为非细胞性结构，由基质和一些带负电荷的蛋白质构成。膜上有孔径2~8 nm的多角形网孔，网孔大小决定大小不同的溶质是否可以被通过。滤过膜的外层是肾小囊上皮细胞，上皮细胞具有较多足状突起(故又称足细胞)，这些足突相互交错对插，之间有一层滤过裂隙膜(filtration slit

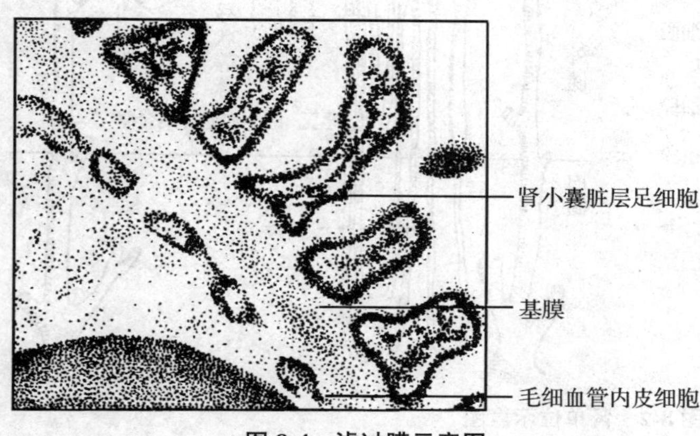

图8-4 滤过膜示意图

membrane)，膜上有 4~11 nm 的小孔，它是滤过的最后一道屏障。该裂隙膜的主要成分是裂隙素(nephrin)，是足细胞裂隙膜的重要蛋白质成分，它能防止蛋白质渗漏，缺乏时，尿中将出现蛋白质。

上述的 3 层滤过膜总厚度一般不超过 1 μm，既有良好的通透性，又有一定的屏蔽性。不同物质通过肾小球滤过膜的能力主要取决于该物质的分子大小及所带电荷。

8.2.2　肾脏的血液供应及肾血流量

8.2.2.1　肾脏的血液供应

肾脏的血液供应来自腹主动脉直接分支出来的肾动脉，肾动脉进入肾门后在肾内依次分支成为叶间动脉、弓状动脉、小叶间动脉、入球小动脉。入球小动脉分支形成肾小球毛细血管网，每个肾小球毛细血管网的远端汇合成出球小动脉。出球小动脉分支形成肾小管周围的毛细血管网或 U 形直小血管，然后汇入小叶间静脉至弓形静脉，再至叶间静脉，最后汇入肾静脉，从肾门出肾，汇入后腔静脉返回心脏。肾动脉由腹主动脉直接分出，管短径粗，血流量大，两肾血流量占心输出量的 1/5~1/4，而肾仅占体质量的 0.5%，可见肾是机体血液供应量最丰富的器官。皮质部因血管丰富而占肾血流量的94%左右，外髓部约5%，内髓部最少约1%，这对尿的生成和浓缩具有重要作用。

8.2.2.2　肾血流量

(1)肾血流量的特点

肾脏血管分布的特点是有两级相互串联的毛细血管网，两者间以出球小动脉连接。第一级是肾小球毛细血管网，因与入球小动脉连接血压较高(皮质肾单位更明显)，为主动脉平均压的 40%~60%，有利于血浆滤过生成原尿。出球小动脉再次分支缠绕在肾小管周围形成第二级毛细血管网，其血压较低，血浆胶体渗透压高，利于小管液内物质的重吸收。近髓肾单位的出球小动脉除形成第二级毛细血管网外，还形成细长的 U 形直小血管，与髓袢和集合管伴行深入到髓质，利于肾髓质高渗透梯度的维持。

(2)肾血流量的调节

①肾血流量的自身调节　在正常条件下，虽然动脉血压可以发生显著波动，但肾脏通过内在反馈调节机制仍然可以保持肾血流量和肾小球滤过率的恒定。在离体条件下用血液灌注(灌流压 80~180 mmHg 或 10.7~24 kPa)肾脏，肾仍然能保持这种机制。在没有外来神经和体液因素影响的情况下，当动脉血压在一定的范围内变动时，肾血流量能保持相对恒定的现象，称为肾血流量的自身调节(renal autoregulation)。肾血流量经自身调节而保持相对稳定，使肾小球滤过率不会因血压的波动而发生较大的变化，这对尿的生成功能有重要意义。

关于肾血流量自身调节的机制，目前有肌源性学说和管-球反馈两种学说。

a. 肌源性学说　该学说认为肾血流量的自身调节是由肾脏小动脉血管平滑肌的特性决定的，故称肌源性机制(myogenic mechanism)。在一定范围内，当血压升高时，肾入球小动脉受到牵张刺激，紧张性升高，使血管平滑肌收缩，血管口径缩小，血流阻力增大。反之，当血压降低时，肾入球小动脉受到的牵张刺激减弱，血管平滑肌舒张，以维持肾血流量的稳定。当动脉血压低于 70 mmHg 时，血管平滑肌达到舒张极限；而当动脉血压高于 180 mmHg 时，血管平滑肌达到收缩极限，故此时肾血流量随血压改变而改变。用罂粟碱或氰化钠等药物抑制血管平滑肌后，自身调节即消失。

b. 管-球反馈　肾小管-肾小球反馈，简称管-球反馈(tubuloglomerular feedback，TGF)。微灌流实验证明，TGF 的感受部位是远曲小管的致密斑。当远端小管中小管液的流量和成分

(如 NaCl 含量等)发生改变时，其信息可被致密斑感受，并传递到该肾单位的肾小球；肾小球是管-球反馈的效应部分，其效应是使入球小动脉阻力发生变化，进而导致肾小球滤过率的改变。例如，当肾小球滤过率下降、使远曲小管液中的 NaCl 含量减少时，致密斑感受器 NaCl 浓度降低的信息将引起两方面效应：一是降低入球小动脉阻力，升高毛细血管静水压；二是促使入球小动脉和出球小动脉颗粒细胞(球旁细胞)释放肾素，然后通过激活血管紧张素家族而生成血管紧张素Ⅱ(AngⅡ)。AngⅡ能选择性地使出球小动脉收缩，升高肾毛细血管静水压。通过以上两方面的效应，都能使降低了的肾小球滤过率恢复正常。

综上所述，这种因小管液流量的变化而影响肾小球滤过率和肾血流量的现象称为管-球反馈。有关管-球反馈的详细机制目前仍不十分清楚，可能与肾脏局部的肾素-血管紧张素等系统有关；肾脏局部产生的腺苷、一氧化氮和前列腺素等也可能参与管-球反馈的调节过程。

②肾血流量的神经和体液调节　入球小动脉和出球小动脉的血管平滑肌受肾交感神经支配。安静状态下，肾交感神经的紧张性活动使血管平滑肌保持一定程度的收缩；肾交感神经兴奋时，可引起肾血管强烈收缩，肾血流量减少。

体液因素中，肾上腺素、去甲肾上腺素、血管升压素、血管紧张素Ⅱ和内皮素等，均可引起血管收缩，使肾血流量减少；肾脏组织中生成的 PGI_2、PGE_2、NO 和缓激肽等可引起肾血管舒张，使肾血流量增加；而腺苷则引起入球小动脉收缩，使肾血流量减少。

8.3 尿的生成过程

尿的生成包括肾小球的滤过作用、肾小管与集合管的重吸收、分泌和排泄作用。

8.3.1 肾小球的滤过功能

8.3.1.1 肾小球的滤过作用

当血液流经肾小球毛细血管时，除蛋白质外的血浆成分被滤过进入肾小囊腔而形成超滤液，是尿生成的第一步。研究表明，利用显微操作仪将微吸管插入两栖类(蝾螈和蛙)以及哺乳动物(大鼠和豚鼠)的肾囊腔中，立即吸取其中的液体进行微量化学分析。结果发现，肾囊腔内的液体除不含血细胞和大分子蛋白质外，其他成分(如葡萄糖、氯化物、无机磷酸盐、尿素、尿酸和肌酐等)的浓度与血浆非常接近。因此，可以认为肾小球滤液是血浆的超滤液(ultrafiltrate)，又称原尿(initial urine)。

8.3.1.2 肾小球滤过率

单位时间内(每分钟)两侧肾脏生成的原尿量称为肾小球滤过率(glomerular filtration rate, GFR)，单位时间内两侧肾脏的血浆流量称为肾血浆流量(renal plasma flow)，肾小球滤过率与肾血浆流量的比值称为滤过分数(filtration fraction, FF)。据测定，50 kg 的猪肾小球滤过率为 100 mL/min，肾血浆流量约为 420 mL/min。因此，该猪的肾小球滤过分数约为 24%。说明流经肾脏的血浆约有 1/4 由肾小球滤入肾小囊腔，形成超滤液。肾小球滤过率和滤过分数可作为衡量肾脏功能的重要指标。

8.3.1.3 有效滤过压

肾小球有效滤过压是指促使滤过的动力与阻止滤过的阻力之间的差值。促使超滤液生成的有效滤过压由 4 部分压力组成(图 8-5)：肾小球毛细血管血压(促进超滤液生成的力量)、肾囊腔内液压即囊内压(对抗超滤液生成的力量)、肾小球毛细血管的血浆胶体渗透压(对抗超滤液生成的力量)和肾小囊内液胶体渗透压(促进超滤液生成的力量)。但在正常情况下，肾小球滤入肾小囊内的超滤液中蛋白质浓度极低，可以忽略不计，所以，有效滤过压＝肾小球毛细血管血压－(血浆胶体渗透压+囊内压)。

肾小球毛细血管不同部位的有效滤过压并不相同，越靠近入球小动脉端，有效滤过压越高，这是因为肾小球毛细血管内的血浆胶体渗透压在不断变化，当毛细血管血液从入球小动脉端流向出球小动脉端时，由于不断生成超滤液，血浆中蛋白质浓度便不断升高，使滤过的阻力逐渐增大，因而有效滤过压就逐渐减小。当滤过阻力等于滤过动力时，有效滤过压下降为零，此时滤过停止，达到滤过平衡(filtration equilibrium)。

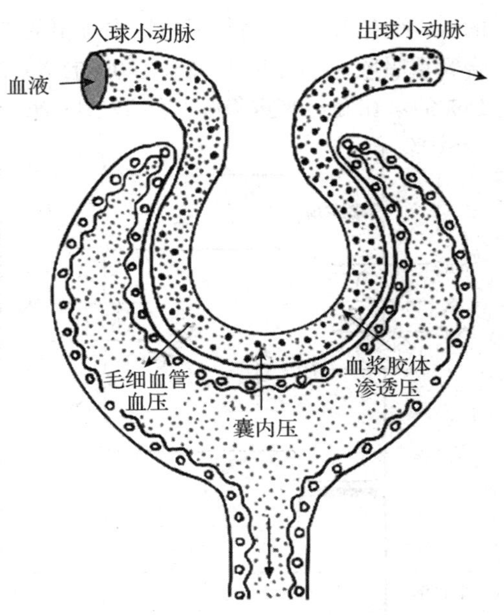

图 8-5　有效滤过压示意图

8.3.2　肾小管与集合管的重吸收功能

肾小管和集合管的重吸收(reabsorption)是指小管液中的成分，被肾小管上皮细胞转运回血液的过程。原尿滤过进入肾小管后称为小管液。小管液流过肾小管和集合管的过程中，无论是质(成分)或量都发生了很大变化。例如，牛一昼夜平均有 1 400 L 原尿滤出，而每天的尿量只有 6~20 L，说明 99%的水分和其他物质被肾小管和集合管的上皮细胞所转运。肾小球滤液中各种物质的重吸收，可大致分为 3 类：一类如葡萄糖，能够全部重吸收；另一类如电解质和水分，可大部分重吸收；再一类如尿素、肌酐等代谢终产物，仅小部分被重吸收或完全不被重吸收。这种有选择性地重吸收是肾小管、集合管重吸收功能的一个重要特征。

8.3.2.1　肾小管和集合管中物质转运的方式

(1)被动转运(被动重吸收)

被动转运是指不需由代谢直接供能，物质顺电－化学梯度通过上皮细胞的过程。被动转运包括单纯扩散(含渗透)和易化扩散。此外，当水分子在渗透压作用下被重吸收时，有些溶质可随水分子的重吸收而被一起转运，这种转运方式称为溶剂拖曳(solvent drag)。

(2)主动转运(主动重吸收)

主动转运是指消耗能量、使物质逆电化学梯度的跨膜物质转运过程。主动转运包括原发性主动转运和继发性主动转运。原发性主动转运所需能量由 ATP 或高能磷酸键水解直接供能，包括离子泵、钠泵和钙泵转运等。

继发性主动转运所需的能量不是直接来源于 ATP 或其他高能键的水解，而是来自其他溶质顺电化学梯度移动所释放的能量。例如，肾小管上皮细胞通过 Na^+－葡萄糖同向转运、Na^+－氨基酸同向转运等方式将葡萄糖、氨基酸等物质与 Na^+一同从小管液中重吸收。此外，还有一种 Na^+－K^+－$2Cl^-$同向转运体。如果两种物质的转运的方向相反，则称为逆向转运，如 Na^+－H^+、Na^+－K^+的逆向转运等。肾小管上皮细胞还可通过入胞的方式(耗能)重吸收少量小管液中的小分子蛋白质。

8.3.2.2　几种主要物质的重吸收

(1)Na^+、Cl^-的重吸收

哺乳动物各段肾小管和集合管对 Na^+的重吸收率不同，其机制也不一样。肾小球每天滤过

的 Na^+约有 500 g，而每天从尿中排出的 Na^+仅 3~5 g，表明滤过的 Na^+中约 99%被肾小管和集合管重吸收。小管液中 65%~70%的 Na^+、Cl^-和水在近曲小管被重吸收，约 20%的 NaCl 和约 15%的水在髓袢被重吸收，约 12%的 Na^+和 Cl^-和不等量的水则在远曲小管和集合管被重吸收。

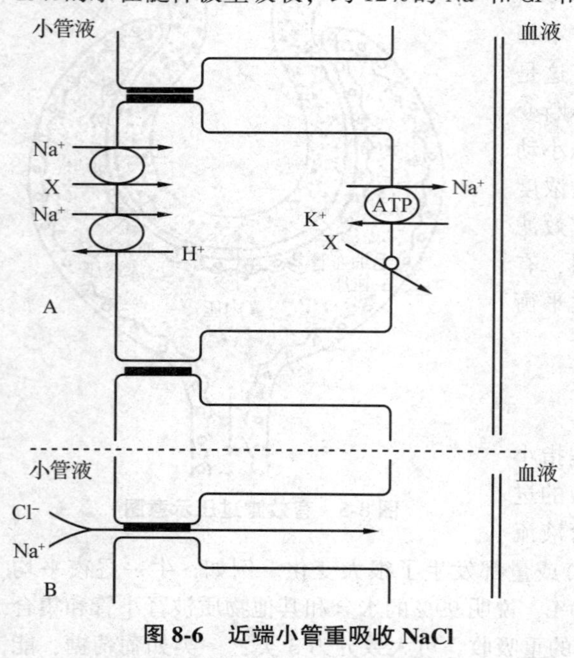

图 8-6 近端小管重吸收 NaCl

A. 近端小管前段；B. 近端小管后段；X. 葡萄糖、氨基酸、氯离子和磷酸盐

近端小管是 Na^+、Cl^-和水重吸收的主要部位，其中约有 2/3 经跨细胞途径，主要在近端小管的前半段被重吸收；约 1/3 经细胞旁途径，主要在近端小管的后半段被重吸收。此外，小管液中的 Na^+还可由顶端膜中的 Na^+-葡萄糖同向转运体和 Na^+-氨基酸同向转运体与葡萄糖、氨基酸共同转运，在 Na^+顺电-化学梯度通过顶端膜进入细胞的同时，也将葡萄糖、氨基酸转运入细胞内。进入细胞内的 Na^+经基底侧膜中的钠泵泵出细胞，进入组织间液，继而重吸收入血。进入细胞内的葡萄糖和氨基酸经载体易化扩散的方式通过基底侧膜离开上皮细胞，进入组织间液和血液循环(图 8-6A)。

在近端小管的后半段，上皮细胞顶端膜中有 Na^+-H^+交换体和 Cl^--HCO_3^-交换体，其转运结果使 Na^+和 Cl^-进入细胞内，H^+和 HCO_3^-进入小管液，HCO_3^-可再以 CO_2形式进入细胞。由于近端小管后半段小管液中 Cl^-浓度比细胞间隙中的 Cl^-浓度高 20%~40%，Cl^-则顺浓度梯度经过细胞旁途径进入细胞间液而被重吸收。Cl^-被动扩散进入组织间液后，小管液中正离子相对增多，管腔内带正电荷所造成的电位差，驱使小管液内的部分 Na^+顺电位梯度经细胞旁途径被动重吸收(图 8-6B)。

髓袢降支细段的钠泵活性很低，Na^+不容易通透，但对水通透性较高。髓袢升支细段对水不通透，对 Na^+和 Cl^-易通透，NaCl 便不断通过易化扩散方式进入组织间液。

髓袢升支粗段是 NaCl 在髓袢重吸收的主要部位，髓袢升支粗段的顶端膜中有电中性的 Na^+-K^+-$2Cl^-$同向转运体，该转运体使小管液中 $1Na^+$、$1K^+$和 $2Cl^-$同向转运入上皮细胞内(图 8-7)。其中，Na^+是顺电-化学梯度进入细胞，同时将 $2Cl^-$和 $1K^+$一起同向转运入细胞内。进入细胞内的 Na^+通过基底侧膜中的钠泵泵至组织间液，Cl^-顺浓度梯度经管周膜中的 Cl^-通道进入组织间液，而 K^+则顺浓度梯度经顶端膜返回小管中，并使小管液呈正电位。由于 K^+返回小管内造成小管液正电位，这一电位差又使小管液中的 Na^+、K^+和 Ca^{2+}等正离子经细胞旁途径而被重吸收。

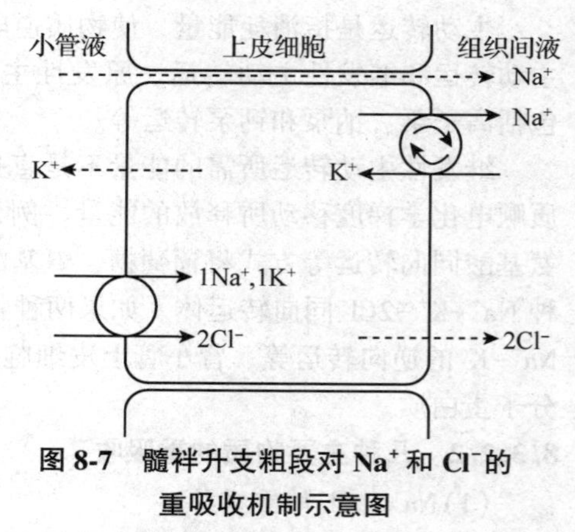

图 8-7 髓袢升支粗段对 Na^+和 Cl^-的重吸收机制示意图

Na^+-K^+-$2Cl^-$同向协同转运

髓袢升支粗段对水不通透，故小管液在沿升支粗段流动时，渗透压逐渐降低，而管外渗透压却逐渐升高。这种水盐重吸收分离的现象是尿稀释和浓缩的基础。

在远曲小管始段，上皮细胞对水不通透，但仍能主动重吸收 NaCl。Na^+在远曲小管和集合管，重吸收是逆电-化学梯度进行的，属主动转运。远曲小管始段的顶端膜上存在 Na^+-Cl^-同向转运体，小管液中的 Na^+和 Cl^-经 Na^+-Cl^-同向转运体进入细胞内，细胞内的 Na^+由钠泵泵出至组织间液(图 8-8)。噻嗪类(thiazide)利尿剂可抑制此处的 Na^+-Cl^-同向转运体而产生利尿作用。

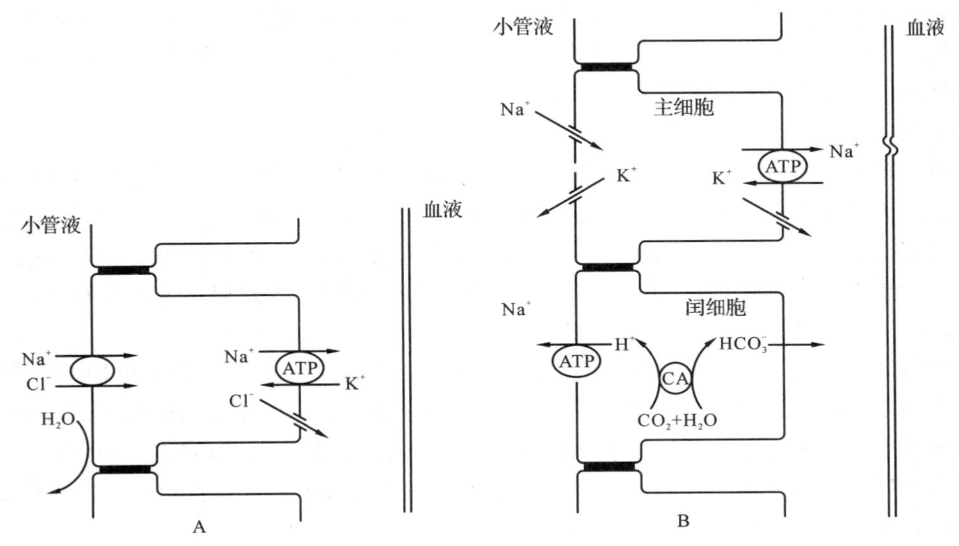

图 8-8 远端小管和集合管重吸收 NaCl 和分泌 K^+、H^+示意图

A. 远曲小管始段；B. 远曲小管后段和集合管

远曲小管和集合管上皮有主细胞(principal)和闰细胞(intercalated cell)两类细胞。主细胞基底侧膜中的钠泵活动可造成和维持细胞内低 Na^+，并成为 Na^+经顶端膜 Na^+通道进入细胞的动力来源。而 Na^+的重吸收又造成小管液呈负电位，可驱使小管液中的 Cl^-经细胞旁途径而被重吸收，也成为 K^+从细胞内分泌入小管液的动力(图 8-8)。闰细胞的功能与 H^+分泌有关。

远曲小管和集合管对 Na^+、Cl^-和水的重吸收，可根据机体水和盐平衡的状况进行调节。Na^+的重吸收主要受醛固酮调节，水的重吸收则主要受抗利尿激素调节。

(2)葡萄糖、氨基酸的主动重吸收

①葡萄糖的主动重吸收　从肾小球滤过的原尿，其葡萄糖浓度与血浆相等，但正常情况下，终尿中几乎不含葡萄糖，表明葡萄糖全部被重吸收。微穿刺实验证明，滤过的葡萄糖均在近端小管、特别是在其前半段被重吸收。如前所述，小管液中的葡萄糖是通过近端小管上皮细胞顶端膜中的 Na^+-葡萄糖同向转运体，以继发性主动转运的方式被转运入细胞的。进入细胞内的葡萄糖则由基底侧膜中的葡萄糖转运体以易化扩散的方式转运入细胞间液。

近端小管对葡萄糖的重吸收有一定限度，当血糖浓度达到 160~180 mg/100 mL 时，尿中可出现葡萄糖。把尿中刚出现葡萄糖时的血糖浓度值称为肾糖阈(renal glucose threshold)。每一个肾单位的肾糖阈不完全相同。如果血糖继续升高，尿糖也随之增高，当血糖升至 300 mg/100 mL 时，全部肾小管对葡萄糖的重吸收均已达到或超过近曲小管对葡萄糖的最大转运率(maximal rate of glucose transport)，此时每分钟葡萄糖的滤过量达到两肾重吸收葡萄糖的极限，尿糖的排出率将随血糖浓度升高而增加。

②氨基酸的转运　血浆中各种氨基酸在肾小球滤过后，也和葡萄糖一样，主要在近端小管的前段被重吸收。其重吸收方式也是继发性主动转运，也需 Na^+的存在，转运体为 Na^+-氨基酸

同向转运体。氨基酸的最大转运率较高，所以在正常生理情况下尿液中几乎没有氨基酸。

(3) K^+ 的重吸收

肾小球滤过的 K^+ 65%～70%被近端小管重吸收，25%～30%在髓袢升支被重吸收，这些部位对 K^+ 重吸收比例是比较固定的，但目前对 K^+ 重吸收的机制未完全了解。有人认为，位于上皮细胞顶端侧膜中的 H^+、K^+-ATP 酶，每分泌 1 个 H^+ 进入小管液中，便交换 1 个 K^+ 进入上皮细胞，进入上皮细胞的 K^+ 再扩散(重吸收)入血。这一交换过程仅当细胞外液中 K^+ 浓度较低时才发挥作用，正常情况下作用不大。

(4) HCO_3^- 的重吸收

从肾小球滤过的 HCO_3^-，约有 85%在近端小管被重吸收。血浆中的 HCO_3^- 以 $NaHCO_3$ 的形式存在，滤入肾小囊后，$NaHCO_3$ 解离为 Na^+ 和 HCO_3^-。前已述及，近端小管上皮细胞通过 Na^+-H^+ 交换分泌 H^+，进入小管液的 H^+ 与 HCO_3^- 结合为 H_2CO_3，又很快解离成 CO_2 和水，这一反应由上皮细胞顶端膜上的碳酸酐酶催化。CO_2 是脂溶性物质，很快以单纯扩散的方式进入上皮细胞。

在细胞内 CO_2 和水在碳酸酐酶催化下形成 H_2CO_3，后者又很快解离为 H^+ 和 HCO_3^-。H^+ 通过顶端膜中的 Na^+-H^+ 交换体进入小管液，再次与 HCO_3^- 结合生成 H_2CO_3。HCO_3^- 是水溶性物质，在近端小管中不易透过管腔膜，大部分 HCO_3^- 与 Na^+ 等以同向转运的方式进入组织间液(图 8-9)；小部分则通过 Cl^--HCO_3^- 交换的方式进入组织间液而被重吸收。由此可见，近端小管中的 HCO_3^- 是以 CO_2 的形式被重吸收的。

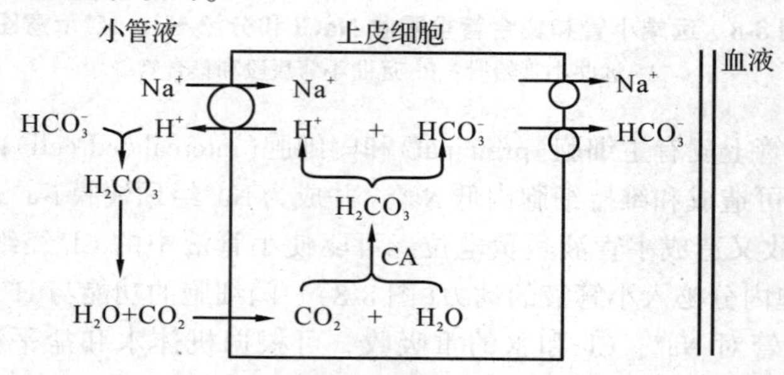

图 8-9 近端小管重吸收 HCO_3^- 示意图

(5) 钙的重吸收

血浆中的 Ca^{2+} 约 50%呈游离状态，其余部分则与血浆蛋白结合。经肾小球滤过的 Ca^{2+}，约 70%在近曲小管中被重吸收，20%在髓袢、9%在远曲小管和集合管被重吸收。小于 1%的 Ca^{2+} 随尿排出。

近端小管对钙的重吸收约 80%由溶剂拖曳的方式经细胞旁途径进入细胞间液，约 20%经跨细胞途径重吸收。上皮细胞内的 Ca^{2+} 浓度远低于小管液中 Ca^{2+} 的浓度，而且细胞内电位相对小管液为负，此电-化学梯度驱使 Ca^{2+} 从小管液扩散进入上皮细胞内，细胞内的 Ca^{2+} 则由基底侧膜中的钙泵和 Na^+-Ca^{2+} 交换体逆电-化学梯度转运出细胞。

髓袢降支细段和升支细段对 Ca^{2+} 不通透，仅升支粗段能重吸收 Ca^{2+}。在远曲小管和集合管，小管液为负电位。如上所述，Ca^{2+} 从小管液扩散进入上皮细胞内后，细胞内的 Ca^{2+} 则由基底侧膜中的钙泵和 Na^+-Ca^{2+} 交换体逆电-化学梯度转运出细胞，故 Ca^{2+} 的重吸收是跨细胞途径的主动转运。

(6) 水的重吸收

小管液中的水 99%被重吸收，只有 1%随终尿排出。肾小管各段和集合管均能重吸收水，但由于它们对水的通透性不同，因而重吸收水的比例也不相同。一般近曲小管占65%~70%、髓袢降支细段10%、远曲小管10%、集合管10%~20%(不同动物其所占比例不尽相同)。水的重吸收常与Na^+、HCO_3^-、Cl^-、葡萄糖、氨基酸等溶质的重吸收相关联，并在渗透压差的作用下，以被动转运方式、经跨细胞(通过水通道蛋白Ⅰ，AQPI)和细胞旁路两条途径进入细胞间液，然后进入管周毛细血管而被重吸收。

肾小管和集合管对水重吸收的微小变化，都会明显影响终尿的生成量。如果水的重吸收率减少1%，尿量便可增加一倍。近端小管吸收面积大，对水的通透性大，水在该段多伴随溶质的重吸收而被重吸收，与机体是否缺水无关。远曲小管和集合管对水的通透性很小，但受抗利尿激素调节。当机体缺水时，抗利尿激素分泌增加，使远曲小管和集合管对水的通透性升高，从而促进水的重吸收，以致尿量减少。

(7) *尿素的重吸收*

见本章8.4尿的浓缩与稀释。

8.3.3 肾小管和集合管的分泌与排泄功能

肾小管和集合管的分泌(secretion)是指肾小管上皮细胞将一些物质经顶端膜分泌到小管液的过程，如分泌H^+、K^+、NH_3等。排泄(excretion)是指机体将代谢产物、进入机体的异物以及过剩的物质排出体外的过程。肾的排泄包括经肾小球滤过但未被重吸收的物质和由肾小管分泌从尿中排出的物质。

8.3.3.1 H^+的分泌

近端小管是分泌H^+的主要部位，并以Na^+-H^+交换的方式为主。由于小管上皮细胞基底侧膜中钠泵的作用，造成细胞内低Na^+，小管液中的Na^+和细胞内的H^+由顶端膜的Na^+-H^+交换体进行逆向转运，H^+被分泌到小管液中，而小管液中的Na^+则顺浓度梯度进入上皮细胞内。进入小管液中的H^+与HCO_3^-结合为H_2CO_3，又很快解离为CO_2和H_2O，这一反应由上皮细胞顶端膜表面的碳酸酐酶催化。

肾小管和集合管中H^+分泌量还与小管液的酸碱度有关。小管液的pH值降低时，H^+的分泌减少；当小管液的pH值降低至4.5时，H^+的分泌停止。

8.3.3.2 K^+的分泌

肾脏对K^+的排出量取决于K^+的肾小球滤过量、肾小管和集合管的重吸收量和分泌量3个因素。由于肾脏对K^+的排出量主要取决于远端小管和集合管主细胞K^+的分泌量，故凡能影响主细胞基底侧膜中钠泵的活动和顶端膜对K^+、Na^+通透性的因素，以及细胞内与小管液K^+的浓度差和管内外电位差的因素，均可影响K^+的分泌量。

在血流量增加或应用利尿剂等的情况下，远曲小管液流量增大，分泌入小管液中的K^+可被迅速带走，由于小管液中的K^+浓度大大降低，细胞内的K^+向小管液扩散的驱动力就增大，有利于K^+分泌入小管液。

K^+扩散的驱动力除受细胞内与小管液间的K^+浓度差影响外，也受细胞与小管液间电位差的影响。由于K^+带正电荷，小管液中的正电位是上皮细胞内的K^+向小管液扩散的阻力，而小管液的负电位值增大就可增加K^+扩散的驱动力，使K^+的分泌增加。阿米洛利(Amiloride)可抑制上皮细胞顶端膜的Na^+通道，减少Na^+的重吸收，使小管液的负电位减少，因此也减少了K^+的分泌，故称保钾利尿剂(potassium-sparing diuretic)。

此外，K^+的分泌还与肾小管分泌H^+有关。在近端小管除有Na^+-H^+交换外，还有Na^+-K^+交换，两者之间存在竞争性抑制关系。当发生酸中毒时，小管液中的H^+浓度增高，Na^+-H^+交换加强，而 Na^+-K^+交换则受抑制，可造成血 K^+浓度升高。相反，在发生碱中毒或用乙酰唑胺抑制碳酸酐酶时，上皮细胞内 H^+生成减少，Na^+-H^+交换减弱，而 Na^+-K^+交换加强，可使血 K^+浓度降低。

8.3.3.3 NH_3 的分泌

近端小管、髓袢升支粗段和远端小管上皮细胞内的谷氨酰胺，在谷氨酰胺酶的作用下脱氨，生成谷氨酸根和 NH_4^+；谷氨酸根又在谷氨酸脱氢酶的作用下生成 NH_4^+ 和 α-酮戊二酸；后者代谢耗费 2 个 H^+又生成 2 分子 HCO_3^-(图 8-10)。在细胞内，NH_4^+ 与 NH_3+H^+($NH_3+H^+\rightarrow NH_4^+$)两种形式处于平衡状态。$NH_4^+$ 可以替代 H^+由上皮细胞顶端膜上的 Na^+-H^+逆向转运体转运入小管液。NH_3 是脂溶性分子，可以通过细胞膜自由扩散入小管腔，也可以通过基底侧膜进入细胞间隙。在小管液内 NH_3 与 H^+生成 NH_4^+，而 HCO_3^- 与 Na^+则一同跨基底侧膜进入组织间液。因此，1 分子谷氨酰胺代谢时，可生成 2 个 NH_4^+ 进入小管液，同时回收 2 个 HCO_3^-。这一过程主要发生在近端小管内(图 8-10)。

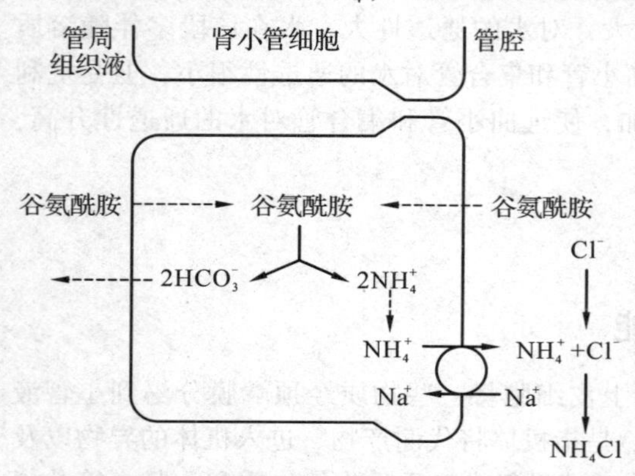

图 8-10 谷氨酰胺在近端小管内代谢示意图

在集合管，氨的分泌机制有所不同。集合管上皮细胞膜对 NH_3 高度通透，而对 NH_4^+ 的通透性较低，所以细胞内生成的 NH_3 以扩散方式进入小管液，与小液中的 H^+结合形成 NH_4^+，而随尿排出体外(图 8-11)。尿中每排出 1 个 NH_4^+，则有 1 个 HCO_3^- 被重吸收。

NH_3 的分泌与 H^+的分泌密切相关。如果集合管分泌 H^+受到抑制，则尿中排出的 NH_4^+ 也会减少。在生理情况下，肾脏分泌的 H^+大约 50% 由 NH_3 缓冲。慢性酸中毒时可刺激肾小管和集合管上皮细胞谷氨酰胺的代谢，增加 NH_4^+ 和 NH_3 的排泄以及生成 HCO_3^-。故氨的分泌是肾脏调节酸碱平衡的重要机制之一。

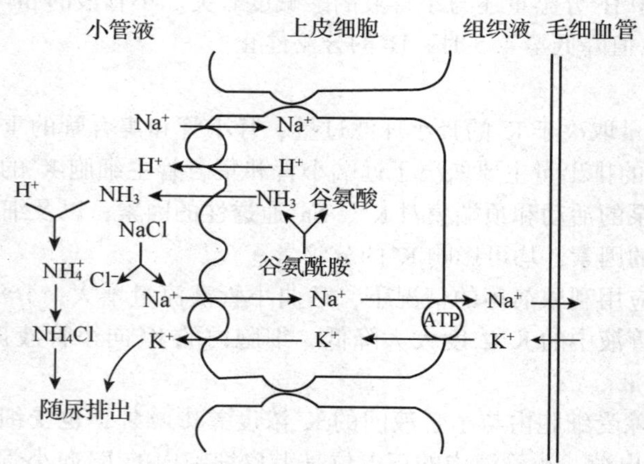

图 8-11 远端小管和集合管分泌 NH_3、H^+和 K^+示意图

8.3.3.4 其他一些物质的排泄

肌酐可通过肾小球滤过，也可被肾小管和集合管分泌和少量重吸收。青霉素、酚红和一些利尿剂可与血浆蛋白结合，不能被肾小球滤过，但可在近端小管被主动分泌入小管液而被排出。进入体内的酚红，94%由近端小管主动分泌入小管液并随尿排出。因此，检测尿中酚红排出量，可粗略判断近端小管的排泄功能。

8.4　尿的浓缩与稀释

小管液在流经各段肾小管和集合管时，其渗透浓度可发生很大变化。近端小管为等渗性重吸收(其中，水伴随溶质的吸收而被吸收)，故其末端小管液的渗透压与血浆相等。但流经远端小管后段和集合管时，渗透压可随体内水分的多少而出现大幅度的波动。当体内缺水时，尿液被浓缩，排出的尿液渗透压明显高于血浆渗透压，即为高渗尿(hyperosmotic urine)；当体内水分过多时，尿液被稀释，排出的尿液渗透压低于血浆渗透压，则为低渗尿(hypoosmotic urine)。所以，根据尿的渗透浓度可以了解肾浓缩和稀释尿液的能力。肾浓缩和稀释尿的能力在维持体内体液平衡和渗透压稳定中具有极为重要的作用。

8.4.1　尿液的浓缩机制

8.4.1.1　肾髓质高渗浓度梯度的形成

物理学中“逆流”的含义是指两个并列管道中液体流动的方向相反，如图 8-12 所示，甲管中液体向下流，乙管中液体向上流。如果甲乙两管下端是连通的，两管间的隔膜对溶质热量有通透性或导热性，液体中的溶质或热量则可以在两管间交换，即逆流交换(countercurrent exchange)，这就构成逆流交换系统。在逆流交换系统中，由于管壁的通透性和管道周围环境的作用，就会产生逆流倍增现象。

逆流倍增(countercurrent multiplication)现象可根据图 8-12 的模型来解释。如图所示，有并列的甲、乙、丙 3 管，甲管下端与乙管相通。液体由甲管流入，通过甲、乙管的连接部折返而经乙管流出，构成逆流系统。如果甲、乙管之间的膜 M1 能主动将 NaCl 从乙管泵入甲管，而 M1 对水却不通透，当 NaCl 溶液从甲管中向下流动时，由于 M1 膜不断将乙管中的 NaCl 泵入甲管，结果使甲管中的 NaCl 浓度自上而下越来越高，至甲、乙两管连接的弯曲部分达到最大值。当液体从乙管下部向上流动时，则 NaCl 浓度越来越低。可见，不论是甲管或是乙管，从上至下，溶液的渗透浓度均逐渐升高，从而形成浓度梯度，这种现象称为逆流倍增。丙管内液体的渗透浓度低于乙管的液体，由上向下流动，如果丙管与乙管之间的膜 M2 对水通透，则丙管中的水可通过渗透作用不断进入乙管，液体在丙管向下流动的过程中，溶质浓度自上而下将逐渐增加。可见，从丙管下端流出的液体浓度要比流入时高，其最大值取决于乙管液体的渗透浓度和 M2 膜对水通透性的大小。

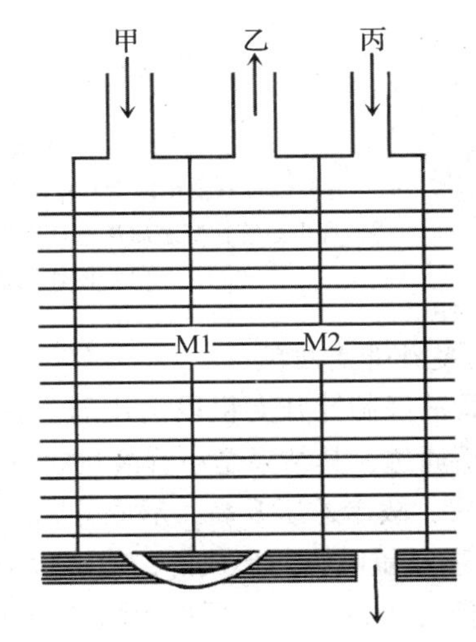

图 8-12　逆流倍增模型

甲管、乙管、丙管内液体按箭头方向流动；M1 膜能将液体中的 Na^+ 由乙管泵入甲管，而对水不通透；M2 膜对水通透，对溶质不易通透

动物体内髓袢和集合管的结构排列与上述逆流倍增模型极为相似(图 8-13)，这对理解尿的浓缩机制会有帮助。现将肾髓质间液渗透梯度形成的过程和机制介绍如下。

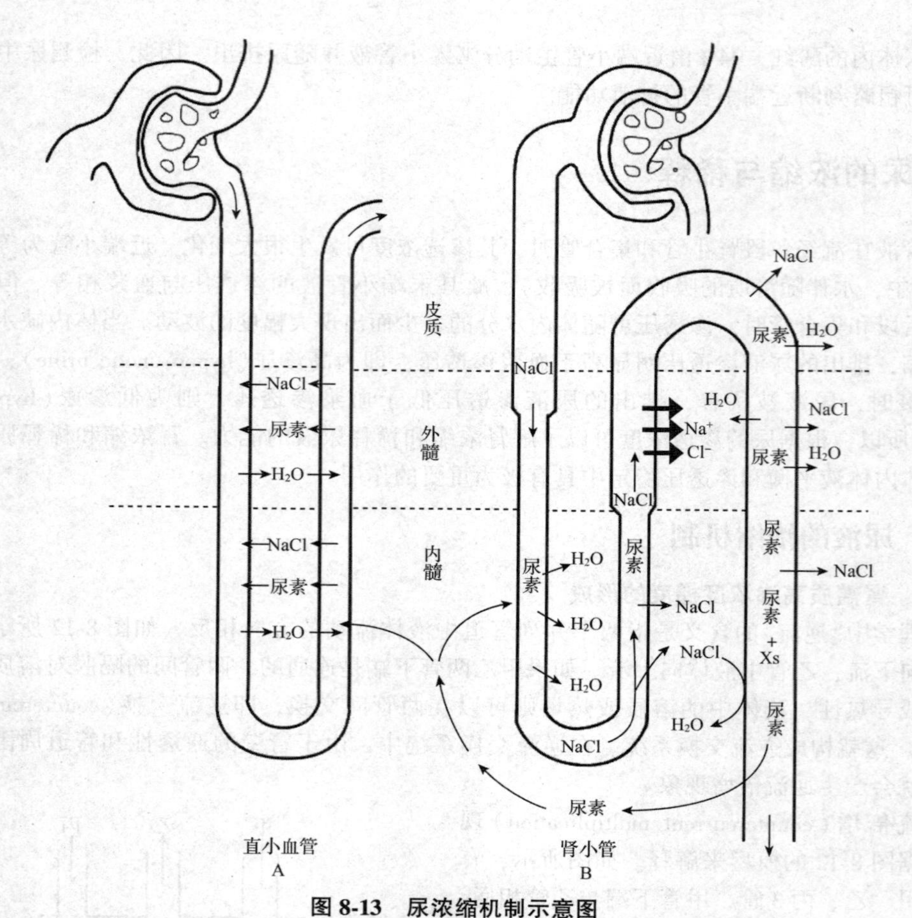

图 8-13 尿浓缩机制示意图

➡髓袢升支粗段主动重吸收 Na^+ 和 Cl^-，而对水不通透(包括远曲小管前段)；A. 直小血管在肾髓质渗透梯度维持中的作用机制；B. 髓袢在肾髓质渗透梯度建立中的作用机制；Xs. 未被重吸收的物质

(1)髓袢升支粗段

小管液经髓袢升支粗段向皮质方向流动时，由于升支粗段上皮细胞能主动重吸收 NaCl，而对水不通透，其结果是小管液在向皮质方向流动时渗透压逐渐降低，而小管周围组织中由于 NaCl 积聚，故渗透压升高，形成外髓质高渗。所以，外髓部组织间液高渗是由髓袢升支粗段对 NaCl 主动重吸收而形成的，但该段对水不通透又是形成外髓质高渗的重要条件。呋喃苯胺酸(呋塞米，furosemide)可抑制髓袢升支粗段 $Na^+-K^+-2Cl^-$ 同向转运，故可降低外髓质部组织高渗的程度，从而使水的重吸收减少，产生利尿效应。

(2)髓袢降支细段

髓袢降支细段对水通透，而对 NaCl 和尿素相对不通透。降支中的水不断进入组织间液，使小管液从上至下形成一个逐渐升高的浓度梯度，至髓袢折返处，浓度达到峰值。

(3)髓袢升支细段

该段对水不通透，而对 NaCl 通透及对尿素中等通透。当小管液从内髓质部向皮质方向流动时，NaCl 不断向组织间液扩散，其结果是小管液中的 NaCl 浓度越来越低，小管外组织间液中的 NaCl 浓度逐渐升高。由于髓袢升支粗段对 NaCl 主动重吸收，使等渗的近端小管液流入远端小管时变为低渗，而髓质间液则形成高渗。

(4)髓质集合管

髓袢升支细段对尿素中等通透，内髓质部集合管对尿素高度通透，而其他部位(皮质部和外髓部集合管)对尿素或不通透或通透性很低。当小管液流经远端小管时，水被重吸收，使小管液尿素浓度逐渐升高，到达内髓质部集合管时，由于该处集合管上皮细胞对尿素通透性高，尿素从小管液向内髓质部组织间液扩散，使组织间液的尿素浓度升高，加之集合管通过上皮钠通道对 Na^+进行重吸收，故内髓质部渗透浓度进一步增加。所以，内髓质部组织液的高渗是由 NaCl 和尿素共同形成的。

抗利尿激素可增加内髓质部集合管对尿素的通透性，从而增加内髓质部的渗透浓度。由于髓袢升支细段对尿素有一定的通透性，且小管液中尿素浓度比管外周围组织液低，故髓质组织液中的尿素扩散进入髓袢升支细段小管液，并随小管液重新进入内髓质集合管，再扩散进入内髓质组织间液。这一循环过程称为尿素再循环(urea recycling)。

8.4.1.2　直小血管在维持肾髓质高渗中的作用

肾髓质高渗状态的建立，主要是由 NaCl 和尿素在肾小管外组织间液中积聚所致。这些物质能持续滞留在该部位而不被血液循环带走，从而维持肾髓质的高渗环境，这与直小血管所起的逆流交换作用密切相关。如图 8-13 所示，直小血管的降支和升支是并行的血管，其中液体流动的方向相反，与髓袢相似，在髓质中形成逆流系统。直小血管壁对水和溶质都有高度通透性。在直小血管降支进入髓质处，其血浆渗透浓度约为 300 mOsm/(kg · H_2O)。当血液沿直小血管降支向髓质深部流动时，在任一平面的组织间液渗透浓度均比直小血管内血浆高，即组织间液中的溶质浓度比血浆高。故周围组织间液中的溶质不断向直小血管内扩散，而血浆中的水则渗出到组织间液，使直小血管内血浆渗透浓度与组织间液趋向平衡。因此，越向内髓部深入，直小血管中血浆的渗透浓度越高，在折返处，其渗透浓度达最高值，约 1 200 mOsm/(kg · H_2O)。当直小血管内血液在升支中向皮质方向流动时，髓质渗透浓度越来越低，即在升支任一平面的血浆渗透压均高于同一水平的组织间液，这一血管内外的渗透梯度和浓度梯度使血液中的溶质向组织间液扩散，而水则从组织间液向血管中渗透。可见，通过这一逆流交换过程，直小血管升支离开髓质时，并未把进入其中的大量溶质带走，只是将髓质中多余的溶质和水带回血液循环，从而使肾髓质的渗透梯度得以维持。

8.4.2　尿液的稀释机制

尿液的稀释主要发生在远端小管和集合管。前已述及，髓袢升支粗段能主动重吸收 Na^+和 Cl^-，而对水不通透，故小管液在到达髓袢升支粗段末端时为低渗液。如果体内水分过多造成血浆晶体渗透压降低，会使抗利尿激素的释放受到抑制，远曲小管和集合管对水的通透性极低，水不能被吸收；而小管液中的 NaCl 将继续被主动重吸收。这种溶质重吸收大大超过水的重吸收的结果，将使小管液渗透浓度进一步下降，可降低至 30~50 mOsm/(kg · H_2O)，形成低渗尿。大量饮用清水后，血浆晶体渗透压下降，可引起抗利尿激素释放减少，尿量增加，尿液被稀释。

8.4.3　影响尿液浓缩和稀释的因素

尿液的浓缩与稀释实际上取决于肾小管和集合管对小管液中水和溶质重吸收的比例，而水的重吸收较易改变，因而是主要方面。水的重吸收取决于两个基本条件：一是肾小管内外的渗透浓度梯度，是水重吸收的动力；二是肾小管特别是远端小管后半段和集合管对水的通透性。

所以，尿的浓缩和稀释一方面取决于肾髓质高渗的形成和大小，另一方面取决于远端小管末端和集合管对水的通透性，后者主要受血液中抗利尿激素浓度的影响。

8.4.3.1 影响肾髓质高渗形成的因素

Na^+和Cl^-是形成肾髓质组织间液高渗的重要因素，凡能影响髓袢升支粗段重吸收Na^+和Cl^-因素都能影响髓质组织间液高渗的形成，如高效利尿剂呋塞米可抑制髓袢升支粗段的Na^+-K^+-$2Cl^-$的同向转运，减少Na^+和Cl^-的重吸收，降低外髓部组织间液的高渗状态，以致阻碍尿的浓缩。

形成肾髓质高渗的另一个重要因素是尿素。尿素经过尿素再循环进入肾髓质，尿素进入髓质的数量取决于尿素的浓度和集合管对尿素的通透性。营养不良、蛋白质代谢减弱，尿素生成量减少，可影响内髓部高渗状态的形成，从而降低尿浓缩的功能。另外，抗利尿激素能增加内髓部集合管对尿素的通透性，有助于提高髓质组织间液的渗透浓度，增加对水的重吸收，增强肾的浓缩能力。

8.4.3.2 影响远曲小管和集合管对水通透性的因素

远曲小管和集合管对水的通透性是影响尿浓缩的另一个重要因素。当血浆中抗利尿激素浓度升高时，远端小管末端和集合管上皮细胞内含水通道蛋白2(AQP2)的囊泡镶嵌到细胞顶端膜中，使AQP2的数量增加，对水的通透性增强，水重吸收增多，尿液被浓缩；当血浆中抗利尿激素浓度降低时，镶嵌在远端小管和集合管上皮细胞顶端膜上的部分AQP2又回到细胞内，故对水的通透性降低，水重吸收减少，尿液被稀释。

8.4.3.3 直小血管血流量和血流速度对髓质高渗维持的影响

如上所述，直小血管的逆流交换作用对维持髓质高渗极为重要。直小血管血流量和血流速度直接影响髓质高渗状态的维持。当直小血管血流量增加和血流速度过快时，将从肾髓质组织间液中带走较多的溶质，使肾髓质组织间液渗透浓度梯度下降；当肾血流量明显减少，血流速度变慢时，则可因肾供氧不足，使肾小管转运功能发生障碍，特别是髓袢升支粗段主动重吸收Na^+和Cl^-的功能受损，从而影响髓质高渗的维持。

8.5 影响尿生成的因素

尿的生成过程包括肾小球的滤过作用，肾小管和集合管的重吸收、分泌与排泄作用。凡影响以上过程的因素均会影响尿的生成。

8.5.1 影响肾小球滤过作用的因素

8.5.1.1 滤过系数

滤过系数(filtration coefficient，K_f)是指在单位有效滤过压的驱动下，单位时间内通过滤过膜的滤液量。K_f是滤过膜的有效通透系数(k)和滤过膜面积(s)的乘积。因此，凡是影响滤过膜的通透性及滤过面积的因素均会影响肾小球滤过率。正常情况下，滤过膜不允许血细胞和大分子蛋白质滤过，其通透性(有效通透系数)和滤过面积相对稳定，对滤过影响不大。滤过膜病变引起通透性增大，可导致尿量增多、不同程度的蛋白尿、血尿。当急性肾小球肾炎时，肾小球毛细血管管腔变窄或堵塞，有滤过功能的肾小球数量减少，肾小球滤过率降低，可出现少尿或无尿。肾小球毛细血管间的系膜细胞具有收缩能力，可调节滤过膜的面积和肾小球毛细血管通透性，而系膜细胞的收缩与舒张则受到体内一些缩血管或舒血管物质的调节。

8.5.1.2　有效滤过压

肾小球滤过作用的动力是有效滤过压。凡影响肾小球毛细血管血压、血浆胶体渗透压和囊内压的因素都会引起有效滤过压的改变。

(1)肾小球毛细血管血压

肾小球毛细血管血压较高，血液流经肾小球毛细血管全长时，血压下降不超过 3~4 mmHg。在安静条件下，当全身动脉血压在 70~180 mmHg 范围内变动时，肾小球毛细血管血压和血流量通过自身调节机制能保持相对稳定，故肾小球滤过率基本不变，如超出此自身调节范围，肾小球毛细血管血压、有效滤过压和肾小球滤过率将发生相应的改变。例如，循环血量减少、剧烈运动以及受到强烈的伤害性刺激等情况下，交感神经活动加强，入球小动脉收缩，可使肾血流量、肾小球毛细血管血压下降，从而影响肾小球滤过率。

(2)肾小球囊内压

正常情况下，肾小球囊内压比较稳定。当肾盂或输尿管结石，肿瘤压迫或任何原因引起输尿管阻塞时，小管液或终尿不能排出，可引起逆行性压力升高，最终导致肾小球囊内压升高，从而降低有效滤过压和肾小球滤过率。

(3)血浆胶体渗透压

在正常条件下，血浆胶体渗透压通常不会发生大幅度波动。临床上(或实验中)静脉快速注射大量生理盐水使血浆蛋白被稀释；或在病理情况下肝功能严重受损，血浆蛋白合成减少；或肾小球毛细血管通透性增大，大量血浆蛋白从尿中丢失，均可导致血浆蛋白减少。从而使血浆胶体渗透压降低，有效滤过压和肾小球滤过率增加。

8.5.1.3　肾血浆流量

肾血浆流量对肾小球滤过率的影响并不是通过改变有效滤过压，而主要是通过改变滤过平衡点实现的。例如，肾血浆流量增大时，肾小球毛细血管内血浆胶体渗透压的上升速度减慢，滤过平衡点就靠近出球小动脉端，即有效滤过面积增大，肾小球滤过率将随之增加。反之，当肾血浆流量减少时，血浆胶体渗透压的上升速度加快，滤过平衡点就靠近入球小动脉端，即有效滤过面积减小，肾小球滤过率将减少。在剧烈运动、失血、缺氧和中毒性休克情况下，由于肾交感神经兴奋，入球小动脉收缩，肾血流量和肾血浆流量明显降低，肾小球滤过率也显著减少。

8.5.2　影响肾小管和集合管重吸收、分泌与排泄的因素

8.5.2.1　小管液中溶质的浓度

小管液中溶质的渗透压，可以影响水的重吸收。如果小管液中的溶质(如葡萄糖、NaCl 等)的浓度升高，渗透压增大，可导致近端小管对水的重吸收减少，从而使尿量增多，这种现象称为渗透性利尿(osmotic diuresis)。糖尿病患者由于血糖浓度升高而使超滤液中的葡萄糖含量超过近端小管对糖的最大转运率，造成小管液溶质浓度升高，结果使水和 NaCl 重吸收减少，尿量增加。

临床上利用渗透性利尿原理，给患病动物静脉注射可经肾小球滤过但不被肾小管重吸收的物质，如甘露醇(mannitol)和山梨醇(sorbitol)等脱水药物，使尿量增加，从而达到利尿和消除水肿等目的。

8.5.2.2　球-管平衡

近端小管对溶质(特别是 Na^+)和水的重吸收量，随肾小球滤过率的变动而变化，即肾小球滤过率增大，近端小管对 Na^+和水的重吸收率也增大；反之亦然。实验表明，无论肾小球滤过率增

加还是减少，近端小管中 Na^+ 和水的重吸收率总是占滤过率的65%~70%，这称为近端小管的定比重吸收(constant fraction reabsorption)，这种定比重吸收的现象称为球-管平衡(glomerulotubular balance)。

球-管平衡的生理意义在于保持尿量和尿钠的相对平衡。球-管平衡在某些情况下可被打破，例如，机体因根皮苷中毒时，近端小管对葡萄糖的重吸收能力减弱，导致尿量增加。在这种情况下，虽然肾小球滤过率不变，但近端小管重吸收率明显下降。

8.6 尿生成的调节

8.6.1 神经调节

肾脏受交感神经支配，肾交感神经不仅支配肾动脉(尤其是入球、出球小动脉平滑肌)，还支配肾小管上皮细胞和球旁细胞，对肾小管的支配以近端小管、髓袢升支粗段和远曲小管为主。

交感神经末梢释放去甲肾上腺素，调节尿液的生成：与肾脏血管平滑肌α受体结合，引起肾血管收缩，减少肾血流量，进而使肾小球滤过率下降；通过激活β受体，使球旁器的球旁细胞释放肾素，导致血液中血管紧张素Ⅱ和醛固酮浓度增加，促进肾小管对水和NaCl的重吸收，使尿量减少；与 α_1-肾上腺素能受体结合，刺激近端小管和髓袢对 Na^+、Cl^- 和水的重吸收。

肾交感神经的活动受许多因素的影响。例如，血容量增加，可通过心肺感受器反射，抑制交感神经的活动；动脉血压升高，可通过压力感受器反射，减弱交感神经的活动。由此可见，循环血量、动脉血压等多种因素均可引起交感神经活动改变，从而调节肾脏的功能活动。

8.6.2 体液调节

8.6.2.1 抗利尿激素

抗利尿激素(antidiuretic hormone，ADH)又称精氨酸血管加压素，是一种九肽激素，由下丘脑视上核和室旁核的神经内分泌细胞合成，沿下丘脑-垂体束的轴突被运输到神经垂体贮存。其受体有 V_1 和 V_2 两种。V_1 分布于血管平滑肌，被激活后可引起血管收缩，阻力增加，血压升高。V_2 主要分布于肾脏集合管主细胞基底侧膜，属于G蛋白耦联受体，被激活后能促进肾集合管对水的重吸收，浓缩尿液。

AQP2是调节肾脏集合管对水通透性的关键蛋白，主要受ADH调节。ADH与 V_2 受体结合后，促使细胞内含有AQP2的囊泡转移并镶嵌在上皮细胞的顶端膜上形成水通道，从而使顶端膜对水的通透性增加。小管液中的水在肾小管和集合管上皮细胞之间的渗透浓度梯度的作用下，通过水通道而进入上皮细胞。进入上皮细胞内的水，再通过基底膜上水孔蛋白AQP3和AQP4进入组织间液，而被重吸收入血。ADH在高浓度情况下也能促进AQP2的合成。

ADH的分泌受多种因素调节，其中最重要的是血浆晶体渗透压和循环血量。

(1)血浆晶体渗透压

血浆晶体渗透压的变化能反射性地调节ADH分泌。例如，当大量出汗、严重呕吐或腹泻，可引起机体失水多于溶质丢失，使血浆晶体渗透压升高，可刺激下丘脑渗透压感受器，引起ADH分泌增加，通过肾小管和集合管增加对水的重吸收，使尿量减少，尿液浓缩；相反，大量饮用清水后，体液被稀释，血浆晶体渗透压降低，对渗透压感受器刺激减弱，使ADH分泌减少或停止，肾小管和集合管对水的重吸收减少，尿量增加，尿液被稀释。这种因饮用大量清水引起尿量增多的现象称为水利尿(water diuresis)。

(2)循环血量

当体内循环血量减少时，对心肺压力感受器刺激减弱，经迷走神经传入下丘脑的冲动减少，对 ADH 释放的抑制作用减弱或消失，故 ADH 释放增加；反之，当循环血量增加时，静脉回心血量增加，可刺激心肺感受器，抑制 ADH 释放。动脉血压的改变也可通过压力感受性反射对 ADH 的释放进行调节。

在 ADH 释放的调节中，心肺感受器和压力感受器对相应刺激的敏感性要比渗透压感受器低，一般需要循环血量或动脉血压降低 5%~10%以上时，才能刺激 ADH 释放。但循环血量或动脉血压降低时，可降低引起 ADH 释放的血浆晶体渗透浓度阈，即提高渗透压感受器对相应刺激的敏感性；反之，当循环血量或动脉血压升高时，可升高引起 ADH 释放的血浆晶体渗透压阈，即降低渗透压感受器的敏感性。

8.6.2.2　肾素–血管紧张素–醛固酮系统

肾脏的球旁细胞合成释放的肾素(蛋白水解酶)可催化血浆或组织中的血管紧张素原(肝产生)转化为血管紧张素Ⅰ(10 肽)。血管紧张素Ⅰ可在肺血管紧张素转换酶作用下水解为血管紧张素Ⅱ(8 肽)，血管紧张素Ⅱ可刺激肾上腺皮质球状带细胞合成和分泌醛固酮，这一系统称为肾素–血管紧张素–醛固酮系统(renin-angiotensin-aldosterone-system，RAAS)。以下分别介绍血管紧张素Ⅱ和醛固酮在调节尿生成方面的作用。

(1)血管紧张素Ⅱ

血管紧张素Ⅱ对尿生成的调节包括直接作用于肾小管影响重吸收功能、改变肾小球滤过率和间接通过血管升压素及醛固酮影响尿的生成。

血管紧张素Ⅱ在生理浓度时可通过作用于近端小管上皮细胞的血管紧张素受体，而直接促进 Na^+的重吸收；也可以通过收缩出球小动脉，而引起肾小球毛细血管血压升高，使滤过增加。这样，在近端小管周围毛细血管内压力较低而血浆胶体渗透压较高，从而间接促进近端小管的重吸收。

肾出球小动脉对血管紧张素Ⅱ的敏感性高于肾入球小动脉，在血管紧张素Ⅱ浓度较低时，主要引起肾出球小动收缩，外周阻力增大，肾小球毛细血管血压升高，其滤过增加，但同时因肾血流量减少，使滤过平衡点发生改变，故总体上肾小球滤过率变化不大；在血管紧张素Ⅱ浓度较高时，肾入球小动脉强烈收缩，则使肾小球滤过率减小。

在入球小动脉，血管紧张素Ⅱ可使血管平滑肌生成 PGI_2 和 NO，而这些属于舒血管物质，可减弱血管紧张素Ⅱ的缩血管作用。

(2)醛固酮

醛固酮与远曲小管和集合管上皮细胞胞质内受体结合，形成激素–受体复合物，激素–受体复合物穿过核膜进入核内，通过基因调节机制，生成多种醛固酮诱导蛋白(aldosterone-induced protein)，进而促进远曲小管和集合管上皮细胞增加对 K^+的排泄和 Na^+、水的重吸收。

8.6.2.3　心房钠尿肽

心房钠尿肽(atrial natriuretic peptide，ANP)是由心房肌细胞合成、分泌的 28 肽激素。当循环血量过多、中心静脉压升高等使心房壁受到牵拉时，可刺激心房肌细胞释放 ANP。此外，某些激素和离子(如乙酰胆碱、去甲肾上腺素、抗利尿激素以及高血钾等)也能引起 ANP 释放。ANP 主要的生理作用是使血管平滑肌舒张和促进肾脏排钠、排水。具体作用如下：促使肾入球小动脉舒张，肾小球滤过率增高；通过第二信使 cGMP 诱导集合管上皮细胞膜中的 Na^+通道关闭，抑制 NaCl 的重吸收，也使水的重吸收减少；抑制球旁细胞分泌肾素、肾上腺皮质球状带细胞分泌醛固酮和神经垂体释放抗利尿激素，使 Na^+ 和水的排出增加。

8.6.2.4 其他因素

肾脏自身可生成多种局部激素，影响肾血流动力学和肾小管的功能。例如，缓激肽可使肾脏小动脉舒张，抑制集合管对 Na^+ 的重吸收；NO 可对抗血管紧张素Ⅱ和去甲肾上腺素的缩血管作用；前列腺素 E_2 和前列腺素 I_2 能使小动脉舒张，增加肾血流量，抑制近端小管和髓袢升支粗段对 Na^+ 的重吸收，导致尿钠排出量增加，并可对抗 ADH，使尿量增加和刺激肾小球旁器的颗粒细胞(球旁细胞)释放肾素等。

8.7 尿的排出

8.7.1 膀胱与尿道的神经支配

膀胱壁由黏膜、肌层和浆膜层构成。肌层为多层平滑肌，合称逼尿肌。在膀胱与尿道连接处有两道括约肌：尿道与膀胱交界处的环形肌为内括约肌(又称膀胱括约肌)，是平滑肌组织；尿道膜部(尿生殖膈)与尿道球部交界处为外括约肌(又称尿道括约肌)，是横纹肌组织。未排尿时，两道括约肌均处于收缩状态，使尿液暂时贮存于膀胱内。

膀胱逼尿肌和内括约肌受副交感神经和交感神经双重支配。腰荐部脊髓发出的盆神经中含副交感神经纤维，兴奋时可使逼尿肌收缩、膀胱内括约肌松弛，促进排尿。由腰部脊髓发出的交感神经，沿腹下神经到达膀胱，其兴奋时则使逼尿肌松弛、内括约肌收缩，抑制排尿。

除自主神经外，尿道括约肌还受阴部神经支配。阴部神经由荐髓发出，为躯体神经，其活动受意识的控制。阴部神经兴奋时，外括约肌收缩；反之，外括约肌舒张。

盆神经(副交感神经)和交感神经均含有感觉传入神经纤维。盆神经传导膀胱的牵拉膨胀感觉，腹下神经传导膀胱的痛觉，阴部神经中也有传导尿道感觉的传入纤维。

8.7.2 排尿反射

排尿过程是一种反射活动。当膀胱内尿量充盈到一定程度时，膀胱壁的牵张感受器受到刺激而兴奋。冲动沿盆神经传入到腰荐部脊髓的初级排尿中枢，进而上传到脑干和大脑皮层的排尿反射高位中枢，产生尿意。如果此时条件不适合排尿，低级排尿中枢可被大脑皮层抑制，使膀胱壁松弛，继续贮存尿液。如果适于排尿或膀胱内压过高时，大脑皮层解除对低级排尿中枢的抑制，脊髓排尿中枢兴奋，冲动沿盆神经传出增加，使膀胱逼尿肌收缩，膀胱内括约肌舒张，于是尿液进入尿道；尿液刺激尿道感受器，冲动沿阴部神经传入纤维传到脊髓排尿中枢，进一步加强其活动，使外括约肌开放，于是尿液被排出。由此可见，尿液对尿道的刺激可进一步反射性地加强排尿中枢活动，是一种正反馈过程，它使排尿反射不断加强，直至膀胱内的尿液排完为止。

排尿受大脑皮层的控制，容易建立条件反射。因此，通过对动物进行合理的调教，可以养成定时、定点排尿的习惯，从而有利于畜舍内卫生。

排尿或储尿发生障碍，均会发生排尿异常。临床上常见的有尿频、尿潴留和尿失禁。排尿次数过多称为尿频，多见于膀胱炎或膀胱结石。膀胱中尿液充盈过多而不能排出称为尿潴留，多见于尿道阻塞或腰荐部脊髓受损。当脊髓受损，以致初级中枢与大脑皮层失去功能联系时，排尿不受意识控制，可出现尿失禁。

8.8　禽类排泄特征

8.8.1　禽尿生成的特点

禽类的泌尿器官由一对肾脏和两条输尿管组成，无肾盂、肾门、膀胱和尿道。因此，尿在肾脏内生成后经输尿管直接排入泄殖腔，在泄殖腔与粪便一起排到体外。

家禽的新陈代谢旺盛，皮肤中没有汗腺，代谢产物主要通过肾脏排出。尿生成的过程与家畜基本相似，但具有以下特点：

①原尿生成的量很少。因为家禽的肾小球不发达，滤过面积小，有效滤过压较低(7.5～15 mmHg)。

②肾小管的分泌和排泄机能较强，能将自身的代谢产物(如 H^+、氨等)和某些药物排泄到尿中。

③禽类肾脏中，有髓袢的肾单位数量很少，肾小管和集合管重吸收水分的能力较差，通常不能产生类似哺乳动物那样的浓缩尿。

④蛋白质代谢的主要产物是尿酸而不是尿素，尿酸大部分经输尿管排泄到尿中。禽尿因含有较多的尿酸盐而呈奶油色。

⑤如前所述，家禽的肾脏无肾盂、膀胱，生成的尿液经输尿管直接排泄到泄殖腔中。

8.8.2　禽类鼻腺的排盐机能

在鸭、鹅和一些海鸟等水禽在眼眶顶壁和眼球之间有一种特殊的鼻腺(nasal gland)，水禽的鼻腺发达，又称盐腺(图 8-14)。鼻腺导管开口于鼻腔，能分泌大量 NaCl，具有补充肾脏的排盐功能，维持体内水、盐和渗透压平衡的作用。鼻腺在排泄体内水分和盐类方面的相对比例，随盐负荷的程度而异。例如，鸭在给予淡水时，尿中排水量、排 Na^+ 量分别占摄入量的 60.3%和 59.5%；若给予海水，尿中排水量与排 Na^+ 量分别占摄入量的 36.5%和 10%。表明在给予海水时，鼻腺排水和排盐的比例显著增加。

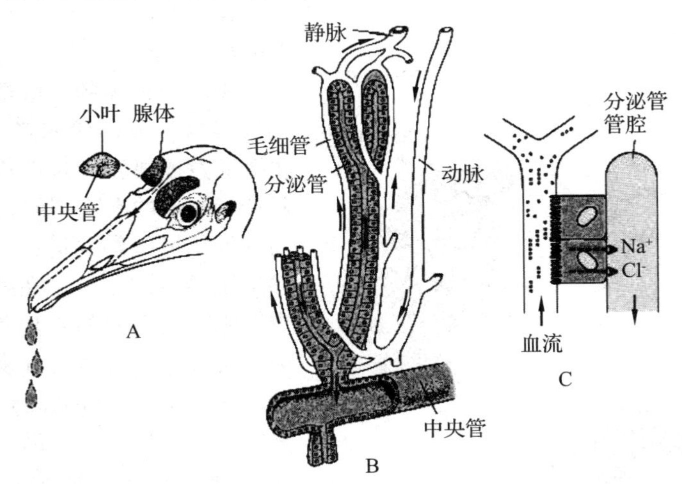

图 8-14　鸟类的鼻腺结构

A. 海鸟(鸥)头部眼上方的鼻腺及鼻腺横断面(左)中的一小片；
B. 小叶内的血管、分泌管和中央管；C. 分泌管摄取盐及排出盐的机制

在正常情况下，盐是刺激鼻腺分泌的主要因素，盐负荷可引起鼻腺分泌增加。鼻腺分泌受神经和体液因素的调节，刺激副交感神经或注射乙酰胆碱可使鼻腺分泌增加。维持鼻腺的正常分泌功能有赖于垂体-肾上腺皮质系统的完整，切除垂体或肾上腺可使鼻腺分泌明显减少，给予促肾上腺皮质激素或皮质类固醇则可使鼻腺分泌量增加。

鸡、鸽和其他一些禽类没有鼻腺，全部 NaCl 都靠肾脏排出。

(王纯洁　玉斯日古楞)

8.9 鱼类渗透压调节

生活在各种不同环境中的动物为了保持体内恒定的渗透压，必须具有一定机制来保持体内水、盐浓度的稳定，随时对体内水、盐含量进行调节，即渗透压调节(osmoregulation)。

8.9.1 鱼类渗透压调节器官

脊椎动物的肾脏是主要的排泄和渗透压调节器官，但是有些脊椎动物还有其他的渗透压调节器官，如鱼类的鳃、爬行动物和鸟类的盐腺等，这些器官在维持脊椎动物机体渗透压的稳定中起着重要的作用。

8.9.1.1 鱼类肾脏

一般鱼类成体的肾脏呈块状，紧贴脊椎分布，根据结构和功能特征可将其分为两部分：头肾和体肾。现有资料表明，极少数鱼类如弹涂鱼(*Periophthalmus cantonensis*)的头肾尚有肾单位，并与体肾的肾单位很难区分开来；大多数鱼类的头肾已完全由淋巴样组织构成，不再具有泌尿功能，而成为硬骨鱼类特有的重要淋巴器官。具有泌尿功能的是位于后部的体肾，又称功能肾。体肾的基本结构和功能单位称为肾单位，尿就在这里生成。鱼类肾脏由许多肾单位构成，其结构和功能多种多样，有的有肾小球和肾小管，有的没有肾小球和肾小管。淡水真骨鱼类肾单位的肾小球发达；而有些海洋真骨鱼类的肾小球退化消失，肾小管短缺，如海龙、海马、蟾鱼、鮟鱇、杜父鱼和鲀科鱼类。各类群鱼类肾单位的结构特点，与其生活的环境密切相关。

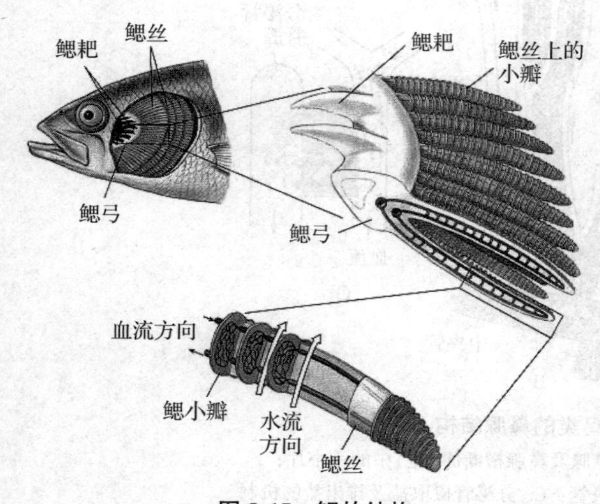

图 8-15　鳃的结构

8.9.1.2 鳃

鳃既是鱼类的呼吸器官，又是排泄和调渗器官。鱼类代谢产生的含氮废物氨，主要通过鳃排出。鳃上皮主要是指包围鳃丝和鳃小瓣的上皮组织(图 8-15)，它是鳃与外界环境接触并进行气体交换、排泄和渗透压调节的部位。在鳃上皮中，鳃丝上皮和鳃小瓣上皮的结构和功能不同。后者因其薄且适于进行气体交换，又称呼吸上皮(respiratory epithelium)。鳃丝上皮包含 5 种主要的细胞类型，即扁平上皮细胞、黏液细胞、未分化细胞、氯细胞(chloride cell)和神经上皮细胞。它的最主要特征是氯细胞的存在。氯细胞(又称泌盐细胞)在鱼类鳃的离子交换和渗透压调节中起重要作用。

海水和淡水硬骨鱼类都具有氯细胞，但是，氯细胞随鱼类生存环境的不同而呈现出显著的变化。海水鱼类或适应于海水的广盐性鱼类，其氯细胞比淡水鱼类的体积大，数量多，结构复杂。海水鱼类氯细胞的线粒体丰富，管系发达，富有 ATP 酶活性，其顶部凹陷形成顶隐窝（apical crypt），顶隐窝内含有大量的 Cl^-，是鳃排出 Cl^- 和 Na^+ 的部位。每个氯细胞旁还有一个辅助细胞（accessory cell）。氯细胞、辅助细胞和邻近的上皮细胞形成紧密的多脊结合，即紧密连接（tight junction）；但氯细胞和辅助细胞之间的联系却很松散，有细胞旁道（paracellular pathways）（图 8-16），形成渗漏上皮（leaky epithelium）。这种细胞旁道为海水鱼类所特有，对 NaCl 的排泄起重要作用。淡水鱼类的氯细胞数量少，氯细胞旁没有辅助细胞，与邻近上皮细胞之间缺少紧密的多脊结合，在其顶部没有凹入的顶隐窝，细胞内线粒体、管系和内质网不发达，表明其排出 NaCl 的功能已大大减弱。海水鱼类的氯细胞能把体内过多的 NaCl 以及 NH_4^+、HCO_3^- 等代谢产物排出体外，淡水鱼类的氯细胞则能从水中吸收无机盐，以补充体内盐分的不足。

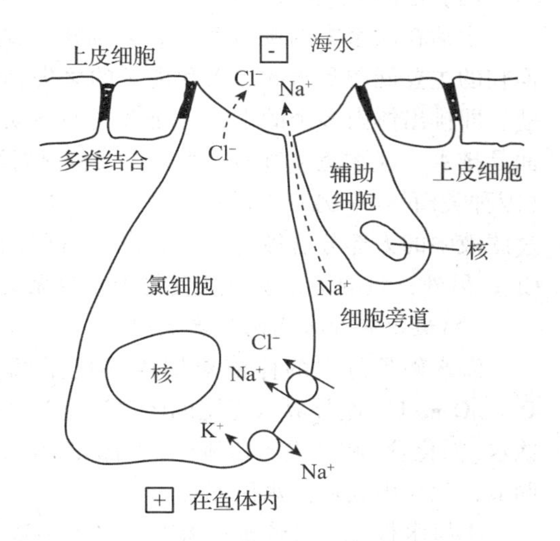

图 8-16　海水鱼类氯细胞对 Na^+ 和 Cl^- 的排泄示意图

8.9.1.3　直肠腺

直肠腺是板鳃鱼类和腔棘鱼类所特有的调渗器官，位于肠的末端，由肠壁向外延伸而成。直肠腺可排出多余的一价离子（Na^+、K^+、Cl^-）。

8.9.1.4　肠道

某些鱼类的消化道也有调渗作用，一般可吸收一价离子（Na^+、K^+），分泌二价离子（Mg^{2+}、SO_4^{2-}）。因此，鱼类消化道具有调节渗透压的作用。

8.9.2　鱼类渗透压的调节原理

生活在淡水或海水中的各种鱼类，它们体液的渗透浓度是比较接近和相对稳定的，但它们所处水环境的盐度（一般用 1 000 g 水中所含盐类的克数表示）却相差很大。鱼类为了维持体内一定的渗透浓度必须进行渗透压调节。生活在不同水环境的鱼类，以及不同种类的鱼，渗透压的调节方式和调节能力是不同的。圆口类的盲鳗体液的渗透压与环境水相同，且随水的渗透压变化而变化，此种动物称为变渗动物（osmoconfomer）。一般鱼类都具有调节渗透压的能力，使机体体液的渗透压保持相对稳定，故称为调渗动物（osmoregulator）或恒渗动物。鱼类调节渗透压能力的大小决定了鱼类适应环境的能力。有些鱼类只能在盐度变化不大的环境中生活，这些鱼类称为狭盐性鱼类（slenohaline fishes）；有些鱼类可以忍受较大的盐度变化，不仅能进入半咸水（含盐量在淡水与海水之间），甚至能在淡水和海水之间洄游，它们调节渗透压的能力强，适应环境盐度的范围广，称为广盐性鱼类（euryhaline fishes）。

8.9.2.1　狭盐性鱼类调渗原理

狭盐性鱼类对水的盐度要求较严格，只能忍受有限范围的盐度变化。海水鱼类和淡水鱼类都属于狭盐性鱼类。

(1)淡水硬骨鱼类的调渗原理

生活在淡水中的硬骨鱼类，其血液渗透浓度比淡水高，一般在300 mmol/L左右。因此，面临的主要问题是水的渗入和离子的丢失(皮肤渗透性较低，主要通过鳃运行)。为了排水保盐，即排出体内多余的水，补充丢失的溶质(盐)，淡水鱼类将通过两方面来进行调节：一方面是排水。淡水鱼类过多的水分主要依靠肾脏排出，每天的排尿量较多，可达体质量1/3左右(因种类而异)。另一方面是吸收离子(盐)。肾小管有一段吸盐细胞(氯细胞)，使通过肾小体过滤液中的大部分盐被重吸收，同时有些淡水鱼类鳃上有特化的吸盐细胞，可以从水中吸收Cl^-。另外，鱼的肠道也可从食物中吸收无机盐。

(2)海水硬骨鱼类的调渗原理

海水硬骨鱼类的体液对周围环境是低渗性的，海水鱼类血液的渗透浓度一般为380～450 mOsm/L，而外界水环境的渗透浓度为800～1 200 mOsm/L。因此，海水中一部分盐可通过饮水(消化管)和鳃进入鱼体内；而体内水分将通过鳃和体表不断地进入海水，若不及时进行调节，就会因大量失水而死亡。

①海水板鳃鱼类渗透压调节　绝大多数板鳃鱼类属于海产动物，只有少数生活于淡水内。生活在海水中的板鳃鱼类，血液中的无机离子浓度比海水低，但由于它们的血液中含有大量的尿素和氧化三甲胺，而使其渗透压接近或略高于海水。但板鳃鱼类血液中无机离子浓度低，因此必然有离子通过鳃等表面进入体内。此外，板鳃鱼类虽不饮水，但随食物也有少量的水和离子(Na^+)进入体内，因此必须把这些多余的盐类排出。Na^+的排出可能主要通过肾脏，但有一部分也可能是通过直肠腺排出。直肠腺分泌液内Na^+和Cl^-的浓度高于海水的浓度。因此，肾脏在排出离子中可能起主要作用，但尚不清楚板鳃鱼类的鳃是否能主动排出离子。

尿素是哺乳动物和其他脊椎动物蛋白质代谢的终产物。哺乳动物的这种代谢产物通过肾脏排出，大多数脊椎动物血浆中尿素含量很低，例如，人血浆中的尿素含量为10～40 mg/100 mL；角鲨血浆中的尿素含量为2 160 mg/100 mL，比人的高100倍以上，其他脊椎动物难以忍受这样高的尿素浓度。但板鳃鱼类的尿素含量若降低，反而对其组织活动不利。例如，当用与鲨鱼血液的离子成分相同的生理盐水灌流其心脏时，如果灌流液含有高浓度的尿素，其心脏可以正常收缩4 h，若不含尿素，则心脏很快受到损害而停止跳动。

②海水硬骨鱼类的渗透压调节　海水硬骨鱼类的体液对周围水环境是低渗的，其面临的主要问题是如何排盐保水。海水硬骨鱼类调节渗透压是从两方面进行：一方面是保水。主要通过大量吞饮海水和从食物中获取水分，另外通过减少排尿以保持体内水分。海水硬骨鱼类与淡水鱼类相反，它们的肾脏退化，有的部分或全部肾单位无肾小球。每天只排出少量(占体质量1%～2%)浓缩尿(Ca^{2+}、Mg^{2+}、SO_4^{2-}等二价离子含量极高)，以减少体液水分的流失。另一方面是排盐。海水硬骨鱼类因不断吞饮海水而使体液的含盐量升高，其中一价离子(Na^+、Cl^-、NH_4^+和HCO_3^-)被消化道吸收经鳃上皮的泌盐细胞排出；二价离子Ca^{2+}、Mg^{2+}、SO_4^{2-}留在肠中形成不溶性盐类随粪便排出。因为海水的盐度比海水硬骨鱼类体液的浓度高，因此排盐是一种逆浓度梯度的主动转运过程。主要由鳃和鳃盖上的氯细胞(排盐细胞)完成。

8.9.2.2 广盐性真骨鱼类的调渗原理

溯河性洄游的鲑科鱼类和降海性洄游的鳗鲡等都是广盐性鱼类。它们在生命周期的某个阶段生活在海洋，另一个阶段生活在淡水中。广盐性鱼类不仅能生活在盐度变化较大的水环境中，还能在淡水和海水之间迁移。它们从一种生活环境转移到另一种生活环境之前，要经过一系列预备性的变化，故能在较大的盐度范围内维持相对稳定的渗透压和离子浓度。

(1) 由淡水进入海水

鱼类由淡水进入海水后，由于海水对鱼体液是高渗的，因此面临的主要问题是大量失水的补偿和如何将吞饮海水而吸收的过多盐分排出体外。此时，广盐性鱼类在淡水中的渗透压调节机制被抑制，而在海水中的渗透压调节机制被启动，主要是通过：①吞饮海水。广盐性鱼类从淡水进入海水时，最明显的生理反应是大量饮水，虹鳟和鳗鲡在淡水中基本不饮水，进入海洋后每天的饮水量等于体质量的 4%～15%。桑比克罗非鱼每天的饮水量可达体质量的 30%。一般广盐性鱼类进入海水后几小时内饮水量即显著增大，并在 1～2 d 内补偿失水而使体内维持水平衡。②减少尿量。广盐性鱼类进入海水后，由于血浆渗透压改变，刺激脑垂体抗利尿激素(ADH)分泌，使肾小球滤过率(GRF)降低，肾小管壁对水的通透性增强，使大量水分从滤过液中被重吸收，结果尿量减少。③排出 Na^+ 和 Cl^-。广盐性鱼类进入海水后，大量吞饮海水时吸收的 NaCl 主要通过鳃上皮的氯细胞排出体外，维持体内的离子和渗透压平衡。鱼类从淡水进入海水后，鳃上皮的氯细胞发生明显的细胞学变化。此外，Na^+ 和 Cl^- 的排出量还受激素调节。广盐性鱼类进入海水后由于血液中的 Na^+ 浓度升高，刺激肾间组织分泌皮质醇，使血液皮质醇浓度升高。后者促使鳃的氯细胞增殖，及提高 Na^+-K^+-ATP 酶活性，从而使 Na^+ 排出量增加。

(2) 由海水进入淡水

硬骨鱼类由海水进入淡水后，适应于海水中的渗透压调节机制受到抑制，而适应于淡水中的调节机制被激活，从而出现上述相反的变化，即由排盐保水状态转入排水保盐状态。主要通过：①停止吞饮水，Ca^{2+}、Mg^{2+}、SO_4^{2-} 等的吸收和排出迅速减少。②减少鳃对 Na^+、Cl^- 的排出量。鱼类从海水进入淡水后，鳃上皮减少 Na^+ 和 Cl^- 的流失受多种因素的控制，其中，催乳素起着关键作用。当鱼类从海水进入淡水时，催乳素分泌细胞被激活，血液的催乳素水平明显升高。在鱼类，催乳素降低肾小管对水的通透性，减少水的重吸收，使尿量增加。同时，催乳素又降低 Na^+-K^+-ATP 酶活性，减少鳃对 Na^+ 和 Cl^- 的排出量。③从低渗的水环境中吸收 Na^+ 和 Cl^-。广盐性鱼类从海水进入淡水后，不仅减少 NaCl 的排出量，同时还能通过离子主动转运系统从低渗的水环境中吸收 Na^+ 和 Cl^-，其转运系统包括 Na^+-NH_4^+、Na^+-H^+ 和 Cl^--HCO_3^- 交换等。

无肾小球海水硬骨鱼类进入淡水后有特殊的调节机制。例如，广盐性的蟾鱼(*Ospamus tau*)，平时在海水中生活，但也可进入到淡水。由于蟾鱼没有肾小球，不能通过滤过作用形成超滤液，它们的尿液与体液是等渗的，不能通过肾脏形成大量低渗尿以排出体内过多的水分。蟾鱼由海水进入淡水后，由于其体液相对淡水是高渗的，体外的淡水通过鳃上皮不断进入体内，而 NaCl 则经鳃上皮排出到体外。但蟾鱼鳃上皮吸收 NaCl 的能力相当强，故 NaCl 的吸收量大大超过排出量。积累在体内的 NaCl 随血液循环运送至肾脏并分泌入肾小管内；随着 NaCl 大量进入管内，小管液渗透压升高，体内多余的水分便随之进入肾小管并随尿液排出体外。

可见，无肾小球海水硬骨鱼类在淡水中是通过鳃大量吸收 NaCl，在肾脏排出 NaCl 的同时，将体内多余的水分排出。

（田兴贵）

复习思考题

1. 影响肾小球滤过的主要因素是什么？
2. 给兔静脉注射高渗葡萄糖溶液或大量生理盐水后，其尿量有何变化？为什么？
3. 广盐性鱼类由海水进入淡水如何调节渗透压？

第 8 章

第9章

神经系统的功能

本章导读

动物的神经系统是由神经细胞和神经胶质细胞组成的庞大而复杂的信息网络系统。神经细胞是神经系统的结构和功能单位，由胞体和突起两部分组成。神经纤维最基本的功能是传导兴奋，具有生理完整性、双向传导、绝缘性、不衰减性和相对不疲劳等特征。神经细胞间主要通过突触传递信息。突触传递具有单向传递、突触延搁、兴奋可总和等特征。神经元兴奋引起神经递质的释放，神经递质与相应受体结合，可引起受体所在神经元或效应器细胞兴奋或抑制。动物体内有多种递质受体系统。神经调节的基本活动方式——反射，是指在中枢神经系统参与下对内、外环境变化做出的规律性应答，可分为条件反射、非条件反射或单突触反射、多突触反射等多种类型。

神经系统具有感觉分析、调控躯体运动和调节内脏活动的功能。感觉是由特定感受器感受适宜刺激，沿特定传导通路，由丘脑投射系统投射到大脑皮层形成。神经系统主要通过交感和副交感神经对内脏活动进行调节。脊髓、脑干、小脑对躯体运动均有调节作用，但大脑皮层是神经系统调控躯体运动的最高级中枢。大脑皮层除了参与感觉、躯体运动和内脏活动调节外，还与条件反射、觉醒和睡眠、学习和记忆以及各种复杂高级功能有关。

本章重点与难点

重点：突触传递、反射活动规律、自主神经系统结构和功能特点以及条件反射的形成。

难点：突触传递过程和机理，感觉的投射系统及神经中枢对躯体运动的调节。

9.1 神经系统活动的基本原理

动物体内各系统、器官的结构、功能各异，但彼此之间并不是完全孤立的，它们依靠机体的调节系统协调工作，而神经系统是机体最重要的调节和控制系统。神经系统是在动物进化过程中，在外界环境影响下逐渐演变、发展起来的。从单细胞动物到多细胞动物，神经系统经历了从无到有、从简单到复杂的变化过程。到了哺乳动物，更出现了高度发展的大脑皮层，神经细胞的数目也显著增多，大脑皮层成为机体功能活动调控的最高级中枢。

9.1.1 神经元与神经胶质细胞

神经系统内主要含神经细胞和神经胶质细胞。神经细胞又称神经元(neuron)，是一种高度分化的细胞，它们通过突触联系形成复杂的神经网络，对各种神经信息进行处理，是感觉、运动、学习、记忆、思维、创造等各种大脑功能的承担者，因而是构成神经系统基本的结构和功能单位。神经胶质细胞(neuroglia cell)简称胶质细胞，除具有传统意义上的支持、保护和营养神经元的功能外，目前还有一些新的发现。

9.1.1.1　神经元的一般结构与功能

(1)基本结构

动物中枢神经系统中有上千亿个神经元，其形态、大小不一，但其基本结构都包括胞体和突起两部分(图 9-1)。胞体集中分布在大脑和小脑的皮层、脑干和脊髓的灰质以及外周神经系统的神经节中，是神经元细胞核所在的部位。突起包括树突(dendrite)和轴突(axon)。树突由胞体向外突起伸展而成，呈树枝状分支，在一个神经元上可有多个。轴突与树突相比，细长而且粗细均一，分支较少，在一个神经元上一般只有一个。胞体发出轴突的部位称为轴丘(axon hillock)，而轴突起始的部分称为轴突始段(initial segment)；轴突的末端有许多分支，每个分支末梢膨大成突触小体(synaptic knob)，与另一个神经元胞体或突起相接触而形成突触(synapse)。突触小体内含有丰富的线粒体和囊泡，囊泡中贮存有大量的神经递质。轴突和感觉神经元的长树突二者统称轴索，轴索外面包有髓鞘或神经膜，构成神经纤维(nerve fiber)。神经纤维又可根据有没有严密包裹的髓鞘分为有髓鞘神经纤维(myelinated nerve fiber)和无髓鞘神经纤维(unmyelinated nerve fiber)。神经纤维末端称为神经末梢(nerve terminal)。

在神经元上还可分出 4 个重要的功能部位(图 9-1)：①受体部位，位于胞体和树突膜上，能与特异性配体结合并诱发该处细胞膜产生局部兴奋或抑制。②动作电位产生部位，如脊髓运动神经元的轴突始段，或皮肤感觉神经元的起始郎飞结；受体部位接受化学物质刺激时产生局部电位，并以电紧张的形式扩布至该轴突始段时才能引起可传导的动作电位。③传导动作电位的主要部位——轴突。④递质释放部位——神经末梢。

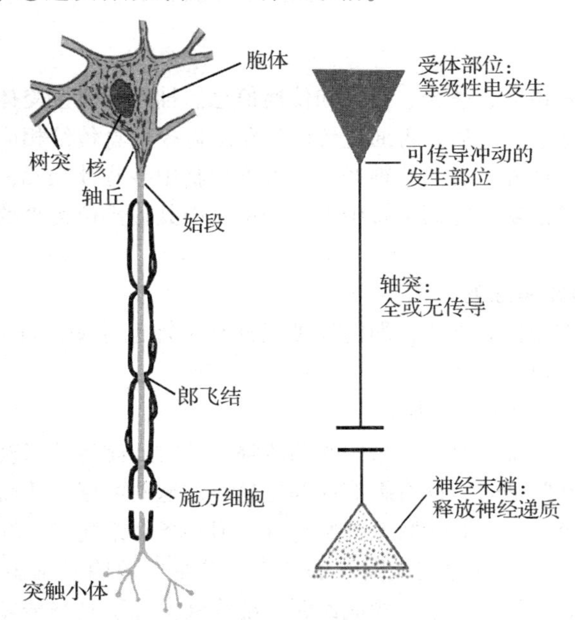

图 9-1　有髓运动神经元结构及功能部位模式图(引自 Ganong)

(2)神经元的分类

神经元的分类方式有多种：根据神经元的形态，可分为锥体细胞、星形细胞和颗粒细胞等；根据神经元树突数目，可分为双极神经元、假单极神经元和多极神经元；根据神经元的功能，可分为感觉神经元(传入神经元、投射神经元)、中间神经元(联络神经元)和运动神经元(传出神经元、指令神经元)；按对下级神经元的影响，可分为兴奋性神经元和抑制性神经元(图 9-2)。

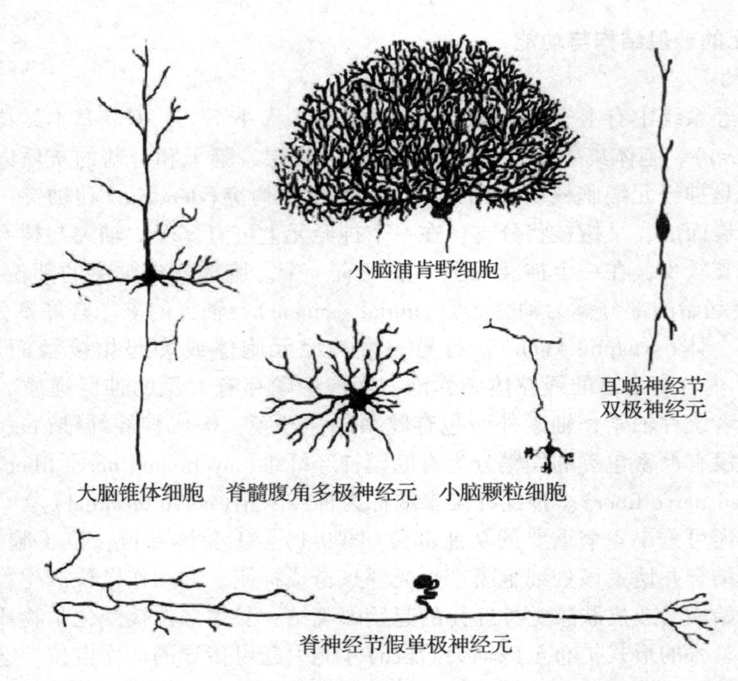

图 9-2 神经元的几种主要形态

(3)基本功能

神经元的基本功能是接受、整合、传导和传递信息。神经元能接受体内、外各种刺激，并对这些刺激信息进行分析、整合后，再通过传出通路把调控信息传给相应的效应器，产生一定的生理调节和控制效应。此外，有一些神经元，如下丘脑中某些神经元，除了具有典型的神经细胞功能外，还能够分泌激素，它们可将中枢神经系统中其他部位传来的神经信息转变为激素的信息。

9.1.1.2 神经纤维的功能和分类

神经纤维的主要功能是传导兴奋，即传导神经冲动。神经冲动(nerve impulse)就是沿神经纤维传导的兴奋或动作电位。

(1)神经纤维传导兴奋的一般特征

①生理完整性　神经纤维只有在其结构和功能都完整时才能传导兴奋；如果神经纤维受损或被切断，或局部应用麻醉剂时，都将影响局部电流通过这些区域，从而使兴奋传导受阻。

②绝缘性　一根神经干内含有无数条神经纤维，但多条纤维同时传导兴奋时基本上互不干扰，表现为各神经纤维传导兴奋时彼此隔绝的特性。其主要原因是细胞外液对电流的短路作用，使局部电流主要在一条神经纤维上构成回路。绝缘性保证了兴奋传导的精确性。

③双向性　人为刺激神经纤维上任何一点，只要刺激强度足够大，在这一点所引起的兴奋可同时向纤维两端扩布。但在整体时，运动神经元总是将神经冲动由胞体传向末梢，感觉神经总是将冲动传向胞体，表现为传导的单向性，这是由突触的极性所决定的。

④不衰减性　神经纤维在传导冲动时，遵循动作电位的"全或无"特征。动作电位的幅度、频率和传导速度不因传导距离的增大而变小、减慢，这一特性称为不衰减性。它使调节作用能及时、迅速而准确地进行。

⑤相对不疲劳性　在实验条件下，连续电刺激神经纤维数小时至十几小时，神经纤维始终

保持传导兴奋的能力，与突触传递相比，神经纤维传导兴奋表现为不易疲劳。这是因为神经纤维在传导冲动时耗能较突触传递少得多，也不存在递质耗竭所致。

(2)神经纤维的分类和传导速度

神经纤维的分类方法有多种，根据其分布，可分为中枢神经纤维和周围神经纤维；根据兴奋传导方向，可分为传入神经、传出神经和中间神经；根据有无髓鞘可分为有髓神经纤维和无髓神经纤维；根据神经纤维传导速度和纤维直径，通常有如下两种分法：

①根据传导速度的不同，Erlanger 和 Gasser 将哺乳动物的周围神经纤维分为 A、B、C 3 类，其中，A 类纤维又可分为 α、β、γ、δ 4 个亚类(表 9-1)。

②根据纤维直径与来源，Lloyd 和 Hunt 将传入神经纤维分为 Ⅰ、Ⅱ、Ⅲ、Ⅳ 4 类，其中，Ⅰ类纤维又可分为 $Ⅰ_a$ 和 $Ⅰ_b$ 两个亚类。

表 9-1　哺乳动物周围神经纤维的分类

Erlanger-Gasser 分类	功能	纤维直径/(μm)	传导速度/(m/s)	相当于 Lloyd-Hunt 分类
A(有髓鞘)				
α	本体感觉、躯体运动	13~22	70~120	$Ⅰ_a$、$Ⅰ_b$
β	触-压觉	8~13	30~70	Ⅱ
γ	支配梭内肌(引起收缩)	4~8	15~30	
δ	痛觉、温度觉、触-压觉	1~4	12~30	Ⅲ
B(有髓鞘)	自主神经节前纤维	1~3	3~15	
C(无髓鞘)				Ⅳ
交感	交感节后纤维	0.3~1.3	0.7~2.3	
背根	痛觉、温度觉、触-压觉	0.4~1.2	0.6~2.0	

(3)影响神经纤维传导速度的因素

①纤维的直径　直径越粗，传导速度越快。这是因为直径较大时，神经纤维的纵向阻抗小，局部电流的强度和空间跨度较大。此外，不同直径的神经纤维膜上 Na^+ 通道的密度不同。纤维粗的密度高，Na^+ 通道开放时进入膜内的 Na^+ 电流大，动作电位的形成与传导也快。

②髓鞘　有髓神经纤维比无髓神经纤维的传导速度快得多，这是因为有髓神经纤维的兴奋在郎飞结间做跳跃式传导。这种传导方式不仅大大加快了传导速度，而且是一种有效的节能方式。

③温度　在一定范围内温度升高可使传导速度加快。恒温动物有髓神经纤维的传导速度比变温动物同类纤维传导速度快。温度降低则传导速度减慢，如动物麻醉时，随体温下降，神经纤维传导速度也将减慢。

测定神经纤维的传导速度，对诊断神经纤维疾患和评估预后具有一定的临床价值。

9.1.1.3　神经纤维的轴浆运输

轴突内的轴浆是经常在流动的，轴浆流动具有物质运输的作用，故称轴浆运输(axoplasmic transport)。轴浆运输是双向的，包括顺向与逆向。

(1)顺向轴浆运输

顺向轴浆运输(anterograde axoplasmic transport)是指轴浆自胞体向轴突末梢流动。维持轴突代谢所需的蛋白质、轴突末梢释放的神经递质等物质，就是通过顺向轴浆运输到达轴突末梢。

顺向轴浆运输可分为快速与慢速两类。快速轴浆运输是由一种类似于肌球蛋白的驱动蛋白

(kinesin)执行的，主要见于具有膜结构的细胞器，如线粒体、突触囊泡和分泌颗粒等的运输，其转运速度可达300~400 mm/d。而慢速轴浆运输是由胞体合成的蛋白质所构成的微丝、微管等结构不断向前延伸，其他轴浆的可溶性成分也随之向前运输，其速度为1~12 mm/d。

(2)逆向轴浆运输

逆向轴浆运输(retrograde axoplasmic transport)是指轴浆自末梢向胞体的转运。有些物质被神经末梢摄取，包括神经营养物质、某些病毒(如狂犬病病毒)和毒素(如破伤风毒素)，逆向运输到胞体。近年来，运用神经元逆向转运的特点，将辣根过氧化酶(HRP)、荧光素或放射性标记的凝集素等大分子物质注入末梢区，以追踪神经通路，成为神经生物学上常用的研究方法之一。

9.1.1.4 神经的营养性作用及神经营养因子

(1)神经的营养性作用

神经对所支配的组织具有双重作用，即神经的功能性作用(functional action)和神经的营养性作用(trophic action)。前者指的是神经末梢通过释放递质作用于突触后膜进而调节所支配组织的功能活动；后者指的是神经末梢经常性地释放某些营养性的物质，持续地调整被支配组织的内在代谢活动，影响其持久性的结构、生理和生化的变化。神经的营养性作用在正常情况下不易被觉察，但当神经被切断后可明显表现出来。例如，实验切断运动神经后，神经轴索甚至胞体发生变性，神经所支配的肌肉逐渐萎缩；将神经缝合，变性的轴索和胞体形态恢复，肌肉萎缩逐渐改善。

(2)神经营养因子

神经的营养作用可使其所支配组织维持正常的代谢和功能，反过来，神经元也接受一类称为神经营养因子(neurotrophin，NT)的蛋白质分子的支持。神经营养因子是一类由神经所支配的组织和星形胶质细胞产生的支持神经元的蛋白质，它是一个庞大的家族，已确知的有神经生长因子(nerve growth factor，NGF)、脑源性神经营养因子(brain-derived neurotrophic factor，BDNF)、神经营养因子3(NT-3)、神经营养因子4/5(NT-4/5)和神经营养因子6(NT-6)等。神经营养因子在神经元的正常存活、生长分化以及病理性损伤与修复中发挥着重要作用。

9.1.1.5 神经胶质细胞

神经胶质细胞广泛分布于周围和中枢神经系统中，数量约为神经元的数十倍。在中枢神经系统，主要有星形胶质细胞、少突胶质细胞、小胶质细胞与室管膜细胞；在周围神经系统，主要有形成髓鞘的施万细胞和神经节内的卫星细胞。神经胶质细胞位于神经元和毛细血管之间，有重要的生理功能。

(1)神经胶质细胞的生理特性

胶质细胞也有突起，但无树突和轴突之分，与相邻细胞之间普遍存在缝隙连接(gap junction)，但不形成突触结构。它们也有随细胞外K^+浓度改变而改变的膜电位，但不能产生动作电位。此外，相对于神经元损伤后的不可修复性，神经胶质细胞终身具有分裂能力，能对神经组织损伤进行修补填充。

(2)神经胶质细胞的功能

①支持作用　星形胶质细胞以其长突起在脑和脊髓内交织成网构成支持神经元胞体和纤维的支架。

②修复和再生作用　例如，脑和脊髓受伤时，小胶质细胞能转变成巨噬细胞，清除变性的神经组织碎片；而星形胶质细胞则能依靠增生来充填缺损，但过度增生则可能形成脑瘤。

③绝缘和屏障作用　中枢神经纤维和外周神经纤维的髓鞘分别由少突胶质细胞和雪旺细胞

形成。早年认为，神经髓鞘可防止神经冲动在轴突上传导时的电流扩散，起一定的绝缘作用。据现在观察，髓鞘的主要作用在于提高传导速度（跳跃式传导），而绝缘作用则较为次要。此外，星形胶质细胞的血管周足是构成血-脑屏障的重要组成部分；构成血-脑脊液屏障和脑-脑脊液屏障的脉络丛上皮细胞和室管膜细胞也属于胶质细胞。

④免疫应答作用　星形胶质细胞可作为中枢的抗原呈递细胞，其细胞膜上存在特异性的主要组织相容性复合物（major histocompatibility complex molecule，MHC）Ⅱ，后者能与处理过的外来抗原结合，将其呈递给T淋巴细胞。

⑤物质代谢和营养性作用　星形胶质细胞一方面通过血管周足和突起连接毛细血管和神经元，对神经元起运输营养物质和排除代谢产物的作用；另一方面还能产生神经营养因子，维持神经元的生长、发育和功能的完整性。

⑥稳定细胞外K^+浓度　星形胶质细胞细胞膜上的钠钾泵可将细胞外过多的K^+泵入胞内，并通过缝隙连接将其扩散到其他神经胶质细胞，从而维持细胞外K^+浓度的相对稳定，起到稳定神经元兴奋性的作用。

⑦参与某些递质及生物活性物质的代谢　星形胶质细胞能摄取神经元释放的神经递质，如谷氨酸和γ-氨基丁酸，再转变为谷氨酰胺转运到神经元内，从而消除氨基酸递质对神经元的持续作用，同时也为神经元合成氨基酸类递质提供前体物质。星形胶质细胞还能合成和分泌血管紧张素原、前列腺素、白细胞介素及多种神经营养因子等生物活性物质。

9.1.2 神经元间的信息传递

神经元之间或神经元与效应器细胞之间相互接触并传递信息的部位称为突触（synapse），是神经系统中信息传递的重要方式。神经元与效应器细胞之间的突触称为接头（junction）。根据信息传递物质的不同，可分为化学突触（chemical synapse）和电突触（electrical synapse），前者的信息传递物质是神经递质，而后者的信息传递方式则为局部电流。按神经元接触部位的不同，经典突触可分为常见的轴突-树突式突触、轴突-胞体式突触和轴突-轴突式突触；按两个突触排列方式的不同，几种特殊形式的突触（两个化学突触或化学突触与电突触混合组成的突触）可分为串联式突触、交互式突触和混合性突触（图9-3）；按突触的功能，可分为兴奋性突触和抑制性突触。

9.1.2.1 化学突触

化学突触一般由突触前成分、突触间隙和突触后成分3部分组成，根据突触前、后成分之间有无紧密的解剖学关系，可分为定向突触（directed synapse）和非定向突触（non-directed synapse）两种模式，前者末梢释放的递质仅作用于范围极为局限的突触后成分，如经典突触和神经-骨骼肌接头；后者末梢释放的递质则可扩散至距离较远和范围较广的突触后成分，如神经-心肌接头和神经-平滑肌接头。

（1）经典突触的信息传递（定向突触传递）

①经典突触的微细结构　经典突触由轴突末梢、突触间隙和突触后膜组成。在电子显微镜下，突触前膜和突触后膜较一般神经元膜稍增厚，约7.5 nm，突触间隙宽20~40 nm。在突触前膜内侧的轴浆内，含有较多的线粒体和囊泡，后者称为突触囊泡或突触小泡（synaptic vesicle），其直径为20~80 nm，内含高浓度的神经递质。不同的突触内所含突触小泡的大小和形态不完全相同，突触小泡内所含的递质也不相同。突触后膜上存在着与神经递质相对应的特异性受体或化学门控通道（图9-4）。

②突触传递的过程　经典突触传递是一个电-化学-电的过程，即由突触前神经元的生物电

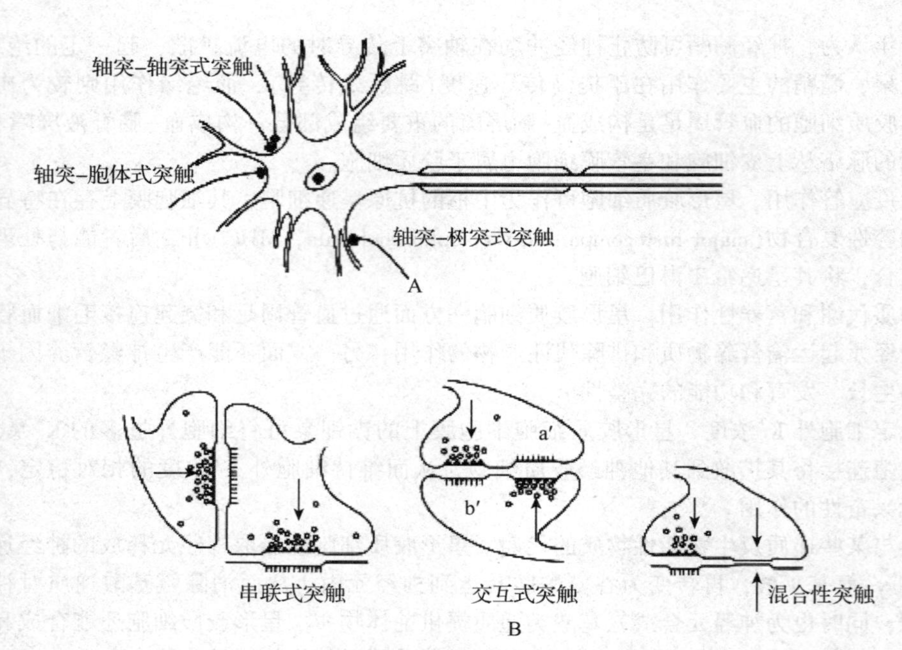

图 9-3　突触类型模式图

A. 突触的基本类型；B. 几种特殊形式的突触；

——→为突触传递的方向，a′、b′分别表示不同方向的突触传递

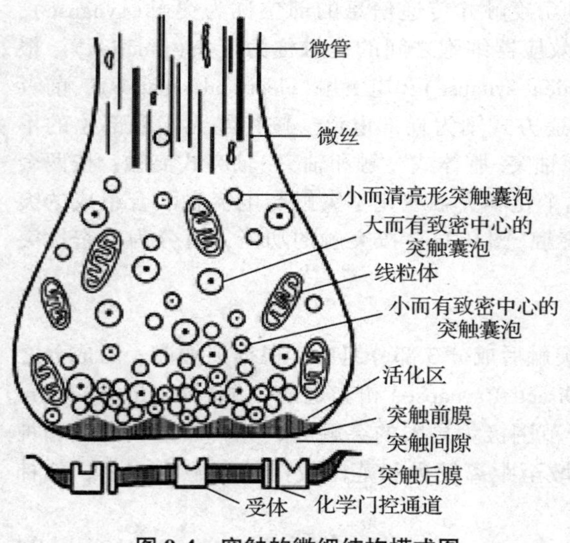

图 9-4　突触的微细结构模式图

变化，转化成突触末梢的化学递质释放，作用于突触后膜，最终引起突触后神经元的生物电变化。具体过程如图 9-5 所示。

③突触后电位　发生在突触后膜上的电位变化称为突触后电位(postsynaptic potential)。根据突触后电位是去极化还是超极化，可将其分为兴奋性突触后电位和抑制性突触后电位。突触后电位属于局部电位，不具备“全或无”的性质，可叠加总和。

a. 兴奋性突触后电位　突触后膜在兴奋性神经递质作用下产生的局部去极化电位变化称为兴奋性突触后电位(excitatory postsynaptic potential，EPSP)。EPSP 的产生机制是突触前膜释放兴奋性神经递质，与突触后膜上特异受体结合，使化学门控通道开放，突触后膜对 Na^+ 和 K^+ 的通透性增加，由于 Na^+ 的内流大于 K^+ 的外流，产生净内向电流，导致突触后膜的局部去极化。

b. 抑制性突触后电位　突触后膜在抑制性神经递质作用下产生的局部超极化电位变化称为抑制性突触后电位(inhibitory postsynaptic potential，IPSP)。IPSP 的产生机制是抑制性中间神经元释放抑制性神经递质，作用于突触后膜上相应受体，使突触后膜上的配体门控 Cl^- 通道开放，引起 Cl^- 内流产生外向电流，结果使突触后膜发生超极化。

由于一个突触后神经元常与多个突触前神经纤维末梢形成突触，而产生的突触后电位既有

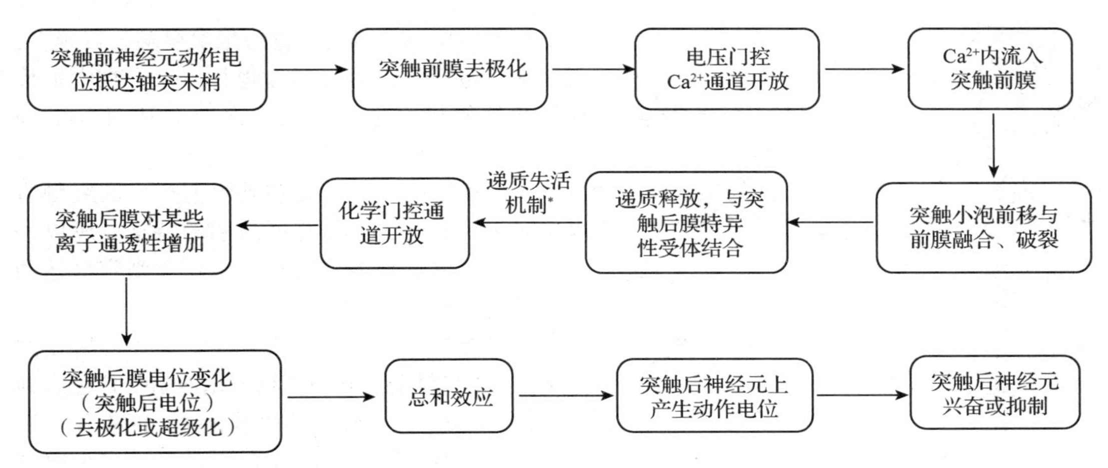

图 9-5　经典突触传递过程示意图

*指已释放的神经递质通常经突触前末梢重吸收，或被相应的酶降解而失活

EPSP 又有 IPSP，因此突触后神经元的兴奋与否就取决于同时产生的 EPSP 和 IPSP 的代数和。当代数和为超极化时，突触后神经元表现为抑制；而当代数和为去极化时，突触后神经元兴奋性提高，当去极化达到阈电位水平时，即可爆发动作电位。动作电位并不是首先发生在胞体，而是发生在轴突始段。这是因为始段较为细小，EPSP 扩布至该处引起的跨膜电流密度较大；更重要的可能是由于此处膜上电压门控 Na^{+}通道的密度较其他部位大。在轴突始段爆发的动作电位，可沿轴突扩布至末梢而完成兴奋传导；也可逆向传导胞体，其意义可能在于消除细胞此次兴奋前不同程度的去极化或超级化，使其状态得到一次刷新。

(2)非经典突触的信息传递(非定向突触传递)

神经元间的信息传递，除了发生在经典突触部位外，还可以在没有典型突触结构的部位发生。这种非经典或非定向突触的信息传递首先是在研究交感神经对平滑肌和心肌的支配方式时发现的。交感肾上腺素能神经元的轴突末梢有许多分支，在分支上形成串珠状结构，称为曲张体(varicosity)。曲张体并不与突触后成分形成经典突触联系，而是沿着分支位于突触后成分的近旁(图 9-6)。曲张体外无施万细胞包裹，曲张体内含有大量突触小泡，内含有高浓度的去甲肾上腺素；当神经冲动到达曲张体时，递质从曲张体释放出来，以扩散方式到达突触后成分上的受体，使突触后成分发生反应。这种模式也称非突触性化学传递(non-synaptic chemical transmission)。

非定向突触传递与经典的突触传递(定向突触传递)有很大的不同。首先，前者在神经元与效应细胞之间没有经典突触的一对一关系，且无特化的突触前膜和后膜结构；其次，突触后成分是否成为靶细胞以及能否产生效应，取决于递质扩散范围内效应细胞膜上有无相应的受体。

(3)化学突触传递的特征

通过突触传递兴奋明显不同于神经纤维上的兴奋传导，这是由突触本身的结构和化学递质的参与等因素所决定的。突触传递的特征主要表现在以下几个方面。

①单向传递　兴奋在神经纤维上的传导是双向的，但兴奋在通过突触传递时只能从突触前膜传向突触后膜，表现为单向性，因为只有突触前膜释放神经递质。突触传递的单向性具有重要意义，它限定了神经兴奋传导所携带的信息只能沿着指定的路线进行。

②突触延搁　化学突触传递须经历递质释放、扩散、再作用于相应受体、打开离子通道等

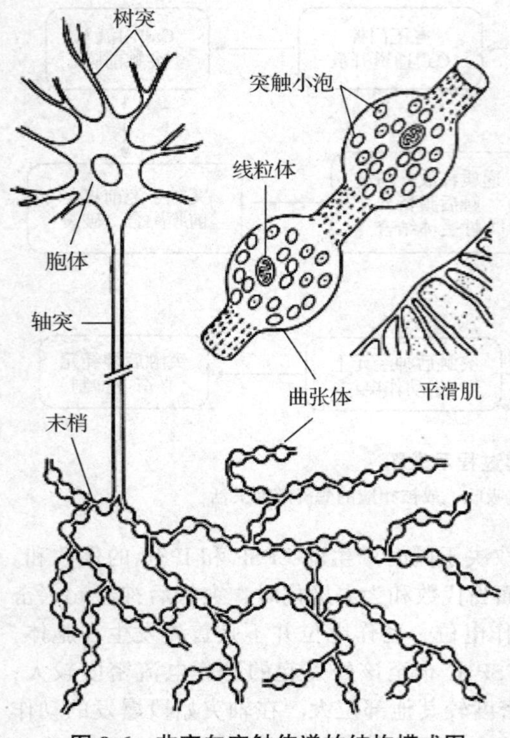

图 9-6 非定向突触传递的结构模式图

多个环节。反射通路上跨越的化学突触数目越多，则兴奋传递所需要的时间也越长。兴奋在中枢传播时往往较慢，这一现象称为中枢延搁(central delay)。

③总和作用　由于突触后膜上产生的突触后电位属于局部电位，具有可总和的特征，所以一个神经元可以总和多个突触后电位，则容易达到阈电位而爆发动作电位。

④兴奋节律的改变　如果测定某一反射弧的传入神经(突触前神经元)和传出神经(突触后神经元)在兴奋传递过程中的放电频率，两者往往不同。这是因为突触后神经元常同时接受多个突触前神经元的信号传递，其自身功能状态也可能不同，因此最后传出冲动的节律取决于各种影响因素的综合效应。

⑤对内外环境变化敏感和易疲劳　因为突触间隙与细胞外液相通，因此内环境理化因素的变化均可影响突触传递，包括缺氧、二氧化碳过多、麻醉剂和某些药物等。另外，用高频电脉冲连续刺激突触前神经元，突触后神经元的放电频率会逐渐降低；而将同样的刺激施加于神经纤维，则神经纤维的放电频率在较长时间内不会降低。这说明突触传递相对容易发生疲劳，其原因可能与神经递质的耗竭有关。

(4)神经递质和受体

化学突触传递均以神经递质作为信息传递的媒介物；神经递质必须作用于相应的受体才能完成信息传递。因此，神经递质和受体是化学突触传递最重要的物质基础。

①神经递质(neurotransmitter)　是指由神经元合成，突触前末梢释放，作用于突触后膜上特异性受体，并引发突触后电位产生的信息传递物质。

a. 神经递质的鉴定　一般认为，神经递质应符合或基本符合以下几个条件：突触前神经元应具有合成神经递质的前体和酶系统，并能合成该递质；神经递质存在于突触小泡内，受到适宜刺激时，能从突触前神经元释放出来；神经递质释放后，经扩散与突触后膜上的受体结合并产生一定的生理效应；存在有使该递质失活的机制；有特异的受体激动剂和拮抗剂，能分别模拟或阻断该递质的突触传递效应。

b. 神经调质的概念　由神经元合成和释放，对神经递质信息传递起调节作用的一类化学物质称为神经调质(neuromodulator)。在化学突触传递过程中，神经递质的作用是直接介导了神经元间的信息传递，在突触后膜上产生突触后电位；神经调质的作用是与相应受体结合后，调节和改变原有的突触效应，并不直接引起突触后电位。即它们并不在神经元之间直接起信息传递作用，但可以调节神经信息传递的效率，增强或削弱神经递质的效应。实际上，神经递质和神经调质并无明确的界限，很多活性物质既可作为神经递质传递信息，又可作为神经调质对传递过程进行调制。目前，认为神经肽可能大多起到神经调质的作用。

c. 神经递质分类　根据神经递质分泌部位不同，可分为中枢神经递质和外周神经递质；

根据化学结构不同，可将神经递质分为几大类，见表 9-2 所列。近年来，气体分子(如 NO 和 CO)作为脑内神经递质的作用越来越受到重视。

表 9-2　哺乳动物神经递质的分类

分类	主要成员
胆碱类	乙酰胆碱
胺类	多巴胺、去甲肾上腺素、肾上腺素、5-羟色胺、组胺
氨基酸类	谷氨酸、门冬氨酸、甘氨酸、γ-氨基丁酸
肽类	P 物质、下丘脑调节肽、阿片肽、血管升压素、催产素、脑-肠肽等
嘌呤类	腺苷、ATP
气体类	CO、NO
脂类	花生四烯酸及其衍生物

d. 递质共存现象　一个神经元中可存在两种或两种以上的神经递质，这种现象称为递质共存(neurotransmitter co-existence)。递质共存的意义在于协调某些生理过程。例如，猫唾液腺接受交感神经和副交感神经的双重支配，交感神经内去甲肾上腺素和神经肽 Y 共存，前者促进唾液分泌、减少血供，后者则主要收缩血管、减少血供，两者协调作用使唾液腺分泌少量黏稠的唾液；副交感神经内乙酰胆碱和血管活性肽共存，前者能引起唾液分泌，后者则可舒张血管、增强唾液腺上胆碱能受体的亲和力，两者共同作用引起唾液腺分泌大量稀薄的唾液。

e. 神经递质的代谢　包括神经递质的合成、贮存、释放、降解、再摄取和再合成等步骤。神经递质在胞体合成后，贮存在囊泡中，受到刺激以出胞的方式释放入突触间隙。Ca^{2+}的转移在这一过程中起重要作用。神经递质作用于受体并产生效应后，很快即被消除。消除的方式主要有酶促降解、被突触前末梢重摄取(reuptake)和稀释扩散等。乙酰胆碱可被胆碱酯酶迅速水解为胆碱和乙酸，胆碱则被重摄取回末梢内，重新用于合成新神经递质；去甲肾上腺素主要通过末梢的重摄取及少量通过酶解失活而被消除；肽类神经递质的消除主要依靠酶促降解。神经递质的迅速消除是防止其持续作用、保持神经冲动正常传递的必要条件。

②受体(receptor)　是指细胞膜上或细胞内能与某些化学物质(如神经递质、神经调质、激素等)特异结合并诱发特定生物效应的特殊生物分子。能和受体特异结合并产生特定效应的化学物质称为受体激动剂(agonist)；能与受体特异结合，但不产生生理效应的化学物质则称为受体拮抗剂(antagonist)或阻断剂(blocker)；两者统称配体(ligand)，但常指激动剂。

a. 受体的分类　目前主要以不同的天然配体进行分类和命名，如以乙酰胆碱为天然配体的胆碱能受体和以去甲肾上腺素为天然配体的肾上腺素能受体。各类受体还可进一步分出若干层次的亚型。例如，胆碱能受体可分为毒蕈碱受体和烟碱受体；肾上腺素能受体则可分为 α 受体和 β 受体，α 受体和 β 受体又可分别再分为 α_1、α_2 受体亚型和 β_1、β_2、β_3 受体亚型。受体亚型的出现，表明一种递质能选择性地作用于多种效应器细胞而产生多种多样的生物学效应。

b. 突触前受体　受体一般存在于突触后膜，但也可分布于突触前膜，分布于前膜的受体称为突触前受体(presynaptic receptor)或自身受体(autoreceptor)。突触前受体被激动后，可以调节突触前膜对神经递质的释放，即抑制或易化神经递质的释放，如突触前膜释放的去甲肾上腺素作用于突触前 α_2 受体，可抑制去甲肾上腺素的进一步释放；而在中枢神经系统内，乙酰胆碱作用于突触前膜 N_1 受体，可进一步促进乙酰胆碱的释放。

c. 受体的调节　膜受体的数量及与神经递质结合的亲和力在不同的生理或病理情况下均可发生改变。当递质分泌不足时，受体的数量将逐渐增加，亲和力也将逐渐升高，称为受体的上调(up regulation);反之,当递质释放过多时,则受体的数量逐渐减少,亲和力也逐渐降低,称为受体的下调(down regulation)。

③主要的递质和受体系统

a. 乙酰胆碱及其受体　以乙酰胆碱为递质的神经纤维称为胆碱能纤维(cholinergic fiber)。在外周,支配骨骼肌的运动神经纤维、所有自主神经节前纤维、大多数副交感节后纤维(少数释放肽类或嘌呤类递质的纤维除外)、少数交感节后纤维(支配多数小汗腺和骨骼肌血管的交感舒血管纤维),都属于胆碱能纤维。

以乙酰胆碱为递质的神经元称为胆碱能神经元(cholinergic neuron)。胆碱能神经元在中枢分布极为广泛,如脊髓(腹侧角)运动神经元,丘脑后部腹侧的特异性感觉投射神经元等,脑干网状结构上行激动系统的各个环节、纹状体、边缘系统的梨状区、杏仁核、海马等部位都含有乙酰胆碱。中枢胆碱能系统参与神经系统几乎所有功能,包括学习和记忆、感觉与运动、内脏活动以及情绪等多方面的调节活动。

能与乙酰胆碱特异性结合的受体称为胆碱能受体(cholinergic receptor)(表9-3)。根据其药理学特性,胆碱能受体可分为两类:

毒蕈碱受体(muscarinic receptor,M受体),因能与天然植物中的毒蕈碱相结合并产生特定生物效应而得名。M受体已分离出M_1~M_5 5种亚型。大多数副交感节后纤维(少数肽能纤维除外)和少数交感节后纤维(引起汗腺分泌和骨骼肌血管舒张的舒血管纤维)所支配的效应器上的胆碱能受体都是M受体。当M受体激活时,可产生一系列自主神经效应,包括心脏活动抑制,支气管平滑肌、胃肠平滑肌、膀胱逼尿肌、虹膜环形肌收缩,消化腺、汗腺分泌增加和骨骼肌血管舒张等。这些作用称为毒蕈碱样作用,简称M样作用,可被M受体拮抗剂阿托品(atropine)所阻断。

烟碱受体(nicotinic receptor,N受体),因能与天然植物中的烟碱相结合并产生特定生物效应而得名。N受体可分为N_1和N_2两种亚型。N_1受体分布于中枢神经系统和自主神经节突触后膜上,又称神经元型烟碱受体,N_2受体位于神经-肌肉接头的终板膜上,又称肌肉型烟碱受体。这两种受体都是配体门控通道型受体。乙酰胆碱与N受体结合所产生的效应称为烟碱样作用(N样作用),该作用可被筒箭毒碱(tubocurarine)阻断。N_1受体可被六烃季铵特异阻断,N_2受体可被十烃季铵特异阻断。

b. 去甲肾上腺素和肾上腺素及其受体　在中枢,以去甲肾上腺素为递质的神经元称为去甲肾上腺素能神经元。其胞体绝大多数位于低位脑干,尤其是中脑网状结构、脑桥的蓝斑和延髓网状结构的腹外侧部分。其纤维投射分上行部分、下行部分和支配低位脑干部分。以肾上腺素为递质的神经元称为肾上腺素能神经元,其胞体主要分布在延髓,其纤维投射也有上行部分和下行部分。在外周,尚未发现以肾上腺素为递质的神经纤维,肾上腺素只是作为一种由肾上腺髓质合成和分泌的激素。多数交感节后纤维(除支配汗腺和骨骼肌血管的交感胆碱能纤维外)释放的递质是去甲肾上腺素,以去甲肾上腺素和肾上腺素为递质的神经纤维均称为肾上腺素能纤维(adrenergic fiber)。

能与去甲肾上腺素或肾上腺素结合的受体统称为肾上腺素能受体(adrenergic receptor),主要分为α受体和β受体,都属于G-蛋白耦联受体。α受体又可分为α_1和α_2受体,β受体也可再分为β_1、β_2和β_3受体。

肾上腺素能受体广泛分布在中枢和外周神经系统。中枢去甲肾上腺素能神经元的功能主要涉及心血管活动、情绪、体温、摄食和觉醒等方面的调节;中枢肾上腺素能神经元主要参与心血管活动的调节。在外周,多数交感神经节后纤维支配的效应器细胞膜上都有肾上腺素能受体，但在某一效应器官上不一定都有两种受体，有的仅有 α 受体，有的仅有 β 受体，有的则兼有(表9-3)。例如，心脏主要有 β 受体；血管平滑肌上则有 α 受体和 β 受体，但在皮肤、肾、胃肠的血管平滑肌上以 α 受体为主，而在骨骼肌和肝脏的血管则以 β 受体为主。一般而言，α 受体(主要是 α_1 受体)激活后的效应主要是兴奋性的，包括血管、子宫、虹膜辐射状肌等的收

表 9-3 胆碱能和肾上腺素能受体的分布及其生理功能

效应器	胆碱能系统		肾上腺素系统	
	胆碱能受体	胆碱能受体效应	肾上腺素能受体	肾上腺素能受体效应
自主神经节	N_1	节前-节后兴奋传递		
眼				
虹膜环形肌	M	收缩(缩瞳)		
虹膜辐射状肌			α_1	收缩(扩瞳)
睫状肌	M	收缩(视近物)	β_2	舒张(视远物)
心				
窦房结	M	心率减慢	β_1	心率加快
房室传导束	M	传导减慢	β_1	传导加快
心肌	M	收缩力减弱	β_1	收缩力增强
血管				
冠状血管	M	舒张	α_1	收缩
			β_2	舒张(为主)
皮肤黏膜血管	M	舒张	α_1	收缩
骨骼肌血管	M	舒张	α_1	收缩
			β_2	舒张(为主)
支气管				
平滑肌	M	收缩	β_2	舒张
腺体	M	促进分泌	α_1	抑制分泌
			β_2	促进分泌
胃肠				
平滑肌	M	收缩	β_2	舒张
括约肌	M	舒张	α_1	收缩
腺体	M	促进分泌	α_2	抑制分泌
子宫平滑肌	M	可变	α_1	收缩(有孕)
			β_2	舒张(无孕)
唾液腺	M	分泌大量稀薄唾液	α_1	分泌少量黏稠唾液
皮肤				
汗腺	M	促进温热性发汗	α_1	促进精神性发汗
竖毛肌			α_1	收缩
代谢				
糖酵解			β_2	加强
脂肪分解			β_3	加强

缩，但也有抑制性的，如小肠舒张；β受体(主要是β_2受体)激活后的效应主要是抑制性的，如血管、子宫、小肠、支气管等的舒张，但心肌β_1受体激活产生的效应却是兴奋性的；β_3受体主要分布于脂肪组织，与脂肪分解有关。去甲肾上腺素对α受体的兴奋效应强于对β受体的兴奋效应；肾上腺素对α、β受体的兴奋都很强；异丙肾上腺素主要兴奋β受体。

酚妥拉明(phentolamine)能阻断α受体，但主要是α_1受体。哌唑嗪(prazosin)和育亨宾(yohimbine)可分别选择性阻断α_1受体和α_2受体。普萘洛尔能阻断β受体，但对β_1受体和β_2受体无选择性。阿替洛尔(atenolol)和美托洛尔(metoprolol)主要阻断β_1受体，可用于治疗心绞痛；而丁氧胺(butoxamine，心得乐)则主要阻断β_2受体。

c. 多巴胺及其受体　多巴胺(dopamine，DA)和肾上腺素、去甲肾上腺素同属于儿茶酚胺类。多巴胺主要存在于中枢神经系统，包括黑质-纹状体、中脑边缘系统和结节-漏斗3个部分。多巴胺主要参与对躯体运动、精神情绪活动、垂体内分泌功能以及心血管活动等的调节。

d. 5-羟色胺及其受体　5-羟色胺(5-hydroxytryptamine，5-HT)也主要存在于中枢神经系统。5-羟色胺能神经元胞体主要集中于低位脑干的中缝核内。5-HT受体多而复杂，已知有$5\text{-HT}_1 \sim 5\text{-HT}_7$等7种受体，且又分很多亚型，如$5\text{-HT}_{1A}$、$5\text{-HT}_{1B}$、$5\text{-HT}_{1D}$等。在中枢系统，5-HT主要参与调节痛觉、精神情绪、睡眠、体温、性行为、垂体内分泌等功能活动。

e. 组胺及其受体　下丘脑后部的结节乳头核内含组胺能神经元的胞体，其纤维几乎到达中枢的所有部分。在中枢系统，组胺可能与觉醒、性行为、腺垂体激素的分泌、血压、饮水和痛觉等调节有关。

f. 氨基酸类递质及其受体　氨基酸类递质主要存在于中枢神经系统，主要有谷氨酸(glutamate)、门冬氨酸(aspartate)、γ-氨基丁酸(γ-aminobutyric acid，GABA)和甘氨酸(glycine)，前两种为兴奋性氨基酸，后两种则为抑制性氨基酸。它们都有相应的受体，大致可分为促离子型受体和促代谢型受体。

g. 神经肽及其受体　神经肽(neuropeptide)是指分布于神经系统起递质或调质作用的肽类物质。它们可以调质、递质或激素的形式，作用于相应的受体发挥生理效应，主要有速激肽、阿片肽、下丘脑调节肽和神经垂体肽以及脑-肠肽等几类。哺乳动物速激肽(tachykinin)中的P物质(substance P)对痛觉传递起易化作用，还有舒张血管、减低血压的效应。阿片肽在调节感觉(主要是痛觉)、运动、内脏活动、免疫、内分泌、体温、摄食行为等方面有重要作用，脑啡肽有很强的镇痛活性。

h. 气体分子　气体分子属于非经典的神经递质。NO作为神经递质，是近年来神经科学领域中的一个重大发现。与经典的神经递质不同，NO不贮存于突触小泡中，不以胞吐的方式释放，也不与突触后膜上的特异性受体结合。作为一种气体分子，NO以扩散的方式到达邻近靶细胞，直接结合并激活一种可溶性鸟苷酸环化酶，使胞质中的cGMP含量升高，从而引起一系列生物效应。一氧化碳与一氧化氮一样，也起神经递质的作用。

此外，前列腺素和神经类固醇也被视为可能的神经递质。

9.1.2.2 电突触传递

电突触传递的结构基础是神经元间的缝隙连接(图9-7)。孔道允许带电小离子和分子质量小于1 000 u或直径小于1.0 nm的小分子物质通过。局部电流和EPSP也能以电紧张扩布的形式从一个细胞传递给另一个细胞。电突触传递一般为双向传递，由于其低电阻性，因而传递速度快，几乎不存在潜伏期。电突触传递在中枢神经系统和视网膜上广泛存在，主要发生在同类神经元之间，具有促进神经元同步化活动的功能。

传统观点认为，电突触多见于低等动物的神经系统。近年来的研究发现，哺乳动物的神经系统内也有电突触存在；但高等哺乳动物与人类神经系统的突触传递仍然是以化学突触为主。

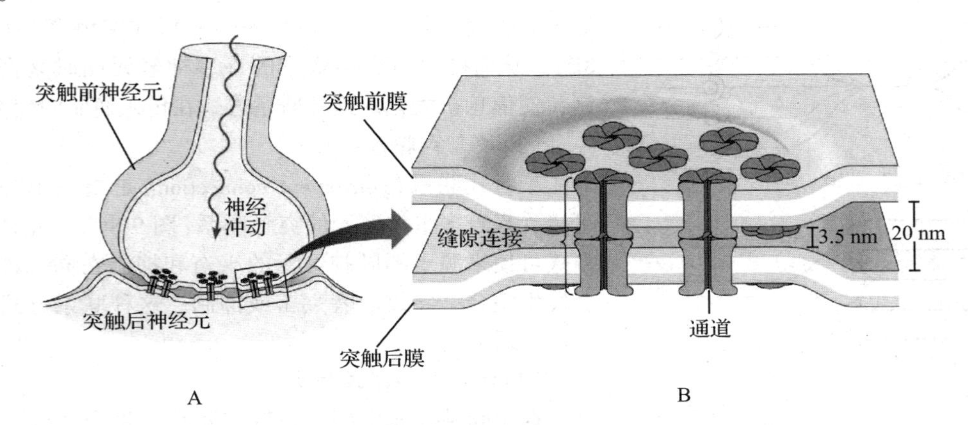

图 9-7　电突触和缝隙连接

A. 电突触；B. 缝隙连接

9.1.3　反射活动的一般规律

9.1.3.1　非条件反射与条件反射

巴甫洛夫在前人的基础上将反射分为条件反射和非条件反射。非条件反射(unconditioned reflex)是指生来就具有、数量有限、比较固定和形式低级的反射活动，包括防御反射、食物反射、性反射等。它的建立无需大脑皮层的参与，通过皮层下各级中枢即可完成。它使动物能够初步适应环境，对于个体和种系生存具有重要意义。条件反射(conditioned reflex)是指通过后天学习和训练而形成的反射，在非条件反射的基础上建立，其数量无限，既可以建立，又可以消退。条件反射的建立需要大脑皮层的参与，是反射的高级活动形式，可大大提高动物适应环境的能力。

尽管几乎所有的反射弧都由 5 个部分组成，但反射途径却有简单和复杂之分。根据传入和传出神经元之间经过的突触数目的不同，可将反射分为单突触反射(monosynaptic reflex)和多突触反射(polysynaptic reflex)。单突触反射是指在传入神经元和传出神经元之间只有一个突触，有低级中枢参与即可完成，其反射时(reflex time)最短，是最简单的反射，如腱反射。多突触反射是指在传入和传出神经元之间经过了一个或多个中间神经元，形成 2 个以上突触所构成的反射；参与的中枢可能涉及多个脑区，甚至大脑皮质，其反射时较长，是较复杂的反射。体内大多数反射都属于多突触反射，如屈肌反射。

9.1.3.2　中枢神经元的联系方式

中枢神经系统由数以千亿、种类繁多的神经元所组成，它们之间通过突触联系构成复杂多样的联系方式，主要有以下几种。

(1)单线式联系

单线式联系(single line connection)是指一个突触前神经元仅与一个突触后神经元发生突触联系(图 9-8A)。这种联系方式使信息传递路径单一，信息到达位置准确，因此可大大提高中枢对信息的分辨能力。但是真正的单线式联系很少见，汇聚程度较低的突触联系通常可视为单线式联系。

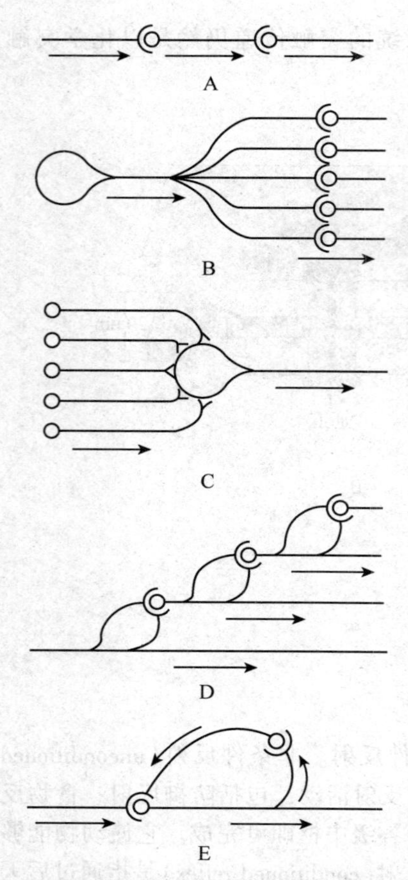

图 9-8　中枢神经元的联系方式模式图

A. 单线式联系；B. 辐散式联系；
C. 聚合式联系；D. 链锁式联系；
E. 环式联系

(2)辐散式联系

辐散式联系(divergent connection)是指一个神经元可通过其轴突末梢分支与多个神经元形成突触联系(图 9-8B)，从而可使与之相联系的许多神经元同时兴奋或抑制，使信息扩大化。这种联系方式在传入通路中较多见。

(3)聚合式联系

聚合式联系(convergent connection)是指一个神经元可接受来自多个神经元的突触联系(图 9-8C)。此种联系方式可使来源于不同神经元的兴奋和抑制在同一神经元上发生整合，导致后者兴奋或抑制。这种联系方式常见于传出通路中。

(4)链锁式和环式联系

在中间神经元之间，辐散式联系与聚合式联系同时存在可形成链锁式联系(chain connection)或环式联系(recurrent connection)(图 9-8D 和 E)。神经冲动通过链锁式联系，在空间上可扩大其作用范围；兴奋通过环式联系可能引起正、负两种反馈，相应地产生后发放效应，或使兴奋减弱和及时终止，或使兴奋增强和延续。

9.1.3.3　中枢内兴奋传播的特征

反射活动的一般特征基本同中枢内兴奋传播的特征。除化学突触传递提到的那几方面特征外，还具有后发放(after discharge)。即由于中枢内神经元存在环式和链锁式联系，即使最初的刺激停止，传出通路上冲动发放仍能持续一段时间。此外，还具备下面两个特征。

(1)最后公路原则

最后公路原则(principle of final common path)是指影响和调节反射活动的各种因素，最终通过支配效应器的传出神经元发挥作用。典型的例子是躯体反射。在躯体反射中，反射弧的传出神经元是脊髓腹角运动神经细胞，在它的胞体与树突上汇聚了几千条神经纤维末梢，携带着不同的调节信息，如来自高位脑区的下行传入，来自同节段的不同感觉传入分支以及中间抑制性神经元的传入等。所有这些传入信息经过前角(腹侧角)运动神经元的整合，决定了传出神经纤维上的冲动频率、模式及持续时程等，从而决定了反射活动的强度、范围和时间。

(2)反射活动的习惯化与敏感化

反射习惯化(habituation of reflex)是指动物受到一种反复出现的非伤害性刺激作用时，对该刺激的反射性行为反应逐渐减弱的过程。通过习惯化，动物能学会辨别某种刺激，并在以后的生活中忽略这种刺激的存在，从而去除那些对生存没有明确意义信息的应答。反射敏感化(sensitization of reflex)是指动物在受到某种强烈的或伤害性刺激后，对其他弱的非伤害性刺激反应增强的现象。例如，当动物受到某种强烈的痛刺激后，对非伤害性刺激也会发生强烈的反应。在形成敏感化的过程中，强刺激与弱刺激之间并不需要建立联系，在时间上也不需要两者之间的结合。

9.1.3.4　中枢抑制

反射中枢的各类神经元可通过一定形式的突触联系互相组合起来，产生中枢抑制(central inhibition)和中枢易化(central facilitation)两种输出效应。在任何反射活动中，反射中枢总是既有兴奋又有抑制，正因为如此，反射活动才得以协调进行。和中枢兴奋一样，中枢抑制也是主动的过程，可分为突触后抑制和突触前抑制两类。

(1)突触后抑制

突触后抑制(postsynaptic inhibition)是指在神经元信息传递过程中，通过兴奋一个抑制性中间神经元释放抑制性神经递质，而引起它的下一级神经元产生 IPSP 使其活动发生抑制，可分为传入侧支性抑制和回返性抑制两种形式。

①传入侧支性抑制　在信息传入中枢的过程中，传入神经一方面通过突触联系兴奋某一个中枢神经元；另一方面发出侧支兴奋一个抑制性中间神经元，再通过后者的活动抑制另一个中枢神经元。这种抑制称为传入侧支性抑制(afferent collateral inhibition)，又称交互抑制(reciprocal inhibition)。例如，伸肌肌梭的传入纤维进入脊髓后，直接兴奋伸肌运动神经元，同时发出侧支兴奋一个抑制性中间神经元，转而抑制屈肌运动神经元，导致伸肌收缩而屈肌舒张(图 9-9 左半侧)。这种抑制的意义在于使不同中枢之间的活动得到协调。

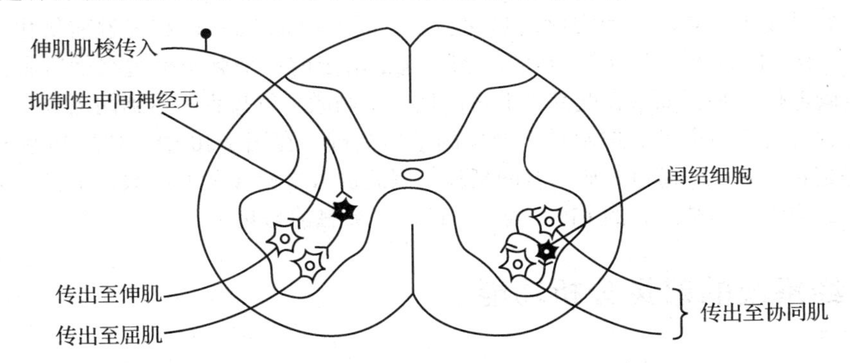

图 9-9　传入侧支性抑制和回返性抑制示意图

②回返性抑制　中枢神经元兴奋时，传出冲动沿轴突外传，同时又经轴突侧支兴奋一个抑制性中间神经元，再回返性抑制原来的神经元或同一中枢的其他神经元。这种抑制称为回返性抑制(recurrent inhibition)。例如，脊髓前角(腹侧角)运动神经元的轴突在传出神经冲动时，其轴突发出侧支兴奋闰绍细胞，闰绍细胞释放抑制性神经递质，回返抑制脊髓前角(腹侧角)运动神经元和同类的其他神经元(图 9-9 右半侧)。其意义在于及时终止运动神经元的活动，或使同一中枢许多神经元的活动同步化。

(2)突触前抑制

由于兴奋性神经元的轴突末梢在另一个神经元轴突末梢的影响下，释放的兴奋性递质减少，使突触后神经元产生的 EPSP 变小，由此所致的抑制过程为突触前抑制(presynaptic inhibition)。

突触前抑制的结构基础为 3 个神经元间形成轴-轴-胞体串联型突触形式。如图 9-10 所示，轴突末梢 A 与运动神经元 C 构成轴-体式突触；轴突末梢 B 与末梢 A 构成轴-轴式突触，但与运动神经元不直接形成突触。若只兴奋末梢 A，则引起运动神经元产生一定大小的 EPSP；若只兴奋末梢 B，则运动神经元不发生反应。若先兴奋末梢 B，一定时间后再兴奋末梢 A，则运动神经元产生的 EPSP 将明显减少。这种抑制是通过神经元 B 的活动，使突触前膜(轴突末梢

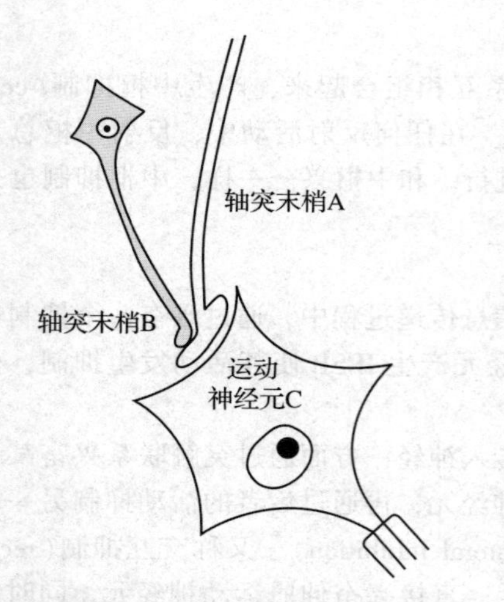

图 9-10 突触前抑制神经元联系方式示意图
(引自 Ganong)

A)预先去极化，从而使其兴奋性递质释放减少，突触后运动神经元 EPSP 减小所产生的抑制效应，所以也称去极化抑制。

突触前抑制在中枢内广泛存在，尤其多见于感觉传入通路中，对调节感觉传入活动具有重要意义。与突触后抑制相比，突触前抑制的潜伏期较长，抑制效应持续时间也长，是一种很有效的抑制作用。

9.1.3.5 中枢易化

在中枢内如果一个神经元使另一个神经元的兴奋性升高，但并不能引起这个神经元兴奋，则称为第二个神经元被易化(facilitated)。在一个中枢内，由于多个输入的同时作用，该中枢内的部分神经元被兴奋，被兴奋的部分称为放电区或兴奋区；周边的神经元没有兴奋而是被易化，则这个部分称为被易化区。中枢易化(central facilitation)是指被易化区的兴奋变得容易发生。它可分为突触后易化(postsynaptic facilitation)和突触前易化(presynaptic facilitation)。突触后易化表现为 EPSP 的总和。这是由于前一个刺激引起突触后膜去极化，使膜电位接近阈电位水平，如果在此基础上再出现一个刺激，就较容易达到阈电位水平而爆发动作电位。突触前易化与突触前抑制具有同样的结构基础。在图 9-10 中，如果到达末梢 A 的动作电位时程延长，则 Ca^{2+} 通道开放的时间延长，因此进入末梢 A 的 Ca^{2+} 数量增多，末梢 A 释放递质增多，最终使运动神经元的 EPSP 增大，即产生突触前易化。

9.2 神经系统的感觉分析功能

9.2.1 感觉概述

机体内、外环境中的各种刺激首先作用于不同的感受器或感觉器官，把各种刺激形式转换成神经冲动，后者沿一定的神经传入通路到达大脑皮层的特定部位，进行处理分析产生特定的感觉。可见，各种感觉都是由特定的感受器、传入神经及相应中枢的共同活动完成的。

9.2.1.1 感受器与感觉器官

感受器(sensory receptor)是指分布在体表或组织内部的专门感受机体内、外环境变化的结构或装置。感受器的结构形式多种多样，最简单的感受器是感觉神经末梢，如体表和组织内部与痛觉有关的游离神经末梢。另外，体内还有一些结构和功能上都高度分化的感受细胞，如视网膜上的视杆细胞和视锥细胞、耳蜗中的毛细胞等，这些细胞连同它们的附属结构，构成了复杂的感觉器官(sensory organ)。

感受器种类繁多，其分类方法也各不相同。根据感受器分布部位的不同，可分为外感受器和内感受器。外感受器分布于体表，感受外界的环境变化，又可分为距离感受器(如视觉、听觉和嗅觉)和接触感受器(如触觉、压觉、味觉和温度觉)。内感受器分布于内脏和躯体深部，感受机体内部的环境变化，又可分为本体感受器(位于肌肉、肌腱、关节、迷路等处的感受器)和内脏感受器(位于内脏和血管上的感受器等)。感受器还可根据它们所接受的刺激的性质不同，分为机械感受器、温度感受器、光感受器、化学感受器和伤害性感受器等。感受器的一般生理特性如下：

(1)感受器的适宜刺激

一种感受器通常只对一种特定形式的刺激最敏感，这种形式的刺激就成为该感受器的适宜刺激(adequate stimulus)。适宜刺激必须有一定的刺激强度才能引起感觉，引起某种感觉所需要的最小刺激强度称为感觉阈(sensory threshold)。感觉阈的大小与刺激面积和刺激时间有关。感受器对于适宜刺激以外的一些非适宜刺激也可以起反应，但所需的刺激强度往往要比适宜刺激大得多。所以，机体内、外环境的各种刺激，总是先被它们相对应的感受器感受。

(2)感受器的换能作用

各种感受器都能把作用于它们的特定形式的刺激能量最后转换为传入纤维上的动作电位，这就是感受器的换能作用。换能过程一般不是直接把刺激能量转变为动作电位，而是先在感受器细胞上产生感受器电位(receptor potential)，它们和终板电位一样是局部电位，没有“全或无”的性质，因此外界刺激的某些特性可通过感受器电位的幅度、持续时间和扩布的方向反映出来，即将外界刺激的信息转移到了局部电位的变化之中。当局部电位达到感觉神经元的阈电位，就可在感觉神经元的冲动发放区产生可传播的“全或无”式动作电位而完成换能作用。

感受器电位的产生并不意味着感受器功能的完成，只有当这些过渡性电变化使该感受器的传入神经纤维发生去极化并产生“全或无”式动作电位序列时，才标志着这一感受器或感觉器官功能的完成。

(3)感受器的编码作用

感受器把外界刺激转换成神经动作电位时，不仅发生了能量形式的转换，而且把刺激所包含的环境变化的信息也转移到了动作电位的序列之中，起到信息的转移作用，这就是感受器的编码(coding)功能。

(4)感受器的适应现象

当一个强度恒定的刺激持续作用于某感受器时，其感觉神经纤维上产生的动作电位频率将随着刺激作用时间的延长而逐渐下降，这种现象称为感受器的适应。适应是所有感受器的一个功能特点，但适应的程度可因感受器类型的不同而有很大的差别，通常可把它们区分为快适应感受器(rapidly adapting receptor)和慢适应感受器(slowly adapting receptor)两类。快适应感受器，仅在接受刺激初期的短时间内有传入冲动发放，以后虽然刺激仍然存在，但传入冲动频率却逐渐降低，甚至到零。快适应感受器不能用于传递连续性的信息，但对于刺激的变化却十分敏感，故适于传递快速变化的信息，如皮肤触觉、视觉和嗅觉感受器等。慢适应感受器以肌梭、颈动脉窦、主动脉弓压力感受器、关节囊感受器和痛感受器等为代表，一般仅在刺激开始后不久出现感受器电位和传入冲动频率的轻微降低，而长时间刺激之后，它们仍维持在相当高的水平，直到停止刺激为止。慢适应感受器有利于机体对某些功能状态(如姿势、血压等)长期持续的监测，并根据其变化随时调整机体的功能。适应并不等于疲劳，在对某种刺激产生适应后，如再增加刺激的强度，又可以引起传入冲动的增加。感受器产生适应的机制很复杂，它可发生在感觉信息转换的不同阶段。

9.2.1.2　感觉通路中的信息编码和处理

(1)感觉通路对感觉类型的编码

不同类型感觉的形成，除了与刺激类型不同、感受器不同有关外，还与传入冲动经过的专用通路和最终到达的大脑皮层的特定感觉中枢部位不同有关。可见，不管该感觉通路是如何被激活的，或者是由该通路的哪部分所激活的，所引起的感觉总是该通路的感受器在生理情况下兴奋所引起的感觉，称为特异神经能量定律（law of specific nerve energy），最早由德国 Müller 于 1835 年提出，至今仍被视为感觉生理学的基本原理之一。

(2)感觉通路中的感受野

感觉通路中的感受野，是指由所有能影响某中枢感觉神经元活动的感受器所组成的空间范围。中枢感觉神经元的感受野要比感受器的感受野大，高位神经元的也比低位神经元的感受野大，主要是因为在感觉传入通路中聚合式联系较多。相邻感受野之间也并非截然分开，大多呈指状交错重叠。

(3)感觉通路对刺激强度的编码

由于动作电位是"全或无"的，因而刺激强度不可能通过改变动作电位的幅度大小或波形来进行信息编码。在一定范围内，强刺激可引起较大的感受器电位，不同大小的感受器电位则可引起传入神经发放不同频率的动作电位。由此可见，刺激的强度可通过单一神经纤维上冲动的频率高低和参与这一信息传输的神经纤维的数目多少来编码。

(4)感觉通路中的侧向抑制

Hartline 和 Ratliff 在 20 世纪 40 年代研究雀鲎(hòu)的复眼时发现，一个小眼的活动可因近旁小眼的活动受到抑制，这就是普遍存在于许多动物感觉系统中的侧向抑制(lateral inhibition)现象。在感觉通路中，由于存在辐散式联系，一个局部刺激可激活多个神经元，处于中心区的投射纤维直接兴奋下一个神经元；而处于周边区的投射纤维则通过抑制性中间神经元而抑制其后续神经元。这样，与来自刺激中心区感觉神经元的信息相比，来自刺激周边区的信息则是抑制的。可见，侧向抑制能加大刺激中心区和周边区之间神经元兴奋程度的差别、增强感觉系统的分辨能力。它也是空间(两点)辨别的基础。

9.2.2 躯体和内脏感觉

躯体感觉来源于遍布身体的各种感受器提供的信息，包括浅感觉、深感觉和复合感觉。浅感觉包括触觉、痛觉、温度觉和压觉(感受器在皮肤内)。深感觉指本体感觉，包括位置觉和运动觉等(感受器在肌梭处)。复合感觉包括皮肤定位觉、体表图形觉和两点辨别觉等。

分布在内脏器官上的各种感受器在感受到内脏刺激时所引起的传入冲动会产生内脏感觉。内脏感觉在心理学上也称机体觉，是指由内脏的活动作用于脏器壁上的感受器产生的感觉。这些感受器把内脏的活动传入中枢，产生饥渴、饱胀、窒息、疲劳、便意、恶心、疼痛等感觉。内脏感受器的传入冲动一般不产生意识感觉，但传入冲动比较强烈时也可引起意识感觉。例如，胃发生强烈饥饿收缩时可伴有饥饿感觉；直肠、膀胱一定程度的充盈可引起便意、尿意等。但是，内脏传入冲动引起的意识感觉是比较模糊、弥散而不易精确定位的。内脏痛是临床常见症状，常由机械性牵拉、痉挛、缺血和炎症等刺激所引起。

9.2.3 温度觉

温度觉有热觉和冷觉之分，各自独立。对温度敏感的感受器称为温度感受器，可分为外周感受器和中枢感受器，前者分布在皮肤、黏膜和内脏中，而后者分布在脊髓、延髓、脑干网状结构和下丘脑中。热感受器位于 C 类传入纤维的末梢上，而冷感受器则位于 A_δ 和 C 类传入纤维的末梢上。温度感受器在皮肤呈点状分布。热感受器和冷感受器的感受野都很小。

2021 年，诺贝尔生理学或医学奖授予 David Julius 和 Ardem Patapoutian，以表彰他们在"发现温度和触觉感受器"方面作出的贡献。两位科学家发现一些新的受体蛋白与温度感受器的兴奋有关，如 TRPV1 和 TRPM8，它们在感受疼痛的热温度和冷温度下被激活(图 9-11)。

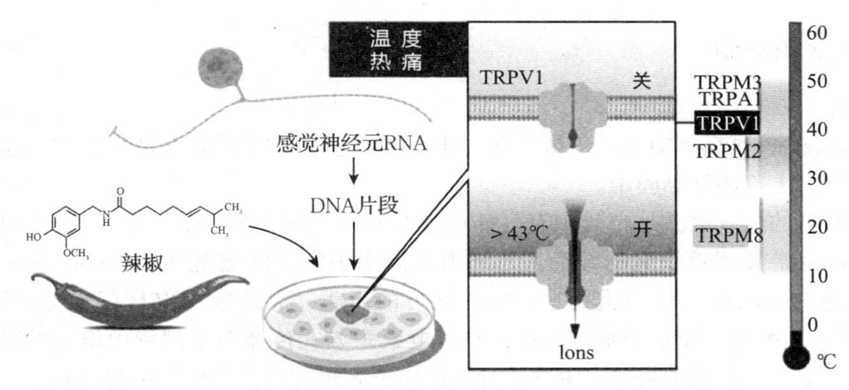

图 9-11　TRPV1 和 TRPM8 感受器

9.2.4　痛觉

痛觉(pain sensation)是动物对组织损伤的不愉快感觉和情感性体验，常伴有情绪变化、防卫反应和自主神经反应。任何形式(机械、温度、化学)的刺激只要达到对机体伤害的程度均可使痛觉感受器兴奋产生痛觉。痛觉感受器不易发生适应，属于慢适应感受器，因而痛觉可成为动物遭遇危险的警报信号，对动物具有保护意义。

(1)致痛物质

体内外能引起疼痛的化学物质称为致痛物质。由受损细胞释出的内源性致痛物质有 K^+、H^+、5-羟色胺、缓激肽、前列腺素、降钙素基因相关肽和 P 物质等。这些致痛物质不仅参与疼痛的发生，也参与痛觉的发展，导致痛觉过敏。

(2)痛觉感受器

痛觉感受器是游离神经末梢，主要有机械伤害性感受器(mechanical nociceptor)、机械温度伤害性感受器(mechanothermal nociceptor)和多觉型伤害性感受器(polymodal nociceptor)。感受器受刺激后产生感受器电位，进而触发可传导的动作电位，传导至脊髓背角，经接替核传至感觉中枢，形成痛觉和情绪反应。近年来发现，在这两类传入纤维末梢上存在瞬时感受器电位通道，如 TRPV1、TRPV2 和 TRPM8，前两种通道介导伤害性热刺激；后一种通道则介导伤害性冷刺激。

(3)痛觉信息的传导

痛觉传入纤维有 A_δ 有髓纤维和 C 类无髓纤维两类，因它们的传导速度不等，产生不同性质的两种痛觉：快痛和慢痛。快痛是一种尖锐和定位明确的刺痛，发生快，消失也快，一般不伴有明显的情绪改变；慢痛则表现为一种定位不明确的烧灼痛，发生慢，消退也慢，常伴有明显的不愉快情绪。快痛主要经特异投射系统到达大脑皮层的第一和第二感觉区；慢痛则主要投射到扣带回。此外，许多痛觉纤维经非特异投射系统投射到大脑皮层的广泛区域。

(4)躯体痛和内脏痛

大脑皮层对来自躯体浅表和深部的各种伤害性信息进行整合，形成躯体痛，包括体表痛和深部痛。发生在体表某处的疼痛称为体表痛；发生在躯体深部，如肌肉、关节、肌腱、韧带、骨和骨膜等处的痛感觉称为深部痛。深部痛的特点是定位不明确，可伴有恶心、出汗和血压改变等自主神经反应。内脏痛常由机械性牵拉、痉挛、缺血或炎症等刺激所引起，具有定位不准确、慢痛、中空器官对牵拉刺激敏感、常伴有情绪和自主神经活动的改变。

9.2.5 嗅觉和味觉

(1)嗅觉

嗅觉(olfaction)是高等动物对气体中有气味物质的感觉。嗅觉器官是嗅上皮，位于鼻腔上鼻道及鼻中隔后上部的鼻黏膜中。

嗅觉感受器的适宜刺激是空气中有气味的化学物质，即嗅质(odorants)。吸气时嗅质被嗅上皮黏液吸收并扩散到嗅细胞的纤毛，与纤毛表面膜中特异的嗅受体(odorant receptor)结合，然后通过G蛋白引起第二信使类物质(如cAMP)的产生，导致膜中电压门控Ca^{2+}通道开放，Na^{+}和Ca^{2+}流入细胞内，使嗅细胞去极化，并以电紧张方式传播至嗅细胞中枢突的轴突始段产生动作电位，动作电位沿轴突传向嗅球，继而传向更高级的嗅觉中枢，引起嗅觉。

动物对嗅质的敏感程度称为嗅敏度(olfactory acuity)，不同动物嗅觉不同，犬、牛、羊、马、猪等大多数家畜嗅觉敏感，而鸟类(包括家禽)嗅觉不发达，某些水栖哺乳动物(鲸、海豚)无嗅觉。

(2)味觉

味觉(gustation)是人和动物对食物中有味道物质的感觉。味觉感受器是味蕾，主要分布于舌背部表面和舌缘，口腔和咽部黏膜表面也有散在的味蕾存在，由味细胞、支持细胞和基底细胞组成。味细胞顶端有纤毛，称为味毛，从味蕾的味孔中伸出，暴露于口腔，是味觉感受的关键部位。

味蕾的数量、分布及部位不同，对不同味道刺激的敏感程度不同。一般是舌尖对甜味比较敏感，两侧对酸味比较敏感，两侧的前部对咸味敏感，而对苦味敏感的味蕾主要分布在舌根和软腭处。此外，鲜味(umami)也被列为一种基本味觉，主要与某些氨基酸(如谷氨酸钠)有关。

9.3 神经系统对躯体运动的调控

运动是动物最基本的功能之一，姿势则为运动的背景或基础。躯体的各种姿势和运动都是在神经系统的控制下进行的，神经系统对姿势和运动的调节是复杂的反射活动。

根据大量的动物实验和临床观察，神经系统不同部位对躯体运动的调节有着不同的作用。越是复杂的躯体运动，越需要高级中枢的参与。

9.3.1 运动的中枢调控概述

9.3.1.1 运动分类

运动可以分为反射运动、随意运动和节律性运动3类。它们的区别在于运动的复杂程度和受意识控制程度的不同。

(1)反射运动

反射运动是最简单、最基本的运动形式，一般由特定的感觉刺激引起，并有固定的运动轨迹，故又称定型运动，如食物刺激口腔引起的吞咽反射。反射运动一般不受意识控制，其运动强度与刺激大小有关，参与反射回路的神经元数量较少，因而所需时间较短。

(2)随意运动

随意运动较为复杂，是指在大脑皮层控制下，为达到某一目的而有意识进行的运动，其运动的方向、轨迹、速度和时程都可随意选择和改变。一些复杂的随意运动需经学习并反复练习不断完善后才能熟练掌握，如一些技巧性运动。

(3) 节律性运动

节律性运动(rhythmic movement)是介于随意运动和反射运动之间并具有这两类运动特点的一种运动形式，如呼吸、咀嚼和行走运动。这类运动可随意开始和停止，运动一旦开始便不需要有意识的参与而自动地重复进行，但在进行过程中能被感觉信息调制。

9.3.1.2　运动调控的中枢基本结构和功能

人的中枢运动调控系统由 3 级水平的神经结构组成。大脑皮层联络区、基底神经节和皮层小脑居于最高水平，负责运动的总体策划；运动皮层和脊髓小脑居于中间水平，负责运动的协调、组织和实施；而脑干和脊髓则处于最低水平，负责运动的执行。3 个水平对运动的调控作用不同，它们之间首先是从高级到低级的关系，控制反射运动的脊髓接受高位中枢的下行控制，高位中枢发出的运动指令又需要低位中枢的活动实现。此外，3 个水平又是平行地组织在一起的，如大脑皮层运动区可直接也可间接通过脑干控制脊髓运动神经元和中间神经元。这种纵行和平行联系，使中枢对运动的控制更为灵活多样，并且对神经系统受损后的恢复和代偿具有重要意义。

一般认为，随意运动的策划起自皮层联络区，并且，信息需要在大脑皮层与皮层下的两个重要运动脑区(基底神经节和皮层小脑)之间不断进行交流，然后策划好的运动指令被传送到皮层运动区，即中央前回和运动前区，并由此发出运动指令，再经运动传出通路到达脊髓和脑干运动神经元，最终到达它们所支配的骨骼肌而产生运动。在此过程中，运动调控中枢各级水平都需要不断接受感觉信息的传入，以调整运动中枢的活动。在运动发起前，运动调控中枢在策划运动以及在某些精巧动作学习过程中编制程序时都需要感觉信息，基底神经节和皮层小脑在此过程中发挥重要作用；在运动过程中，中枢又需要根据感觉反馈信息及时纠正运动的偏差，使执行中的运动不偏离预定的轨迹，脊髓小脑利用它与脊髓和脑干以及与大脑皮层之间的纤维联系，将来自肌肉、关节等处的感觉信息与皮层运动区发出的运动指令反复进行比较，找出之间的差异，以修正皮层运动区的活动；在脊髓和脑干，感觉信息可引起反射，调整运动前和运动中的身体姿势，以配合运动的发起和执行。

此外，运动的正常进行需有姿势作为基础，两者的功能互相联系和影响，因此，神经系统对躯体运动的调控无疑包含对姿势的调节。

9.3.2　中枢对躯体运动的调节

9.3.2.1　脊髓对躯体运动的调节

在脊髓灰质腹侧角存在大量运动神经元，即 α、β 和 γ 运动神经元。α 运动神经元和脑运动神经元接受来自躯干四肢和头面部皮肤、肌肉和关节等处的外周传入信息，也接受从大脑皮层各级高级中枢到脑干的下传信息，产生一定的反射传出冲动，直达所支配的骨骼肌，因此它们是躯干运动反射的最后公路(final common path)。γ 运动神经元支配骨骼肌的梭内肌纤维，轴突末梢释放的递质为乙酰胆碱，其主要功能是调节肌梭(muscle spindle)对牵张刺激的敏感性。β 运动神经元发出的纤维对骨骼肌的梭内肌和梭外肌都有支配，但其功能和作用机制都不清楚。

一个脊髓 α 运动神经元或脑干运动神经元及其所支配的全部肌纤维构成一个功能单位，称为运动单位(motor unit)。运动单位的大小有很大的差别，如一个眼外肌运动神经元支配 6~12 根肌纤维，而一个三角肌运动神经元所支配的肌纤维数目可达 2 000 根左右。前者有利于支配肌肉进行精细运动，而后者则有利于产生巨大的肌张力。

脊髓对躯体运动的整合能力有限，脊髓动物一般只能完成牵张反射等极其简单的运动。

(1)脊休克

脊休克(spinal shock)是指人和动物在脊髓与高位中枢之间离断后反射活动能力暂时丧失而进入无反应状态的现象。脊髓与高位中枢离断的动物称为脊动物。

脊休克的主要表现：由横断面以下的脊髓所支配的骨骼肌紧张性减低甚至消失，血压下降，外周血管扩张，发汗反射不出现，粪尿积聚。以后，一些以脊髓为中枢的反射活动可以逐渐恢复。一般来说，低等动物恢复得较快，动物越高等恢复得越慢，如蛙在脊髓离断后数分钟反射即恢复，犬需要几天，人类则需要数周乃至数月。反射恢复过程中，首先是一些比较简单、比较原始的反射先恢复，如屈肌反射、腱反射等；然后才是比较复杂的反射逐渐恢复，如对侧伸肌反射、搔抓反射等。反射恢复后的动物，血压也逐渐上升到一定水平，动物可具有一定的排粪与排尿反射，说明内脏反射也能部分地恢复。

脊休克的产生并不是由于切断脊髓的损伤性刺激引起的，因为反射恢复后进行第二次脊髓切断损伤并不能使脊休克重现。所以，脊休克产生的原因是由于脊髓突然失去了高位中枢的调节，特别是失去了大脑皮质、前庭核和脑干网状结构的下行纤维对脊髓的易化作用。

脊休克的产生与恢复，说明脊髓能完成某些简单的反射活动，但正常时这些反射是在高位中枢控制下进行的。高位中枢对脊髓反射既有易化作用，也有抑制作用。例如，切断脊髓后伸肌反射往往减弱，说明高位中枢对伸肌反射中枢有易化作用；而发汗反射加强，又说明高位中枢对脊髓发汗中枢有抑制作用。

(2)屈肌反射和对侧伸肌反射

肢体皮肤受到伤害性刺激时，常引起受刺激侧肢体的屈肌收缩、伸肌舒张，躯体屈曲，称为屈肌反射(flexor reflex)。例如，火烫、针刺皮肤时，该侧肢体立即缩回，其目的在于避开有害刺激，对机体有保护意义。该反射的强弱与刺激强度有关，其反射的范围可随刺激强度的增加而扩大，如足趾受到较弱的刺激时，只引起踝关节屈曲，随着刺激的增强，膝关节开始活动。若加大刺激强度，则可在同侧肢体发生屈曲的基础上出现对侧肢体伸展，称为对侧伸肌反射(crossed extensor reflex)。该反射是一种姿势反射，在保持躯体平衡中具有重要意义。

(3)牵张反射

牵张反射(stretch reflex)是指骨骼肌受外力牵拉时引起受牵拉的同一肌肉收缩的反射活动。牵张反射有腱反射和肌紧张两种类型。

①腱反射(tendon reflex)　是指快速牵拉肌腱时发生的牵张反射。例如膝跳反射，叩击髌骨下方的股四头肌肌腱，可引起股四头肌发生一次收缩。此外，属于腱反射的还有跟腱反射和肘反射等。腱反射的潜伏期很短(约 0.7 ms)，只够一次突触传递的时间延搁，因此腱反射是单突触反射。

②肌紧张(muscle tonus)　是指缓慢持续牵拉肌腱时发生的牵张反射，表现为受牵拉的肌肉发生紧张性收缩，阻止被拉长。肌紧张是维持躯体姿势最基本的反射活动，是姿势反射的基础。其收缩力量并不大，只是抵抗肌肉被牵拉，表现为同一肌肉的不同运动单位交替收缩，而不是同步收缩，因此不表现为明显的动作，但能持久进行而不易发生疲劳。

(4)节间反射

节间反射(intersegmental reflex)是指脊髓一个节段神经元发出的轴突与邻近节段的神经元发生联系，通过上下节段之间神经元的协同活动所发生的反射活动，如在脊动物恢复后期刺激腰背皮肤引起后肢发生的搔抓反射。

9.3.2.2　低位脑干对躯体运动的调节

脑干由后向前依次分为延髓、脑桥、中脑和间脑。脑干能完成一系列反射活动，通过调节肌紧张保持一定的姿势，并参与躯体运动的协调。失去高级中枢的脑干动物具有站立、行走和姿势控制等整合活动能力。

(1) 去大脑僵直

在中脑前、后丘之间切断脑干后的动物，称为去大脑动物(decerebrate animal)，会出现抗重力肌(伸肌)的肌紧张亢进，变为四肢伸直、脊柱挺硬、头尾昂起，这一现象称为去大脑僵直(decerebrate rigidity)(图 9-12)。

图 9-12　去大脑僵直示意图

实验证明，脑干网状结构中存在抑制或加强肌紧张及肌肉运动的区域，前者称为抑制区(inhibitory area)，位于延髓网状结构腹内侧部分，其范围较小，它通过下行冲动抑制脊髓 α 运动神经元的活动。脑干网状结构抑制区本身没有自发活动，而是接受来自高位中枢的驱动，包括来自大脑皮层、尾状核和小脑传来的冲动。后者称为易化区(facilitatory area)，其范围较大，包括延髓网状结构背外侧部分、脑桥被盖、中脑中央灰质及被盖，它时常有自发性下行冲动到达脊髓，对 α 运动神经元有兴奋作用(图 9-13)。与抑制区相比，易化区的活动较强，在肌紧张的平衡调节中略占优势。

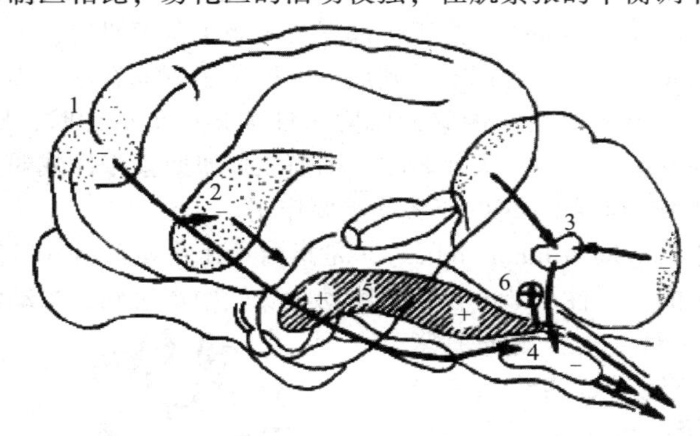

图 9-13　猫脑各部分及脑干网状结构下行抑制(-)和易化(+)系统示意图

下行抑制作用(-)路径：4 为网状结构抑制区，发放下行冲动抑制脊髓牵张反射，这一区接收大脑皮层(1)、尾状核(2)和小脑(3)传来的冲动；下行易化作用(+)路径：5 为网状结构易化区，发放下行冲动加强脊髓牵张反射，6 为延髓前庭核，有加强脊髓牵张反射的作用

在中脑前、后丘之间横断脑干，由于切断了大脑皮层运动区和纹状体等神经结构与脑干网状结构的功能联系，使抑制区失去了高位中枢的驱动作用，削弱了抑制区的活动；而与网状结构易化区有功能联系的神经结构虽也有部分被切除，但因易化区本身存在自发活动，而且延脑前庭核的易化作用依然保留，所以易化区的活动明显占优势。由于这些易化作用主要影响抗重力肌(伸肌)的作用，故导致伸肌肌紧张加强，而出现去大脑僵直现象。

从牵张反射的原理分析，去大脑僵直的产生机制有两种：α 僵直和 γ 僵直。简言之，直接易化脊髓 α 运动神经元引起的僵直称为 α 僵直(α-rigidity)；通过兴奋脊髓 γ 运动神经元间接易化肌紧张引起的僵直称为 γ 僵直(γ-rigidity)。前者主要是由于前庭核等高位中枢直接或间接通过脊髓中间神经元增强 α 运动神经元的活动，引起肌紧张增强而出现的僵直；后者主要是由于脑干网状结构易化区首先提高 γ 运动神经元的活动，使肌梭的传入冲动增多，转而增强脊髓 α 运动神经元的活动而出现的僵直。实验证明，如将局麻药注入上述去大脑动物，或切断其脊髓腰骶部背根以消除肌梭传入冲动对中枢的影响，则可使后肢僵直消失，说明经典的去大脑僵直

图 9-14 颈紧张反射
A. 头俯下时；B. 头上仰时；
C. 头弯向右侧时；D. 头弯向左侧时

主要是通过γ环路实现的，属于γ僵直。

(2) 姿势反射

中枢神经系统调节骨骼肌的肌紧张或产生相应运动，以保持或改正动物躯体在空间的姿势，称为姿势反射。不同的姿势反射与不同的中枢水平相关联。上述由脊髓整合的牵张反射和对侧伸肌反射是最简单的姿势反射。由脑干整合而完成的姿势反射有状态反射、翻正反射等。

①状态反射(attitudinal reflex) 头部在空间的位置发生改变或头部与躯干的相对位置发生改变，引起躯体肌肉紧张性改变的反射活动，称为状态反射。前者称为颈紧张反射，后者称为迷路紧张反射。在正常情况下，状态反射常受高级中枢的抑制而不易表现出来。

a. 颈紧张反射(tonic neck reflex) 由于头部扭曲刺激了颈部肌肉、关节或韧带的本体感受器后，引起四肢肌肉紧张性的反射性调节，其反射中枢位于颈部脊髓。实验发现，将去大脑动物的头部向一侧扭转时，下颏所指一侧的伸肌紧张性加强；头后仰时，则前肢伸肌紧张性加强，而后肢伸肌紧张性减弱；相反，头前俯时，则前肢伸肌肌紧张性减弱，后肢伸肌紧张性加强(图 9-14)。该反射对维持动物一定的姿势起重要作用。

b. 迷路紧张反射(tonic labyrinthine reflex) 是指内耳迷路耳石器官(椭圆囊和球囊)的传入冲动对躯体伸肌紧张性的反射性调节。在去大脑动物实验中观察到，当动物仰卧因受重力影响使耳石感受细胞受刺激最大时，则伸肌紧张性最高；当动物俯卧使耳石感受细胞受刺激最小时，则伸肌紧张性最低。这一反射的中枢主要是前庭神经核。

②翻正反射(righting reflex) 当动物被推倒或使其从空中仰面下落时，它能迅速翻身、起立或改变为四肢朝下的姿势着地，这种复杂的姿势反射称为翻正反射(图 9-15)。

图 9-15 猫从空中坠落时的翻正反射
1. 背部向下开始下坠；2. 头部先转动，前肢屈，后肢伸；
3~5. 继续旋转，前肢先伸展，后肢逐渐接近旋转轴；
6. 旋转完成，四肢先着地

9.3.2.3 基底神经节对躯体运动的调节

基底神经节(basal ganglia)是大脑皮层下一些核团的总称，主要包括纹状体、丘脑底核和黑质，而纹状体又包括尾状核、壳核和苍白球。尾状核和壳核在发生上较新，称为新纹状体；苍白球在发生上较古老，称为旧纹状体。黑质可分为致密部和网状部两部分。

目前，基底神经节的功能还不十分清楚。损毁动物的基底神经节几乎不出现任何症状；而记录基底神经节神经元放电，发现其放电发生在运动开始之前；新纹状体仅在大脑皮层有冲动传来时才兴奋，其传出神经元很少或没有自发放电活动。根据这些观察，结合人类基底神经节损害后出现的症状、药物治疗效应及其机制分析，基底神经节可能参与运动的设计和程序编制，并将一个动作的抽象设计转化为一个随意运动。此外，基底神经节还可能与随意运动的稳定、肌紧张的调节、本体感觉传入冲动信息的处理等有关。

在人类，基底神经节的损害主要表现为肌紧张异常和动作过分增减，临床上主要有以下两类疾病：①肌紧张过强而运动过少的疾病，如帕金森病(Parkinson disease)。其主要症状是全身肌紧张增高、肌肉强直、随意运动减少、动作缓慢、面部表情呆板，常伴有静止性震颤(static tremor)。运动症状主要表现在动作的准备阶段，而动作一旦发起，则可以继续进行。现已明确，帕金森病是由双侧黑质病变，多巴胺能神经元变性受损所致。因此，临床上给予多巴胺的前体左旋多巴(L-Dopa)能明显改善肌肉强直和动作缓慢的症状。②肌紧张不全而运动过多的疾病，如舞蹈病(chorea)和手足徐动症(athetosis)等。舞蹈病的主要表现为不自主的上肢和头部的舞蹈动作，伴有肌张力降低等症状。其病因是双侧新纹状体病变，新纹状体内 γ-氨基丁酸能神经元变性或遗传性缺损所致，用利血平耗竭多巴胺可缓解此症状。

9.3.2.4　小脑对躯体运动的调节

小脑与基底神经节都参与运动的设计和程序编制、运动的协调、肌紧张的调节，以及本体感受传入冲动信息的处理活动。但二者在功能上有一定的差异。基底神经节主要在运动的准备和发动阶段起作用，而小脑则主要在运动进行过程中起作用。另外，基底神经节主要与大脑皮层之间构成回路，而小脑除与大脑皮层形成回路外，还与脑干及脊髓有大量的纤维联系。因此，基底神经节可能主要参与运动的设计，而小脑除了参与运动的设计之外，还参与运动的执行。根据小脑的传入、传出纤维联系，可将小脑分为前庭小脑、脊髓小脑和皮层小脑 3 个功能部分(图 9-16)。

(1)前庭小脑(vestibulocerebellum)

前庭小脑主要由绒球小结叶构成，其主要功能是控制躯体的平衡和眼球的运动。由于前庭小脑主要接受前庭器官传入的有关头部位置改变和直线或旋转加速度运动情况的平衡感觉信息，而传出冲动主要影响躯干和四肢近端肌肉的活动，因而具有控制躯干平衡作用。

(2)脊髓小脑(spinocerebellum)

脊髓小脑由蚓部和小脑半球的中间部组成。脊髓小脑与脊髓及脑干有大量的纤维联系，其主要功能是调节正在进行过程中的运动，协助大脑皮层对随意运动进行适时的控制。脊髓小脑受损后，由于不能有效利用来自大脑皮层和外周感觉的反馈信息来协调运动，当机体完成精细动作时，因肌肉出现震颤而难以控制方向，特别在精细动作的终末出现震颤，这种现象称为意向性震颤(intention tremor)；此外，患者还出现行走蹒跚、不能进行拮抗肌快速轮替动作，但在静止时则无异常的肌肉运动出现。这些动作协调障碍称为小脑共济失调(cerebellar ataxia)。此外，脊髓小脑还具有调节肌紧张的功能，对肌紧张的调节具有抑制和易化双重作用，分别通过脑干网状结构抑制区和易化区而发挥作用。

(3)皮层小脑(corticocerebellum)

皮层小脑是指小脑半球外侧部，它不接受外周感觉的传入，而主要与大脑皮层感觉区、运动区和联络区构成回路。其主要功能是参与随意运动的设计和运动程序的编制。如前所述，一个随意运动的产生包括运动的设计和执行两个阶段，并需要脑在设计和执行之间进行反复比较来协调完成。

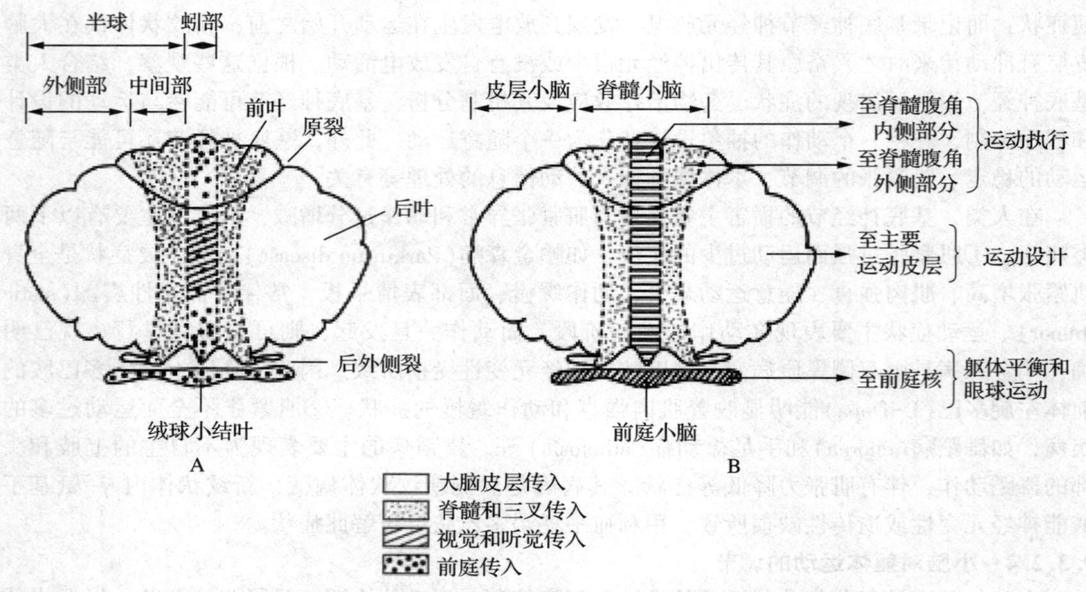

图 9-16 小脑的分区与传入、传出纤维联系示意图

A. 小脑的分区和传入纤维联系：以原裂和后外侧裂可将小脑横向分为浅前叶、后叶和绒球小结叶，也可纵向分为蚓部、半球的中间部和外侧部，小脑各种不同的传入纤维联系用不同的图例(图下)表示；B. 小脑的功能分区及不同的传出投射，脊髓腹侧角内侧部的运动神经元控制躯干和四肢近端的肌肉运动，与姿势的维持和粗大的运动有关，而脊髓腹侧角外侧部控制四肢远端的肌肉运动，与精细、技巧性动作有关

9.3.2.5 大脑皮层对躯体运动的调节

大脑皮层是中枢神经系统调节和控制躯体运动的最高级中枢，它通过锥体系和锥体外系两条运动通路实现对躯体运动的调节。

(1)*大脑皮层运动区*

大脑皮层中与躯体运动密切相关的区域，称为大脑皮层运动区。

①主要运动区　包括中央前回(4区)和运动前区(6区)，是控制躯体运动最重要的区域。主要运动区具有下列功能特征：a. 对躯体运动呈交叉性支配，即一侧皮层主要调节对侧躯体运动。但头面部肌肉的运动，受双侧皮层支配。b. 运动区定位的空间安排是倒置的，即下肢的代表区在皮层顶部；上肢肌肉的代表区在中间部；而头面部肌肉的代表区在底部，但头面部代表区内部在皮层的安排仍是正立的。c. 具有精细的功能定位，即运动越精细、越复杂的肌肉，其皮层相应运动区的面积越大。

②辅助运动区(supplementary motor area)　人和猴的辅助运动区位于大脑皮层的内侧面(两半球纵裂内侧壁)、运动区之前。一般为双侧性支配，刺激该区可引起肢体运动。

在大脑皮层运动区也可见到类似感觉区的纵向柱状结构排列，从而组成运动皮层的基本功能单位，称为运动柱(motor column)。一个运动柱可控制同一关节几块肌肉的活动，而一块肌肉可接受几个运动柱的控制。

(2)锥体系

锥体系(pyramidal system)是指皮层脊髓束和皮层脑干束，皮层脑干束不通过锥体，但它在功能上与皮层锥体束相同，故也包括在锥体系的概念中。由大脑皮层运动区锥体细胞发出轴突组成的纤维，经内囊、大脑脚底、脑桥和延髓后行至脊髓腹角运动神经元者称为皮层脊髓束；而由皮层发出，经内囊到达脑干内各脑神经运动神经元的传导束，称为皮层脑干束(图9-17)。

皮层脊髓束中约 80%的纤维在延髓锥体跨过中线到达对侧，在脊髓外侧索下行，形成皮层脊髓外侧索；其余约 20%的纤维不跨越中线，在脊髓同侧下行，形成皮层脊髓腹侧索。皮层脊髓束通过脊髓腹角运动神经元支配躯干和四肢的肌肉，皮层脑干束则通过脑神经元支配头面部的肌肉。

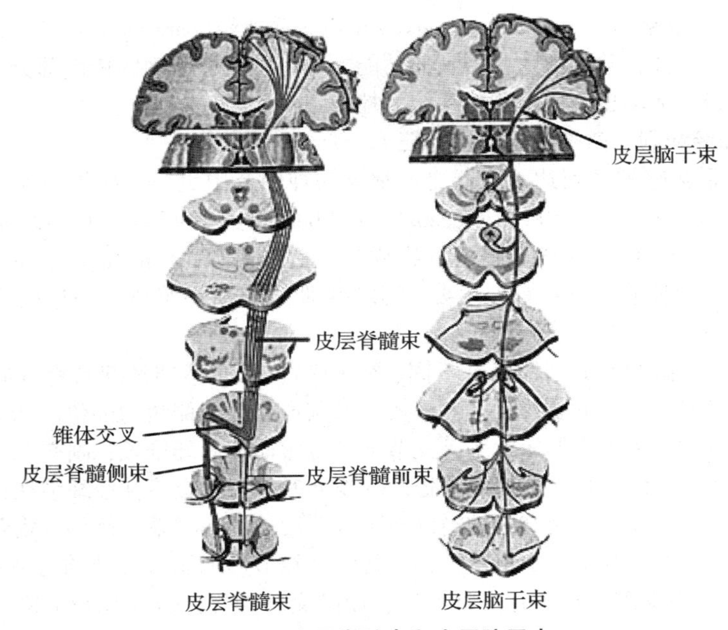

图 9-17　皮层脊髓束和皮层脑干束

锥体系对躯体运动的管理作用主要是发动随意运动，调节精细动作，保持运动的协调性。此外，还有加强肌紧张的作用。如将猴延髓锥体的左(右)半侧纤维切断，动物表现为右(左)侧肌紧张减退，出现迟缓性麻痹，表明锥体束的正常功能是加强肌紧张。

(3)锥体外系

锥体外系(extrapyramidal system)是指锥体系以外的调节躯体运动的后行传导通路。它与锥体系的主要区别在于：①其后行传导途径不通过延髓锥体。②其作用不能直接迅速抵达下运动神经元(脊髓腹角运动神经元和脑神经核运动神经元)。锥体外系为多级神经元链，涉及脑内许多结构，主要包括大脑皮质、纹状体、红核、黑质、网状结构及小脑等。它们之间有复杂的纤维联系，形成许多环路，最后主要通过红核脊髓束和网状脊髓束等影响脊髓腹角运动神经元。锥体外系主要功能是调节肌张力和协调肌的活动等。实际上，大脑皮层的运动功能都是通过锥体系与锥体外系的协同活动实现的，在锥体外系保持肢体稳定、适宜的肌张力和姿势协调的情况下，锥体系执行精细的运动。

锥体外系通路主要包括皮质-新纹状体-苍白球系和皮质-脑桥-小脑系。

9.4　神经系统对内脏活动的调节

9.4.1　自主神经系统概述

自主神经系统(autonomic nervous system)是指调节和控制内脏器官功能活动的神经系统，

又称内脏神经系统(visceral nervous system),曾称植物性神经系统(vegetative nervous system)。内脏活动具有很强的自主性,在一般情况下是自主性行为,受神经系统的非意识性支配,可以保证机体物质代谢和生命活动的持续进行。和躯体神经系统一样,自主神经系统也包括传入(感觉)神经和传出(运动)神经两部分,但通常所说的自主神经主要是指传出部分。

自主神经包括交感神经(sympathetic nerve)和副交感神经(parasympathetic nerve)。它们分布至内脏、心血管和腺体,并调节这些器官的功能,是内脏反射活动的传出部分,属于内脏的运动神经。自主神经的活动也受中枢神经系统的控制。

9.4.1.1 交感神经和副交感神经的结构特征

交感神经和副交感神经到达效应器之前都要在神经节中更换一次神经元。换元之前的纤维由脑和脊髓发出,称为节前纤维(preganglionic fiber),为有髓鞘的B类纤维,传导速度较快;由节内神经元发出终止于效应器的纤维称为节后纤维(postganglionic fiber),为无髓鞘的C类纤维,传导速度较慢。自主神经主要支配平滑肌、心肌和腺体,到达效应器前常形成神经丛,攀附于内脏。

交感神经和副交感神经的结构仍有不同(图9-18):①交感神经起自脊髓胸腰段灰质的侧角;而副交感神经起自脑干的脑神经核和荐段脊髓灰质相当于侧角的部位。②交感神经节位于椎骨两侧和脊柱下方,离效应器较远,因此节前纤维短而节后纤维长;副交感神经节通常位于效应器壁内,因此节前纤维长而节后纤维短。③换元时,一根交感神经纤维往往可与多个节后神经元发生突触联系;而一根副交感神经仅与少数节后神经元联系。例如,猫颈前神经节内的交感节前与节后纤维之比为1∶11~1∶17,而睫状神经节内的副交感节前与节后纤维之比为1∶2。④交感神经几乎支配全身所有内脏器官,而副交感神经则分布比较局限,有些器官无副交感神经支配,如皮肤和肌肉的血管、一般的汗腺、竖毛肌、肾上腺髓质和肾脏都只有交感神经支配。

因此,交感神经兴奋产生的效应广泛,而副交感神经兴奋产生的效应相对比较局限。

9.4.1.2 交感神经和副交感神经的功能特点

(1)紧张性支配

自主神经对效应器的支配一般表现为紧张性作用,即在静息状态下自主神经经常发放低频的神经冲动支配效应器的活动。这可通过切断神经后观察它所支配的器官活动是否发生改变而得到证实。例如,切断心迷走神经后,心率即加快;切断心交感神经后,心率则减慢。表明迷走神经对心脏的紧张性作用是抑制性的,而交感神经则是兴奋作用。一般认为,自主神经的紧张性来源于中枢,而中枢的紧张性来源于神经反射和体液因素等多种原因。如压力感受器的传入冲动对维持自主神经的紧张性起重要作用,而中枢组织内二氧化碳的浓度对维持交感缩血管中枢的紧张性也起重要作用。

(2)对同一效应器的双重支配

同一效应器往往既接受交感神经的支配又接受副交感神经的支配,而且交感和副交感神经的作用往往又是相互拮抗的。如心脏受心迷走神经和心交感神经的双重支配,迷走神经抑制心脏的活动,而交感神经则是兴奋作用。这样使得神经系统能从正反两方面灵敏地调节内脏的活动,以适应机体当时的需要。有时交感和副交感神经作用也表现为一致性。例如,两类神经对唾液分泌均有促进作用,但前者促进分泌少量而黏稠的唾液,而后者引起大量稀薄唾液分泌。

(3)受效应器所处功能状态的影响

自主神经的外周性作用与效应器本身的功能状态有关。例如,交感神经兴奋可抑制未孕子

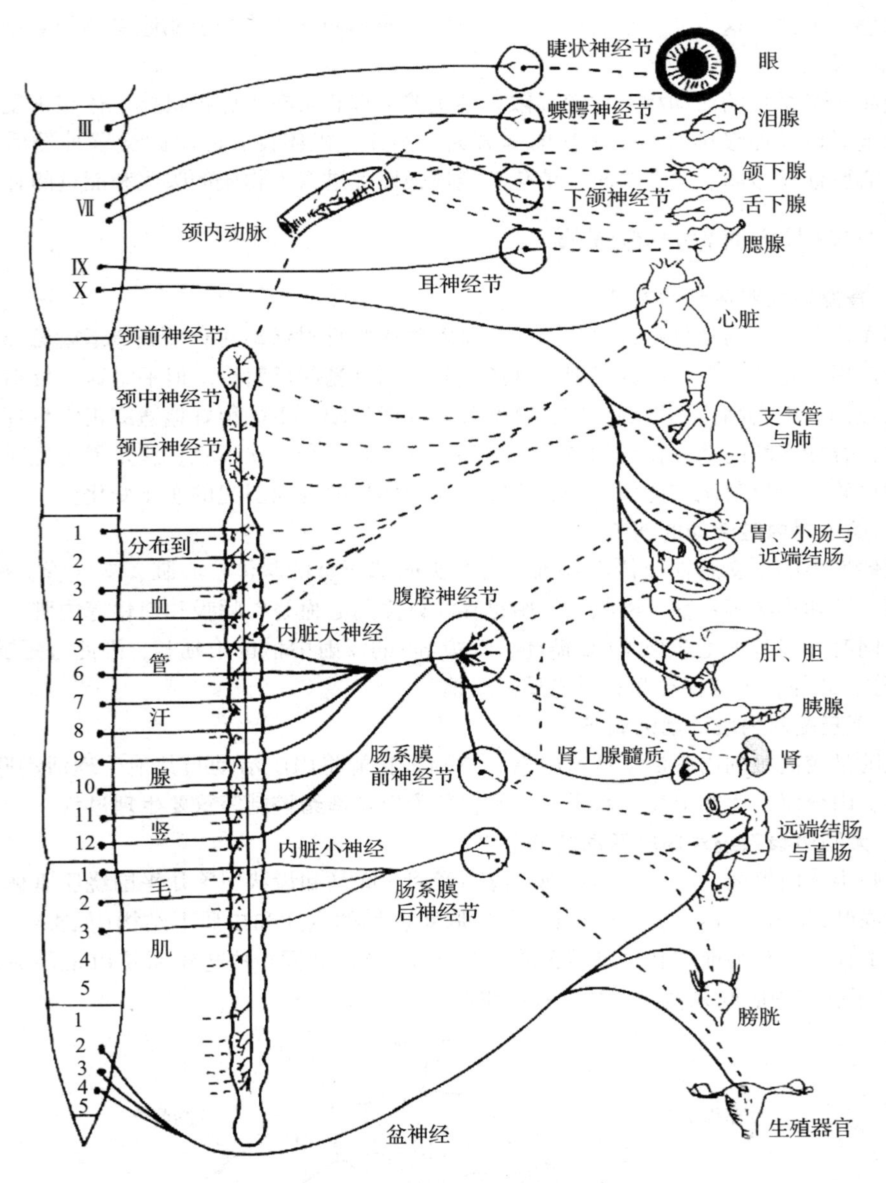

图 9-18　自主神经分布示意图

——节前纤维；－－－节后纤维

宫的运动，却加强已孕子宫的运动(作用的受体不同)；刺激迷走神经，可使处于收缩状态的胃幽门舒张，而使舒张状态的胃幽门收缩。

(4)对整体生理功能调节的意义

在环境急骤变化的情况下，交感神经系统可以动员机体许多器官的潜在功能以适应环境的急剧变化。例如，在肌肉剧烈运动、窒息、失血或寒冷等情况下，机体出现心率加快、皮肤与腹腔内脏血管收缩、血液贮存库排出血液以增加循环血量、红细胞计数增加、支气管平滑肌扩张、肝糖原分解加速及血糖浓度上升、肾上腺素分泌增加等交感神经兴奋现象。交感神经系统活动具有广泛性，但对于一定的刺激，不同部位的交感神经的反应方式和程度是不同的，表现为不同的整合形式，这主要与节后纤维所释放的递质不同和效应器上相应受体的类型、数量和分布情况有关。

副交感神经系统的活动相对比较局限。其主要生理意义在于保护机体、休整恢复、促进消化、蓄积能量以及加强排泄和生殖功能等方面。例如，机体在安静时副交感神经活动往往加强，此时心脏活动减弱、瞳孔缩小、消化功能增强以促进营养物质的吸收和能量的补充等。

9.4.2　中枢对内脏活动的调节

9.4.2.1　脊髓对内脏活动的调节

脊髓是内脏反射活动的初级中枢，一些基本的内脏反射活动在脊髓调节下就可以完成，如血管张力反射、发汗反射、排尿反射、排便反射、阴茎勃起反射等，但平时这些反射活动受高位中枢的控制。失去高位中枢的控制，这些基本反射活动并不能很好地适应正常生理功能的需要。例如，脊髓离断的动物在脊休克后，由卧位到站立，会站立不稳。这是因为此时脊髓的交感中枢对血管张力反射调节能力很差，不能适应因体位改变而引起的血压变化。

9.4.2.2　脑干对内脏活动的调节

由延髓发出的副交感神经传出纤维，支配头面部所有的腺体、心脏、支气管、喉、食管、胃、胰腺、肝和小肠等；脑干网状结构中也存在许多与心血管、呼吸和消化等内脏活动有关的神经元；同时许多基本生命现象(如循环、呼吸等)的反射中枢位于延髓，因此，延髓有“生命中枢”之称。此外，中脑存在瞳孔对光反射中枢。

9.4.2.3　下丘脑对内脏活动的调节

下丘脑是较高级的内脏活动调节中枢，特别是它能将内脏活动与其他生理活动联系起来，调节体温、内分泌、生物节律、水平衡、摄食行为以及情绪控制等重要生理过程。

9.4.2.4　大脑边缘系统对内脏活动的调节

在大脑半球内侧面，隔区、扣带回、海马旁回、海马和齿状回等几乎围绕胼胝体一圈，共同组成边缘叶(limbic lobe)。边缘叶加上与它联系密切的皮质和皮质下结构(如杏仁核、隔区、下丘脑、上丘脑、丘脑前核和中脑被盖的一些结构等)，共同组成边缘系统(limbic system)(图9-19)。由于它与内脏联系密切，故又称内脏脑。

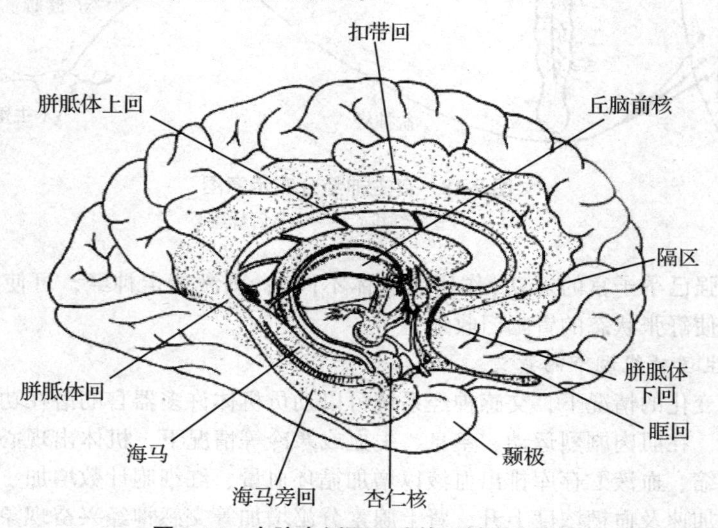

图9-19　大脑内侧面示边缘系统各部分

边缘系统的功能复杂多样，除嗅觉功能外，主要参与和个体生存有关的摄食行为、情绪反应、学习与记忆、内脏活动的调节，以及与种族延续有关的性欲及生殖行为等。

边缘系统对内脏活动的调节复杂而多变。例如，刺激扣带回前部可引起呼吸抑制或加速、血压下降或上升、心率减慢、胃运动抑制、瞳孔扩大或缩小；刺激杏仁核可引起咀嚼、唾液和胃液分泌增加、胃蠕动增强、心率减慢、瞳孔扩大；刺激隔区可引起阴茎勃起、血压上升或下降、呼吸暂停或加强等效应。由此可见，边缘系统不同部位与内脏活动的相关性及反应的多样性。

9.5　脑电活动及觉醒与睡眠

9.5.1　脑电活动

脑电活动包括自发脑电活动和皮层诱发电位两种形式。

9.5.1.1　自发脑电活动

在无明显刺激情况下，大脑皮层自发产生的节律性电位变化，称为自发脑电活动(spontaneous electric activity of the brain)。自发脑电活动可以用引导电极在头皮表面记录下来，临床上用特殊的电子仪器所描记的自发脑电活动曲线，称为脑电图(electroencephalogram，EEG)(图 9-20)。

根据自发脑电活动的频率，可将脑电波分为 α、β、θ 和 δ 等波形。

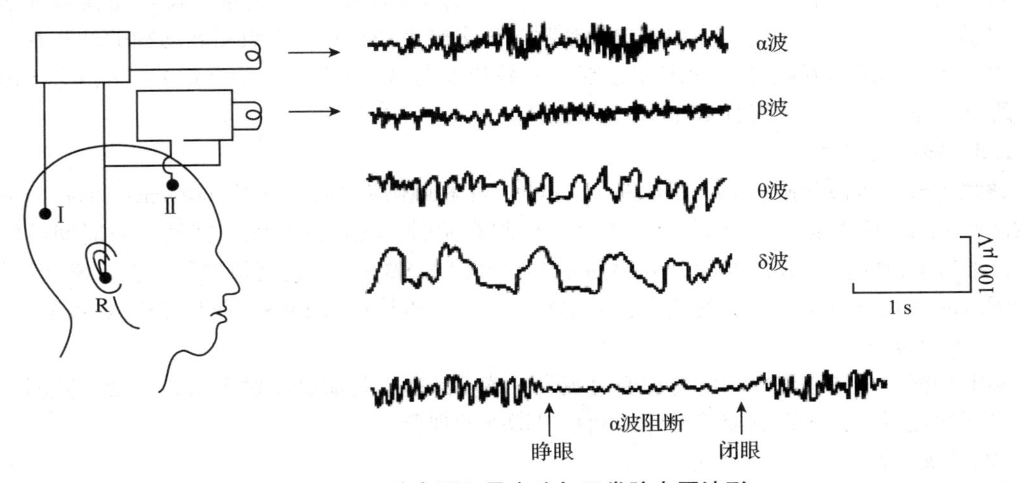

图 9-20　脑电图记录方法与正常脑电图波形

Ⅰ、Ⅱ. 引导电极放置位置(分别为枕叶和额叶)；R. 无关电极放置位置(耳郭)

①α 波　频率为 8~13 Hz，振幅为 20~100 μV。α 波是大脑皮层在安静时的主要脑电波，在枕叶皮层最为显著，常表现为自小而大、自大而小的周期性梭形波。α 波在睁眼时消失，闭眼后又复出现，这种因睁眼或接受其他刺激(声音、触觉或进行思维活动)时 α 波消失的现象，称为 α 波阻断(alpha block)。

②β 波　频率为 14~30 Hz，振幅为 5~20 μV。在睁眼视物、思考问题或接受其他刺激时出现，为新皮层紧张活动时的脑电波，在额叶和顶叶较显著。

③θ 波　频率为 4~7 Hz，振幅为 100~150 μV。该波在顶叶和颞叶较明显，在困倦时出现。

④δ波　频率为0.5~3 Hz，振幅为20~200 μV。该波在枕叶和颞叶较明显，常见于睡眠、极度疲劳或麻醉状态时。一般认为θ波或δ波可能是大脑皮层处于抑制状态时脑电活动的主要表现。

9.5.1.2　皮层诱发电位

皮层诱发电位(evoked cortical potential)是指感觉传入系统或脑的某一部位受刺激时，在皮层某一局限区域引出的电位变化。记录皮层诱发电位可了解皮层感觉区的投射规律，在临床上对中枢损伤部位的诊断具有一定意义。

9.5.2　觉醒与睡眠

觉醒与睡眠是一种节律性的生理活动。觉醒时，脑电波一般呈去同步化快波。睡眠时，脑电波一般呈同步化慢波。觉醒和睡眠的昼夜交替是动物生存的必要条件。

9.5.2.1　觉醒状态的维持

觉醒状态的维持与感觉传入直接相关。选择性破坏动物中脑网状结构的头端，动物即进入持久的昏睡状态，脑电波呈同步化慢波；刺激动物中脑网状结构能唤醒动物，脑电波呈现去同步化快波。脑干网状结构上行激动系统主要通过非特异性感觉投射系统到达大脑皮层。由于网状结构内神经元的高度聚合和复杂的网络联系，以及非特异性投射系统的多突触传递和在皮层下广泛区域弥散性投射，使上行激动系统失去传递各种感觉的特异性。

9.5.2.2　觉醒睡眠周期

不同种类的动物有不同的觉醒睡眠周期。大多数鸟类都在白天保持觉醒而在夜间进入睡眠。这种每昼夜只进行一次觉醒与睡眠交替的形式称为单相睡眠。成年灵长类动物和许多家畜，包括牛、羊等反刍动物都倾向于单相睡眠。许多野生动物和大多数哺乳动物的幼畜在一昼夜中出现多次觉醒与睡眠交替的多相睡眠。马昼夜交替3~16次(平均9次)，猪白天50%~60%的时间在睡眠，每昼夜有10次以上的交替。

9.5.2.3　睡眠的时相

睡眠可分为慢波睡眠(slow wave sleep，SWS，正相睡眠)和快波睡眠(fast wave sleep，FWS，异相睡眠)。睡眠过程中两个时相相互交替。睡眠开始时，先进入SWS，持续一段时间后转入FWS，维持一段时间，成人维持20~30 min之后再转入SWS，如此交替进行。在正常情况下，两种睡眠时相均可直接转为觉醒状态，但觉醒状态不能直接进入FWS，而只能进入SWS。

(1)慢波睡眠

脑电特征呈高幅慢波。动物意识暂时丧失，感觉减退，骨骼肌反射运动和肌紧张减弱，并伴有交感神经活动减弱而副交感神经活动相对增强的现象。

(2)快波睡眠

脑电特征出现快波脑电现象。各种感觉进一步减退，以致唤醒阈提高，骨骼肌反射和肌紧张进一步减弱，肌肉几乎完全松弛，可有间断的阵发性表现，如眼球快速运动、部分躯体抽动、血压升高、心率加速、呼吸加快而不规则等。由于在这个过程中，动物的行为表现与脑电变化特征不相符合，故又可称为异相睡眠(paradoxical sleep，PS)。

快波睡眠占整个睡眠期的比例在不同种类的动物有所不同。肉食动物不仅每天的睡眠时间比较长，FWS发生的频率和所占全部睡眠时间的比例也较高，而大多数草食动物不仅睡眠时间较短，FWS所占的比例也较小。睡眠的时间和类型还与动物的年龄有关，幼畜每天睡眠的时间较长，并且FWS所占的比例也较大，以后随着动物的发育成熟而逐渐减少。例如，30日龄以内的新生犊牛一天75%的时间都处于睡眠状态，而几乎1/2的睡眠时间处于FWS时相。

9.6　脑的高级功能

尽管从脊髓到大脑皮层下的神经结构能够对机体感觉、躯体运动和内脏活动进行不同程度的整合及调节，但在正常生理条件下，都离不开大脑皮层的参与。大脑皮层是动物各种生理功能的最高级调节中枢，它除了参与感觉、躯体运动和内脏活动调节外，还具备形成条件反射、学习和记忆以及各种复杂高级功能。

9.6.1　条件反射

条件反射(conditioned reflex)是指通过后天的学习、训练而获得的反射活动。它是反射活动的高级形式。20世纪初，俄国生理学家巴甫洛夫在研究消化现象时发现，犬吃到食物可引起唾液、胃液分泌增加，这是犬先天就具备的非条件反射，食物是非条件刺激；给犬以铃声刺激，不会引起唾液分泌，因为铃声与食物无关，是无关刺激；而如果每次给食物之前先响一次铃声，再给食物，这样多次结合后，当铃声一响，犬就会分泌唾液。这种情况下铃声就由无关刺激变为条件刺激(conditioned stimulus)。条件反射的形成是条件刺激与非条件刺激在时间上反复多次结合而建立起来的。这个反复多次的结合过程，称为强化(reinforcement)。但如果在条件反射形成后，多次只给予条件刺激(铃声)，而不用非条件刺激(食物)强化，则已建立的条件反射(分泌唾液)会逐渐减弱，甚至消失，称为条件反射的消退(extinction)。条件反射的消退并不是条件反射的简单丧失，而是一个新的学习过程，是中枢把原先引起兴奋性效应的信号转变为产生抑制性效应的信号，所以是一种内抑制(internal inhibition)现象。如果在给予动物条件刺激(铃声)后立即受到外来信号(如突然开门)的干扰，则条件反射(分泌唾液)便不再发生，这称为条件反射的外抑制(external inhibition)。

操作式条件反射(operant conditioning)是一种更为复杂的条件反射，它要求人或动物通过学习而完成一系列操作，在此过程中获取经验，从而建立能得到奖励(如得到食物)或逃避惩罚(如避免鞭抽)的条件反射。例如，先训练动物学会踩动杠杆而得到食物的操作，然后以灯光或其他信号作为条件刺激，建立条件反射，即在出现某种信号后，动物必须踩杠杆才能得到食物，所以称为操作式条件反射。得到食物是一种奖赏性刺激，因此它是一种趋向性条件反射(conditioned approach reflex)。相反，也可训练动物为逃避惩罚而不去踩杠杆，形成抑制性条件反射，称为回避性条件反射(conditioned avoidance reflex)。

机体对内外环境的适应，都是通过非条件反射和条件反射来实现的。条件反射与非条件反射相比，无论在数量及性质上都有很大的不同。非条件反射的数量有限而条件反射的建立几乎是无限的；非条件反射比较恒定，而条件反射具有很大的可塑性，既可以建立，也可以消退。因此，条件反射具有较广泛、精确而完善的适应性。此外，条件反射使动物具有预见性，能更有效地适应环境。例如，依靠食物条件反射，动物不再是消极地等待食物进入口腔，而是根据食物的形状和气味去主动觅食；也不再是等食物进入口腔才开始消化活动，而是在这之前就做好消化的准备。

9.6.2　动力定型

动物在一系列有规律的条件刺激与非条件刺激结合的作用下，经过反复多次的强化，神经系统能够巩固地建立起一整套有规律的、与其生活环境相适应的功能活动，表现出一整套有规律的条件反射。这种整套的条件反射称动力定型。动物在长期生活过程中所形成的“习惯”，实际上就是动力定型的表现。

动力定型的特点是当它形成后，一旦条件刺激作用于动物，就可使一整套条件反射活动有序地自动发生。所以，动力定型又称自动化了的条件反射系统。动力定型形成后可以大大节省动物的脑力和体力消耗，减轻动物的负担而提高功效。

动力定型具有稳定性，它是按固定程序进行活动的模式；但也具有灵活性，即它是综合的衍射模式，在环境改变时，能使动力定型更适应于环境生存条件。一般来说，习惯一类的动力定型，稳定性较大、灵活性较小。技能一类的动力定型则灵活性比较大。动力定型在一定条件下形成，也可以在新的条件下加以改造或发展。

动力定型的原理对畜牧业实践有重要的指导意义。动物的饲养管理要求遵循一定的制度，要尽量做到有规律，就是为了有利于家畜建立和巩固动力定型，从而减轻皮层及皮层下高级中枢调节、整合活动的负担，并使家畜的各种生理活动最大限度地适应其生活环境，达到提高家畜生产性能的目的。

9.6.3 神经活动的类型

在动物形成条件反射的过程中发现，有些动物可以很快建立某种条件反射，而有些动物则不能。就是在日常生活中，动物的表现也是十分不同，有的活泼，有的安静，有的胆大，有的胆小。巴甫洛夫认为这种个体差异主要决定于两侧大脑半球的活动，也就是各个动物的神经活动类型。他根据动物神经活动过程的特征和条件反射建立的特性以及其他方面的行为反应把神经活动划分为不同的类型。

动物的高级神经活动过程有3种基本特性，即神经过程的强度、均衡性及其灵活性。神经过程的强度是指神经系统兴奋与抑制的能力，兴奋与抑制能力强，其神经活动就是强型；兴奋与抑制能力弱，其神经活动就是弱型。均衡性是指兴奋与抑制活动的均衡程度。有的兴奋和抑制活动都较强，或者都较弱；有的两者发展得极不平衡，即一种神经过程(兴奋或抑制)显著强于另一种神经过程。根据神经活动的均衡性，可以将强型分为两类：如果兴奋与抑制活动的强弱基本接近，就是均衡型；兴奋能力明显高于抑制能力，就是不均衡型。灵活性是指兴奋与抑制之间相互转换的速度或难易。3种特性的不同结合可以构成多种神经类型，但常见的有如下4种：①强而不均衡型，其特点是兴奋、抑制过程都强，但兴奋过程略强于抑制过程，又称兴奋型或不可遏制型。行为上表现为急躁、暴烈、活泼、不易受约束和带有攻击性。它们能迅速建立条件反射，而且比较巩固，但条件反射的精细程度和对类似刺激的辨识能力差。②强而均衡灵活型，其特点是兴奋与抑制过程都比较强，并且容易转化，反应敏捷，表现活泼，能精细地辨别极相似的刺激，并做出不同的反应，善于适应变化复杂的外界环境，又称活泼型。③强而均衡不灵活型，其特点是兴奋与抑制过程都较强且发展的比较均衡，但两者转化较困难。它是一种安静、沉着、反应较为迟缓的类型，也称安静型，能很好地建立条件反射，但形成的速度较慢。④弱型，其特点是兴奋与抑制过程都弱，抑制活动的能力显著大于兴奋活动，又称抑制型。行为上表现为胆怯、不好动、易于疲劳，常常畏缩不前和带有防御性，一般较难形成条件反射，形成后也不巩固。它们不能适应变化复杂的环境，也难于胜任较强和较持久的活动。4种神经型只是基本类型，还有一些中间类型或过渡类型。

高等动物的行为不仅决定于神经系统的先天属性，而且决定于动物的生活环境，即可塑性。动物的神经活动往往表现为先天和后天因素的结合。

神经型的理论对畜牧业生产的发展具有重要的实践意义。畜牧业生产实践证明，活泼型的个体生产性能最高，安静型次之，兴奋型较差，抑制型最差。在兽医临床实践中发现，抑制型的个体对致病因素的抵抗力弱、发病率高、治疗效果差、痊愈和康复缓慢。活泼型和安静型个体与抑制型个体恰好相反。兴奋型个体对疾病的抵抗力和恢复能力均比抑制型好，但不如活泼型和安静型。可见，动物的神经型在临床实践中也具有重要意义。

9.6.4 学习和记忆

动物通过多种多样的行为来适应环境，这种适应性活动大多是通过后天学习所得。学习和记忆是动物在生存过程中不断完善这些适应性行为的基础。学习(learning)是指动物从外界环境获取新信息的过程，记忆(memory)是指大脑将获得的信息进行编码、贮存及提取的过程。学习是记忆的前提，记忆是学习的结果，二者密不可分，是脑的高级功能，是一切认知活动的基础。

9.6.4.1 学习的形式

学习有两种形式，即非联合型学习和联合型学习。

(1)非联合型学习

非联合型学习(nonassociative learning)是一种简单学习形式，只需要单一刺激重复进行即可产生，而不需要在两种刺激或刺激与反应之间建立联系。习惯化和敏感化就属于非联合型学习。习惯化是指一种刺激长期持续存在，动物对其反应性下降，如动物在适应一段时间后对饲养员的出现不再出现应激性反应。敏感化刚好相反，指动物对某些强烈或有害刺激反应增强，如当动物受到惊吓后，对其他刺激反应都增强。敏感化对增强动物的适应性有重要意义，可使动物保持警惕避免伤害。

(2)联合型学习

联合型学习(associative learning)是两种刺激或一种行为与一种刺激之间在时间上很接近地重复发生，最后在脑内逐渐形成固定联系的过程，如条件反射的建立和消退。条件反射是在非条件反射的基础上，在大脑皮层参与下建立起来的高级反射活动。

9.6.4.2 记忆的过程

外界信息进入大脑，估计只有1%左右被贮存和记忆。根据信息贮存的长短，记忆可分为短时程记忆和长时程记忆。人类的记忆过程可以分成4个阶段，即感觉性记忆、第一级记忆、第二级记忆和第三级记忆。前两个阶段相当于短时程记忆，后两个阶段相当于长时程记忆。

感觉性记忆是指由感觉系统获取的外界信息在脑内感觉区短暂贮存的过程，这个阶段一般不超过1 s。这种记忆大多属于视觉和听觉的记忆。反之，如果大脑将上述传入信息进行加工，把不连贯的、先后传入的信息进行整合，感觉记忆就进入第一级记忆阶段。第一级记忆保留的时间仍然很短暂。从数秒到数分钟。贮存在感觉通路中的信息大部分会迅速消退，只有小部分信息经过反复运用、强化，得以在第一级记忆中循环，从而延长其停留的时间，并转入第二级记忆。在第二级记忆中，贮存的信息可因先前的或后来的信息干扰而造成遗忘。

9.6.4.3 学习和记忆的机制

(1)参与学习和记忆的脑区

迄今为止，学习记忆的机制仍不十分清楚，但众多证据表明，学习和记忆在脑内有一定的功能定位。例如，纹状体参与某些操作技巧的学习，而小脑则参与运动技能的学习。前额叶协调短期记忆的形成，加工后的信息转移至海马，海马在长时记忆的形成中起十分重要的作用，海马受损则短时记忆不能转变为长时记忆。目前，已知大脑皮层联络区、海马及其邻近结构、杏仁核、丘脑及脑干网状结构等参与学习和记忆过程，它们相互间有着密切的神经联系，往往同时活动、共同参与学习和记忆过程。

(2)突触的可塑性

感觉信息传入中枢后，引起学习和记忆相关脑区大量神经元同时活动。中枢神经元之间的环路联系可能是感觉性记忆和长时程记忆的基础。

突触的可塑性是学习和记忆的生理学基础。突触结构(如新突触形成、已有突触体积变大等)和生理功能的改变(通道敏感性的变化、受体数目的变化等)都可以引起其传递效能的改变，而改变学习和记忆的效能。

(3)脑内蛋白质和递质的合成

从神经生物化学的角度来看，较长时间的记忆必然与脑内的物质代谢有关，尤其是与脑内蛋白质合成有关。动物实验证明，在每次学习训练前或后的5 min内，给予蛋白质合成抑制剂，则不能建立长时程记忆。如果在训练完成4 h后给予这种干预，则不影响长时程记忆的形成，表明蛋白质的合成是学习记忆过程中必不可少的物质基础。此外，学习和记忆也与脑内某些递质含量的变化有关，包括乙酰胆碱、去甲肾上腺素、谷氨酸、γ-氨基丁酸、血管升压素和脑啡肽等。

(4)形态学改变

持久性记忆还可能与脑内新的突触联系的建立有关。动物实验观察到，生活在复杂环境中大鼠的大脑皮层比生活在简单环境中大鼠的要厚，表明学习记忆活动多的大鼠，其大脑皮层发达，突触联系多。

9.7 禽类中枢神经系统功能特点

禽类中枢神经系统包括脑和脊髓。

9.7.1 脑

禽类的脑因种别不同而有差异，但其基本结构相同，主要分为大脑(包括中脑及前脑)、小脑和延髓。

鸟类的前脑主要包括大脑半球和间脑。鸟类的大脑半球皮层相对较薄，纹状体则非常发达。纹状体是鸟类复杂的本能活动和“学习”的中枢。鸟类条件反射活动的发展水平相当高。研究证明，鸽子能够从普通的照片中区分带有彩色的人像，即使这些人像姿态不同、穿着不同、在照片中所处部位不同，鸽子都能区别。这说明鸟类大脑具有较高的分析综合能力。

鸟类的间脑被大脑半球所掩盖，由上丘脑、丘脑、下丘脑构成。

丘脑含有较多与躯体运动有关的神经核、纤维束，是视觉和听觉的重要转运中枢，并对身体各部躯体神经起反应。破坏丘脑可引起全身屈肌紧张性升高。

下丘脑在调节鸟类生活活动的年周期——迁徙和生殖腺发育等方面起着重要的作用。禽类的下丘脑还有体温调节中枢和食物中枢(包括饱中枢和摄食中枢)。破坏腹内侧核的饱中枢，可引起鸡、鹅贪食和肥胖；反之，破坏外侧部的摄食中枢，会导致厌食，使禽体消瘦致死。

鸟类的中脑前接前脑，后接延髓，由视丘和大脑脚两部分组成。视丘与禽类的视觉反射活动密切相关，破坏视丘，则视觉丧失。眼是鸟类的主要定向器官。鸟类的眼睛具有双重调节能力，即不仅能改变晶体的形状以及晶体与角膜间的距离，还能改变角膜的曲度，这种调节方式可在瞬间把扁平的“远视眼”调整为“近视眼”，是飞翔生活中观察与定位必不可少的条件。例如，许多鸟类在高空能发现地面很小的目标，就是由于其眼睛具有这种双重调节能力。此外，中脑内的背外侧核还与听觉有关，是听觉的转运中枢。鸟类的听觉器官由中耳及内耳构成。其中，耳蜗甚为发达。实验证明，鸟类辨别声音的能力很强，夜间活动的鸟类对声音的反应超过对光的反应。

与哺乳动物比较，禽类的小脑只有一发达的小脑蚓部，两侧有一对小的小脑绒球，没有小脑半球。小脑中有控制躯体运动和平衡感觉的中枢，并有神经纤维与脊髓、延脑、中脑和前脑联系。全部切除小脑，可见禽类颈部和腿部肌肉发生痉挛，不能走路和飞翔；切除一侧，则同侧腿部僵直。

禽类的延脑发有良好，具有维持及调节呼吸运动、心血管活动等的生命中枢。延脑的前庭核除与外眼肌运动反射、维持和恢复头部及躯体的正常姿势有关外，还与迷路联系，通过头、翼、腿、尾的紧张性反射调节对空间方位的平衡。

9.7.2　脊髓

禽类脊髓与哺乳动物相比，颈部和腰荐部较长，胸部较短。脊髓的灰质内含有低级的神经中枢，如肌紧张反射中枢、屈肌反射中枢、排便反射中枢等，能参与调节完成一些低级的反射活动。

9.8　鱼类中枢神经系统功能特点

9.8.1　脊髓

鱼类的脊髓纵贯脊椎管的始末，形状和分化程度在不同鱼类有较大差异。圆口类的脊髓呈扁平带状，灰质部分尚未分化成明显的背角和腹角。板鳃类和真骨鱼类的脊髓呈椭圆柱形，背腹方向略扁平，灰质部分分化呈明显的背角和腹角，只是两背角尚未完全分开。脊髓是中枢神经系统的低级反射中枢，通过脊神经与周围器官发生机能联系，完成某些躯体运动和内脏活动的基本反射。例如，猫鲨在脊髓与脑的联系切断后仍能游泳，对其身体进行机械刺激，它会改变游速和方向。

9.8.2　延脑

延脑是鱼类的听觉、皮肤感觉、侧线器官、呼吸、心血管运动和食物反射的中枢。破坏鲤鱼或狗鱼延脑的左侧或右侧，会导致对侧鳃盖的呼吸运动停止；如果切断延脑中部，则两侧的鳃盖运动都会中止。延脑还是调节色素细胞作用的中枢，能使身体的色素细胞收缩，引起皮肤颜色变淡。

9.8.3　小脑

水生动物小脑的形状、大小和结构有较大差别。盲鳗没有小脑。七鳃鳗的小脑形状像一块简单的横板。板鳃类的小脑很发达，由小脑体两侧的小脑耳构成。硬骨鱼类的小脑一般可分为小脑体、小脑瓣和小脑后叶 3 部分。

鱼类的小脑既是身体平衡和肌肉运动的中枢，又具有调控视觉、听觉及其他感觉器官的功能。活泼、游泳力强的鱼类，如金枪鱼、鲨鱼、鲱和鳕等的小脑都较发达。比较迟钝、游泳力弱的鱼类，如海马、鮟鱇和鲽等的小脑都很小。切除小脑可使鱼类运动失调。例如，切除猫鲨一侧的小脑耳，鱼的前身便弯向施行手术的一侧，切除小脑耳部分越多，则身体弯曲的范围越大。由于持久弯曲，鱼就向施行手术方向做绕圈运动，说明同一侧肌肉紧张度增加。并且发现，完整无损的鲨鱼在水族箱中不会碰撞箱壁，可以躲避其前方的障碍物；而无小脑的鲨鱼却猛力地撞击箱壁或者障碍物，甚至由于撞击而使鼻部淤血。此外，切除金鱼、鲈鱼和狗鱼等真骨鱼类的小脑体，除出现平衡和行为上失调外，感觉机能也有变化。

9.8.4 中脑

圆口类、软骨鱼类和硬骨鱼类的中脑都较发达。在鱼类，中脑不仅是视觉中枢，而且是综合各部感觉的高级部位。鱼类的中脑较大，由腹面的基部(被盖)和背面的视顶盖组成。视顶盖的发达程度随种类而异，一般是真骨鱼类大于板鳃类。视顶盖是鱼类主要的初级视觉中枢。鱼类的视叶(中脑盖，optic tectum)有一定的再生能力。视叶被切除后，由位于视叶管室膜细胞区(它们铺衬第三脑室)的基质区衍生的细胞再生新的视叶。如果基质区受到破坏，视叶很难再生和恢复正常的细胞结构。

9.8.5 间脑

鱼类的间脑也包含上丘脑、丘脑和下丘脑3部分。上丘脑由松果体、松果旁体和缰核组成，除七鳃鳗等低等脊椎动物有明显的松果旁体外，大部分硬骨鱼类成熟时松果旁体便退化消失。松果体主要功能是对光的感受性和分泌褪黑激素。丘脑的发育较差，其大小因种类不同而不同。鱼类下丘脑较发达，能间接接受多种感觉神经纤维的输入，是嗅觉、味觉和其他一些感觉的调节中枢。实验证明，鱼类的下丘脑与生殖和摄食等机能的调节有重要关系。在下丘脑的许多神经核中，视前核和侧结核具有内分泌功能，能促进或抑制垂体释放各种激素，以调节生殖活动。视前核和侧结核的分泌细胞和它的分泌颗粒在数量上有季节性变化和年龄变化。

9.8.6 端脑和嗅叶

鱼类的端脑又称前脑，由嗅脑及大脑组成，其中，嗅脑由嗅球、嗅束及嗅叶3部分组成，与嗅觉器官有密切关系。嗅球是鱼类的初级嗅觉中枢。端脑是高级嗅觉整合中枢，并与味觉有关。

鱼类的端脑因分化程度较差，不具有大脑皮质，只有较发达的基底神经节。一般认为，端脑的背区接受高级感觉输入，行使学习、记忆、条件反射等高级机能。例如，切除端脑的罗非鱼建立条件反射的能力显著减弱。

基底神经节的许多神经细胞集中而形成纹状体，是鱼类高级运动中枢。硬骨鱼类的圆腹雅罗鱼在切去端脑以后，不再用鼻而用眼来探索食物，如果将依靠嗅觉来觅食的猫鲨的端脑切除，会导致其因为不能探索食物而无法生存。

端脑对鱼类的生殖行为起着重要作用，但具种属差异。双斑伴丽鱼(*Hemiihromis bimaculatus*)和五彩博鱼(*Betta splendens*)的端脑被切除后，其所有的生殖行为完全消失。但切除大头罗非鱼(*Tilapia macrocephala*)的端脑只使其特有的交配行为消失。完全切除斑剑尾鱼(*Xibophorus maculaus*)的端脑只使交配的频率降低。而整体摘除端脑的红鲹，其正常交配和攻击行为受到抑制。可见，端脑并不直接影响鱼类生殖行为形式的形成，而只起某些促进作用。

端脑还参与鱼类色觉(对外界环境颜色变化的感觉)、摄食行为、游泳运动、集群能力、对敌害和障碍物的回避等的协调和综合作用。将端脑和小脑同时切除，其损害的性质和程度往往和只切除小脑的结果一样，表明鱼类的端脑和小脑之间还没有建立起像高等脊椎动物所具有的那种功能上的联系。

(严亨秀)

复习思考题

1. 简述神经纤维传导兴奋的特征。
2. 简述突触传递的过程及特点。
3. 简述主要的神经递质、受体系统。
4. 简述突触抑制的类型及突触前抑制的机制。
5. 简述自主神经的结构和功能特点。
6. 比较特异性投射系统和非特异性投射系统。
7. 比较条件反射和非条件反射。

第 9 章

第 10 章

内分泌

本章导读

内分泌系统由动物体各内分泌腺和分布于全身各组织器官的内分泌细胞组成。它通过分泌高效能的化学信使——激素来实现其对机体新陈代谢、生长发育和生殖与行为等功能的调控。激素发挥作用是通过与靶细胞上的受体结合，启动靶细胞内一系列信号转导程序，引起该细胞固有的生物效应。激素的分泌活动受到严密的调控，除有自身的分泌规律外，还受神经和体液调节。下丘脑-垂体功能单位是内分泌系统的调控中枢。甲状腺和肾上腺的激素主要受下丘脑-腺垂体-靶腺轴的调节。调节糖代谢的激素，其分泌主要受血液中代谢产物水平的影响。调节钙磷代谢的激素分别作用于骨骼、肾脏和肠道，维持机体钙与磷的稳态。松果体、胸腺、前列腺、脂肪细胞产生的激素可参与机体多种生理功能的调节。此外，家禽还有鳃后腺，分泌的激素种类和作用与哺乳动物相似；硬骨鱼类还具有独特的内分泌腺体，如嗜铬组织与肾间组织、后鳃腺、斯坦尼斯小体、尾下垂体。

本章重点与难点

重点：激素的生理作用及其作用特征；下丘脑-垂体系统和各主要内分泌腺的功能。

难点：激素的细胞作用机制及激素分泌的调节。

10.1 内分泌与激素

内分泌(endocrine)是指内分泌细胞将所产生的激素直接分泌到体液中，以体液为媒介对靶细胞产生效应的一种分泌形式。内分泌细胞集中的腺体统称内分泌腺，内分泌腺的分泌活动不需要类似外分泌腺的导管结构，因此也称无管腺。内分泌系统是内分泌腺和散在于某些组织器官中的内分泌细胞的总称，与神经系统密切联系，相互配合，共同调节机体的各种功能活动，维持内环境稳态。不同之处在于神经系统通过神经递质作为中介传递信号，而内分泌系统通过激素进行调节，反应的发生相对比较迟缓，而作用的范围较广泛，持续的时间相对较长。

机体内主要的内分泌腺有脑垂体、甲状腺、甲状旁腺、肾上腺、胰岛、性腺、松果体和胸腺；消化道黏膜、心血管、肾、肺、皮肤、胎盘等部位均存在各种各样的内分泌细胞；此外，下丘脑存在兼有内分泌功能的神经细胞。

10.1.1 激素及其作用方式

10.1.1.1 激素的概念

经典的激素(hormone)是指由内分泌腺或散在的内分泌细胞所分泌，以体液为媒介，在细胞之间传递信息的一类生物活性物质。目前发现许多非内分泌细胞也能分泌化学信使物质，如神经细胞分泌的神经肽、组织细胞产生的前列腺素与生长因子、血管内皮细胞分泌的 NO 和内皮素，以及由免疫活性细胞释放的细胞因子等。这些物质与激素一起，在细胞间传递信息，调控生命基本活动，共享相同的细胞信号转导途径。

10.1.1.2　激素作用的方式

经典概念认为，激素主要通过内分泌方式经血液循环向靶细胞或靶器官传输信息，完成长距细胞通信。这种信息传递方式，也称远距分泌(telecrine)。现代研究发现，充当细胞远距通信不再是激素传递信息的唯一方式，还有神经内分泌、内在分泌(intracrine)、自分泌和旁分泌等细胞短距通信方式。有些激素由动物分泌到体外，在个体之间传递信息，引起接受者行为或发育过程的特异性反应，这类物质称为外激素(pheromone)或信息素。激素对机体的生命活动发挥调节作用的主要途径如图 10-1 所示。

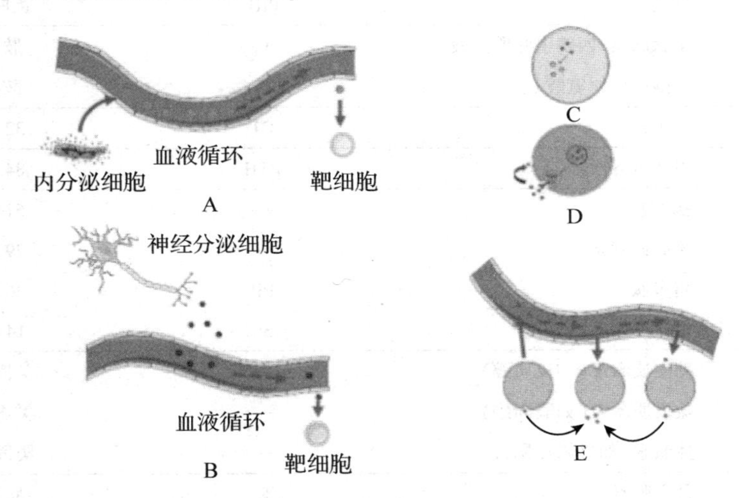

图 10-1　激素传递信息的主要作用途径

A. 远距分泌；B. 神经内分泌；C. 内在分泌；D. 自分泌；E. 旁分泌

10.1.1.3　激素的分类

激素的种类繁多，来源复杂，按其化学性质可分为含氮激素和脂类激素两大类(表 10-1)。

表 10-1　主要激素及其化学性质

主要来源	激素名称	缩写	化学性质
下丘脑	促甲状腺激素释放激素	TRH	3 肽
	促性腺激素释放激素	GnRH	10 肽
	生长激素释放抑制激素(生长抑素)	GHRIH(GHIH，SS)	14 肽
	生长激素释放激素	GHRH	44 肽
	促肾上腺皮质激素释放激素	CRH	41 肽
	促黑(素细胞)激素释放因子	MRF	肽类
	促黑(素细胞)激素释放抑制因子	MIF	肽类
	催乳素释放因子	PRF	肽类
	催乳素释放抑制因子	PIF	多巴胺(可能)
神经垂体释放	血管加压素(抗利尿激素)	VP(ADH)	9 肽
	催产素	OXT	9 肽

(续)

主要来源	激素名称	缩写	化学性质
腺垂体	促肾上腺皮质激素	ACTH	39肽
	促甲状腺激素	TSH	糖蛋白
	卵泡刺激素	FSH	糖蛋白
	黄体生成素(间质细胞刺激素)	LH(ICSH)	糖蛋白
	促黑(素细胞)激素	MSH	13肽
	生长激素	GH	蛋白质
	催乳素	PRL	蛋白质
甲状腺	甲状腺素/四碘甲腺原氨酸	T_4	胺类
	三碘甲腺原氨酸	T_3	胺类
甲状腺C细胞	降钙素	CT	32肽
甲状旁腺	甲状旁腺激素	PTH	84肽
胰岛	胰岛素	—	51肽
	胰高血糖素	—	29肽
	胰多肽	PP	36肽
	生长抑素	SS	14肽
肾上腺皮质	糖皮质激素(如皮质醇)	—	类固醇
	盐皮质激素(如醛固酮)	—	类固醇
	性激素(如雄烯二酮)	—	类固醇
肾上腺髓质	肾上腺素	E	胺类
	去甲肾上腺素	NE	胺类
睾丸间质细胞	睾酮	T	类固醇
睾丸支持细胞	抑制素	—	肽类
卵巢、胎盘	雌二醇	E_2	类固醇
	雌三醇	E_3	类固醇
	孕酮	P	类固醇
	卵泡抑制素	—	肽类
卵巢	松弛素	—	肽类
胎盘	人绒毛膜促性腺激素	hCG	糖蛋白
	孕马血清促性腺激素	PMSG	糖蛋白
消化道、脑	促胃液素	—	17肽
	胆囊收缩素	CCK	33肽
消化道	促胰液素	—	27肽
	胃动素	—	—
肝脏	胰岛素样生长因子(生长介素)	IGFs(SM)	70/67肽
肾脏	1,25-二羟维生素 D_3	—	固醇类
	促红细胞生成素	EPO	165肽

（续）

主要来源	激素名称	缩写	化学性质
心房	心房利尿钠肽	ANP	21、23 肽
松果体	褪黑素	MT	胺类
脂肪细胞	瘦素	—	肽类
肝脏、肾脏	血管紧张素	—	肽类
胸腺	胸腺激素	—	肽类
几乎体内所有细胞	前列腺素	PG	脂肪酸衍生物

(1)含氮激素

①胺类激素　主要为酪氨酸的衍生物，包括肾上腺素、去甲肾上腺素和甲状腺激素等。

②肽类激素　体内大多数激素属于肽类，主要有下丘脑调节肽、胰高血糖素、甲状旁腺激素、降钙素和胃肠激素等。

③蛋白质激素　主要有生长激素、胰岛素、催乳素、促甲状腺激素和促性腺激素等。

(2)脂类激素

①类固醇激素(steroid hormone)　合成的前体原料是胆固醇，故称类固醇激素，其基本结构为环戊烷多氢菲，类似汉字“甾”，故又称甾体激素。主要包括皮质醇、醛固酮、雌二醇、孕酮、睾酮和胆钙化醇。其中，胆钙化醇(cholecalciferol)即维生素 D_3，是由皮肤、肝脏和肾脏联合作用形成的胆固醇衍生物，其环戊烷多氢菲四环结构中的 B 环被打开，也称固醇激素(sterol hormone)，作用特征和方式与类固醇激素相似。

②脂肪酸衍生物　由花生四烯酸转化的前列腺素、血栓素类(thromboxanes，TX)和白细胞三烯(leukotrienes，LT)等物质的结构都是含 20 个碳原子的不饱和脂肪酸衍生物，体内几乎所有的细胞都能产生，也称组织激素，作为局部激素参与细胞活动的调节。

10.1.2　激素的细胞作用机制

激素通过与靶细胞相应受体结合，启动细胞内一系列信号转导程序，引起该细胞固有的生物效应。其作用机制按其受体存在的部位大致分两类，受体位于膜上的含氮激素作用机制以及受体位于胞内的类固醇激素作用机制。但在细胞膜上也发现存在有类固醇激素的膜受体，其结构和功能与相应的细胞内受体不同。

10.1.2.1　含氮激素作用机制——第二信使学说

细胞膜受体大致分为离子通道受体、G 蛋白耦联受体和酶耦联受体三大类。膜受体将激素作用的信息经胞内信号转导而产生生物学效应。第二信使学说是萨瑟兰(Sutherland)等于 1965 年提出来的。该学说认为：①激素是第一信使，可与靶细胞膜上具有立体构型的专一性受体结合。②激素与受体结合后，激活膜内侧的腺苷酸环化酶系统。③在 Mg^{2+} 存在的条件下，腺苷酸环化酶促使 ATP 转变为 cAMP，cAMP 作为第二信使，接收来自第一信使传递的信息。④cAMP 激活胞质中无活性的 cAMP 依赖性蛋白激酶，并催化细胞内磷酸化反应，引起靶细胞特定的生理效应(图 10-2)。但也有膜受体介导的反应过程中没有明确的第二信使产生。研究表明，cAMP 并不是唯一的第二信使，作为第二信使的化学物质还有 cGMP、三磷酸肌醇、二酰甘油、Ca^{2+} 等。

10.1.2.2　类固醇激素作用机制——基因表达学说

Jesen 和 Gorski 于 1968 年提出的基因表达学说(gene expression hypothesis)认为，类固醇激

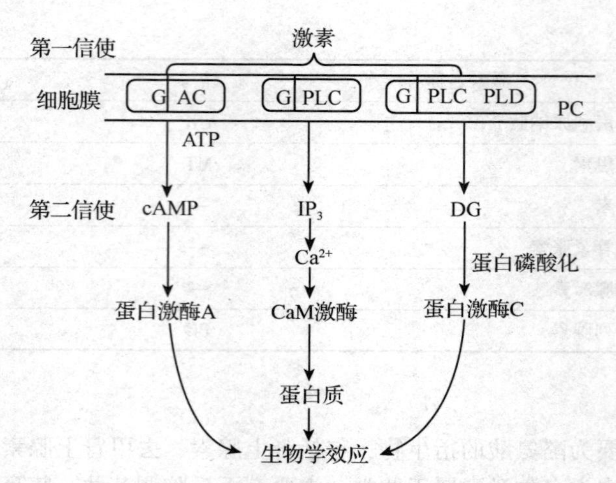

图 10-2 含氮激素作用机制示意图

G：G 蛋白；AC：腺苷酸环化酶；PLC：磷脂酶 C；PLD：磷脂酶 D；
PC：磷脂酰胆碱；IP_3：三磷酸肌醇；DG：二酰甘油；CaM：钙调蛋白

素的分子小，呈脂溶性，可透过细胞膜进入细胞，先与胞质受体结合形成激素-受体复合物，再进入细胞核，与核内受体结合，调控基因表达发挥生理效应。

二步作用机理的解释是：第一步激素与胞质受体结合，形成激素-胞质受体复合物，受体蛋白发生构型变化，从而获得进入核内的能力，由胞质转移至核内；第二步激素与核内受体相互结合，形成激素-核受体复合物，启动 DNA 的转录过程，生成新的 mRNA，诱导蛋白质合成，引起相应的生物学效应(图 10-3)。

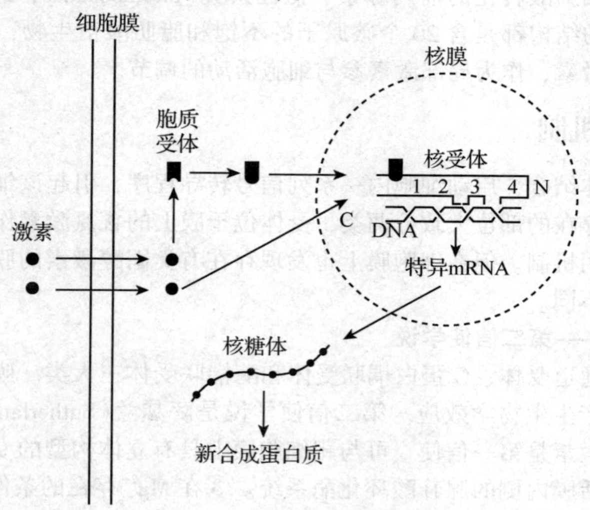

图 10-3 类固醇激素作用机制示意图

1. 激素结合结构域；2. 核定位信号结构域；3. DNA 结合结构域；4. 转录激活结构域

细胞内受体是指位于细胞内(胞质或核中)的受体。目前已知，即使受体位于胞质内，最终也将转入核内发挥作用，因此通常视为核受体(nuclear receptor)。核受体属于由激素调控的一大类转录因子，是一个超家族，种类繁多，可分为Ⅰ、Ⅱ两大类型。Ⅰ型核受体也称类固醇激素受体；Ⅱ型核受体包括甲状腺激素受体、维生素 D_3 受体等。核受体多为单肽链结构，含有共同的功能区段：①激素结合域，位于受体的 C 末端。②DNA 结合域。③转录激活结合域等功能区段。DNA 结合域中存在两段称为“锌指”的特异氨基酸序列片段，是介导激素-受体复合物与 DNA 特定部位相结合的结构。未与激素结合之前，受体的“锌指”被遮盖，受体与 DNA 的亲和力低。核受体需要活化后才能与激素结合，如多肽链的卷曲、折叠等能活化核受体，参与活化的蛋白质称为分子伴侣(molecular chaperones)，如热休克蛋白 90(heat shock protein 90，HSP90)、HSP70 等。核受体与激素结合后，热休克蛋白发生解离，核受体内的核转位信号暴露，激素-受体复合物便转入细胞核内，以二聚体的形式与核内靶基因上的特定片段，即激素反应元件(hormone response element，HRE)结合，通过调节靶基因转录以及所表达的产物引起细胞生物学效应。

激素作用所涉及的细胞信号转导机制十分复杂。实验证实，有些激素可通过多种机制发挥不同的作用。例如，类固醇激素既可通过核受体影响靶细胞 DNA 的转录过程，也可迅速调节神经细胞的兴奋性，后者显然是通过膜受体和离子通道所引起的快速反应(数分钟甚至数秒)，即类固醇激素的非基因组效应(non-genomic effect)。

10.1.3　激素的生理作用及其作用特征

10.1.3.1　激素的主要生理作用

(1)促进生长发育

激素可促进组织细胞的生长、增殖、分化和成熟，参与细胞凋亡等过程，确保并影响各系统器官的正常生长发育和功能活动。有些激素能促进特定器官的生长发育，如生长激素可促进骨骼生长，通过调节代谢影响组织器官的营养分配；性激素能促进生殖器官、副性器官的生长等。

(2)调节新陈代谢

多数激素都参与调节组织细胞的物质代谢和能量代谢，维持机体的营养和能量平衡，为机体的各种生命活动奠定基础。例如，胃肠激素等能调节消化道运动、消化腺的分泌和吸收活动；甲状腺激素、肾上腺皮质激素、胰岛激素等能调节糖类、蛋白质、脂类的代谢。

(3)维持内环境稳态

参与水盐代谢、体温、血压等调节过程，与神经系统、免疫系统协调互补，全面整合机体功能，适应环境变化。例如，血管升压素、醛固酮、皮质醇、降钙素等对体液离子组成和血容量进行调节的协同作用，以维持内环境稳态。

(4)调控生殖过程

从生殖细胞生成、成熟到射精、排卵、妊娠和泌乳等过程的各个环节，主要受生殖激素的调控。除生殖激素外，其余激素对正常的生殖活动起保障作用，如甲状腺激素。在缺碘地区，甲状腺机能受损，会出现死胎、弱仔、流产等现象。

(5)参与应激和免疫反应

糖皮质激素、肾上腺素、胸腺激素等对机体适应不良环境、抵御敌害、增强对感染和毒物的抵抗力有密切的关系。

10.1.3.2　激素作用的一般特征

(1)激素的信息传递作用

激素与靶细胞上相应的受体结合，将携带的信息传递给靶细胞，促进或抑制靶细胞内固有的生化反应，起着犹如信使传递信息的作用。

(2)激素的高效能生物放大作用

生理状态下，激素的浓度很低，常以pg/mL或ng/mL计量，但作用强大，具有高效性。激素与受体结合后，通过引发细胞内信号转导程序，逐级放大，产生效能极高的生物放大效应(图10-4)。

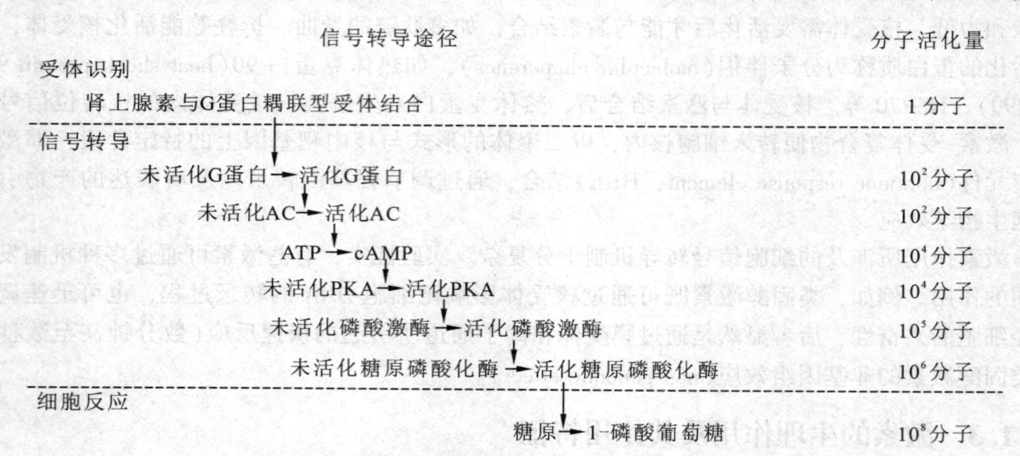

图10-4 激素(肾上腺素)的生物放大效能

AC：腺苷酸环化酶；ATP：三磷酸腺苷；cAMP：环磷酸腺苷；PKA：蛋白激酶A

(3)激素作用的特异性

激素在传递信息的过程中，虽然与各处的组织、细胞有广泛接触，但只作用于某些器官、组织和细胞，称为激素作用的特异性。被激素选择作用的器官、组织和细胞，分别称为靶器官、靶组织和靶细胞。激素专一作用的内分泌腺体，称为该激素的靶腺。激素作用的特异性与靶细胞上存在能与该激素发生特异性结合的受体有关。激素作用的特异性也不是绝对的，有些激素的化学结构类似，与受体的结合也有一定的交叉，如生长激素的化学结构与催乳素相似，生长激素也能与催乳素受体结合。

(4)激素间的相互作用

各种激素在发挥作用时，可以相互影响和联系，其机制比较复杂。激素间的相互作用可以发生在激素作用途径的各个环节。激素相互作用的形式包括如下几种。

①协同作用(synergistic action) 不同激素对某一生理功能具有相同的效应，及多种激素联合作用的效应等于或大于各激素单独作用所产生的效应之和，称为不同激素的协同作用。例如，生长激素、糖皮质激素、肾上腺素与胰高血糖素等具有协同升高血糖作用。

②拮抗作用(antagonistic action) 是指不同的激素对同一生理效应具有相反的调节作用。例如，胰岛素降低血糖，与生长激素、肾上腺素、糖皮质激素及胰高血糖素的升高血糖效应有拮抗作用。

③允许作用(permissiveness action) 是指某些激素虽然不能对靶器官、靶组织或靶细胞直接发挥作用，但它的存在却是另一种激素发挥作用的必要条件。例如，糖皮质激素本身对心肌和血管平滑肌并无直接增强收缩的作用，但只有当它存在时，儿茶酚胺类激素才能充分发挥调节心血管活动的作用。

④竞争作用(competitive action) 一些化学结构类似的激素能竞争同一受体的结合位点，如盐皮质激素(醛固酮)与孕激素在结构上有相似性，盐皮质激素和孕激素都可结合盐皮质激素受体，但盐皮质激素与盐皮质激素受体的亲和力远高于孕激素，因此盐皮质激素在较低浓度就可发挥作用。当孕激素的浓度较高时，可竞争结合盐皮质激素受体，而减弱盐皮质激素的作用。

10.1.4 激素分泌节律及分泌调控

激素是内分泌系统实现调节作用的基础，其分泌活动受到严密的调控。可因机体的需要适时、适量分泌，及时启动和终止。激素分泌有本身的分泌规律，如基础分泌、昼夜节律、脉冲式分泌等，并受神经和体液因素的调节(图 10-5)。

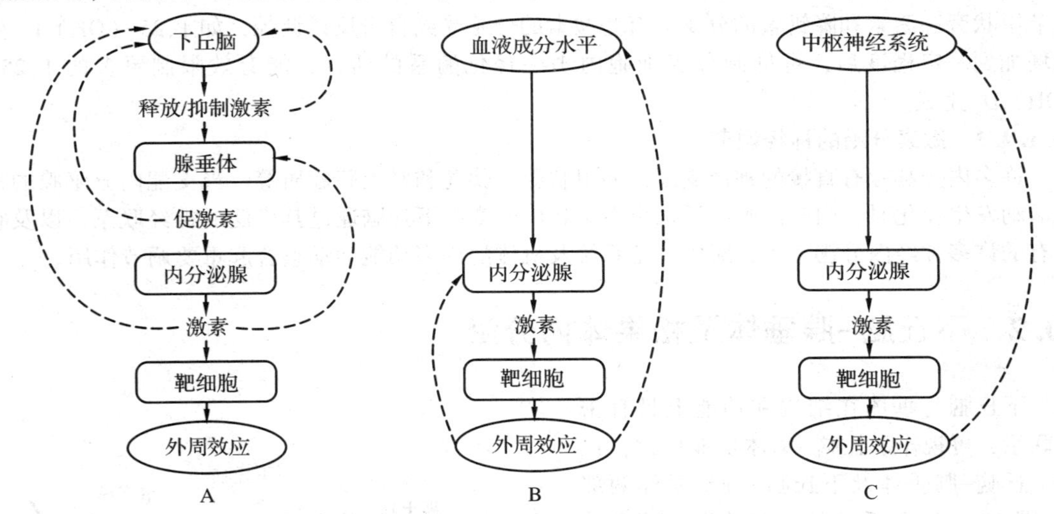

图 10-5 激素分泌的神经、体液性调节途径

A. 下丘脑-腺垂体-靶腺轴调节系统；B. 激素所致外周效应的调节；C. 神经性调节

——→促进作用；------→ 抑制作用

10.1.4.1 下丘脑-垂体-靶腺轴的调节

下丘脑-垂体-靶腺轴(hypothalunus-pituitary-target glands axis)调节系统是控制激素分泌稳态的调节环路，也是激素分泌相互影响的典型实例。一般而言，高位的激素对低位内分泌细胞活动具有促进性调节作用；而低位的激素对高位内分泌细胞活动多表现抑制性调节作用。在调节轴系中，分别形成长反馈(long-loop feedback)、短反馈(short-loop feedback)和超短反馈(ultrashort-loop feedback)等闭合的自动控制环路。长反馈是指在调节环路中终末靶腺或组织所分泌激素对高位腺体活动的反馈影响；短反馈是指腺垂体所分泌的激素对下丘脑分泌活动的反馈影响；超短反馈则是指下丘脑肽能神经元活动受其自身所分泌调节肽的影响。通过这种闭合式自动控制环路，能维持血液中各级激素水平的相对稳定，调节环路中任一环节障碍，都将破坏这一轴系激素分泌水平的稳态(表 10-2)。

表 10-2 下丘脑-垂体-靶腺轴激素的等级层次关系

下丘脑激素(一级)	缩写	腺垂体激素(二级)	缩写	靶腺激素(三级)
促甲状腺激素释放激素	TRH	促甲状腺激素	TSH	甲状腺激素(T_3、T_4)
促肾上腺皮质激素释放激素	CRH	促肾上腺皮质激素	ACTH	皮质醇
促性腺激素释放激素	GnRH	卵泡刺激素	FSH	雄激素、雌激素、孕激素
		黄体生成素	LH	
生长激素释放激素	GHRH	生长激素	GH	胰岛素样生长因子(IGFs)
生长激素释放抑制激素	GHIH			

10.1.4.2　激素分泌的反馈性调节

许多激素参与体内物质代谢过程的调节，而物质代谢引起血液中某些物质的变化又反过来调整相应激素的分泌水平，形成直接的反馈调节。例如，血液中葡萄糖水平升高可直接刺激胰岛素分泌，使血糖降低；血糖降低可反过来使胰岛素分泌减少，从而维持血糖水平的稳态。同样，血 K^+ 升高和血 Na^+ 降低可直接刺激肾上腺皮质球状带细胞分泌醛固酮；血 Ca^{2+} 的变化直接调节甲状旁腺激素和降钙素的分泌。有些激素的分泌受到自身反馈调控，如 1,25-$(OH)_2D_3$ 生成增加到一定程度后，可抑制分泌细胞内 1α-羟化酶系的活性，能有效限制更多的 1,25-$(OH)_2D_3$ 生成。

10.1.4.3　激素分泌的神经调节

许多内分泌腺有直接的神经支配，如甲状腺、胰岛和肾上腺髓质等。当支配内分泌腺的神经活动发生变化时，内分泌腺的活动也发生相应改变。下丘脑通过其广泛的神经联系，以及它含有的许多神经内分泌细胞，对内分泌系统及机体的许多功能活动整合起重要调节作用。

10.2　下丘脑-腺垂体及松果体内分泌

下丘脑与垂体在结构和功能上具有密切联系，可视作下丘脑-垂体功能单位，包括下丘脑-腺垂体及下丘脑-神经垂体两部分(图 10-6)。下丘脑的一些神经元兼有神经内分泌细胞的功能，可将来自中枢神经系统其他部位的神经活动电信号转变为激素分泌的化学信号，以下丘脑为枢纽协调神经调节与体液调节的关系。因此，下丘脑-垂体功能单位是内分泌系统的调控中枢。

10.2.1　下丘脑-腺垂体内分泌

下丘脑与神经垂体有直接的神经联系。下丘脑的视上核和室旁核的神经纤维下行到神经垂体，形成下丘脑-垂体束。下丘脑与腺垂体之间没有直接的神经联系，主要是通过垂体门脉系统发生功能联系。垂体前动脉进入下丘脑灰结节中央的正中隆起形成初级毛细血管网，然后汇合成数条门微静脉进入腺垂体，又二次分成次级毛细血管网最后汇合成输出静脉离开腺垂体。这种结构可经局部血流直接实现腺垂体与下丘脑之间的双向联络，而不再通过体循环。这种下丘脑与腺垂体之间独特的血管联系，称为下丘脑-垂体门脉系统(hypothalamic-hypophyseal portal system)。

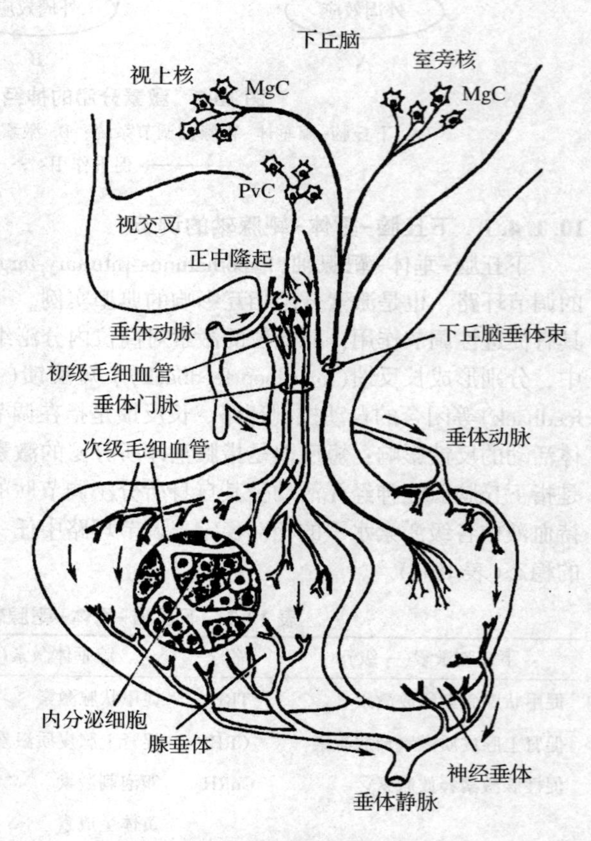

图 10-6　下丘脑-垂体功能结构关系

MgC：大细胞神经元；PvC：小细胞神经元

10.2.1.1　下丘脑调节肽及其调节

下丘脑促垂体区肽能神经元分泌的肽类激素，主要作用是调节腺垂体的活动，因此称为下丘脑调节肽(hypothalamic regulatory peptide，HRP)。迄今已发现的 HRP 有 9 种，其化学性质和主要作用见表 10-3 所列。

表 10-3　下丘脑调节肽的化学性质和主要作用

下丘脑调节肽	缩写	结构	主要作用
促甲状腺激素释放激素	TRH	3 肽	促进腺垂体 TSH 和 PRL 分泌
促性腺激素释放激素	GnRH	10 肽	促进腺垂体 LH 和 FSH 分泌
生长激素释放抑制激素(生长抑素)	GHIH(SS)	14 肽	抑制 GH 以及 LH、FSH、TSH、PRL、ACTH 的分泌
生长激素释放激素	GHRH	44 肽	促进腺垂体 GH 分泌
促肾上腺皮质激素释放激素	CRH	41 肽	促进腺垂体 ACTH 分泌
促黑(素细胞)激素释放因子	MRF	肽	促进腺垂体 MSH 分泌
促黑(素细胞)激素释放抑制因子	MIF	肽	抑制腺垂体 MSH 分泌
催乳素释放因子	PRF	肽	促进腺垂体 PRL 分泌
催乳素释放抑制因子	PIF	多巴胺(可能)	抑制腺垂体 PRL 分泌

下丘脑肽能神经元的活动受高位中枢和外周传入信息的影响。影响肽能神经元活动的神经递质种类和分布较为复杂，大体可分为两大类，一类是肽类物质，如脑啡肽、β-内啡肽、血管活性肠肽、P 物质、神经降压素和胆囊收缩素等；另一类是单胺类递质，主要有多巴胺、去甲肾上腺素和 5-羟色胺。例如，β-内啡肽和脑啡肽可抑制 CRH 和 GnRH 的释放，但可促进 TRH 和 GHRH 的释放。单胺类递质对 HRP 分泌的调节作用复杂，例如，单胺能神经元可直接或间接调节下丘脑肽能神经元的活动，3 种单胺类递质对某些 HRP 分泌的作用也有明显区别(表 10-4)。此外，血液中代谢产物水平的变化也可直接影响下丘脑激素的释放，如血糖水平升高可促进 GHIH 分泌和抑制 GHRH 分泌。

表 10-4　3 种单胺类递质对下丘脑调节肽和相关激素分泌的影响

单胺类递质	TRH	GnRH	GHRH	CRH	PRF
去甲肾上腺素	↑	↑	↑	↓	↓
多巴胺	↓	↓/(-)	↑	↓	↓
5-羟色胺	↓	↓	↑	↑	↑

注：↑分泌加强；↓分泌减弱；(-)不变。

10.2.1.2　腺垂体内分泌

(1)腺垂体激素

在腺垂体分泌的激素中，TSH、ACTH、FSH 与 LH 均有各自的靶腺，与下丘脑分别形成：①下丘脑-腺垂体-甲状腺轴；②下丘脑-腺垂体-肾上腺皮质轴；③下丘脑-腺垂体-性腺轴。而 GH、PRL 与 MSH 则不通过靶腺，分别直接调节机体生长、乳腺发育与泌乳、黑素细胞活动等。所以，腺垂体激素的作用极为广泛而复杂。其化学性质和主要作用见表 10-5 所列。

表 10-5 腺垂体激素的化学性质和主要作用

腺垂体激素	缩写	化学	主要作用
促甲状腺激素	TSH	糖蛋白	促进甲状腺的生长发育及激素合成与释放
卵泡刺激素	FSH	糖蛋白	促进卵泡、精子的生长发育及成熟，促进颗粒细胞分泌雌激素
黄体生成素	LH	糖蛋白	促进卵泡、精子的生长发育、成熟及排卵，刺激睾丸间质细胞分泌睾酮
促肾上腺皮质激素	ACTH	39 肽	促进肾上腺皮质的生长发育及糖皮质激素合成与分泌
生长激素	GH	蛋白质	促进生长发育和物质代谢
催乳素	PRL	蛋白质	促进哺乳动物乳腺生长，发动和维持泌乳
促黑(素细胞)激素	MSH	13 肽	刺激黑色素细胞内黑色素的生成和扩散

(2)腺垂体激素的生物学作用

①生长激素(growth hormone，GH) GH 是一种单链蛋白质激素，有种属特异性。GH 可促进生长发育和物质代谢，对机体各器官组织产生广泛影响，尤其对骨骼、肌肉和内脏器官的作用更为显著，故把 GH 也称躯体刺激素(somatotropin)。此外，GH 还是机体重要的应激激素之一，参与机体的应激反应。

GH 主要促进骨、软骨、肌肉和其他组织细胞的分裂增殖和蛋白质合成，从而加速骨骼和肌肉的生长发育。实验证明，幼年动物摘除垂体后，生长停滞；但若及时补充 GH，可使之恢复生长发育。人的 GH 为 199 肽，幼年时期 GH 分泌不足，会患侏儒症(dwarfism)；而幼年时期 GH 过多则会患巨人症(gigantism)。成年期若 GH 分泌过多，由于骨骺已闭合，长骨不再生长，但肢端的短骨、颅骨和软组织可出现异常生长，表现为手足粗大、鼻大唇厚、下颌突出和肝肾增大等现象，称为肢端肥大症(acromegaly)。

GH 对物质代谢具有广泛的作用。GH 促进蛋白质代谢，总效应是合成大于分解，特别是促进肝外组织的蛋白质合成；GH 可促进氨基酸进入细胞，增强 DNA、RNA 的合成，减少尿氮。同时，GH 可使机体的能量来源由糖代谢向脂肪代谢转移，有助于促进生长发育和组织修复。GH 可激活对激素敏感的脂肪酶，促进脂肪分解，增强脂肪酸的氧化分解，提供能量。GH 还可抑制外周组织摄取和利用葡萄糖，减少葡萄糖的消耗，升高血糖水平。GH 分泌过多时，可因血糖升高而引起糖尿。

GH 的部分效应可通过肽类物质胰岛素样生长因子(insulin-like growth factor，IGF)间接实现。IGF 由 GH 诱导靶细胞(如肝细胞等)而产生，具有促生长的作用，因其化学结构和功能与胰岛素相似，故名 IGF，也曾称生长素介质(somatomedin，SM)。IGF 的主要作用是促进软骨生长，除促进钙、磷、钠、钾、硫等多种元素进入软骨组织外，还能促进氨基酸进入软骨细胞，增强 DNA、RNA 和蛋白质的合成，促进软骨组织增殖和骨化，使长骨加长。

生长激素的分泌受多种因素的调节。GH 的分泌受下丘脑 GHRH 与 GHIH 的双重调节(图 10-7)。实验中若将大鼠的垂体柄切断，以消除下丘脑 GHRH 和 GHIH 对腺垂体 GH 分泌的调节作用，或将腺垂体进行离体培养，则垂体分泌 GH 的量迅速减少，说明在整体条件下 GHRH 的作用占优势。一般认为，GHRH 对 GH 的分泌起经常性的调节作用，而 GHIH 则主要在应激等刺激引起 GH 分泌过多时才对 GH 分泌起抑制作用。分泌 GHRH 的神经元主要位于下丘脑弓状核，产生 GHIH 的神经元主要分布于下丘脑室周区和弓状核等，这些核团之间有广泛的突触联系，形成复杂的神经环路，通过多种神经肽或递质相互促进与制约，共同调节 GH 的分泌。

GH 与其他垂体激素一样，也可对下丘脑和腺垂体产生负反馈调节作用。摘除大鼠垂体后，血中 GH 浓度降低，而下丘脑内 GHRH 的含量却有所增加。IGF 可通过下丘脑和垂体两个水平对 GH 分泌进行负反馈调节。血中的 IGF 可对 GH 分泌有负反馈调节作用。IGF 能刺激下丘脑释放 GHRIH，从而抑制 GH 的分泌。IGF 还能直接抑制培养的腺垂体细胞 GH 的基础分泌和 GHRH 刺激的 GH 分泌。

睡眠和代谢产物也能影响 GH 分泌。觉醒状态下，GH 分泌少，睡眠时 GH 分泌增加；血液中糖、氨基酸与脂肪酸均能影响 GH 的分泌，低血糖对 GH 分泌的刺激作用最强。血液中氨基酸与脂肪酸增多可引起 GH 分泌增加，有利于机体对这些物质的代谢与利用。胃黏膜和下丘脑等处可生成类似 GHRH 作用的生长激素释放肽，促进 GH 的分泌，增强食欲，参与机体能量平衡的调节。

②催乳素（prolactin，PRL）　PRL 是一种单链蛋白质，结构上与 GH 相似。PRL 的主要作用是促进哺乳动物乳腺发育、发动和维持泌乳。另外，PRL 能促进黄体形成并分泌孕激素，大剂量 PRL 能使黄体发生溶解；PRL 可以促进雄性动物前列腺及精囊腺的生长，增强 LH 对间质细胞的作用，使睾酮的合成增加；PRL 参与应激反应，在应激状态下，血中 PRL 浓度升高，与 ACTH 及 GH 一样，是应激中腺垂体分泌的三大激素之一；PRL 调节免疫功能，许多免疫细胞都有 PRL 受体分布，PRL 可协同一些细胞因子共同促进淋巴细胞的增殖，直接或间接促进 B 淋巴细胞分泌 IgM 和 IgG。同时，T 淋巴细胞和胸腺淋巴细胞等可产生 PRL，以旁分泌或自分泌方式发挥作用。此外，PRL 也参与生长发育和物质代谢的调节。

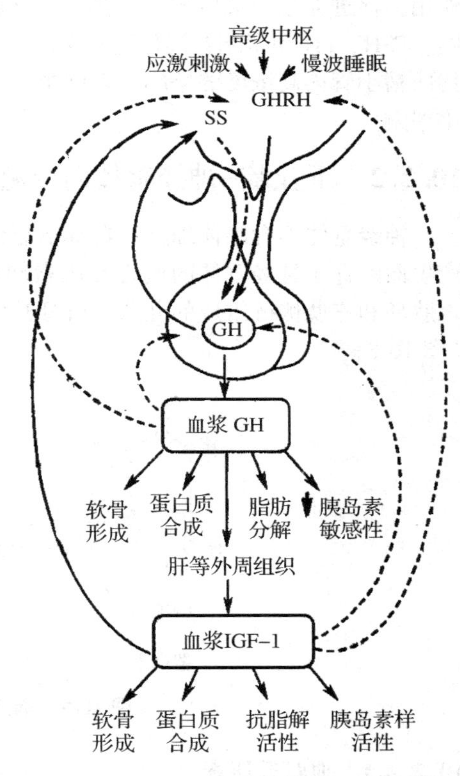

图 10-7　生长激素的作用与分泌的调节

GH：生长激素；SS：生长抑素；GHRH：生长激素释放激素；IGF-1：胰岛素样生长因子-1

——→兴奋作用；------→抑制作用

PRL 的分泌受下丘脑 PRF 与 PIF 的双重调节，前者促进 PRL 分泌，后者抑制其分泌，平时以 PIF 的抑制作用为主，因为切断垂体柄可使血中 PRL 水平升高。现在认为 PIF 主要为多巴胺，血中 PRL 升高可易化下丘脑多巴胺能神经元，多巴胺又可直接抑制下丘脑 GnRH 和腺垂体 PRL 的分泌，降低血中 PRL 水平，产生负反馈调节作用。生长抑素、γ-氨基丁酸等也具有抑制 PRL 分泌的作用。妊娠期间，血液中 PRL 水平显著升高，直至分娩后下降，可能与大量雌激素对腺垂体 PRL 细胞的正反馈作用有关。TRH 对刺激 PRL 分泌有很强的效应。此外，VIP、5-HT、内源性阿片肽等都具有促进 PRL 分泌的作用，而甲状腺激素则抑制 PRL 基因表达。

③促黑激素（melanophore stimulating hormone，MSH）　MSH 由垂体中叶阿黑皮素原（proopiomelanocortin，POMC）生成。MSH 的主要生理作用是促进黑色素细胞中酪氨酸酶的激活和合成，催化酪氨酸转变为黑色素，同时使黑色素颗粒在细胞内扩散，导致皮肤和毛发颜色加深，使低等脊椎动物皮肤变色以适应环境变化。MSH 还可能参与 GH、CRH、LH、胰岛素和醛固酮

等激素分泌的调节，并可抑制摄食行为。MSH的分泌主要受下丘脑MIF和MRF的双重调节，平时MIF的抑制作用占优势。血中MSH浓度升高可通过负反馈方式抑制腺垂体MSH的分泌。

④促激素　包括促甲状腺激素(thyroid stimulating hormone，TSH)、促肾上腺皮质激素(adrenocorticotropic hormone，ACTH)、卵泡刺激素(follicle-stimulating hormone，FSH)和黄体生成素(luteinizing hormone，LH)，其中TSH、FSH和LH均为双链糖蛋白，三者都有一条相同的α链，激素的特异性取决于β链。TSH的生理作用是促进甲状腺的生长和合成并释放甲状腺激素。ACTH由39个氨基酸残基组成的多肽，主要生理作用是促进肾上腺皮质增生及糖皮质激素的合成和释放，对醛固酮分泌无影响。但在鸟类，醛固酮的分泌需要ACTH，在应激等情况下，ACTH能促进醛固酮分泌。ACTH由POMC经酶分解而来，也具有促黑素细胞产生黑色素的作用。FSH和LH统称促性腺激素(gonadotrpic hormone，GTH)。在雌性动物，FSH作用于卵巢的卵泡，促进卵泡生长发育和颗粒细胞增殖，使卵泡分泌卵泡液，产生雌激素，与LH共同作用，促进卵泡的最后成熟并排卵，排卵后，LH促进卵泡形成黄体，产生孕激素；在雄性动物，FSH、LH和睾酮共同促进精子的生成，FSH促进支持细胞分泌雄激素结合蛋白，而后维持曲精小管内高浓度的睾酮，以刺激生精细胞的成熟分裂，LH刺激睾丸间质细胞，使它们分泌睾酮。

10.2.2　下丘脑-神经垂体内分泌

神经垂体不含腺体细胞，自身不能合成激素。神经垂体激素是指在下丘脑视上核、室旁核产生而贮存于神经垂体的血管升压素和催产素(oxytocin，OXT)，它们的化学结构都是由一个六肽环和三肽侧链组成的九肽，血管升压素与OXT只是第3位与第8位的氨基酸残基有所不同(图10-8)。

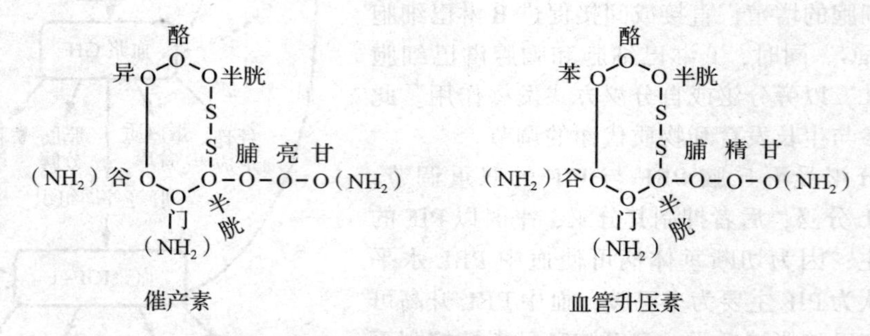

图10-8　催产素与血管升压素的化学结构

10.2.2.1　血管升压素

(1)生理作用

血管升压素的生理浓度很低，几乎没有收缩血管而致血压升高的作用，对正常血压调节没有重要性，但在失血情况下，由于血管升压素释放较多，对维持血压有一定的作用。血管升压素也称抗利尿激素(ADH)，抗利尿作用却十分明显，主要促进远曲小管和集合管对水的重吸收，使尿液减少，起到抗利尿作用。此外，血管升压素还有增强记忆、调制疼痛等作用。

(2)分泌调节

ADH分泌主要受来自渗透压感受系统和血液容量感受系统的反射性调节。

①晶体渗透压的调节　在下丘脑的视上核及其周围区域有渗透压感受器，对血浆晶体渗透压的改变非常敏感。机体失水过多(如出汗、呕吐、腹泻)，血浆晶体渗透压升高，对渗透压

感受器的刺激增强，可使抗利尿激素释放量增多，促进远曲小管和集合管对水的重吸收，尿量减少，保留体内水分，有利于血浆晶体渗透压的恢复。反之，大量饮入清水后，因血液被稀释，血浆晶体渗透压下降，对晶体渗透压感受器的刺激减弱，引起ADH合成、释放量减少，肾小管和集合管对水的重吸收减少，尿液稀释，尿量增多，从而排出体内多余的水分。

②循环血量的调节　高等脊椎动物的循环血量改变时，能通过心房(特别是左心房)内膜下和胸腔大静脉处存在的容量感受器(牵张感受器)反射性地影响ADH的释放。在鱼类的第三鳃动脉和腹主动脉交界处也有这样的容量感受器。当血量增加时，容量感受器受到刺激而兴奋，反射性抑制ADH的释放，肾小管和集合管对水的重吸收减少，从而引起利尿，排出过剩的水分，使血量恢复正常。反之，失血导致循环血量减少时，ADH释放量增多，使远曲小管和集合管对水的重吸收增强，尿量减少，有利于血量恢复。

10.2.2.2 催产素

催产素(oxytocin，OXT)的化学结构与ADH相似，生理作用也有一定交叉。

(1)生理作用

OXT的主要生理作用是在分娩时刺激子宫收缩和在哺乳期促进乳汁排出。OXT可促进子宫收缩，但其作用与子宫的功能状态有关。OXT对非孕子宫的作用较弱，而对妊娠子宫的作用则较强。孕激素能降低子宫平滑肌对OXT的敏感性，而雌激素则可发挥其允许作用，促进OXT与相应受体结合，增加子宫平滑肌对OXT的敏感性。此外，OXT对神经内分泌、学习记忆、痛觉调制、体温调节等生理功能也有一定的影响。

(2)分泌调节

OXT分泌属于神经-内分泌调节。吮吸乳头的刺激可使下丘脑室旁核OXT神经元兴奋，引起OXT释放，促进乳汁分泌与排出，加速产后子宫的复原。此外，性交时阴道和子宫颈受到的机械性刺激也可反射性引起OXT分泌和子宫肌收缩，有利于精子在雌性生殖道内运行。

10.2.3 松果体内分泌

松果体也称松果腺，位于丘脑后上部，因形似松果而得名。松果体主要合成吲哚类和肽类激素，前者的代表是褪黑素，后者的代表则为8-精催产素(8-arginine vasotocin，AVT)。

(1)褪黑素

褪黑素(melatonin，MT)因可使两栖动物皮肤的黑色素聚集、肤色变浅而得名，其化学结构为5-甲氧基-*N*-乙酰色胺，属吲哚衍生物，由色氨酸转化而成。MT对神经系统影响广泛，主要有镇静、催眠、镇痛、抗惊厥、抗抑郁等作用。MT能抑制下丘脑-腺垂体-性腺轴与下丘脑-腺垂体-甲状腺轴活动，特别是对性腺轴的作用更明显。MT对性腺发育、性腺激素分泌和生殖周期活动调节的作用与性激素相反。MT还参与机体的免疫调节、生物节律的调整等。此外，也可影响心血管、肾、肺、胃肠等功能。

视交叉上核是控制MT分泌的中枢。光照刺激通过视网膜与松果体之间的神经通路，可引起MT分泌，使机体自身的生物节律与自然环境的昼夜节律趋于同步化。黑暗条件下MT分泌增加，光照刺激下MT分泌减少。

(2)肽类激素

松果体能合成GnRH、TRH及AVT等肽类激素。在多种哺乳动物(鼠、牛、羊、猪等)的松果体内GnRH比同种动物下丘脑所含的GnRH高4~10倍。AVT分别通过抑制下丘脑GnRH和腺垂体促性腺激素的合成和释放，抑制生殖系统活动，包括抑制动物的排卵活动等。

10.3 甲状腺内分泌

甲状腺是体内最大的内分泌腺，分左、右两叶，中间以峡部相连。硬骨鱼类、两栖类和鸟类通常是一对，哺乳类为一对或一个(猪)。

10.3.1 甲状腺激素的合成和代谢

甲状腺激素(thyroid hormone，TH)主要有甲状腺素(3,5,3′,5′-四碘甲腺原氨酸，简称 T_4)和三碘甲腺原氨酸(3,5,3′-三碘甲腺原氨酸，简称 T_3)两种，它们都是酪氨酸碘化物(图 10-9)。另外，甲状腺也可合成极少量的逆-三碘甲腺原氨酸(rT_3)，它的生物活性很低。

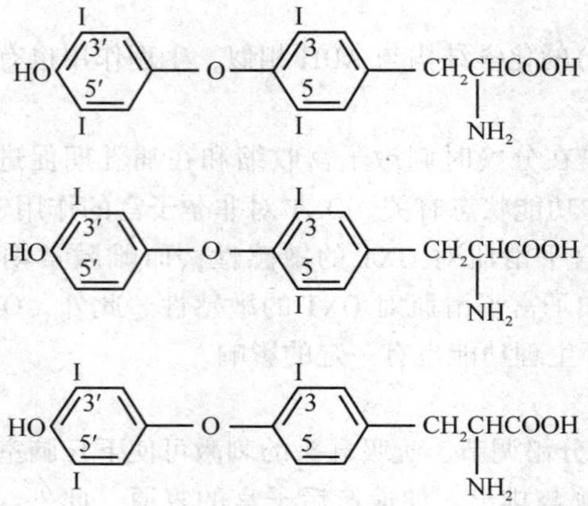

图 10-9 甲状腺激素的化学结构

10.3.1.1 甲状腺激素的合成

甲状腺激素合成的必需原料有碘和甲状腺球蛋白，甲状腺激素的合成过程包括4步(图 10-10)。

(1)腺泡聚碘

甲状腺腺泡有很强的聚碘能力。由肠道吸收的碘，以 I^- 的形式存在于血液中，浓度为 250 μg/L，而甲状腺内 I^- 的浓度却比血液高 20~25 倍。由于甲状腺上皮细胞的静息电位为 -50 mV，因此其摄取碘的过程是逆电-化学梯度的主动转运过程。由位于滤泡上皮细胞基底膜的钠-碘同向转运体(sodium-iodide symporter)，借助钠泵所提供的能量，I^- 与 Na^+ 以 1∶2 的比例同向主动转运。某些化学物质能阻碍聚碘作用而抑制甲状腺功能，如抑制 ATP 酶的哇巴因和能与 I^- 竞争钠-碘共转运体的过氯酸根和硫氰酸根等。

(2) I^- 的活化

I^- 的活化是指摄入腺泡细胞的 I^- 经甲状腺过氧化物酶(thyroid peroxidase，TPO)氧化成 I_2(I^0 或 I_3)或与氧化酶形成某种复合物的过程。活化的部位在腺泡上皮细胞顶端质膜微绒毛与腺泡腔交界处，这里富含 TPO。

(3)酪氨酸的碘化

酪氨酸的碘化(iodination)是活化碘取代酪氨酸残基苯环上氢离子的过程。在甲状腺过氧化物酶的催化下，甲状腺球蛋白(thyroglobulin，TG)上的酪氨酸残基被碘化，生成一碘酪氨酸(monoiodotyrosine，MIT)残基和二碘酪氨酸(diiodotyrosine，DIT)残基。

(4)碘化酪氨酸的缩合

碘化酪氨酸的缩合是指生成的MIT和DIT分子或者两个DIT分子，在TPO催化下，分别耦联成T_3和T_4，还能合成极少量的rT_3。

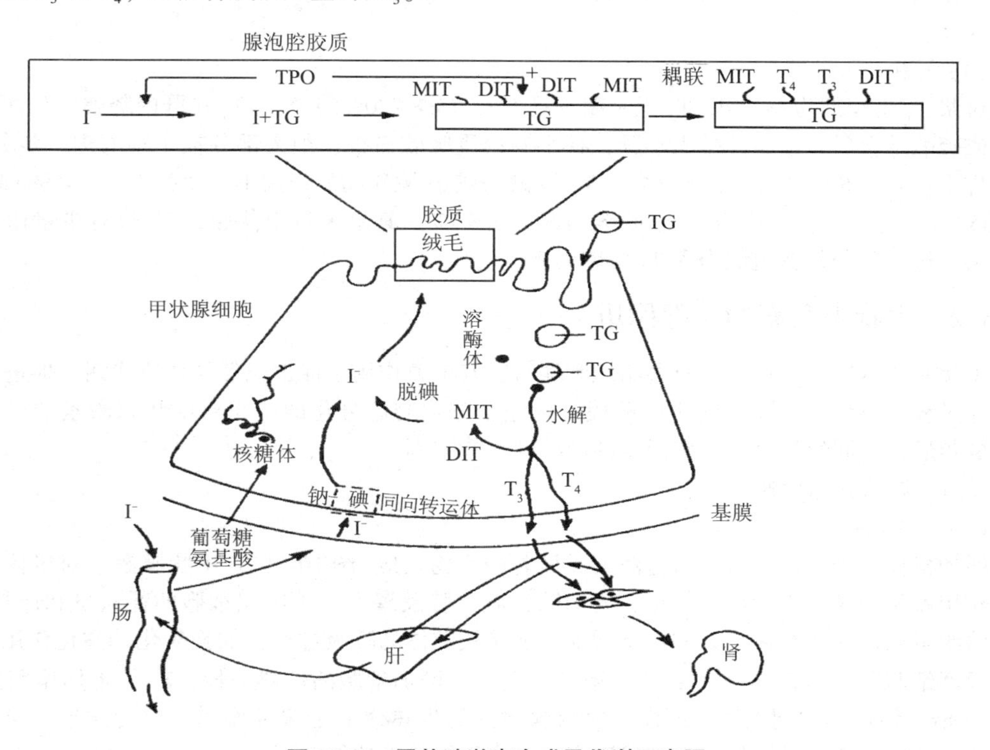

图10-10 甲状腺激素合成及代谢示意图

10.3.1.2 甲状腺激素的贮存、释放、运输和代谢

(1)贮存

在甲状腺球蛋白上形成的甲状腺激素，在腺泡腔内以胶质的形式贮存。甲状腺激素的贮存有两个特点：一是贮存于细胞外(腺泡腔内)；二是贮存量很大。

(2)释放

当甲状腺受到TSH刺激后，腺泡细胞顶端的微绒毛伸出伪足，将含有T_4、T_3及其他多种碘化酪氨酸残基的甲状腺球蛋白胶质小滴通过胞饮作用摄入腺细胞内，随即与溶酶体融合形成吞噬体，并被溶酶体蛋白水解酶水解，生成T_4、T_3及MIT和DIT。TG分子较大，不易进入血液循环。MIT和DIT分子较小，在脱碘酶作用下很快脱碘，脱下来的碘大部分贮存在甲状腺内，供重新利用合成激素，另一小部分从腺泡上皮细胞释放出来，进入血液。T_4和T_3对腺泡上皮细胞内的脱碘酶不敏感，可迅速进入血液。此外，尚有微量的rT_3、MIT和DIT也可从甲状腺释放入血。脱掉T_4、T_3、MIT和DIT的TG则在溶酶体被降解。甲状腺激素中T_4量约占总量的90%以上，但T_3的生物活性比T_4约大5倍。

(3)运输

T_4与T_3释放入血之后，以两种形式在血液中运输，一种是与血浆蛋白结合，另一种则呈游离状态。结合型和游离型之间可以相互转化，并保持动态平衡。游离的甲状腺激素在血液中含量甚少，但是只有游离型激素才具有生物学活性，才能进入细胞发挥作用。能与甲状腺激素结合的血浆蛋白有3种：甲状腺素结合球蛋白(thyroxine-binding globulin，TBG)、甲状腺素结合前白蛋白(thyroxine-binding prealbumin，TBPA)与白蛋白。它们可与 T_4 和 T_3 发生不同程度的结合。血液中99.8%的 T_4 与蛋白质结合，T_3 与各种蛋白的亲和力小得多，所以 T_3 主要以游离形式存在。

(4)代谢

血浆 T_4 半衰期为6~7 d，T_3 半衰期不足1 d，15%~20%的 T_4 与 T_3 在肝内降解，与葡萄糖醛酸或硫酸结合后，经胆汁排入小肠，在小肠内重吸收极少，绝大部分被小肠液进一步分解，随粪排出。其余80%的 T_4 在外周组织5′-脱碘酶或5-脱碘酶的作用下，变为 T_3(占45%)或 rT_3(占55%)。T_3 主要由外周组织 T_4 脱碘而来，占75%，其余来自甲状腺；rT_3 仅有少量由甲状腺分泌，绝大部分是在组织内由 T_4 脱碘而来。

10.3.2 甲状腺激素的生理作用

甲状腺激素广泛作用于全身各组织和器官，其主要作用是促进能量与物质代谢，促进生长和发育过程。机体生长发育的不同阶段，未完全分化与已分化的组织对甲状腺激素的反应不同，成年后，不同组织对甲状腺激素的敏感性也有差别。

10.3.2.1 调节新陈代谢

(1)产热效应

增加机体基础代谢率是甲状腺激素最显著的生物效应(图10-11)。甲状腺激素对机体最明显的作用就是加速体内物质的氧化，增加除大脑、脾及睾丸以外组织细胞的耗氧量和产热量。甲状腺激素可促使线粒体增大和数量增加，加速线粒体的呼吸过程，加强氧化磷酸化作用。T_3 还可提高细胞膜上 Na^+-K^+-ATP 酶的浓度和活性，增加细胞的产热消耗，T_3 的生热作用比 T_4 大3~5倍，但持续时间较短。所以，甲状腺激素的生热效应是多种作用综合的结果。当甲状腺功能亢进时，产热量增加，基础代谢率升高；而甲状腺功能低下时，产热量减少，基础代谢率降低。

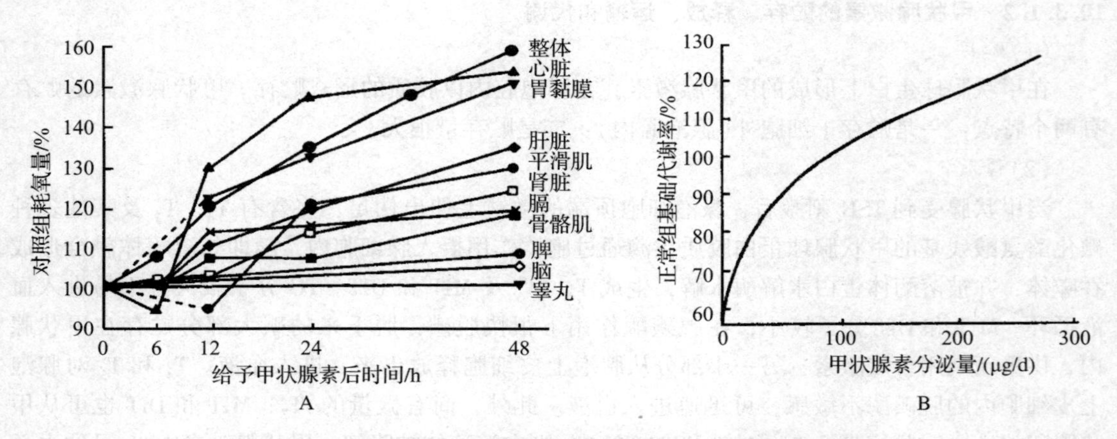

图10-11 甲状腺素对各种组织耗氧量和基础代谢率的影响

A. 给去甲状腺大鼠大剂量甲状腺素后，各组织耗氧量的变化；B. 甲状腺激素分泌量与基础代谢率的关系

(2)对物质代谢的影响

甲状腺激素对机体代谢活动的影响十分复杂。生理水平的甲状腺激素对蛋白质、糖类、脂肪的合成和分解代谢均有促进作用，而大量的甲状腺激素促进分解代谢的作用更明显。

①蛋白质代谢 生理剂量的甲状腺激素促进蛋白质的合成，尿氮减少。甲状腺激素分泌不足时，组织细胞内蛋白质合成减少。甲状腺激素分泌过多时，促进蛋白质的分解，特别是加速骨骼肌蛋白质的分解，使肌酐含量降低，肌肉无力，尿素含量增加，并可促进骨中蛋白质分解，导致血钙升高和骨质疏松，氮的排出量增加。

②糖代谢 甲状腺激素通过影响糖代谢相关酶的活性，参与调控糖代谢的所有环节。其作用呈双向性。一方面，甲状腺激素能促进小肠黏膜对糖的吸收，增强肝糖原分解，抑制糖原合成，并可增强肾上腺素、胰高血糖素、皮质醇和生长激素的升血糖作用；另一方面，增加胰岛素分泌，促进外周组织对糖的利用，而使血糖降低。甲状腺功能亢进时，患者进食后血糖迅速升高，甚至出现糖尿，随后血糖快速下降。

③脂类代谢 甲状腺激素能促进脂肪酸氧化，增强儿茶酚胺和胰高血糖素对脂肪的分解作用。T_4 与 T_3 对胆固醇的作用有双重性，一般分解作用大于合成作用。

④水和离子转运 甲状腺激素对毛细血管正常通透性的维持和细胞内液的更新有重要作用。甲状腺功能低下时，患者的毛细血管通透性明显增大，细胞外液发生 Na^+、Cl^- 和水的潴留，同时有大量黏蛋白沉积而表现黏液性水肿，补充甲状腺激素后水肿可消除。正常机体给予甲状腺激素后，也引起利尿效应而过多排出水分。幼畜给予甲状腺激素后，能引起 Ca^{2+} 的潴留。甲状腺功能亢进时，可引起钙、磷代谢紊乱。

10.3.2.2 调节生长发育

甲状腺激素具有促进组织分化、生长与发育成熟的作用。切除甲状腺的蝌蚪，生长与发育停滞，不能变态成蛙，若及时给予甲状腺激素，可恢复生长发育，包括长出肢体，尾部消失，躯体长大，发育成蛙。在人类和哺乳动物，甲状腺激素是维持正常生长发育不可缺少的激素，特别是对骨和脑的发育尤为重要。在胚胎期缺碘造成甲状腺激素合成不足，或出生后甲状腺功能低下，脑的发育明显障碍，脑各部位的神经细胞变小，轴突、树突与髓鞘均减少，胶质细胞数量也减少，神经组织内的蛋白质、磷脂以及各种重要的酶与递质的含量都减低，同时长骨生长停滞。患者智力低下、身材矮小，表现为呆小症。甲状腺激素还能刺激骨化中心发育，软骨骨化，促进长骨和牙齿的生长。

10.3.2.3 对神经系统的影响

甲状腺激素不但影响中枢系统的发育，对已分化成熟的神经系统活动也有作用。甲状腺功能亢进时，中枢神经系统的兴奋性增高，主要表现为不安、烦躁、易激动、睡眠减少等；相反，甲状腺功能低下时，中枢神经系统兴奋性降低，对刺激感觉迟钝、反应缓慢、学习和记忆力减退、嗜睡等。

10.3.2.4 其他作用

甲状腺激素对心脏的活动有明显影响。T_4 与 T_3 可使心率加快，心肌收缩力增强，心输出量增加。甲状腺激素对性腺发育、副性征出现有一定影响。幼畜缺乏甲状腺激素可见性腺发育停止，不表现副性征；成年动物甲状腺激素不足将影响公畜精子成熟、母畜发情、排卵和受孕。甲状腺激素对泌乳有促进作用，乳牛甲状腺机能不足，可见泌乳量和乳脂率下降，甲状腺制剂或甲状腺激素可恢复泌乳量和乳脂率。另外，可增加消化腺分泌和消化道运动，能引起肾上腺皮质增生，增强儿茶酚胺类激素的作用等。

10.3.3 甲状腺功能的调节

甲状腺功能活动主要受下丘脑-腺垂体-甲状腺轴的调节。此外，甲状腺还可进行一定程度的自身调节。

10.3.3.1 下丘脑-腺垂体-甲状腺轴

在下丘脑-腺垂体-甲状腺轴调节系统中，下丘脑TRH神经元接受神经系统其他部位传来的信息，把环境因素与TRH神经元活动联系起来，释放TRH，通过垂体门脉系统刺激腺垂体合成和释放TSH，TSH促进甲状腺滤泡增生、甲状腺激素合成与释放；当血液中游离的T_3和T_4达到一定水平时产生负反馈效应，抑制TSH和TRH的分泌，形成TRH-TSH-T_3、T_4分泌的反馈控制环路(图10-12)。

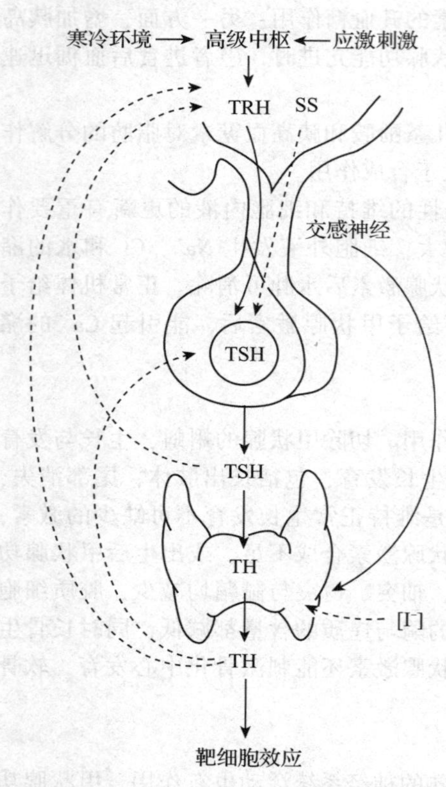

图10-12 下丘脑-腺垂体-甲状腺轴激素分泌的调节

→促进或刺激；-----→抑制

TSH的长期效应是刺激甲状腺细胞增生，腺体增大，这是由于TSH刺激腺泡上皮细胞核酸与蛋白质合成增强的结果。切除垂体之后，血中TSH迅速消失，甲状腺发生萎缩，甲状腺激素分泌明显减少。血中游离甲状腺激素水平是调节垂体TSH分泌的经常性负反馈因素。甲状腺激素对TSH分泌的影响，分别通过作用于下丘脑和腺垂体两个层次而实现。甲状腺激素对TSH分泌的负反馈作用的主要机制是调节垂体对TRH的敏感性。通常细胞内T_3水平高时，TRH受体下调，垂体促甲状腺细胞对TRH敏感性降低；相反，T_3水平低时TRH受体上调，垂体促甲状腺细胞对TRH敏感性增强。也有认为甲状腺激素诱导垂体生成一些抑制性蛋白，抑制TSH的分泌。

10.3.3.2 交感神经和儿茶酚胺的作用

甲状腺内分布有交感神经和副交感神经纤维，而且腺泡细胞膜上含有α-肾上腺素能受体、β-肾上腺素能受体和M-胆碱能受体。电刺激交感神经和副交感神经，可分别促进和抑制甲状腺激素的分泌。中枢神经系统通过下丘脑和其他脑区经TSH间接影响甲状腺。寒冷刺激通过下丘脑释放TRH引起TSH分泌增多，高热或应激引起TSH分泌减少。目前认为，甲状腺功能不仅受下丘脑-腺垂体-甲状腺轴的调节，而且受交感神经-甲状腺轴和副交感神经-甲状腺轴的调节。这几种调节甲状腺功能的途径具有不同的意义，下丘脑-腺垂体-甲状腺轴主要调节各效应激素的稳态；交感神经-甲状腺轴的作用是在内外环境急剧变化时，确保应急情况下对高水平激素的需求；副交感神经-甲状腺轴，则可能在激素分泌过多时发挥调节作用。

10.3.3.3 自身调节

甲状腺本身还具有适应碘的供应变化，调节自身对碘的摄取以及合成与释放甲状腺激素的能力；在缺乏TSH或TSH浓度不变的情况下，这种调节仍能发生，称为自身调节。它是一个有限度地缓慢调节系统。血碘浓度增加时，最初T_4与T_3的合成有所增加，但碘量超过一定限度(血碘浓度超过1 mmol/L)后，T_4与T_3的合成在维持一高水平之后明显下降，即过量的碘可产生抗甲状腺效应，称为碘阻滞效应(Wolff-Chaikoff effect)。这一效应的发生可能是由于高浓度碘抑制I^-的氧化以及减少H_2O_2的生成所致，其机制目前仍不十分清楚。如果在持续加大碘量的情况下，则抑制T_4与T_3合成的现象就会消失，激素的合成再次增加，出现对高碘含量的适应。相反，当血碘含量不足时，甲状腺将出现碘转运机制增强，并加强甲状腺激素的合成。因此，当食物中长期缺碘可引起甲状腺激素分泌不足，会导致甲状腺组织代偿性增生肥大，称为地方性甲状腺肿或单纯性甲状腺肿。山区或缺少海产品地区的人或动物易患甲状腺肿，通过食盐中加碘可预防此病。

10.4 调节钙磷代谢的激素

钙与磷不仅参与构成机体结构，也是多种功能活动所必需的重要元素。血钙的稳态对骨代谢、神经元活动、腺体分泌、血液凝固、肌肉收缩、酶促反应等都具有十分重要的作用。甲状旁腺分泌的甲状旁腺激素、甲状腺C细胞分泌的降钙素以及由皮肤、肝和肾等器官联合作用而形成的1,25-二羟胆钙化醇[1,25-dihydroxy vitamin D_3，1,25-$(OH)_2$-D_3，钙三醇]是共同调节机体钙、磷稳态的3种基础激素，统称钙调节激素。

10.4.1 甲状旁腺激素的生物学作用及分泌调节

10.4.1.1 甲状旁腺激素的生物学作用

甲状旁腺激素(parathyroid hormone，PTH)是甲状旁腺主细胞分泌的含有84个氨基酸残基的直链多肽，其生物活性决定于N端的第1~34个氨基酸残基。在甲状旁腺主细胞内先合成一个含有115个氨基酸的前甲状旁腺激素原，以后脱掉N端25肽，生成90肽的甲状旁腺激素原，再脱去6个氨基酸残基，变成PTH。

PTH的作用效应主要是升高血钙和降低血磷，调节血钙和血磷水平的稳态。实验中将动物的甲状旁腺切除后，其血钙水平逐渐下降，出现低钙抽搐，甚至可致死亡；而血磷则逐渐升高。临床上进行甲状腺手术时，若误将甲状旁腺摘除，可造成严重后果。PTH的靶器官主要是骨、肾和肠道。

(1)对骨的作用

PTH促进骨钙入血的作用包括快速效应与延迟效应两个时相。PTH的快速效应在数分钟内即可产生，PTH增加骨细胞膜对Ca^{2+}的通透性，使骨液中的Ca^{2+}进入细胞，然后由钙泵将Ca^{2+}转运至细胞外液，引起血钙升高；PTH的延迟效应在激素作用12~14 h后出现，一般在几天或几周后才达高峰，PTH加强破骨细胞的活动，加速骨基质的溶解，钙、磷释放进入血液。因此，PTH分泌过多可增强溶骨过程，导致骨质疏松。

(2)对肾的作用

PTH作用于近端肾小管上皮细胞，通过增加cAMP而促进近端小管对钙的重吸收，减少尿钙排泄，升高血钙；同时抑制近端小管对磷的重吸收，促进磷的排出，使血磷降低。

(3)对小肠的作用

PTH激活肾1α-羟化酶，促进25-OH-D_3转变为有活性的1,25-$(OH)_2$-D_3，进而促进小肠对钙和磷的吸收，使血钙升高。

10.4.1.2 甲状旁腺激素的分泌调节

PTH的分泌主要受血钙浓度的控制。血钙降低刺激PTH分泌，血钙浓度升高抑制PTH分泌。血磷浓度可影响血钙浓度，间接调节PTH的分泌。血磷升高常引起血钙降低，血钙降低刺激PTH分泌。反之，血磷降低则表现相反的变化。肾上腺素、多巴胺、5-羟色胺、皮质醇和生长激素促进PTH分泌；生长抑素抑制PTH分泌。

10.4.2 维生素D的活化、作用及生成调节

10.4.2.1 维生素D的活化、作用

维生素D_3是胆固醇的衍生物，也称胆钙化醇，除来源于食物之外，主要由皮肤中的7-脱氢胆固醇经紫外线照射转变而来。维生素D_3本身没有生物活性，必须先在肝内经25-羟化酶系催化成25-OH-D_3，再经肾1α-羟化酶系催化生成1,25-$(OH)_2$-D_3。1,25-$(OH)_2$-D_3的活性比25-OH-D_3强500~1 000倍。

1,25-$(OH)_2$-D_3与靶细胞内的核受体结合后，通过调节基因表达产生效应。1,25$(OH)_2D_3$受体分布也十分广泛，除存在于小肠、肾和骨细胞外，也分布于皮肤、骨骼肌、心肌、乳腺、淋巴细胞、单核细胞和腺垂体等部位。

(1)对骨的作用

1,25-$(OH)_2$-D_3可维持骨的正常更新，溶解并吸收老的骨质，提高血钙、血磷含量；也可通过刺激成骨细胞的活动参与新骨的钙化。骨质中存在一种主要由成骨细胞合成的49个氨基酸残基组成的多肽，能与钙结合，称为骨钙素(osteocalcin)。骨钙素是骨基质中含量最丰富的非胶原蛋白，占骨蛋白含量的1%~2%，可调节和维持骨钙含量。骨钙素的分泌受1,25-$(OH)_2$-D_3的调节。

(2)对肾的作用

1,25-$(OH)_2$-D_3可加强肾小管对钙、磷的重吸收，减少钙、磷随尿排出，但大剂量1,25-$(OH)_2$-D_3又可引起磷酸盐尿。缺乏维生素D_3的动物，在给予1,25-$(OH)_2$-D_3后，肾小管对钙、磷的重吸收增加，尿中钙、磷的排出量减少。

(3)对小肠的作用

1,25-$(OH)_2$-D_3能促进小肠上皮细胞对钙、磷的吸收。1,25-$(OH)_2$-D_3与小肠上皮细胞中特异性受体结合，促进与钙有很高亲和力的钙结合蛋白生成，钙结合蛋白直接参与小肠上皮细胞转运钙的过程。1,25-$(OH)_2$-D_3也能促进小肠上皮细胞对磷的吸收。因此，它能升高血钙和血磷。

10.4.2.2 钙三醇的生成调节

1,25-$(OH)_2$-D_3的生成受血钙和血磷水平的影响。血钙和血磷降低均促进1,25-$(OH)_2$-D_3的转化，而血钙和血磷升高均抑制1,25-$(OH)_2$-D_3的转化。催乳素与生长激素能促进1,25-$(OH)_2$-D_3的生成，而糖皮质激素抑制其生成。

10.4.3 降钙素的生物学作用与分泌调节

10.4.3.1 降钙素的生物学作用

降钙素(calcitonin, CT)是由甲状腺C细胞分泌的肽类激素，含有一个二硫键的32肽。哺乳动物C细胞主要分布在甲状腺腺泡细胞之间的基质内，又称滤泡旁细胞；也有少量C细胞存在于甲状旁腺或胸腺中；禽类或其他脊椎动物的C细胞则聚集成单独的腺体，称为鳃后腺。

CT的主要作用是降低血钙和血磷，其受体主要分布在骨、肾、肠道。

(1)对骨的作用

CT抑制破骨细胞的活动，增强成骨过程，减少骨钙、骨磷的释放，导致骨组织中钙、磷沉积增加，血钙、血磷降低。

(2)对肾的作用

CT能减少肾小管对钙、磷、钠和氯等离子的重吸收，增加其在尿中的排出，降低血钙和

血磷水平。

(3)对小肠的作用

CT对小肠吸收钙并没有直接作用。但能通过抑制肾1α-羟化酶，减少25-OH-D_3转变为1,25-$(OH)_2$-D_3，间接抑制小肠对钙的吸收，使血钙水平降低。

10.4.3.2　降钙素的分泌调节

CT分泌也受血钙和血磷水平的影响。血钙浓度升高促进CT分泌，血钙浓度降低抑制其分泌。血磷升高常引起血钙降低，抑制CT分泌。反之，血磷降低则表现相反的变化。促胃液素、CCK、胰高血糖素及促胰液素等促进CT分泌，生长抑素抑制CT分泌。

现将PTH、1,25-$(OH)_2$-D_3和CT对血钙的调节作用及其相互关系总结于图10-13。

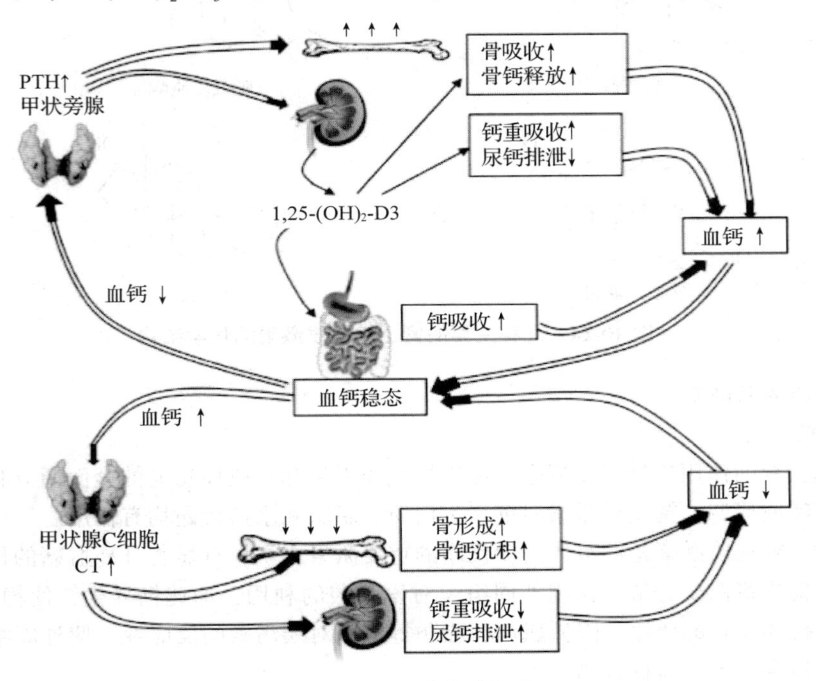

图10-13　血钙稳态的调节

10.5　肾上腺内分泌

肾上腺由皮质和髓质两部分组成，皮质和髓质在形态发生上、细胞构造以及激素的生物效应等方面是截然不同的两个内分泌腺体，但由于髓质的血液供应来自皮质，二者在功能上有一定的联系。

10.5.1　肾上腺皮质激素

肾上腺皮质由外向内为球状带、束状带和网状带。胆固醇是合成肾上腺皮质激素的原料，肾上腺皮质激素属于类固醇(甾体)激素。按其结构和功能可分为三大类：球状带细胞分泌盐皮质激素，参与水盐代谢调节，如醛固酮、脱氧皮质酮等；束状带细胞分泌糖皮质激素(glucocorticoids，GC)，参与糖代谢调节，如皮质醇、皮质酮等；网状带细胞分泌性激素，以脱氢表雄酮为主，还有少量雌二醇(图10-14)。

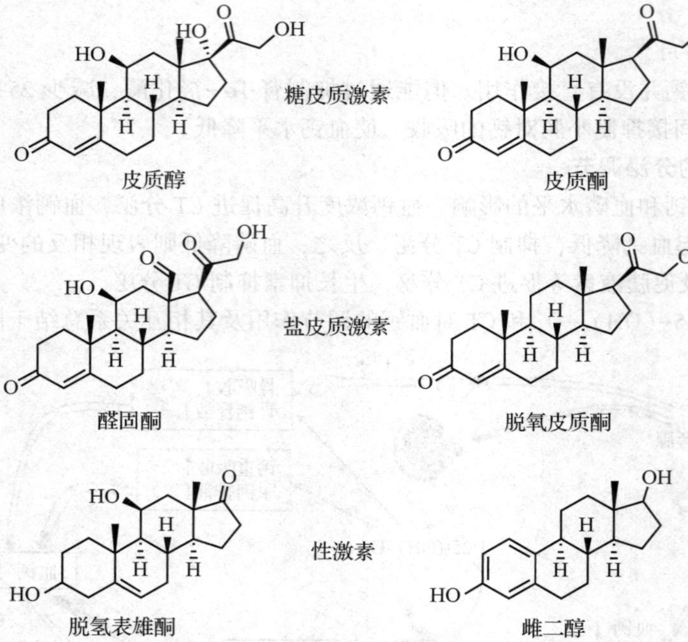

糖皮质激素

皮质醇　　皮质酮

盐皮质激素

醛固酮　　脱氧皮质酮

性激素

脱氢表雄酮　　雌二醇

图 10-14　几种主要的肾上腺皮质激素的化学结构

10.5.1.1　糖皮质激素

(1) 生理作用

糖皮质激素的作用广泛而又复杂，在维持代谢平衡和对机体功能的全面调节起重要作用。

①调节物质代谢　糖皮质激素对糖、蛋白质、脂肪和水盐代谢均有作用。

糖代谢：糖皮质激素是调节体内糖代谢的重要激素之一，有显著升高血糖的作用。这是由于皮质醇可促进蛋白质分解，抑制外周组织对氨基酸的利用，加速糖异生，使糖原贮存增加。同时，通过抗胰岛素的作用，降低肌肉、脂肪等组织对胰岛素的反应性，使外周组织对葡萄糖摄取和利用减少，导致血糖升高。

蛋白质代谢：糖皮质激素有促进蛋白质分解、抑制其合成的作用。肝外组织，特别是肌蛋白分解生成的氨基酸进入肝脏，可成为糖异生的原料。皮质醇分泌过多常引起生长停滞、肌肉消瘦、皮肤变薄、骨质疏松等。

脂肪代谢：糖皮质激素促进脂肪分解和脂肪酸在肝内的氧化。糖皮质激素对不同部位脂肪细胞代谢的影响存在差异，因此，分泌过多时可引起躯体特定部位脂肪的异常分布，如颈背、躯干脂肪分布增加，而四肢脂肪减少，面部脂肪增多，在人类表现“水牛背”和“满月脸”等现象。

水盐代谢：糖皮质激素可增加肾小球血流量，使肾小球滤过率增加，促进水的排出。糖皮质激素分泌不足时，机体排水功能低下，严重时可导致水中毒、全身肿胀，补充糖皮质激素后可使症状缓解。

②对组织器官的作用　糖皮质激素对各功能系统的影响广泛而复杂。

血细胞：糖皮质激素可使血中红细胞、血小板、单核细胞和中性粒细胞的数量增加，而使淋巴细胞和嗜酸性粒细胞减少。

血管系统：糖皮质激素能增强血管平滑肌对儿茶酚胺的敏感性，保持血管的紧张性和维持血压。糖皮质激素还可降低毛细血管的通透性，减少血浆的滤出，维持循环血量。

神经系统：糖皮质激素可提高中枢神经系统的兴奋性。当肾上腺皮质功能低下、糖皮质激素分泌不足时，动物会表现精神委顿。

消化系统：糖皮质激素可促进多种消化液和消化酶的分泌。糖皮质激素能增加胃酸和胃蛋白酶原的分泌，还能提高胃腺细胞对迷走神经和胃泌素的敏感性。

其他系统：糖皮质激素还具有增强骨骼肌收缩力、抑制骨的形成、促进胎儿肺表面活性物质的合成等作用。临床上，使用大剂量的糖皮质激素及其类似物，可用于抗炎、抗过敏、抗毒和抗休克。

③在应激中的作用 当动物受到多种有害刺激(如缺氧、创伤、手术、饥饿、疼痛、寒冷及惊恐等)时，除了引起机体产生与刺激直接相关的特异性反应外，还引起一系列与刺激性质无直接关系的非特异性适应性反应，如多种激素分泌的变化等。机体的这些非特异性反应称为应激(stress)。引起应激的刺激因子称为应激原(stressor)。糖皮质激素与应激关系密切，应激时血液中 ACTH 和糖皮质激素含量立即升高，可为基础分泌量的几倍或十多倍(图 10-15)。在应激中，除了 ACTH、糖皮质激素与儿茶酚胺的分泌增加外，β-内啡肽、生长激素、催乳素、抗利尿激素、胰高血糖素及醛固酮等均可增加，说明应激是多种激素参与并使机体抵抗力增强的非特异性反应。

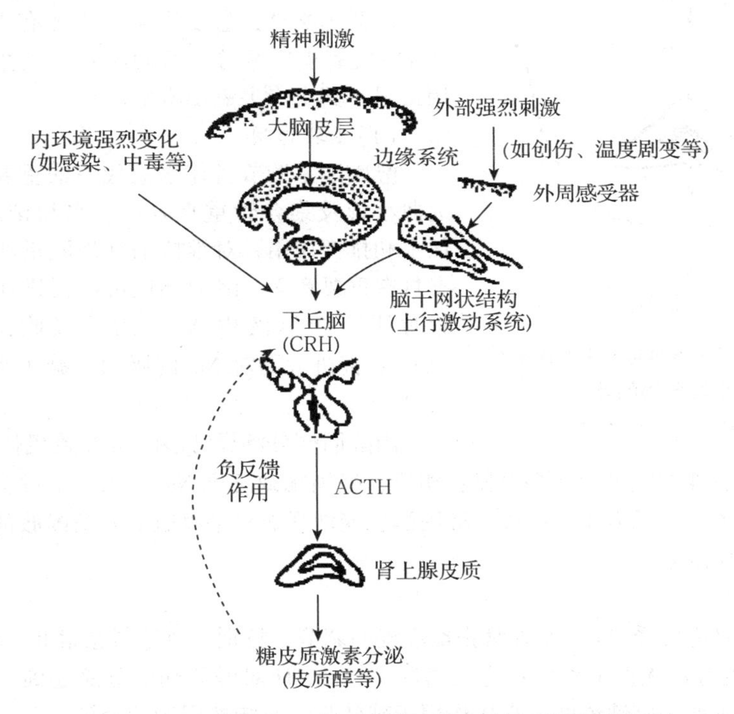

图 10-15 应激时下丘脑-腺垂体-肾上腺皮质轴调节机制

(2)分泌调节

与甲状腺分泌的调节相似，下丘脑-腺垂体-肾上腺皮质轴调节糖皮质激素分泌的稳态。腺垂体 ACTH 和肾上腺皮质激素的分泌表现有日周期的节律性波动。ACTH 分泌的日节律性受下丘脑 CRH 节律性释放的影响，并使糖皮质激素分泌也发生相应的变化。CRH 的分泌则主要受生物节律和应激刺激的调节。在生理状态下，哺乳动物糖皮质激素的分泌在日节律的基础上呈脉冲式释放，一般在清晨觉醒前达到分泌高峰，随后分泌减少，白天分泌维持在较低水平，夜间入睡后至深夜降至最低，凌晨又逐渐增多(啮齿类与此相反)。当机体处于应激状态(如低血糖、失血、剧烈疼痛及精神紧张等)时，下丘脑 CRH 神经元分泌增加，同时刺激腺垂体 ACTH 分泌，最后引起肾上腺皮质大量分泌肾上腺皮质激素，提高机体对伤害性刺激的耐受能力。此外，血管升压素、催产素、血管紧张素、5-羟色胺、乙酰胆碱和儿茶酚胺等多种激素和神经肽也参与 ACTH 分泌的调节。

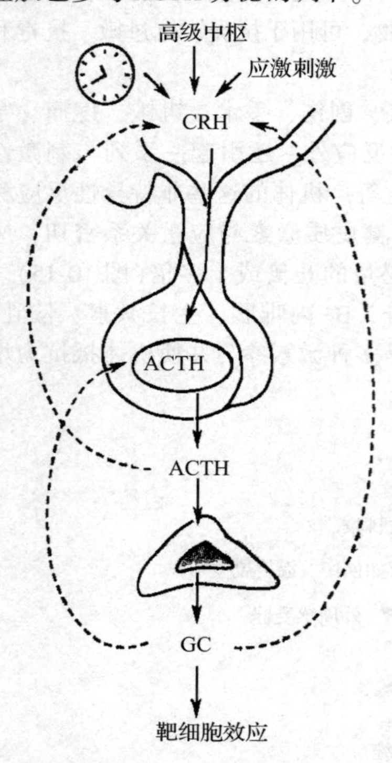

图 10-16 下丘脑-腺垂体-肾上腺轴及糖皮质激素分泌的调节

——→促进；------→抑制

血中糖皮质激素的水平对下丘脑和腺垂体分泌可起反馈调节作用。当血中糖皮质激素浓度增多时，可通过长反馈抑制下丘脑 CRH 神经元释放 CRH 和腺垂体合成释放 ACTH，以及抑制腺垂体 ACTH 对 CRH 的反应，使血液中糖皮质激素水平降低。这种长反馈调节有利于维持血液中糖皮质激素水平的相对稳定(图 10-16)。腺垂体 ACTH 分泌过多还可通过短反馈抑制下丘脑 CRH 神经元的活动。但目前尚未确定是否存在 CRH 对 CRH 神经元的超短反馈调节。

10.5.1.2 盐皮质激素

除醛固酮外，盐皮质激素中还有 11-脱氧皮质酮和 11-脱氧皮质醇等。醛固酮对水、盐代谢的调节作用最强，其次为去氧皮质酮。

(1) 生理作用

醛固酮是调节机体水盐代谢的重要激素，促进肾远曲小管及集合管重吸收钠、水和排出钾，即保钠、保水和排钾作用，对维持细胞外液量和循环血量的稳态具有重要意义。醛固酮还可以促进汗腺和唾液腺导管对汗液和唾液中 NaCl 的重吸收，并排出 K^+ 和 HCO_3^-；促进大肠对 Na^+ 的吸收，减少粪便中 Na^+ 的排出量。

当醛固酮分泌异常多时可导致机体 Na^+、水潴留，引起高血钠、低血钾和碱中毒及高血压；相反，醛固酮缺乏则 Na^+、水排出过多，可出现低血钠、高血钾和酸中毒及低血压。此外，醛固酮也能增强血管平滑肌对儿茶酚胺的敏感性，其作用甚至强于糖皮质激素。

(2) 分泌调节

醛固酮的分泌主要受肾素-血管紧张素系统的调节，特别是血管紧张素Ⅱ。在正常情况下，ACTH 对醛固酮的分泌无调节作用；应激情况下，ACTH 对醛固酮的分泌起到一定的调节和支持作用。另外，血钾、血钠浓度可直接作用于球状带，影响醛固酮的分泌。

10.5.1.3 性激素

见第 11 章。

10.5.2 肾上腺髓质激素

肾上腺髓质与交感神经节在胚胎发生时同源，肾上腺髓质实际是交感神经系统的延伸部分，在功能上相当于无轴突的交感神经节后神经元。不同的是在肾上腺髓质嗜铬细胞的胞质中存在大量的苯乙醇胺-*N*-甲基移位酶(phenylethanolamine-*N*-methyltransferase, PNMT)，可使去甲肾上腺素甲基化而成为肾上腺素。合成髓质激素的原料为酪氨酸，其合成过程为：酪氨酸→多巴→多巴胺→去甲肾上腺素→肾上腺素，各个步骤分别在特异酶(如酪氨酸羟化酶、多巴脱羧酶、多巴胺 β-羟化酶及 PNMT)的作用下，最后生成肾上腺素(图 10-17)。

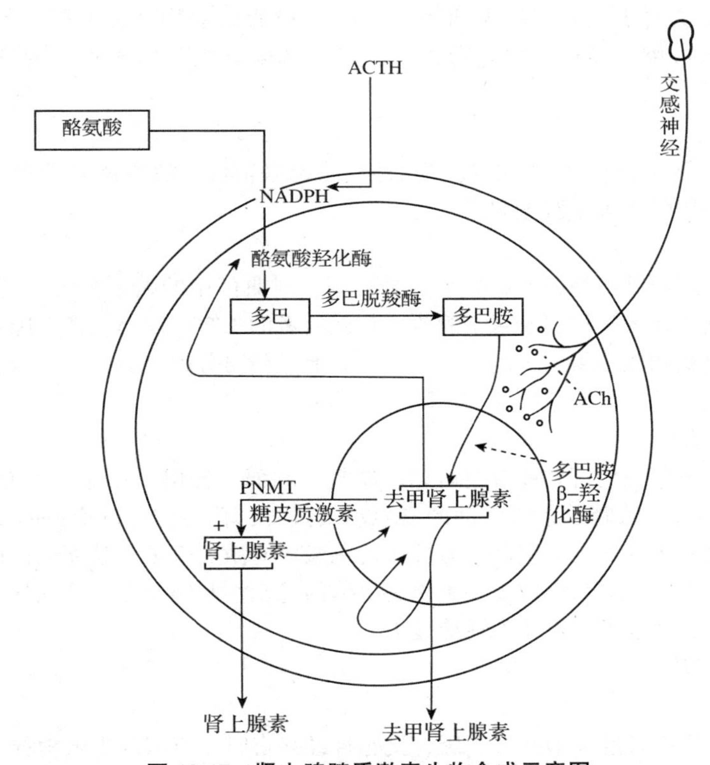

图 10-17　肾上腺髓质激素生物合成示意图

肾上腺素与去甲肾上腺素一起贮存在髓质细胞的囊泡里，肾上腺素与去甲肾上腺素的比例大约为 4∶1。在血液中去甲肾上腺素除由髓质分泌外，主要来自肾上腺素能神经纤维末梢，而血中肾上腺素主要来自肾上腺髓质。

体内的肾上腺素与去甲肾上腺素通过单胺氧化酶(monoamine oxidase，MAO)与儿茶酚-*O*-甲基移位酶(catechol-*O*-methyltransferase，COMT)的作用而灭活。

10.5.2.1　生理作用

肾上腺髓质与交感神经系统组成交感-肾上腺髓质系统，所以，髓质激素的作用与交感神经密切相关。

(1)心血管系统

肾上腺素和去甲肾上腺素都能使离体心脏心率加快和心肌收缩力增强，并能提高心肌的兴奋性，加速房室束传导。肾上腺素的强心作用强于去甲肾上腺素，临床上的强心剂是指肾上腺素。肾上腺素和去甲肾上腺素对血管的作用有很大差别。肾上腺素对皮肤和黏膜等处的血管有收缩作用，对脑、心(冠状血管)、肺、肝等器官的血管收缩作用不明显，对骨骼肌血管则有明显的扩张作用。去甲肾上腺素对全身的小动脉(冠状血管除外)，有强烈和普遍的缩血管作用，使外周阻力显著增大，收缩压和舒张压都升高。去甲肾上腺素在临床上被用作升压药。

(2)内脏平滑肌

肾上腺素和去甲肾上腺素对内脏平滑肌的作用在性质上相似，作用强度随不同的组织有很大的差异。两种激素都使胃、肠、胆囊、膀胱和支气管平滑肌舒张，肾上腺素较去甲肾上腺素的作用强。临床上常用肾上腺素解除因支气管肌肉痉挛而引起的哮喘。肾上腺素还能引起眼虹膜的辐状肌收缩，使瞳孔散大，也能使动物皮肤的竖毛肌收缩。子宫平滑肌对肾上腺素的反应，因动物种类和是否妊娠而不同。在猫和啮齿动物，肾上腺素使未妊娠子宫舒张，而使妊娠子宫收缩。在很多哺乳动物中，妊娠和未妊娠子宫平滑肌对肾上腺素都产生兴奋反应。

(3)神经系统

肾上腺素和去甲肾上腺素均能提高中枢神经系统兴奋性，使机体处于警觉状态，反应灵敏。肾上腺素的作用强于去甲肾上腺素。

(4)物质代谢

肾上腺素能促进肝脏中糖原分解导致血糖升高，对肌肉中的糖原分解也有强烈促进作用。去甲肾上腺素对糖代谢的作用弱于肾上腺素，仅及后者的1/20~1/15。肾上腺素和去甲肾上腺素都能激活脂肪组织和肌肉组织中的一种脂肪酶，促进脂肪分解，酮体的生成，增加机体的耗氧量和产热量，提高基础代谢率。

(5)参与应急反应

当机体遭遇特殊紧急情况(如剧烈运动、缺氧、剧痛、畏惧、焦虑、失血、脱水、暴冷、暴热等)时，交感-肾上腺髓质系统活动的紧急动员过程，称为应急反应(emergency)。通常引起应急反应的各种刺激往往也是引起应激反应的刺激，应激反应主要是加强机体对伤害刺激的基础耐受性和抵抗力，而应急反应更偏重提高机体的警觉性和应变力。受到外界刺激时，两种反应往往同时发生，共同维持机体的适应能力。

10.5.2.2 分泌调节

(1)神经调节

肾上腺髓质受交感神经节前纤维支配，交感神经兴奋时，节前纤维末梢释放乙酰胆碱，作用于髓质嗜铬细胞膜上的N_1型胆碱能受体，引起肾上腺素与去甲肾上腺素的释放。肾上腺髓质的嗜铬细胞和周围交感神经元还可合成和分泌甲硫脑啡肽和亮脑啡肽等，参与肾上腺素和去甲肾上腺素分泌的调节。

(2)ACTH的调节

腺垂体分泌的ACTH可间接或直接通过糖皮质激素或提高肾上腺髓质细胞中的多巴胺β-羟化酶与PNMT的活性，促进肾上腺髓质激素的合成。

(3)自身调节

髓质细胞内还存在自身调节机制。当肾上腺髓质嗜铬细胞内去甲肾上腺素或多巴胺增多达一定水平时，可负反馈抑制酪氨酸羟化酶的活性，以自分泌的方式反馈抑制肾上腺髓质激素的进一步合成。同样，肾上腺素合成增多时，也能抑制PNMT的活性，从而限制儿茶酚胺的合成。当肾上腺素与去甲肾上腺素从细胞内进入血液后，胞质内含量减少，解除了上述的负反馈抑制，儿茶酚胺的合成随即增加。

10.6 胰岛内分泌

胰岛散在分布于胰腺外分泌部之间，形状、大小、数量和集中的部位随动物种属而有不同。胰岛细胞成团、索状分布，细胞之间有丰富的毛细血管，细胞释放激素直接入血。胰岛细胞按其染色、形态学特点和所含激素不同，主要分为A细胞、B细胞、D细胞、PP细胞及D_1

细胞。A 细胞约占胰岛细胞的 20%，多居胰岛的周边部或岛内毛细血管近旁，分泌胰高血糖素；B 细胞占胰岛细胞的 70%，位于胰岛的中央，分泌胰岛素；D 细胞占胰岛细胞的 4%~5%，散在于 A、B 细胞之间，分泌生长抑素；PP 细胞数量很少，占胰岛细胞的 1%~3%，位于胰岛周边部，或散在于胰腺的外分泌部，分泌胰多肽；D_1 细胞数量极少，主要分布于胰岛的周边部，分泌血管活性肠肽。

10.6.1　胰岛素

胰岛素(insulin)是 A 链(21 个氨基酸残基)与 B 链(30 个氨基酸残基)靠两个二硫键结合组成的小分子蛋白质(图 10-18)。B 细胞先合成一个含 110 个氨基酸残基的大分子前胰岛素原(preproinsulin)，随后在粗面内质网迅速被蛋白酶水解成 86 肽的胰岛素原(proinsulin)，被包装在囊泡中运输到高尔基复合体，再经水解脱去连接肽(C 肽)，成为胰岛素。C 肽和胰岛素同时被释放入血，由于血中 C 肽与胰岛素的分泌量呈平行关系，因此测定 C 肽含量可反映 B 细胞的分泌功能。

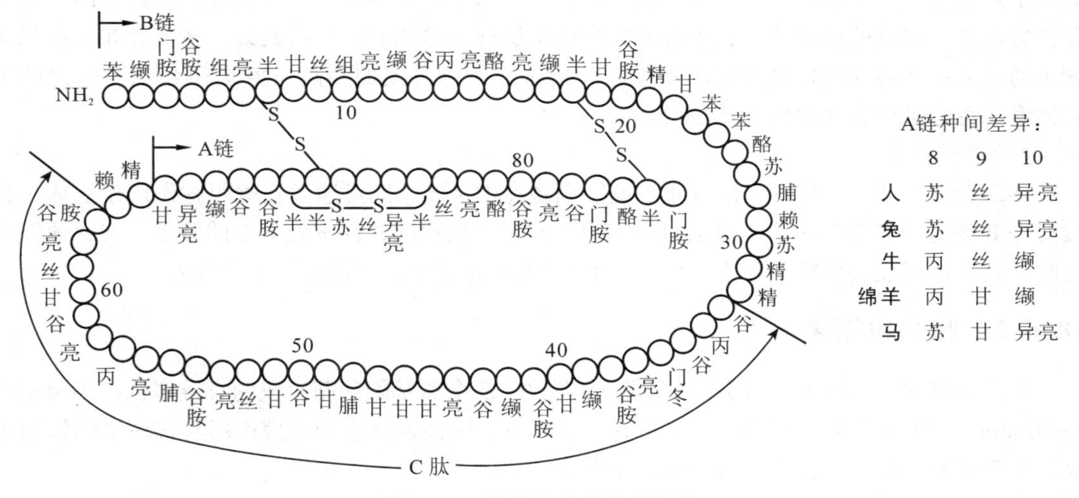

图 10-18　猪胰岛素的化学结构

10.6.1.1　胰岛素的生理作用

胰岛素的半衰期为 5~8 min。胰岛素是全面促进物质合成代谢的关键激素，与其他激素共同作用，维持物质代谢水平的相对稳定。胰岛素的靶器官主要是肌肉、肝脏和脂肪组织，主要通过调节代谢过程中多种酶的生物活性来影响物质代谢。

(1) 对糖代谢的调节

胰岛素能促进全身组织，特别是肝脏、肌肉和脂肪组织摄取和氧化葡萄糖，同时促进肝糖原和肌糖原的合成与贮存；抑制糖异生，减少肝糖释放；促进葡萄糖转变为脂肪酸，并贮存于脂肪组织中。

(2) 对脂肪代谢的调节

胰岛素可促进肝脏合成脂肪酸，并转运到脂肪细胞贮存；促进葡萄糖进入脂肪细胞，合成 α-磷酸甘油和甘油三酯等；还可抑制脂肪酶的活性，阻止脂肪动员和分解。

(3) 对蛋白质代谢的调节

胰岛素可促进蛋白质合成，并抑制蛋白质分解。胰岛素可在蛋白质合成的各个环节发挥作用，如加速氨基酸跨膜转运进入细胞；促进DNA复制和RNA转录；加速核糖体的翻译，使蛋白质合成增加。

10.6.1.2 胰岛素分泌的调节

(1)血糖的作用

血糖浓度是调节胰岛素分泌的最重要因素。血糖浓度升高促使B细胞分泌胰岛素；同时兴奋迷走神经引起胰岛素的分泌，降低血糖浓度。低血糖抑制胰岛素分泌，增高血糖浓度。

(2)血液氨基酸和脂肪酸的作用

许多氨基酸都能刺激胰岛素的分泌，其中精氨酸和赖氨酸的作用最强。游离脂肪酸，特别是长链的饱和脂肪酸可增强B细胞对葡萄糖的反应性分泌。

(3)相关激素的作用

在胃肠激素中，胃泌素、促胰液素、胆囊收缩素和抑胃肽等均能促进胰岛素分泌。胃肠激素与胰岛素分泌之间的关系称为肠-胰岛轴(entero-insular axis)，其重要的生理意义在于"前馈"性地调节胰岛素分泌，即当食物还在肠道消化时，由于小肠黏膜分泌胃肠激素，在血糖升高前就刺激胰岛素分泌增加，有利于机体提前对食物中的葡萄糖、氨基酸等营养物质的代谢吸收做好准备。该轴的活动还受到支配胰岛的副交感神经的调节。生长激素、皮质醇和甲状腺激素可通过升高血糖而间接刺激胰岛素分泌。胰岛A细胞分泌的胰高血糖素和D细胞分泌的生长抑素，可分别刺激和抑制B细胞分泌胰岛素。

(4)神经调节

胰岛受交感和副交感神经的双重支配。刺激迷走神经，既可通过乙酰胆碱作用于受体，直接促进B细胞分泌胰岛素，也可通过刺激胃肠激素释放而间接促进胰岛素的分泌。交感神经兴奋时，其末梢释放去甲肾上腺素，作用于B细胞的α_2受体，抑制胰岛素的分泌。

10.6.2 胰高血糖素

胰高血糖素(glucagon)是胰岛A细胞分泌的由29个氨基酸残基组成的直链多肽，半衰期为5~10 min，主要在肝脏降解失活，部分在肾脏降解。胰高血糖素的生理作用与胰岛素的作用相反，胰高血糖素是一种促进分解代谢的激素。

10.6.2.1 胰高血糖素的主要作用

(1)对代谢的调节作用

胰高血糖素具有很强的促进糖原分解和糖异生作用，激活肝细胞的磷酸化酶，加速糖原分解，升高血糖。胰高血糖素促进肝糖原分解的作用十分明显，但对肌糖原分解的影响不明显。胰高血糖素能激活脂肪酶，促进脂肪分解，同时又能加强脂肪酸氧化，使酮体生成增多。胰高血糖素对蛋白质也有促进分解和抑制合成的作用，使氨基酸加快进入肝细胞转化为葡萄糖。

(2)其他作用

胰高血糖素可促进胰岛素和胰岛生长抑素的分泌。药理剂量的胰高血糖素可增强心肌收缩力，增加心率，使心输出量增加，血压升高。

10.6.2.2 胰高血糖素分泌的调节

(1)血糖和氨基酸水平

血糖水平是调节胰高血糖素分泌的重要因素。当血糖水平降低时，可促进胰高血糖素的分泌；反之则分泌减少。饥饿可促进胰高血糖素的分泌，对维持血糖水平，保证脑的代谢和能量供应具有重要意义。血中氨基酸增加时，在促进胰岛素分泌的同时，也刺激胰高血糖素分泌，促使氨基酸快速转化为葡萄糖，以利于更多的糖被组织利用。

(2)激素的作用

胰岛内各激素之间可通过旁分泌方式相互作用。胰岛素和生长抑素以旁分泌的方式可直接作用于相邻的 A 细胞，抑制胰高血糖素的分泌；胰岛素还可通过降低血糖间接地刺激胰高血糖素分泌。胃肠激素中，胆囊收缩素和促胃液素可促进胰高血糖素分泌，而促胰液素则抑制其分泌。

(3)神经调节

交感神经兴奋可通过 β-受体促进胰高血糖素的分泌，而迷走神经兴奋则通过 M 受体抑制胰高血糖素的分泌。

10.6.3　生长抑素和胰多肽

胰岛 D 细胞分泌的生长抑素(SS)有 SS_{14} 和 SS_{28} 两种类型，主要作用是通过旁分泌抑制胰岛其他 3 类细胞的分泌活动，参与胰岛素分泌调节，还可抑制各种胃肠激素、垂体生长激素、促甲状腺激素、促肾上腺皮质激素和催乳素的释放。

胰岛 PP 细胞分泌的胰多肽是含有 36 个氨基酸残基的直链多肽。在人类有减慢食物吸收的作用，但其确切的生理作用尚不清楚。

10.7　组织激素及功能器官内分泌

10.7.1　组织激素

10.7.1.1　前列腺素

前列腺素(PG)最先在动物的精液中发现，并认为来自前列腺而得名。现已知它是广泛存在于动物体内的一组重要的组织激素。

(1)前列腺素的化学结构和分类

PG 是一族二十碳烷酸衍生物，PG 的前体是质膜的脂质成分。PG 种类极其繁多，可依据 PG 的五碳环构造形式分为 A、B、C、D、E、F、G、H、I 9 种主型，每种主型又有若干亚型。

(2)生物合成和代谢

PG 可与 G 蛋白耦联受体结合，通过 PLC、Ca^{2+} 或 PKA 等信号转导途径，也可通过核受体调节基因转录引起靶细胞效应。环加氧酶是催化花生四烯酸转变为二十碳烷酸衍生物的关键环节(图 10-19)。阿司匹林可抑制环加氧酶的活性，从而抑制 PG 的合成。

前列腺素在体内代谢很快。除 PGA 和 PGI 的半衰期可达 2~3 min 外，大多数前列腺素的半衰期只有几秒。肺脏和肝脏是使前列腺素灭活的主要器官。一般认为，除 PGA 和 PGI_2 外，PG 主要在局部起调节作用。

(3)前列腺素的生理作用

PG 的生物学作用极为广泛而复杂，几乎对机体各个系统的功能活动均有影响。PG 对机体各个系统功能活动的主要作用列于表 10-6 中。

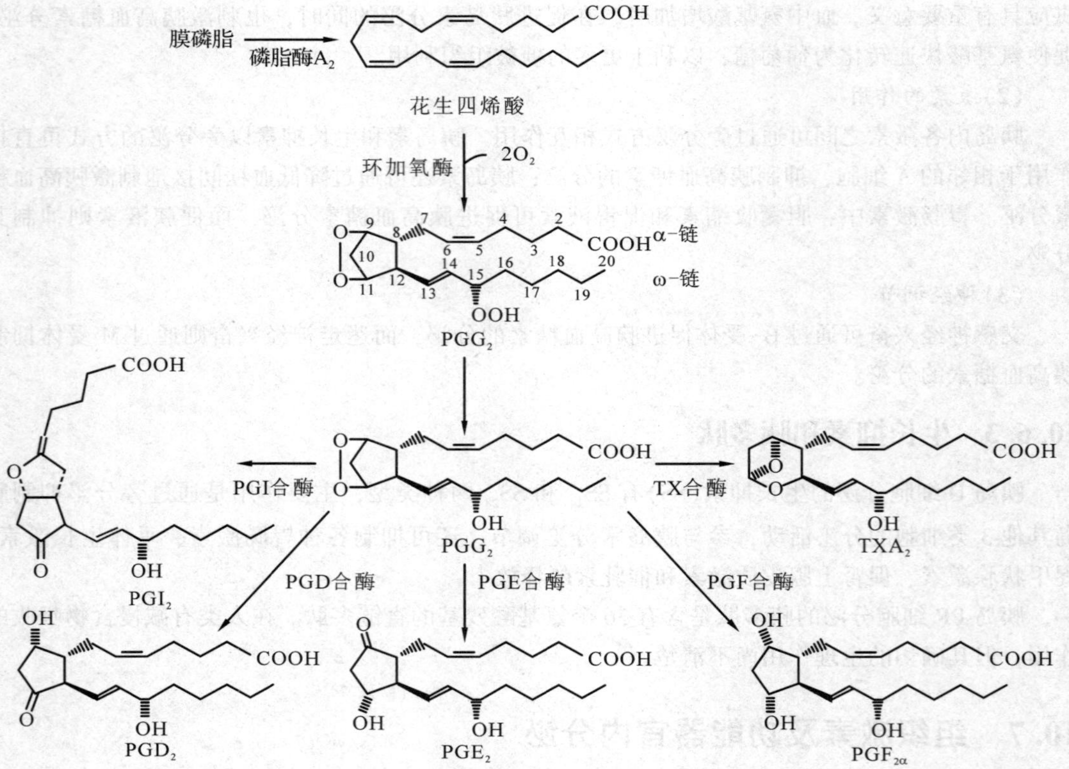

图 10-19 体内主要前列腺素的合成途径

表 10-6 前列腺素对机体各个系统功能活动的主要作用

器官系统	主要作用
循环系统	增强或减弱血小板聚集、影响血液凝固，使血管收缩或舒张
呼吸系统	使气管收缩或舒张
消化系统	减少胃腺分泌，保护胃黏膜，促进小肠运动
泌尿系统	调节肾血流量，促进水、钠排出
神经系统	调节神经递质的释放和作用，影响下丘脑体温调节，参与睡眠活动、参与疼痛和镇痛过程
内分泌系统	增加皮质醇的分泌，增强组织对激素的反应性，参与神经-内分泌的调节过程
生殖系统	促进精子在雄性、雌性生殖道的运行，参与排卵、分娩等生殖活动
脂肪代谢	抑制脂肪分解
防御系统	参与炎症反应

10.7.1.2 脂肪细胞内分泌

脂肪组织曾长期被认为是一种不活跃的组织。后来发现脂肪组织可通过内分泌、旁分泌和自分泌信号调节脂肪组织本身、脑、肝和肌肉等组织的代谢活动，在整个机体能量平衡调节的生理机制中扮演着重要的角色。

(1)瘦素

瘦素是肥胖基因的表达产物，由白色脂肪组织分泌的多肽类激素。胎盘、骨骼肌、胃、乳腺上皮细胞、腺垂体、大脑等组织也能产生瘦素。瘦素通过下丘脑-腺垂体-肾上腺轴、下丘脑-腺垂体-性腺轴、下丘脑-腺垂体-甲状腺轴、下丘脑-腺垂体-生长素轴参与机体新陈代谢及多方面功能活动的调节。此外，瘦素是摄食和能量消耗的中枢性调节因子，能降低动物的食欲，抑制摄食，增加机体的能量代谢，维持能量平衡。

瘦素与受体结合后可通过非受体型酪氨酸激酶介导的信号转导途径，影响有关神经递质的合成与分泌，调节细胞的代谢活动和能量消耗。心、肺、淋巴结、肾上腺、胸腺和肌肉等组织均有其受体表达。

瘦素的表达和分泌受多种因素影响，体内脂肪储量是影响瘦素分泌的主要因素。能量的摄入与消耗达到平衡的机体，瘦素的分泌水平可反映体内贮存脂肪的量。摄食时血清瘦素水平升高，禁食时降低。胰岛素和肾上腺素也可刺激脂肪细胞分泌瘦素。多数肥胖者伴有血清瘦素水平升高，为"瘦素抵抗"现象，可能与瘦素的转运、信号转导以及神经元功能等多个环节发生障碍有关。瘦素的分泌也具有昼夜节律，夜间分泌水平高。

(2)脂联素

脂联素(adiponectin)主要由脂肪细胞分泌。脂联素受体介导脂联素对肝脏和骨骼肌细胞的作用。脂联素在糖脂代谢中发挥重要作用。脂联素在外周的作用主要通过AMPK介导，激活AMPK后细胞内脂肪酸氧化增加、葡萄糖氧化减弱、脂肪合成减少、甘油三酯含量降低。脂联素通过抑制某些导致血管内皮损伤细胞因子的信号转导，起抗炎、抗动脉粥样硬化和保护心肌等作用。

(3)刺鼠相关肽

刺鼠相关肽是第一个被克隆的肥胖基因，主要与表皮颜色的调控有关。刺鼠相关肽含131个氨基酸残基，通过拮抗促黑激素与黑皮质素受体的结合调节毛发的着色。脂肪组织能表达和分泌刺鼠相关肽，通过脂肪细胞的旁分泌作用而调节肥胖。

10.7.1.3 骨骼肌细胞内分泌

骨骼肌是机体主要的运动器官，其功能受神经和体液因素的调节。近年来大量研究表明骨骼肌也是一种重要的内分泌器官，分泌的活性物质以旁分泌和/或自分泌方式调节骨骼肌的生长、代谢和运动功能。骨骼肌可合成和分泌与其他组织共有的多种调节肽、细胞因子和生长因子(如白介素-6、肿瘤坏死因子-α、胰岛素样生长因子、血管紧张素、生长激素、内皮素、尾加压素、瘦素、脂联素)等生物信号分子外，还特异地产生肌肉抑制素(myostatin，MSTN)和肌肉素(musclin)等。MSTN对发育过程中肌纤维的最终数目及出生后肌纤维的生长有直接调节作用，同时能显著改善血糖水平、胰岛素敏感性。肌肉素能调节糖脂代谢。

10.7.1.4 骨骼细胞内分泌

骨骼通常被认为是支持机体的基本结构，参与运动及钙磷代谢的主要器官。近年来发现组成骨骼的成骨细胞和破骨细胞能合成和分泌多种生物活性因子，以旁/自分泌方式调节骨骼系统的发育和代谢；并能通过远距分泌的方式调节机体能量代谢、炎症反应和内分泌稳态等。骨骼能分泌多种骨调节蛋白，包括骨钙素、骨保护素(osteoprotegerin，OPG)、骨形态发生蛋白(bone morphogenetic proteins，BMPs)、骨桥蛋白(osteopontin，OPN)、骨唾液酸蛋白(bone sialoprotein，BSP)、骨泌素(osteocrin)。此外，骨骼还能分泌生长因子、脂肪因子、细胞因子和活性多肽，还能产生1,25-$(OH)_2$-D_3、TSH、PGE_2、性激素等。

10.7.2 功能器官内分泌

功能器官内分泌主要包括心脏、肝脏、胃肠道、肾脏和胸腺等器官的内分泌。心脏可分泌多种激素对自身结构和功能进行调节，实现其内分泌功能。心脏内皮细胞、平滑肌细胞、心肌细胞、成纤维细胞能分泌内皮素，以自分泌和旁分泌方式在局部起作用。肝脏能合成IGF，与胰岛素、生长激素、甲状腺激素共同促进全身组织细胞的生长。胃肠黏膜细胞分泌的胃肠激素参与消化道生长发育和消化功能的调节。肾脏合成的促红细胞生成素调节骨髓的红细胞系造血功能，而且具有抗炎和抗凋亡作用。肾小球旁细胞产生的肾素通过肾素-血管紧张素-醛固酮系统参与心血管活动和循环血量及尿液生成的调节。作为免疫器官，胸腺能产生淋巴细胞，同时又能分泌多种肽类激素，如胸腺素(thymosin)、胸腺生长素(thymopoietin)等，主要功能是保证免疫系统发育，控制T淋巴细胞的分化和成熟，促进T淋巴细胞的活动，参与机体的免疫功能调节。在鸟类，与胸腺类似的组织称为腔上囊，又名法氏囊，主要参与机体的体液免疫过程。

一些特化皮肤能分泌外激素，将信息传递给同种的另一些个体，引起接受者行为或发育过程的特异性反应的化学物质，又称信息素。外激素一般都是容易挥发的化学物质，在空气或水中迅速扩散，可以用非常小的剂量在惊人的距离之外发挥生物效应，如阴茎内侧皮肤中包皮腺的分泌物随尿排出，用来引诱异性、个体识别和标记领地。嗅觉灵敏的哺乳动物可以利用香腺、尿或粪便来标记占领地和足迹；雄性个体通过嗅觉辨别发情和不发情个体；雌性个体可将正常和阉割的雄性动物进行区别。关于哺乳动物性外激素的性质和作用机制研究得还不多，性外激素可能是通过嗅觉、中枢神经系统和内分泌系统来改变机体的生理活动。

10.8　神经-内分泌-免疫调节网络

神经系统、内分泌系统、免疫系统在机体功能的调节中发挥重要作用，分别以神经递质、激素、细胞因子发挥相应的调节作用，共同构成了体内完整的神经-内分泌-免疫调节网络，完成机体各种功能的整合，维持机体的稳态。

神经-内分泌系统通过神经纤维、神经递质和激素调节免疫系统功能。交感或副交感神经支配中枢免疫器官或外周免疫器官，调节免疫细胞分化、发育、成熟及功能。神经系统释放的神经递质也可以改变机体的内分泌活动而间接影响免疫功能。免疫细胞表面及细胞内表达多种神经递质和激素的受体，如类固醇激素、儿茶酚胺、组胺等的受体。神经-内分泌系统释放的神经递质和激素可以作用相应受体，发挥正向或负向免疫调节作用。免疫细胞上的递质或激素受体是神经内分泌系统调节免疫功能的基础。

神经-内分泌系统组织细胞可表达不同细胞因子受体，免疫细胞所产生的细胞因子通过与相应受体结合，启动相关信号转导，调节神经-内分泌系统的功能。免疫细胞也可以分泌激素发挥调节作用。免疫细胞在促有丝分裂原的诱导下可产生神经肽或激素，如淋巴细胞和巨噬细胞可产生ACTH和β-内啡肽。下丘脑释放的肽类激素(如GHRH、TRH、CRH和AVP等)也能刺激免疫细胞合成和分泌肽类激素。

神经、内分泌和免疫三大系统相互联系、相互作用，形成一个完整的神经-内分泌-免疫网络。神经和内分泌是机体两大主导的调节系统，而免疫系统不仅是机体的防御系统，同时还是机体的另一重要感受和调节系统。神经系统可感受躯体和精神的刺激，免疫系统可感受肿瘤、细菌、病毒和毒素等刺激。因此，神经-内分泌-免疫网络通过一些共同的化学物质(神经递质、激素和细胞因子)相互作用，使机体在生理和病理条件下保持稳态。

10.9　禽类内分泌系统特点

家禽的内分泌腺除具有脑垂体、肾上腺、松果体、甲状腺和甲状旁腺外，禽类的C细胞聚集成单独的腺体为腮后腺，呈淡红色，位于甲状腺和甲状旁腺后方，分泌降钙素。家禽的内分泌腺分泌的激素种类和作用与哺乳动物相似。

腺垂体分泌的催乳素不影响公鸡的性腺活动，可抑制母鸡的生殖活动，还能促进鸡换羽等。神经垂体释放的催产素和8-异亮催产素有促进输卵管收缩的作用。甲状腺的大小受禽的品种、年龄、季节和饲料中碘含量的影响，因而甲状腺激素的分泌率也受品种、年龄、性别、季节和生理状况等因素的影响，如鸭的甲状腺激素分泌率比鸡高，母鸡较公鸡高，一年中秋冬季较高，夏季最低。甲状旁腺只有主细胞，没有嗜酸性细胞。

睾酮刺激雄性性器官发育，维持雄禽的正常性活动，促进雄性鸡冠的生长和肉髯的发育等；雌激素促进母鸡卵黄磷脂蛋白合成，增加脂肪沉积，升高血中脂肪、钙和磷水平，为蛋的形成提供原料；雌激素促使输卵管发育，耻骨松弛和肛门增大，利于产卵，使羽毛的形状和色泽变成雌性类型。禽类产卵后不形成黄体。

禽的胰岛内含有α1、α2和β 3种细胞。α1细胞分泌胃泌素，α2细胞分泌胰高血糖素，β细胞分泌胰岛素。禽类胰腺中胰高血糖素含量比哺乳动物高。松果腺细胞分泌的褪黑素，能抑制性腺和输卵管的生长。但在雏鸡生长初期有促进性腺生长的作用，40~60日龄时则有抗性腺的效应。此外，褪黑素可抑制GnRH的活性，进而影响性活动。

（王月影　杨彦宾）

10.10 鱼类内分泌器官

鱼类的内分泌器官与高等动物基本相同。硬骨鱼类除具有与高等动物相同的内分泌器官(如下丘脑、脑垂体、松果体、甲状腺、胰岛、性腺等)外，还具有自己独特的内分泌腺体，如嗜铬组织与肾间组织(相当于高等动物的肾上腺)、后鳃腺、斯坦尼斯小体、尾下垂体。另外，在胃肠道内也具有大量散在的内分泌细胞。

10.10.1 下丘脑

鱼类下丘脑和高等脊椎动物一样具有神经内分泌功能。鱼类下丘脑与脑垂体内分泌功能有直接联系的神经内分泌细胞大致分为两类：第一类为神经内分泌大细胞，第二类为神经内分泌小细胞。由神经内分泌大细胞组成的神经核主要有视上核和室旁核；由神经内分泌小细胞组成的神经核主要有弓状核、视交叉上核和腹内侧核等。鱼类的视前核(nucleus，NPO)和侧结节核(nucleus laterals tubers，NLT)与生殖内分泌的关系十分密切。

鱼类的神经垂体与哺乳动物一样，也是由下丘脑神经内分泌细胞的轴突和轴突末梢组成。但鱼类下丘脑没有正中隆起，没有真正的垂体门脉系统，以视前核和侧结节核为例，下丘脑与腺垂体的联系方式为：有些鱼类腺垂体的内分泌细胞直接受下丘脑视前核神经元发出的神经纤维支配；另一些鱼类视前核神经内分泌细胞产生的激素主要释放到神经垂体与腺垂体之间的血管内，通过血液运输调节腺垂体的内分泌活动；而由侧结节核神经元发出的神经纤维则分布到腺垂体间叶的内分泌细胞，并在它们的连接处释放肽类激素，调节腺垂体内分泌细胞的分泌活动。可见，在下丘脑与腺垂体的功能联系方面，鱼类与哺乳类及其他脊椎动物有明显不同。下丘脑释放的促垂体激素和生理作用见表10-7所列，其中促性腺激素释放抑制因子目前仅在鱼类中发现。

目前，研究较多的鱼类下丘脑调节肽有以下几种。

表 10-7 下丘脑促垂体激素的结构和主要作用

激素名称	缩写	结构	主要作用
促肾上腺皮质激素释放激素	CRH	41 肽	促进腺垂体 ACTH 分泌
促甲状腺激素释放激素	TRH	3 肽	促进腺垂体 TSH 和 PRL 分泌
促性腺激素释放激素	GnRH	10 肽	促进腺垂体 GtH 分泌
促性腺激素释放抑制因子(鱼类)	GnRIF	多巴胺	抑制鱼类 GtH 生成和释放
生长激素释放激素	GHRH	44 肽	促进腺垂体 GH 释放
生长激素释放抑制激素(生长抑素)	GHIH(SS)	14 肽	抑制 GH 释放和 TSH 分泌
催乳素释放因子	PRF	?	促进腺垂体 PRL 分泌
催乳素释放抑制因子	PIF	多巴胺	抑制腺垂体 PRL 分泌
促黑(素细胞)激素释放因子	MRF	5 肽	促进腺垂体 MSH 分泌
促黑(素细胞)激素释放抑制因子	MIF	3 肽	抑制腺垂体 MSH 释放

(1)促甲状腺激素释放激素(TRH)

不同剂量 TRH 能刺激离体的金鱼和鲤鱼脑垂体碎片释放 GH，刺激作用的强度随着 TRH 剂量提高而增强。给金鱼腹腔注射 TRH 又能使血液的 GH 含量增加，这和鸟类及一些哺乳类的情况相似，表明 TRH 能直接作用于脑垂体促进 GH 的释放。

(2)促性腺激素释放激素

迄今为止在硬骨鱼类共分离出 8 种促性腺激素释放激素(gonadotropin releasing hormone, GnRH，或 LRH)，它们分别是哺乳类 GnRH(mGnRH)、鲑 GnRH(sGnRH)、鸡 GnRH(cGnRH-Ⅱ)、鲷鱼 GnRH(sbGnRH)、鲇鱼 GnRH(cfGnRH)、鲱鱼 GnRH(hgGnRH)、青鳉 GnRH(pjGnRH)和鲱形白鲑 GnRH(wfGnRH)。大多数硬骨鱼脑和垂体中同时含有两种或两种以上 GnRH，其中 cGnRH-Ⅱ普遍存在于脑和垂体中，第二种为 sGnRH、mGnRH 或 cfGnRH。1994 年，首次在金头鲷脑和垂体中发现了第三种 GnRH(sbGnRH)，之后又在多种硬骨鱼类脑和垂体中证实有第三种 GnRH 存在，但在种间存在很大差异。

(3)生长激素释放激素(GHRH)

从鲑鱼脑抽提物已证明存在着 GHRH，注射人 GHRH 能使金鱼血液中 GH 含量增加。从鲤鱼下丘脑抽提物分离出来的 GHRH 是由 54 个氨基酸残基组成的多肽，其中约有 45%的氨基酸组成和哺乳类的 GHRH 相同。合成的鲤鱼 GHRH 能使离体的金鱼脑垂体碎片释放 GH，而腹腔注射后使金鱼血液的 GH 含量明显增加。这些研究结果表明，鱼类下丘脑产生的 GHRH 能促使 GH 释放。

(4)促肾上腺皮质激素释放激素(CRH)

机体遇到应激刺激，将启动下丘脑-垂体-肾上腺皮质(鱼类肾间组织)轴。CRH 与腺垂体促肾上腺皮质激素细胞的膜上特异受体结合，主要作用是促进腺垂体合成与释放 ACTH，刺激肾上腺皮质产生皮质酮和皮质醇。

10.10.2 脑垂体

鱼类的种类繁多，其不同类群脑垂体的形态和结构也呈现明显的差异和多样性。以辐鳍亚纲(Actinopterygians)鱼类为例，低等的硬骨鱼类(chondrostean)如多鳍鱼(*Polypterus*)、软骨硬鳞类(cartilaginous ganoids)如鲟鱼(*Acipenser*)、硬骨硬鳞类(holostean ganoids)如弓鳍鱼(*Amia*)、真骨鱼类(teleostean)如鳗鱼(*Anguilla*)和鲫鱼(*Carassiue*)，它们脑垂体的形态和结构就各不相同（图 10-20）。鱼类的脑垂体与其他脊椎动物一样由神经垂体和腺垂体组成。

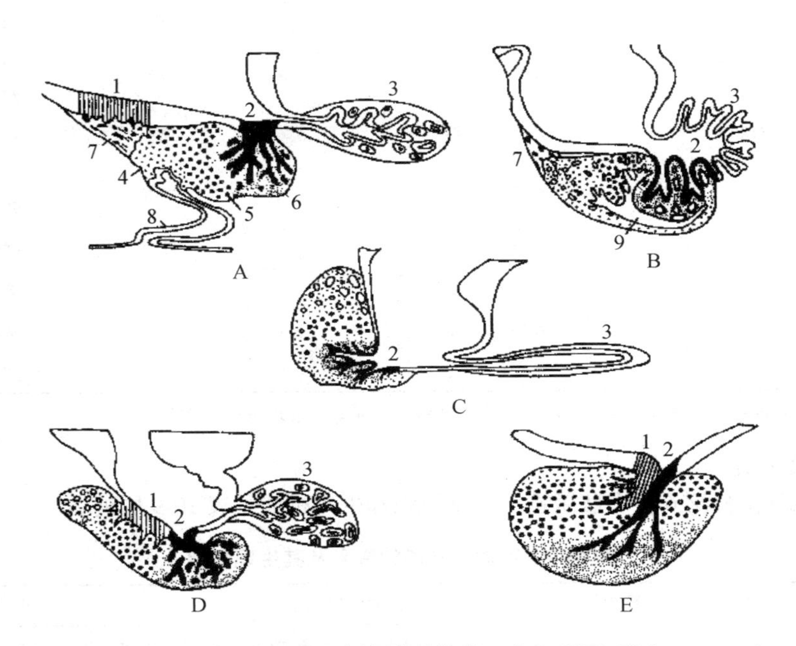

图 10-20　辐鳍亚纲不同类群鱼类脑垂体的正中矢状面(引自 Gorbman)

A. 硬骨鱼类的多鳍鱼；B. 软骨硬鳞类的鲟鱼；C. 硬骨硬鳞类的弓鳍鱼；D. 真骨鱼类的鳗鱼；E. 鲫鱼

直线部分表示相当于正中隆起的部位；黑色部分表示神经垂体进入腺垂体中间部；细点部分表示腺垂体中间部；粗点和小圆点部分表示腺垂体远部分化的不同区

1. 相当于正中隆起的部位；2. 神经垂体；3. 血管囊；4、5. 腺垂体远部；6. 腺垂体中间部；7. 血管韧带；8. 成体连接腺垂体远部和口腔的小管；9. 垂体裂缝

10.10.2.1　神经垂体

神经垂体主要由下丘脑神经内分泌细胞的轴突和轴突末梢组成。神经垂体主要释放两类激素，即后叶加压素和催产素，它们都是由 9 个氨基酸残基组成的多肽。各类脊椎动物神经垂体释放的这两类激素已确定的有 9 种，鱼类有 7 种，它们的分子结构仅在第 3、4、8 位上有变化(以 X 表示)(表 10-8)。其中，前 3 种为加压-抗利尿激素，第 8 位是碱性氨基酸；后 6 种为催产素，第 8 位是中性氨基酸。精氨酸催产素在所有鱼类以及其他脊椎动物都存在，由它衍生其他的类型。

目前的研究表明，鱼类输卵管平滑肌对精氨酸催产素很敏感，低剂量就能使花鳉离体输卵管出现反应，提示这种肽类可能参与调节鱼类生殖器官结构的某些机能。此外，精氨酸催产素也参与调节鱼类渗透压和盐-水代谢平衡等。目前，神经垂体激素在鱼类的生理作用还知之甚少，尚有待进一步研究。

表 10-8 脊椎动物神经垂体激素氨基酸残基的变化

激素名称	缩写	1	2	3	4	5	6	7	8	9	动物类群
		半胱	酪	(X)	(X)	天	半胱	脯	(X)	甘$(NH_2)_2$	
精氨酸加压素	AVP			苯丙	谷				精		哺乳类
赖氨酸加压素	LVP			苯丙	谷				赖		哺乳类
精氨酸催产素	AVT			异亮	谷				精		鸟类、爬行类、两栖类、鱼类
催产素	OXT			异亮	谷				亮		哺乳类、银鲛
鸟催产素	—			异亮	谷				异亮		鸟类、爬行类、两栖类、肺鱼
硬骨鱼催产素	—			异亮	丝				异亮		硬骨鱼类
谷催产素	GLT			异亮	丝				谷		鳐科
缬催产素	VLT			异亮	谷				缬		鲨科
缬催产素	VLT			异亮	天				亮		鲨科

注：第1~9为肽链化学结构中的位置序号；限于列宽，不同氨基酸均未使用全名。

10.10.2.2 腺垂体

鱼类的腺垂体分泌6种多肽激素，其靶组织和生理机能见表10-9所列。

表 10-9 腺垂体分泌的激素及其生理机能

激素	缩写	靶组织	生理机能	调节
促肾上腺皮质激素	ACTH	肾上腺皮质	增加肾上腺皮质类固醇激素的生成与分泌	CRH刺激其释放；ACTH抑制CRH的释放
促甲状腺激素	TSH	甲状腺	增加甲状腺激素的合成与分泌	TRH促进其释放；甲状腺素抑制其释放
促性腺激素	GtH	精巢和卵巢	增加性腺类固醇激素的生成与分泌；促进配子生成，性腺发育成熟和排精排卵	GnRH促进其释放；性类固醇激素和GRIF抑制其释放
生长激素	GH	所有组织	促进组织生长，增加RNA、蛋白质合成，葡萄糖与氨基酸运输；促进脂解与抗体形成等	GRH的分泌刺激其释放
催乳激素	PRL	鳃、肾脏	渗透压调节和水盐代谢	PIH的分泌抑制其释放
促黑(素细胞)激素	MSH	黑色素细胞	促进黑色素细胞的黑色素合成及其在细胞内扩散	MIH的分泌抑制其释放

上述各种腺垂体激素分别由不同的分泌细胞分泌。前腺垂体主要含有催乳激素分泌细胞和促肾上腺皮质激素分泌细胞；中腺垂体包括生长激素分泌细胞、促甲状腺激素分泌细胞和促性腺激素分泌细胞；后腺垂体主要含有黑色素细胞刺激素分泌细胞。

鱼类腺垂体分泌6种蛋白类激素。可以归纳为3类：第一类，即TSH和GTH，它们都是由两个亚单位组成的糖蛋白，每个亚单位的相对分子质量为14 000~15 000；第二类，即PRL和GH，它们都是很相似的单链多肽，相对分子质量较大，为22 000左右；第三类，即ACTH和

MSH，是分子较小的直链多肽，相对分子质量为4 000~5 000。由于腺垂体激素，特别是催乳激素、生长激素和促性腺激素等都是大分子蛋白质，因此，它们都具有明显的种族特异性。例如，鱼类的GtH对哺乳动物没有作用，而以同种或相近种类的GtH活性较强。在鱼类腺垂体激素中，GtH的研究最受重视，近几年来对鱼类GH、PRL和TSH的研究也逐渐深入，现分别介绍如下。

(1)生长激素(GH)

鲤科鱼类以及其他许多种鱼类生长激素已分离提纯并已阐明其化学结构。鱼类GH由173~188个氨基酸残基组成，相对分子质量为20 000~22 000 。同一目的鱼类，GH氨基酸组成有80%以上相同，但不同目鱼类之间GH结构差异很大，只有49%~68%相同，表现出明显的种类特异性。此外，鱼类和四足类脊椎动物的GH氨基酸组成仅有37%~58%相同。

鱼类GH分泌活动受下丘脑神经内分泌因子以及性类固醇激素的调节，既有促进作用，也有抑制作用。生长激素抑制激素是GH释放的主要抑制性因子，它可以抑制基础的及由其他因子引起的GH分泌。但是，在许多种刺激GH释放的神经内分泌因子当中，目前还不能确定哪个因子起主导作用。现有的研究表明，GHRH、GnRH、NPY、DA等都具有促进GH释放的作用。内分泌因子对GH的作用结果见表10-10所列。

表10-10 各种内分泌因子对鱼类GH活动的影响

内分泌因子	缩写	对鱼类GH分泌的影响效果	实验鱼类
生长素释放因子	GHRH	促进	鲑鱼、鲤科鱼类等
生长素释放抑制因子	GHRIH	抑制	金鱼、鲤鱼等
促性腺激素释放激素	GnRH	促进	鲑鱼、鲇鱼、鲨鱼、金鱼、草鱼等
神经肽Y	NPY	促进	金鱼等
胆囊收缩素	CCK	促进	金鱼等
铃蟾肽	BBS	促进	金鱼等
多巴胺	DA	促进	金鱼、鲤鱼、草鱼等
去甲肾上腺素	NE	抑制	金鱼等
5-羟色胺	5-HT	抑制	金鱼等
性类固醇激素	雌二醇	促进	金鱼、鲤鱼等

鱼类GH的受体主要分布在肝细胞，但在脑、性腺、鳃、肠和肾脏也有分布。这表明GH除了和肝细胞的受体结合以促进生长之外，还有其他多种功能。例如，参与虹鳟等鱼类的渗透压调节等。

GH能诱导靶细胞(如肝细胞等)产生一种具有促生长作用的肽类物质，称为生长激素介质(somatomedin，SM)，因其化学结构及功能与胰岛素相似，故又称胰岛素样生长因子(insulin-like growth factor，IGF)。在哺乳类已分离出两种生长激素介质，即IGF-Ⅰ和IGF-Ⅱ，它们与相应受体(IGF-Ⅰ型受体、IGF-Ⅱ型受体)结合，间接促进生长发育。

鱼类IGF的受体以往研究不多。最近一些研究结果证明，鱼类存在和哺乳类IGF-Ⅰ型受体相类似的受体，它对人的IGF-Ⅰ和IGF-Ⅱ都具有相当的亲和力。但是，在鱼类未能发现和哺乳类相类似的IGF-Ⅱ型受体。这些研究结果初步证明，鱼类IGF的生理作用至少部分是通过和哺乳类IGF-Ⅰ型受体类似的受体结合而实现的。

(2)促性腺激素(GtH)

高等脊椎动物的GtH细胞有两种。在硬骨鱼类的腺垂体中，存在一种还是两种GtH分泌细胞目前还存在争议。但关于鱼类GtH细胞的分泌颗粒，通过电子显微镜观察得到比较一致的结论，即存在两种分泌颗粒。小的颗粒数量多，嗜碱性，电子密度大；大的颗粒数量较少，嗜酸性，电子密度较小。

20世纪70年代中期，加拿大学者Idler等从拟庸鲽(*Hippoglossoides platessoidedes*)、大马哈鱼(*Oncorhynchus keta*)和鲤的脑垂体提取物中，分离出两种类型的GtH：一种为含糖量很高的糖蛋白GtH，称为ConA-Ⅱ；另一种为不是糖蛋白或含糖量很少的GtH，称为ConA-Ⅰ。Idler等将其分别称为促卵黄生成激素(即ConA-Ⅰ)和促性腺成熟激素(即ConA-Ⅱ)，以直接反映它们在硬骨鱼类的生理机能。由于哺乳类的卵巢生成、成熟过程并无卵黄生成阶段，所以鱼类的两种促性腺激素不等同于哺乳类的FSH和LH。继Idler等之后，日本、美国和加拿大等国的学者先后从大马哈鱼、银大麻哈鱼(*Oncorhynchus kisutch*)、鲤鱼、红鲷、底鳉(*Fundulus heteroclitus*)、东方狐鲣(*Sarda orientalis*)、金枪鱼(*Thunnus thynnus*)和鲟(*Acipenser sturio Linnaeus*)中也分离出两种GtH，并定名为GtH Ⅰ和GtH Ⅱ。他们分离纯化的GtH Ⅰ和GtH Ⅱ都是糖蛋白，但化学结构明显不同。

研究表明，GtH Ⅰ和GtH Ⅱ都能刺激卵母细胞滤泡产生雌二醇。但GtH Ⅰ是在鱼类性腺发育的早期，即雄鱼精子生成和雌鱼卵黄生成阶段起主导作用，刺激性腺分泌睾酮和雌二醇等，以调节配子生成；而GtH Ⅱ是在性腺成熟时大量分泌并达到峰值，主要刺激17α,20β-双羟黄体酮生成，从而促使精子和卵母细胞最后成熟并刺激排精和排卵。

需要指出的是，尽管在鲑科和其他一些鱼类已经证明GtHⅠ和GtHⅡ这两种GtH确实存在，GtHⅠ和四足类FSH相似，GtHⅡ和四足类LH相似；但是，有些学者在一些鱼类(如非洲鲶鱼)仍未能证实GtHⅠ的存在。因此，鱼类GtHⅠ和GtHⅡ的研究目前还有待继续深入进行。

(3)催乳激素(PRL)

罗非鱼、大马哈鱼和鲤鱼等硬骨鱼类的催乳激素已先后被分离提纯。例如，鲤鱼的催乳激素是由86个氨基酸残基组成，含两个二硫键，分别在第46~160位和第177~186位的残基之间形成；它和罗非鱼与大马哈鱼的催乳激素一样缺少氨基末端的二硫键；其氨基酸组成和大马哈鱼催乳激素有77%相同，而和哺乳类的只有36%相同(表10-11)。

表10-11 鲽鱼、鲤鱼、大马哈鱼、罗非鱼和羊的催乳激素氨基酸组成

氨基酸	鲽鱼	鲤鱼	大马哈鱼	罗非鱼	羊
赖氨酸	14.2	16.6	13.5	8.9	9
组氨酸	2.9	4.2	5.2	4.9	8
精氨酸	7.6	9.4	8.8	6.8	11
天冬氨酸	20.5	24.0	26.5	16.4	22
苏氨酸	24.6	13.6	8.8	9.4	9
丝氨酸	17.8	18.0	19.9	21.6	15
谷氨酸	19.6	18.8	18.6	17.4	22
脯氨酸	8.5	10.8	9.2	10.8	11
甘氨酸	12.9	15.6	12.6	8.1	11

（续）

氨基酸	鲽鱼	鲤鱼	大马哈鱼	罗非鱼	羊
丙氨酸	15.3	13.2	11.8	9.6	9
半胱氨酸	3.4	5.0	3.4	4.2	6
缬氨酸	9.1	9.3	8.9	6.8	10
蛋氨酸	3.3	4.6	4.7	5.4	7
异亮氨酸	8.5	5.5	8.1	9.3	11
亮氨酸	16.9	17.6	26.2	24.5	33
酪氨酸	4.1	3.6	5.4	3.0	7
苯丙氨酸	7.2	7.2	7.4	4.7	6
色氨酸	未测定	未测定	未测定	1.0	2

鱼类催乳激素的生理作用与哺乳类和鸟类的不同，已证实鱼类脑垂体提取物对哺乳类的乳腺和鸟类的嗉囊不起作用。最近的研究证明，催乳激素对广盐性鱼类是最重要的水盐调节激素。例如，罗非鱼、大马哈鱼和鳗鱼等广盐性鱼类进入淡水后血液中的催乳激素含量都明显增加。其作用机理为：①降低膜的可渗透性。在鳃部，减少离子从鳃上皮被动流失和水分从低渗环境被动渗入；在肠管，减少肠壁对钠和水的吸收；在肾小管，降低水的通透性，减少水的重吸收，使低渗尿量增加。②刺激黏膜细胞的分化和增生。例如，鳗鲡进入海水时，食道的大部分黏液细胞消失，表面只有单层上皮细胞，对离子可以渗透；当其从海水进入淡水后，鳗鲡食道表层便覆盖一层黏液细胞，而对离子变得不通透。以上调节作用，都是与硬骨鱼类由海水进入淡水后，需由排盐保水状态转入排水保盐状态相适应的。

(4)促甲状腺激素(TSH)

硬骨鱼类的TSH已经分离提纯，与促性腺激素一样都是糖蛋白，由α和β两个亚基组成。除鳗鲡的TSH和鼠、羊或人的TSH很类似外，其他硬骨鱼类TSH的相对分子质量(28 000)和氨基酸组成都和牛的TSH相似。虽然哺乳类和硬骨鱼类的TSH对鱼类甲状腺细胞都能引起反应，但是，硬骨鱼类的TSH对哺乳类的甲状腺没有活性。

鱼类脑垂体中TSH的含量变比很大，这可能与甲状腺参与生殖、生长或其他代谢活动的情况有关。有些鱼类脑垂体的TSH含量比哺乳类高10~20倍。

(5)促肾上腺皮质激素(ACTH)和促黑激素(MSH)

促肾上腺皮质激素和促黑激素的化学结构相似，它们都有相同7肽的片段，即Met-Glu-His-Phe-Arg-Trp-Gly；虽肽链的长短不一，但都是单链，没有半胱氨酸残基，即不存在二硫键。哺乳类和大多数硬骨鱼的ACTH有相似的结构，都是由39个氨基酸残基组成。哺乳类的ACTH能刺激硬骨鱼类肾上腺皮质类固醇的产生；同样，硬骨鱼类的ACTH也能刺激哺乳类肾上腺皮质产生类固醇。

硬骨鱼类MSH的化学结构与哺乳类一样，分为α-MSH和β-MSH。大马哈鱼的α-MSH和β-MSH与哺乳类的α-MSH和β-MSH结构非常相似：其α-MSH都是由13个氨基酸残基组成；β-MSH则是由18个氨基基残基组成的多肽。在硬骨鱼类，体色的变化部分受交感神经系统控制，在一些鱼类(圆口类和板鳃鱼类)MSH也参与体色调节。

10.10.3 甲状腺

鱼类甲状腺的结构与人的基本相似，但鱼类没有甲状旁腺。鱼类的甲状腺激素结构和其他脊椎动物的一样，是唯一含有卤族元素的激素，具有激素活性的物质是3,5,3-三碘甲状腺原氨酸(T_3)和四碘甲状腺原氨酸(T_4)。鱼类的甲状腺素作用广泛，对代谢活动、生长、渗透压调节、生殖、中枢神经活动和行为都有影响。但与哺乳类不同，甲状腺激素对鱼类的主要作用在渗透压调节方面，而且普遍的研究结果是许多鱼类的呼吸活动对甲状腺激素没有反应。

10.10.4 肾上腺

鱼类没有具体的肾上腺，但有相应的组织与高等脊椎动物肾上腺的皮质和髓质同源，分别称为肾间组织(interregnal tissue)和嗜铬组织(chromaffin tissue)。

10.10.4.1 肾上腺皮质——肾间组织

肾间组织与肾脏、性腺一样，均起源于体腔顶部的中胚层。圆口类的肾间组织散布在主静脉附近。板鳃类的肾间组织位于两肾之间，为一个或多个结实的块状。硬骨鱼类的肾间组织在种间有较大的差异，但一般在肾静脉附近，埋在头肾之中(图10-21)。

肾上腺皮质(肾间组织)激素的生理作用及分泌调节见本章10.5.1肾上腺皮质激素。

10.10.4.2 肾上腺髓质——嗜铬组织

嗜铬组织既是交感神经系统的一部分，又是内分泌系统的一部分。它们的细胞和交感神经节也来自神经嵴。圆口类的嗜铬细胞一般位于围脏腔大静脉的附近，在心脏壁内也有发现。软骨鱼类的嗜铬细胞群小块沿着肾脏内侧边缘按体节排列，与肾间组织完全分开，这在脊椎动物中是特有的现象。在硬骨鱼类，嗜铬组织和肾间组织发生联系并埋在头肾之中，主要分布在后主静脉附近并和后肾连接(图10-21)。

肾上腺髓质(嗜铬组织)激素的生理作用及分泌调节见本章10.5.2肾上腺髓质激素。

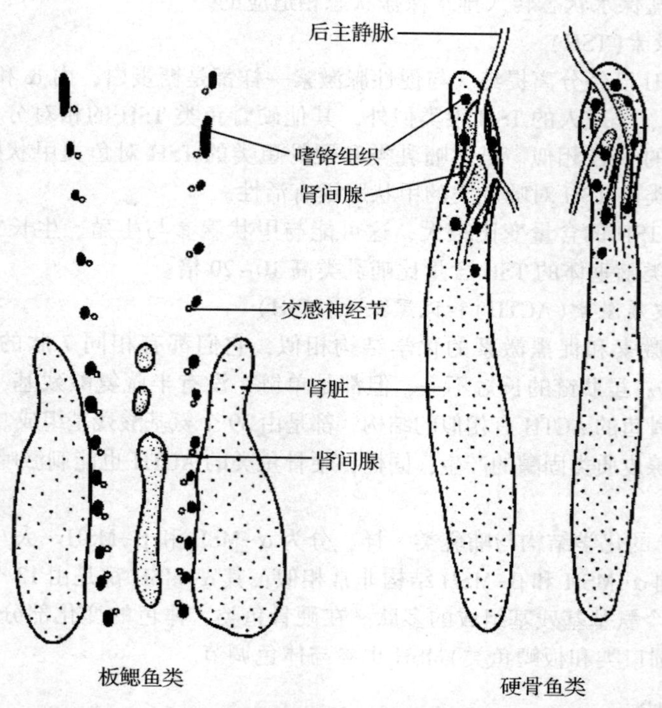

图10-21 板鳃鱼类和硬骨鱼类的嗜铬组织和肾间腺分布位置(引自 Matty)

10.10.5　松果体(腺)

原始脊椎动物除位于头两侧的一对眼睛外，还有一对位于头部正中的眼睛，即顶眼(或称松果旁体和松果眼)。在进化过程中，顶眼逐渐退化，失去感光作用而发展成为内分泌器官的松果体或松果腺(pineal gland)。

在硬骨鱼类，松果体常常与其他组织一起形成松果体复合体(pineal complex)，一般由松果体(终囊)、松果体柄、松果旁体(背囊)3 部分组成(图 10-22)。每部分都含有感光细胞、支持细胞和神经节细胞等，其中感光细胞和视网膜中的感光细胞相似，具有感光和分泌的功能。而哺乳动物的松果体细胞不能直接感受光线，只能分泌激素。松果体的感光细胞是褪黑素生物合成的主要位点。虽然一些鱼类的视网膜感光细胞也能合成褪黑素，但大多数鱼类血液中褪黑素主要来自松果体。

松果体分泌的激素有吲哚类和多肽类激素，前者的代表是褪黑素，后者的代表是催产素。褪黑素的生理作用见本章 10.2.3 松果体内分泌。

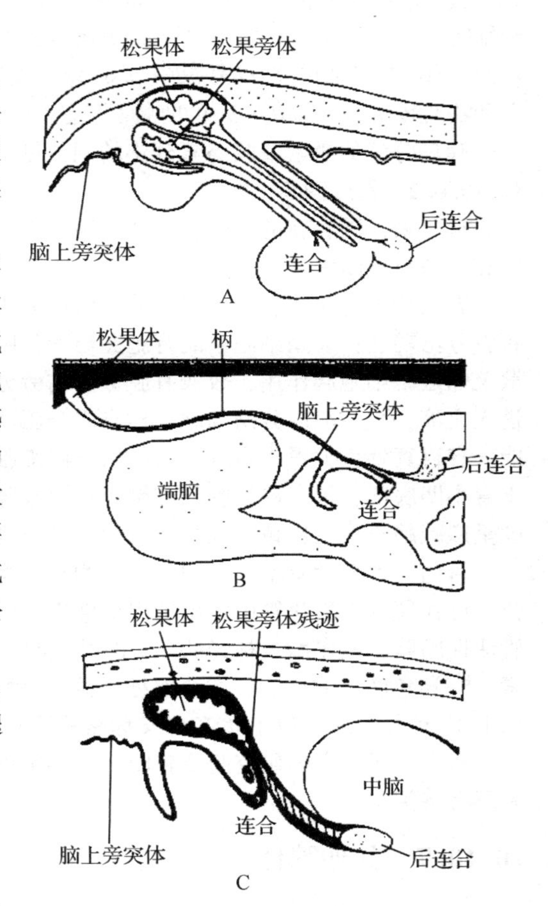

图 10-22　松果体矢状面示意图(引自 Matty)

A. 圆口类；B. 板鳃类；C. 硬骨鱼

10.10.6　胰岛和胃肠激素

10.10.6.1　胰岛

胰岛来源于内胚层。有些鱼类和高等脊椎动物一样，胰岛散布于胰脏内，但有些硬骨鱼类的胰岛组织分为几个小球状构造，位于胆囊附近(图 10-23)。

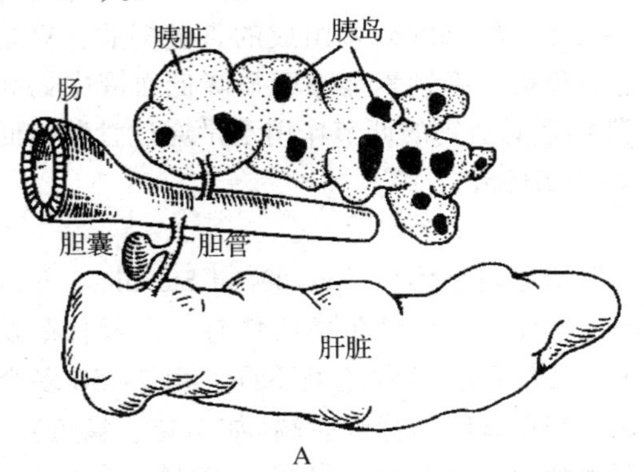

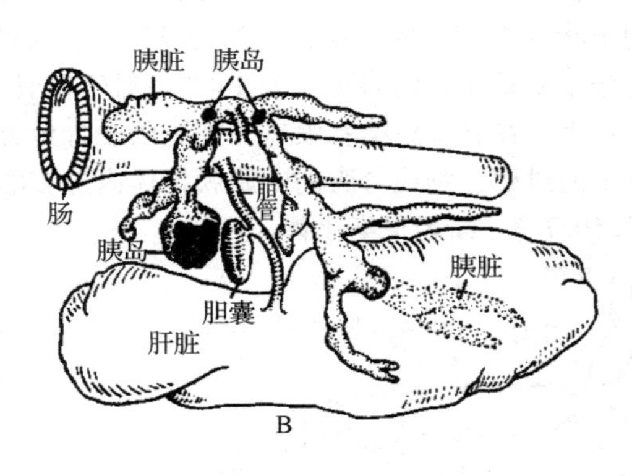

图 10-23　硬骨鱼类胰脏和胰岛的两种类型(引自 Matty)

A. 结实的胰脏和散布其中的胰岛组织，与高等脊椎动物相似，只出现于少数鱼类，如鳗鲡；

B. 分散成许多小叶的胰脏和散布其中的胰岛组织，出现于大多数硬骨鱼类

鱼类胰岛组织含有与哺乳类相同的A、B、D 3种细胞，有些鱼类还含有类似C细胞的小型无颗粒细胞，其作用尚不清楚。鱼类胰岛分泌的胰岛素在结构、免疫特性和生物活性等方面都和哺乳类不同。有些鱼类如川鲽(*Platichthys flesus*)和钓鮟鱇(*Lophius piscatorius*)能产生两种不同的胰岛素。北美和欧洲鳕(*Gaduss callarias*)的胰岛素又有不同的分子结构和生物活性，表现出很大的种间特异性。

胰岛分泌的激素及胰岛素分泌的调节见本章10.6胰岛内分泌。

10.10.6.2 胃肠激素

近年来，随着新的化学提纯技术和激素测定方法的建立，人们对鱼类胃肠内分泌功能的研究和了解也不断深入。

有些学者建议将鱼类胃肠内分泌细胞分为4类：Ⅰ型细胞，胞突与消化腔有直接接触，具备腔分泌功能；Ⅱ型细胞，既有胞突与消化腔直接接触，又有胞突伸向邻近细胞，把分泌物扩散至邻近靶细胞起作用，故兼有腔分泌与旁分泌的功能；Ⅲ型细胞，无任何胞突，分泌物直接进入血液，与一般内分泌细胞一样有内分泌功能；Ⅳ型细胞，只有基部胞突，故只有旁分泌功能。有胃真骨鱼类胃中有着丰富的内分泌细胞，肠道中少有分布。它们常以细胞群的形式分布于胃小凹底部、胃上皮细胞间和聚集在胃腺腺泡之间，且从贲门部、盲囊部到幽门部的分布密度呈递减趋势。无胃鱼类因缺少胃腺，肠道内分泌细胞在消化过程中占有重要地位。

目前，大多学者主要利用哺乳动物胃肠激素抗血清对鱼类消化道内分泌细胞进行鉴别、定位，已在硬骨鱼消化管中定位了促胃液素、胆囊收缩素、促胰液素、胰高血糖素、抑胃肽、血管活性肠肽、胰多肽、神经肽Y、β-内啡肽、脑啡肽、P物质、神经降压素、生长抑素、降钙素、5-羟色胺、蛙皮素、类高血糖素共17种免疫活性细胞。在软骨鱼和圆口纲类消化管中除以上17种外，还定位了肽YY(又称酪酪肽)、α-内啡肽(α-EP)等免疫活性细胞。

鱼类胃肠激素的研究起步较晚，对其生理作用的研究还不太深入，它们对消化道的调控机制还有待阐明。

10.10.7 其他腺体

10.10.7.1 后鳃腺

后鳃腺(ultimobranchial gland)起源于最后一对(第Ⅳ对)鳃囊部分的上皮细胞。除圆口类以外，所有脊椎动物都具有后鳃腺。在软骨鱼类，后鳃腺位于围心膜和咽与食管连接腹面之间左侧；在硬骨鱼类，鳃后体位于腹腔与静脉窦之间的横隔上，在食道腹面。鱼类后鳃腺与哺乳动物甲状腺C细胞的分泌物均称为降钙素，同样是由32个氨基酸残基组成的直链多肽，只是相对分子质量比猪的略小，为3 427。对于有骨细胞的鱼类，降钙素能够明显降低血液中钙和磷的水平。在软骨鱼类和没有骨细胞的硬骨鱼类，降钙素对血钙的调节作用不是通过骨骼，而可能是通过鳃、肠或肾脏的细胞膜把体内过多的Ca^{2+}排出体外。

10.10.7.2 斯坦尼斯小体

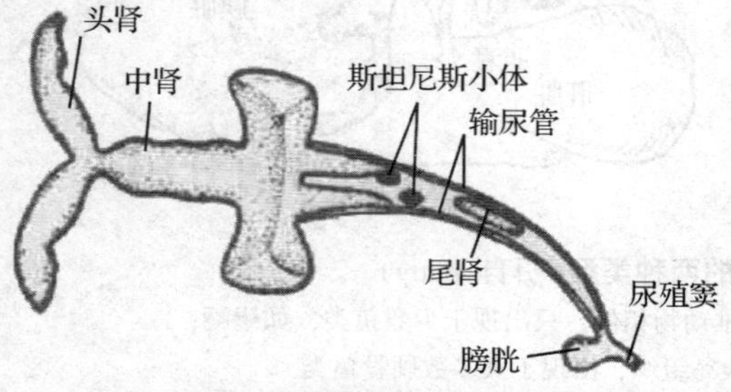

图10-24 鲫鱼斯坦尼斯小体的位置

斯坦尼斯小体(corpuscles of Stannius，SC)简称斯氏小体，为硬骨鱼类所特有，由肾管壁发育而来，其数目在各种鱼类不同，由2~50多个成对地排列在肾脏的背侧后端(如金鱼、棘鱼)，或者不规则地散布在肾脏背侧(如鲑科鱼类)(图10-24)。只有鲟科鱼类没有斯氏小体。

最近的研究表明，从鱼类斯氏小体分离出来的硬骨鱼降钙素(teleocalcin)在功能和免疫反应方面都和哺乳类的甲状旁腺激素(parathyroid hormone，PTH)相似。硬骨鱼降钙素有明显的低钙效应，其作用是抑制 Ca^{2+}-ATP 酶结合到鳃质膜上，从而抑制鳃对钙的吸收。所以，硬骨鱼降钙素通过对鳃吸收钙的调节作用可以有效地保持鱼体内钙的平衡，这对生活在海水或者钙含量高的淡水中的鱼类尤为重要。另外有学者认为，在诱导鱼类性成熟过程中，斯氏小体分泌物的活动对于从血库中调动钙的贮存并将钙输送到正在发育成熟的性腺中可能起重要作用。

10.10.7.3　尾下垂体

尾下垂体(urophysis)为鱼类所特有，是位于脊髓后部的神经分泌器官，又称尾神经分泌系统(caudal neurosecretory system)。尾下垂体具有大小不同的神经内分泌细胞，细胞轴突末端膨大呈球形，终止于毛细血管附近(图 10-25)。已充分证明尾下垂体和鱼类的渗透压调节有密切关系。有研究从生物化学、细胞生理学、药理学和组织化学等方面都证明尾下垂体参与鱼类渗透压的调节。

鱼类尾下垂体至少产生两种激素，即尾紧张素Ⅰ(urotensin Ⅰ，U-Ⅰ)和尾紧张素Ⅱ(urotensin Ⅱ，U-Ⅱ)。U-Ⅰ的生理作用还不完全清楚。最近的研究表明，它参与鱼类渗透压调节。U-Ⅱ对鱼类有多种机能，包括升压作用、肾小管利尿作用、平滑肌收缩作用、尾淋巴刺激作用以及渗透压调节作用等。

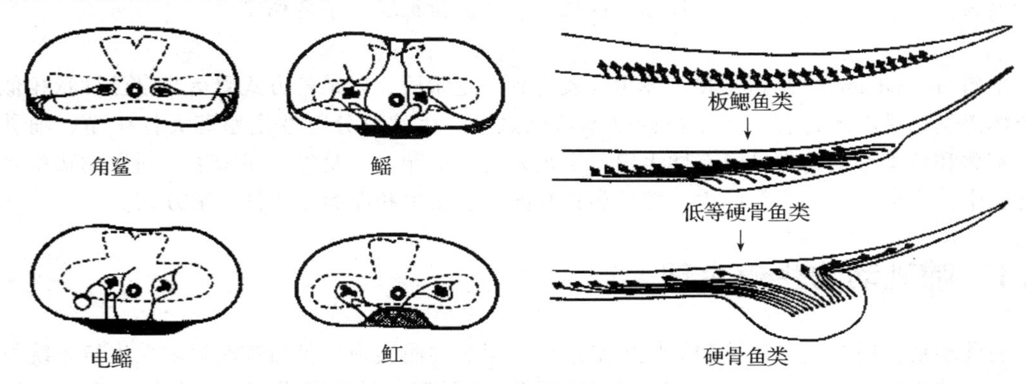

图 10-25　鱼类尾下垂体结构示意图(引自 Matty)

表示 4 种板鳃鱼类的尾神经元和血管(虚线内)，以及尾神经内分泌系统的进化

(周定刚)

复习思考题

第 10 章

1. 举例说明激素的生理作用及其作用特征。
2. 试述下丘脑-垂体功能单位对机体生理功能的调节作用及意义。
3. 简述甲状腺机能的内分泌调节。
4. 简述肾上腺内分泌功能对机体的重要性。
5. 简述胰岛在血糖维持中的内分泌调节作用。
6. 机体维持钙磷代谢平衡主要涉及哪些激素和靶器官？
7. 谈谈你了解的动物内分泌新进展。
8. 调节鱼类水盐代谢和渗透压平衡的激素有哪些？简述它们的生理作用。

第 11 章

生 殖

本章导读

本章介绍雄性和雌性生殖器官生理功能，生殖细胞发生、发育和成熟过程，雌雄配子结合即受精过程，哺乳动物妊娠与分娩，以及禽类和鱼类生殖活动主要特点。

本章重点与难点

重点：生殖、受精、授精、精子获能、顶体反应、附植、妊娠、分娩、排卵、初乳、产卵(鱼)等概念。睾丸(精巢)、卵巢、子宫等器官生理功能。PRL、FSH、LH、睾酮、雌激素、孕激素等激素的生理功能。影响鱼类生殖周期的因素。母禽生殖系统发育主要特点。

难点：睾丸和卵巢功能调节机理、排乳反射、受精机理、分娩机理。

生殖(reproduction)是指生物个体生长发育到一定阶段，以某种方式繁衍与自己性状相似子代个体以延续种群的过程，是生命的基本特征之一。生殖可分有性生殖和无性生殖，哺乳动物、家禽和鱼类等动物都是营有性生殖。生殖方式包括卵生、胎生和卵胎生。哺乳动物生殖方式是胎生，禽类生殖方式是卵生，而鱼类具有卵生、胎生和卵胎生 3 种生殖方式。

11.1 哺乳动物生殖生理

哺乳动物生殖是通过雌性和雄性生殖系统共同活动而实现，包括雌性和雄性生殖系统发育完善、生殖细胞(精子和卵子)生成、交配(授精)、受精、受精卵附植与胚胎发育至成熟以及妊娠、分娩等环节。

11.1.1 雄性生殖生理

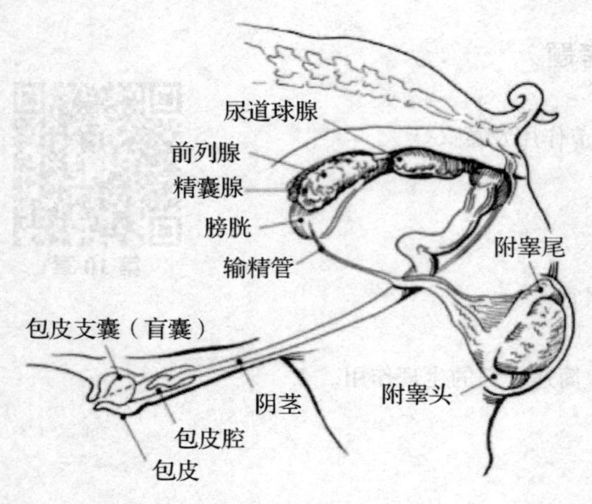

图 11-1 公猪生殖系统

雄性哺乳动物生殖器官(图 11-1)由睾丸(testes)、附睾(epididymis)、阴囊(scrotum)、输精管(efferent duct)、副性腺(accessory gland)、阴茎(penis)、包皮(prepuce)、尿生殖道(urogenital tract)组成。副性腺包括精囊腺、前列腺和尿道球腺。雄性哺乳动物生殖系统主要完成精子发生和成熟、并将精子释放到雌性动物生殖道中。

11.1.1.1 睾丸及其功能

(1)概述

睾丸如图 11-2 所示，但不同动物睾丸及附睾形态有差异(图 11-3)。此外，睾丸大小(表 11-1)及睾丸发育下降到阴囊内的时间也各不相同(表11-2)，但其功能都是生成精子和分泌雄激素。多数动物睾丸生精功能是从初情期开始一直持续至性机能衰退。一个初级精母细胞经过两次减数分裂产生4个精子。睾丸分泌雄激素促使雄性动物第二性征出现和维持正常生殖功能。睾丸生精小管由支持细胞和不同发育阶段生殖细胞组成，生精小管中不同发育阶段生精细胞包括精原细胞、初级精母细胞、次级精母细胞、精子细胞。而生精小管支持细胞(Sertoli cell)具有支持和营养生精细胞，合成雄激素结合蛋白(ABP)，吞噬变态精子残体，参与形成血睾屏障和分泌睾丸液等功能。生精小管间的间质细胞(Leydig cell)能合成和分泌雄激素，为精子发生提供适合的激素环境。

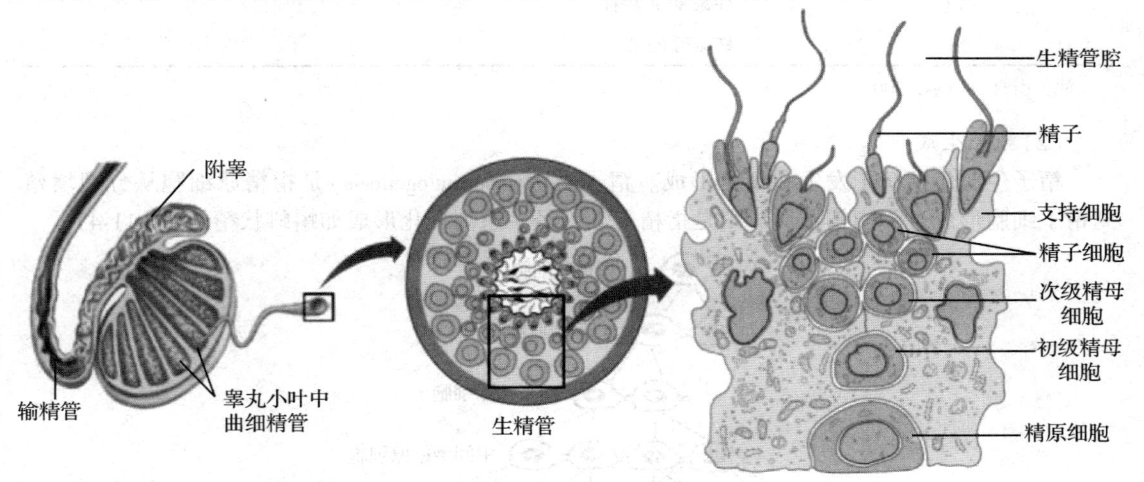

图11-2　睾丸结构图

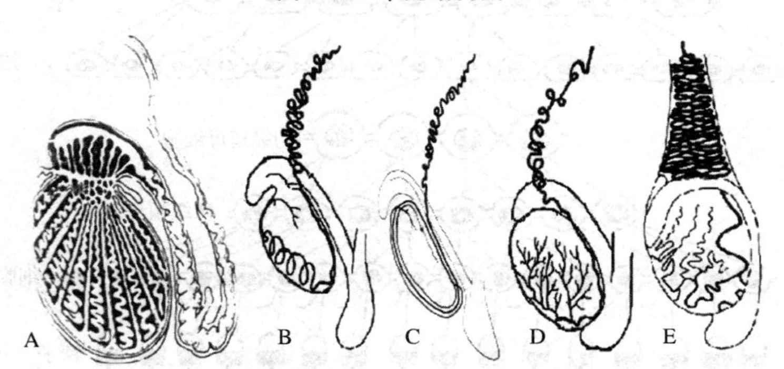

图11-3　睾丸和附睾结构模式图(引自杨增明，2005)

A. 人；B. 大鼠；C. 兔；D. 犬；E. 绵羊

表11-1　不同动物睾丸大小

动物品种	长度/cm	直径/cm	质量/g
马	7.5~12.5	4~7(背腹)，5(厚)	200~300
牛	10~15	5~8.5	200~500
绵羊和山羊	7.5~11.5	3.8~6.8	200~400
猪	10~15	5~9	500~800
犬	2~4	1.2~2.5	7~15
猫	1.2~2	0.7~1.5	—

注：引自Shukla，2020。

表 11-2 不同动物睾丸下降到阴囊内的时间

动物品种	睾丸下降到阴囊内的时间
猫	出生后 2~5 d
犬	在妊娠的最后几天与出生后最初几天之间
马	妊娠第 9 个月与出生后最初几天之间
牛	妊娠后 3.5~4 个月
绵羊	妊娠 80 d 左右
猪	妊娠后 85 d

注：引自 Noakes，2009。

(2)精子生成

精子生成包括精子发生和精子形成。精子发生(spermatogenesis)是指精原细胞从分裂增殖到精子细胞形成过程。精子形成则是指精子细胞经一系列变化形成如蝌蚪状精子(图 11-4)。

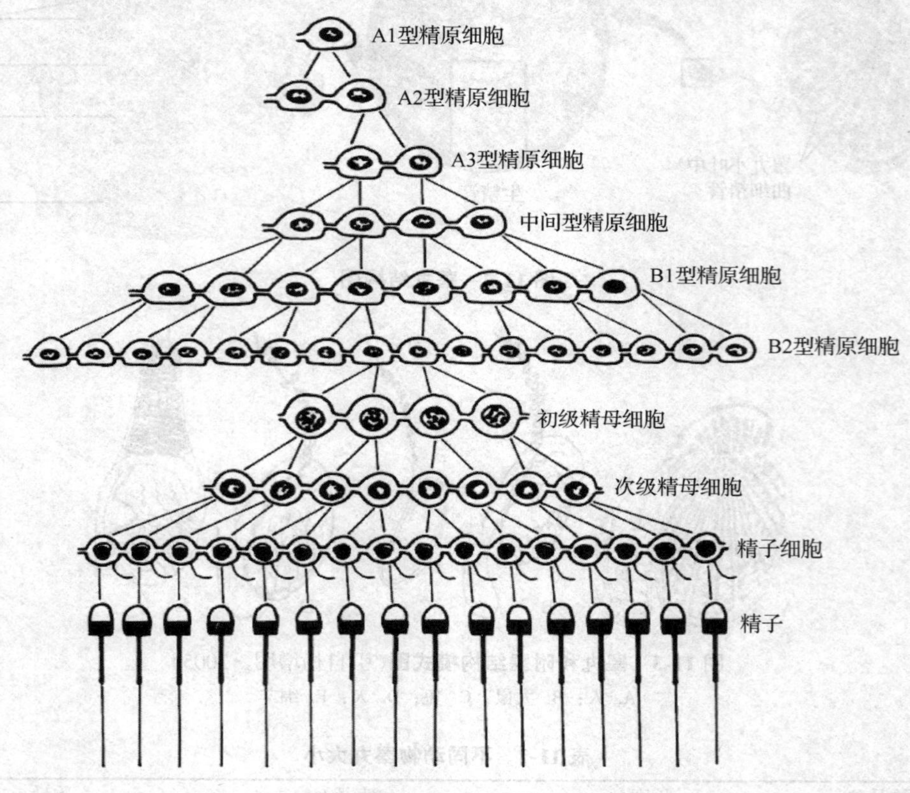

图 11-4 牛精子发生示意图

注：A1 型精原细胞经过一系列有丝分裂后形成 A2、A3 和中间型精原细胞；B1 和 B2 型精原细胞，再一次有丝分裂形成初级精母细胞并进入减数分裂；第一次减数分裂后产生次级精母细胞，第二次减数分裂后产生精子细胞并进一步分化形成精子

①精原细胞(spermatogonia) 是精子生成干细胞，位于生精小管基膜上，圆而小。精原细胞分为 A、B 两型。A 型核染色质少，核仁靠近核膜。B 型具有粗大异染色质，核仁位于核中央，经数次有丝分裂，体积增大，形成初级精母细胞。

②初级精母细胞(primary spermatocyte) 位于精原细胞内侧，细胞核大而圆。初级精母细胞完成第一次减数分裂产生两个单倍体次级精母细胞，染色体数目减半。

③次级精母细胞(secondary spermatocyte) 体积较初级精母细胞小，细胞核圆形，染色质呈粒状，核仁不易观察。次级精母细胞经第二次减数分裂，形成单倍体精子细胞。

④精子细胞(spermatid) 靠近生精小管的管腔，多层排列，圆球状单倍体细胞，核小而圆，染色深，核仁明显。

⑤精子形成(spermiogenesis) 精子细胞经过变态形成外形似蝌蚪状精子(spermatozoon)的过程叫作精子形成。即细胞核极度浓缩形成精子的头部，高尔基复合体特化为顶体，中心体形成精子尾部，线粒体聚集在尾中部，精子运动能量来源于此。正常情况下，不同动物睾丸大小及精子产量各不同(表11-3)，这与雄性动物年龄、生精管结构及功能密切相关。

表11-3 不同动物睾丸生精能力

精子产量	牛	猪	羊	马
$\times10^6$ 个/[g(睾丸)·d]	16	27	25	20
睾丸重/g	350	360	275	200
精子总产量/$\times10^9$ 个	11	19	14	8
精子生成周期/d	61	34	49	49

(3)睾丸内分泌功能

①雄激素(androgens) 睾丸间质细胞分泌雄激素，主要是睾酮(testosterone，T)。睾酮主要生理作用：一是刺激生殖器官生长发育，促进雄性副性征出现并维持其正常状态；二是睾酮与生精细胞上雄激素受体结合，促进精子生成；三是促进肌肉蛋白质合成和红细胞生成；四是维持正常的性欲；五是促进骨骼生长与钙磷沉积、骨骺闭合。

②抑制素(inhibin) 是睾丸支持细胞分泌的糖蛋白激素，由α和β两个亚单位组成，抑制素抑制腺垂体分泌卵泡刺激素(FSH)。

(4)睾丸功能调节

下丘脑、腺垂体和睾丸在功能上联系密切，构成下丘脑-腺垂体-睾丸轴。

①下丘脑-腺垂体对睾丸功能调节 下丘脑释放的促性腺激素释放激素(GnRH)调节腺垂体FSH和LH合成与分泌，进而调节睾丸的活动。FSH有启动生精作用，LH促进间质细胞合成睾酮。

②睾丸激素对下丘脑-腺垂体反馈调节 睾丸分泌雄激素与抑制素对下丘脑GnRH和腺垂体FSH和LH分泌有反馈抑制作用；FSH促进抑制素分泌进而对腺垂体FSH合成和分泌起选择性抑制作用。

③睾丸内局部调节 睾丸支持细胞与生精细胞、间质细胞之间存在复杂的局部调节机制，同时睾丸内存在旁分泌和自分泌调节方式。

11.1.1.2 附睾及其功能

附睾为一细长扁平的器官，位于睾丸的后上方，两者借附睾输出小管相连通。附睾主要由附睾管构成，附睾管为不规则的迂曲小管。

从睾丸曲细精管释放的精子缺乏运动能力，在功能上是不成熟的。因此，还需要继续发育直至成熟，此阶段主要在附睾内进行。附睾对精子成熟的影响主要表现在对精子形态、精子表面成分及代谢的改变等方面。

精子在附睾成熟过程中最明显的形态变化是精子尾部的原生质小滴和尾部的弯曲程度(小

滴随之消失，尾部逐渐变直)。此外，在附睾内精子表面的附着蛋白、结构蛋白、抗原和酶等发生了很大变化。它们与精子获能、顶体反应、精卵融合等生殖过程有直接联系。精子在睾丸中成熟过程经历一系列代谢改变，其中钙离子的跨膜转运具有重要生理意义。附睾头精子无规则运动转变成附睾尾精子直线运动的变化，与钙离子依赖性机制的代谢改变有关。

11.1.1.3 输精管和副性腺功能

(1)输精管功能

输精管是附睾管的延续，主要是将精子从附睾中输出。另外，输精管腺体段分泌物有利于精子运动和生存。

(2)副性腺功能

大多数动物副性腺包括精囊腺、前列腺和尿道球腺(表11-4)。

①精囊腺(seminal vesicle)　属于复合管状腺或管泡腺，分泌物为白色或黄白色胶状液体，占射精量的25%~30%，富含果糖，能为精子提供能量和稀释精子功能。肉食动物无精囊腺。

②前列腺(prostate glands)　属于单管腺泡，分泌物为黏稠蛋白样偏碱性物质，能中和精液和刺激精子运动。犬前列腺极发达。

③尿道球腺(bulbourethral gland)　位于尿生殖道骨盆部末端的背面两侧。尿道球腺的黏液和蛋白样分泌物在射精时先流出，具有中和尿道内环境、润滑尿道和阴道的作用。犬无尿道球腺。

表11-4　不同动物副性腺

动物品种	前列腺	精囊腺	尿道球腺
猫	++	—	++
犬	+++	—	—
马	++	++	+
牛	++	+++	+
绵羊	++	+++	+
猪	+	++	+++

注：+个数表示该性腺大小及重要性；引自Noakes，2009。

11.1.1.4 精子形态和雄性动物繁殖力

(1)精子形态

精子由头部、中段和尾部组成(图11-5)。不同动物精子形态各不同(图11-6)。精子形态与精子活力、活率、密度和运动参数(表11-5)有密切关系，精子质量和形态学分析在临床雄性不育的诊断中具有重要作用。

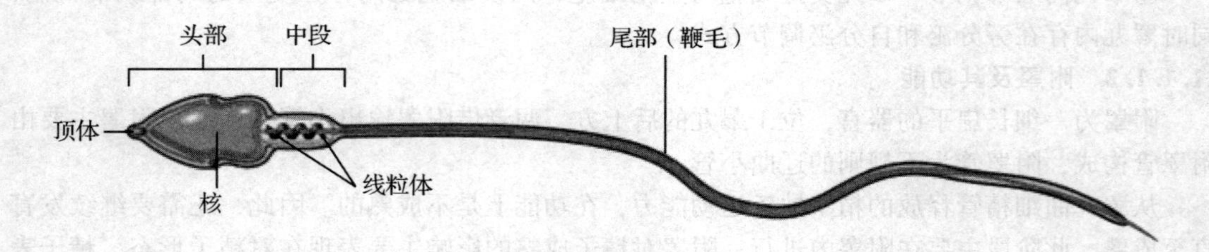

图11-5　哺乳动物成熟精子结构模式图

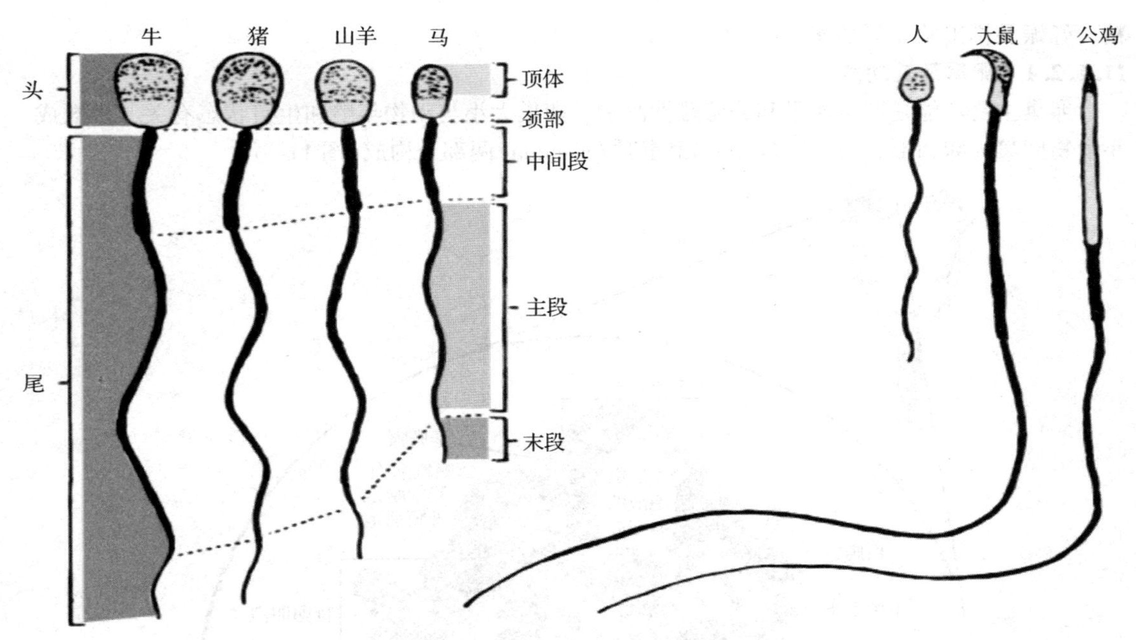

图 11-6 不同动物精子形态模式图

表 11-5 不同动物正常精液特征

精液特征	牛	山羊	马	猪	犬
体积/mL	4(2~10)	1.0(0.5~2.0)	60(30~250)	250(125~500)	10(2~9)
密度/(×10^6/mL)	1 250(600~2 800)	2 000(1 250~3 000)	120(30~600)	100(25~1 000)	125(20~540)
活力/%	> 70	> 90	> 60	> 60	> 85
正常精子/%	> 75	> 85	> 60	> 60	> 90

注：引自 Noakes，2009。

(2)精子形态畸形与繁殖力

①精子头部畸形比例和繁殖力的关系　精子头部畸形数多少决定雄性动物繁殖力高低，梨形精子在精液中比例高将严重影响繁殖力。受胎率高的公牛精液中头部畸形精子比例不超过4%，尾部畸形不超过0.5%。公牛生理状态、性欲、性行为等无异常，精液和其他指标也正常，但是顶体畸形比例高时导致受胎率低。顶体畸形表现为精子头前端增厚、肿胀或呈囊状物，且染色不均匀，严重者为顶体部分或全部脱落。繁殖力正常的公牛，其精子顶体脱落比例低于1%，而处于性休息或长时间不采精的公牛，精子顶体脱落高达18%。这与精子老化有关。

②精子尾部畸形对繁殖力的影响　正常情况下，尾部畸形精子比例很少，对公畜繁殖力几乎无影响。精子尾部呈环形卷曲比例增高时，显著影响受胎率。精子近端带原生质滴，比远端带原生质滴者危害更大。附睾内贮存过久的精子会发生变形、退化、解体而被吸收。长期不用的种畜首次采精，其精液品质很差。

11.1.2 雌性生殖生理

雌性生殖器官包括卵巢(ovary)、输卵管(oviduct or uterine tube)、子宫(uterus)、阴道(vagina)、前庭(vestibule)、阴门(vulva)和相关腺体。生殖器官完成卵子发生、成熟、运输、受精、妊娠及排出胎儿等功能。

11.1.2.1 卵巢及其功能

卵巢主要功能是产生卵子和分泌雌性激素。卵巢大小与动物年龄和生殖状态有关，多数成年动物卵巢为卵圆形，由皮质(cortex)和髓质(medulla)两部分构成(图 11-7)。

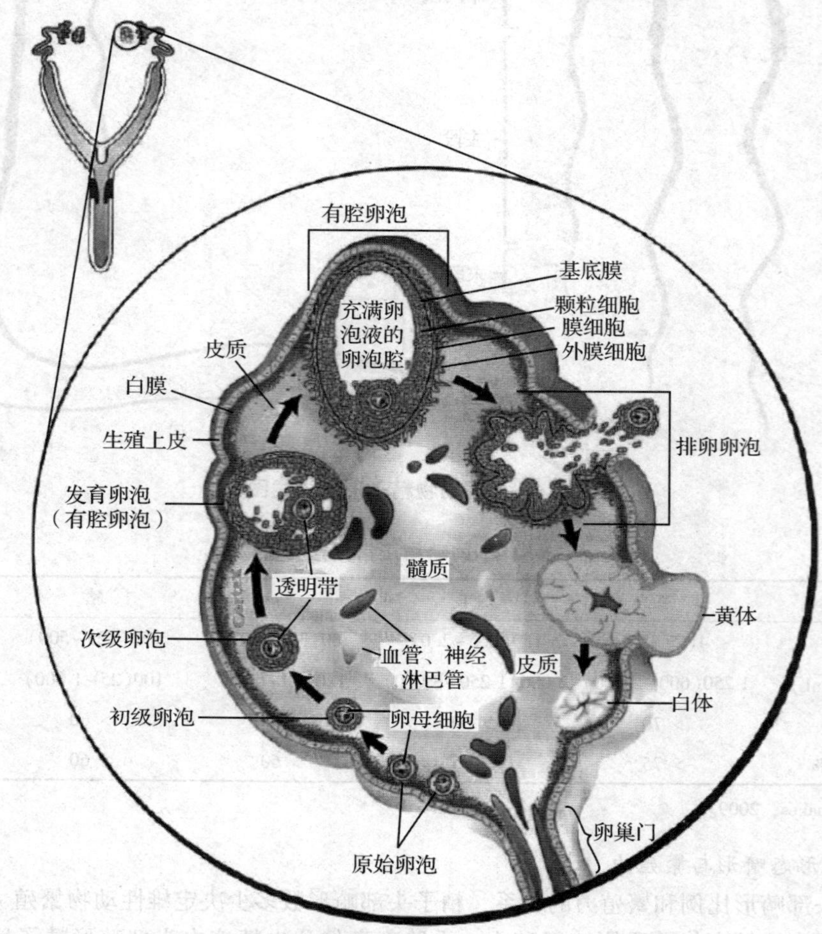

图 11-7 卵巢结构模式图(引自 Phillp, 2015)

(1)卵巢生卵功能

卵巢形成时原始生殖细胞已经存在，随着卵巢发育，形成初级卵母细胞，周围的细胞形成单层扁平卵泡细胞，并与初级卵母细胞共同构成原始卵泡。出生前初级卵母细胞进入第一次减数分裂并停留在早期阶级，初情期后卵母细胞完成第一次减数分裂。随着卵泡发育成熟，卵泡逐渐向卵巢表面移行并向外突出，当卵泡接近卵巢表面，该处表层细胞变薄，最后破裂排卵(ovulation)。大多数动物在出生时卵巢中就有数百万个卵母细胞存在，人在出生时卵巢中约有200万个卵母细胞，到青春期约有40万个，不能再增殖；而成年小鼠卵巢中生殖细胞能够增殖。

(2)卵巢内分泌功能

①雌激素(estrogens) 卵泡颗粒细胞的芳香化酶能够将卵泡内膜细胞产生的雄激素转变为雌激素。雌激素诱导雌性生殖器官生长、发育和雌性动物生殖行为。卵巢雌激素能诱导排卵前

LH大量释放，进而引起排卵和黄体形成。

②孕酮(progesterone) 是由发情后期(metestrus)、间情期(diestrus)、妊娠期(pregnancy)黄体细胞和胎盘(placenta)产生。孕酮刺激子宫腺发育及分泌，使子宫内膜处于接受状态，同时阻止卵泡成熟和再次发情，维持动物的妊娠状态。雌激素和孕激素协同促进乳腺腺泡发育。

11.1.2.2 输卵管及子宫功能

(1)输卵管功能

输卵管是卵子(ova)、精子(spermatozoa)、受精卵(zygote)运行的通道，同时也是生殖细胞停留、受精和获得营养的部位。伞部捕获由卵巢排出的卵子，漏斗部上皮细胞纤毛向子宫方向摆动将卵子运送到壶腹部，壶腹部是卵子受精的部位。壶腹部上皮纤毛运动和平滑肌收缩共同参与合子运输。输卵管管壁肌肉收缩和黏膜上皮纤毛运动，有利于精子在输卵管内运动。

(2)子宫功能

子宫是胚胎附植(implantation)和胎儿发育的地方。大多数动物的子宫由子宫角(cornua uteri)、子宫体(uterine body)、子宫颈(cervix uteri)3部分组成。

(3)阴道功能

阴道是雌性动物交配器官和胎儿产出通道。阴道黏膜淡红色，受性激素的影响而有周期性的变化。

11.1.2.3 性周期

雌性哺乳动物从初情期到性功能衰退的生命过程中，卵巢出现周期性的卵泡发育和排卵，并伴有生殖器官及整个机体发生一系列周期性生理变化，这种变化周而复始(非发情季节及怀孕期间除外)，一直到性机能停止活动的年龄为止，这种周期性的性活动称为性周期(sexual cycle)或发情周期(estrus cycle)。在性周期中，卵巢排卵，生殖器官的其他部分也发生相应变化，如子宫壁在排卵前后增厚。在排卵期，动物性欲旺盛，故性周期也称发情周期或动情周期。灵长类性周期也称月经周期。不同动物性周期特点各不同，见表11-6所列。

表11-6 不同动物性周期特点

动物品种	初情期年龄	发情周期类型	发情周期	发情持续时间
牛	10~12个月，首次配种14~15个月	全年多次发情	21 d(18~24)	18 h(6~24)
绵羊	6~9个月	季节性多次发情，早秋到冬天	17 d(14~20)	24~36 h
山羊	5~7个月	季节性多次发情，早秋到晚冬	21 d	24~48 h
猪	6~7个月	全年多次发情	21 d(19~23)	40~60 h
马	10~24个月	季节性多次发情，早春到整个夏天	21 d(19~23)	5~7 d
犬	6~24个月，小型品种早发情，大型品种晚发情	全年季节性单次发情	6~7个月	9 d(3~21)
猫	4~12个月	季节性多次发情，春季至早秋	14~21 d	6~7 d

注：引自Aiello，2016。

(1)发情周期分期

根据雌性动物性欲表现、卵巢内卵泡生长发育、排卵和黄体形成及雌性生殖道(子宫、阴道等)生理变化，将发情周期划分为发情前期、发情期、发情后期及间情期。

①发情前期(proestrus，卵泡期) 卵巢上开始有新卵泡生长发育，黄体进一步退化，雌激素开始分泌，生殖道血流量增加，毛细血管扩张伸展，阴道和阴门黏膜有轻度充血、肿胀；子

宫颈略微松弛，子宫腺体生长，腺体分泌活动逐渐增加，分泌少量稀薄黏液，阴道黏膜上皮细胞增生，尚无性欲表现。

②发情期(oestrus，排卵期) 雌性动物性欲达到高潮，愿意接受雄性交配，卵巢上卵泡迅速发育成熟并排卵，雌激素分泌增多，阴道和阴门黏膜充血肿胀明显，子宫黏膜显著增生，子宫颈口开张，子宫肌层蠕动加强，腺体分泌增多，有大量透明稀薄黏液排出。

③发情后期(metestrus，黄体形成期) 雌性动物恢复安静，无外观发情表现，雌激素分泌显著减少，黄体开始形成并分泌孕酮，子宫肌层蠕动逐渐减弱，腺体活动减少，子宫颈口封闭，子宫内膜逐渐增厚。

④间情期(dioestrus，休情期) 雌性动物无性欲，黄体继续发育增大并分泌大量孕酮，子宫内膜增厚，子宫腺体高度发育、分泌作用增强。如果卵子受精，这一阶段将延续下去，动物不再发情。如果卵子未受精，增厚的子宫内膜回缩，腺体缩小，分泌活动停止，周期黄体开始退化萎缩，卵巢卵泡开始发育，进入下一次发情周期的发情前期。

(2)发情周期类型

雌性哺乳动物发情周期主要受神经内分泌系统的调控，同时受外界环境的影响。家畜发情周期有明显的种属特点，根据发情周期的发生频率，可以大致划分为如下两种类型。

①多次发情 包括终年多次发情和季节性多次发情。终年多次发情是指动物在一年中除妊娠期和泌乳期外，都可能周期性地出现发情，如舍饲牛、兔、猪等；季节性多次发情是指动物只在发情季节出现多次发情，如马、驴、绵羊及猫等。

②单次发情 是指动物在繁殖季节也只出现一次发情，如犬、狼、狐、熊等在春、秋两季发情，而每个发情季节只有一次发情，称为季节性单次发情。

(3)影响发情周期因素

①环境因素 光照、温度、气味等各种刺激经过不同途径作用于下丘脑，使其释放神经激素并作用于腺垂体 GtH，从而控制卵巢中卵泡的生长发育、成熟、排卵以及性激素的产生，即对动物发情周期产生影响。

②营养条件 严重营养不良可使发情不正常，或停止发情。

③健康状况 精神刺激、疾病、创伤等都可引起性周期的改变。

11.1.2.4 卵泡发育及排卵

卵泡由原始卵泡发育成为初级卵泡、次级卵泡、三级卵泡和成熟卵泡的生理过程称为卵泡发育(follicular development)。雌性配子的形成、发育和成熟过程称为卵子发生(oogenesis)，这一过程包括卵原细胞的增殖、卵母细胞的生长发育和成熟(图 11-8)。

(1)卵泡形态

卵泡(follicle)是由卵巢皮质内一个卵母细胞和其周围许多小型卵泡细胞所组成。根据卵泡发育时期或生理状态，将卵泡分为原始卵泡、生长卵泡、成熟卵泡。其中，生长卵泡(growing follicle)要经历 3 个阶级，即初级卵泡、次级卵泡和三级卵泡。各级卵泡形态，如图 11-9 所示。

(2)卵泡发育

原始卵泡经过初级卵泡、次级卵泡、三级卵泡和成熟卵泡的发育过程，称为卵泡发育(follicular development)。初情期前，卵泡能发育，但不能成熟排出，当发育到一定程度便退化萎缩；到初情期，卵巢上原始卵泡通过一系列复杂发育阶段才能成熟排出(图 11-10)。

①原始卵泡(primordial follicle) 由一个初级卵母细胞(primary oocyte)和包围它的单层扁平卵泡细胞(前颗粒细胞，pregranulosa cells)构成，排列在卵巢皮质外周。原始卵泡直径为 20~35 μm，种间差异不大。肉食动物、羊和猪的原始卵泡中可能有 2~6 个初级卵母细胞，是多卵

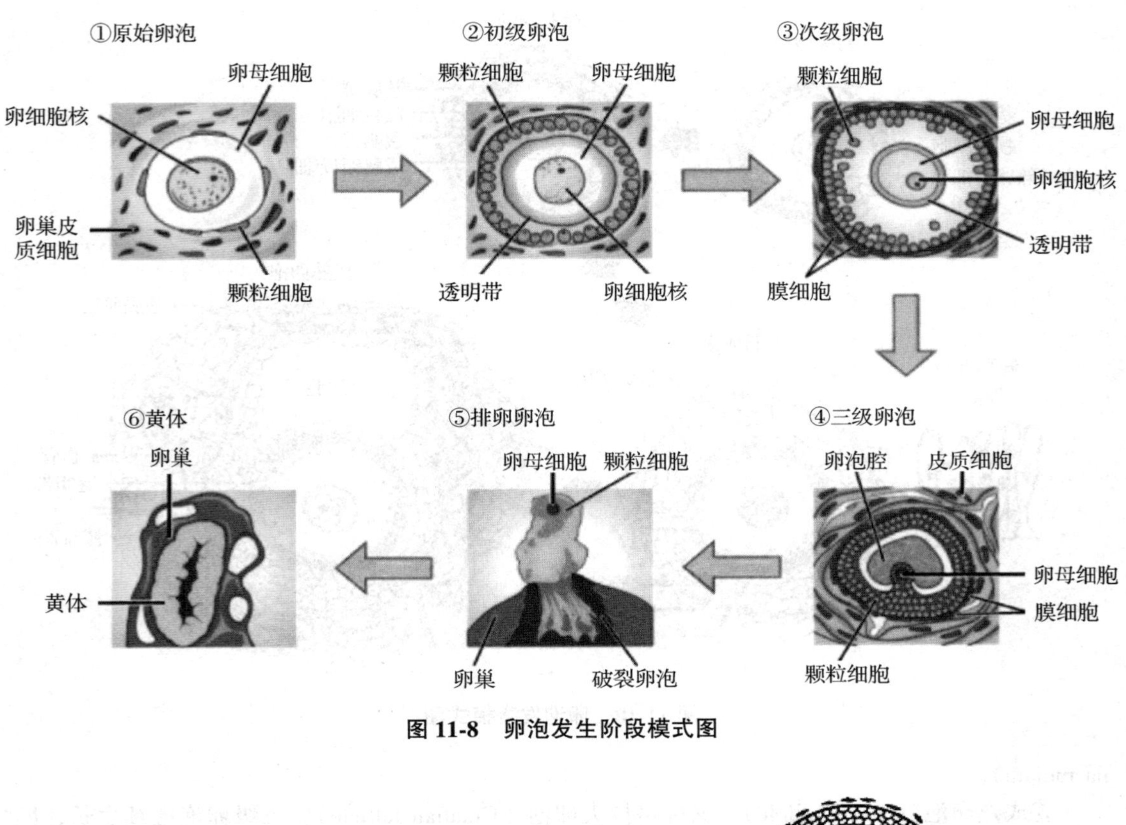

图 11-8　卵泡发生阶段模式图

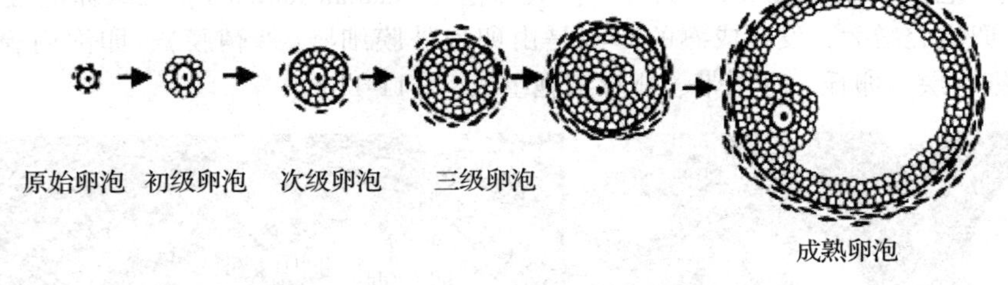

图 11-9　各级卵泡的形态模式图

卵泡(polyovular follicle)。

②初级卵泡(primary follicle)　原始卵泡开始生长，前颗粒细胞由扁平形细胞变为立方形(柱状)颗粒细胞(granulosa cells，GC)，并由单层进一步变为多层。卵母细胞分泌一些糖蛋白在其周围形成透明带(zona pellucida)。卵泡外的基质细胞分化为泡膜细胞。

③次级卵泡(secondary follicle)　初级卵泡继续发育并移向皮质中部，由一个初级卵母细胞和周围多层的颗粒细胞构成。初级卵泡移向卵巢皮质的中央时卵泡上皮细胞增殖，使卵泡上皮形成多层圆柱状细胞，细胞体积变小，称为颗粒细胞。次级卵泡出现明显的透明带(zona pellucida)。

④三级卵泡(tertiary follicle)　又称有腔卵泡(antral follicle)，卵泡中央有一空腔，充满由卵泡细胞分泌和从血管渗透来的组织液、透明质酸和雌激素等生物活性物质。卵泡液增多、卵泡腔也逐渐扩大，卵母细胞被挤向一边，并包裹在一团颗粒细胞中，形成半岛突出在卵泡腔内，称为卵丘(cumulus oophorus)。卵母细胞周围的颗粒细胞呈放射状排列，称为放射冠(coro-

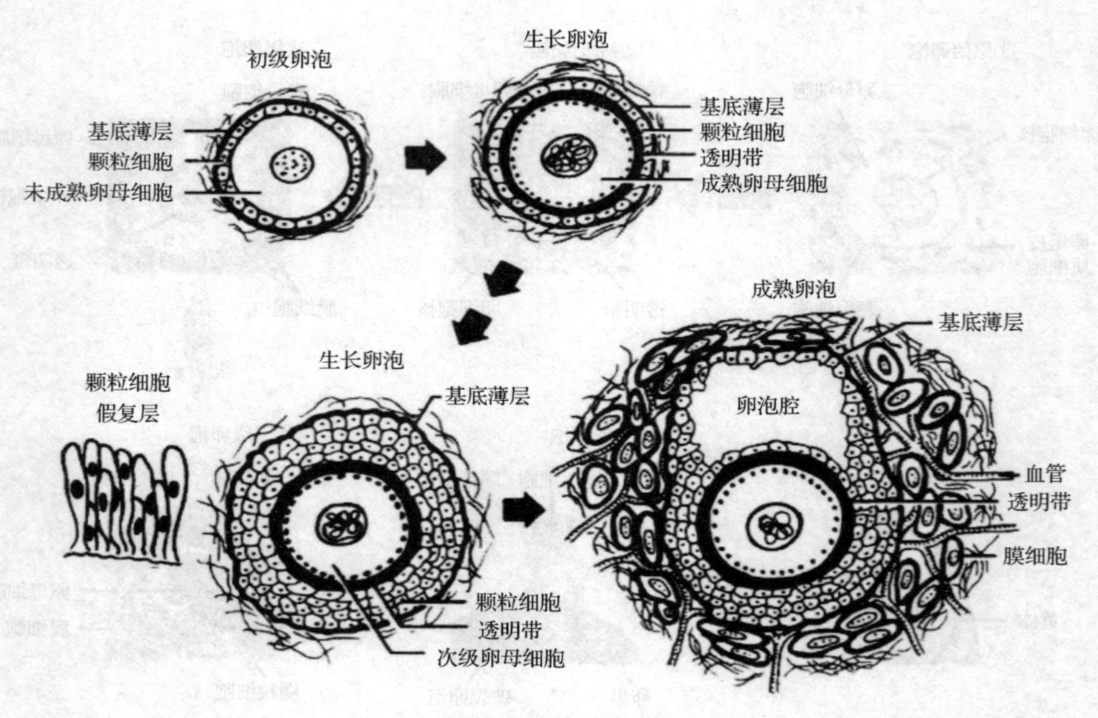

图 11-10 卵泡发育模式图

na radiata)。

⑤成熟卵泡(mature follicle) 又称格拉夫卵泡(Graafian follicle),三级卵泡继续生长,卵泡液增多,卵泡腔增大,发育成熟的卵泡是由卵泡外膜细胞(外鞘膜)、卵泡内膜细胞(内鞘膜)、颗粒细胞层、卵丘、透明带、卵母细胞组成(图 11-11)。

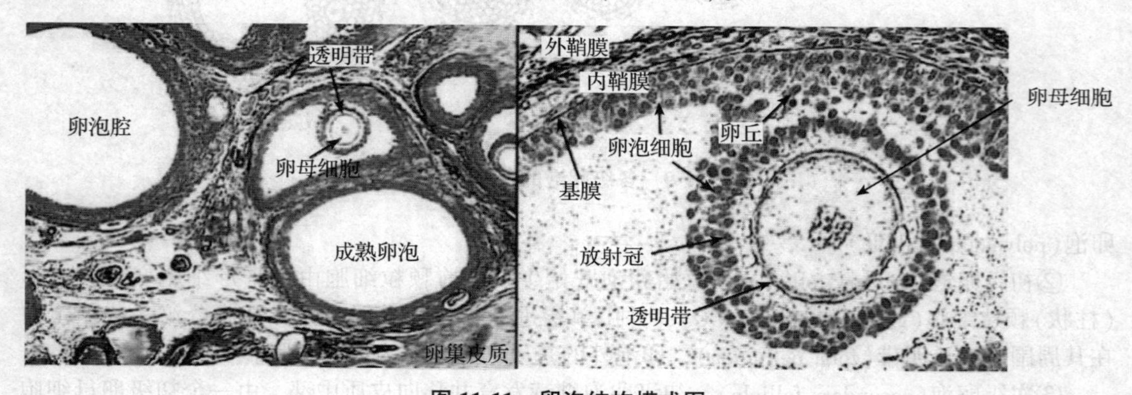

图 11-11 卵泡结构模式图

卵泡发育到排卵时初级卵母细胞才完成第一次减数分裂,排出第一极体(first polar body),形成次级卵母细胞;而犬和马是在排卵后完成卵的第一次减数分裂。第一次减数分裂完成后停留在第二次减数分裂的中期,直到受精才完成第二次分裂,卵母细胞释放第二极体(second polar body)。一个发情周期中,各种动物成熟卵泡数不同,牛和马 1 个,猪 10~25 个,绵羊 1~3 个,兔 5~8 个,大鼠 10 个,小鼠 8~10 个,仓鼠 6~9 个。

⑥卵泡闭锁和退化 动物出生前,卵巢上就有许多原始卵泡,但只有少数卵泡和卵子能够

发育成熟和排出，绝大多数卵泡发生闭锁和退化，因此卵泡数随着年龄的增加而减少。初生母犊有75 000个卵泡，10~14岁时25 000个，到20岁时只有3 000个。卵泡的闭锁和退化主要特征是染色体浓缩，核膜起皱，颗粒细胞离开颗粒层悬浮于卵泡液中，卵丘细胞发生分解，卵母细胞发生异常分裂或碎裂，透明带玻璃化并增厚，细胞质碎裂等变化。

(3)卵子与卵泡间的互作

①卵泡细胞在卵子发育中的作用　卵子从原始卵泡阶段起被大量卵泡细胞包围，卵泡细胞在卵子的发生过程中具有重要作用，包括营养作用、调节卵母细胞生长、参与维持成熟及诱导排卵等。

②卵母细胞对卵泡发育的作用　卵母细胞分泌的可溶性生长因子调节颗粒细胞的机能和增殖，对其扩展也有调节作用。卵母细胞还对颗粒细胞类固醇激素的合成和分泌具有调节作用。

(4)排卵及其特点

①排卵(ovulation)　是指成熟卵泡壁破裂，次级卵母细胞及其外周的透明带和放射冠随卵泡液一起排出卵巢的过程。哺乳动物卵巢除卵巢门外其余部位均可发生排卵，但马属动物仅在卵巢的排卵窝发生排卵。排卵分为自发排卵和诱发排卵两种类型。自发排卵(spontaneous ovulation)：成熟卵泡不需外界刺激即可排卵和形成黄体，如猪、牛、羊等。诱发排卵(induced ovulation)：动物经过交配或人为地进行物理的(刺激子宫颈)、化学的(如注射FSH、hCG)刺激才能引起排卵，又称刺激性排卵，如兔、貂、袋鼠等。骆驼配种后，可刺激排卵。此外，注射精液也可能诱发雌性骆驼排卵。

②不同动物排卵特点　自然界中不同物种其卵泡发育和排卵既有共同的特点，又有各自的特点。

牛：在发情开始后28~32 h或发情结束后10~15 h排卵，80%以上排卵发生在4：00~16：00；在发情期，交配使排卵提前2 h发生。每个发情周期只排1个卵。右侧卵巢排卵概率为55%~60%，比左侧高。

羊：幼龄绵羊常安静发情、排卵，山羊安静发情、排卵较绵羊少。羊的右侧卵巢排卵功能强，排单卵(1个卵子)的比例为62%。绵羊在发情开始后24~27 h排卵，山羊在发情开始后30~36 h排卵。山羊每次排一个卵子，有的品种排2个；萨能奶山羊排2~3个，有时可排5个卵。

猪：母猪发情后20~36 h开始排卵，发情期交配可使排卵提前4 h。母猪排卵过程是陆续完成的，从排第一个卵到最后一个卵排出的时间间隔为1~7 h，平均为4 h。母猪排卵数一般为10~25个。

马和驴：马的排卵模式不同于其他哺乳动物，马排卵部位在排卵窝。马(驴)是长日照季节性多次发情动物，马左侧卵巢排卵较右侧多，成熟卵泡直径可达5~7 cm。发情结束前24~48 h排卵，第一次减数分裂于排卵后完成。

骆驼：母驼属于季节性单次发情诱导排卵动物。其左侧卵巢机能稍强、卵泡发育概率约为54%，右卵巢约为46%。骆驼排卵机理和其他诱导排卵动物不同，爬跨或刺激子宫颈及阴道不能引起排卵。注射LH、GnRH及hCG能引起排卵，且多数排卵发生在注射后36 h内。母驼在排卵后仍继续表现发情，2~8 d后才拒配。

犬：母犬属季节性单次发情诱导排卵动物，一般在3~5月或9~11月各发情一次。成年犬在接近发情期卵巢上有几个至几十个卵泡发育，到排卵前2~3 d生长发育迅速。在发情后1~2 d内排卵，常在几小时内排空所有卵泡。

猫：猫属于季节性多次发情诱导排卵动物，交配后24~50 h排卵。交配次数增加和注射

GnRH 可诱导多排卵。

兔：兔属于终年多次发情诱导排卵动物，即使卵巢上有成熟卵泡也不会排卵，只有经公兔交配、爬跨或外源激素刺激后10~13 h 才排卵。

11.1.3 受精与授精

11.1.3.1 受精与授精的概念

(1)受精

受精(fertilization)是指精子与卵子(雄雌原核)融合形成合子(zygote)的过程(图 11-12)。

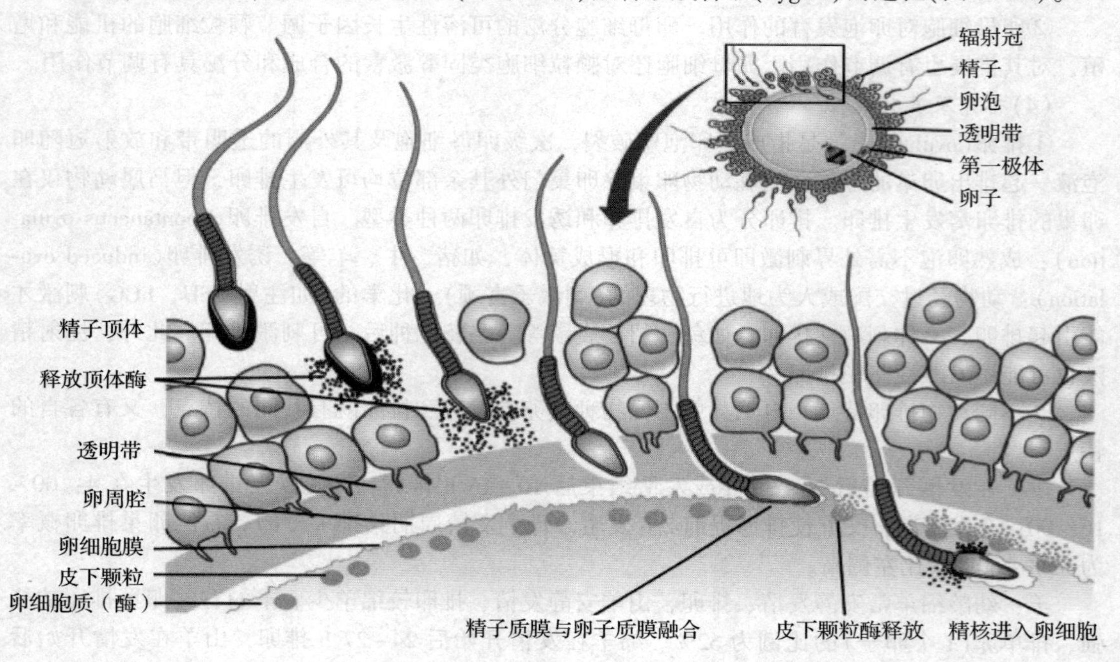

图 11-12 受精过程模式图

(2)授精

授精(insemination)是指人工采集精液并将精液注入雌性生殖道内的过程。

11.1.3.2 精子运行与激活

精子运行是指精子由射精(输精)部位到达受精部位的过程。精子的运行除依靠自身的运动外，还需要子宫颈、子宫体及输卵管等几道生理屏障的配合，才能使精子最终到达受精部位。阴道分泌物造成的酸性环境不利于精子生存，可使精子快速失活，因此精子必须快速转移到更为适宜的子宫内。

(1)精子在雌性生殖道中运行

根据射精部位将家畜分为阴道射精型(牛、羊)和子宫射精型(猪、马属动物)两种类型。现以阴道射精型家畜为例，将精子在母畜生殖道内的运行途径说明如下。

①精子进入阴道　交配时进入阴道的精液大部分存于阴道穹窿，在宫颈口周围形成精液池；数分钟后精子通过子宫颈进入子宫颈管。

②精子穿过子宫颈　子宫颈管内充满黏液，精液与子宫颈黏液相混时，精液会产生指状突起侵入宫颈黏液中。酶系的作用、宫颈肌的舒缩和精子的主动运动，使精子易于进入子宫腔。

③精子在宫腔内运行 进入子宫腔的大部分精子，在子宫内膜腺体隐窝中贮存并不断向外释放。精子在子宫肌和输卵管的收缩、子宫液的流动以及精子自身运动等综合作用下通过子宫输卵管连接处进入输卵管。

④精子通过输卵管 进入输卵管的精子，借助输卵管系膜和黏膜皱褶的收缩以及管壁上皮纤毛摆动引起的液体流动，继续前行到受精部位(输卵管壶腹部)。能够到达输卵管壶腹部的精子一般不超过1 000个。

(2)精子获能作用

哺乳动物的精子必须先获能后才能实现受精。哺乳动物射出的精子，在雌性生殖道内获得受精能力的生理变化过程称为精子获能(capacitation)。

①精子获能的部位 精子在雌性动物生殖道获能。子宫射精型动物，精子获能始于子宫；阴道射精型动物，精子获能始于阴道。一种动物的精子可以在其他种雌性动物生殖道中获能。

②精子获能时间 精子获能一般需要1.5~16 h，即使是同一种动物也存在明显差异。精子获能所需时间：牛20 h，兔5~6 h，猪3~6 h，绵羊1.5 h。

(3)精子保持受精能力时间

精子在雌性生殖道内存活时间有明显种属间差异，阴道射精型动物的精子绝大多数在阴道内死亡。余下的多数精子死于子宫颈、子宫输卵管连接处以及输卵管峡部。不同动物精子在雌性动物生殖道内保持受精能力的时间见表11-7所列。

表11-7 精子进入雌性生殖道内保持受精能力的时间 h

动物品种	牛	马	猪	绵羊	山羊	犬	兔	大鼠	小鼠	豚鼠
保持受精时间	24~48	144	24~48	24~48	24~48	168	30~32	14	6~12	22

注：引自朱士恩，2006。

11.1.3.3 卵子受精前准备

(1)卵子在生殖道中运行

卵子运行取决于输卵管管壁纤毛摆动和肌肉活动，卵子进入输卵管内需要几分钟的时间，数小时内到达壶腹部，受精后在此停留36~72 h。随着输卵管向子宫方向蠕动加强，受精卵和输卵管分泌液迅速流入子宫。卵子在输卵管内运行时间一般不超过100 h(牛80 h、猪50 h、绵羊72 h)；卵子保持受精能力的时间多数家畜为12~24 h。

(2)卵子受精前生理变化

①卵母细胞质膜和透明带的变化 卵母细胞膜外有一层由糖蛋白、黏蛋白和多糖等组成的透明带，其周围有颗粒细胞构成放射冠，排卵后放射冠逐渐消失以利于精子进入卵子；卵母细胞成熟，透明带内微绒毛开始缩短变粗并逐渐从透明带退出；卵母细胞成熟后，微绒毛全部倒伏在卵表面上。第一次减数分裂完成和第一极体排出，卵黄膜与透明带之间出现卵周隙(perivitelline space)。

②卵母细胞质变化 随着卵母细胞的发育，各种细胞器先向皮质区迁移，卵母细胞成熟后，除皮质颗粒外其他细胞器又向卵子中央迁移并在细胞质中均匀分布；卵母细胞成熟过程中脂滴数量逐渐增多。皮质颗粒增殖及沿质膜成线形分布是卵母细胞成熟标志之一。

③卵母细胞核变化 卵母细胞在排卵前细胞核体积较大，核仁内有网状空泡。此时，核糖体RNA(rRNA)和不均RNA(hnRNA)合成活跃。在卵泡直径达3~4 mm时，卵母细胞核停止转录活动，核仁致密化。核生长期完成，卵母细胞获得了完成减数分裂的能力，称为获能卵母细胞。

(3)卵子保持受精能力

不同动物卵子保持受精能力的时间见表11-8所列。

表11-8 卵子在输卵管内保持受精能力的时间 h

动物品种	牛	马	猪	绵羊	犬	兔	豚鼠	大鼠	小鼠	猴
保持时间	18~20	4~20	8~12	12~16	4.5d	6~8	20	12	6~15	23

注：引自朱士恩，2006。

11.1.3.4 受精机理

(1)受精部位

哺乳动物卵子大都在输卵管壶腹部受精。

(2)受精机理

①精卵识别 精子与卵子间特异性结合是通过精子表面蛋白与卵子表面受体相互作用而实现，精卵之间相互识别具有种属特异性。精子与卵子识别是受精第一步，精子头部质膜和卵子透明带(zona pellucida，ZP)糖基互补是精卵特异性识别并结合的分子基础。

②顶体反应 获能精子顶体释放酶并溶解透明带的过程称为顶体反应(acrosome reaction，AR)。顶体中的复合酶系有：透明质酸酶、放射冠分散酶、顶体素、芳基硫酸酯酶、脂酶、唾液酸苷酶等。顶体反应是精子在受精时的关键变化，只有完成顶体反应的精子才能与卵母细胞融合，实现受精。

③透明带反应 精子质膜与卵子质膜融合后，一系列酶类引起透明带糖蛋白变化，从而阻止多精入卵，称为透明带反应(zona reaction)。

④精子穿过透明带 获能精子在穿过透明带之前，与透明带表面发生精卵识别并结合。精子细胞膜受体与透明带蛋白，如ZP_3相互作用，诱发顶体反应，在顶体酶的作用下以及精子本身的机械运动，精子穿过透明带。精子头部以不同角度向透明带内部斜向穿入并借尾部强有力的摆动缓慢通过透明带，并在透明带上留下一条窄长孔道；精子附着于透明带后5~15 min穿过透明带。

⑤卵激活与皮质反应 卵子从减数分裂的静息状态恢复并继续发育到第一次卵裂前的过程，称为卵子激活(egg activation)。只有受精卵才具有这种发育潜能，未受精卵子在排卵后48 h左右死亡。受精时卵内游离Ca^{2+}浓度的升高是卵激活的必要条件。精子接触卵表面以及穿入卵时，卵细胞质表层所发生的一系列变化过程，称为皮质反应(cortical reaction，CR)。精子进入卵内，使卵内Ca^{2+}浓度升高，触发卵内的皮质反应，卵膜下的皮质颗粒以出胞形式释放出特殊酶使透明带硬化，阻止其多精受精。

⑥精卵融合 受精关键是精卵质膜融合，精子穿过透明带与卵质膜融合。精卵质膜融合首先发生在精卵质膜接触部位，通过精子膜上配体蛋白Izumo1与卵子膜上受体Juno结合(图11-13)，在融合蛋白介导和二价离子参与下，形成细胞内含物通道，然后细胞内含物混合，精卵随即合为一体，并排出胞外小囊泡。

11.1.3.5 异常受精

正常情况哺乳动物大多为单精子受精，异常受精也有发生，但只有正常受精的1%~2%。多精受精、雌核发育和雄核发育以及双雌受精等都属于异常受精(abnormal fertilization)。

(1)多精受精

有些动物卵子允许多精子进入并形成雄原核，但只有一个与雌原核发生融合，其余的精子逐渐退化、消失，这种现象称为生理多精受精(physiological polyspermy)。多精受精的产生与阻

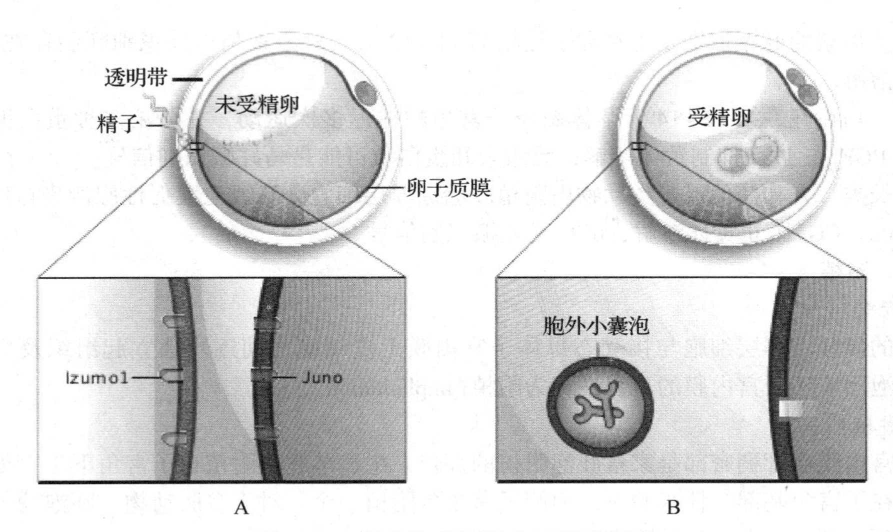

图 11-13 精子与卵子融合过程模式图

止多精入卵机能不完善有关，如卵母细胞发育尚未成熟或老化，卵子透明带损伤以及皮质颗粒分布和排列异常都可引起多精受精。当多个精子同时参与受精，会形成多个原核且体积较小；多个原核聚集形成多倍体，当发育到一定阶段，胚胎就会萎缩死亡。

(2)双雌核受精

双雌核受精是因卵子在某次成熟分裂中未将极体排出，造成卵中有两个雌核，而且都发育成原核而形成的。这种现象多发生于金田鼠和猪的受精过程。多是由于延迟交配、人工授精，或卵子在受精前已经衰老而引起。母猪如在发情后 36 h 交配，双雌核率可达 20%以上。

(3)雄核和雌核发育

卵子被激活后雌核消失，只有雄核染色体的发育，称为雄核发育(androgenesis)。精子将卵子激活后不形成雄原核并发生萎缩，而被激活的卵子充分发育，并且不排出第二极体，仍发育成双倍个体，这种生殖方式称为雌核发育(gynogenesis)。与雌核发育不同，单性生殖是卵子不经受精而发育成子代的一种生殖方式，又称孤雌生殖(parthenogernesis)。

11.1.4 妊娠

从受精卵在子宫内附植开始到胎儿发育成熟的过程，称为妊娠(gestation)。妊娠主要由孕激素和雌激素来维持。

11.1.4.1 妊娠识别

(1)概念

妊娠初期孕体发出信号(类固醇激素或蛋白质)传递给母体，母体产生反应并阻止黄体退化，并在母体和孕体间建立密切信息联系，这一生理过程称为妊娠识别(maternal pregnancy recognition，MPR)。

(2)不同动物妊娠识别

①绵羊　绵羊的妊娠识别发生在妊娠第 9~21 天。母羊识别孕体存在的最初信号是由胚胎分泌干扰素-τ(ovine interferon-t，oIFN-τ)，它抑制子宫合成和分泌 $PGF_{2\alpha}$，维持黄体功能。

②牛　牛的妊娠识别发生在妊娠第 16~19 天。牛胚胎滋养层与子宫阜接触前分泌 bIFN-τ(bovine interferon-t，bIFN-τ)。妊娠早期 bIFN-τ 有效抑制 $PGF_{2\alpha}$ 分泌，进而防止黄体溶解。

③猪 母猪的妊娠识别发生在卵子受精第11~12天。雌激素是母猪识别胚胎存在的信号，阻止黄体溶解。

④马 马在妊娠第12~14天孕体做跨子宫角的往返多次运动，并分泌多种蛋白抑制子宫内膜产生$PGF_{2\alpha}$，进而抑制黄体溶解；雌激素和蛋白质可能是马妊娠识别信号。

⑤灵长类 人和其他灵长类动物由附植胚胎滋养层细胞分泌绒毛膜促性腺激素(chorionicgonadotrophin，CG)阻止黄体溶解，hCG是妊娠识别信号。

11.1.4.2 附植

(1)概念

活化的囊胚滋养层细胞与接受态母体子宫内膜上皮细胞之间逐步建立起组织及生理上联系，使胚泡固着于子宫内膜的过程，称为附植(implantation)。

(2)附植部位

在子宫内膜血管稠密部是家畜胚泡附植的部位。牛、羊胚泡附植在子宫角下1/3处；马的胚泡附植在子宫角基部。怀双胎时，两侧子宫角各附植一个。对于多胎动物，胚泡均匀分布在两侧子宫角，胚泡间有适当的距离。

(3)附植时间

胚泡附植时间因动物种类不同而异，准确附植时间差异较大，且与妊娠期长短有一定关系。子宫内环境和胚胎发育同步程度，对附植的顺利完成具有重要的意义。在游离期之后，胚泡与子宫内膜即开始疏松附植，此后较长的一段时间是紧密附植时间，有明显的种间差异(表11-9)，最终胎盘建立，附植完成。

表11-9 不同动物胚泡附植时间 d

动物品种	妊娠识别(排卵后的天数)	附植时间(排卵后的天数)	
		开始(疏松附植)	完成(紧密附植)
绵羊	12~13	14~16	28~35
牛	16~17	28~32	40~45
猪	10~12	12~13	25~26
马	14~16	35~40	95~105

注：引自朱士恩，2006。

(4)附植机理

①母体类固醇激素 孕酮和雌激素联合作用利于附植发生。孕激素刺激子宫腺上皮发育和分泌子宫乳，为早期胚胎发育提供营养和促进附植；雌激素使子宫内膜增生并抑制子宫上皮对异物吞噬作用，从而使子宫产生对胎儿的接受性。

②胚胎的作用 囊胚从透明带中孵化是胚泡附植首要条件，当囊胚滋养层细胞与子宫黏膜上皮细胞直接接触才能发生附植。孵化出来的胚胎分泌妊娠信号，母体在接受这些信号后由发情周期转变为妊娠周期，为胚胎发育提供良好的子宫内环境。

③子宫接受态 孕酮与雌激素联合作用引起子宫内膜上皮增生、腺体加长、弯曲增多，内膜变为分泌性内膜。子宫内膜结缔组织和成纤维细胞发育，给附植准备了能源，提高子宫内膜的敏感性与允许胚胎附植，此种现象称为蜕膜化(decidualization)。子宫只在某个特定时期允许胚胎附植，这一时期称为附植窗口(implantation window)。整合素出现是子宫内膜附植窗最重要的标志。

(5)影响附植的因素

①母体子宫内膜和胚泡发育同步化　子宫内膜和胚泡发育同步化是哺乳动物着床成功先决条件。子宫内环境受到干扰和破坏，胚泡就不能顺利附植。

②母体激素环境　哺乳动物胚泡着床受母体分泌的雌激素和孕激素调控。妊娠后母体在雌激素和孕激素联合作用下，子宫内膜变成分泌性内膜，以利于诱导附植发生，雌激素还能使子宫产生接受性。

③胚泡激素　胚泡激素在附植过程中发挥着重要作用。胚泡分泌雌激素增强了局部毛细血管通透性，利于胚泡与子宫环境相互作用而实现附植。

④子宫接受性　子宫并不是在任何情况下都允许胚泡附植，它仅在一个极短时间内接受并允许胚泡附植。

⑤局部免疫保护　附植过程中，妊娠母体子宫内膜和胚泡分泌免疫抑制因子抑制母体子宫淋巴细胞活性，降低妊娠母体局部细胞免疫反应，在子宫内形成对胚胎的免疫保护小环境，使胚胎免遭母体免疫排斥并顺利附植。

⑥其他因素　光照、环境温度及哺乳刺激等均可影响附植。例如，光照通过调节褪黑素而影响催乳素分泌，催乳素和褪黑素有利于附植；哺乳吮吸刺激由于抑制促性腺激素分泌，低水平促性腺激素与高水平催乳素将导致孕酮与雌激素水平不平衡，进而使子宫内膜不接受囊胚。

11.1.5　分娩

11.1.5.1　分娩及其过程

(1)概念

分娩(parturition)是胎生动物借助子宫和腹肌收缩将发育成熟的胎儿及其附属膜(胎衣)排出的过程。分娩能否顺利完成，取决于产力、产道、胎儿这3个基本要素。

(2)分娩过程

①开口期或子宫颈扩张期　子宫颈口开张，开始时子宫活动弱，间歇时间长，随产程进展，间歇时间缩短，收缩强度不断增加。

②产出期或胎儿娩出期　是指从子宫颈口全开到胎儿娩出。

③胎衣排出期或胎盘娩出期　是指从胎儿娩出后到胎衣(盘)完全排出。

11.1.5.2　分娩时激素变化

(1)母体激素变化

①雌激素变化　在分娩期间，雌激素与催产素协同作用，诱导前列腺素的分泌，刺激子宫平滑肌收缩，利于分娩。

②孕激素变化　不同动物在孕激素分泌达到高峰时，血液中水平并不一致(鼠130 ng/mL；杂种猪265 ng/mL；多种家畜14~35 ng/mL)。动物在妊娠期内，从胚泡附植开始到分娩，孕激素水平都在不断变化。

③雌激素和孕激素比例变化　妊娠末期雌激素/孕激素比例逐渐增大，至分娩时，雌激素/孕激素比例达到最大。除人、马在分娩前孕激素仍保持较高水平外，大多数动物分娩前孕激素开始下降，雌激素逐渐上升并达到峰值。

④松弛素变化　在分娩前，松弛素能使骨盆韧带松弛、骨盆扩张与子宫颈柔软，利于分娩。人、马、猫、兔和猴的松弛素主要是由胎盘分泌，绵羊子宫内膜和胎盘组织可分泌少量松弛素；猪、牛胎盘不分泌松弛素，松弛素主要来自黄体。松弛素在妊娠末期分娩前血液中含量

达高峰，分娩后消失。

⑤前列腺素变化　母体在妊娠后及分娩前，血液中前列腺素浓度也在不断发生变化。分娩前24 h，山羊和绵羊胎盘分泌$PGF_{2\alpha}$浓度增多，其分泌时间和趋势与雌激素相似。产前子宫静脉$PGF_{2\alpha}$增加并刺激子宫收缩。

⑥催产素变化　催产素在整个妊娠过程中维持在基础水平，直到分娩时催产素浓度才增加，在分娩过程中是脉冲式分泌，胎儿排出时分泌量达到最高。

⑦其他激素变化　催乳素、孕马血清促性腺激素、人绒毛膜促性腺激素、LH、FSH等在妊娠过程中及分娩前也起到了很重要作用。

(2)胎儿激素变化

①促肾上腺皮质激素释放激素(corticotropin releasing hormone，CRH)　表达有种属特异性。胎儿下丘脑神经元合成CRH并促使垂体分泌促肾上腺皮质激素(ACTH)，妊娠最后20 d绵羊胎儿下丘脑CRH表达明显增加。CRH可能是分娩始动因素，在正常足月分娩和早产中起重要作用。

②精氨酸血管加压素(arginine vasopressin，AVP)　能调节垂体ACTH合成和分泌。随着孕龄增长垂体对AVP的反应性上升；在妊娠晚期ACTH合成和分泌持续升高是由AVP和CRH共同调节。

③促肾上腺皮质激素　从妊娠第110天起绵羊胎儿血浆中ACTH含量不断增多，在分娩时会出现一个ACTH波峰。在妊娠晚期ACTH含量升高驱动了肾上腺皮质细胞合成皮质醇。

④促卵泡激素　胎儿发育早期血浆中FSH含量较低，中期显著升高，出生后又降低到胎儿早期水平。

⑤性腺激素　兔妊娠期胎儿血浆中17β-雌二醇、硫酸雌酮和孕酮的浓度持续升高，分娩前达到最高峰，分娩后迅速下降。

⑥其他激素　如糖皮质激素有促进胎儿器官特别是肺、肠道和大脑成熟的作用。但胎儿过早、过多地接触糖皮质激素则可以导致胎儿宫内生长受限。甲状腺激素对脑发育具有重要作用。

11.1.5.3　分娩发动机理

(1)胎儿分娩发动机理

随着胎儿的成熟，一方面胎儿迅速生长对子宫的机械扩张作用可促进子宫的激活；另一方面胎儿下丘脑-垂体-肾上腺轴(HPA)的激活，糖皮质激素逐渐增多，促使胎盘的孕激素向雌激素转化，使孕激素水平下降，雌激素水平上升，以触发启动分娩。

(2)母体分娩发动机理

①孕酮/雌激素比例　妊娠末期母体孕酮含量急剧下降或雌激素含量升高，是发动分娩的主要原因。孕酮占优势的条件下，子宫对各种刺激的反应性降低并处于相对安静状态。雌激素刺激子宫肌发生节律性收缩，同时提高子宫肌对催产素的敏感性，当这两种激素比例发生改变时可导致分娩。但雌激素不能诱发马和猪的分娩。

②$PGF_{2\alpha}$分泌增多　临分娩前$PGF_{2\alpha}$分泌量增加，$PGF_{2\alpha}$有溶解黄体作用，并直接刺激子宫肌收缩，进而发动分娩。

③松弛素增多　分娩前松弛素分泌增加，使子宫颈松软和开张。猪在妊娠中期血中松弛素含量就达到最高水平并保持到分娩。

④催产素增多　催产素(缩宫素)是分娩中起重要作用的母体来源激素。分娩时催产素分泌增多并协助分娩完成。人和牛开始分娩时血浆中催产素含量并不升高，当胎儿进入产道时通

过神经-体液途径引起催产素分泌增多。

⑤子宫平滑肌活动 分娩开始，子宫活动包括长时间维持低振幅、低频率收缩到高频率、高振幅和短期收缩，同时子宫内压力上升。

11.2 禽类生殖生理

禽类生殖与哺乳动物有所不同，禽类是卵生、胚胎发育主要在体外完成。精子在母体内长期存活并能保持受精能力。

11.2.1 雄禽生殖生理

雄禽生殖生理与雄性哺乳动物有所不同，雄禽睾丸(图 11-14)在腹腔内正常产生精子。公鸡没有真正阴茎，而鸭、鹅有很发达阴茎。精子在母禽生殖道内保持受精能力的时间可长达数周。雄禽仅有退化的交媾器，缺乏副性腺，附睾小。睾丸输出管和附睾管是精子进入输出管的通道，有分泌酸性磷酸酶、糖蛋白和脂类的功能。家禽睾丸无睾丸小叶和睾丸纵隔，生精小管在白膜内自由分支并吻合成网。睾丸间质内分布有血管、淋巴管和神经，同时还含有呈多边形间质细胞。

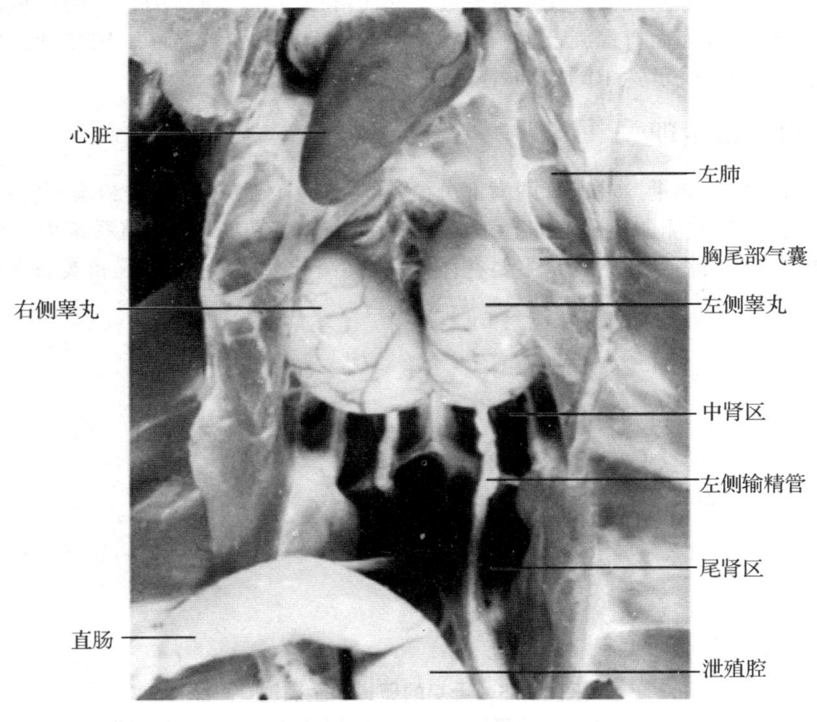

图 11-14 成年公鸡睾丸

11.2.1.1 精子

禽类精液由精子和精清两部分组成。因没有副性腺，禽类射精量较少。家禽精子发生和发育与家畜相似，但精子形态有很大区别。家禽射精量受种类、季节、年龄和饲养条件的影响，为 0.1~1.3 mL(公鸡 0.2~0.5 mL，公火鸡 0.25~0.4 mL，公鹅 0.2~1.3 mL，公鸭 0.1~

0.7 mL)。精子在输精管中运行过程即为成熟过程。从输精管下部取得的精子受精率为65%左右。精子密度大，公鸡40亿个/mL，火鸡可高达60亿~80亿个/mL，公鹅2亿~25亿个/mL，公鸭10亿~60亿个/mL。禽类新鲜精液一般呈弱碱性，其pH值为7.0~7.6。

精子生成后，还要经过在附睾和输卵管的成熟阶段，才具有受精能力。

(1)精子发生与成熟

精子由睾丸曲细精管产生，曲细精管中精原细胞经多次分裂形成初级精母细胞、次级精母细胞、精细胞，最后形成精子。刚孵出的雄雏鸡，曲精细管内已有精原细胞，但5周龄后才开始出现初级精母细胞，从10周龄开始产生次级精母细胞，大约12周龄开始生成精子，此时可以采得少量精液，一般在22~26周龄时才获得满意的精液质量。

(2)精子存活时间

精子进入雌禽输卵管并在精子窝内贮存并能存活很长时间，有的长达35 d都还有受精能力。禽类一次授精后的连续受精时间：鸡12~16 d，鸭6~8 d，鹅9~10 d，鹌鹑5~7 d。

11.2.1.2 输精管

输精管主要功能是精子成熟、精子贮存和运送精子，其上皮分泌酸性磷酸酶。

11.2.1.3 交媾器

公鸡的交媾器(交配器官)不发达，无真正阴茎，但有一套完整交媾器，位于泄殖腔腹面内侧。性静止期它隐于泄殖腔内。交配时勃起，充满淋巴液而产生压力，使阴茎从泄殖腔内压出，呈螺旋锥状体，其表面有螺旋形输精沟，交配时输精沟闭合成管状，精液则从合拢的输精沟射出。鸭阴茎勃起伸长可达10~12 cm，鹅阴茎长6~7 cm。

11.2.2 雌禽生殖生理

雌禽生殖器官包括卵巢、输卵管两大部分(图11-15)。雌禽右侧卵巢和输卵管在孵化的7~9 d就停止发育，只有左侧卵巢和输卵管正常发育到具有繁殖功能。生殖系统由一侧卵巢和输卵管组成。禽是卵生动物，胚胎发育主要在体外完成(孵化)。孤雌生殖是禽类特有生殖现象。

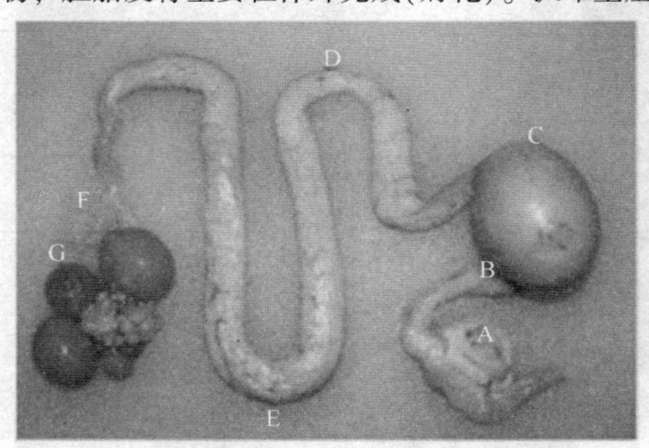

图11-15 母鸡的卵巢和生殖道

A. 泄殖腔；B. 子宫阴道联结处；C. 壳腺部(子宫)；D. 输卵管峡部；
E. 输卵管膨大部；F. 输卵管漏斗部(输卵管伞)；G. 卵泡柱头(排卵点)

11.2.2.1 卵巢与产蛋习性

(1)卵巢

禽类卵巢(图11-16)体积和外形因年龄和机能状态不同而不同，禽类只有左侧卵巢和输卵管发育成熟，右侧卵巢和输卵管不发育。幼禽卵巢小，呈扁椭圆形，位于左肾前方。性成熟时卵巢增大，长约3 cm，横径2 cm，重2~6 g。产蛋期其长径可达5 cm，重40~60 g。卵巢由皮质和髓质组成，外围皮质部由许多不同发育阶段的卵泡组成。卵巢中央髓质部主要由血管、神经、平滑肌和大量纤维细胞构成。每个卵巢肉眼可见1 000~1 500个卵泡。每个卵泡由一个卵母细胞及其周围卵泡细胞和基膜组成。

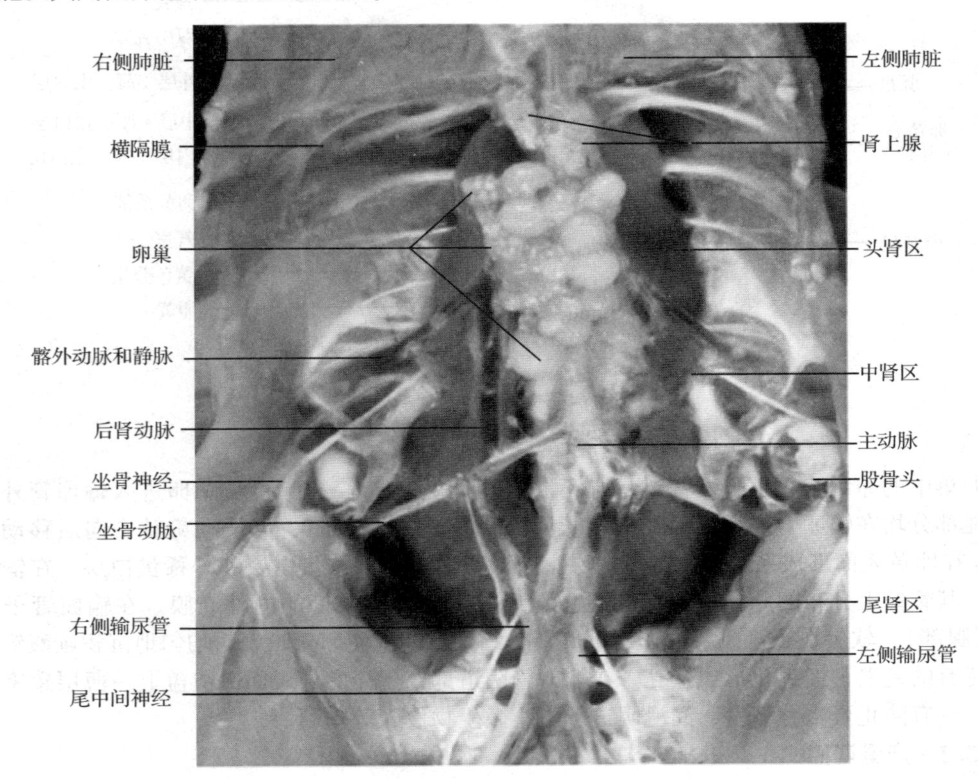

图11-16 雌禽卵巢(去除小肠腹面观)

(2)产蛋规律

母鸡生殖活动与家畜不同，没有性周期，可以每天连续产蛋，也没有妊娠期。所以，始产期、产蛋周期是禽类生殖活动的重要组成。

①始产期 从开始产第一枚蛋到正常产蛋这一时期，通常要经历1~2周。在始产期卵泡刺激素、黄体生成素分泌不正常，因此产蛋间隔没有规律性，或者产双黄蛋、软壳蛋等。母鸡品种、体型大小对开产日龄有明显影响。来航鸡体型小，是产蛋品种，它开产早，一般在150 d左右；蛋肉兼用品种体型较大，开产较晚，而肉用型品种体型比上述品种都大，开产最晚，如4.5 kg黄鸡开产日龄长达260 d左右。另外，光照和营养状况影响开产日龄，如延长光照可提早开产日龄，饲料中蛋白质充足、体质量增长速度快、开产日龄也提早。鸡可以每天连续产蛋，但也有产蛋周期。

②产蛋周期 是指母鸡连续产蛋一定天数后，停止产蛋一天或一天以上，又继续产蛋一定天数后紧接着又停产几天再产蛋，这样周而复始地产蛋直到一个产蛋年结束或休产为止。母鸡产一个蛋需要间隔24~27 h，每产一枚蛋时间都要向后推迟1~3 h。母鸡绝大部分都在早晨排卵，15：00以后就不排卵了。

11.2.2.2 蛋的形成

各种禽蛋大小不同，但其基本结构大致相同。一般由蛋壳、壳膜、气室、蛋白、蛋黄和卵黄系带等部分组成(图11-17)。

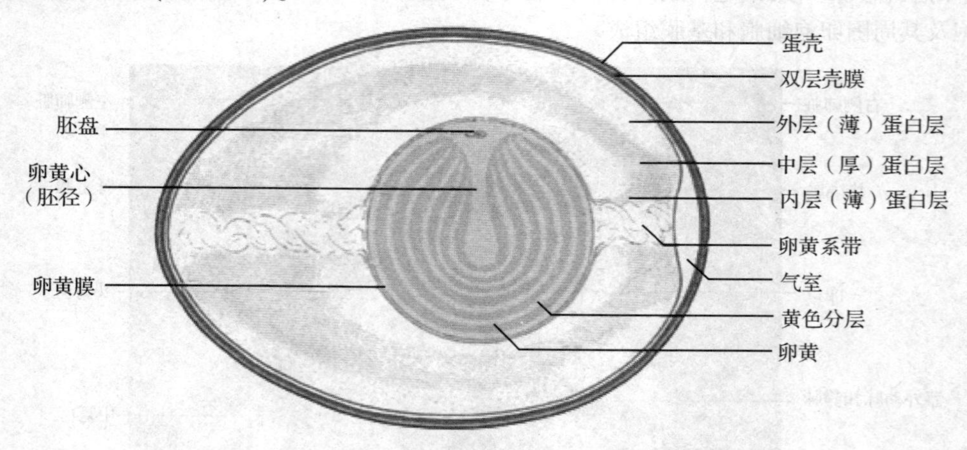

图11-17 鸡蛋的纵切面

卵巢中的卵细胞在生长发育过程中不断沉积卵黄(蛋黄)，除蛋黄随卵进入输卵管外，蛋的其他部分均在输卵管内形成。在输卵管膨大部(蛋白分泌部)，卵子在旋转中向后移动，约经3 h在卵黄表面形成系带、内浓蛋白层、内稀蛋白层、外浓蛋白层和外稀蛋白层。在输卵管峡部，其管壁上分布的腺体能分泌角蛋白，形成蛋白外周柔韧的内外壳膜。在输卵管子宫部(蛋壳腺部)，软蛋在子宫肌层的作用下旋转，约经20 h，使卵壳膜表面均匀地沉积碳酸钙、角质和特有的色素，经钙化形成蛋壳。在输卵管阴道部，蛋壳的外表面又覆盖上一薄层致密的角质膜，具有防止蛋水分蒸发、润滑阴道、阻止微生物侵入等作用。

11.2.2.3 产蛋调控

影响蛋重的主要因素有：品种、产蛋鸡周龄、开产时体质量、环境因素、营养、光照等。

(1)体质量调控

体质量和产蛋率呈负相关，与蛋重呈正相关。对早期蛋重影响最大的是蛋鸡转入产蛋鸡舍时的体质量，18周龄时体质量对第一枚蛋重有着决定性影响。因此，必须关注蛋鸡早期饲养管理，使后备母鸡开产时体质量都达到标准体质量或推荐体质量范围的上限。衡量蛋鸡体形发育标准以骨架为第一限制因素，体质量为第二限制因素，生产中则以胫长和体质量作为具体指标。鸡的骨骼生长和体质量增长速度不同，骨骼在10周内生长迅速，8周龄雏鸡骨架已完成75%，12周龄已完成90%以上，而体质量到36周龄时才达到最高点。

(2)营养调控

亚油酸参与脂肪代谢并影响蛋重的大小，降低亚油酸水平则蛋重降低。日粮中亚油酸水平达到1.5%时可保证蛋重达到要求。能量水平影响母鸡摄食及母鸡体质量，进而影响母鸡产蛋大小。提高母鸡能量摄入量，可能育成较大体质量母鸡，使开产时蛋重及整个产蛋期蛋重增加。蛋氨酸、赖氨酸等必需氨基酸水平对蛋重影响较大。具体需要量应根据品种、生产性能等进行调整。另外，耗水量、饲料含盐量和鸡群健康情况等与产蛋重密切相关。

(3)光照调控

光照对性成熟非常重要。性成熟调控是通过育成后期限饲并结合光照方案来实现的。在育成期照明时间越长，鸡性成熟越早，反之则性成熟推迟。在照明时间相同条件下，增加明暗周期次数，可使鸡性成熟提早。性成熟过早或过迟对产蛋均有不良影响。不同季节培育的蛋鸡性成熟日龄不一样，10 月至翌年 2 月引进雏鸡生长后期处在日照时间逐渐延长季节，容易早产；4~8 月引进雏鸡生长后期日照时间逐渐缩短，鸡群容易推迟开产。

(4)温度调控

环境温度高低，影响产蛋率和蛋重。在高温条件下，新育成母鸡由于高温影响，摄食量不足而导致 20 周龄体质量比凉爽天气育成母鸡体质量轻 20%左右，则产蛋较小，此种母鸡在整个产蛋期均达不到正常蛋重。鸡舍温度每上升 1℃，蛋重下降 0.17~0.98 g。平均舍温为 27.5℃时，中小型蛋比例为 32%；平均舍温为 31.6℃时，中小型蛋比例为 67%。鸡舍温度控制在 19~23℃时蛋重最大。

(5)其他调控因素

鸡品种、开产日龄、产蛋周龄、开产季节、摄食量等因素也影响产蛋。不同品种以及同一品种不同品系母鸡所产蛋大小均有差异，一般大型鸡要比小型鸡产的蛋大，因此选择体型(品种)是生产鸡蛋大小的首要因素；蛋重与产蛋数间存在较强负相关，要同时提高这两个性状有很大的困难；在维持蛋重水平前提下，选育提高产蛋数相对容易。鸡开产日龄直接影响产蛋期蛋重，开产日龄越大，产蛋越大；通常初产鸡蛋较轻，经产鸡蛋较重，蛋重随产蛋周龄增加而增加。

11.2.2.4 雌禽就巢

(1)概念

就巢是禽类进化过程中为繁衍后代而形成的一种繁殖行为。雌禽就巢是指雌禽在产了一定数量蛋后进巢孵化阶段的行为。就巢的发生是遗传、神经内分泌和环境共同作用的结果；催乳素在雌禽就巢行为中起关键作用。目前，白来航鸡和以此为基础育成的蛋鸡品系几乎无就巢性，其他多数品种鸡、火鸡、鹅和鸽等都有就巢行为。

(2)就巢发生机理

①遗传基础 基因表达的催乳素(PRL)是就巢发生和维持的关键激素，但目前对禽类 PRL 基因结构、表达与就巢行为的内在联系以及影响繁殖性能的机制研究不多。此外，促性腺激素释放激素(GnRH)和血管活性肠肽(VIP)基因也与就巢习性相关。禽类下丘脑 GnRH-1mRNA 和垂体 VIP mRNA 水平下降，血液中 PRL 浓度上升导致就巢行为发生和维持。用外源性 GnRH 或类似物作用于母鸡可提高其产蛋率，缩短家禽的休产期，抑制家禽就巢。VIP 基因型与就巢持续时间有很强相关性。

②内分泌 垂体分泌 PRL 是引起家禽就巢最直接的激素，家禽体内 PRL 含量升高后伴随卵泡发育停止和萎缩，家禽就开始出现就巢表现。

③环境条件 会通过神经刺激诱使家禽内分泌发生变化，很容易诱导有就巢遗传本质的家禽发生就巢行为。将就巢鸡的蛋取出并放入乒乓球，其就巢行为可持续 50 多天；把就巢火鸡巢箱移走则火鸡体内 PRL 含量明显下降。

(3)就巢行为调控

①遗传育种调控法 通过遗传育种方法对家禽就巢行为直接进行基因型选择或标记辅助选择。

②环境调控法 主要是消除能促使雌禽产生就巢行为的环境以及给雌禽以强烈环境应激。对鸡尽可能多次捡蛋、改变光照时间、强度、颜色、温度以及循环改变鸡熟悉环境等方法可有效消除就巢行为。对鹅可改变产蛋箱位置或将鹅置于陌生环境中可减少鹅就巢行为。另外，对许多雌禽，由平养改为笼养可有效消除就巢行为。

③免疫调控法 通过免疫抑制 PRL 活性，进而抑制母禽的就巢行为。

11.2.3 禽类受精

11.2.3.1 受精部位

受精部位是在输卵管漏斗部。雌雄交配后大量精子从输卵管阴道部向输卵管漏斗部运输，而部分精子迅速进入窝腺皱褶内，窝腺皱褶是精子重要贮库。贮存在黏膜皱褶中的精子数可达 $35×10^6$ 个/mm^3，家禽精子存活时间一般为 5~10 d，个别可达 30 d 以上。精子在输卵管内经过 26 min 达输卵管上端，火鸡精子 15 min 即可到达漏斗部，交配后 20 h 就有受精蛋。

11.2.3.2 受精时间

精子从阴道部运行到漏斗部约需 1 h；精子经 1 h 可通过整个输卵管而达漏斗部使卵子受精。精子在雌禽输卵管内保持受精能力的时间，鸡为 32 d，火鸡为 70 d。

11.3 鱼类生殖生理

鱼类生殖系统(图 11-18、图 11-19)由生殖腺和生殖导管组成。鱼类生活在水环境中，多数鱼类的生殖方式为体外受精，少数鱼类为体内受精。体内受精的雄鱼，一般具有特化交接器。鱼类生殖方式有卵生、卵胎生和胎生 3 种类型。卵生(oviparity)：是大多数鱼类的生殖方式。鱼类将卵产至体外受精，胚胎发育过程完全依靠卵内营养物质生存。卵胎生(ovoviviparity)：成熟卵在母体生殖道内受精发育并产出幼鱼。胚体营养由卵黄供给，母体仅供给水分和矿物质等。胎生(viviparity)：成熟卵在母体生殖道内受精发育，其生殖道类似子宫，胚体与母体有血液循环联系，胚体营养除靠自身的卵黄外，还由母体供给。这与哺乳类的胎生类似，称为假胎生，如灰星鲨。

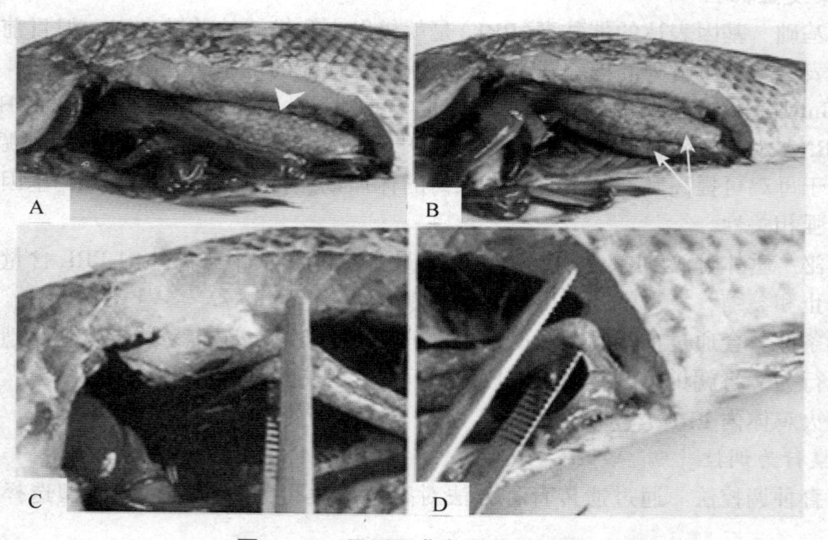

图 11-18 尼罗罗非鱼卵巢侧面图

A. 位于体腔后部的卵巢(箭头所示)；B. 繁殖季节的两个卵巢(箭头所示)占据了大半个体腔；C. 两个卵巢通过卵巢膜附着于体背壁；D. 两个卵巢与输卵管相连，输卵管通向生殖孔

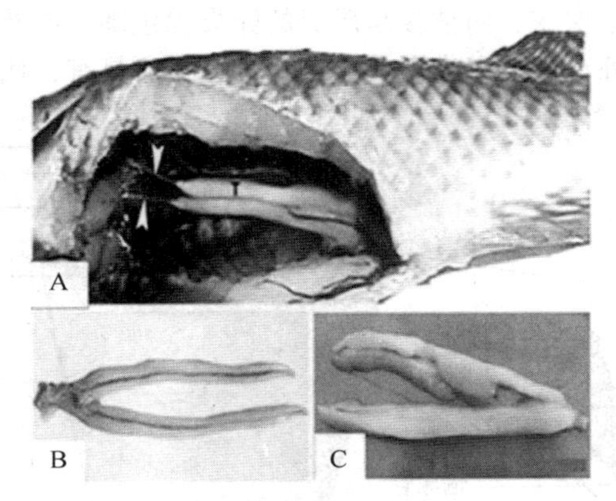

图 11-19 尼罗罗非鱼睾丸的形态

A. 显示两个睾丸(T)位于体腔后部，通过中膜(箭头所示)附着于体背壁；
B. 在非繁殖季节的睾丸小，暗白色；C. 繁殖季节的睾丸是白色的

11.3.1 鱼类性腺的构造与发育

11.3.1.1 性腺的构造

(1)精巢构造

多数鱼有成对精巢，少数鱼是单一精巢(如黄鳝)。不同种雄鱼，生殖器官形态结构有差异。

①软骨鱼 板鳃类精巢呈乳白色，多数成对，系膜上有许多极细小输出管与肾脏前部发生联系。不成熟精子由输出管进入附睾中成熟，附睾是输精管前端迂回部分，紧贴在肾脏前部。

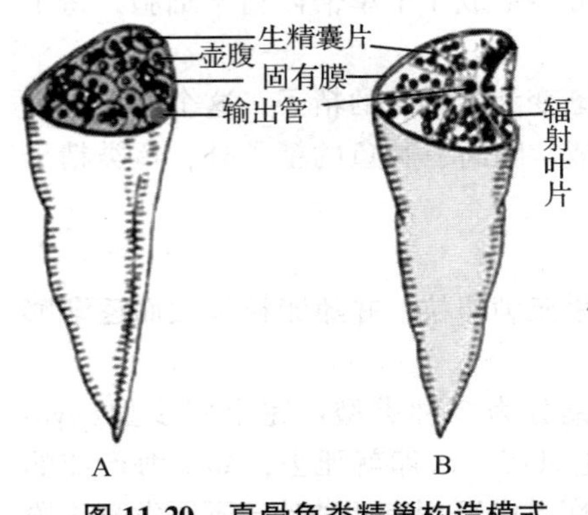

图 11-20 真骨鱼类精巢构造模式

A. 腹壶型；B. 辐射型

②硬骨鱼(真骨鱼类) 真骨鱼精巢多数成对，一侧发达，另一侧退化(如黄鳝)。真骨鱼精巢外观呈细线状，逐渐发育成带状。显微结构分为壶腹型及辐射型(图 11-20)。壶腹型精巢(又称鲤型精巢)为鲤科鱼特有。另外，鲱科、鲑科、狗鱼科、鳕科及鲶科等也属该型。壶腹型精巢其外被覆着由腹膜上皮层及结缔组织层构成的精巢膜，从精巢膜上伸出隔膜将整个精巢分割成圆形或长圆形壶腹，每个壶腹形成许多生精囊，精子在生精囊中形成，沿着精巢背侧有输精管。辐射型精巢(又称鲈型精巢)见于鲈形目鱼类。精子在呈辐射排列的叶片状中发育成熟，叶片壁同样由精巢膜伸入精巢而形成，整个精巢呈圆锥形，有纵裂凹穴，底部有输精管。

(2)卵巢构造

卵巢(图 11-21)是产生卵子的器官。鱼类未成熟卵巢呈带状，成熟时呈长囊状。成熟卵巢多数呈黄色，但大马哈鱼成熟卵巢为橘红色，鲇鱼为绿色，主要是与包裹内卵粒颜色有关。根据有无腹膜包裹将鱼类卵巢分为：游离卵巢和封闭卵巢。

①游离卵巢 即裸露卵巢，卵巢不为腹膜所包裹，裸露在外，卵子成熟时，自卵巢上脱落到腹腔，经输卵管排出体外；这类卵巢为圆口类、软骨类、软骨硬磷类等所具有，代表原始结构类型。

②封闭卵巢　即卵巢不裸露，而被腹膜形成的卵巢膜包围。成熟卵子不落于腹腔而落于卵巢腔中，经输卵管输出体外，这类卵巢为大多数真骨鱼类所具有，代表高级结构类型。

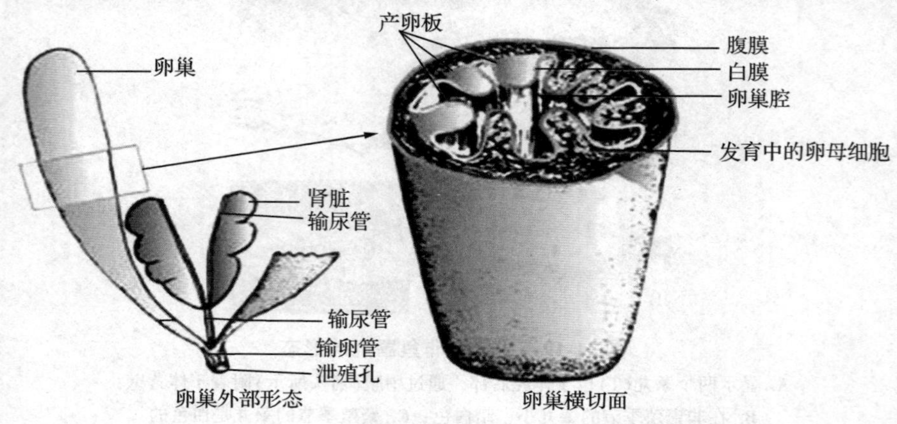

图 11-21　真骨鱼类卵巢形态结构模式

11.3.1.2　性腺的发育

(1)精巢

多数鱼有一对精巢，位于鳔腹面两侧。未成熟精巢呈淡红色、细线状；成熟精巢呈乳白色，体积增大为长扁形块状，精巢内充满精子及不同发育阶段精细胞。

①精子发生　是在曲精细管上皮内，由精原细胞连续有丝分裂形成多个精原细胞，其中部分保留为精原细胞，另一部分长大分化成初级精母细胞。初级精母细胞立即进入第一次减数分裂前期，并在发育过程中向曲精小管中心推移，当初级精母细胞完成染色体联合、染色体交换后分裂成2个次级精母细胞。次级精母细胞经第二次减数分裂形成4个单倍体精子细胞，每个精细胞发育成1个精子。

②精子形成　精子细胞经过复杂形态和结构变化，逐渐变为蝌蚪状的精子，这个过程称为精子形成。鱼类精子一般由头部、中片和鞭毛3个部分组成。除鲟、肺鱼的精子外，鱼类精子无顶体。

(2)卵巢

卵巢是产生卵子的器官，未成熟卵巢呈条状，成熟卵巢充满卵粒，并随卵粒长大而逐渐膨大，最后可占据体腔的大部分。

①卵巢类型　根据卵巢内卵母细胞发育情况将鱼卵巢分为3种类型：完全同步型(synchronic)，卵巢内卵母细胞都处于相同发育阶段，通常一生只产一次卵就死去，如下海产卵的鳗鲡和溯河产卵的鲑鱼；部分同步型(partial synchronic)，卵巢中至少有两种处于不同发育阶段的卵母细胞群组成，一年通常只产卵一次，如虹鳟、鲽鱼等；不同步型(asynchronic)，卵巢内含有各个发育阶段卵母细胞，一年内多次产卵，如金鱼、鲻鱼。

②卵母细胞发育成熟　卵原细胞发育到成熟卵子需要经过3个时期。增殖期：卵原细胞通过有丝分裂不断增殖而产生许多次级卵原细胞的过程。生长期：是次级卵原细胞生长发育为初级卵母细胞的时期。这个时期又分为小生长期和大生长期。小生长期是指卵母细胞核与原生质生长，卵膜由单层滤泡上皮组成；大生长期是指卵母细胞卵黄生长阶段，这个时期的卵膜由双层滤泡上皮(即颗粒细胞层和膜细胞层)组成，如虹鳟卵的卵母细胞。成熟期：卵黄生长阶段完成，卵母细胞体积增大，细胞质中充满粗大卵黄颗粒，核仍位于细胞中央，处于第一次分裂早期。

11.3.2 性成熟和生殖周期

11.3.2.1 性成熟

性成熟(sexual maturation)包括初次性成熟和周期性成熟。鱼在一生中，性腺第一次成熟称为初次性成熟。已产过卵(或排过精)性腺周期性成熟的又称再次性成熟。鱼类从受精卵开始到个体达性成熟，称为第一次性周期。

鱼的性成熟年龄(age of sexual maturity)在不同鱼类有很大差异，最短的只需几个月(如罗非鱼)，最长的10年以上(如中华鲟)。鱼类性成熟年龄由遗传因子决定，但水温和光照也起重要作用。例如，我国华南地区水温较高、光周期较长、有丰富饵料，鲤科鱼类性成熟比北方地区早1~2年。实验和生产实践证明，适当提高水温能促进我国北方地区鲤鱼性腺成熟和产卵。影响鱼类性成熟的外界因子主要有水温、光照、盐度和流水等。

11.3.2.2 生殖周期

鱼类与哺乳动物一样，当性腺发育到能产卵、排精时，即达到性成熟。当第一次排出精子或卵子后，鱼类性腺发育、成熟与产卵、排精等过程便开始按季节呈现周期性变化，称为性周期(sexual cycle)或生殖周期。大多数鱼类性成熟后每年生殖1次，即生殖周期为1年。有些鱼终身只生殖1次，如大马哈鱼，第一次产卵后便死亡。

鱼类的生殖周期在很大程度上受光照和水温的调节。一般在春夏季产卵的鱼类，只要延长光照就能促进性腺发育，使亲鱼提早成熟，提前产卵。例如，在12℃时用18L：6D或20L：4D的人工昼夜能促使大菱鲆和鳎鱼提前产卵。在25℃时用14L：10D的人工昼夜能使印度鲶鱼每年产卵4次，而在自然条件下，它每年只产卵1次。与此相反，对于在秋冬季产卵的鱼类，需要缩短光照才能促进性腺发育和提前产卵，美洲红点鲑、太平洋鲑、宽尾鲑等均如此。

温度是水生动物重要的生态因子之一。鱼类产卵温度总是控制在比较狭窄范围内，鲤科鱼最适产卵水温为18℃。尽管卵巢已经成熟，但水温未达到18℃也不能产卵；若人工升温到产卵水温，即使在冬季也能产卵。温带鱼类最适产卵水温在22~28℃；热带鱼产卵温度在25℃以上；冷水鱼类(如鲑鳟鱼)产卵温度低于14℃。温度主要从以下3个方面影响鱼类性腺成熟、排卵和产卵：①直接影响性腺中酶和激素活性；②影响垂体GtH合成和分泌；③影响性腺对GtH的敏感性。控制鱼类生殖周期，促进其性腺发育进程，可以大大节省养殖亲鱼成本，加快养殖进程。

11.3.2.3 影响鱼类生殖周期的因素

鱼类是变温动物、其生殖周期活动既要受体内激素制约，又要受外界环境(包括营养、温度、光照、流水等)多种因素的影响。

(1)营养

鱼类在性腺发育过程中，卵巢增重约占鱼体质量的20%，需要从外界摄取充足的营养物质供给卵子生长所需。充足优质的饵料是保证鱼类生长和性腺发育的基本条件，应重视夏秋季节亲鱼的培育。春季亲鱼卵巢进入大生长期，必须投喂富含蛋白质的饲料。

(2)温度

温度对鱼类性腺的发育、成熟具有显著影响。由于同种鱼达到性腺成熟期的积温基本上一致，因此在我国南方或温热水培育的亲鱼，性腺成熟早，可提前产卵。每种鱼在某一地区开始产卵的温度是一定的，低于这一温度就不能产卵。正在产卵的鱼，遇到水温突然下降则发生停产现象。

(3)光照

光照时间长短影响鱼类性腺的发育成熟进而影响鱼类的生殖周期。在春季产卵的鱼，延长光照时间就能促进性腺发育和使亲鱼提早成熟产卵；而对秋冬季产卵的鱼类，需要缩短光照时间才能促进性腺发育和提前产卵。

(4)流水

流水对某些鱼类的性腺发育成熟及产卵特别重要。江河中的家鱼，往往在产卵季节因降雨水流湍急，经数小时亲鱼卵子成熟并产卵。鱼类侧线器官接受流水刺激，通过中枢神经使下丘脑促性腺激素释放激素大量合成和释放，并作用于脑垂体分泌 GtH 进而诱导鱼类产卵。

11.3.3 鱼类的促性腺激素

11.3.3.1 鱼类促性腺激素的结构和功能

鱼类促性腺激素(GtH)是一种重要糖蛋白激素，生化测定和分子克隆证实鱼类具有两种不同的GtH。20世纪70年代，加拿大学者 Idlerc 从拟庸鲽、大马哈鱼和鲤的脑垂体中，分离出两种类型的 GtH：一种为含糖量很高的的糖蛋白 GtH，称为促性腺成熟激素(即 ConA-Ⅱ)；另一种为含糖量很低的 GtH，称为促卵黄生成激素(即 ConA-Ⅰ)。之后，日本、美国和加拿大等国的多位学者，先后在大马哈鱼、银大麻哈鱼、鲤、红鲷、底鳉、东方狐鲣、金枪鱼和鲟中也分离出两种 GtH，并定名为 GtH Ⅰ和 GtH Ⅱ。GtH Ⅰ和 GtH Ⅱ都是由 α 亚基和 β 亚基组成，都是糖蛋白，但化学结构不同。GtH Ⅰ与四足类 FSH 相似，GtH Ⅱ与四足类 LH 相似。但是，有些学者在一些鱼类仍未能证实 GtH Ⅰ的存在。关于在硬骨鱼类的腺垂体中，是一种或是两种 GtH 细胞目前还存在争议，其研究还有待继续深入进行。

鱼类促性腺激素对性类固醇激素的分泌，生殖周期的启动，生殖细胞的产生、成熟和排放等起着重要调节作用。鱼类促性腺激素的功能与哺乳动物促性腺激素的功能有许多相似之处，GtH Ⅰ主要刺激鱼类性腺分泌雌二醇和睾酮，调节性腺发育和配子生成，而 GtH Ⅱ主要刺激鱼类性腺产生 17α,20β-二羟黄体酮，促使卵母细胞和精子最后成熟并刺激排精和排卵。

11.3.3.2 鱼类促性腺激素分泌活动的调节

(1)促性腺激素释放激素(GnRH)

自1983年首次在鲑鱼分离鉴定 GnGH(sGnRH)以来，迄今在硬骨鱼类中共分离出8种 GnRH。研究发现，大多数硬骨鱼脑和垂体中同时含有两种或两种以上的 GnRH，其中鸡 GnRH(cGnRH-Ⅱ)普遍存在于硬骨鱼脑和垂体中，第二种为鲑 GnRH(sGnRH)、哺乳类 GnRH(mGnRH)或鲇 GnRH(cfGnRH)。1994年，首先在金头鲷脑和垂体发现了第三种 GnRH，即鲷 GnRH(sbGnRH)，随后又在多种硬骨鱼类的脑和垂体中证实有第三种 GnRH 存在，但在种间存在很大差异。

体外研究表明，使金鱼 GtH 亚基 mRNA 表达量变化所需要的最少剂量、cGnRHⅡ比 sGnRH 低10倍，而 GtH 亚基 mRNA 量增加较多，且两者刺激垂体 GtH 的 mRNA 变化所需时间明显不同。在鲑科鱼类，sGnRH 对 GtHs 的合成起中心控制作用，sGnRHa 刺激未成熟虹鳟垂体释放 FSH、成熟虹鳟释放 LH，sGnRH 只能刺激正在孵化的马苏大麻哈鱼释放 LH，而不能刺激其释放 FSH。肌肉埋植 sGnRHa 可以增加产卵前的马苏大麻哈鱼 LH α 亚基和 β 亚基 mRNA 含量增加，但却不能增加 FSH β 亚基的 mRNA 含量。因此，GnRH 对 GtH 的分泌调节因不同亚基和不同生殖季节而有差异。

(2)促性腺激素释放抑制因子(GRIF)

硬骨鱼类的侧结节核和围脑室视前核的前腹区存在 GRIF，它能抑制脑垂体中 GtH 释放，进而抑制鱼类排卵、产卵和排精。鱼类排卵时，GtH 释放受两个方面的调节：一是去除 GRIH 的抑制作用后，GtH 自发分泌；二是去除 GRIH 的抑制作用后，GnRH 刺激 GtH 分泌。鱼体内同时存在 GnRH 和 GRIH 两种正负调节机制，这对维持正常的生殖生理活动起重要作用。另外，多巴胺是一种抑制促性腺激素释放因子，多巴胺的激动剂阿扑吗啡对 GtH 的释放有抑制作用，而其抑制剂匹莫齐特(PIM)则有促进促性腺激素释放的作用。多巴胺作为一种 GRIH，是通过阻断 GnRH 的作用来实现其抑制作用的。

(3)类固醇激素对 GtH 分泌的反馈作用

类固醇激素对 GtH 的合成和分泌调节具有正(负)反馈作用。对性腺发育期、特别是在产卵期的鱼类，类固醇激素对 GtH 的分泌有负反馈作用；而对性未成熟鱼类，类固醇激素能促使脑垂体 GtH 的分泌，对其具有正反馈作用。Crim 和 Peter(1978)将睾酮埋植于未成熟的大西洋鲑脑垂体中或注射于体内，发现脑垂体和血液中的 GtH 含量明显增加。睾酮能使性未成熟的印度鲇鱼促性腺激素释放激素细胞体积增大，血清睾酮、GtH Ⅱ及雌二醇水平升高，卵巢出现成熟的卵粒。研究发现，对成鱼性腺发育影响较大的雄性激素是睾酮(T)和 11-酮基睾酮(11-KT)，它们有利于诱发精巢的发育和成熟，但对脑垂体 GtH 的分泌具有负反馈作用。

(4)环境因素对 GtH 分泌的影响

环境因素对鱼类 GtH 的分泌和生殖活动也起重要调节作用。环境因素的刺激作用是在有光照的条件下，通过视觉器官将冲动传至下丘脑，刺激其分泌促性腺激素释放激素，进而促使 GtH 分泌，诱导排卵。例如，在 6：00 给鲤鱼池中加入雄鱼和鱼巢后 16 h，雌雄鲤鱼血清中 GtH 含量显著提高，到次日 6：00 才回复到原水平；而在 18：00 加入雄鱼和鱼巢 36 h 后，雌雄鲤鱼血清中 GtH 含量无明显变化；此外，盲眼雌鲤，无论是 6：00 还是 18：00 加入雄鱼和鱼巢，血清中 GtH 含量无明显变化。

11.3.4 排卵和产卵

排卵(ovulation)是指最后成熟的卵母细胞脱离滤泡膜进入卵巢腔(或腹腔)的过程。产卵(spawning)是指流动的成熟卵从鱼体内自动产出的自然过程。鱼类产卵有自然产卵和人工诱导产卵。

鱼类自然繁殖是在水温、水流、溶氧、光照、水位变化以及性引诱和卵附着物等生态条件综合作用于成熟亲鱼的感觉器官，并通过神经纤维作用于中枢神经，特别是作用于下丘脑各神经核团，引起它们分泌神经激素，调节和控制垂体激素的分泌活动，促使性激素合成和分泌，从而影响鱼类性腺发育、成熟以及自然排卵、产卵的过程。在人工养殖条件下，由于缺乏相应的繁殖生态条件，常使亲鱼性腺难以发育至最后成熟(即核偏移、融解和卵黄与原生质极化)；即使性腺发育成熟的鱼类，如果外界环境没有达到产卵所需生态条件，也会影响鱼类排卵、产卵，并使已发育成熟的性腺退化。因此，在鱼的繁殖过程中给予外源性激素、强化培育、环境因子刺激等因素，可以促进或加速亲鱼性腺的发育过程，并获得成熟的配子，此即鱼类人工繁殖(包括人工诱导排卵、排精)过程。

(田兴贵)

复习思考题

1. 简述下丘脑-垂体-性腺轴的调节。
2. 简述生殖细胞形成过程。
3. 比较哺乳类、禽类与鱼类的生殖特点。

4. 简述影响鱼类生殖周期的主要因素。
5. 简述性腺的功能。
6. 简述蛋的形成与结构。
7. 简述雌禽就巢行为发生机理。
8. 分析营养如何影响动物生殖?
9. 简述哺乳动物生殖周期及其影响因素。

第11章

第12章 泌乳

本章导读

乳腺腺泡和导管系统是乳腺的基本结构。乳腺的生长发育具有明显的年龄和生殖周期的特点，卵巢分泌的雌激素和黄体分泌的孕激素分别促进乳导管和乳腺腺泡的发育。

乳的分泌包括启动泌乳和维持泌乳两个过程。催乳素和糖皮质激素协同作用启动泌乳，催乳素、促肾上腺皮质激素、糖皮质激素、生长激素、甲状腺激素、甲状旁腺激素、胰岛素都是维持泌乳的必要条件，其中以催乳素最为重要。

排乳是复杂的反射活动。下丘脑室旁核和视上核是排乳反射的基本中枢。排乳也受神经-体液调节，主要通过下丘脑-垂体途径起作用，其中神经垂体释放的催产素起关键作用。

本章重点与难点

重点：乳腺的结构；乳腺生长发育的调节；初乳和常乳的区别。

难点：乳的生成、分泌过程及乳的分泌调节。

乳腺(mammary gland)是哺乳动物主要用于分泌乳汁的特殊腺体，与皮脂腺和汗腺一样，均属于皮肤外分泌腺。乳腺发育及泌乳活动是哺乳动物最突出的形态变化与生理特征。虽然各哺乳动物乳腺基本相似，但腺体的外形和分泌物成分在不同物种间有很大差异。一般除雄性有袋类的动物没有乳腺外，其他的雌性和雄性哺乳动物都有，但只有雌性动物的才能充分发育进而具备泌乳功能。在每次分娩后，乳腺持续分泌乳汁的时期称为泌乳期。各种动物的泌乳期长短不一，乳牛约300 d，黄牛和水牛90~120 d，猪约60 d。在分娩后，牛21~42 d、猪约14 d可达到泌乳高峰，此后便逐渐下降。从乳腺停止泌乳到下次分娩为止的一段时期，称为干乳期。

12.1 乳腺的结构

12.1.1 乳腺的解剖组织学结构

乳腺的位置和数量有明显的种间差异。牛、绵羊、山羊、马和鲸的乳腺位于腹股沟区；灵长类和象的乳腺位于胸部，猪、啮齿动物和食肉动物的乳腺沿着胸腹部分布。正常情况下，牛有4个功能乳头和腺体，绵羊和山羊有2个功能乳头和腺体。每个乳头通过一个乳头管与隔离腺区相通。家畜的乳头以及与其相连的腺体合称乳房(udder)。猪和马的每个乳头通常有2个乳头管，每个乳头管连有独立的分泌区。

除了4个正常乳头外，约40%的母牛有一些与小腺体、正常腺体或无分泌功能区域相连的副乳头。这些副乳头通常与正常乳头的朝向相同，但大多数副乳头位于正常乳头的后面，也有一些位于正常乳头之间或与正常乳头融合。此外，绵羊、山羊、猪和马也发现有副乳头。

乳房主要有两种组织：一种是由乳腺腺泡和导管系统构成的腺体组织或称实质；另一种是乳房的支持结构：中央悬韧带和外侧悬韧带等结缔组织(以奶牛为例，图12-1)与脂肪组织构成间质，保护和支持腺体组织。

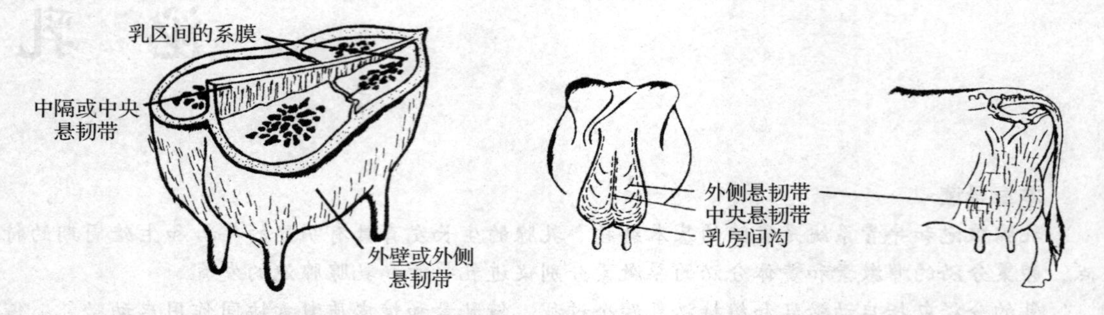

图12-1 悬韧带支持乳房的剖面图(左)，悬韧带的作用是使乳房悬吊于机体(右)

中央悬韧带由弹性组织构成，将奶牛乳房的左右半部分开，在基部与外侧悬韧带连接。可因其弹性，随乳房内乳汁的多少而涨缩。外侧悬韧带来源于乳房上部和后部较远的腱，分为浅层和深层悬韧带(或筋膜)。浅层悬韧带位于乳房皮肤下，由纤维组织和弹性组织构成。其下面为深层悬韧带，主要是纤维组织，比浅层悬韧带厚一些，它不但完整包绕乳腺，还延伸到乳腺组织内，形成小叶间隔。与此同时，从中央悬韧带和外侧悬韧带分出大量纤维板，横穿进乳腺组织，与其中的结缔组织网络互相连接，构成多层的吊床式结构分层支持乳房，保障乳腺不因自身质量的压力而影响血液循环畅通。

12.1.2 乳腺腺泡、导管系统和乳池

乳腺腺泡和导管系统是乳腺的基本结构(图12-2)。乳腺腺泡是分泌乳汁的部分，是乳腺的基本功能单位，由单层分泌上皮细胞构成。每一个腺泡类似一个小囊，是个球状中空结构，腺泡上皮可从血液摄取营养转换成乳汁，并排入腺泡或管腔。牛的乳腺腺泡充满乳汁时，腺泡直径为0.1~0.3 mm，有一条细小的乳导管通出。腺泡的数目决定乳腺的泌乳能力，腺泡越多，泌乳能力越强。多个腺泡聚集形成乳腺小叶(mammary lobule)，几个小叶构成一个叶，即乳腺叶(mammary lobe)。

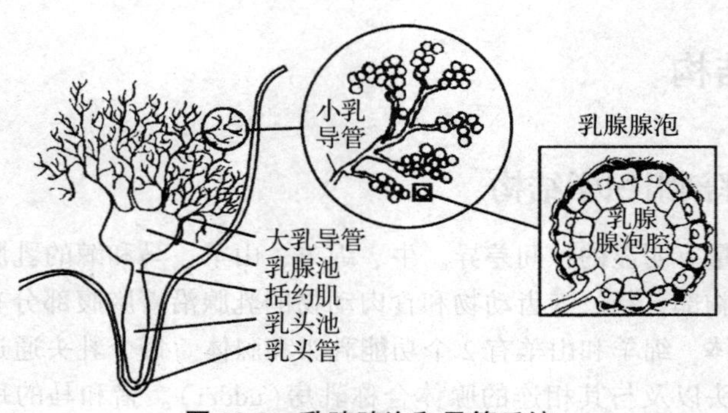

图12-2 乳腺腺泡和导管系统

导管系统(ductal system)是乳腺中乳汁的运输管道系统，包括起始于与腺泡腔相通的细小乳导管，相互汇合成中等乳导管(其所属的几个小叶构成叶)，再汇合成粗大的乳导管，最后汇合成为乳池。乳池是位于乳房基部及乳头内贮藏乳汁的较大腔道，可分为乳腺池(gland cis-

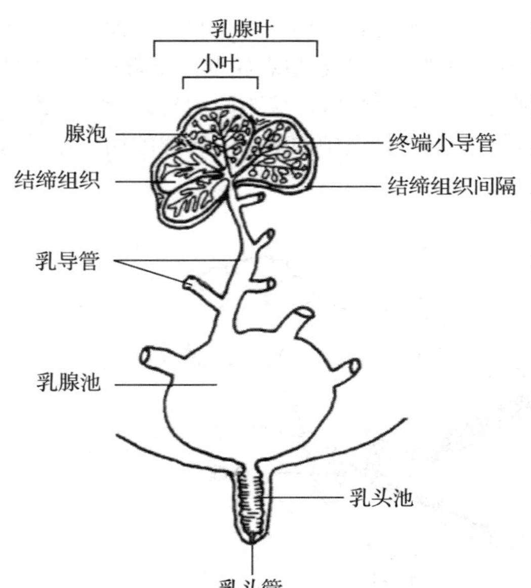

图 12-3 乳腺的导管系统
(引自 Reece, 2004)

terns)和乳头池(teat cisterns),又称乳窦或乳槽(图 12-3)。牛、羊的每个乳腺各有一个发达的乳池,牛乳导管汇合成 8~12 条粗大乳导管通到乳池,每个乳池经一个乳头管向外开口。马每个乳腺有前后两个乳池和两个乳头管,猪乳头一般与两个乳头管相连,每个乳头管又与一个独立的腺体区相连(图 12-4),猫、犬、兔等乳池不发达或缺少。

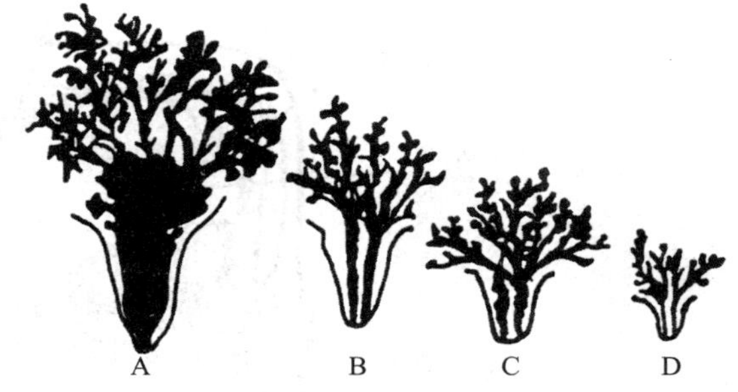

图 12-4 几种动物乳腺泡和导管系统模式图
A. 牛;B. 马;C. 猪;D. 大鼠

乳腺腺泡和细小乳导管由具有收缩力的肌上皮细胞(myoepithelial cell)包裹(图 12-5)。肌上皮细胞在催产素的作用下发生收缩,引起腺泡腔内压上升,把腺泡腔内的乳汁排入导管系统。较大的乳导管和乳池由平滑肌构成,其收缩参与乳的排出过程。

乳头管是乳汁排出的出口。乳头处的皮肤为无毛型,有散在的汗腺和皮脂腺直接开口于皮肤。皮脂腺分泌物可起到保护皮肤和润滑幼畜口唇的作用。乳头表面是角化的复层扁平上皮,其下主要是胶原性致密结缔组织和一些弹性纤维,使乳头皮肤有较大弹性,乳头内结缔组织中还有较多的平滑肌纤维,呈环形和放射状排列,其中环形肌构成乳头括约肌,使乳头管在不排乳时保持闭锁状态。乳头壁的中部有丰富的毛细血管,充血时使乳头勃起。通常一个腺体只有一个乳头。

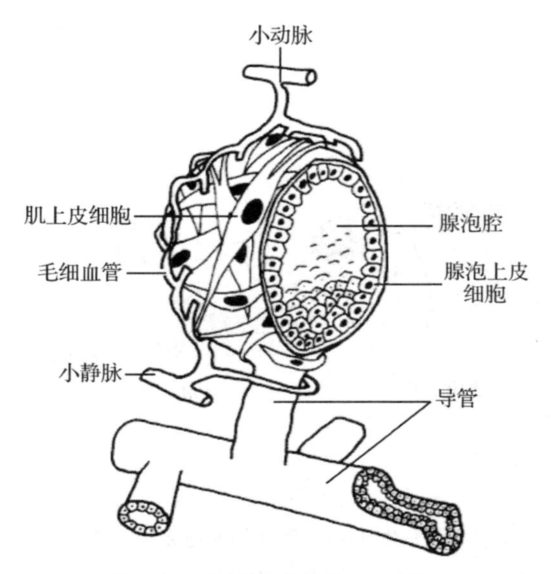

图 12-5 乳腺腺泡结构示意图
(引自 Reece, 2004)

12.1.3 乳腺的血管系统、淋巴系统和神经系统

乳腺的血液供应极为丰富。马、牛、羊的乳腺,其动脉主要来自左右两侧髂总动脉延伸形成的髂外动脉及其后的阴部外动脉,后者分支形成前后乳房动脉。食肉动物和杂食动物的乳腺,其动脉来自阴部外动脉或来自肋间动脉和胸外动脉的分支。它们进入乳腺后,反复分支,形成包围每个腺泡的稠密的毛细血管网,因此,血液可以充分将营养物质和氧带给腺泡,以供乳腺生乳的

需要。乳腺中的静脉系统比动脉系统发达得多，静脉的总横断面比动脉大若干倍。因此，血流缓慢经过乳腺，为腺泡生成乳汁提供有利条件，乳腺中的血液主要沿着左右腹壁皮下静脉(又称乳静脉)及耻骨外静脉流出(图 12-6)。不同动物的乳腺血液供应因乳腺位置不同而有差异。流经乳腺的循环血量与泌乳量的比例已成为很多研究的主题。一只产量适中的奶牛，乳腺的循环血量与泌乳量比例约为 670：1。

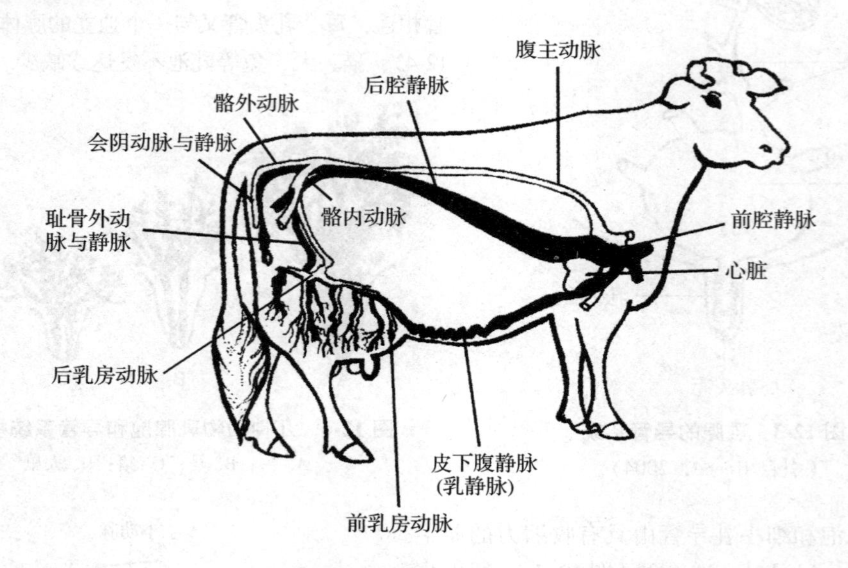

图 12-6　乳房的血液供应

(引自 Tyler，Ensminger，2007)

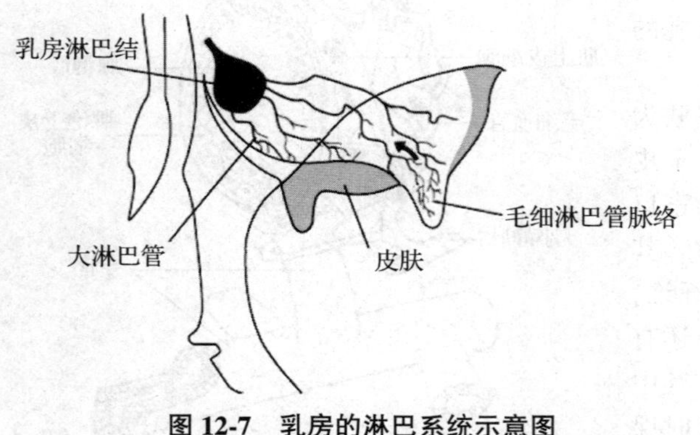

图 12-7　乳房的淋巴系统示意图

(引自 Klaus 等，2011)

乳腺还具有丰富的淋巴系统(图 12-7)，大量的毛细淋巴管密集分布在乳腺腺泡周围的结缔组织中，在乳腺小叶间逐级汇成较大的淋巴管，沿血管和乳导管走行，注入所属淋巴结。乳腺皮肤和乳头也有丰富的淋巴网。牛乳房淋巴管通过淋巴结离开乳房，乳腺淋巴结输出管通过腹股沟管到达外侧髂淋巴结，然后经过深层腰干乳糜池，经过胸导管进入前腔静脉附近的静脉系统。

正在泌乳的动物，乳腺淋巴管的流量显著增加多倍。乳腺淋巴系统可促进淋巴细胞增殖、滤过淋巴液，通过授乳，参与免疫过程，保护新生儿免受病原体侵染。

乳腺的生长、发育及泌乳主要由激素调控，排乳的启动却主要受神经调节，但乳房的神经分布较其他组织稀少。牛乳房的神经支配包括感觉(传入)神经和运动(传出)神经。传入神经包括：第 1 和第 2 腰神经的腹侧支；第 2~4 腰神经腹侧支组成腹股沟神经；以及阴部神经分出的会阴神经。猪、犬等的乳腺还接受肋间神经和胸外神经等的分支传来的冲动。

腹股沟神经是支配乳房的主要神经。第 1 和第 2 腰神经的腹支支配乳房前部的一小部分区域，会阴神经支配后乳房的一部分，这些传入神经在排乳反射中起重要作用。乳腺的传出神经来自腰部交感神经丛，兴奋时引起乳腺内血管、乳池和大乳导管周围的平滑肌收缩，但不调节乳腺腺泡。腺泡外的肌上皮细胞不受上述神经的支配，而是通过体液途径进行调节的。乳腺同其他皮肤腺体一样没有副交感神经分布。因此，刺激交感神经使乳腺内血液循环量显著减少，泌乳量也相应下降，这是泌乳母牛受到惊扰时泌乳量明显下降的主要原因。

12.2 乳腺的发育及其调节

12.2.1 乳腺的发育

乳腺的发生和发育始于胚胎期并持续至泌乳早期，其发育与动物繁殖密切相关，因此其生长发育具有明显的年龄和生殖周期的特点。

12.2.1.1 出生到初情期

幼畜的乳腺尚未发育，雌雄两性乳腺也没有明显差别，只有简单导管由乳头向四周辐射。随着幼畜的生长、乳腺中结缔组织和脂肪组织逐步增加，乳腺与体质量的增长速率一致，称为等速生长(isometric growth)。

12.2.1.2 初情期

雌性动物达到初情期时，随着体内雌激素水平的提高，乳腺的导管系统迅速生长，形成分支较复杂的细小导管系统。此时，乳腺的生长比体质量的增长速度快，这种生长速率称为异速生长(allometric growth)。异速生长会持续若干个发情周期，然后恢复到等速生长状态，直到动物受孕。在每个发情周期内，乳腺在卵巢分泌的雌激素和腺垂体分泌的催乳素和生长激素刺激下生长。这种生长主要通过促进乳腺内导管的伸长和分支的增加来实现。

12.2.1.3 妊娠期

乳腺的生长发育主要是在妊娠期进行，其发育呈指数级增长。母牛妊娠后，在高水平的雌激素和孕激素的作用下，乳腺导管和腺泡迅速生长发育，导管的数量继续增加，并且在每个导管的末端开始形成没有分泌腔的腺泡，开始取代乳腺脂肪垫的基质(脂肪细胞)，同时结缔组织中毛细血管增多，血流量增加。到妊娠中期，腺泡渐渐出现分泌腔和分泌物，腺泡和导管的体积不断增大，逐渐代替脂肪组织和结缔组织，乳腺内的神经纤维和血管数量也显著增多。到了妊娠后期，发育速度达到高峰并接近完全，乳房体积达到最大，腺泡的分泌上皮开始具有分泌机能。

12.2.1.4 泌乳期

分娩并开始泌乳后，乳腺才成为分化和发育完全的器官，开始正常的泌乳活动。大多数动物的乳腺腺泡上皮细胞数量在泌乳早期持续增加，并持续到泌乳高峰期。在此之后，仅有少量的乳腺腺泡上皮细胞增殖。发育完全的腺泡结构一直维持到泌乳期结束。泌乳期只有腺泡上皮细胞增殖，肌上皮细胞在妊娠末期达到功能性成熟，不再分裂。在每个泌乳周期内，乳腺的大小和细胞数量都会增加，但初产动物乳腺细胞增殖速率要比经产动物的细胞增殖速率快。在同一个乳腺小叶中，不同腺泡的分泌活动不完全一致。此外，泌乳时期乳腺内乳汁的完全排空不仅刺激相关催乳激素的释放，还机械性促进腺泡上皮细胞的分泌活动。

12.2.1.5 退化期

大多数动物，吮乳或挤奶的停止，会引起乳腺的退化，其特征是乳腺上皮细胞数量的减少和单细胞分泌活动的降低。最初因乳腺内乳汁郁积，影响乳腺血液循环，抑制有关乳成分合成酶和激素水平，使乳腺上皮细胞的分泌活动停止。随后滞留在腺泡腔内的乳汁逐渐被吸收，乳腺上皮细胞发生凋亡(程序性细胞死亡)，溶酶体通过释放酶类来降解凋亡的上皮细胞，最终导致腺泡萎缩。因此，乳腺腺泡的体积重新逐渐缩小，分泌腔逐渐消失，与腺泡直接相连的细小乳导管重新萎缩，腺组织被结缔组织和脂肪组织所代替，乳房体积显著缩小，逐渐恢复到妊娠前的状态。乳腺的这种生理变化过程，称为乳腺退化(mammary involution)。乳腺退化通常是在泌乳后期出现的渐进性过程，最终致使乳腺活动停止，进入干乳期。在干乳期内，乳牛的乳腺组织能最大限度地重新形成(重塑)，体内的脂肪储备也可以较好地得到补充。腺泡退化的程度在动物品种间有差异，并取决于发情周期内的激素对腺泡小叶结构的维持功能。因此，乳腺的生长发育呈现明显周期性变化，这与性周期中卵巢的发育和妊娠期内分泌腺活动密切相关。

12.2.2 乳腺发育的调节

乳腺发育既受激素的控制，又受中枢神经系统的调节(图12-8)。

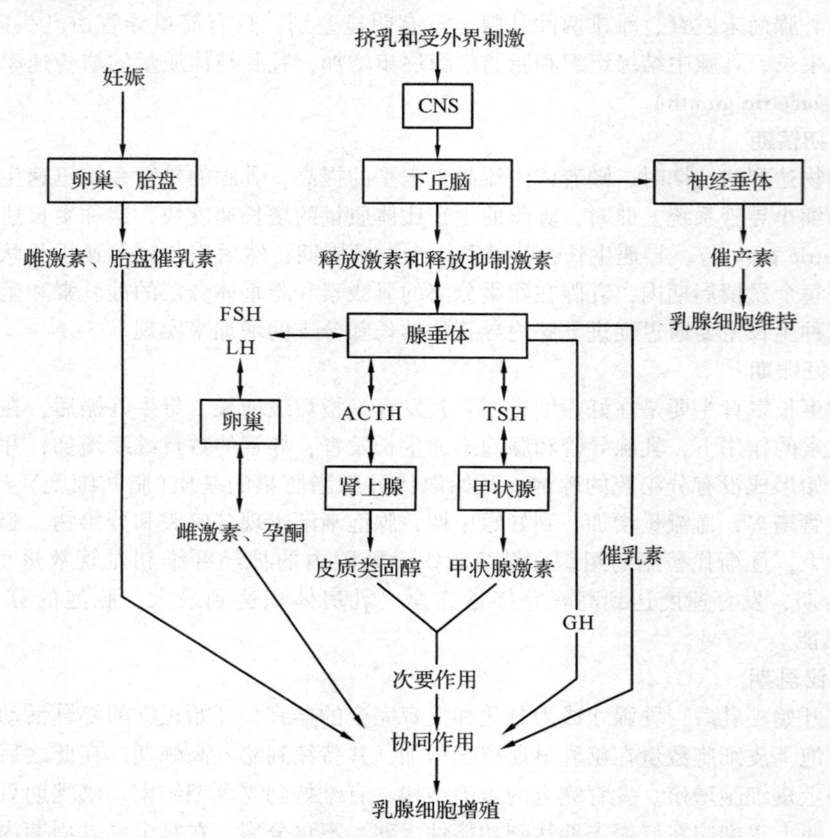

图12-8 乳腺生长发育的调节

12.2.2.1 激素调节

乳腺的发育是由多种激素协同作用的结果。从出生到初情期，甲状腺激素、生长激素和皮质类固醇参与调节机体(包括乳腺)的生长发育，乳腺逐步发育。初情期开始后，乳腺变化很大，首先腺垂体分泌的FSH刺激卵巢的生长发育；刚刚有功能的卵巢分泌雌激素，促进乳腺导管系统的生长发育；卵泡成熟的同时，腺垂体分泌LH，引起卵泡排卵形成黄体，分泌孕激素，促进腺泡的发育增生。

牛妊娠后，3~4个月时乳腺导管进一步延伸，腺泡形成并开始替代乳腺脂肪细胞。在妊娠期影响乳腺发育的几种激素将会发生变化，尤其是血液中孕激素的含量急剧上升并维持高浓度。因此，妊娠的其余时间乳腺小叶-腺泡系统受孕激素影响而快速发育。牛妊娠6个月后，腺泡小叶系统已得到充分的发育。除雌激素和孕激素外，催乳素、生长激素、甲状腺激素、胰岛素、促肾上腺皮质激素和肾上腺皮质所分泌的几种激素及胎盘催乳素的分泌对乳腺系统的发育也很重要，但妊娠期乳腺的快速生长很大程度上是由于雌激素和孕激素的增加和协同作用。

12.2.2.2 神经调节

乳腺的发育又受神经系统的调节。通过哺乳和挤乳，刺激乳腺的感受器，发出冲动传到中枢神经系统，通过下丘脑-垂体系统或者直接支配乳腺的传出神经控制乳腺的发育。按摩初胎母牛、妊娠母猪的乳房，可增强乳腺发育和产后的泌乳量。此外，神经系统对乳腺也具有营养性作用。在性成熟前切断母山羊的乳腺神经，可中止乳腺的发育；在妊娠期切断该神经，则可导致乳腺腺泡发育不良，不形成腺泡腔与小叶；在泌乳期切断乳腺神经，则大部分腺泡处于不活动状态。

12.3 乳的分泌

在妊娠中期，乳腺腺泡上皮细胞有较少的粗面内质网、高尔基体和酪蛋白。在妊娠后期，血液中孕激素的存在能显著阻止泌乳的发生。而妊娠晚期黄体分泌的孕激素逐渐减少，促进泌乳发生的各种激素(胰岛素、糖皮质激素和催乳素)能充分发挥对乳腺的调节。这些激素能促进乳腺分泌细胞的分化。乳腺组织的分泌细胞，从血液中摄取营养物质生成乳汁后，分泌入腺泡腔内，这一过程称为乳汁分泌(milk secretion)。乳腺开始泌乳时，乳腺上皮细胞内的粗面内质网、滑面内质网和高尔基体的增多分别促进乳腺细胞内蛋白质、脂肪和乳糖的合成。

12.3.1 乳的生成过程

泌乳期乳腺上皮细胞是高度分化的细胞。乳腺上皮细胞是典型的分泌型细胞(图12-9)，有发育完善的内质网系统和高尔基体。乳的生成过程是在乳腺腺泡和细小乳导管的分泌上皮细胞内进行的，即生成乳汁的各种原料均从血液移送到乳腺上皮细胞。

乳汁的主要糖类包括乳糖和葡萄糖，脂类有三酰甘油和脂肪酸，乳蛋白主要由酪蛋白和清蛋白构成。乳汁成分不是来自血液中某些物质的简单选择性转移，而是乳腺上皮细胞内发生复杂的生物合成反应而来的(如乳糖、乳脂、乳蛋白质等)，但乳中的免疫球蛋白、少量激素、维生素和无机盐为选择性转移的结果。因此，乳与血液成分有相似，但浓度差别较大(表12-1)。

此外，哺乳动物的乳汁成分，因物种、饲料、季节、年龄、胎次、泌乳期以及个体特性等而受到影响。乳汁成分的物种差异很大(表12-2)，同一物种不同品种或不同地区同一品种动物乳汁成分含量也不同。乳脂含量是乳汁主要成分中最不稳定的，除以上影响因素外，它还与遗传因素有关。

12.3.1.1 乳脂的合成

三酰甘油是乳脂的主要成分，牛乳脂由三酰甘油和高比例的脂肪酸($C_4 \sim C_{16}$)混合而成。三酰甘油在滑面内质网内合成，脂肪酸、甘油和其他中间体在乳腺上皮细胞胞质和线粒体内合成。反刍动物乳中脂肪酸是由乳腺中乙酸盐和β-羟丁酸合成的，并被转运至瘤胃。但反刍动物不能利用葡萄糖来源的乙酰辅酶A合成脂肪酸(图12-10)，而非反刍动物的葡萄糖是用于脂

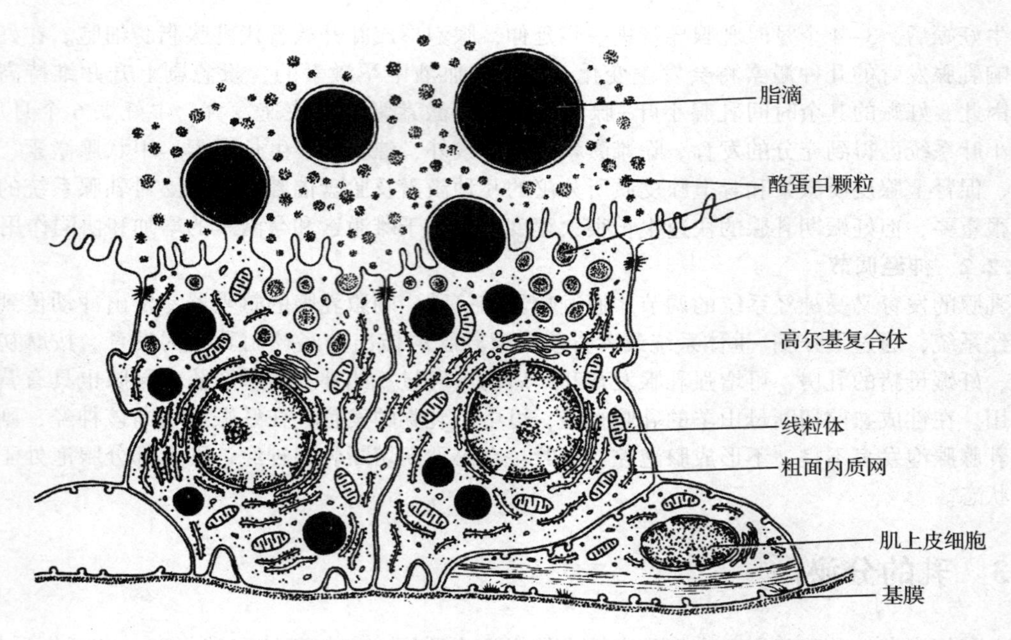

图 12-9 哺乳期乳腺分泌部超微结构模式图

表 12-1 牛乳中一些组分与血液中前体比较 %(g/100 mL)

组分	血液	乳	组分	血液	乳
水分	91	86	三酰甘油	0.06	3.7
葡萄糖	0.05	极微量	磷脂	0.25	0.035
乳糖	0	4.6	柠檬酸	极微量	0.18
氨基酸	0.02	极微量	乳清酸	0	0.008
酪蛋白	0	2.8	钙	0.01	0.13
β-乳球蛋白	0	0.32	磷	0.01	0.10
α-乳白蛋白	2.6	0.07	钠	0.34	0.05
免疫球蛋白	2.6	0.07	钾	0.025	0.15
白蛋白	3.2	0.05	氯	0.35	0.11

表 12-2 不同动物的乳汁成分

动物品种	质量百分率/%							能量/(kcal/100 g)
	水	脂	酪蛋白	总乳蛋白	乳清蛋白	乳糖	灰分	
奶牛	87.3	3.9	2.6	3.2#	0.6	4.6	0.7	66
水牛	82.8	7.4	3.2	3.8#	0.6	4.8	0.8	101
牦牛	82.7	6.5		5.8*		4.6	0.9	100
瘤牛	86.5	4.7	2.6	3.2#	0.6	4.7	0.7	74
海牛	87.0	6.9		6.3*		0.3	1.0	88
山羊	86.7	4.5	2.6	3.2#	0.6	4.3	0.8	70
绵羊	82.0	7.2	3.9	4.6#	0.7	4.8	0.9	102
马	88.8	1.8	1.3	2.5#	1.2	6.2	0.5	55

（续）

动物品种	质量百分率/%							能量/(kcal/100 g)
	水	脂	酪蛋白	总乳蛋白	乳清蛋白	乳糖	灰分	
骆驼	86.5	4.0	2.7	3.6#	0.9	5.0	0.8	70
人	87.1	4.5	0.4	0.9#	0.5	7.1	0.2	72
驯鹿	66.7	18.0	8.6	10.1#	1.5	2.8	1.5	214
驴	88.3	1.4	1.0	2.0#	1.0	7.4	0.5	44
犬	76.4	10.7	5.1	7.4#	2.3	3.3	1.2	139
猪	81.2	6.8	2.8	4.8#	2.0	5.5	1.0	102
兔	67.2	15.3	9.3	13.9#	4.6	2.1	1.8	202
小鼠	—	13.1+	7.86++		1.85++	3.0+	—	171+
大鼠	79.0	10.3	6.4	8.4#	2.0	2.6	1.3	137
豚鼠	83.6	3.9	6.6	8.1#	1.5	3.0	0.8	80
鼹	63.2#	19.6	8.4	11.3#	2.9	2.8	0.8	233
负鼠	76.8	11.3		8.4*		1.6	1.7	142
红大袋鼠	80.0	3.4	2.3	4.6#	2.3	6.7	1.4	76
刺猬	79.4	10.1		7.2*		2.0	2.3	100
蝙蝠	59.5	17.9		12.1*		3.4	1.6	223
树鼩	59.6	25.6		10.4*		1.5		278
树懒	83.1	2.7		6.5*		2.8	0.9	62
灰松鼠	60.4	24.7	5.0	7.4#	2.4	3.7	1.0	267
海豚	58.3	33.0	3.9	6.8#	2.9	1.1	0.7	329
黑熊	55.5	24.5	8.8	14.5#	5.7	0.4	1.8	280
海狗	34.6	53.3	4.6		4.3	0.1	0.5	516
土豚	68.5	12.1	9.5	14.3#	4.8	4.6	1.4	184
印度象	78.1	11.6	1.9	4.9#	3.0	4.7	0.7	143

注：*总乳蛋白的百分数；1 kcal=4.18 kJ；+数据来自：Webb，et al，1974. Fundamentals of Dairy Chemistry. Second ed. AVI Publishing Co.，Westport，DT.，Chap. 1；++数据来自：Kumar et al，1994. Milk composition and lactation of β-casein deficient mice；#数据来自：Jenness，1986，J. Dairy Sci. 69：869-885。

肪酸合成的乙酰辅酶A的主要来源。此外，乳中脂肪酸也直接来源于血液，即循环体系中乳糜微粒和低密度脂蛋白的三酰甘油。三酰甘油的合成主要通过乳腺中生成磷脂酸的α-甘油磷酸途径和甘油一酯通路。乳脂被新生仔畜利用积累体脂，也是能量来源之一。

12.3.1.2 乳糖的合成

乳糖是一种由葡萄糖和半乳糖组成的双糖，是乳汁和乳腺中的主要糖类，对大多数动物来说它只存在于乳腺和乳汁中。葡萄糖是乳糖合成的唯一前体物质。每合成一分子乳糖需要两个葡萄糖分子进入乳腺上皮细胞，其中一个葡萄糖分子转化成半乳糖。乳糖合成酶催化高尔基体上的葡萄糖和半乳糖生成乳糖的反应。反刍动物瘤胃发酵所产生的挥发性脂肪酸中，丙酸易被用于合成乳糖。

乳糖能促进胃肠道中乳酸菌的生长繁殖，促进乳酸发酵。乳酸的产生能抑制其他腐败菌生长，提高胃蛋白酶消化力，并可促进钙的吸收。乳糖在小肠必须被乳糖酶分解为葡萄糖和半乳

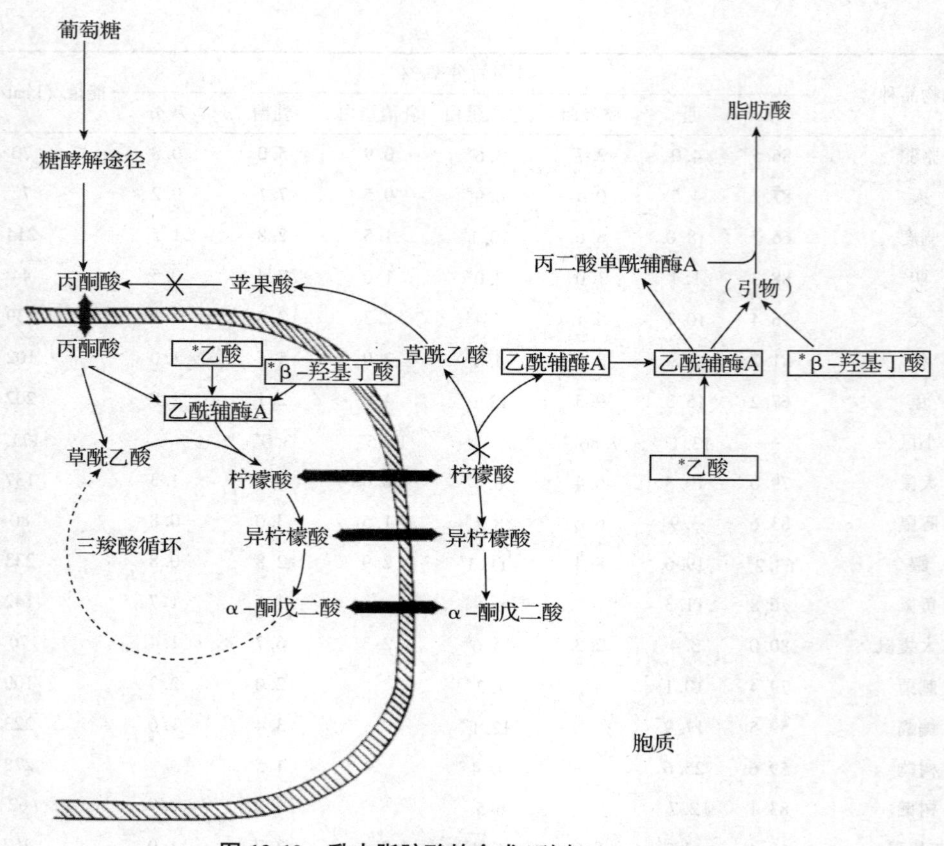

图 12-10　乳中脂肪酸的合成(引自 Reece，2014)

╳反刍动物不能通过该途径利用柠檬酸；* 仅反刍动物

糖两个单糖后才能被吸收。乳糖酶活性主要出现在哺乳期，断乳后其活性消失。乳糖酶缺乏(lactase deficiency)是指小肠绒毛膜细胞的刷状缘膜结合酶(即乳糖酶)活性低下。

12.3.1.3　乳蛋白的合成

乳中的蛋白质主要有酪蛋白、乳清蛋白和微量蛋白，是由乳腺上皮细胞合成的产物，其合成原料来自血液中的氨基酸。氨基酸由上皮细胞吸收后，被核糖体聚合成短肽链，移行至高尔基体内的肽进一步缩合，形成各种不溶性酪蛋白颗粒以及可溶性β-乳球蛋白。然后，含有酪蛋白的颗粒由高尔基体移行至细胞表面，出胞；少量乳蛋白(如免疫球蛋白和血清白蛋白)可从血液中直接吸收。

酪蛋白的主要作用是提供营养。乳清蛋白主要包括乳白蛋白和乳球蛋白，前者最主要的成分是α-乳白蛋白，对酪蛋白起保护胶体作用；后者具有抗体作用，又称免疫球蛋白(Ig)。乳中 Ig 是初乳中具有抗体活性或化学结构与抗体相似的蛋白。因大多数 Ig 不能通过胎盘，所以免疫系统发育尚未健全的新生仔畜只能在出生后数十小时内从初乳中摄取，从而获得后天被动免疫。初乳中的 Ig 可分为 IgG、IgA、IgM、IgD 和 IgE 5 种。反刍动物初乳中的免疫球蛋白主要是 IgG。人和兔初乳中的免疫球蛋白主要是 IgA。Ig 含量在整个泌乳期中都有大幅度的变化。牛和羊初乳中的免疫球蛋白质量浓度最高可达 120 g/L，以后迅速下降，在泌乳高峰期的质量浓度为 0.5~1.0 g/L。

此外，乳中还含有乳铁蛋白、乳过氧化物、溶菌酶、脂肪酶和蛋白水解酶、激素和生长因子等。

12.3.2　乳分泌的启动和维持

泌乳期间，乳的分泌包括启动泌乳和维持泌乳两个过程，它们与生殖过程相适应，受神经-体液调节。

12.3.2.1　乳分泌的启动及其调控

泌乳的启动(initiation of lactation)是指动物分娩时或分娩前后，乳腺的生长几乎停止而开始分泌大量乳汁的过程。它包括妊娠后期开始少量分泌乳汁特有成分的第一阶段和伴随分娩分泌大量乳汁的起始阶段——第二阶段。

启动泌乳需要各种激素对乳腺的刺激。在妊娠期间，由于胎盘和卵巢分泌大量的雌激素和孕激素，因此抑制腺垂体释放催乳素。分娩前，随着黄体溶解、胎盘膜破裂，孕酮分泌急剧下降，从而解除了对下丘脑和腺垂体的抑制作用，引起催乳素和糖皮质激素迅速释放，强烈促进乳的生成，对启动泌乳起主要作用。此后，血液中的催乳素和糖皮质激素保持一定水平，以维持泌乳。上述激素信息单独发生不会引起泌乳，只有通过协同作用才引发泌乳。

催乳素的受体在启动泌乳的两个阶段均增多，可见催乳素对泌乳的启动非常重要。催乳素可与乳腺分泌细胞膜上的受体结合，促进乳蛋白和酶 mRNA 的合成和降低乳蛋白 mRNA 的降解，直接促进酪蛋白和其他蛋白的基因转录。此外，哺乳或挤奶可抑制下丘脑的催乳素释放抑制激素的分泌，解除对腺垂体的抑制，使催乳素的释放增多。

糖皮质激素(皮质醇)的基本功能是促进乳腺腺泡系统分化发育，主要是促进粗面内质网分化和高尔基体发育，成为催乳素促进蛋白质合成的前提条件。

雌激素可促使各种动物的乳腺不同程度地发育或泌乳，并通过糖皮质激素和催乳素间接启动泌乳。

孕激素能抑制泌乳的启动。孕激素与其受体在乳腺分泌细胞的胞质中结合，同时竞争结合糖皮质激素受体而抑制糖皮质激素的促乳作用。它还抑制由催乳素诱导的催乳素受体的合成，同时减弱糖皮质激素与催乳素的协同促乳作用。

12.3.2.2　乳分泌的维持及其调控

启动泌乳后，乳腺能在相当长的一段时间内持续进行泌乳活动，称为泌乳的维持(maintenance of lactation)。泌乳活动的维持包括腺泡细胞数量、单个细胞合成能力及排乳反射的有效维持。

垂体及其分泌的激素对泌乳的维持发挥重要的内分泌调控作用。虽然在不同动物间有差异，但一定水平的催乳素、促肾上腺皮质激素、糖皮质激素、生长激素、甲状腺激素、胰岛素、甲状旁腺素都是维持正常泌乳活动所必需的。例如，甲状腺激素能提高机体的新陈代谢，它既影响乳汁的合成，也影响乳汁分泌的维持时间；甲状旁腺素能促进泌乳量并提高血浆中钙离子浓度；促肾上腺皮质激素通过影响乳腺细胞数量及代谢活动而直接作用于泌乳活动。因此，糖皮质激素是维持泌乳所必需的，在生理水平时维持泌乳，但高剂量时则抑制泌乳。此外，乳腺导管系统内压也是重要的影响因素之一。

12.3.3　乳汁

乳是哺乳动物乳腺分泌的、为哺乳幼仔所生产的必需营养物质和重要活性物质。乳汁以乳糖提供能量，以蛋白质提供氨基酸，同时也是抗体、维生素和矿物质的来源。因此，乳汁对幼畜的生长和发育是不可缺少的。乳可分为初乳(colostrum)和常乳(normal milk)两种。

12.3.3.1 初乳

初乳是指在分娩期或分娩后最初3~5 d内乳腺产生的乳。

初乳内含有丰富的球蛋白和白蛋白。初生仔畜吸吮初乳后，经消化、吸收，有利于增加仔畜血浆蛋白质的浓度；初乳中含有大量的免疫抗体，特别是由于各种家畜(牛、绵羊和猪)的胎盘不能转送抗体，新生幼畜主要依赖初乳中的抗体(免疫球蛋白)形成体内的被动免疫，以增加仔畜抵抗疾病的能力。人和兔的IgG能穿过胎盘进入发育中的胎儿，因此其初乳中免疫球蛋白浓度较低。

初乳有很高的营养价值，几种家畜初乳成分见表12-3所列。初乳中各种成分的含量和常乳显著不同，其中干物质含量远高于常乳。牛初乳和常乳成分见表12-4所列。此外，初乳中含有较多的无机盐，其中的镁盐有轻泻作用，促进肠道排出胎便。所以，初乳几乎是初生仔畜不可替代的食物。喂给初生动物以初乳，对保证其健康成长具有重要意义。

表12-3 几种家畜的初乳成分 g/L

成分	牛	猪	马	绵羊	山羊
水	733	693	851	588	812
脂肪	51	72	24	177	82
乳糖	22	24	47	22	34
蛋白质	176	188	72	201	57
无机物	10	6	6	10	9

表12-4 牛初乳和常乳成分 %

成分	初乳	常乳	成分	初乳	常乳
总干物质	23.9	12.9	白蛋白	1.5	0.47
乳糖	2.7	5.0	免疫球蛋白	6.0	0.09
脂肪	6.7	4.0	灰分	1.1	0.7
蛋白质	14.3	3.2	维生素A/(ng/dL)	295.0	34.0
酪蛋白	5.2	2.6	密度/(g/mL)	1.056	1.032

注：引自Reece，2014。

12.3.3.2 常乳

初乳期过后，乳腺所分泌的乳汁，称为常乳。常乳中的一些成分与血浆中的成分以同样的形式存在，但乳中的酪蛋白及乳糖是体内其他部分所没有的(见表12-1)。各种动物的常乳均含水、蛋白质、脂肪、糖类、无机盐、酶和维生素等。各种动物常乳的化学成分见表12-2所列。

常乳中的蛋白质主要是酪蛋白，其次是白蛋白和球蛋白。常乳中的脂肪主要是三酰甘油和脂肪酸。常乳中的糖仅有乳糖，它能被乳酸菌分解为乳酸。常乳中的酶类很多，主要有过氧化氢酶、过氧化物酶、脱氢酶、水解酶等。常乳中还含有来自饲料的各种维生素(A、B、C、D等)和植物性饲料中的色素(胡萝卜素、叶黄素等)以及血液中的某些物质(抗毒素、药物等)。常乳中的无机盐主要有氯化物、磷酸盐和硫酸盐等，常乳中的铁含量很少，所以哺乳的仔畜应补充少量含铁物质，否则易发生贫血。

12.3.3.3 乳的生物活性物质

乳中还含有多种生物活性物质，包括激素和生长因子等。现已检测到的有50多种(表12-5)。它们有的直接由血液循环进入乳中，有的是蛋白质分解产物，还有一部分是由乳腺合成分泌的激素和生长因子。因此，目前乳腺也被认为是一种内分泌器官，可分泌甲状腺激素、甲状旁腺素释放肽、雌激素、促性腺激素释放激素、催乳素、松弛素和生长因子等进入乳中。这些生物活性物质主要参与乳腺功能的调节及母子间的信息传递。

表 12-5 乳中激素和生长因子在母体乳腺和新生幼仔生长发育中的功能

名称	母体乳腺组织	新生幼仔-成年
皮质酮	促进细胞分化	影响成年的应激反应的效应
促性腺激素释放激素		增加新生幼仔卵巢 GnRH 受体
生长激素释放激素		调节新生幼仔 GH 分泌
促甲状腺激素释放激素		调节新生幼仔 GH 和 TSH 分泌
鲑鱼降钙素样肽*		新生幼仔重要的 PRL 抑制因子
甲状旁腺素释放肽	调节乳钙、磷、镁含量	
促红细胞生成素		促进新生幼仔红细胞生成
促甲状腺激素		调节新生幼仔 T_3、T_4 的分泌
催乳素	维持泌乳作用	影响成年家畜神经内分泌的 PRL 调节；调节新生幼仔的免疫系统
松弛素	促进组织的生长和分化	
胰岛素	在生理浓度，通过 IGF-2 受体促进生长；在药理浓度，通过 IGF-1 受体促进生长	影响血糖水平及新生幼仔糖血症
生长激素	在细胞水平，影响 IGF-1 的作用，促进乳的生成	
胰岛素样生长因子	促进组织生长和分化	促进新生幼仔肠道的生长，改变肠 IGF 受体，具有系统生长效应
上皮生长因子、转化生长因子 α	促进组织生长和分化	促进胃肠道生长；引起早期眼睑打开
转化生长因子 β	抑制组织生长	抑制小肠细胞生长
前列腺素		在新生幼仔小肠内提供细胞保护作用

注：* 鲑鱼降钙素样肽：salmon calcitonin-like peptide；引自陈杰。

12.4 乳的排出

腺泡腔中的乳汁经过各级乳腺组织导管和乳头管流向体外的过程称为排乳(milk excretion)。乳汁分泌和排乳这两个性质不同而又相互联系的过程合称泌乳(lactation)。

12.4.1 排乳过程

哺乳或挤乳会引起乳房容纳系统紧张度改变，使蓄积在腺泡和乳导管系统内的乳汁迅速流向乳池，即排乳。哺乳或挤乳时，刺激母畜乳头的感受器，反射性地引起腺泡和细小乳导管周围的肌上皮细胞收缩，腺泡内乳汁流入导管系统，接着大导管和乳池的平滑肌强烈收缩，乳池内压迅速升高，乳头括约肌开放，于是乳汁被排出体外。

排乳是一种复杂的反射过程。在仔畜吸吮乳头或挤奶之前，乳腺腺泡上皮细胞生成的乳汁，连续地分泌到腺泡腔内。当腺泡腔和细小乳导管充满乳汁时，腺泡周围的肌上皮细胞和导管系统的平滑肌反射性收缩，将乳汁转移入乳导管和乳池内。随着乳汁的分泌，贮存于乳池、乳导管、终末导管和腺泡腔中的乳汁不断增加，乳房内压不断升高，使乳汁分泌变慢。因为乳汁蓄积时，泌乳细胞分泌的泌乳反馈抑制素(feedback inhibitor of lactation，FIL)在腺泡腔内的浓度增大，以自分泌方式抑制乳汁的进一步合成和分泌，FIL在体内外以浓度依赖方式抑制乳汁分泌。FIL主要是阻断腺泡上皮细胞分泌酪蛋白和乳糖。此外，乳房内压的升高使交感神经兴奋，降低乳腺外周的血流量，从而导致泌乳相关激素和与泌乳所需营养物质减少，最后乳汁分泌停止。但是当排出蓄积的乳汁后，乳房内压下降，又重新开始泌乳，这是一种泌乳负反馈调节过程。若哺乳活动较频繁则会刺激乳腺的生长和泌乳量的提高。因此，乳从乳腺有规律地排空是维持泌乳的必要条件。

最先排出的是乳池乳。当乳头括约肌开放时，乳池乳借助本身重力作用即可排出。腺泡和乳导管的乳必须依靠乳腺内肌细胞的反射性收缩才能排出，这些乳叫作反射乳(reflex milk)。乳牛的乳池乳一般占泌乳量的30%，反射乳占泌乳量的70%。我国黄牛和水牛的乳池乳很少，甚至完全没有乳池乳。猪和马的乳池也不发达。

12.4.2 排乳反射

排乳是由高级神经中枢、下丘脑和垂体参加的复杂反射活动。

12.4.2.1 排乳反射的传入途径

挤压或吮吸乳头时对乳房内外感受器的刺激，是引起排乳反射的主要非条件刺激。外界环境的各种刺激经常通过视觉、嗅觉、听觉、触觉等形成大量的促进或抑制排乳的条件反射。

排乳反射的非条件反射，其反射弧从乳房感受器开始，传入冲动经由精索外神经至脊髓后，主要通过脊髓-丘脑束传到丘脑。丘脑的每一侧分为背、腹两个分支，在丘脑后部汇合，最后到达下丘脑的室旁核和视上核，由此发出下丘脑-垂体束，进入神经垂体。室旁核和视上核是排乳反射的基本中枢，在大脑皮层有相应代表区。乳房的传入冲动传进脊髓后，还有一部分纤维能与胸腰段脊髓内的自主神经元联系，并通过交感神经，支配乳腺平滑肌的活动(图12-11)。

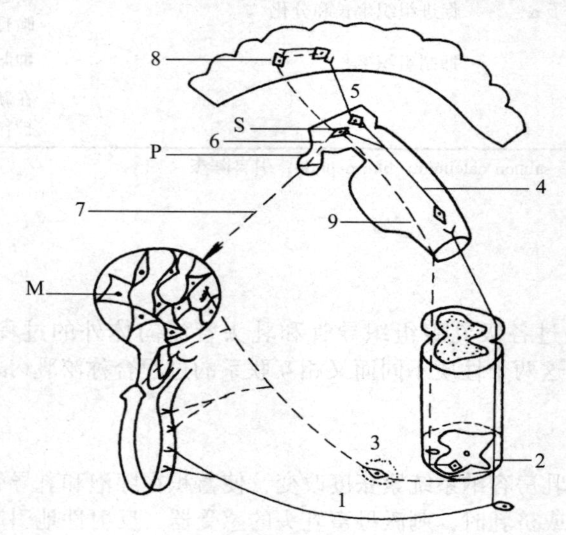

图12-11 排乳的反射性调节模式图

P. 神经垂体；M. 肌上皮；S. 视上核

1. 背根的传入神经；2. 与自主神经元联系；3. 走向乳腺平滑肌的交感神经元；4. 自脊髓至下丘脑的上行途径；5. 自下丘脑至大脑皮层的途径；6. 视上核-垂体途径；7. 体液作用(催产素)；8. 皮层中枢；9. 自皮层至脊髓的下行途径

实验证明，只有在乳房和中枢神经系统保持正常联系的情况下，排乳反射才能出现。切断乳腺的神经支配，或者麻醉动物，都会使排乳反射消失。此外，向颈动脉内注射高渗盐水，不但引起抗利尿效应，而且也引起排乳。催产素的排乳效应比抗利尿激素强 5~6 倍，但后者也有一定的排乳效应。

12.4.2.2　排乳反射的传出途径

排乳反射的传出途径有两条：一条是神经途径；另一条是神经-体液途径。神经调节的传出纤维存在于精索外神经和交感神经中，直接支配乳腺平滑肌的活动。神经-体液调节主要是通过下丘脑-垂体途径，起关键作用的是神经垂体释放的催产素。催产素在血液中以游离形式运输，到达乳腺后迅速从毛细血管中扩散，作用于腺泡和终末乳导管周围的肌上皮细胞引起其收缩。

排乳反射会被各种应激刺激(疼痛、惊吓和情绪困扰等)所抑制。这些刺激能促进肾上腺素和去甲肾上腺素的释放，引起平滑肌收缩，并能使乳腺内的导管和血管一定程度地紧缩，使释放到肌上皮细胞的催产素减少而抑制排乳。因此，正确的饲养管理制度，可形成一系列有利于排乳的条件反射，促进排乳和增加挤乳量。

(王纯洁　玉斯日古楞)

复习思考题

1. 试述乳腺的发育及其调控。
2. 什么是初乳？其与常乳有何不同？
3. 试述泌乳的启动、维持及其调节。
4. 试述排乳的反射性调节。

第 12 章

第 13 章 皮肤生理

本章导读

皮肤被覆于身体表面，是面积最大的器官。皮肤由表皮和真皮组成，通过皮下组织与深层组织相连。身体某些部位的皮肤演变为特殊的器官，如毛、蹄、角枕、汗腺、皮脂腺等。皮肤的颜色因黑色素的含量、血管的舒缩，角质层和颗粒层的厚度不同而呈现差异。皮肤与外界直接接触，能阻挡异物和病原体侵入，防止液体丢失，对机体具有重要的屏障保护作用。皮肤中的神经末梢很丰富，有的在表皮中形成游离末梢，有的在真皮中形成游离末梢，有的在真皮和皮下组织中形成各种感觉小体，感受各种刺激。皮肤所产生的各种衍生物，使皮肤具有分泌、排泄、调节体温和贮藏营养物质，以及呼吸(两栖类)、运动(鱼鳍、蛙蹼、蝙蝠的皮翼等)等多种功能。本章着重阐述皮肤感觉、分泌、排泄和保护功能以及毛的组织结构和生长发育。

本章重点与难点

重点：皮肤的基本结构和生理功能；毛的组织结构及影响毛生长和换毛的因素。

难点：色素形成的机理。

13.1 毛皮动物的毛皮

13.1.1 皮肤

13.1.1.1 皮肤的组织结构

不同动物物种，皮肤不论薄厚，其结构基本相同，一般由表皮、真皮和皮下组织 3 层构成。

(1)表皮

表皮(epidermis)位于皮肤的最表层，由角化的复层扁平上皮构成，由胚胎的外胚层演化而来，基底面起伏不平，借基膜与真皮相连。身体各部的表皮薄厚不均，手掌和足趾部最厚。表皮由两类细胞组成，大量的角质形成细胞(keratinocyte)和少量的散在分布于角质形成细胞之间的非角质细胞。

①角质形成细胞　从深层到表层可分为 5 层，即基底层、棘细胞层、颗粒层、透明层和角质层，如图 13-1 所示。

基底层(stratum basale)：附着于基膜上，是一层矮柱状基底细胞(basal cell)，其长轴与表皮和真皮间的交界线垂直，与邻近的角质形成细胞以桥粒相接，与基底膜带以半桥粒连接。基底细胞是未分化的幼稚细胞，具有很强的增殖和分化能力，不断分裂，新生细胞向浅层推移，逐渐分化成其余几层细胞。在皮肤的创伤愈合中，基底细胞具有重要的再生修复作用。

棘细胞层(stratum spinosum)：位于基底层上方，由 5~10 层不规则的多角形、有棘突的细

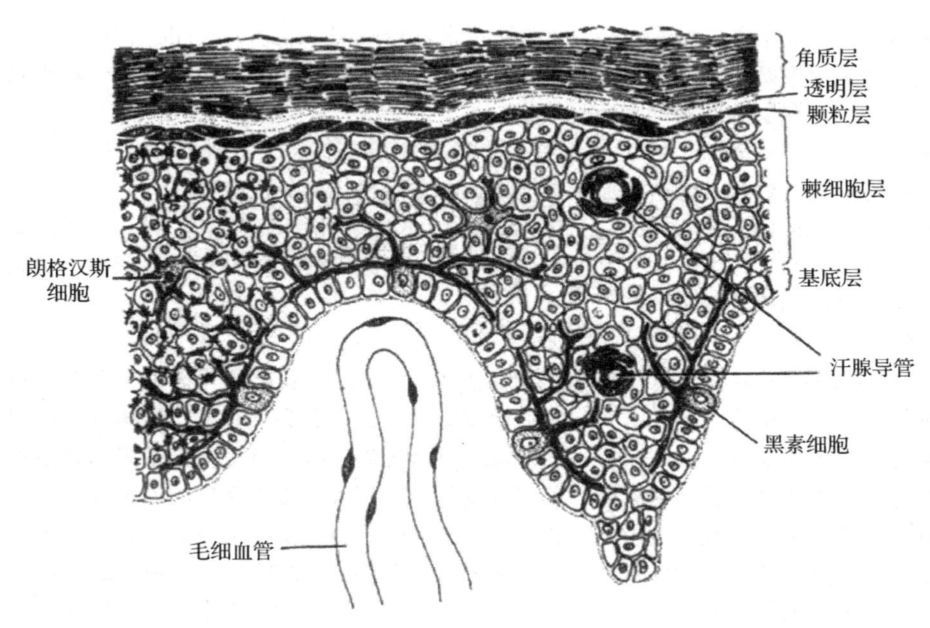

图 13-1　表皮组织结构模式图

胞组成。细胞体积大，呈多边形，表面有许多棘状突起，胞核大、圆，游离核糖体较多，具有旺盛的合成功能。胞质内有许多卵圆形的板层颗粒(lamellated granule)，颗粒内含糖脂和固醇类。棘细胞也具有分裂能力，参与创伤愈合，细胞间以桥粒相连接；细胞间隙内有淋巴流通，以滋养表皮。

颗粒层(stratum granulosum)：位于棘细胞层上方，由 3~5 层较扁的梭形细胞组成。胞核趋于萎缩退化，胞质中含有许多不规则的颗粒，在角化过程中转化为角蛋白，能阻止细胞间隙内组织液外溢。细胞周边的板层颗粒增多，渐与细胞膜相连，并将其内容物释放到细胞间隙内，在细胞外形成多层膜状结构，构成阻止物质透过表皮的主要屏障。

透明层(stratum lucidum)：位于颗粒层上方，由 2~3 层更扁的梭形细胞组成。仅见于掌跖部角质肥厚的表皮，在无毛的厚皮肤中也可见到此层。细胞界限不清楚，呈均质透明状，胞核及细胞器均已消失。

角质层(stratum corneum)：表皮的最表层，由几层至几十层扁平无核的角质细胞组成，细胞已完全角化，核和细胞器消失。细胞轮廓不清，呈均质状。细胞膜内面附有厚约 12 μm 的不溶性蛋白质，厚而坚固，对酸、碱、摩擦等有较强的抵抗力。细胞间充满板层颗粒释放的脂类物质。角质层浅表的细胞间的桥粒连接消失，细胞易逐渐脱落形成皮屑。

有毛的皮肤无透明层，颗粒层薄或不连续，角质层也薄。表皮由基底层到角质层的结构变化，反映了角质形成细胞增殖、分化向表层推移和脱落的动态变化过程，与此伴随的是角蛋白及其他成分合成的量和质的变化。角质层的细胞不断脱落，而深层的细胞不断增殖分化补充，以保持表皮的正常厚度。总之，细胞在基底层繁殖，在棘层生长，在颗粒层退化，在透明层吸收，在角质层形成保护膜，然后脱落。在健康情况下，表皮角质形成细胞的更新周期一般为 3~4 周。

②非角质形成细胞　有 3 种：黑素细胞、朗格汉斯细胞和梅克尔细胞。

黑素细胞(melanocyte)：散在于基底层细胞之间，数量少，体积大。细胞顶部有多个突起，伸入到表皮基底层和棘细胞层之间。黑素细胞内含有许多单位膜包裹的长圆形小体——黑素体

(melanosome)。黑素体内充满黑色素后称为黑色素颗粒(melanosome granule),可由黑素细胞突起的末端转移到周围基底细胞和棘细胞内。黑色素是决定皮肤颜色的主要成分,能吸收和散射紫外线,保护表皮深层的幼稚细胞免受损伤。

朗格汉斯细胞(Langerhans cell):散在分布于棘细胞层浅部。有树突状突起,是一种免疫辅助细胞,能捕捉、处理、呈递抗原给淋巴细胞,参与机体的免疫应答。

梅克尔细胞(Merkel cell):散在分布于毛囊附近的表皮和基底细胞之间,有短指状突起伸入角质形成细胞之间,在HE染色切片上不易辨认。梅克尔细胞数量很少,但在指尖较多,为一种接收机械刺激的感觉细胞。

(2)真皮

真皮(dermis)位于表皮深层,由致密结缔组织构成,由中胚层分化而来,含有大量的胶原纤维和弹性纤维,细胞成分较少。真皮坚韧而富有弹性,由乳头层和网织层构成,两层互相移动无明显界限。乳头层(papillary layer)紧靠表皮的薄层疏松结缔组织,借基膜与表皮相连,并向表皮底部突出形成许多乳头状隆起,称为真皮乳头,扩大表皮与真皮的连接面,使两者连接牢固,有利于表皮从真皮组织液中获得营养。乳头层内含有丰富的毛细血管、毛细淋巴管、游离神经末梢和触觉小体。网织层(reticular layer)位于乳头层下方较厚的致密结缔组织,是真皮的主要部分。由粗大的胶原纤维束交织成网,其间含有许多弹性纤维束,使皮肤具有韧性和弹性。在真皮内分布有毛、皮脂腺、汗腺、竖毛肌、丰富的血管、淋巴管、神经和较多环层小体等。

(3)皮下组织

皮下组织(hypodermis)位于真皮的深层,由疏松结缔组织构成。皮肤借皮下组织与深部的肌肉或骨膜相连。皮下组织中常含有大量的脂肪细胞,构成脂肪组织。皮下组织厚度随个体、年龄、性别及部位而不同,一般以腹部和臀部最厚,脂肪组织丰富。眼睑、手背、足背和阴茎处最薄,不含脂肪组织。猪的皮下脂肪组织特别发达,形成一层很厚的脂膜。皮下组织对能量的贮存、体温的维持和调节、机械压力的缓冲等具有重要的作用。

13.1.1.2 皮肤的生理功能

皮肤作为体内最大的排泄器官,和其他器官一样,也具有一定的功能。

(1)感觉功能

①触觉 触觉感受器位于皮肤浅层,触觉末梢装置可分为两种类型:一种在毛囊的周围有大量裸露的神经末梢围绕着,称为毛囊感受器,故动物的须毛不仅是毛,而且是重要的触觉感受器官,轻轻地与毛发接触,由于杠杆作用,力量就放大了很多倍;另一种在无毛区真皮内,存在各种触觉小体,动物的鼻面、口唇和舌尖等部位分布较多。由于触觉感受器在皮肤中分布不均匀,所以皮肤各部位触觉的敏感性不同,躯体的敏感性差,肢端和舌尖最为敏感。

②压觉 压觉感受器是位于皮下或更深层结构中的巨大的帕氏环层小体(Pacinian corpuscle)。

触觉和压觉都是由机械刺激引起的,轻微的机械性刺激可兴奋皮肤浅层的触觉感受器;而压觉则需较强的机械性刺激导致深层组织变形才能引起感觉,二者在性质上相似,可统称触-压觉。触觉适应性快,压觉适应性慢。

③冷觉和热觉 起源于不同的温度感受器,位于皮肤、黏膜和腹腔内脏等处,温度感受器主要是一些游离神经末梢。一般又分为两种:一种为冷感受器,由克劳氏终球(end bulb of Krause)构成;另一种是热感受器,由鲁菲尼氏小体(Ruffini corpuscle)构成。其适宜刺激不是温度而是热量的变化,它们实际感受的是皮肤上热量丧失和获得的速率。它们能感受体内外温度

变化的刺激而引起兴奋，其冲动沿着传入神经纤维向体温调节中枢传送，通过体温调节中枢的整合作用而产生相应的反应。温度感受器也具适应性，热觉适应快，冷觉适应较慢。

(2)保护功能

皮肤还具有屏障功能。皮肤由表皮、真皮和皮下组织构成一个完整的屏障结构，具有双向性：保护体内各种器官和组织免受外界环境中有害因素的损害；防止体内水分、电解质及营养物质的丢失。这种屏障作用体现在防护物理性损伤、化学性刺激、防御微生物、防止营养物质的丢失等方面。

(3)分泌及排泄功能

汗腺和皮脂腺是皮肤的分泌和排泄器官。

①汗腺的分泌　汗液是汗腺细胞通过代谢活动主动分泌出来的，其主要功能是参与机体体温调节，维持体温恒定。

动物的汗腺可分为小汗腺(外泌汗腺)和大汗腺(顶泌汗腺)两种。其分布也随动物种类而异。小汗腺，在猫、犬等肉食动物分布于足枕部，分泌汗液使局部保持湿润，利于抓握和增加触觉的敏感性；在汗腺不发达的牛属和水牛属身上集中于鼻唇部和趾间，猪则集中在鼻突部，利于蒸发散热；在某些灵长类动物多毛的皮肤上，小汗腺甚至遍布全身。大汗腺，也称顶浆分泌的汗腺，绝大多数动物，特别是一些汗腺发达的动物(如马、绵羊等)，全身体表均散布有大汗腺。汗液中99%~99.5%为水分，还含有少量氯化钠、氯化钾、尿素和乳酸等固体成分，仅占0.5%~1%。汗液的成分与尿液比较相似。

小汗腺的分泌活动主要受交感胆碱能纤维支配。实验证明，局部注射乙酰胆碱可引起小汗腺大量分泌和排泄汗液。此外，部分小汗腺也受交感肾上腺素能纤维支配，但它们通常只引起精神性发汗，与体温调节关系不大。

大汗腺腺体较小汗腺腺体大，腺体呈叶囊状，排泄管开口于毛囊附近，是皮肤中的一种特殊腺体，产生特殊的分泌物(不是汗)。其分泌物呈弱碱性、较黏稠，含脂质类及蛋白质类等成分，经细菌分解后容易散发出酸腐的气味。大汗腺排泄分泌物受交感神经支配，并受性激素等调节，与体温调节没多少关系。

此外，汗腺活动时可释放一种激肽原酶，它作用于组织液中的激肽原，使之转变为缓激肽，缓激肽使汗腺和皮肤的血管进一步舒张，以满足汗腺活动时的血液供应，增加皮肤血流量，加强散热。

泌汗中枢位于脊髓、延髓、下丘脑等处，但一般认为主要的发汗中枢在下丘脑。

②皮脂腺的分泌　动物的皮脂腺(sebaceous gland)分布于整个体表(除乳头、鼻镜等少数部位外)，位于毛囊和竖毛肌之间，多数开口于附近的毛囊，少数开口于皮肤表面。

皮脂腺的分泌物称为皮脂。初分泌出来的皮脂呈半液态的油状，遇空气时凝固成蜡状。皮脂的化学成分是胆固醇或其他高级醇与不饱和脂肪酸所形成的复杂脂类，但存在着很大的种属差异。例如，马的皮脂中含有鱼肝油萜(不呈环状的三萜)，绵羊和山羊的皮脂内含有环状的三萜醇等。

皮脂的功能有3个：润滑皮肤，防止皮肤干燥和开裂；形成表面的保护层，阻止有害物质侵入体内，避免体内水分过多蒸发；使皮毛保持光亮、柔软，并防止被水沾湿。

多数毛皮动物都有发达的皮脂腺。分泌的皮脂在很大程度上影响着毛皮的质量。绵羊的皮脂腺很发达，它所分泌的皮脂与汗液混合成脂汗。脂汗的质与量决定着羊毛的品质。脂汗能促进羊绒毛黏合成小毛束，防止毛纤维杂乱和屈折破坏等，保持羊毛柔软坚韧和有光泽；防止羊毛浸入水分和污染杂物。缺少脂汗的羊毛粗糙坚硬，易于折断且缺乏光泽。

脂汗的质与量因各种条件而变化。动物的品种、个体特性、年龄、气候和饲养管理都是影响脂汗的重要因素。

皮脂腺还有多种特殊的形式，担负着独特的功能。例如，分布于外耳道的耳脂腺可分泌耳脂，防止昆虫或其他物质进入内耳；猪的腕腺能分泌具有特殊气味的脂肪性物质，是母猪发情时诱发公猪接近的嗅觉刺激物，起外激素或信息传递物的作用；公猪的会阴和麝香鹿的包皮腺所分泌的物质，也都起性诱导激素的作用；绵羊和羚羊的眶下窝腺在放牧地分泌的皮脂，成为它们寻找足迹的嗅觉刺激物；水禽的尾部有发达的尾脂腺，它们常用自己的喙从尾脂腺中压出皮脂涂在羽毛上，使毛不易被水浸湿。

皮脂腺的成熟和大小，主要受雄激素的控制。睾酮可促进皮脂腺发育并促进其分泌。已有研究表明，在皮脂腺中睾酮转变为二羟睾酮，并与雄激素受体蛋白结合为复合物，然后被转移到胞核，刺激新的蛋白合成。

(4)其他功能

①吸收功能　皮肤可透过皮肤角质层细胞及其间隙、毛囊、皮脂腺、汗腺(汗管口)来吸收外界物质，其中角质层是最重要的途径。被皮肤吸收的物质有气体、水分、电解质、脂溶性物质、油脂类、重金属及其盐类、无机酸、有机盐类、皮脂类及固醇类等。皮肤被水浸软后吸收功能较强，水溶性物质不易被吸收，脂溶性物质则较易被吸收。例如，水溶性物质如B族维生素、维生素C、蔗糖、乳糖及葡萄糖等不易被吸收；而脂溶性维生素如维生素A、维生素D、维生素E则易于吸收。皮肤对动植物油和矿物质一般都吸收较好。皮肤吸收功能对维护身体健康不可缺少，并且是现代皮肤科外用药物治疗皮肤病的理论基础。

②免疫功能　皮肤是机体免疫系统的重要组成部分，皮肤的角质形成细胞、淋巴细胞、朗格汉斯细胞、内皮细胞、肥大细胞、巨噬细胞、成纤维细胞等细胞和黏附因子、免疫球蛋白、补体、神经肽等免疫分子构成皮肤的免疫系统。皮肤免疫反应的致敏阶段和效应阶段均需多种细胞和细胞因子的参与。皮肤的各种免疫分子和免疫细胞共同形成一个复杂的网络系统，并与体内其他免疫系统互相作用，共同维持着皮肤微环境和机体内环境的稳定。

调节及组织再生等功能。

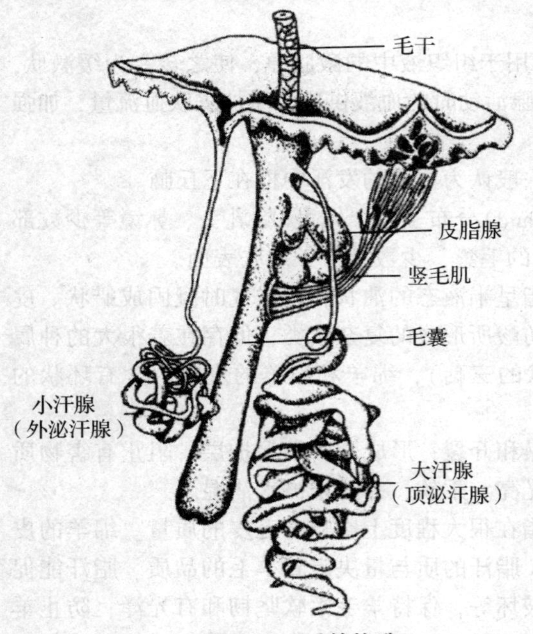

图13-2　毛的构造

13.1.2　毛被

家畜的体表除少数部位(如鼻端、足垫和黏膜)与皮肤连接部之外，都有毛生长。毛(pill或hair)是一种角化的丝状物，坚韧而有弹性。

13.1.2.1　毛的组织结构

(1)毛的构造

尽管不同部位毛的粗细、长短和颜色有很大差别，但基本结构相同。毛发，分为毛干、毛根和毛球3部分，如图13-2所示。毛干(hair shaft)是露出皮肤之外的部分，即毛发的可见部分，由排列规律的角化上皮细胞构成。毛根(hair root)是埋在皮肤内的部分，是毛发的根部。毛根长在皮肤内看不见，并且被毛囊包围。毛囊是上皮组织和结缔组织构成的鞘状囊，是由表皮向下生长而形成的囊状构造，外面包覆一层由表皮演化而来的纤维鞘。毛根和毛囊的末端膨大，称为毛球(hair bulb)。毛球处的细胞是一种幼稚的毛母质细胞，分裂活跃，是毛和毛囊的生长点。毛球的底部凹陷，结缔组织突入其中，形成毛乳头(dermal papilla)。毛乳头内含有毛细血管及神经末梢，能给毛球提供营养，并有感觉功能。如果毛乳头萎缩或受到破坏，毛发停止生长并逐渐脱落。黑素细胞位于毛球的毛母质细胞之间，可产生黑色素颗粒并输送至形成毛干的细胞中，以维持毛的颜色。毛和毛囊斜长在皮肤内，它们与皮肤表面呈钝角的一侧有一束斜行的平滑肌，称为竖毛肌(arrectores pilorum)。竖毛肌一端连于毛囊下部，另一端连于真皮浅层。竖毛肌受交感神经支配，遇冷或感情冲动时收缩，可使毛发竖立。有些小血管会经真皮分布到毛球里，其作用为供给毛球毛发部分生长的营养。

(2)毛干的结构

毛小皮是毛发的最外层，被覆在毛皮质之外。由6~10层长形鳞片样细胞重叠排列而成，每个细胞相互重叠如同屋瓦。越接近头皮和毛发，毛小皮越光滑整齐。远离头皮部分的毛小皮逐渐受到外界各种因素的影响，边缘可轻度翘起或破裂，此现象称为剥蚀。毛小皮虽然很薄，但它具有独特的性能与结构，是毛干的保护层，能阻挡外界轻微的物理、化学因素对毛皮质的损伤。

毛皮质是毛干的中间层，是毛干最主要的部分，决定毛的弹性、强度和韧性。皮质细胞来自最深部的毛母质细胞，它们含有黑色素颗粒大而致密、纵向排列成细丝束。毛皮质是成束的角蛋白链沿着毛干的长轴分布，占一根毛发的85%~90%。皮质细胞的角化较毛小皮细胞晚。完全角化的毛皮质细胞呈长梭形，沿毛的长径排列，细胞逐渐变长变细，由少量含硫的无定形基质相互黏合，细丝间尚可见黑色素颗粒。细胞在未完全角化前能看到退化的细胞核，一直到完全角化后核才消失。

毛髓质位于毛皮质的中心，是毛的最内层，是空洞状的蜂窝状细胞，其中充满间隙，沿轴的方向并列。粗的毛发多数具有髓质，但绒毛没有髓质。毛髓质的作用是在不断增加毛发自身质量的情况下，提高毛结构强度和刚性；毛髓质较多的毛发呈现硬性；毛髓质无明显的生理功能，在一定程度上可起着阻止外界过热的作用(图13-3)。

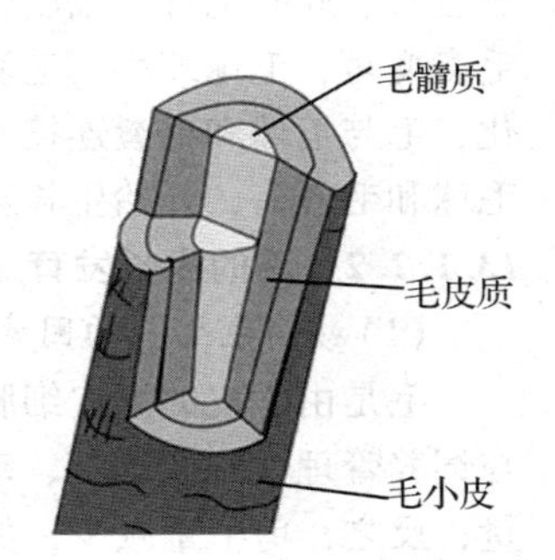

图13-3 毛干模式图

(3)毛囊的基本结构

哺乳动物的绒毛从生长到脱落一般经过生长期(anagen)、退行期(catagen)和休止期(telogen)，其中毛囊起着重要的作用。毛囊(hair follicle，HF)可分为初级毛囊、次级毛囊和复合毛囊。初级毛囊(primary hair follicle，PF)粗而长，毛球大，分布在真皮深部，单独存在，毛干一般有髓质；次级毛囊(secondary hair follicle，SF)短而细，毛球小，有时伴有皮脂腺，分布在真皮浅部，毛干没有髓质。复合毛囊则是在一个毛囊外口内，由数根毛干通出，但每根毛干又有各自独立的毛囊和毛乳头。动物体表被毛的分布和毛囊类型因动物种类不同而有差异。许多成年的哺乳动物毛囊都是成群分布的，形成毛囊群结构。

毛囊由内毛根鞘(inner root sheath，IRS)、外毛根鞘(outer root sheath，ORS)和结缔组织组成。兴盛期的毛囊直径从上到下逐渐增大，末端膨大为毛球。毛球内包围着一些密集的真皮纤维细胞，内陷深入部分为毛乳头。毛乳头细胞的重要功能是诱导毛囊再生，并为毛发生长供给营养。毛乳头上方的毛母质细胞对于毛囊形态的发生非常重要，它快速分裂产生了内根鞘和毛干。内毛根鞘由鞘小皮、赫胥黎层(赫氏层)和亨利层(亨氏层)组成，它决定了毛干的形状(图

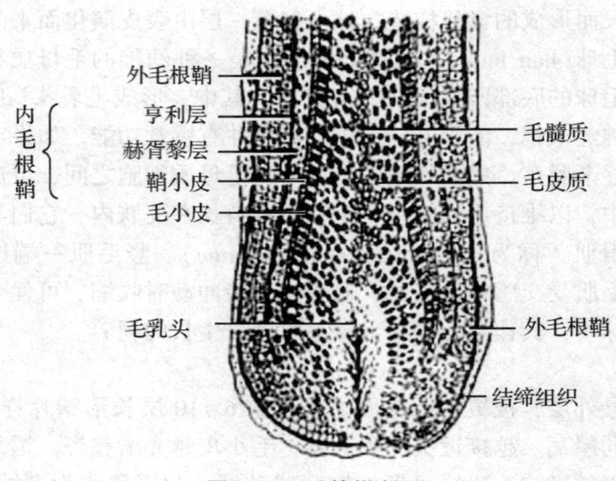

图 13-4 毛的纵断面

13-4)。鞘小皮与毛小皮细胞镶嵌排列紧密连接。外毛根鞘是表皮基底层的延续，包裹着整个内毛根鞘和毛干。毛囊的最外面是结缔组织鞘，与真皮组织无明显界限。

(4)毛的生长与更新

毛有一定的生长周期，身体各部位毛的生长周期长短不等。生长期的毛囊长，毛球和毛乳头也大。此时毛母质细胞分裂活跃，使毛生长。由生长期转入退化期，即是换毛的开始。此时毛囊变短，毛球缩小，毛乳头聚成一个小团，连在毛球底端，毛母质细胞停止分裂并发生角化，毛与毛球和毛囊连接不牢，故毛易脱落。在下一个生长周期开始时，在毛囊底端形成新的毛球和毛乳头，开始生长新毛。新毛长入原有的毛囊内，将旧毛推出，新毛伸到皮肤外面。

13.1.2.2 毛的生长发育

(1)影响毛生长的因素

毛是由表皮的上皮细胞群向真皮内凹陷，不断生长并向表皮外面突出而形成的。毛的生长与饲养管理、气候季节、动物品种、性别、年龄等条件有关。饲养条件良好，可以提高剪毛量；反之，剪毛量减少。如果饲养条件不良，毛的细度将会不均，从而降低毛的质量。饲料中的蛋白质，特别是含硫蛋白质，能够明显提高绵羊的产毛量。合理地剪毛可使绵羊毛的生长速度加速。又如，秋天和夏天毛的生长比冬天快，公羊产毛量比母羊一般可多产40%~60%。

(2)毛的生长调控

毛的生长受神经系统控制，刺激皮肤的神经末梢可促进毛的生长。性腺、甲状腺、垂体等内分泌的活动也影响毛的生长发育，并在很大程度上决定毛的质与量。皮下注射少量甲状腺素可提高绵羊的产毛量。

13.1.2.3 毛的种类

(1)触毛

触毛(tactile hair)为与触觉有关的感觉毛，如动物面部或鼻孔中的硬毛(如猫的触须)。触毛常为触觉器官。食虫鸟喙和眼周围的毛状羽、某些蝇类嘴边成对的刚毛和食虫植物的感觉毛又称触毛。

(2)针毛

针毛(guard hair)是指毛发的毛被中较粗且较长的毛，起防湿和保护的作用。针毛的毛尖多为矛头形或椭圆形，毛干呈圆柱、圆锥或纺锤形。针毛细密柔顺、生长有一定的方向性，光滑而富有弹性，光泽美观，是鉴别毛皮品质优劣的重要指标之一。针毛可形成毛被，对覆盖的绒毛有保护作用。根据特殊服饰要求，有时需将针毛拔去，以制成裘绒，或需施以漂、褪、刷、染加工，美化针毛色泽，提高使用价值。

(3)绒毛

绒毛(underfur)是指毛皮毛被中最细短、最柔软和数量最多的毛，占毛纤维总量的 95%～98%。整条绒毛粗细一致，有不同形状，如弯曲形、螺旋形、直形、卷曲形等，使毛被呈蓬松厚密感，并在毛被中形成一个空气不易流通的保温层，能减少动物体热量散失，保暖性好。绒毛的颜色因动物种类而异，通常比针毛浅。

13.1.2.4　换毛

动物的毛生长到一定时期就会逐渐从毛囊脱落，并长出新毛，这种现象称为换毛。

(1)换毛的种类

动物的正常换毛可分为经常性换毛、年龄性换毛和周期性换毛 3 种。

①经常性换毛　可在全年的各个季节不断地进行。细毛绵羊的毛、马的鬃毛和尾毛都能生长几年，这些毛轮流地进行经常性脱落，不断有少量的毛脱落，也不断有少量的毛新生。毛脱落的原因在于毛已衰老，毛球角质化，毛的正常营养供应破坏。

②年龄性换毛　是指仔畜生长到一定年龄后的换毛。毛的生长从胚胎期开始，一直延续到出生以后。当达到 2～3 周龄时，仔畜就生成初期的毛茸(胎毛)。胎毛的颜色和性质与成年动物不大相同。仔畜生长到一定年龄时，胎毛开始脱换，生成成年动物的毛。例如，青色马的胎毛是黑色的，黑色马的胎毛是青色的，其换毛时间在出生后 5～7 个月。犊牛、羔羊、各种毛皮动物的仔畜都在一定年龄脱换胎毛。

③周期性换毛　又称季节性换毛，是动物与外界环境的季节性变化相适应的表现。我国和北半球其他地区的陆生动物都有明显的季节性换毛。

季节性换毛一般每年发生两次，一是春季换毛(脱去冬毛)，一般在 3～4 月开始，同时进行新的夏毛生长，这个过程一直延续到 7～8 月才完成；二是秋季换毛(脱去夏毛)，从 7～8 月开始，并长出冬毛，一直到 11～12 月才完成。脱毛常从被毛的个别部位开始，然后逐渐遍及全身。每种动物都有它自己的脱毛顺序。例如，马的脱毛从臀部开始，逐渐发展到腰部和背部，然后脱去腹部和四肢的毛。黑貂等毛皮动物的脱毛，一般从面部和爪开始，逐渐移到背部和颅部再到体躯，最后到尾部(图 13-5)。

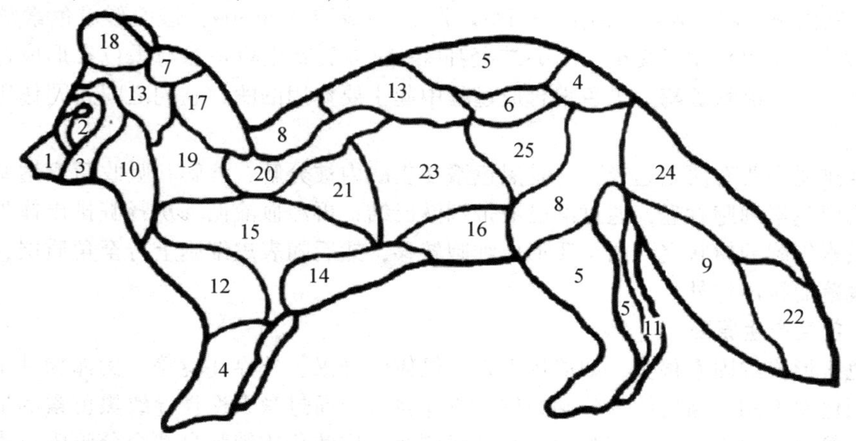

图 13-5　黑貂春季脱毛的顺序(数字表示脱毛的先后)

在家畜中，冬毛和夏毛差别不明显。但是，在毛皮动物中，冬毛和夏毛无论在色泽、密度和厚度上都有明显区别。冬毛密度大，毛较长，有丰富的绒毛和华丽的光泽。所以，冬毛价值远高于夏毛。当冬毛生长刚结束时屠宰动物，可获得质量最高的毛皮。

(2)影响换毛的因素

换毛是复杂的生物学过程，除了受新陈代谢和皮肤营养的控制外，气候条件、饲养情况、动物品种及生理状态等都影响换毛。

光照和温度是影响正常换毛的主要环境条件。光照和温度通过畜体的感受器将信息传至下丘脑，控制腺垂体分泌促甲状腺激素，从而影响甲状腺分泌，改变换毛的时间和速度。例如，在春季延长光照可使春季换毛提前，夏季缩短光照可使秋季换毛提早；秋天温暖无霜时，冬毛的生长要推迟1~2周；早期秋霜，则冬毛生长较快。这些现象对饲养貂、狐等毛皮动物是有价值的。一般用短光照的饲养方法或添喂甲状腺粉，能使冬毛生长提前一个半月左右，既减少饲养经费又可获得同样良好的毛皮。

13.2 皮肤和毛被内的色素

所有动物(除全白色外)的皮肤和被毛中，都含有相当数量的色素。其中主要是黑色素，有的还含有铁色素(红色)。黑色素是由表皮基底和毛囊的黑素细胞生成的。生成后与蛋白质结合，形成黑色素颗粒。黑色素颗粒含量越多(黑素细胞合成黑色素数量越多)，则毛和皮肤的颜色就越深。

13.2.1 皮肤和毛被内色素的形成

13.2.1.1 色素形成机理

黑色素为高分子生物色素，主要由两种醌类聚合物组成，黑色素一般可分为真黑素和褐黑素，它们都是通过酶催化反应结合形成的。目前研究表明，黑素细胞中的酪氨酸，在酪氨酸酶作用下羟化成多巴(DOPA)，随即氧化成多巴醌。一方面，多巴醌形成半胱氨酰多巴，半胱氨酰多巴再经过一系列的反应生成褪黑素；另一方面，多巴醌经过一系列缓慢的反应生成多巴色素，然后缓慢脱羧成5,6-二羟吲哚(DHI)，最后氧化生成5,6-吲哚醌；同时也能通过多巴色素互变酶(TRP-2)形成5,6-二羟吲哚-2-羧酸(DHICA)，然后在5,6-二羟吲哚-2-羧酸氧化酶(DHICA 氧化酶，即TRP-1)作用下氧化成吲哚-2-羧酸-5,6-醌，进而形成色素颗粒(图13-6)。酪氨酸酶、多巴色素互变酶、5,6-二羟吲哚-2-羧酸氧化酶是参与黑色素形成过程中最主要的生物酶，其中酪氨酸酶为黑色素合成过程中起主要作用的酶，它们之间共同作用影响黑色素的生成。

黑色素排泄主要有两条途径：一是黑色素在皮肤内被分解、溶解和吸收后穿透基底膜，被真皮层的嗜黑色素细胞吞噬，通过淋巴液带到淋巴结，再经血液循环从肾脏排出体外；二是黑色素通过黑素细胞的树状突，向角质形成细胞转移，然后随表皮细胞上行至角质层，随老化的角质细胞脱落而排出体外。

13.2.1.2 色素产生原因

影响色素形成的因素很多，如遗传因素、机体内分泌、外界环境等。例如物种不同，皮肤和毛被的颜色也不同。当机体内分泌失调，机体自身会通过激素途径导致黑色素的形成。在紫外线、臭氧等外因的作用下，细胞遭受紫外线刺激，皮肤角质细胞自然会分泌内皮素，导致黑素细胞增殖，酪氨酸酶活性增加，促使黑色素生成。另外，机体自身营养状况、年龄、环境污

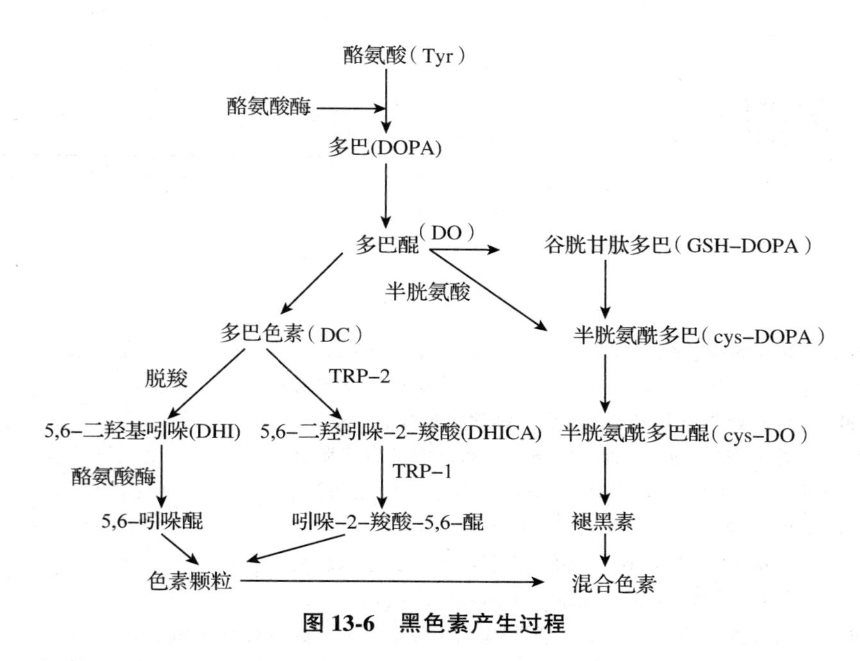

图 13-6　黑色素产生过程

染等也与黑色素的形成有关。

13.2.2　色素的生理作用

色素的生理作用有三：一是能保护皮下组织免受紫外线的伤害，动物机体吸收日光中的短波光(紫外线)后，将引起组织内的蛋白质凝固，破坏胶体平衡。而色素却能减少短波光的吸收，保护皮下组织免受这种伤害。二是色素能吸收环境中的热能，因此生活在高寒地带的动物常具有较深的毛色和皮肤颜色。例如，去除银兔躯干部的白色毛后，放进低温小室内，会长出暗色毛；放在常温环境中则仍长出白色毛。三是起环境保护色作用，很多动物的皮肤和毛能形成不同程度的保护色，使自己的外表颜色类似环境色。例如，生活在沙漠地带的动物，大都有着沙土似的灰黄色的被毛；北极地带的动物大多生长着白色毛。

(刘春霞)

复习思考题

1. 皮肤的生理功能包括哪些？
2. 影响毛生长及换毛的因素有哪些？
3. 简述皮肤和毛被中色素的生理作用。

第 13 章

参考文献

陈守良，2005. 动物生理学[M].3 版 . 北京：北京大学出版社 .
韩济生，1999. 神经科学原理[M].2 版 . 北京：北京医科大学出版社 .
李庆章，2009. 乳腺发育与泌乳[M]. 北京：科学出版社 .
林浩然，2007. 鱼类生理学[M].2 版 . 广州：广东高等教育出版社 .
林加珀 V R，法里 K，2005. 医学生理学[M]. 北京：科学出版社 .
王庭槐，2018. 生理学[M].9 版 . 北京：人民卫生出版社 .
魏华，吴垠，2011. 鱼类生理学[M].2 版 . 北京：中国农业出版社 .
杨凤，2001. 动物营养学[M].2 版 . 北京：中国农业出版社 .
杨秀平，肖向红，李大鹏，2016. 动物生理学[M].3 版 . 北京：高等教育出版社 .
杨增明，孙青原，夏国良，2005. 生殖生物学[M]. 北京：科学出版社 .
姚泰，2005. 生理学[M].6 版 . 北京：人民卫生出版社 .
赵茹茜，2020. 动物生理学[M].6 版 . 北京：中国农业出版社 .
周定刚，2016. 动物生理学[M].2 版 . 北京：中国林业出版社 .
周杰，2018. 动物生理学[M]. 北京：中国农业大学出版社 .
朱大年，王庭槐，2013. 生理学[M].8 版 . 北京：人民卫生出版社 .
朱士恩，2006. 动物生殖生理学[M]. 北京：中国农业出版社 .
朱文玉，2009. 医学生理学[M].2 版 . 北京：北京大学医学出版社 .
AIELLOS E，2016. The Merck Veterinary Manual[M]. 11th ed. Merck and CO，USA.
BIANCHI E，DOE B，GOULDING D，et al，2014. Juno is the egg Izumo receptor and is essential for mammalian fertilization[J]. Nature，508(7497)：483-487.
EPSTEINF H，SILVA P，2005. Mechanisms of Rectal Gland Secretion[J]. The Bulletin，MDI Biological Laboratory(44)：1-6.
KONIG H E，KORBEL R，LIEBICH H G，2016. Avian Anatomy，Textbook and Colour Atlas[M]. 2nd ed. 5M Publishing Ltd.
MOINI J，2020. Anatomy and Physiology for Health Professionals[M]. 3rd ed. Jones & Bartlett Learning.
MOKHTAR D M，2017. Fish Histology From Cells to Organs[M]. Apple Academic Press.
NOAKES D E，PARKINSON T J，GARY C W，2009. Veterinary Reproduction and Obstetrics[M]. 9th ed. Elsevier.
PORTERFELD S P，2002. Endocrine physiology[M]. 2nd ed. Health Science Asia，Elsevier Science.
REECE W O，2015. Dukes' Physiology of Domestic Animals[M]. 13th ed. Cornell University Press.
REECE W O，2004. Dukes' Physiology of Domestic Animals[M]. 12th ed. New Jersey：John Wilex & Sons，Inc.
REECE W O，2014. DUKES 家畜生理学[M]. 12 版 . 赵茹茜，译 . 北京：中国农业出版社 .
SAUNDERS W B，2001. 生殖内分泌[M].4 版 . 北京：科学出版社 .
SAUNDERS，2007. Current Therapy in Large Animal Theriogenology[M]. 2nd ed. Elsevier.
SCANES C G，2015. Sturkie's Avian Physiology[M]. 6th ed. Elsevier.

SENGERP L, 2015. Pathways to Pregnancy and Parturition[M]. 3rd ed. Current Conceptions, Inc.

SHUKLA M K, 2020. Applied Veterinary Andrology and Frozen Semen Technology[M]. New India Publishing Agency.

TYLER H D, ENSMINGER M E, 2007. 奶牛科学[M]. 4版. 张沅, 王雅春, 张胜利, 等译. 北京: 中国农业大学出版社.

专业术语中英文对照

阿黑皮素原(pro-opiomelanocortin, POMC)
阿提洛尔(atenolol)
阿托品(atropine)
嗳气(eructation)
氨基甲酸血红蛋白(carbaminohemoglobin)
氨肽酶(aminopeptidase)
白蛋白(albumin)
白细胞(leukocyte 或 white blood cell
白细胞三烯(leukotrienes)
白细胞渗出(diapedisis)
白血病抑制因子(leukemia inhibitory factory, LIF)
板层颗粒(lamellated granule)
瓣胃(omasum)
包皮(prepuce)
包钦格复合体(Bötzinger complex, Böt C)
胞内消化(intracellular digestion)
胞外消化(extracllular digestion)
饱感信号(satiety signal)
饱中枢(satiety center)
保钾利尿剂(potassium-sparing diuretic)
爆式促进因子(burst promoting activator, BPA)
贝壳硬蛋白(conchiolin)
背侧呼吸组(dorsal respiratory group, DRG)
被动转运(passive transport)
本体感觉(proprioception)
苯乙醇胺-*N*-甲基移位酶(phenylethanolamine-*N*-methyltransferase)
泵血功能(pumping function)
鼻腺(nasal gland)
鼻相关淋巴组织(nasal-associated lymphoid tissue, NALT)
闭环系统(closed-loop system)
边缘系统(limbic system)
边缘叶(limbic lobe)
编码(encoding)
变渗动物(osmoconformer)
变温动物(poikilothermic animal)
便意(awareness of defecation)
标准代谢(standard level of metabolism)
表层温度(shell Temperature)
表面蛋白(surface or extrinsic protein)
表皮(epidermis)
表皮生长因子(epidermal growth factor, EGF)
波尔效应(Bohr effect)
补呼气量(expiratory reserve volume, ERV)
补吸气量(inspiratory reserve volume, IRV)
不感蒸发(insensible perspiration)
不完全强直收缩(incomplete tetanus)
操作式条件反射(operant conditioning)
产卵(spawning)
长反馈(long-loop feedback)
长期调节(long-term)
肠-肝循环(entero hepatic circulation)
肠-结肠反射(duodenno-colon refex)
肠-胃反射(entero-gastric reflex)
肠-胰岛轴(enteroinsular axis)
肠激酶(enterokinase)
肠泌酸素(entero-oxyntin)
肠上皮内淋巴细胞(intestinal intraepithelial lymphocyte, iIEL)
肠神经系统(enteric nervous system)
肠嗜铬样细胞(enterchromaffin-like cell, ECL cell)
肠肽酶(erepsin)
肠系膜淋巴结(mesentric lymph nodes, MLN)
肠细胞色素 B(duodenal cytochrome b, DCb)
肠相关淋巴组织(gut-associated lymphoid tissue, GALT)
肠抑胃素(enterogastrone)
常乳(normal milk)
超常期(supranormal period)
超短反馈(ultrashort-loop feedback)
超极化(hyperpolarization)

超滤液(ultrafiltrate)
超日节律(ultradian rhythm)
超射(overshoot)
潮气量(tidal volume, TV)
成熟卵泡(mature follicle)
成纤维细胞生长因子(fibroblast growth factor, FGF)
出胞(exocytosis)
出汗(perspiration)
出血时间(bleeding time)
初级精母细胞(primary spermatocyte)
初级卵母细胞(primary oocyte)
初级卵泡(primary follicle)
初级毛囊(primary hair follicle, PF)
初乳(colostrum)
除极化(depolarization)
触毛(tactile hair)
传导(conduction)
传入侧支性抑制(afferent collateral inhibition)
窗孔(fenestrae)
雌核发育(gynogenesis)
雌激素(estrogens)
次级精母细胞(secondary spermatocyte)
次级卵泡(secondary follicle)
次级毛囊(secondary hair follicle, SF)
次级鳃瓣(secondary gill lamellae)
刺激(stimulus)
刺鼠相关蛋白(agouti-related protein, AgRP)
促黑(素细胞)激素释放因子(melanophore-stimulating hormone releasing factor)
促黑激素(melanophore stimulating hormone)
促黑素皮质素受体(melanienocortin receptor, MCR)
促红细胞生成素(erythropoietin, EPO)
促甲状腺激素(thyroid stimulating hormone)
促甲状腺激素释放激素(thyrotropin-releasing hormone)
促卵泡激素(follicle-stimulating hormone)
促肾上腺皮质激素(adrenocorticotropic hormone, ACTH)
促肾上腺皮质激素释放激素(corticotropin releasing hormone, CRH)
促性腺激素(gonadotrpic hormone)
促性腺激素释放激素(gonadotropin-releasing hormone)
促胰液素(secretin)
促脂解素(lipotropins)
催产素(oxytocin)
催乳素(prolactin)
催乳素释放抑制因子(prolactin release-inhibiting factor)
催乳素释放因子(prolactin releasing factor)
代偿性间歇(compensatory pause)
代谢能(metabolizable energy, DE)
单胺氧化酶(monoamine oxidase)
单纯扩散(simple diffusion)
单收缩(monopinch)
单突触反射(monosynaptic reflex)
单线式联系(single line connection)
胆钙化醇(cholecalciferol)
胆固醇脂酶(cholesterol esterase)
胆碱能神经元(cholinergic neuron)
胆碱能受体(cholinergic receptor)
胆碱能纤维(cholinergic fiber)
胆囊收缩素(cholecystokinin, CCK)
弹涂鱼(*Pariaphthalmun*)
弹性蛋白酶(elastase)
弹性阻力(elastic resistance)
蛋白激酶(protein kinase)
蛋白酶(trypsin)
蛋白质(protein)
蛋白质 C(protein C)
蛋白质分子(protein molecule)
等长收缩(isometric contraction)
等长自身调节(homometric autoregulation)
等渗溶液(iso-osmotic solution)
等速生长(isometric growth)
等张溶液(isotonic solution)
等张收缩(isotonic contraction)
低常期(subnormal period)
低等的硬骨鱼类(chondrostean)
低渗尿(hypoosmotic urine)
地衣多糖酶(laminarinase)
递质共存(neurotransmitter co-existene)
递质门控通道(transmitter-gated ion channel)
第二极体(second polar body)
第二信使(second messenger)
第一极体(first polar body)
碘化(iodination)

碘阻滞效应(Wolff-Chaikoff effect)
电化学驱动力(electrochemical driving force)
电紧张性扩布(electrotonic propagation)
电突触(electrical synapse)
电位膜(bnit membrane)
电压门控性通道(voltage-gated channel)
淀粉酶(amylase)
调渗动物(osmoregulator)
丁氧胺(butoxamine)
顶连接(tip-link)
顶体反应(acrosome reaction, AR)
顶隐窝(apical crypt)
定比例重吸收(constant fraction reabsorptio)
定向突触(directed synapse)
定向祖细胞(committed progenitor cell)
冬眠(hibernation)
动脉脉搏(arterial pulse)
动脉血压(arterial blood pressure)
动物生理学(animal physiology)
动作电位(action potential)
窦性节律(sinus rhythm)
毒蕈碱受体(muscarinic receptor)
独立淋巴滤泡(isolated lyphoid follicles, ILF)
短反馈(short-loop feedback)
短时调节(short-term)
对侧伸肌反射(crossed extensor reflex)
对流(convection)
多巴胺(dopamine, DA)
多卵卵泡(polyovular follicle)
多能分化(pluripotent differentiation)
多能祖细胞(multipotintial progenitor cell)
多突触反射(polysynaptic reflex)
儿茶酚-*O*-甲基移位酶(catechol-*O*-methyltransferase)
二碘酪氨酸(diiodotyrosine)
二价金属离子转运蛋白(divalent metal transporter 1, DMT1)
二磷酸磷脂酰肌醇(phosphatidylinositol bisphosphate, PIP_2)
二棕榈酰卵磷脂(dipalmitoyll ecithin DPL 或 dipalmtoyl phosphatidyl choline, DPPC)
发汗(sweating)
发汗中枢(center of sweating)
发情后期(metestrus)
发情周期(estrus cycle)
发生器电位(generator potential)
翻正反射(righting reflex)
反刍(rumination)
反刍亚目(ruminants)
反馈控制系统(feedback control system)
反馈抑制素(feedback inhibitor of lactation, FIL)
反射(reflex)
反射弧(reflex arc)
反射敏感化(sensitization of reflex)
反射乳(reflex milk)
反射时(reflex time)
反射习惯化(habituation of reflex)
反应(response)
房室延搁(atrioventricular delay)
放能反应(exergonic reaction)
放射冠(corona radiata)
非蛋白呼吸商(non-protein respiratory quotient, NPRQ)
非定向突触(non-directed synapse)
非寒战产热(non-shivering thermogenesis)
非基因组效应(non-genomic effect)
非特异投射系统(nonspecific projection system)
非特异性免疫(nonspecific immunity)
非条件反射(unconditioned reflex)
非突触性化学传递(non-synaptic chemical transmission)
非自动控制系统(non-automatic system)
肺房(aeria)
肺活量(vital capacity, VC)
肺扩张反射(pulmonary inflation reflex)
肺内压(intrapulmonary pressure)
肺泡表面活性物质(pulmonary surfactant)
肺泡通气量(alveolar ventilation volume)
肺泡无效腔(alveolar dead space)
肺牵张反射(pulmonary stretch reflex)
肺容积(pulmonary volume)
肺容量(pulmonary capacity)
肺缩小反射(pulmonary deflation reflex)
肺通气(pulmonary ventilation)
肺总量(total lung capacity, TLC)
分节运动(segmentation)
分解代谢(catabolism)
分泌(secretion)

分泌小管(secretory canaliculus)
分娩(parturition)
分子伴侣(molecular chaperones)
分子开关(molecular switich)
分子生理学(molecular physiology)
酚妥拉明(phentolamin)
粪能(energy in feces, FE)
风土驯化(acclimatization)
锋电位(spike potential)
缝隙连接(gap junction)
伏隔核(nucleus accumbens, NAcc)
辐散式联系(divergent connection)
辐射(radiation)
辅助细胞 (accessory cell)
辅助运动区(supplementary motor area)
负反馈(negative feedback)
负后电位(negative after potential)
附睾(epididymis)
附性腺包括精囊腺(seminal vesicle)
附植(implantation)
附植窗口(implantation window)
复极化(repolarization)
副交感神经(parasympathetic nerve)
副性腺(accessory gland)
腹侧呼吸组(ventral respiratory group, VRG)
腹式呼吸(abdominal breathing)
钙调蛋白(calmodulin, CaM)
钙结合蛋白(calcium-binding protein, Ca-PB)
钙瞬变(calcium transient)
甘氨酸(glycine)
甘露醇(mannitol)
肝素(heparin)
肝胰脏(hepato-panereas)
感觉器官(sense organ)
感觉投射系统(sensory projection system)
感觉阈(sensory threshold)
感觉运动区(sensorimotor area)
感觉柱(sensory column)
感受器(receptor)
感受器电位(receptor potential)
高尔基体(Golgi's apparatus)
高渗尿(hyperosmotic urine)
睾酮(testosterone, T)
睾丸(testes)
格拉夫卵泡 (Graafian follicle)
根皮苷(phlorhizin)
功能性作用(functional action)
功能余气量(functional residual capacity, FRC)
孤雌生殖(parthenogernesis)
谷氨酸(glutamate)
骨保护素(osteoprotegerin)
骨钙素(osteocalcin)
骨架蛋白(anchoring protein)
骨泌素(osteocrin)
骨桥蛋白(osteopontin, OPN)
骨唾液酸蛋白(bone sialoprotein)
骨形态发生蛋白(bone morphogenetic proteins)
固醇激素(sterol hormone)
固有免疫(innate immunity)
冠脉循环(coronary circulation)
管-球反馈(tubuloglomerular feedback, TGF)
广盐性的蟾鱼(*Ospamus tau*)
广盐性鱼类(euryhaline fishes)
过高温度(zone of hyperthemia)
海绵硬蛋白(spongin)
海藻糖酶(trehalase)
寒冷性肌紧张(frigid muscle tone)
寒战(shivering)
寒战产热(shivering thermogenesis)
合成代谢(anabolism)
合子(zygote)
何尔顿效应(Haldane effee)
核膜(nuclear membrane)
核受体(nuclear receptor)
褐色脂肪(brown fat)
黑-伯反射(Hering-Breuer reflex)
黑皮质素(melanocortins)
黑色素颗粒(melanosome granule)
黑素体(melanosome)
黑素细胞(melanocyte)
黑素细胞刺激素(melanocyte stimulating hormone, MSH)
恒温动物(homeothermic animal)
横管系统(transversse tubule)
横桥循环或横桥周期(cross-bridge cycling)
红系集落形成单位(colony forming unit-erythrocyte, CFU-E)
红细胞(erythrocyte 或 red blood cell)

红细胞凝集(agglutination)
红细胞渗透脆性(erythrocyte osmotic fragility)
后电位(after potential)
后发放(after discharge)
后鳃腺(ultimobranchial gland)
呼气(expiration)
呼气运动(expiratory movement)
呼吸(respiration)
呼吸道黏膜免疫系统(resppiratory passage mucosa immune system, RMIS)
呼吸节律发生器(respiratory rhythmical generator)
呼吸膜(respiratory membrane)
呼吸频率(respiratory frequency)
呼吸商(respiratory quotient, RQ)
呼吸上皮(respiratory epithelium)
呼吸运动(respiratory movement)
化学感受器(chemoreceptor)
化学门控性通道(chemically-gated channel)
化学突触(chemical synapse)
化学性消化(chemical digestion)
环境生理学(environmental physiology)
环境温度(ambient temperature)
环式联系(recurrent connection)
黄体生成素(luteinizing hormone, LH)
回避性条件反射(conditioned avoidance reflex)
回返性抑制(recurrent inhibition)
混合微胶粒(mixed micelles)
活动代谢水平(active level of metabolism)
获得性免疫(acquired immunity)
饥饿和摄食(starvation and feeding)
饥饿信号(hueger signai)
机械门控通道(mechanically-gated channel)
机械性消化(mechanical digestion)
肌间神经丛(myenteric plexus)
肌紧张(muscle tonus)
肌肉素(musclin)
肌肉抑制素(myostatin)
肌上皮细胞(myoepithelial cell)
肌丝滑行学说(myofilament sliding theory)
肌梭(muscle spindle)
肌源性机制(myogenic mechanism)
基本电节律(basal electric rhythm, BER)
基础代谢(basal metabolism)
基础代谢率(basal metabolism rate, BMR)
基底层(stratum basale)
基底神经节(basal ganglia)
基底细胞(basal cell)
基因表达学说(gene expression hypothesis)
激活(activation)
激素(hormone)
激素反应元件(hormone response element)
极化 (polarization)
棘细胞层(stratum spinosum)
集团运动(mass peristalsis)
脊髓小脑(spinocerebellum)
脊休克(spinal shock)
继发性主动转运(secondary active transport)
家畜生理学(physiology of domestic animals)
甲氰咪胍(cimetidine)
甲状旁腺激素(parathyroid hormone)
甲状腺过氧化物酶(thyroid peroxidase)
甲状腺球蛋白(thyroglobulin)
甲状腺素(thyroid hormones, TH)
甲状腺素结合前白蛋白(thyroxine-binding prealbumin)
甲状腺素结合球蛋白(thyroxine-binding globulin)
假饲(sham feeding)
间接测热法(indirect calorimetry)
间情期(diestrus)
间质细胞(Leydig cell)
碱储(alkali reserve)
腱反射(tendon reflex)
浆细胞(plasma cell)
降钙素(calcitonin)
交叉配血试验(cross match test)
交感神经(sympathetic nerve)
角蛋白(keratin)
角质层(stratum corneum)
角质形成细胞(keratinocyte)
接头(junction)
节后纤维(postganglionic fiber)
节间反射(intersegmental reflex)
节前纤维(preganglionic fiber)
拮抗作用(antagonistic action)
结合酪氨酸激酶的受体(tyrosine kinase-associated receptor)
解剖无效腔(anatomical deal space)
金属蛋白酶及其抑制因子(metalloproteinases and

their inhibitors)
紧密连接(tight junction)
紧张性收缩(tonic contraction
近日节律(circadian rhythm)
近髓肾单位(juxtamedullary nephron)
精氨酸血管加压素(arginine vasopressin, AVP)
精囊腺(seminal vesicle)
精神性发汗(mental sweatingxun)
精原细胞(spermatognia)
精子(spermatozoa)
精子发生(spermatogenesis)
精子获能(capacitation)
精子细胞(spermatid)
精子形成(spermiogenesis)
颈紧张反射(tonic neck reflex)
净能(net energy, NE)
静息电位(resting potential, RP)
静止能量代谢(resting energy matebolism)
静止性震颤(static tremor)
局部电流学说(local current theoy)
局部电位(local potential)
局部兴奋(local excitation)
咀嚼(mastication)
巨核系集落形成单位(colony forming unit-megakaryocyte)
巨核细胞(megakaryocyte)
巨人症(gigantism)
聚合式联系(convergent connection)
绝对不应期(absolute refractory period)
开环系统(open-loop system)
抗利尿激素(antidiuretic hormone, ADH)
抗凝剂(anticoagulation)
抗凝系统(anticoagulative system)
抗丝氨酸蛋白酶(serine protease inhibitor)
抗原递呈细胞(antigen-presenting cells, APCs)
颗粒层(stratum granulosum)
颗粒细胞(granulosa cells, GC)
壳多糖酶(chitinase)
咳嗽反射(cough reflex)
可感蒸发(sensible perspiration)
可接受性(receptivity)
可卡因-苯异丙胺调节转录肽(cocaine-and amphetamine-regulated transcript peptides, CART)
发酵能(energy in gaseous products of digestion, Eg)
可塑变形性(plastic deformation)
克劳氏终球(end bulb of Krause)
空间总和(spatial summation)
控制论(cybemetics)
控制系统(control system)
跨膜静息电位(transmembrane resting potential)
快波(fast wave)
快波睡眠(fast wave sleep, FWS)
快适应感受器(rapidly adapting receptor)
昆虫生理学(insect physiology)
扩散系数(diffusion coefficien)
赖狄氏器官(Legdig´s organ)
阑尾(vermiform appendix, VA)
朗格汉斯细胞(Langerhans cell)
酪氨酸激酶(tryosine kinase)
酪氨酸激酶受体(tyrosine kinase receptor, TKR)
雷帕霉素靶蛋白(mammlian target of rapamycin, mTOR)
类固醇激素(steroid hormone)
冷感受器(cold receptor)
冷敏感神经元(cold-sensitive neuron)
离体实验(*in vitro* experiment)
离子泵(ion pump)
离子通道(ion channel)
离子选择性(ionic selectivity)
李氏腺(Lieberkühn crypt)
立毛肌(arrectores pilorum)
粒-单核系集落形成单位(colony forming unit-granulocyte-monocyte, CFU-GM)
粒系集落刺激因子(colony stimulating factor, CSF)
链锁式联系(chain connection)
裂孔素(nephrin)
临界温度(critical temperature)
临界氧分压(critical oxygen pressure)
淋巴系集落形成单位(colony forming unit-lymphocytes, CFU-L)
磷酸二酯酶(phosphodiesterase, PDE)
磷脂酶 A_2(phospholipase A_2)
磷脂酶 C(phospholipase C, PLC)
铃蟾素(bombesin)
硫酸乙酰肝素(heparan sulfate, HS)
瘤胃(rumen)
鲁菲尼氏小体(ruffini corpuscle)
鲁特尔效应(root offect)

滤过分数(filtration fraction, FF)
滤过裂隙膜(filtration slit membrane)
滤过膜(filtration membrane)
滤过平衡(filtration equilibrium)
滤过系数(filtration equilbrium, K_f)
滤泡间区(interfollicular area)
滤泡旁区(parafollicular area)
滤泡区(follicular area)
滤泡相关上皮(follicular associated epithelium, FAE)
氯细胞(chloride cell)
卵巢(ovary)
卵磷脂酶(lecithinase)
卵泡(follicle)
卵泡发育(follicular development)
卵泡膜(theca)
卵泡细胞刺激素(follicle-stimulating hormone, FSH)
卵丘(cumulus oophorus)
卵周隙(perivitalline space)
卵子(ova)
卵子发生(oogenesis)
卵子激活(egg activation)
骆驼亚目(tylopoda)
脉搏压(pulse pressure, PP)
慢波电位(slow wave potential)
慢波睡眠(slow wave sleep, SWS)
慢适应感受器(slowly adapting receptor)
毛干(hair shaft)
毛根(hair root)
毛球(Hair Bulb)
毛乳头(dermal papilla, DP)
每搏功(stroke work)
每搏输出量(stroke volume, SV)
每分功(minute work)
每分通气量(minute ventilation volume)
美托洛尔(metoprolol)
门冬氨酸(aspartate)
门控(gating)
迷路紧张反射(tonic labyrinthine reflex)
糜蛋白酶(chymotrypsin)
泌乳(lactation)
泌乳的维持(maintenance of lactation)
免疫球蛋白(immunoglobulin, Ig)
膜泵(membrane pump)
膜期(membranous phase)
膜铁辅助转运蛋白(hephaestin, Hp)
膜铁转运蛋白1(ferroportin 1, Fp1)
钠-碘同向转运体(sodium-iodide symporter)
钠泵(sodium pump)
钠耦联转运系统(sodium co-transport system)
钠依赖载体(sodium dependent carrier)
脑-肠肽(brain-gut peptide)
脑电图(electroencephalogram, EEG)
脑啡肽(enkephalin)
脑源性神经营养因子(brain-derived neurotrophic factor, BDNF)
内分泌(endocrine)
内呼吸(intemal respiration)
内环境(internal environment)
内皮超极化因子(endothelium-derived hyperpolarizing factor, EDHF)
内皮素(endothelin, ET)
内抑制(internal inhibition)
内因子(intrinsic factro)
内源性凝血途径(intrinsic pathway)
内在蛋白(intrinsic or integral protein)
内在分泌(intracrine)
内在神经丛(intrinsic nervous plexus)
内脏神经系统(visceral nervous system)
内质网(endoplasmic reticulum)
能量代谢(energy metabolism)
能量代谢率(energy metabolic rate)
能量平衡(energy balabce)
拟淋巴组织(lymphoid tissue)
逆流倍增(countercurrent multiplication)
逆流交换(countercurrent exchange)
逆蠕动(antiperistalsis)
逆向对流系统(counter current sysrem)
逆向轴浆运输(retrograde axoplasmic transport)
黏蛋白(mucin)
黏度(viscosity)
黏膜下神经丛(submucosal plexus)
黏液-碳酸氢盐屏障(mucus-bicarbonate barrier)
鸟苷酸环化酶(guanylyl cyclase, GC)
鸟苷酸环化酶受体(guanylyl cyclase receptor)
鸟苷酸结合蛋白(guanine nucleotide-binding protein)
尿道(urethra)
尿道球腺(bulbourethral gland)

尿能(energy in urine, UE)
尿生殖道(urogenital tract)
尿素再循环(urea recycling)
凝集原(agglutinogen)
凝血因子(clotting factor)
牛磺酸(traurine)
帕金森病(Parkinson disease)
帕氏环层小体(Pacinian corpuscle)
排便(defecation)
排卵(ovulation)
排乳(milk excretion)
排泄(excretion)
哌唑嗪(prazosin)
派伊尔结(Peyer's patches, PP)
旁分泌(paracrine)
胚胎附植(implantation)
配体(ligand)
配体门控通道(ligand-gated ion channe)
喷嚏反射(sneeze reflex)
皮层小脑(corticocerebellum)
皮层诱发电位(evoked cortical potential)
皮下组织(hypodermis)
皮脂腺(sebaceous gland)
皮质反应(cortical reaction, CR)
皮质肾单位(cortical nephron)
平静呼吸(eupner)
平均动脉压(mean arterial pressure)
葡萄糖的最大转运率(maximal rate of glucose transport)
普萘洛尔(propranolol)
普通生理学(general physiology)
瀑布学说(waterfall throry)
期前收缩(premature systole)
气道阻力(airway resistance)
气温适应(climatic adaptation)
气胸(pneumothorax)
启动泌乳(initiation of lactation)
起搏点(pacemaker)
器官生理学(organ physiology)
牵张反射(stretch reflex)
前颗粒细胞(pregranulosa cells)
前馈控制系统(feed forward control system)
前馈信息(feed forward)
前列环素(prostacyclin , PGI_2)
前列腺(prostate glands)
前列腺素(prostaglandin)
前庭(vestibule)
前庭小脑(vestibulocerebellum)
前胰岛素原(preproinsulin)
潜在起搏点(latent pacemaker)
腔分泌(borecrine)
腔期(luminal phase)
强化(reinforcement)
强直收缩(tetanus)
禽类生理学(avian physiology)
球-管平衡(glomerulotubular balance)
球蛋白(globulin)
球旁器(juxtaglomerular apparatus)
球旁细胞(juxgatlomerular cell)
球外系膜细胞(extraglomerular mesangial cell)
球抑胃素(bulbo-gastrone)
曲张体(varicosity)
屈肌反射(flexor reflex)
躯体刺激素(somatotropin)
趋化性(diapedisis)
趋向性条件反射(conditioned approach reflex)
去大脑动物(decerebrate animal)
去大脑僵直(decerebrate rigidity)
去甲肾上腺素(norepinephrine, NE 或 noradrenaline, NA)
醛固酮(aldosterone)
醛固酮诱导蛋白(aldosterone-induced protein)
热喘呼吸(panting)
热感受器(warm receptor)
热敏感神经元(warm-sensitive neuron)
热休克蛋白 90(heat shock protein 90)
热增耗(heat increment, HI)
人体生理学(human physiology)
妊娠(gestation 或 pregnancy)
妊娠识别(maternal pregnancy recognition, MPR)
日常代谢水平(routine level of metabolism)
日射病(heliosis)
绒毛(underfur)
绒毛膜促性腺激素(chorionicgonadotrophin, CG)
容受性舒张(receptive relaxation)
溶剂拖拽(solvent drag)
溶血(hemolysis)
溶氧量(dissolved oxygen)

蠕动(peristalsis)
蠕动冲(peristaltic rush)
乳导管系统(mammary ductal system)
乳房(udder)
乳糜微粒(chylomicron)
乳糖酶(lactase)
乳糖酶缺乏(lactase deficiency)
乳头层(papillary layer)
乳头池(teat cisterns)
乳腺(mammary gland)
乳腺池(mammary gland cistern)
乳腺大叶(mammary lobe)
乳腺的回缩(mammary involution)
乳腺泡(alveolus)
乳腺小叶(mammary lobule)
乳汁分泌(milk secretion)
入胞(endocytosis)
软骨硬鳞类(cartilaginous ganoids)
闰细胞(intercalated cell)
噻嗪类(thiazide)
三级卵泡(tertiary follicle)
三联管(triad)
三磷酸腺苷(adenosine triphosphate, ATP)
山梨醇(sorbitol)
上调(up regulation)
上皮内淋巴细胞(intraepithelial lymphocytes, IEL)
上皮下圆顶区(subep tuelial dome area)
上行激动系统(ascending reticular activating system)
舌脂酶(lingual lipase)
射血分数(ejection fraction, EF)
摄食(food intake)
摄食中枢(feeding center)
深部温度(core temperature)
深吸气量(inspiratory capacity, IC)
神经-肌肉接头(neuromuscular junction)
神经-体液调节(neurohumoral regulation)
神经冲动(nerve impulse)
神经递质(neurotransmitter)
神经调节(neuroregulation)
神经调质(neuromodulator)
神经分泌(neuocrine)
神经胶质细胞(neuroglia)
神经末梢(nerve terminal)
神经内分泌(neuroendocrine)
神经生长因子(nerve growth factor, NGF)
神经生理学(neurophysiology)
神经肽(neuropeptide)
神经肽Y(neuropeptide Y, NPY)
神经纤维(nerve fiber)
神经营养因子(neurotrophin, NT)
神经元(neuron)
神经元池(neuronal pool)
肾-体液控制系统(renal-body fluid system)
肾单位(nephron)
肾间组织(interregnal tissue)
肾上腺素(epinephrine, E或adrenaline, A)
肾上腺素能受体(adrenergic receptor)
肾上腺素能纤维(adrenergic fiber)
肾上腺髓质素(adrenomedullin, ADM)
肾素(renin)
肾素-血管紧张素-醛固酮系统(renin-angiotensin-aldosterone-system, RAAS)
肾糖阈(renal glucose threshold)
肾小管(renal tubule)
肾小囊(Bowman's capsule)
肾小球(renal glomerulus)
肾小球滤过率(glomerular filtration rate, GFR)
肾小体(renal corpuscle)
肾血浆流量(renal plasma flow)
肾血流量的自身调节(renal autoregulation)
肾脏生理学(kidney physiology)
渗漏上皮(leaky epithelium)
渗透性利尿(osmotic diuresis)
渗透压(osmotic pressure)
渗透压调节(osmoregulation)
生长激素(growth hormone, GH)
生长激素释放激素(growth hormone releasing hormone)
生长激素释放肽(growth hormone-releasing peptide)
生长激素抑制激素(growth hormone release-inhibiting hormone)
生长卵泡(growing follicle)
生长素介质(somatomedin)
生长素释放肽(ghrelin)
生长抑素(somatostatin)
生发泡(germinal vesicle, GV)
生理多精受精(physiological polyspermy)
生理无效腔(physical dead space)

生理性止血(physiological hemostasis)
生理学(physiology)
生态生理学(ecological physiology)
生物节律(biorhythm)
生物科学(biological sciences)
生物膜(biomembrane)
生殖(reproduction)
生殖生理学(reproductive physiology)
时间肺活量(timed vital capacity, TVC)
时间总和(temporal summation)
识别蛋白(recorgnition protein)
食糜(chyme)
食物的热价(caloric value)
食物的特殊动力作用(food specific dynamic effect)
食物的氧热价(thermal equivalent of oxygen)
食欲素(orexin, ORX)
视前区-下丘脑前部(preoptic anterior hypothalamus, PO/AH)
适宜刺激(adequate stimulus)
适应(adaption)
适应性(adaptability)
嗜铬组织(chromaffin tissue)
收缩性(contractility)
收缩压(systolic pressure, SP)
手足徐动症(athetosis)
受精(fertilization)
受精卵(zygote)
受体(receptor)
受体蛋白(receptor protein)
受体激动剂(agonist)
受体拮抗剂(antagonist)
授精(insemination)
瘦素(leptin)
舒张压(diastolic pressure, DP)
输精管 (efferent duct)
输卵管(oviduct 或 uterine tube)
输血(transfusion)
树突(dendrite)
树突状细胞(dendritic cell, DC)
双嗜性分子(amphilic molecular)
水利尿(water diuresis)
顺向轴浆运输(anterograde axoplasmic transport)
顺应性(compliance)
丝氨酸/苏氨酸激酶(serine/threonine kinase)
丝裂原激活的蛋白激酶(mitogen-activated protein kinase MAPK)
斯坦尼斯小体(corpuscles of Stannius, SC)
死腔(dead space)
松果体复合体(pineal complex)
松果腺(Pineal gland)
速激肽(tachykinin)
梭内肌纤维(intrafusal fiber)
梭外肌纤维(extrafusal fiber)
羧基肽酶(carboxypeptidase)
胆囊收缩素释放肽(cholecystokinin-releasing peptide, CCK-RP)
胎盘(placenta)
碳酸酐酶(carbonic anhydrase, CA)
糖(carbohydrate)
糖蛋白(glycoprotein)
糖皮质激素(glucocorticoids, GC)
特殊动力作用(specific dynamic action, SDA)
特异投射系统(specific projection system)
特异性免疫(specific immunity)
体表温度(shell temperature)
体核温度(core temperature)
体温(body temperature)
体液(body fluid)
体液调节(humoral regulation)
条件刺激(conditioned stimuluse)
条件反射(conditioned reflax)
跳跃式传导(saltatory conduction)
铁超载(iron overload)
通道(channel)
通道蛋白(channel protein)
通气/血流比值(ventilation/perfusion ratio)
筒箭毒碱(tubocurarine)
头肾(head kidney)
透明层(stratum lucidum)
透明带(zona pellucida, ZP)
透明带反应(zona reaction)
透明质酸酶(hyalaronitase)
突触(synapse)
突触后电位(postsynaptic potential)
突触后抑制(postsynaptic inhibition)
突触后易化(postsynaptic facilitation)
突触前受体(presynaptic receptor)
突触前抑制(presynaptic inhibition)

突触前易化(presynaptic facilitation)
突触小泡(synaptic vesicle)
突触小体(synaptic knob)
退行期(catagen)
蜕膜化(decidualization)
褪黑素(melatonin)
吞噬作用(phagocytosis)
吞咽(deglutition)
吞饮作用(pinocytosis)
外呼吸 (extemal respiration)
外环境(external environment)
外激素(pheromone)
外抑制(external inhibition)
外源性凝血途径(extrinsic pathway)
外周化学感受器(peripheral chemoreceptor)
完全强直收缩(complete tetanus)
万能供血者(universal donor)
网胃(reticulum)
网织层(reticular layer)
网状结构(reticular formation)
网状结构上行激动系统(ascending reticular activating system)
微绒毛(microvilli)
微生物消化(microbial digestion)
微循环(microcirculation)
微皱褶细胞(microfold cells, M cells)
尾升压素Ⅱ(urotensin Ⅱ, UⅡ)
尾下垂体(urophysi)
胃肠激素(gastrointestinal hormone)
胃肠肽(gastrointestinal peptide)
胃蛋白酶(pepsin)
胃泌素(gastrin)
胃泌素调节素(oxyntomodulin, OXM)
胃液素释放肽(gastrin-releasing peptide, GRP)
温热性发汗(thermal sweating)
稳态(homeostasis)
无髓鞘神经纤维(unmyelinated nerve fiber)
舞蹈病(chorea)
物理性消化(physical digestion)
物质代谢(material metabolism)
吸能反应(endergonic reaction)
吸气(inspiration)
吸气活动发生器(central inspiratory activity generator)
吸气切断机制(inspiratory off-switch mechanism)
吸收(absorption)
习服(acclimation)
细胞毒素(cytoxin)
细胞内液(intracellular fluid)
细胞旁道(paracellular pathways)
细胞器(organelle)
细胞生理学(cell physiology)
细胞外液(extracellular fluid)
细胞信号转导(cellular signal transduction)
细胞信息传递(cellular signaling)
狭盐性鱼类(slenohaline fishes)
下调(down regulation)
下丘脑-腺垂体-靶腺轴(hypothalunus-pituitary-target glands axis)
下丘脑调节肽(hypothalamus regulatory peptide)
下丘脑腹内侧(ventromedial hypothalamus, VMH)
下丘脑外侧区(lateral hypothalamus area, LHA)
夏眠(estivation)
纤维蛋白溶解(fibrinolysis)
组织型纤溶酶原激活物(tissue plasminogen activator, t-PA)
纤维蛋白单体(fibrin monomer)
纤维蛋白多聚体(fibrin polymer)
纤维蛋白稳定因子(fibrin-stabilizing factor, FXIIIa)
纤维蛋白原(fibrinogen)
线粒体(mitochondria)
相对不应期(refractory period relative)
消化(dijestion)
消化间期移行性复合运动(migrating motor complex, MMC)
消化能(digestible energy, DE)
消化生理学(digestive physiology)
消退(extinction)
小脑共济失调(cerebellar ataxia)
协同作用(synergistic action)
心电图(electrocardiogram, ECG)
心动周期(cardiac cycle)
心房利尿钠肽(atrial natriuretic peptide, ANP)
心力储备(cardiac reserve)
心率(heart rate, HR)
心迷走紧张(cardiac vagal tone)
心钠素(atrial natriuretic factor)
心输出量(cardiac output, CO)

心血管生理学(cardiovascular physiology)
心血管中枢(cardiovascular center)
心指数(cardiac index, CI)
新陈代谢(metabolism)
信号转导(signal transduction)
兴奋(excitation)
兴奋-收缩耦联(excitation-contraction coupling)
兴奋性(excitability)
兴奋性突触后电位(excitatory postsynaptic potential, EPSP)
行为生理学(behavioral physiology)
行为性体温调节(behavioral thermoregulation)
性周期(sexual cycle)
胸腹式呼吸(combined breathing)
胸廓的顺应性(thoracic compliance, Cr)
胸膜腔内压(intrapleural pressure)
胸式呼吸(thoracic breathing)
胸腺生长素(thymopoietin)
胸腺素(thymosin)
雄核发育(androgenesis)
雄激素(androgens)
雄激素结合蛋白(androgen binding protein, ABP)
休眠(dormancy)
悬浮稳定性(suspension)
血沉(erythrocyte sedimentation rate, ESR)
血道(blood chamnel)
血管活性肠肽(vasoactive intestinal peptide, VIP)
血管紧张素Ⅱ(angiotensin Ⅱ, Ang Ⅱ)
血管内皮生长因子(vascular endothelial growth factor, VEGF)
血管升压素(vasopressin, VP)
血红蛋白(hemoglobin, Hb)
血浆(plasma)
血清(serum)
血栓素 A_2(thromboxane A_2, TXA_2)
血栓素类(thromboxanes)
血细胞(blood cell)
血细胞比容(hematocrit)
血小板(platelet 或 thrombocyte)
血小板分泌(platelet secretion)
血小板聚集(platelet aggregation)
血小板黏附(platelet adhesion)
血小板生成素(thrombopoietin, TPO)
血小板释放(platelet release)
血型(blood group)
血液(blood)
血液凝固(blood coagulation)
血液循环(blood circulation)
亚日节律(infradian rhythm)
烟碱受体(nicotinic receptor)
盐度(salinity)
氧饱和度(oxygen saturation)
氧分压(oxygen partial pressure)
氧含量(oxygen contem)
氧合(xoygenation)
氧合血红蛋白(oxyhemoglobin, HbO_2)
氧化(oxidation)
氧化三甲胺(trimethylamin oxide, TMAO)
氧离曲线(oxygendissociation curve)
氧容量(oxygen capacity)
叶绿体(chloroplast)
液态镶嵌模型(fluid mosaic model)
一碘酪氨酸(monoiodotyrosine)
一氧化氮(nitric oxide, NO)
胰蛋白酶(trypsin)
胰蛋白酶抑制因子(trypsin inhibitor)
胰蛋白酶原(trypsinogen)
胰岛素(insulin)
胰岛素样生长因子(insulin-like growth factor, IGF)
胰岛素原(proinsulin)
胰淀粉酶(pancreatic amylase)
胰多肽(pancreatic polyeptide)
胰高血糖素(glucagon)
胰凝乳蛋白酶(chymotrysin)
胰脂肪酶(pancreatic lipase)
移行性复合运动(migrating motility complex, MMC)
乙酰胆碱(acetylcholine, ACh)
异长自身调节(heterometric autoregulation)
异常受精(abnormal fertillization)
异麦芽糖酶(isomaltase)
异速生长(allometric growth)
异相睡眠(paradoxical sleep, PS)
抑胃肽(GIP)
抑制(inhibition)
抑制区(inhibitory area)
抑制素(inhibin)
抑制性突触后电位(inhibitory postsynaptic potential, IPSP)

易化(facilitated)
易化扩散(facilitated diffusion)
易化区(facilitatory area)
意向性震颤(intention tremor)
阴道(vagina)
阴茎(penis)
阴门(vulva)
阴囊(scrotum)
应激(stress)
应激反应(stress response)
应激原(stressor)
应急(emergency)
营养性作用(trophic action)
用力肺活量(forced vital capacity, FVC)
用力呼气量(forced expiratory volume, FEV)
用力呼吸(forced breathing)
有腔卵泡(antral follicle)
有丝分裂(mitosis)
有髓鞘神经纤维(myelinated nerve fiber)
有效不应期(effective refractory period, ERP)
有效滤过压(effective filtration pressure, EFP)
诱发排卵(induced ovulation)
余气量(residual volume, RV)
鱼类生理学(fish physiology)
育亨宾(yohimbine)
阈刺激(threshold stimulus)
阈电位(threshold membrane potential)
阈强度(threshold intensity)
阈值(threshold)
原发性主动转运(primary active transport)
原尿(initial urine)
原始卵泡(primordial follicle)
远距分泌(telecrine)
允许作用(permissiveness action)
孕体(conceptus)
孕酮(progesterone)
运动单位(motor unit)
运动终板(motor end plate)
运动柱(motor column)
载体(carrier)
在体实验(*in vivo* experiment)
造血干细胞(hemopoietic stem cell)
造血生长因子(bematopoietic growth factor, HGFs)
造血微环境(hemopoietic microenvironment)
造血祖细胞(hemopoietic progenitor cell)
蔗糖酶(sucrase)
针毛(guard hair)
真骨鱼类(teleostean)
真皮(dermis)
蒸发(evaporation)
整合(integration)
整合蛋白(integral protein)
整合生理学(integrative physiology)
整合素(integrin)
正反馈(positive feedback)
正后电位(positive after potential)
支持细胞(Sertoli cell)
支气管相关淋巴组织(bronchus-associated lymphoid tissue, BALT)
肢端肥大症(acromegaly)
脂肪(fat)
脂肪信号(adiposity signal)
脂联素(adiponectin)
脂质分子(lipid molecule)
脂质双分子层(lipid bilayer)
直接测热法(direct calorimetry)
直接分裂(directdivision)
植物生理学(plant physiology)
植物性神经系统(vegetative nervous system)
酯酶(estrase)
质膜(plasma membrane)
致密斑(macula densa)
中脑盖(optic tectum)
中枢化学感受器(oentralchemoreceptor)
中枢延搁(central delay)
中枢抑制(central inhibition)
中枢易化(central facilitation)
终板电位(end-plate potential, EPP)
终末池(terminal cisterna)
钟蛋白(circadian clock protein)
重摄取(reuptake)
重吸收(reabsorption)
轴浆运输(axoplasmic transport)
轴丘(axon hillock)
轴突(axon)
轴突始段(initial segment)
皱胃(abomasum)
皱褶(plicae circulares)

侏儒症(dwarfism)
主动转运(active transport)
主细胞(principal)
主要组织相容性复合物(major histocompatibility complex molecule, MHC)
专线原理(labeled line principle)
转化生长因子β(transforming growth factor-β, TGF-β)
转化生理学(translational physiology)
转化医学(translatioal medicine)
转铁蛋白(transferrin)
转运蛋白或载体蛋白(carrier protein)
状态反射(attitudinal reflex)
锥体外系(extrapyramidal system)
锥体系(pyramidal system)
子宫(uterus)
子宫角(cornua uteri)
子宫颈(cervix uteri)
子宫体(uterine body)
自动节律性(autorhythmicity)
自发脑电活动(spontaneous electric activity of the brain)
自发排卵(spontaneous ovulation)
自分泌(autocrine)
自律细胞(rhythmic cell)
自然杀伤细胞(natural killer cell, NK cell)
自身调节(autoregulation)
自身受体(autoreceptor)
自我复制(self-replication)
自主神经系统(autonomic nervous system nervous system)
自主性体温调节(autonomic thermoregulation)
纵管系统(longitudinal tubule)
总能(gross engry, GE)
阻断剂(blocker)
组胺(histamine)
组织性淋巴样组织(orgenized lymphoid tissue)
组织因子(tissue factor, TF)
组织因子途径(tissue factor pathway)
最后公路(final common path)
最后公路原则(principle of final common path)
1,25-二羟胆钙化醇(1,25-dihydroxy vitamin D_3)
1,25-二羟钙化醇促进钙结合蛋白(calcium-binding protein, Ca-BP)
2,3-二磷酸甘油酸(2,3-diphosphoglycerate, 2,3-DPG)
5-羟色胺(5-hydroxytryptamine, 5-HT)
7次跨膜受体(7-transmembrane receptor)
8-精催产素(8-arginine vasotocin)
APUD(amine precursor uptake and decarboxylation)
Cl^-转移(chloride shift)
CO_2的解离曲线(carbon dioxide dissociation curve)
G蛋白耦联受体(G protein-linked receptor, GPCR)
G蛋白效应器(G protein effecter)
K^+的平衡电位(equilibrium potential, E_K)
Na^+-K^+泵(sodium-postassium pump)
Na^+-葡萄糖同相转运体(Na^+-glucose symporter)
P物质(substance P)
α-黑素细胞刺激素(α-MSH)
α波阻断(α-block)
α僵直(α-rigidity)
β-促脂素(β-lipoprotein, β-LTH)
β-内啡肽(β-endorphins)
γ-氨基丁酸(γ-aminobutyric acid, GABA)
γ僵直(γ-rigidity)